经世济民

建设强本

贺教育部

产教融合项目

启动之际

李建林

癸卯春八

教育部哲学社會科学研究重大課題攻關項目

"十四五"时期国家重点出版物出版专项规划项目

水生态补偿机制研究

STUDY ON WATER ECOLOGICAL COMPENSATION SYSTEM

王清军

等著

中国财经出版传媒集团

经济科学出版社

Economic Science Press

·北京·

图书在版编目（CIP）数据

水生态补偿机制研究/王清军等著． －－北京：经济
科学出版社，2022.11
教育部哲学社会科学研究重大课题攻关项目 "十四
五" 时期国家重点出版物出版专项规划项目
ISBN 978 - 7 - 5218 - 4284 - 5

Ⅰ. ①水…　Ⅱ. ①王…　Ⅲ. ①水环境 - 生态环境 - 补
偿机制 - 研究 - 中国　Ⅳ. ①X143

中国版本图书馆 CIP 数据核字（2022）第 218577 号

责任编辑：杨　　洋
责任校对：郑淑艳
责任印制：范　　艳

水生态补偿机制研究
王清军　等著
经济科学出版社出版、发行　新华书店经销
社址：北京市海淀区阜成路甲 28 号　邮编：100142
总编部电话：010 - 88191217　发行部电话：010 - 88191522
网址：www. esp. com. cn
电子邮箱：esp@ esp. com. cn
天猫网店：经济科学出版社旗舰店
网址：http：//jjkxcbs. tmall. com
北京季蜂印刷有限公司印装
787 × 1092　16 开　40 印张　810000 字
2022 年 11 月第 1 版　2022 年 11 月第 1 次印刷
ISBN 978 - 7 - 5218 - 4284 - 5　定价：158.00 元

课题组主要成员

首 席 专 家　王清军
主 要 成 员　杜　群　柯　坚　王　利　蓝　楠
　　　　　　　　戈华清　杨　振　文　杰　杨彩霞
　　　　　　　　肖登辉　雷一鸣　李章鸿　余　娜

总　序

哲学社会科学是人们认识世界、改造世界的重要工具，是推动历史发展和社会进步的重要力量，其发展水平反映了一个民族的思维能力、精神品格、文明素质，体现了一个国家的综合国力和国际竞争力。一个国家的发展水平，既取决于自然科学发展水平，也取决于哲学社会科学发展水平。

党和国家高度重视哲学社会科学。党的十八大提出要建设哲学社会科学创新体系，推进马克思主义中国化、时代化、大众化，坚持不懈用中国特色社会主义理论体系武装全党、教育人民。2016 年 5 月 17 日，习近平总书记亲自主持召开哲学社会科学工作座谈会并发表重要讲话。讲话从坚持和发展中国特色社会主义事业全局的高度，深刻阐释了哲学社会科学的战略地位，全面分析了哲学社会科学面临的新形势，明确了加快构建中国特色哲学社会科学的新目标，对哲学社会科学工作者提出了新期待，体现了我们党对哲学社会科学发展规律的认识达到了一个新高度，是一篇新形势下繁荣发展我国哲学社会科学事业的纲领性文献，为哲学社会科学事业提供了强大精神动力，指明了前进方向。

高校是我国哲学社会科学事业的主力军。贯彻落实习近平总书记哲学社会科学座谈会重要讲话精神，加快构建中国特色哲学社会科学，高校应发挥重要作用：要坚持和巩固马克思主义的指导地位，用中国化的马克思主义指导哲学社会科学；要实施以育人育才为中心的哲学社会科学整体发展战略，构筑学生、学术、学科一体的综合发展体系；要以人为本，从人抓起，积极实施人才工程，构建种类齐全、梯队衔接的高校哲学社会科学人才体系；要深化科研管理体制改革，发挥高校人才、智力和学科优势，提升学术原创能力，激发创新创造活力，建设中国特色新型高校智库；要加强组织领导、做好统筹规划、营造良好学术生态，形成统筹推进高校哲学社会科学发展新格局。

哲学社会科学研究重大课题攻关项目计划是教育部贯彻落实党中央决策部署的一项重大举措，是实施"高校哲学社会科学繁荣计划"的重要内容。重大攻关项目采取招投标的组织方式，按照"公平竞争，择优立项，严格管理，铸造精品"的要求进行，每年评审立项约 40 个项目。项目研究实行首席专家负责制，鼓励跨学科、跨学校、跨地区的联合研究，协同创新。重大攻关项目以解决国家现代化建设过程中重大理论和实际问题为主攻方向，以提升为党和政府咨询决策服务能力和推动哲学社会科学发展为战略目标，集合优秀研究团队和顶尖人才联合攻关。自 2003 年以来，项目开展取得了丰硕成果，形成了特色品牌。一大批标志性成果纷纷涌现，一大批科研名家脱颖而出，高校哲学社会科学整体实力和社会影响力快速提升。国务院副总理刘延东同志做出重要批示，指出重大攻关项目有效调动各方面的积极性，产生了一批重要成果，影响广泛，成效显著；要总结经验，再接再厉，紧密服务国家需求，更好地优化资源，突出重点，多出精品，多出人才，为经济社会发展做出新的贡献。

作为教育部社科研究项目中的拳头产品，我们始终秉持以管理创新服务学术创新的理念，坚持科学管理、民主管理、依法管理，切实增强服务意识，不断创新管理模式，健全管理制度，加强对重大攻关项目的选题遴选、评审立项、组织开题、中期检查到最终成果鉴定的全过程管理，逐渐探索并形成一套成熟有效、符合学术研究规律的管理办法，努力将重大攻关项目打造成学术精品工程。我们将项目最终成果汇编成"教育部哲学社会科学研究重大课题攻关项目成果文库"统一组织出版。经济科学出版社倾全社之力，精心组织编辑力量，努力铸造出版精品。国学大师季羡林先生为本文库题词："经时济世　继往开来——贺教育部重大攻关项目成果出版"；欧阳中石先生题写了"教育部哲学社会科学研究重大课题攻关项目"的书名，充分体现了他们对繁荣发展高校哲学社会科学的深切勉励和由衷期望。

伟大的时代呼唤伟大的理论，伟大的理论推动伟大的实践。高校哲学社会科学将不忘初心，继续前进。深入贯彻落实习近平总书记系列重要讲话精神，坚持道路自信、理论自信、制度自信、文化自信，立足中国、借鉴国外，挖掘历史、把握当代，关怀人类、面向未来，立时代之潮头、发思想之先声，为加快构建中国特色哲学社会科学，实现中华民族伟大复兴的中国梦做出新的更大贡献！

教育部社会科学司

序

　　本书是华中师范大学王清军教授承担的教育部哲学社会科学研究重大课题攻关项目《水生态补偿机制研究》的最终研究成果。在书稿即将付梓之际，他邀请我为其作序，我欣然应之。

　　毋庸讳言，坚持和完善生态文明制度体系是我国生态文明建设的基本内容和重点任务。中国语境下的生态补偿制度，是以直接支付、转移支付、政策性补贴和市场交易等方式，对因保护生态环境而使自身权益受到损失的生态保护者予以合理补偿的一种激励性制度安排，是生态文明制度体系的重要组成部分。其中，水生态补偿制度机制是应对中国水环境、水资源和水生态单独或叠加问题之工具策略，是践行"绿水青山就是金山银山"理念之核心举措，是满足民众对优质水生态产品结构性需求与协调利益配置不平衡之间的主要抓手，是促进生态文明建设以及建成"美丽中国"的制度保障。环境学、经济学、管理学和法学等学科均在此领域辛勤耕耘，已相继取得一大批丰硕成果。

　　本书主要是以法学研究方法为基础和主导，以管理学、经济学和环境学等学科研究方法为补充，分为理论研究和应用研究两大板块，前者从水生态补偿理论基础、主体建构、动力源泉和主要类型入手，后者依据机制运行逻辑，分别从水生态产品形成与供给制度、水生态补偿融资与支付制度、水生态补偿管理与责任制度和水生态补偿评估与监督制度等方面展开。通读全书之后，我认为本书有以下三个特点：第一，从法学方面丰富了生态补偿理论基础。长期以来，学术界普遍认为外部性理论、公共产品理论、生态资本理论等构成生态补偿机制理论基础。我们并不否认这些理论具有指导作用，但也要看到这些理论在诠释生态补偿机制时存在诸多不足之处。为此，作者呼吁回归法学理论，试图从宪法"国家义务—公民权利"框架体系出发，以宪法实定法规范确立的生态文明建设国家义务析出生态补偿国家责任理论与生态补偿权利理论等，明确了生态保护国家补偿责任的构成以及生态补偿权利的生成机理，进而将政府补偿与市场补偿实施了有效区隔，丰富了生态补偿制度法治发展的理论基石。第二，实现了对生态补偿制度的精细化研究。近年来，不同学科逐渐将研究目光聚焦于补偿基准、补偿标准等生态补偿机制运行的难点问题。针对此状况，作者将补偿基准类型化分为行为支付和结果支付，分析了它们各自在激励功能、效益功能方面的差异，建议在制度供给和制度选择方面认真分析上述差异。在补偿标准属性界定方面，作者认为补偿标准是自然属性和社会属性的统一、多元与多层的联结、历史与发展的演化，因此，既要尊重专业性核算评估方法的运用，也要重视对标准专业核算的法律规制。在补偿标准指导原则方面，作者将其确立为"以合理补偿为主，逐步实现合理补偿与公平补偿相结合"，认为这才能体现国家生态文明建设的基本立场。在生态补偿标准类别方面，作者将其分为法定标准与协定标准两类，详细梳理了两类补偿标准在实践中存在的各种问题，结合法治化发展进程提出了优化改进策略。第三，研究成果具有较强的实践运用性。法学作为一门应用性学科，研究成果最终需要回到立法、执法或司法实践当中进行一定检验。作者从生态保护国家补偿责任理论、生态补偿请求权理论出发，认为生态补偿实施机制应该从"行政的治理"转向"契约的治理"与"行政的治理"相结合的综合治理，为此，他建议国家生态补偿立法应建立健全生态补偿协议制度，实现一定的契约治理，具体包括森林、草原等生态要素类生态补偿协议机制和跨行政区横向生态补偿协议机制，前者属于受司法审查的行政协议，后者属于特殊的区域合作协议。他还针对一些流域地方政府不愿签订协议的情形，建议完善相应的强制缔约等激励约束机制。此外，他在关于补偿标准、补偿基准等方面的制度完善建议都得到了主管部门的积极反馈，正如国务院《生态保护补偿条例》起草牵头单位国家发改委在给作者单位的感谢信中指出的那样，王清军同志在《生态保护补偿条例》起草过程中认真负责，积极主动，充分发挥自身的研究专长和专业优势，对生态保护补偿立法开展了深入的专题研究，提供了多份高水平研究报告和咨询意见，为起草工作作出了积极贡献。我认为，评价是客观中肯的。

我曾经在这个课题开题报告会上指出，这个课题若能够为未来的生态补偿立法提供一两个条款的建议且能够被采纳，就是成功的。现在看来，清军是听进去了这句话并在努力践行之。课题开展五年来，他认真钻研，努力拼搏，厚植理论储备，及时足额完成了重大课题结项提出的各项要求，同时也为国家生态补偿立法贡献了一个法学研究者应有的智慧和担当。

王清军博士是在环境法学领域辛勤耕耘的一名青年学者，我在为此书出版感到高兴、欣慰之际，也期望他继续攀登学术高峰，争取为中国生态文明法治建设作出新的贡献。

蔡守秋

2022 年 1 月 6 日

摘　要

生态补偿制度，是指各级政府、单位或个人等生态保护受益者，通过直接支付、转移支付或市场交易等方式，对因履行生态保护责任而使自身权益受到损失的生态保护者予以公平合理补偿的一种激励性制度安排。生态补偿制度明确了生态保护者与生态保护受益者之间的权利义务关系，能够调动参与各方生态保护积极性和主动性，构成生态文明制度的重要组成部分。将生态补偿制度纳入法治化发展轨道，有助于保护和改善生态环境，推动区域协调发展与产业绿色发展，促进生态文明建设，建成美丽中国，实现人与自然和谐共生。

在生态补偿制度法治化发展进程中，水生态补偿制度建构及机制运行显得尤为重要且更为复杂。主要原因在于，一是，从中国未来10~15年经济社会发展总体形势来看，水生态安全、水资源瓶颈和水环境保护也许是最为紧迫的问题。如果不借助系列创新性制度举措对此作出有效回应，新时代中国社会经济可持续发展、绿色发展会遭遇严重障碍。二是，我国流域上下游、左右岸和干支流地区，重大引调水工程水源地与受水区经济社会发展存在较大差异，利益失衡问题相当严重。如何以水生态补偿制度为着力点，通过流域水生态服务或生态产品供给需求之博弈，建立一个利益衡平、发展协调、产业共谋与生态环境共建、共治和共享相结合的全方位流域合作机制，成为一个显性课题。三是，我国"水多、水少、水脏"等问题长期存在且相互缠绕。水资源短缺与洪涝灾害泛滥跨时空并存、水污染严重和水生态恶化相互叠加，正在运行的水生态补偿机制属性复杂，范围包罗万象，功能相互抵牾，制度供给难以满足复杂实践之需求。四是，水生态补偿制度建构涉及政府或其职能部门数量众多，他们的水事治理目标、治理逻辑、治理能力和治理路径各不相同甚至相互抵触，未能有效形成水生态环境保护与经济社会协调发展的"合力"；更体现在利益相关者种类复杂，异质性强，难以在水生态保护者与水生态保护受益者之间搭建相对稳定性、常态化之生态补偿关系，严重妨碍了水生态补偿机制有效运行。

本书强调以"创新、协调、绿色、开放、共享"五大发展理念引领水生态补偿机制深刻变革，依据生态文明建设及建成美丽中国等宪法目标任务要求进行水生态补偿制度法治化建构，围绕民众利益诉求推进水生态补偿机制有效运行。为此，本书尝试从基础理论及实践运用两大板块对水生态补偿机制开展深入研究，基础理论板块主要包括水生态补偿理论基础、关系主体、动力源泉和主要类型等；实践运用板块主要包括水生态产品形成与供给制度、水生态补偿融资与支付制度、水生态补偿管理与责任制度、水生态补偿评估与监督制度等。两大板块之间互为支撑、相互援引及相互促进。

水生态补偿机制理论基础多元且复合。外部性理论奠定着水生态补偿制度正当性依据，揭示了生态补偿形成逻辑以及其功能，但它难以有效区隔正负外部性、对政府介入生态补偿的说理能力不足。公共产品理论展示了水生态补偿制度变迁机理，提出不同类别公共产品之补偿规则，但它难以诠释水生态补偿机制演化路径，对政府介入生态补偿的功能判断也过于粗略。生态保护国家补偿责任理论认为，各级政府承担的生态补偿责任是一种公法上的国家义务，在政府补偿与市场补偿之间实现了法规范意义的区隔，为生态补偿的"有效市场和有为政府"结合原则提供了法学基础，有效补强了水生态补偿机制的理论基础。

水生态补偿关系主体是一种抽象性与具体性的统一，包括政府主体、市场主体和社会主体等。生态补偿科斯概念和生态补偿庇古概念先后对此进行了论述。水生态补偿关系主体确立原则包括"受益者负担"原则与"保护者受益"原则。前者偏重义务、后者偏重权利。政府主体以厘清各级政府水生态补偿事权与支出责任为要旨，市场主体以全面把握市场补偿工具的优缺点为关键，社会主体应以多元生态环境治理中心为观察。利益获得的集中或分散与成本支出的多少构成水生态补偿关系主体配置的主要考量因素。

水生态补偿动力机制源于确定或认可一种新型权利—生态补偿权利。生态补偿权利的产生逻辑在于，一是生态补偿利益容易被损害且与增进维持环境公共利益相关，需要法律予以保护；二是实在法规定对生态补偿权利具有容纳性；三是生态补偿权利具有实现可能性。生态补偿权利是一类公法上的权利，权利主体可能是一项个人权利，也可能是一项集体或共同权利，权利类型有积极的规范行为请求权、积极的事实行为请求权，权利内容包括请求确认、请求支付等。依法明确生态补偿权利是建设法治政府和实现权利倾斜性配置的客观要求。

水生态补偿类型应当是多元多层次的。现行水生态补偿类型划分部门利益痕迹过于明显。水生态补偿再类型化应遵循流域生命共同体理念，实现分类补偿与综合补偿的有效联结。可以归并的类型有水土保持重点防治区、江河源头区、水产种质资源保护区等；需要单设的类型有饮用水水源地（保护区）生态补偿、大型引调水工程生态补偿和大江大河重要蓄滞洪区生态补偿等；需要整合的类型有跨行政区流域横向生态补偿等，体现了一种纵横交错的"准市场补偿"之特质。

水生态产品形成与供给制度构成水生态补偿机制有效运行之前提。水生态产品形成的法治逻辑在于，流域土地等自然资源利用方式变更、产业结构调整与水生态产品形成具有因果关系。土地等自然资源利用方式变更、产业结构调整主要依赖于禁限规则与倡导规则的交替使用。我国水生态产品供给存在着相对供给不足和绝对供给不足两大挑战。应当按照"双吸收"原则界定"水资源"和"水流资源"。流域水流产权界定主要包括流域水生态空间、水资源等两类内容。水生态产品持续有效供给的法治保障在于建构有效的水生态补偿制度。水生态补偿制度能追求生态正义、重塑流域秩序，实现多元利益衡平和防范生态风险，形成保障水生态产品持续有效供给的内生激励。

水生态补偿融资制度与支付制度构成水生态补偿机制有效运行

之核心。融资制度法治化路径在于，融资方式与融资渠道的规范化联结，财政转移支付的规范化发展，水生态补偿基金的法治化探索等。水生态补偿支付基准可以分为行为支付和结果支付。水生态补偿支付标准可以分为法定标准和协定标准两类，它体现为技术属性与法律属性的统一。我国宜确立"以合理补偿为主导，合理补偿与公平补偿相结合"指导原则。地方立法文本中，法定标准类型主要包括水质标准、水质水量标准、水量标准和多元复合指数标准等，各有适用空间及不同利弊。流域生态补偿协议中，协定标准类型主要包括完全协定标准和准协定标准，体现为在共同上级政府指导下，上下游地区地方政府围绕各自利益需求满足与否而展开的一种讨价还价结果。

水生态补偿管理与责任制度构成水生态补偿机制有效运行之关键。流域生态环境管理体制变革中的法治主义路径和"双重领导"体制等均有一定借鉴意义。生态补偿联席会议制度具有独特功能，应在制度的法律定位、权责规则、组织规则和议事规则方面持续完善。现行"三个职能部门牵头、多部门参与"的生态补偿监管体制需要目标导向与逻辑导向兼顾，逐步推进多部门协作规则法治化。流域生态补偿协议是一类独立的立法性行政规则，它承载着新型流域社会关系。签约主体正当性应当通过事后备案方式予以加持；协议内容方面，逐步实现约定义务、合作义务规范化及内部结构的合理安排；签约及续约程序方面，优化调整行政指导复合功能，建立健全备案或审批程序，有序扩大信息公开范围及内容。生态补偿责任清单是一类特殊的公权力自治规范，它具有约束功能与整合功能。责任清单颁行主体之正当性应当以事后备案审查方式得以有效补强。需要对编制依据范围实施必要限缩，对"地方实际需要"再规制路径是将其及时转化地方法规规章等。责任清单内容结构完善应包括定责、追责和免责的一体化及联动性。

水生态补偿考评与监督制度构成水生态补偿机制有效运行的保障。探索建立"党政（行政）主导、第三方评估和公众参与相结合"生态补偿考评机制，可增进水生态补偿评估制度正当性和实施效果。考评对象中的"党政同责、一岗双责"机制具有责任主体同构、责任原因同一、责任承担分离和责任后果比例等特征。"结果基准为主导、行为基准为补充"的考评基准具有较高激励相容度，借鉴之处颇多。考评结果运用以工具理性为主，保留价值理性必要存在空间。生态补偿信息公开制度能够实现生态补偿工作的有效监督。持续优化水生态补偿纠纷协商解决、协调解决主渠道功能。典型案例表明，生态补偿裁判经验不断充实着生态补偿制度的法治化内容。

Abstract

Ecological compensation system refers to an incentive institutional arrangement whereby governments at all levels, units or individuals who are beneficiaries of ecological protection, through direct payment, transfer payment or market transaction, give fair and reasonable compensation to ecologists whose rights and interests are lost due to their performance of ecological protection responsibilities. The ecological compensation system clarifies the relationship of rights and obligations between ecological protectors and beneficiaries of ecological protection, arouses the enthusiasm and initiative of all parties involved in ecological protection, and constitutes an important part of the ecological civilization system. Bringing the ecological compensation system into law-based development will help protect and improve the ecological environment, promote coordinated regional development and green industrial development, promote ecological civilization, build a beautiful China, and realize harmonious coexistence between human being and nature.

In the process of legalization of ecological compensation system, the construction and operation of water ecological compensation system are particularly important and more complicated. The main reasons are as follows: first, "in terms of the overall situation of China's economic and social development in the next 10 - 15 years, water ecological security and water resource bottleneck may be the most pressing issues." Without an effective response from a series of innovative institutions, China will encounter serious obstacles to sustainable and green social and economic development in the new era. Second, there are great differences in economic and social development in the upstream and downstream of the river basin, the left and right banks and the main and tributaries of China. The problem of interest imbalance is quite serious, we should take the water ecological compensation system as the focus, through the game of the supply and demand of the basin water ecological services or ecological products, establish a

1

comprehensive basin cooperation mechanism combining the balance of interests, development coordination, industrial collusion and ecological environment co-construction, co-governance and sharing. Third, China's "too much water, too little water, water dirty" and other problems have long existed and intertwined. The coexistence of water resource shortage and flood disaster across time and space, the superimposition of serious water pollution and the deterioration of water ecology, result in the complex properties of the water ecological compensation mechanism in operation, so that the effective system supply is far from meeting the needs of colorful practice. Fourth, water ecological compensation system construction involves the government or its functional departments are numerous, their water governance objectives, governance logic, governance ability and governance path are different and even contradictory, failed to form water ecological environment protection "force"; Moreover, because of the complexity and heterogeneity of stakeholders, it's difficult to build stable and generalized eco-compensation relations. It seriously hinders the effective operation of water ecological compensation mechanism.

This paper emphasizes that the five development concepts of "innovation, coordination, green, open and sharing" will lead the profound reform of water ecological compensation mechanism, and the legal construction of water ecological compensation system will be carried out according to the objectives and tasks of the Constitution, ecological civilization construction and building a beautiful China, and should be promoted based on the interests of the public. Therefore, this paper attempts to carry out in-depth research on water ecological compensation mechanism from the two major sections of basic theory and practice. The basic theory section mainly includes the theoretical basis of water ecological compensation, relationship subject, power source and main types. The practical application mainly includes the formation and supply system of water ecological products, the financing and payment system of water ecological compensation, the management and responsibility system of water ecological compensation, the evaluation and supervision system of water ecological compensation, etc. . The two plates support, invoke and promote each other.

The theoretical basis of water ecological compensation mechanism is multiple and complex. Externality theory to lay the legitimacy basis for water ecological compensation system, reveals the ecological compensation form logic as well as its incentive function, but it is difficult to effectively separate the positive and negative externalities, insufficient in clarifying the rationality of the government to intervene in the eco-compensation. The theory of public goods shows the institutional change mechanism of water eco-logical compensation, and puts forward compensation rules for different types of public goods, but it is difficult to interpret the evolutionary path of water ecological compensa-tion mechanism, and it is too rough to judge the function of government intervention in ecological compensation. According to the theory of national ecological compensation lia-bility, the responsibility of national ecological compensation undertaken by governments at all levels is a national obligation in public law. The theory of national ecological com-pensation responsibility has realized the distinction between government compensation and market compensation, provided the legal basis for the combination principle of "ef-fective market and effective government" of ecological compensation, and strengthened the theoretical basis of water ecological compensation mechanism.

Water ecological compensation relationship between the unity of the subject is a kind of abstraction and concreteness, including the subjects of government, market and social main body, etc. Coase concepts and ecological compensation ecological compen-sation pigou concept has carried on the elaboration to this. Water body establish ecologi-cal compensation principle beneficiaries "burden" principle and "protector benefit" principle. The former focuses on the obligation direction. The latter lays emphasis on the right orientation. The main aim of the government is to clarify the water ecological com-pensation authority and expenditure responsibility of the government at all levels, the market subject is to fully grasp the advantages and disadvantages of the market compen-sation tool, and the social subject should observe the multi-ecological environmental governance center. Benefit acquisition and cost expenditure are the main factors to be considered in the allocation of water ecological compensation relationship.

The dynamic mechanism of water ecological compensation comes from the determi-nation or recognition of a new right—ecological compensation right. The logic of the right of ecological compensation lies in: first, the interests of ecological compensation are easy to be damaged and related to the promotion and maintenance of environmental pub-lic interests, so they need to be protected by law. Second, the positive law has toler-ance to the right of ecological compensation. Third, it is possible to realize the right of ecological compensation. Ecological compensation right is a kind of right in public law. The subject of the right may be an individual right, a collective right or a common right. The type of right includes positive normative behavior claim and positive factual behavior claim, and the content of the right includes request confirmation and request payment. Clarifying the right of ecological compensation according to law is the objective requirement of building a government ruled by law and realizing the inclined disposition of rights.

The types of water ecological compensation should be multiple and multi-level. The current classification of water ecological compensation contains extremely of departmental interests. The reclassification of water ecological compensation should follow the concept of watershed life community and realize the effective connection between classified compensation and comprehensive compensation. The types which can be merged are the key areas of soil and water conservation, river source area, aquatic germ plasm resources etc; the types that need to be set up separately include ecological compensation for drinking water source (protected area), ecological compensation for large-scale water diversion projects, and ecological compensation for important flood storage and detention areas of large rivers. The types of ecological compensation that need to be integrated include cross-administrative watershed compensation, which reflects the characteristics of "quasi-market compensation".

The formation and supply system of water ecological products constitute the premise of effective operation of water ecological compensation mechanism. The legal logic of the formation of water ecological products is that there is a causal relationship between the change of utilization mode of watershed land and other natural resources and the adjustment of industrial structure and the formation of water ecological products. The change of land and other natural resources utilization mode and the adjustment of industrial structure mainly depend on the alternating use of prohibition rules and advocacy rules. There are two major challenges in relative and absolute supply of aquatic ecological products in China. "Water resources" and "watershed resources" should be defined according to the principle of "double absorption". The definition of watershed water property rights mainly includes watershed water ecological space and water resources. The legal guarantee of sustainable and effective supply of water ecological products lies in the construction of effective water ecological compensation system. Water ecological compensation system can pursue ecological justice, reshape watershed order, balance multiple interests and prevent ecological risks, and form endogenous incentive to ensure sustainable and effective supply of water ecological products.

Water ecological compensation financing and payment system constitute the core of effective operation of water ecological compensation mechanism. The path of legalization of financing system lies in the standardized connection between financing mode and financing channel, the standardized development of financial transfer payment, and the exploration of legalization of water ecological compensation fund. Water ecological compensation payment criteria can be divided into behavior payment and result payment. The payment standard of water ecological compensation is embodied in the unity of technical attribute and legal attribute. Our country should establish the guiding principle of "taking reasonable compensation as the leading and combining reasonable compensation with fair compensation". In the local legislative texts, the types of statutory standards mainly include water quality standard, water quality and quantity standard, water quantity standard and multiple composite index standard, etc., which have their own applicable space and advantages and disadvantages. In watershed ecological compensation agreements, the agreement standards mainly include full agreement standards and quasi-agreement standards, which are reflected in the bargaining between the local governments in the upper and lower reaches under the guidance of the common superior government.

Water ecological compensation management and responsibility system constitute the key to the effective operation of water ecological compensation mechanism. The legal path and "dual leadership" system of watershed eco-environmental management system reform have certain reference significance. The ecological compensation joint conference system has unique functions and should be continuously improved in the aspects of institutional legal positioning, rights and responsibilities rules, organizational rules and procedure rules. The current ecological compensation supervision system of "led by three departments and participated by multiple departments" needs to be continuously reformed with both goal-oriented and logic-oriented, and gradually promoting the rule of law of multi-department cooperation rules. Watershed ecological compensation agreement is a kind of independent legislative administrative rules, which carries the new social relations of watershed. The legitimacy of the subject of the contract should be strengthened by archiving afterwards. In terms of the content of the agreement, the standardization of agreed obligations, cooperation obligations and reasonable arrangement of internal structure shall be gradually realized. In terms of signing procedures, we will optimize and adjust the combined functions of administrative guidance, establish and improve filing or examination and approval procedures, and expand the scope and content of information disclosure in an orderly manner. Ecological compensation liability list is a kind of special self-governing standard of public power, which has the function of constraint and integration. The legitimacy of the subject of the list of responsibilities should be effectively strengthened by the way of archival review afterwards. It is necessary to limit and reduce the scope of compilation basis, and the re-regulation path of "local actual needs" is to transform them into local laws and regulations in time. The consummation of the content structure of responsibility list should include the integration and linkage of responsibility determination, accountability and exemption.

The evaluation and supervision system of water ecological compensation guarantees the effective operation of water ecological compensation mechanism. Exploring the establishment of an ecological compensation evaluation mechanism that is "led by the Party and the government (administrative), combined with third-party evaluation and public participation" can improve the legitimacy and implementation effect of the water ecological compensation evaluation system. The mechanism of "the same responsibility of party and government, the same responsibility of one post and the same responsibility" has the characteristics of the same subject of responsibility, the same reason of responsibility, the separation of responsibility and the proportion of responsibility consequences. Although the evaluation benchmark with "results-oriented benchmark and behavior-supplemented benchmark" has a high incentive compatibility, which is quite useful for reference. Although the use of evaluation results emphasizes instrumental rationality, there should be room for value rationality. The information disclosure system of ecological compensation can realize the effective supervision of ecological compensation work. Continuously optimize the main channel function of water ecological compensation dispute settlement through negotiation and coordination. Typical cases show that the judicial experience is constantly enriching the development process of ecological compensation system under the rule of law.

目　录

Contents

Contents

导　论

一、研究意义

中国是生态文明建设制度创新的最大实验室。早在 20 世纪 80 年代，我国就提出将环境保护列为一项基本国策，并试图通过一些领域、区域的生态补偿试点工作，赋予其在自然资源开发利用、生态保护与环境治理中的相应地位。囿于客观情势所限，当时尚未对生态补偿基本属性及其在生态保护的功能定位有准确认识或清晰理解。20 世纪 90 年代后，国家通过财政转移支付、自然资源税费等方式，依托国家西部大开发政策、退耕还林政策和脱贫攻坚计划等，相继在森林、草原、湿地、荒漠、海洋、水流、耕地等重要生态要素以及自然保护区、重点生态功能区等生态保护地区实施了多项生态保护、生态修复和生态建设工程以及生态补偿、补贴和补助等政策措施。此外，福建、浙江和江西等省先后在森林、湿地和流域等设立生态保护补偿专项资金（基金），主要用于生态公益林保护、水源涵养、流域水生态环境保护以及对具体的生态保护者予以利益补偿等。应该说，我国生态补偿制度在保障生态服务或生态产品持续供给乃至维护生态安全方面取得了一定成就。

进入 21 世纪以来，我国自然资源约束日渐趋紧、生态环境恶化趋势尚未得到根本扭转，生态保护与生态修复更加刻不容缓，大气、水、土壤等环境污染防治甚至被提升至党和国家攻坚战地位。调动生态保护者积极性，实现利益衡平以及协调社会经济发展为主要功能的生态补偿制度战略地位的要求更是骤然提升。党的十八大提出了推进生态文明建设的战略部署，要求建立生态保护补偿机制。党的十八届三中、四中和五中全会先后对生态保护补偿制度建设提出了明确要求。党的十九大要求加快推进建立多元化、市场化生态保护补偿机制，随后国家有关部门又提出了生态综合补偿行动计划与路线图。2018 年，修改后的《中国共产党党章》《中华人民共和国宪法》等相继提出，生态文明建设事关国家发展建设全局，用最严格制度、最严密法治促进生态文明建设成为国家行动指南，"美丽中国"成为生态文明建设总目标。2020年，国家再次启动生态保护补偿立法工作，并公布《生态保护补偿条例》（公开征求意见稿）。中国生态补偿制度建设有望迈入法治化发展轨道。2021年，中共中央办公厅、国务院办公厅（以下简称"两办"）联合颁发《关于深化生态保护补偿制度改革的意见》，对如何深化生态保护补偿制度改革进行了全面部署。上述一系列关于生态保护补偿制度的顶层设计，对于促进中国经济社会发展全面绿色转型，建设人与自然和谐共生的现代化，保障国家生态安全、奠定中华民族永续发展的生态环境基础提供坚实有力的制度保障。

习近平总书记指出，"要把生态保护放在重要位置，中央和地方都要加大投入，落实好生态保护补偿机制。"[①] 李克强总理也指出，"森林草原、江河湿地是大自然赐予人类的绿色财富，要完善生态保护补偿机制，让保护资源环境的地方不吃亏、能受益。"[②] 为了践行习近平生态文明思想和习近平法治思想，当前最为迫切的任务就是建立系统、完整、科学且运转有序的生态补偿制度体系，将其有序纳入法治化发展轨道。因为生态保护补偿制度是实践"绿水青山就是金山银山"理念的核心举措，是解决社会主义社会民众普惠需求和利益配置不平衡的主要抓手，是促进生态文明建设以及建成"美丽中国"的制度保障，是促进绿色发展、协调发展和低碳发展的主要政策工具。由于党和国家的高度重视，凭借党内法规、国家法律法规的"双轮"驱动，我国在推进生态补偿制度建设方面取得了阶段性进展。即便如此，仍然面临着补偿理念陈旧、补偿领域偏小、补偿标准偏低和补偿方式单一等诸多弊端，在生态保护者与生态保护受益者之间尚未形成良性互动机制。为此，各级国家机关，尤其是各级政府及其职能部门需以更大魄力、更大担当和更大智慧推进生态补偿制度建设。

在这里，水生态补偿制度建设及机制运行显得更为重要且尤其复杂。主要原因在于，一是，"从中国未来10~15年经济社会发展总体形势来看，水资源瓶颈也许是最为紧迫问题。"[③] 如果不借助一系列制度机制对此作出有效回应，新时代中国社会经济可持续发展、绿色发展走向就会遭遇严重障碍。二是，受制于区位差异、产业发展限制及国家政策不同，我国流域上下游、左右岸和干支流地区之间，重大引调水工程水源地与受水区之间在经济社会发展方面存在着巨大差异，利益失衡严重，重构信任合作关系任重道远。如何以水生态补偿制度机制建

[①②] 《发展改革委负责人就健全生态保护补偿机制答记者问》，中国政府网，2022年11月3日。

[③] 张庆丰等：《中国的流域生态补偿》，载秦玉才：《流域生态补偿与生态补偿立法研究》，社会科学文献出版社2011年版，第23页。

设为抓手和着力点，以流域生命共同体理念为指导，通过流域生态服务或生态产品供给需求之博弈，以便建立一个利益衡平、发展协调、产业共谋与生态环境共建、共治和共享相结合的全方位流域合作机制，成为各个流域高质量发展与可持续保护的一个显性课题。三是，我国"水多、水少、水脏"等问题长期存在且相互缠绕。水资源短缺与洪涝灾害泛滥跨时空并存、水污染严重和水生态恶化相互叠加，造成水生态补偿机制法律性质复杂，涵摄范围包罗万象，功能之间相互冲突，饶是如此，相对有效的制度供给远远难以满足丰富多彩实践之需求。迫切需要对问题导向的制度建构路径予以必要反思，逐步实现水生态补偿机制建设问题导向与目标导向结合，目标导向与逻辑导向联结。四是，水生态补偿机制涉及的各级政府及其职能部门数量众多，他们的水事治理目标、治理逻辑和治理路径各不相同甚至可能相互抵触，治理资源和治理能力亦有大有小，造成流域所涉水生态补偿事务各自独立且大都封闭运行，未能有效形成流域水事治理"合力"，严重妨碍了水生态补偿机制功能实现。此外，涉水利益相关者种类复杂，异质性强，生态保护者与生态受益者难以有效相互界定，致使不能在他们之间搭建一种稳定性、对称性和规范化的生态补偿关系，造成"补偿不能"与"不能补偿"、"补偿真空"与"补偿重叠"、"补偿不足"与"补偿过度"等同时并存且交互缠绕，严重妨碍了水生态补偿机制正常运行。具体包括以下几个方面的问题。

第一，问题导向而建构的水生态补偿机制使其经常面临基本属性、功能定位与发展走向之困扰。源于国外生态服务付费理论的生态补偿机制，其客观目的在于对生态保护者供给生态服务或生态产品实施一定的激励性补偿，换言之，这是一种"生态保护补偿"而非"生态补偿"，故该制度建构的原则应当是"受益者付费"而非"污染者付费"。但水生态补偿机制的中国探索却让其刻上了较为显著的地域和时代烙印。一方面，与国外生态服务付费理论及实践相一致，需要借助该制度机制对持续供给生态服务或生态产品的生态保护者实施补偿，旨在彰显其正向激励功能；另一方面，需要统筹考量我国水环境污染、水资源短缺、水生态破坏相互叠加及环境治理资金短缺等诸多历时、共时矛盾交织之现实。加之，我国流域水流产权制度尚处于重塑之中，迫切需要以生态补偿机制为正当借口，让流域水环境污染者或水生态破坏者承担一定环境治理费用，彰显制度对负外部性行为的抑制功能。如此一来，我国流域水生态补偿制度就呈现出强烈的二元属性：增益补偿与抑损补偿同时并存，其中，增益补偿属性体现出与世界接轨的一面，而抑损补偿则使水生态补偿制度带有一定的时代和地域烙印。造成问题有：（1）水生态补偿机制无所不包，功能泛化。举凡流域水环境治理、生态修复的资金举措均可能被贴上生态补偿的标签、符号。显然，仅仅凭借一个水生态补偿制度试图解决流域水环境治理方面累积的诸多问题，显然已经完全超越了该制度确

3

立的价值取向及负载的功能定位，造成水生态补偿制度与流域水生态损害赔偿制度以及流域水环境考评制度经常出现竞合和冲突。（2）水生态补偿制度设计复杂以及水生态补偿机制运行困难。二元属性之下，除了引发补偿关系主体法律身份、法律地位的相互转换麻烦之外，增益补偿与抑损补偿也会生成不同核算依据的补偿标准，进而衍生出"双轨"补偿标准，一方面，增加了补偿制度设计的复杂性，另一方面，也会导致生态补偿制度的激励功能消弭于制度实施过程之中。尽管党的规章制度、国家法律先后明确指出，我国建立的是"生态保护补偿制度"而非"生态补偿制度"，尽管这可以理解为回到增益补偿之国际发展走向。但在强化、凸显生态补偿制度的正向激励功能的同时，如何合理诠释我国一些流域（尤其是水污染严重的流域）频繁出现的抑损补偿或者双向补偿的实践探索，也构成一个颇为棘手议题。

第二，水生态补偿机制的制度规定大量散见于环境资源法律法规之中，缺少专门化、综合性、系统集成的制度规定。近年来，得益于党和国家的高度重视，我国逐步建立健全了水生态补偿制度"法规范群"。《中华人民共和国水污染防治法》（以下简称《水污染防治法》）建立了"水环境生态保护补偿制度"。《中华人民共和国水土保持法》（以下简称《水土保持法》）建立了"水土保持生态效益补偿制度"。一些地方法规规章建立健全了"饮用水水源地（保护区）生态保护补偿制度"。总体来看，上述制度规定存在以下不足。（1）规范化程度低。结合流域不同水体功能实施一体规划、分类管理和分层保护是各国通行做法。为了满足生活用水、生态用水和生产用水等多重需要，我国设置了数量众多的水体保护特定区域，包括但不限于大江大河大湖重要源头区、重要河流敏感河段、水生态修复治理区、水产种质资源保护区、水土流失重点预防区和重点治理区、大江大河大湖重要蓄滞洪区等。上述水体保护特定区域肩负着维持增进环境公共利益，保障水生态服务有效供给，实现生活用水、生态用水与生产用水的合理配置等诸多功能。立足功能实现，各级政府及其职能部门又对前述特定区域细化分类并附随设置差异化禁限措施。其中，轻微禁限的被纳入所有权的社会义务而不予补偿；严厉限制且造成特别牺牲的对应适用征收征用补偿；更有大量游离于轻微禁限与严厉禁限之间的诸多禁限措施，要么达到了"特别牺牲"，要么造成了牺牲但未达到"特别牺牲"，但却带来了显失公平后果。更重要的是，无论构成"特别牺牲"或者牺牲且显失公平之后果，禁限措施的持续状态需根据生态文明建设要求或者生态保护实际需要予以确定。迫切需要对这种禁限措施以及是否予以补偿作出法律回应，且这种回应兼具有激励水生态服务持续供给之意。建构意义上的生态补偿制度正是由此而得以展开。遗憾的是，我国长期秉持一种实用工具主义策略，强调对当前问题、局部问题之快速解决，但当前问题的解决累积着长远问题的产生，局部问题的解决孕育着整体问题的形成。当务之急在于，结合最严密制度、最严格法治保护生态环境的要求，反思应急性、实用性特征明显的水生态补偿制度机制的不足，重构水生态补偿制度的法理基础，并围绕全新法理基础推进水生态补偿制度法治化发展。（2）制度瓶颈问题尚未得到有效缓解。水生态补偿制度建构需要关注的议题很多，最为紧要之处在于，如何建立一个规范、稳定且可持续的资金机制，主要包括规范化融资筹资制度、透明性资金支付等。梳理水生态补偿资金的法律、法规和行政规范性文件等，大都体现为原则性、鼓励性或者倡导性规定，刚性、可操作性强的补偿资金机制却罕见。在广泛开展的生态补偿试点中，补偿资金多源于中央财政和地方财政。资金渠道单一，融资方式与资金渠道未能有效联结逐渐成为水生态补偿机制有效运行的瓶颈。一些地区在水生态补偿领域进行了创新探索，试图从水资源费、水利设施发电费用等渠道筹资补偿资金，虽然有效缓解了资金短缺之苦，但上述政策的法理正当性不足、稳定性差。总而言之，迫切需要建立健全一种多元化、多层次性、相对稳定的资金机制，且这种资金机制需要刚性的法律予以约束。对于持续供给水生态服务的生态保护者而言，一个规范、有序的水生态补偿资金机制能够带来稳定的利益预期而非一种机会主义的信号激励。

第三，涉水各级政府职能部门通常只专注各自职责范围内的生态补偿工作，导致对流域水生态系统整体性考虑不足。就流域水环境治理体制而言，我国建立了以水行政部门为主、其他职能部门参与的水资源监管体制；建立了以生态环境部门为主、其他职能部门参与的水污染防治监管体制；建立了以农业农村部门为主、其他职能部门参与的水生生物资源监管体制。此外，国家自然资源部门、林草部门、卫生健康部门等分别在水流产权界定、水生态修复、饮用水安全等方面等履行具体监管职责。不同政府职能部门立足不同部门法律规定，结合各自法定职责建立了相应的涉水生态补偿制度机制。毋庸讳言，这种"散装式"的涉水生态补偿制度机制，对于不同职能部门更好履行法定职责是必要的，对于维持增进环境公共利益乃至保障流域水生态服务持续供给也是有利的，在缓解流域利益相关者之间乃至人与自然之间紧张关系方面也颇具成效。即便如此，这种基于部门职责而形塑的涉水水生态补偿机制仍然存在以下问题。（1）内部视角。分别从水质保护、水量维持、水生生物保育等单一维度出发去推进涉水生态补偿制度建设，尽管有利于单一问题解决或者单一目标实现，但这种做法无视水质、水量、水生生物资源与水域岸线、水生态空间的整体性、系统性。（2）外部视角。单独将"水"剥离出来进行生态补偿制度建设，也脱离了山水林田湖草沙等自然系统整体性要求，人为造成一体化生态补偿制度体系区隔乃至断裂。由于内部视角整体性、系统性缺乏以及内外视角关联性不够，导致水生态补偿机制在补偿资金、补偿尺度、补偿标准、补偿范围和补偿方式等方面政策规定相互隔离,同一领域不同要素、同一要素不同地域出现补偿标准不一,也造成补偿标准偏低、补偿重叠和补偿真空同时并存问题,严重损耗着水生态补偿制度正当性以及运行绩效。2013 年,习近平总书记在《关于〈中共中央关于全面深化改革若干重大问题的决定〉的说明》中提出,"我们要认识到山水林田湖是一个生命共同体。人的命脉在田,田的命脉在水,水的命脉在山,山的命脉在土,土的命脉在树。"① 这意味着,人们在从事经济社会活动时,应该将支撑其生存、发展的生态环境视为一个有机、完整的生命躯体,不能超越其承载能力或造成其严重污染、破坏。就此而言,既要看到"在水言水""就水治水"之必要性,也要看到"在水言水""就水治水""一方水土只养一方人"之缺陷及不足。唯有立足于流域生态系统的完整性以及流域生态保护与经济社会发展的协同性,才能有效推进水生态补偿制度建构及机制运行。既要从内部视角整合"水体",将水资源保护、水污染防治、水生态修复及水生生物资源保护视作一个有机系统及功能整体,优化完善水生态补偿制度机制;又要从外部视角关联"水体",从流域山水林田湖草一体化理念出发,立足流域生态保护与经济社会高质量发展,才能持续完善水生态补偿制度。总之,内外视角虽然有别但要统筹兼顾,两者之间建立必要联结管道,实现互联互通。为此,需大力探索分类补偿与综合补偿协同推进方法,实现以分类补偿为基础,综合补偿为主导,切实保障水生态补偿机制有效运行。

第四,流域不同行政区水生态补偿试点工作缺乏指导性规范以及相对成熟的机制和模式。中国地域广阔,流域数量众多,具体情形千差万别,流域流经不同行政区的经济社会发展各异,不同流域、流域不同行政区生态补偿创新举措正在成为推动水生态补偿机制深入发展之动力源泉。(1)一些流域不同行政区建立了"行政指导 + 财政支持"横向生态补偿机制,一些流域上下游、左右岸和干支流地区地方政府之间签订"对赌性"流域生态补偿协议,一些流域不同行政区共同上级政府建立生态补偿资金的奖励惩罚机制等。2010 年底,在国务院职能部门组织、指导和协调之下,浙江、安徽两省新安江流域横向生态保护补偿机制建设试点工作启动。先后经历了第一轮试点(2012~2014 年)、第二轮试点(2015~2017 年)和第三轮试点(2018~2020 年),不断守正创新的新安江流域横向生态保护补偿机制建设取得了显著生态效益、社会效益与经济效益,也为其他跨省流域横向生态补偿提供了有益经验。紧随其后,赤水河、东江、滦河、酉水、渌水、滁河等跨省行政区流域相继进行了试点工作。迫切需要对这些创新举措及时

---

① 习近平:《关于〈中共中央关于全面深化改革若干重大问题的决定〉的说明》,人民出版社 2013 年版。

加以整理、推广和普及，更需要将其从社会生活事理、实践理性转化为流域生态文明建设的基本法理，以便最终形成一种规范化的水生态补偿制度以及有效运行的水生态补偿机制。（2）一些流域大胆探索水权交易、排污权交易以及水生态产品标志认证等市场化生态补偿机制策略。包括通过流域取水总量控制、排污总量控制，将自然领域的稀缺资源转化为制度领域的"稀缺资源"。借助取水权、排污权初始分配机制，以保障稀缺资源的初始分配实现公平。建构规范有序、充满活力的水权交易制度和排污权交易制度，以保障效率价值的实现，最终让生态保护者获得一定利益激励。建立统一水生态产品标准、认证、标识等体系，发挥着减少摩擦工具在水生态补偿制度机制运行中的降低成本机能。上述市场化生态补偿的丰富实践理性也需要法律制度加以固化。（3）一些流域开展资金补偿方式之外，也在不断探索对口协作、产业转移、人才培训、共建园区等多元化补偿方式。从较为单一的资金补偿方式，到产业转移等一切有利于增强生态保护补偿整体效益的其他补偿方式，进而再转型升级为一种全面合作关系。上述多元补偿方式发展历程以及内在演变机理，同样也需要加以总结、归纳、提炼和深化，从而为流域水生态补偿机制有效运行留下必要制度发展空间。

我国水生态补偿机制建立、运行及优化、完善进程中，相对成熟、可以复制且应当推广的地方实践经验迫切需要及时加以总结、凝练及提升，以便形成一种制度化、规范化的补偿规则体系。实践中暴露出来的各种问题也需要借助法治化路径予以化解、消减或者克服；一时一地难以解决的痛点、堵点和难点问题也需要及时梳理、总结并加以解剖分析，寻找制度化解决可能路径并预留相应的制度改进空间。总之，我国水生态补偿实践探索已经对理论发展和制度改进提供了较为充足的经验支撑和知识储备，现有理论研究却很难有效诠释和及时回应实践提出的各种疑难议题。开展水生态补偿机制的多学科合成研究具有如下独特学术价值和现实意义。

（1）本课题强调以"创新、协调、绿色、开放、共享"五大发展理念引领水生态补偿机制的深刻变革。党的十八届五中全会提出了"创新、协调、绿色、开放、共享"五大发展理念，集中反映了对新时代经济社会发展规律持续深化的认知及判断，极大地丰富了马克思主义世界观、发展观和方法论。其重大意义正如后续召开的党的十九大所指出的，这是关系到我国发展全局的一场深刻变革，影响将非常深远。具体而言，创新发展是我国经济结构和产业布局实现战略性调整的关键驱动因素，是全面发展的根本支撑和关键动力；协调发展是全面建成小康社会乃至实现社会主义现代化强国的重要保证，也是提升发展整体效能，推进社会主义共同富裕的重要支撑；绿色发展是实现生产发展、生活富裕、生态良好的文明发展道路的历史选择，是在深入反思人与自然关系基础上，通往人与自然

7

和谐共生的必由之路；开放发展是在总结我国多年改革开放成功经验基础上，深入拓展国内国外两重发展空间，提升开放型经济发展水平的必然要求；共享发展要求全体中国民众共享改革发展利益，实现共同富裕，既体现了社会主义本质要求，更是社会主义制度优越性的集中体现。在五大发展理念指导下，我国流域水生态补偿制度变革以及水生态补偿机制创新势必能够重新焕发新机。它通过生态补偿机制的理论创新、制度创新与实践创新，从而为水生态补偿制度建构及机制运行提供强大变革动力支撑，并借此凸显中国生态文明建设的理论自信、制度自信和道路自信；它以区域利益有效实现、共同利益和整体利益持续增进为立足点，努力协调流域上下游、左右岸地区、干支流不同地区之间，重大引调水工程水源地与受水区之间的利益相关者在经济利益与环境利益、发展利益与生存利益、局部利益与整体利益、代内利益与代际利益之间的冲突与矛盾，实现不同利益衡平以及公共利益维持或增进；它秉持开放心态，以流域生命共同体理念为指导，聚焦流域水环境保护、水污染防治和水生态修复，大力拓展补偿资金筹集渠道与支付方式，有序扩大补偿领域、补偿空间和补偿尺度，努力找寻水生态补偿机制与精准扶贫政策乃至乡村振兴战略之间的勾连处与契合点，构建流域跨行政区域、跨流域跨行政区域、跨国别乃至全球化的水生态补偿制度机制；它利用我国自然资源产权制度改革的有利契机，推进多种层次、多种类型的市场化补偿机制，建构不同流域、不同行政区、不同国别甚至不同文化的生态保护者与生态受益者之间的良性互动关系，实现在更开放领域上、更广大范围内的共建共享共荣。它借助相对公平且富有效率的激励性制度策略安排，逐步实现对水生态产品形成的制度"激励"和水生态产品供给的法治"保障"，优化完善一种规范化、法治化的补偿资金融资、支付制度以及配套的责任机制，促进流域经济社会转型升级，实现绿色、循环、低碳及可持续发展。

（2）本课题依据生态文明建设及建成美丽中国等宪法目标任务要求进行水生态补偿机制的法治化建构。虽然人类发展历史在阶段上呈现原始文明、农业文明、工业文明和生态文明的演进路径，但我们认为，我国目前作为治国理念提出的生态文明概念与物质文明、精神文明和政治文明是在同等层次上运用和发展的。按照《中国共产党党章》《中华人民共和国宪法》指导精神和基本要求，生态文明建设事关党和国家发展建设全局，绿水青山就是金山银山构成生态文明建设的基本理念，建成"美丽中国"成为生态文明建设总体目标任务，用最严格制度最严密法治是生态文明建设行动指南。为了践行上述理念、目标及行动指南，最为迫切任务就是建立系统完整、规范科学、运转有序的生态文明制度体系，而在生态文明制度体系中，生态补偿机制扮演着必不可少且至关重要角色，因为它是解决社会主义社会主要矛盾中利益配置不平衡的主要抓手，是促进生态文明建设及建成"美丽中国"的法治保障，是实践绿水青山就是金山银山理念的核心举措，也是实现绿色发展与协调发展的主要制度工具。"围绕生态文明建设进行的宪法修改虽然是由政治判断来启动的，但政治理念一旦转化成为宪法条文，也就成为指引国家宪法生活的最高规范。"① "生态文明写入宪法，体现为一种国家意志，既具有一般意义，也具有特定的宪法意义，将会对宪法既有的基本原理、宪法实施等产生影响。"② 当生态文明建设上升为一种国家执政准则和法治精神时，一场摒弃不符合生态文明建设要求的生产、生活和消费行为模式、治理模式将进行彻底变革，包括水生态补偿机制之内的生态文明制度创新探索举措就会层出不穷。我国水生态补偿制度建设及机制运行是一项复杂的系统工程，利益相关者众多且异质性强，加之我国生态补偿工作起步较晚，对制度创新探索涉及的自然规律、社会规律认识不够深入，一直处于"干中学"状态。一旦总结出成熟经验，形成可推广、可复制的补偿规则，需要及时将其规范化，从而形成一套水生态补偿制度规则，这理应构成我国生态文明建设及建成美丽中国的应有之义。为此，我们需要梳理水生态补偿的法律政策规定，深入学习总结国内外生态补偿典型案例、实践经验和习惯做法，遵循水生态补偿机制实践理性，统筹兼顾问题导向、目标导向与逻辑导向，深入分析水生态补偿制度的理论基础；遵循系统和整体方法论，整合、优化涉水生态补偿范畴、层次和尺度，努力实现水生态补偿的全覆盖、系统性、一体化且保持适度开放；有序厘定流域水生态补偿标准、补偿方式及补偿对象，将法律意义上的生态保护者以规范化方式甄别和遴选出来，核算其直接投入成本、发展机会成本，或者所带来的生态服务功能价值，对其实施合理补偿，重塑一种正义的补偿伦理；以上级政府及其职能部门行政指导为手段，鼓励并协调不具有行政隶属关系的流域相关人民政府之间签订履行流域生态补偿协议，明晰流域上下游、左右岸、干支流地区之间的权利义务关系，形塑一种良性互动机制；建立健全流域水生态补偿监管体制、考核评估制度及相应责任追究制度，为流域水生态补偿制度完善及机制运行提供法治保障。申言之，通过对国家、流域、区域等不同层面的水生态补偿制度研究，为水生态补偿机制有效运行提供法治资源、智力支撑，实现以制度文明引领流域文明，用法治文明呵护生态文明。

（3）本课题将紧紧围绕民众利益诉求推进水生态补偿机制的有效运行。制度建立并不意味着机制运行，这是因为制度本身并不能够自身运转，而是需要建立一定机制才能使制度具有有效性或生命力。而机制有效运行的根本原因在于，它

---

① 张翔：《环境宪法的新发展及其规范阐释》，载《法学家》2018年第3期。
② 张震：《中国宪法的环境观及其规范表达》，载《中国法学》2018年第4期。

需要在不同主体利益诉求与制度预设目标之间建立一种内在行为关联，这种内在关联性不断促使利益主体主动选择满足制度预设目标的行为策略。水生态补偿机制的有效运行提供水生态补偿制度建构、变迁路径，为不同主体的利益诉求满足提供一种制度化解决途径。归根到底，需要紧紧围绕民众的利益诉求，才能保障水生态补偿机制有效运行。具体而言，一是建立健全水生态产品形成与供给制度。结合自然资源资产产权制度改革的有利契机，不断进行水流产权（包括水资源、水域岸线资源）确权制度，依法明晰各类水流产权权属关系，切实解决水流所有权边界模糊、使用归属不清、权责不明等问题，以便为建立市场化水生态补偿机制和完善纵向横向的水生态补偿机制提供制度支撑。二是建立健全水生态补偿融资支付制度。在融资责任方面，逐步厘定中央政府与地方政府之间、各级地方政府之间的水生态补偿事权与支出责任。逐步实现水生态补偿融资制度、支付制度的规范化，探索融资方式与融资渠道的有效联结。在水生态补偿支付责任方面，建立科学规范的支付基准、支付标准、支付方式等，让真正从事生态保护工作的生态保护者能够从中受益。三是建立健全水生态补偿评估监督制度。各级政府可以采用购买公共服务方式，委托第三方机构对资金筹集、支出以及资金使用等进行绩效评估。评估结果可以作为追加、减少以及追究责任的依据，从而推动生态补偿机制有效运行。四是建立健全水生态补偿监督管理制度。逐步完善生态补偿"牵头部门＋分管部门"相结合的监管体制，优化生态补偿联席会议制度，加快推进流域水生态补偿机制治理能力和治理体系现代化。总之，通过对水生态产品形成与供给制度、水生态补偿融资与支付制度、水生态补偿监管与责任制度、水生态补偿考评与监督制度等相互区分且相互递进的研究，努力发现不同利益相关者利益诉求与制度预设目标之间的关联点，找寻不同利益相关者行为选择的内在逻辑，从而建立起个体利益、区域利益、公共利益与国家利益之间互联互通之管道，实现不同利益的相互促进及相互成就，引导不同类型的生态保护者主动采取趋向制度预设目标的行为选择策略，在极大降低水生态补偿机制运行费用的同时，形成水生态补偿机制有效运行的内在机理。

受制于诸多原因，国内关于水生态补偿机制的研究主要围绕"谁补给谁（补偿主体与受偿主体）""补多少（补偿标准）""怎么补（补偿方式）"三个核心问题展开研究（以下简称"三段论"）。严格意义上讲，"三段论"研究模式是一种实用工具主义的研究进路。它立足于问题导向，紧紧抓住了生态补偿实践需要解决的堵点、难点和痛点，在制度建构初期能够带来水生态补偿机制有效运行。但当丰富多彩的生态补偿实践发展到一定阶段之后，问题导向的研究进路就会带来一系列消极影响：问题发现的"碎片化"，问题解决路径的"逻辑不自洽"，解决问题的"治标不治本"等，解决问题本身却成为"问题"且形成"问题

簇"。可见，当水生态补偿机制运行到一定阶段后，"三段论"的研究进路最终
难以有效指导丰富多彩的实践活动，久而久之，理论就会丧失对实践的解释力和
指导力，甚至会引发生态补偿实践陷入工具主义甚至庸俗主义泥沼。对此，制度
学派的代表人物布坎南认为，当人类历史进入"世界历史性"时期之后，有意
识、有目的的制度创新或者制度选择就显得愈发重要。有鉴于此，在梳理文献及
前期实证调研基础上，我们认为流域水生态补偿机制是一个由重要过程和关键环
节所共同组成的合作机制。结合一些重要过程和关键环节，我们尝试将其划分为
水生态产品形成与供给、水生态补偿融资与支付、水生态补偿管理与责任和水生
态补偿评估与监督等四个相互区隔但又相互关联的制度运行过程。它们在水生态
补偿制度建构及水生态补偿机制有效运行中发挥不同功能。具体而言，水生态产
品形成与供给制度构成水生态补偿机制有效运行的"前提"，水生态补偿融资与
支付制度构成水生态补偿机制有效运行的"核心"，水生态补偿管理与责任制度
构成水生态补偿机制有效运行的"关键"，水生态补偿评估与监督制度构成水生
态补偿机制有效运行的"保障"。关于水生态补偿机制的规范化研究，需要从
"前提"出发，扣住"核心"，抓住"关键"，夯实"保障"。唯有如此，建构的
水生态补偿制度才能保障水生态补偿机制有效运行。总之，统筹兼顾问题导向、
目标导向与逻辑导向，规范化、法治化的水生态补偿制度才能得以建构，建构起
来的水生态补偿制度才能促进水生态补偿机制有效运行。

二、文献来源与检索数据

本课题名为"水生态补偿机制研究"，主题词分别是作为限定词的"水"和
作为中心词的"生态补偿机制"。"水生态补偿机制"与"生态补偿机制"是一
种种属关系，在梳理文献时，除了对生态补偿机制作出一般性描述外，也会对水
生态补偿机制特殊性进行重点强调。此外，水生态补偿机制与流域生态补偿机制
存在着大量混同交叉关系，本书在论述时未作刻意区分。应该说，自生态补偿概
念范畴产生以来，其实用主义特性能够有效回应与满足社会需求而备受诸多学科
研究偏爱。迄今为止，国内外环境科学、经济学、管理学以及法学等学科均在此
领域内开疆辟土，为生态补偿制度完善作出各自学科贡献。

国外文献检索采用 Web of Science 核心合集平台下的 Social Science Citation
Index（SSCI）、Science Citation Index Expanded（SCI - EXPANDED）、Conference
Proceedings Citation Index - Science（CPCI - S）、Conference Proceedings Citation In-
dex - Social Science & Humanities（CPCI - SSH）等作为来源数据库。在 Web of
Science 核心合集进行检索时，检索时间是 2016 年 7 月 1 日，检索途径为 title,

检索式 1 为：题名 = （"ecosystem service" or "environment service" or "ecology benefit" or "ecology service" or "ecology efficient" or "ecologic compensation" or "water eco-compensation" or "water eco-compensation system"） AND 题名 = （region or area or water or watershed），论文发表年限为所有年，共检索出 161 篇文献，其中研究论文（Article）114 篇，综述（Review）2 篇，会议论文（Proceedings Paper）45 篇。检索式 2 为：标题 = （"environment service" or "ecosystem service" or "ecology service" or "ecology benefit" or "ecology efficient" or "eco-compensation" or "ecologic compensation" or "watershed service" or "water eco-compensation system"） AND 标题 = （Payment or Compensation），论文发表年限为所有年，共检索出 357 篇。

国内文献检索采用中国知网作为来源数据库，以万方数据库和维普数据库作为比对。在中国知网分别以主题（篇名、关键词）"水生态补偿机制"进行期刊论文检索，计期刊论文 7 篇左右，内容大多涉及特定流域（如珠江、海河、三江源等流域）水生态补偿机制研究。运用高级检索工具，检索出沈满洪《水生态保护的补偿机制研究》（原载于《生态补偿机制与政策设计国际研讨会论文集》，中国环境科学出版社 2006 年版），水利部发展中心马超等《我国水生态补偿机制的现状、问题及对策》（原载于《人民黄河》，2015 年第 4 期）。在中国知网上分别以主题（篇名）"水生态补偿机制"进行博硕论文检索，计 8 篇左右，内容多涉及流域、跨流域调水生态补偿机制研究。在中国知网以主题"水土保持生态补偿"进行期刊和硕博论文检索，分别有 118 篇和 45 篇。在中国知网以主题"饮用水水源生态补偿"进行期刊和硕博论文检索，分别有 139 篇和 82 篇。可见，与专门进行"水生态补偿机制"研究相比，涉及水土保持生态补偿机制和饮用水水源生态补偿机制研究的论文数量较多，质量也较高。因为"水生态补偿机制"的研究论文多与流域相关，故在中国知网以篇名"流域生态补偿机制"进行期刊和硕博论文检索，分别有 907 篇和 203 篇。缩小检索范围至 CSSCI 刊物和博士论文，分别有 64 篇和 31 篇。从发表年份看，2000 年以来的数量结构呈现正态分布。继续扩大至"生态补偿机制"进行主题（篇名、关键词）检索，共有期刊论文 4 963 篇、1 281 篇，博硕论文 872 篇、187 篇，缩小期刊检索范围至 CSSCI 刊物，计期刊论文 592 篇和 185 篇。缩小至博士论文，计有 151 篇、30 篇，著作类论文为 158 篇。

这表明，生态补偿机制、流域生态补偿机制、水土保持生态补偿机制和饮用水水源生态补偿机制的研究成果数量较多，种类较为丰富，基本上能够代表本领域主要研究成果和研究方向。应该说，这些研究成果为我国生态补偿机制建设运行奠定了较为坚实的理论储备，也在一定程度上丰富并促进了生态文明建设。如前所述，流域生态补偿机制与水生态补偿机制存在一定交叉与重合，但两者内涵外延方面仍有不同之处，因而在制度设计方向及机制运行侧重点上存在一定差别。本书论述过程中，并未对流域生态补偿机制和水生态补偿机制进行刻意区分，但不排除专门针对水生态补偿机制的特殊性进行单独分析。

（一）论文发表期刊与高引文献

对生态补偿机制论文发表期刊分布状况及高引文献、作者进行检索分析，可以了解核心期刊发文状态和研究态势，为研究提供参考指南，为研究文献收集管理提供依据。

1. 论文发表期刊概况

总体来看，外文期刊 *Ecological Economics*（属 SCIE、SSCI 双收录期刊）一贯遵循办刊宗旨及定位，重视生态服务功能价值、生态补偿以及生态服务付费的相关研究，发表研究论文数量最多，质量较高，得到国内外学界广泛认可。近十年来，*Ecological Economics* 相继发表了 "发达国家的生态补偿（2008 年第 4 期）""发展中国家的生态补偿（2010 年第 6 期）""生态补偿：从区域到全球（2010年第 11 期）" 等系列研究专辑，大体上勾勒出国际、国别及国内生态补偿研究的前沿问题。此外，*Advanced Materials Research*，*PNAS* 关于生态补偿的发文量也较多，前者发文作者主要以中国研究者为主，后者发文的影响因子较大。国内刊物中，《中国人口·资源与环境》《生态经济》《林业经济》等刊载生态补偿机制研究的论文数量最多，诸多中国学者高引文献大多出自上述期刊。此外，《资源科学》《自然资源学报》《环境保护》《法学评论》等科技类、社会类和法律类期刊也在生态补偿机制研究上着墨较多。

2. 高引论文概况

国外关于生态补偿机制研究中，引用次数最高的是学者恩格尔（Engel）教授。他一篇关于生态补偿机制研究综述的论文发表在 *Ecological Economics*（2008）杂志上，该文结合国内外生态补偿实践，详细梳理了生态补偿概念、范围以及生态补偿项目主要尺度与设计特征，比较了生态补偿与其他政策工具之间的异同，研究了生态补偿项目效率及资源分配过程。该文最后强调，生态补偿机制不是一个无所不能的 "银弹"，它存在着一定的制度适用范围及不足，只能用于解决某些特定的生态环境问题。国内研究文献引用最高的学者是毛显强教授。他的高引论文《生态补偿的理论探讨》发表在《中国人口·资源与环境》（2002）期刊上。该文认为生态补偿是一种使外部成本内部化的环境经济手段，核心问题包括：（1）谁补偿谁，即补偿主体与受偿主体问题。（2）补偿多少，即补偿强度问题。（3）如何补偿，即补偿渠道问题。除了经济学科、管理学科外，法学学科研究成果也非常突出。15 篇中文高引文献中，曹明德、杜群、钱水苗和杜万平等学者都是从法学（尤其是环境法学）视角开展生态补偿机制研究，在高引文献中占比达 25%。这一数据说明，国内研究并不仅限于生态补偿理论分析及补偿标准的核算评估，也开始有意识地从制度变革视角探索生态补偿制度机制法治化发展路径。总之，不同学科研究者需要摒弃成见，共同携手，相互协同，形成强大研究合力，为生态补偿制度建构及生态补偿机制有效运行作出贡献。

（二）研究热点

一般而言，关键词出现频率大体上能够反映当前的研究热点。搜索结果大致如下，英文关键词出现频率大于 40 次的有，Ecosystem services，Watershed，Biodiversity，Water quality trading，Environmental services，Diversity，Eco-compensation，Willingness to pay，Water balance，Payments for ecosystem service，Carbon sequestration，Willing to accept，Permit trading，Water transfer 等。这些高频关键词能够帮助我们跟踪国外生态补偿机制研究热点、最新研究成果以及研究发展方向。

中文关键词出现频率大于 10 次的主要包括：生态补偿、生态保护补偿、生态产品及优质水生态产品、生态服务及水生态服务、流域生态补偿、补偿标准、外部性、发展机会成本、直接投入成本、生态服务功能价值、长江流域、新安江流域、流域系统管理、流域上下游地区、水资源、黄河流域、东江流域、跨流域调水、支付意愿、核算方法、生态服务付费、跨行政区生态补偿、主体功能区、流域生态环境、市场机制、补偿主体、补偿模式、太湖流域、重点生态功能区、饮用水水源（地、保护区）生态补偿机制、水土保持生态补偿、森林生态效益补偿、流域横向生态保护补偿协议等。上述中文关键词对于我们系统把握中国水生态补偿机制的研究现状和未来发展趋势发挥着重要借鉴作用。

三、研究评述

（一）关于生态补偿概念范畴的研究

1. 国外学者的研究

概括起来，国外将生态补偿概念范畴大体分为三个方面进行研究。（1）生态补偿科斯概念。在科斯定理基础上，学者伍德（Wunder，2005）在《生态服务

付费：核心要素和关键环节》中将生态补偿定义为，生态服务购买者与生态服务
供给者就生态服务买卖达成的一种自愿交易。学者恩格尔（Engel，2008）在
《理论和实践中的生态服务付费制度设计：基于问题之反思》中，对伍德提出的
生态补偿概念进行了两个方面拓展：一是将生态服务购买者从实际受益者扩大到
第三方，如政府与国际组织；二是考虑到实践中经常会出现集体产权因素，故将
社区等集体组织也被纳入生态服务供给者范畴。尽管面临诸多争议，生态补偿科
斯概念仍被认为属于生态补偿主流概念体系。（2）生态补偿庇古概念。学者克劳
德（Claudia，2013）在《坚硬果核中的生态服务付费：定义、起源到实践方法、
设计过程及创新环节》中，指出生态补偿绝大部分包含某类政府的干预机制（税
收或补贴），故可以理解为广义上的生态补偿的庇古概念。学者帕吉奥拉（Pagi-
ola，2007）在《基于"减贫"的生态服务付费导引》中，指出发展中国家市场
机制不完善，加之减少贫困及促进社会公平的客观要求，需要高度重视政府作
用。学者穆拉迪安（Muradian，2010）在《促使理论与实践协调：理解生态服务
付费的一个可选择概念框架体系》中将生态补偿定义为，"自然资源管理活动中，
旨在使个体、集体土地利用决策行为与社会利益一致而提供相应激励的一种资源
转移。"学者罗德里格斯（Rodrfguez，2011）在《一个一体化的环境和社会规
划：基于发展中国家"有偿生态服务"和"有条件现金转移支付"的学习体会》
中，比较分析了"有偿生态服务"与"有条件现金转移支付"在国家减贫政策
中的不同作用机理，提出了生态补偿在公平、效率等方面的特征。由于关注制度
多元价值功能，生态补偿庇古概念契合了发展中国家政策需求而颇受青睐。
（3）融合或超越科斯定理与庇古原理的生态补偿概念。学者科尔韦拉（Corbera，
2009）在《生态服务付费的制度设计：基于墨西哥森林碳计划的分析视角》中
认为，生态补偿是"旨在通过经济激励加强或改变自然资源管理者与生态系统相
关管理行为的系列制度设计总和"。学者斯科默斯（Schomers，2013）在《分析
与比较工业化国家和发展中国家的生态服务付费》中认为，交易成本和产权分配
结构不能够解释一些生态补偿案例，严格意义上的生态补偿应该是"一定视野下
一些地区局部的制度转型"。学者塔科尼（Tacconi，2012）在《重新定义生态服
务付费》中认为，"生态补偿是一套透明的制度，即通过有条件支付，自愿提供
额外的环境服务"。总体来看，塔科尼提出的生态补偿概念涵盖了实践中不同类
型的生态补偿，不仅符合生态补偿庇古概念要求，而且也融合了参与自愿性、成
本效益、帕累托效率标准、生态服务交易双方选择权、中介组织等生态补偿科斯
概念的核心元素，重构了生态补偿概念范畴体系。

2. 国内学者的研究

我国学者侧重于立足不同学科对生态补偿概念进行专门研究。主要包括：

（1）生态学意义上的生态补偿概念。学者马世骏（1981）等提出，自然生态系统各要素之间具有一定程度相互补偿的调节功能，但这种补偿和调节作用是有限度的。学者张诚谦（1987）在《论可更新资源的有偿利用》一文中提出，"所谓生态补偿就是从利用资源所得到的经济收益中提取一部分资金并以物质或能量的方式归还生态系统，以维持生态系统的物质、能量在输入、输出时的动态平衡"。《环境科学大辞典》（1991）强调指出，生态补偿是自然生态系统对干扰的自我调节和自我恢复能力，并不需要人类活动的参与。可见，生态学意义上的生态补偿概念在侧重点上略有差异，前者主要从人类对自然能力的补偿和维持角度进行定义，后者更侧重于对自然能力（缓和干扰）的描述。（2）经济学意义上的生态补偿概念。经济学界对生态补偿概念的研究一直占据主导地位。早期主要从征收生态环境补偿费角度出发，学者陆新元（1994）《关于我国生态环境补偿收费政策的构想》和原国家环境保护局自然环境司（1995）组织编写的《中国生态环境补偿费的理论与实践》等中，都是从征收生态补偿费目的、对象、内容、手段和保障等管理制度方面对概念进行界定。学者毛显强（2002）在《生态补偿的理论探讨》、学者万军（2005）在《中国生态补偿政策评估与框架初探》等文中，均把生态环境保护行为与生态环境破坏行为范畴一并纳入生态补偿概念之中。学者李文华等（2006）在《森林生态效益补偿的研究现状与展望》一文中，提出生态（效益）补偿是用经济手段达到激励人们对生态服务进行维护和保育，解决由于市场机制失灵造成的生态效益外部性并保持社会发展公平性，达到保护环境利益之目的。（3）法规范意义上的生态补偿概念。学者汪劲（2014）在《论生态补偿的概念——以生态补偿条例草案的立法解释为背景》中认为，"对生态补偿概念做出立法解释是生态补偿立法遇到的首要问题"。"生态补偿是指在综合考虑生态保护成本、发展机会成本和生态服务价值基础上，采用行政、市场等方式，由生态保护受益者或生态损害加害者通过向生态保护者或因生态损害而受损者以支付金钱、物质或提供其他非物质利益等方式弥补其的成本支出以及其他相关损失的行为。"此外，《国务院关于生态补偿机制建设工作情况的报告》《关于深化生态保护补偿制度改革的意见》等政策文本对生态补偿概念也作出了类似表述。

（二）关于水生态产品形成与供给机制的研究

1. 对水生态服务或生态产品的专门研究

水生态产品形成与供给制度是水生态补偿机制有效运行的前提。党的十八大以来，生态产品概念界定和内涵认知逐渐明晰。生态伦理学把生态产品理解为道德产品，生态经济学把生态产品界定为生态利益的分配正义，生态哲学则把生态产品界定为生态利益的产生正义。基于不同知识背景和学科观点会得出不同的生态产品概念解读和内涵界定形式。国务院《全国主体功能区规划》（2010）指出，生态产品是指维系生态安全、保障生态调节功能、提供良好人居环境的自然要素，包括清新的空气、清洁的水源和宜人的气候等。对比《千年生态系统评估报告》中的"生态服务"等，可以发现，生态产品概念比较接近于"生态服务"，属于"生态服务"关联概念。官方正式使用这一概念意味着，在吸纳生态服务这个概念的同时，提炼更加符合中国特色的概念范畴，并围绕这个核心概念进行制度创新探索。学者曾贤刚（2014）从维持生命支持系统、保障生态调节功能、提供环境舒适性的自然要素功能要素方面界定生态产品。学者黄如良（2015）从有益于人的健康产品、多维度价值、正外部性的自由产品等界定生态产品。学者方印（2021）提出生态产品价值实现根本上是其价值产生正义、分配正义与矫正正义的整合。课题组结合不同语境体系使用不同的概念范畴之需要，有时相互替代，但并不妨碍它们之间存在差异。

2. 生态服务及其与土地利用方式变更的关系

生态服务及其与土地利用方式变更的关系主要包括：（1）生态服务功能的概念。麻省理工学院出版社（MIT Press，1970）在《关键性环境问题研究》的报告中，首次使用生态服务（环境服务）及生态服务功能一词，并将生态功能描述成为一种向人类提供的各种服务，包括病害虫防治、气候调节和水土保持等。学者科斯坦萨（Costanza，1997）认为，生态服务功能是"自然资本中的物质流、信息流和能量流，它与人类人造资本结合后为人类提供着各种福利"。学者戴利（Daily，1997）在《自然的服务：对自然生态系统的社会依赖》一书中，认为生态服务功能供给与土地利用方式变更存在着密切关系，提出生态服务是由土地利用方式变更而得来的，因此需要对两者关系进行深入揭示。（2）生态服务付费的计算。学者科斯坦萨（2008）在《生态服务付费：从地方到全球》中，针对生态服务付费理论困境，指出土地等自然资源利用变化与生态服务之间存在一定关系，这种机制就是生态服务价值形成与供给机制。联合国千年生态系统评估委员会（2005）在《生态系统与人类福祉（综合报告）》中，将人类从生态服务中获得的生态服务分为供给服务、调节服务、文化服务和支持服务等四个类别，并计算出各自相应的货币价值或价格。学者施特尔（Schrter，2005）在《欧洲气候变化中的生态系统服务供给》一文中，采用系列生态系统模型和关于气候与土地利用变化情景，预测了欧洲21世纪生态服务的供给情况，发现典型气候和土地利用变化导致生态服务供给的变化。（3）土地利用对生物多样性的影响。克雷曼等（2004）在《生态服务的社区要求》中提出了建立一个考虑土地利用变更影响生态服务功能的概念框架体系，用于评价土地利用变更对授粉等服务功能的影响。

达斯（2003）在《通过去除实验以揭示生态服务功能：生态学的趋势与进化》中，分析了土地利用变更如何通过改变植物功能多样性而改变生态系统特征，在此基础上提出了一个在生态系统服务功能评估中整合植物功能多样性的框架。（4）土地利用改变生态系统过程影响生态服务功能。学者勒迈特雷（Lemaitre，2007）在《链接生态服务与水资源》中指出，非洲南部干旱草原，过度放牧、农作物栽培和灌溉等农业开发导致景观连接性被破坏，这种生态过程破坏、中断生态系统水分和养分的保持能力，从而导致生态系统不断退化。李文华等（2009）在《中国生态系统服务研究的回顾与展望》中，指出我国生态补偿实践中通常是结合土地利用变更来理解生态服务供给。欧阳志云等（2009）在《生态系统服务的生态学机制研究进展》中，提出土地利用变更是通过改变生境、改变生物多样性、改变生态系统过程等途径影响生态服务功能。傅伯杰等（2016）在《生态系统服务权衡与集成方法》中指出，土地利用变化与土壤保持、碳固定等具有正效应，与产水量存在一定负效应；粮食生产能力与农业生产条件改善、人工投入增加和技术进步相关。

3. 影响生态服务功能其他要素研究

影响生态服务功能其他要素研究主要包括：（1）生物多样性对生态服务供给的影响。学者瓦内拉（Balvanera，2006）在《量化生物多样性对生态服务功能影响的证据》中，分析了446个典型案例，认为生物多样性总体上对生态服务功能有积极影响。学者达斯（Daz，2003）在《通过去除实验以揭示生态服务功能：生态学的趋势与进化》中对生物多样性能否增加生态服务功能则持一定的谨慎态度。（2）时空尺度对生态服务功能的影响。学者克雷曼（Kremen，2004）等在《生态服务的社区要求》中认为生态服务功能管理对于人类生存发展至关重要，然而对于需要多大自然空间范围才能支持生态服务需进一步研究。学者彼得森等（Peterson et al.，1998）在《生态规模理论及应用》中提出，发挥同一功能但在不同时空尺度起作用的物种都会为恢复生态服务功能提供帮助。同一生态系统下不同提供者能够在系列时空尺度范围内提供生态服务，并且不同尺度上的同一生态系统服务相互关联。（3）涉水空间尺度对生态服务功能的影响。学者欧阳志云等（2009）在《生态服务的生态学机制研究进展》中指出，流域上游地区是水源涵养区与水源形成区，大多山高坡陡，不利于工农业活动展开，人民生活水平相比中下游地区偏低。这种地理环境限制造成上游地区的经济发展速度低于中下游地区，但上游地区却为整个流域提供了重要生态服务功能，为中下游地区经济社会发展提供了重要生态保障。但是目前这些生态服务功能还未能纳入生产成本核算之中，故未能得到相应评估。

总结国内外研究发展，也存在一些不足：（1）对生态服务价值功能量化研究缺乏生态学基础。由于对各类生态系统结构、生态过程与生态服务功能内在关系缺乏深入分析，不能准确揭示生态系统结构调整、过程变化与生态服务功能供应之间是否存在一定因果关系，不能科学揭示出调节服务、供给服务、支持服务等诸多生态服务之间内在关系，故迫切需要加强对生态服务供给的生态学基础研究。（2）没有深入分析流域水生态产品供给的内在机理。未能揭示出土地利用变更与水生态产品供给之间的内在逻辑，不同水生态产品之间的权衡与协同、转换关系。不能有效描述土地等自然资源利用变更（如耕地转化为生态公益林用地）、流域产业结构调整（如第一产业向第二、第三产业转化）等与水生态产品数量、质量和结构之间的内在变动机理，故很难对水生态产品价值做出科学评估以及在此基础上对水生态产品价格做出合理测算。

（三）水生态补偿融资机制的研究

1. 关于市场融资机制的研究

帕吉奥拉（2007）在《生态服务付费：从理论到实践》中指出，通过"受益者付费"原则解决生态补偿资金问题，这符合通过谈判解决问题的科斯定理，得出基于市场的融资机制要比基于政府的融资机制更加富有效率。学者阿南塔（Anantha，2006）在《生态服务市场机制：多边全球协定》中指出，需要创立一套自由交易市场机制，生态服务价格由市场竞争决定，受供求关系影响。学者秦艳红等（2007）在《国内外生态补偿现状及其完善措施》中也指出，"受益者付费原则"能够建立一条相对持久的资金供给渠道。学者王金南（2005）在《生态补偿机制与政策设计》中，针对包括水生态补偿机制在内的政府与市场融资机制进行了专门探讨。孔凡斌（2010）在《中国生态补偿机制理论、实践与政策设计》，郑海霞（2010）在《中国流域生态系统服务补偿机制与政策研究》，万本太（2008）在《走向实践的生态补偿——案例分析与探索》，中国21世纪议程管理中心（2011）在《生态补偿的国际比较：模式与机制》，秦玉才等（2013）在《中国生态补偿立法：路在何方》等先后对市场化融资机制做了分析。从国际状况来看，市场化资金机制在全球碳汇市场领域内快速发展，较为典型的有芝加哥气候交易所（CCX）、欧盟排放交易体系（EUETS）以及联合国在发展中国家开展的防止毁林和森林退化、减少温室气体排放（REDD）项目及升级版（REDD＋）项目。尽管市场化融资机制有诸多优点，但其使用范围约束条件却非常严苛，一是交易主体有数量限制。当交易主体众多，协调或谈判成本势必过大，就难于使用强调效率优先的市场资金机制；二是交易范围有空间限制。当涉及地域范围较广、空间更大范围的公共产品（比如大尺度流域性生态产品）时，基于市场的资金机制就难有施展空间。

2. 关于政府融资机制的实践与研究

从世界各国尤其是发展中国家实践来看，政府在生态补偿融资机制中发挥主导作用。相关研究包括：一是关于中央政府财政转移支付的研究。学者艾琳（Irene，2000）在《德国生态公共职能和地方财政平衡》中指出，德国在联邦政府与地方政府之间财政体制中安排了专项补助，专门用于补偿地方政府所提供的各项生态服务。学者蒙布南（Mumbunan，2010）在《印度尼西亚省级生态财政转移研究》中指出，印度尼西亚在中央转移支付中安排了多项用于森林和土地保护与生态恢复的专项资金。除了生态补偿专项转移支付之外，许多国家中央政府在一般转移支付中也考虑生态补偿相关指标因素，典型如哥斯达黎加、葡萄牙等国。葡萄牙甚至通过修订法律，在中央对地方一般转移支付分配体系中引入了一系列生态指标。二是关于州（省）以下地方政府财政转移支付的研究。艾琳（2008）在《整合地方生态服务进入跨政府财政转移：巴西生态保护的案例》中，详细介绍了巴西一些省将一般转移支付与生态补偿相结合的案例。从案例可以看出，这些一般转移支付的直接目的是向那些因保护区土地利用限制而不能发展的地方实施补偿，逐渐发展到现在已经演变成为激励地方建立新的生态保护特定区域的一种政策工具。三是关于横向转移支付的制度探索实践。据不完全统计显示，目前世界上只有德国建立了横向转移支付机制。1991 年，德国专门设立横向转移支付基金，主体是由州际财政平衡资金构成，专门用于解决生态补偿资金地理空间分配问题。德国通过富裕地区向贫困地区横向转移支付，逐步完善了州际财政平衡基金机制。此外，国外关于生态补偿融资机制建设而言，总的走向是多元化，包括融资主体（政府与市场的融合）多元化、融资渠道多元化、融资方式（税收、补贴、水权交易等）多元化等。法国流域水生态补偿案例经常被作为一种典型示范。法国 Vittel 公司 7 年之内先后共投入约 2 450 万美元，法国国家农艺研究所（INRA）共支付约 20% 费用，法国水管理部门投入约 30% 费用，主要用以改进流域废弃物处理等。① 上述多元主体多种方式融资机制极大地促进了法国 Vittel 流域水生态环境改善。哥斯达黎加《森林法》为国家森林基金规定了多样化资金来源：一是国家投入资金，包括化石燃料税收入、森林产业税收入和信托基金项目收入；二是基金与私有企业签订的协议资金；三是项目和市场工具，主要包括来自世界银行、德意志银行等国际国内组织贷款和捐赠、国际债务交换、金融市场工具等。

需要继续完善以下研究：（1）如何建立市场资金与政府资金融合机制。尽管提出了多元化议题，但政府资金与市场资金融合途径、融合渠道的典型经验、经

---

① 赵春光：《我国流域生态补偿法律制度研究》，中国海洋大学博士学位论文，2009 年，第 95 页。

典案例匮乏。一些研究试图探索融合难点、痛点或者堵点，但大都语焉不详或一笔带过。（2）如何界定不同层级政府生态补偿事权及支出责任。如何划分中央与地方在各类水功能区、流域和跨流域补偿的资金筹集责任分工，尚无非常成熟做法，尤其是在省级以下政府资金筹资的责任规定均无成熟实践探索，从而影响了生态补偿资金及时、充足提供。（3）如何形成有效生态补偿资金反馈机制。理论或实践大都关注生态补偿资金足额支付以及支付后资金使用状况，尚未关注到反馈机制建立的重要性。（4）水生态补偿基金制度的研究不多。如何建立多元、分层与分类结合的流域水生态补偿基金，显然未能纳入理论研究之中。包括基金筹资制度、运行制度、支出制度、管理体制和责任机制，尚有较长的路途需要艰难跋涉。

（四）水生态补偿支付机制的研究

1. 对生态补偿标准的研究

总体上讲，国内外关于生态补偿标准的研究，蔚为壮观，粲然大备。主要体现在：（1）生态补偿标准核算种类。学者科斯坦萨、帕吉奥拉等提出生态服务功能价值法、机会成本法、意愿调查法和市场法等较为典型的生态补偿核算评估方法。中国学者李晓光、李文华、谭秋成等分别结合中国生态状况进行了核算方法的实证研究。（2）对机会成本的研究。学者费拉罗（Ferraro，2008）在《生态系统服务服务的不对称信息和合同设计》中指出，克服信息不对称的方法包括收集更多信息，以便使用筛选合约和引入竞争等三类，每一类机制在降低信息租上的能力不同。学者牛顿（Newton，2012）在《基于不同结构回报的热带森林生态服务中的参与者异质性之后果研究》中指出了解决机会成本异质性的指导原则以及对提供者实行差别补偿、半差别补偿或无差别补偿等三种不同支付结构。学者科索伊（Kosoy）等在《流域生态服务付费：中美洲三个典型案例比较观察的洞见》中提出可通过计算三个代理变量来估算机会成本，一是放弃非农活动的净收益，二是提供者愿意接受的公平价格，三是土地出租租金的期望值。学者沈满洪等（2011）在《基于污染权角度的流域生态补偿模型及应用》中，采用机会成本法和水资源价值法，构建一个基于计量经济学的流域生态补偿标准测算模型。学者禹雪中等（2011）在《中国流域生态补偿标准核算方法分析》中，提出以成本和价值作为补偿标准核算方法分类依据。学者蔡邦成等（2008）在《生态建设补偿的定量标准》中，从机会成本角度分析总成本，提出了由生态服务效益分担生态补偿成本的补偿标准。学者段靖等（2010）在《流域生态补偿标准中成本核算的原理分析与方法改进》中，运用边际分析的方法，建立了流域生态补偿直接成本核算的一般框架与方法。（3）对支付意愿与接受意愿的研究。帕吉奥拉

（Pagiola）计划提供一种指数评估法，即根据土地 28 种不同功能用途构建一套生物多样化保护与碳汇指数，再合成为单一的环境服务指数（ESI），然后根据该指数四年期净增值对土地所有者（管理者）予以相应补偿。张志强等（2002）在《黑河流域张掖地区生态系统服务恢复的条件价值评估》中调查了黑河流域居民对恢复张掖地区生态服务的支付意愿（WTP）。徐大伟等（2012）在《基于 WTP 和 WTA 的流域生态补偿标准测算》中，解决了单独测量受访者支付意愿（WTP）以作为生态补偿标准制定依据所带来的补偿金偏高问题。徐健等（2009）在《关于我国流域生态保护和补偿的博弈分析》中，对主体是否愿意实施相应的措施进行分析之后，得出了补偿关系主体最优纳什均衡策略。严黎等（2012）在《对东江流域水源保护区域生态补偿标准的探讨》中，选择支付意愿法对东江流域水源保护区生态补偿标准进行了计算分析。石广明（2012）在《基于水质协议的跨界流域生态补偿标准研究》、李怀恩等（2010）在《基于水资源价值的陕西水源区生态补偿量研究》中，基于模糊数学模型的水资源价值计算方法，测算南水北调中线陕西水源区的生态补偿量。张韬、刘玉强、葛颜祥、刘亚萍等在此问题上也有过专门研究。

2. 对生态补偿支付基准及支付方式的研究

对生态补偿支付基准及支付方式的研究主要包括：（1）补偿支付基准的研究。国外学者一般将生态补偿支付基准分为两类：基于投入的支付和基于结果的支付。前者根据生态保护者投入的人力、物力等进行生态补偿的支付核算；后者根据生态保护者提供的生态环境结果进行生态补偿的支付核算。学者马汉蒂（Mahanty，2013）在《REDD + 生态服务付费中的利益获得》中认为，大多数生态补偿实践均以直接投入作为补偿支付条件，其中又通常以提供的土地面积、林木种植劳动时间等量化指标来衡量投入水平，后者是指借助指数来量化目标服务产出，最后根据合约规定的指数表现给予补偿支付。学者扎贝尔（Zabel，2009）在《生态服务付费中的激励》中，将世界各地基于结果支付的生态补偿计划分为：基于单一指数的支付，基于若干指数的支付，相对评价的支付，基于表现门槛支付等四类。其中，单一指数是只设一个代表性指数，与此相对的就是若干指数的支付、基于相对评价支付是指以个人相对于其他参与者的表现对其进行补偿；基于表现门槛支付是指一旦参与者提供的服务等于或大于设定门槛（标准），就对于进行补偿。（2）关于支付方式的研究与实践。学者阿斯奎斯（Asquith，2008）在《出售两个生态服务》中指出，生态服务提供者的补偿需求方式是不同的，面对不同的生态服务提供者应采取不同的补偿方式。学者瓦顿（Vatn，2008）在《生态补偿机制分析》中认为，虽然从理论上看，有条件的直接现金补偿是最优激励方式，但实践上采用间接非现金补偿方式更普遍，且支付条件也通常得不到严格执行。因为从心理学角度来看，受偿主体通常认为非现金补偿方式更能体现本地传统社会——市场互惠交易机制特性。阿斯奎斯也认为，当补偿数额不大时，非现金补偿方式比现金补偿方式对生态服务提供者产生的激励效应更明显。

3. 对支付机构的专门研究

对支付机构的专门研究主要包括：（1）设立支付机构的尝试。一般而言，在市场化生态补偿机制实践探索中，具体的生态服务购买者通常通过自行设置或选择一定的中介机构以保障生态补偿资金支付与管理工作的正常进行。法国东部Vittel 流域水生态补偿项目中，生态服务购买者创建了一个农业组织 Agrivair 并通过这个组织来实施生态补偿资金的支付及管理工作。结果表明，Agrivair 依靠良好的群众基础，提出了包括不使用农用化学品，采用动物堆肥，控制牲畜数目等减少农业面源污染的各种措施等对水质影响较小方式发展奶牛业，有效提前介入措施保障了支付的有效性。（2）外包支付服务的探索。纽约州 Catskills 流域生态补偿项目中，政府除了专门成立流域农业委员会负责改进流域土地等自然资源利用状况、支持当地社区发展之外，专门聘请了一家非营利组织 Catskills 流域开发总公司来负责项目管理，并通过双方协商方式确定水生态补偿标准。玻利维亚Los Negros 水生态补偿项目和厄瓜多尔 Pimampiro 流域生态补偿项目，大都是生态服务购买者通过聘请环境非政府社会组织来实施生态补偿管理工作。在这里，中介机构经常演变成为生态补偿"主导机构"，他们界定交易的生态服务数量质量，在利益相关者双方或多方之间牵线搭桥、上传下达、沟通左右、制定规则，保障了生态补偿资金有效、及时和足额支付。

概括起来，在此基础上继续拓展的内容有：（1）如何界定生态补偿标准的法律属性。认为生态补偿标准是一个经济测算问题无可厚非，因为任何在此问题上的专业性深入研究均会促进生态补偿标准核算的科学化。但生态补偿标准绝不仅是一个复杂或简单的核算评估问题。由于生态补偿标准涉及补偿关系主体之间财产权益或发展权益的增加或减少，故生态补偿标准具有复合属性，它最终需转化为一个制度设计问题，具体而言，生态补偿标准制定主体、制定依据、制定程序等更多是一个法律或制度设计问题。补偿标准测算仅仅是补偿标准的制定依据之一。如何将生态补偿标准体系纳入法学、社会学和管理学视野进行交叉研究并将研究成果与经济学研究结合起来，构成下一阶段研究的一个方向。（2）缺乏对生态补偿支付条件深入系统研究。例如，一些研究虽然提出了需要结合不同流域具体状况设定支付基准，但在具体支付指标选取或设定方面，未能结合流域自然、社会和经济状况进行科学的筛选论证，导致确定相关变量方面经常出现随意性大、应急特征明显等弊端。

（五）水生态补偿管理与责任机制的研究

1. 国外水生态补偿组织与管理制度及其对中国启示

学者帕吉奥拉（2007）的《生态服务付费：从理论到实践》在明确提出政府补偿和市场补偿等两种生态补偿机制之后，认为这两种生态补偿机制均需要建立一种高效组织管理体制，且强调指出，适当引进外来资源实施监督管理未尝不是一种创新举措。瓦顿（2008）在《生态服务付费的机制分析》中，详细回顾了发展中国家在生态补偿管理制度方面的经验教训，最后强调指出，一些发展中国家由于没有建立高效生态补偿监督管理体制，导致本应发挥巨大功能和作用的生态补偿机制最终却黯然失色。克莱门茨（2010）在《弱背景之下的生物多样性补偿：柬埔寨三个案例的比较》中，针对目前柬埔寨生态补偿管理体制现状及问题，提出的改进建议是，柬埔寨需要建立一个独立、高效和权威的生态补偿管理委员会等。中国 21 世纪议程管理中心（2007）在《生态补偿的国际比较：模式与机制》中，详细地介绍了国外流域管理体制的三种模式：一是主要负责流域水资源统一开发、管理及多种经营的流域管理机构；二是全面负责流域经济社会环境保护等的综合性的流域管理机构；三是按照水的不同功能分区对水资源进行分部门管理，以此为基础设立流域管理机构。秦艳红（2007）在《国内外生态补偿现状及其完善措施》中，指出完善的组织管理体系对于实施生态补偿必不可少，这个组织管理体系应当由补偿政策制定机构、补偿计量机构、补偿征收与发放机构、补偿监管机构等构成。崔广平（2010）在《我国流域生态补偿立法思考》中，认为我国可以参照澳大利亚墨累——达令流域管理模式，设立最高决策机构、执行机构和咨询机构。决策机构流域委员会由主管部门、流域地方政府代表和其他利益相关方组成，代表整个流域利益行使决策权。现有的流域管理机构作为执行机构，代表国家在流域内行使水资源管理权，执行和实施流域委员会决策决议，并对落实情况进行监督检查，咨询机构由环境科研机构和相关专家组成，负责为流域委员会决策提供技术支持及咨询服务。

2. 我国流域水生态补偿管理体制的构建

秦玉才等（2013）在《中国生态补偿立法路在何方》中，分别从生态补偿管理、流域跨界断面水质考核制度、水污染物在线监测制度、流域生态补偿仲裁制度以及法律责任五个方面对中国流域生态补偿实施机制安排做了详细论述，明确提出我国立法需要回答的问题包括：流域生态补偿的管理权限与监督权限；跨界断面水质考核责任主体制度设置；断面水质水量、流向的监测制度及程序设计；跨行政区水污染纠纷的解决机制以及流域生态补偿利害关系人违法情形下的民事、行政和刑事责任。宋建军（2013）在《流域生态补偿机制研究》中指出，要建立流域内广泛的合作机制，既包括政府间的合作，也包括非政府组织之间的合作，通过合作机制来共同解决流域生态环境补偿的问题。我国目前还缺乏真正意义的合作机制，从而使流域生态环境补偿机制的建立困难重重。许凤冉等（2010）在《流域生态补偿理论探索与案例研究》中指出，在国家层面和地方层面分别建立领导机构和协调管理机构、监督机构，为跨区域流域生态补偿工作的顺利开展提供体制条件。在国家和地方层面通过组建协调委员会或召开联席会议等方式，对流域生态补偿的实施进行管理和协商，负责建立生态补偿实施过程中的协商机制、合作机制、核算机制、激励机制和监督机制。王军锋（2013）在《中国流域生态补偿机制实施框架与补偿模式研究——基于补偿资金来源的视角》一文中指出，建立跨层级、跨行政区的常设性流域生态补偿管理协调机构，负责制定流域生态补偿具体办法，明确生态补偿的范围、原则、标准及各行政单元的责任义务，协调、考核各行政单元履行生态补偿义务的情况。

3. 具体流域水生态补偿管理体制设置及运行

黄东风等（2013）在《闽江、九龙江等流域生态补偿机制的建立与实践》中，总结了福建省实施流域生态补偿的四点长效管理机制，应当考虑在省、市、县（区）分别设立专门机构，负责流域生态补偿组织、管理和实施。吕忠梅教授在长江保护立法的建议中也指出，通过改组或撤销水利部长江水利委员会，组建更高级别的长江流域管理协调机构，统筹包括水生态补偿在内的各项管理工作。王清军（2019）在《中国流域生态环境管理体制：变革与发展》中，提出我国长江流域需要完善流域协调机制、流域协商机制和流域协作机制等三类重要的组织法机制，其中，流域上下游地方政府间关系构成流域环境管理的关键因素，双方或多方缔结的流域补偿协议能够满足各自利益需求，故有广阔发展空间，但同时也带来法治化发展的长期挑战。王雨蓉等（2020）在《制度分析与发展框架下流域生态补偿的应用规则：基于新安江的实践》中，认为信息规则确定可用完整的信息、聚合规则适当放权于当地居民、范围规则建立与流域匹配的管理机构，是促进流域生态补偿持续性的重要因素。

总体来看，以下问题仍然需要加以不断探索：（1）水生态补偿管理体制变革路径。如何结合流域生态系统管理理念，如何遵循系统性与整体性、水的自然流动性及水质水量水生生物关联规律，如何立足于生态补偿治理体系和治理能力现代化要求，深入研究水生态补偿管理体制变革方向及变革路径。（2）水生态补偿纠纷解决机制。随着流域水事问题日益复杂化，利益冲突和纠纷势必层出不穷，关于生态补偿民事、行政纠纷更是呈现"井喷"态势。纠纷多产生于补偿关系主体界定、补偿标准界定（包括支付标准、支付条件和支付方式等），以及流域、跨流域生态补偿协议履行过程中的权利义务争议。上述纠纷可能是平等主体之间的纠纷，也可能在具有一定隶属关系的主体之间产生，需要在常规司法解决途径外，能否考虑一种多元纠纷解决（仲裁）机制，实现定纷止争之功能。（3）水生态补偿法律责任机制。随着水生态补偿实践的全面开展，相应的法律责任机制也必不可少。当务之急包括：一是细化流域水生态补偿协议的违约责任追究机制；二是细化包括第三方支付机构、第三方评估机构的法律责任；三是研究水生态补偿行政责任和刑事责任的聚合、竞合问题。流域水生态补偿管理体制需要结合实践进行相应跟踪研究。

（六）水生态补偿评估机制的研究

1. 生态补偿考评重要性及目标选择

生态补偿考评重要性及目标选择主要包括：（1）强调考评评估重要性。孙新章等（2006）在《中国生态补偿的实践及其政策取向》中认为，应积极探索一条可操作性强的道路完善生态补偿资金使用的监管及评估，避免生态补偿成为"豆腐渣"工程，防止补偿流失。李远等在《走向实践的生态补偿：试点进展及建议》中提出，应该建立生态补偿的环境目标责任等方面的法律制度，强化生态环境保护目标完成情况监督考核。邓敏等（2010）在《城市饮用水源地生态补偿机制研究》中提出要建立生态补偿信息的公开制度，调动他们参与监管和评估的积极性。（2）强调效率价值优先。西方学者伍德、恩格尔等在自己的文献中就此问题有过详细描述，不予赘述。粟晏（2016）等提出生态补偿是社会矛盾、利益差别、认识分歧的整合器等，也体现出生态补偿包括效率在内的复合性制度功能。（3）强调效率与公平需要兼顾。学者加西亚等（Garciaa et al.，2008）在《建构一种联系：墨西哥森林生态服务中森林社区社会资本网络的架构分析》中指出，生态补偿的目标追求应当是多重的。学者博纳（Borner，2010）在《亚马逊平原的生态保护付费：范围和公平意义》中指出，如果一个生态补偿项目会造成利益相关者之间的收益和成本分配不公平，那么它很少能被有关机构接受，因此生态补偿更多地被赋予了社会和谐与公正的责任。郑克强（2014）在《生态补偿式的合作博弈分析》中指出，生态服务受益者对贫困的生态系统服务提供者实施生态补偿，实际上是一种合作博弈的关系。效率与公平两大条件的满足是其合作博弈的基础。（4）强调更加关注扶贫效果。学者帕吉奥拉（2005）在《环境服务付费能减少贫困吗?》中，学者肯克（Kemke，2010）在《当生态服务是一种有效消除贫困的政策时》中先后指出，生态补偿效应的另一个重要体现是减贫效果。学者兰德尔 - 米尔斯（Landell - Mills，2002）在《银弹抑或蠢蛋：全球视野下的生态服务减贫机制》中指出，生态补偿减贫效应并不明确。帕吉奥拉等进行的实证分析表明，生态补偿减贫效果取决于有多少贫困群体最终能够成为生态补偿计划的实际参与者，还有生态补偿计划能否对参与贫困人群和其他贫困群体产生直接和间接影响。杜洪燕等（2016）在《生态补偿项目对缓解贫困的影响分析》中，从农户异质性视角出发，研究了岗位性和现金型生态补偿项目对农户家庭收入的影响，认为两类项目分别能够在低分位数和中分位数上显著提高农户家庭收入。（5）生态补偿不能带来扶贫。恩格尔等认为，不能因为参与自愿性就断定生态补偿存在减贫的正效应，因为补偿支付是有条件的，由此获得的正效应可能还无法完全补偿参与成本，且有些计划的自愿参与特征本身就不明显。学者洛卡泰利（Locatelli，2008）在《生态服务付费对贫困的影响》中也指出，长期看，生态补偿项目具有一定减贫功能，但从短期看，贫困人群由于收入受到直接冲击，可能会影响其参与的积极性。

2. 经济激励与非经济激励的评估选择

经济激励与非经济激励的评估选择主要包括：（1）宜采用直接经济激励方式。学者科尔纳（Koellner，2010）在《投资森林生态服务的意愿：为什么投？怎么投？投多少？》中指出，生态服务付费设定动机中，位数最高的是一种内在动机（即考虑人类福利和生态责任），最低的是一种直接财政收益。因为个体很难成为纯粹的利益最大化者，社会合作、地方规范和宗教信仰等均能影响个体行为。学者贡戈等（Gongo et al.，2010）在《首个清洁发展机制规划：财产权作用、社会资本和合同规则》中，指出只有高水平社会资本才能为集体行动提供潜力，才能确保集体成员不参与引起环境恶化的私人活动，但利益相关者的不信任将会阻碍环境目标的实现。（2）经济激励存在问题。学者克莱门茨（Clements，2010）在《弱背景之下的生物多样性补偿：柬埔寨三个典型案例之间的比较》中指出，在许多情况下，经济激励可以"挤出"地方规则与社会规范，影响环境保护行为的"内在动机"。（3）综合运用激励举措。学者瓦顿（Vatn，2010）在《生态服务付费的机制分析》中指出，生态补偿除了可以选择经济激励措施外，还可以发挥其他激励手段作用，例如，产业扶持、生态标志产品、"绿色"销售通道等方式，但上述手段会受到生态评估策略的制约。中国学者杜群、赵雪雁、沈满洪等也对生态补偿的经济激励有过专门论述。

上述研究极大地完善了流域水生态补偿评估机制的建设及完善，但在此基础上，下列问题仍然需要明确：（1）评估主体的多元化设置。无论是基于市场补偿或者基于政府补偿，让补偿关系主体主导补偿评估可能有失公正和中立，违背了"运动员不能兼任裁判员"的基本法理。因此，如何引进第三方评估主体实施生态补偿资金及制度机制效益评估，就构成一个需要研究的课题。（2）评估方法多元化发展。生态补偿制度绩效需要通过多维视角方能展示出来，故需要通过评估方法多元化来对这种多维视角进行描述。此外，尚需要认真考虑流域水生态补偿绩效评估和我国生态环境损害评估对接与协调。（3）评估制度规范化发展问题。评估主体的多元化和评估方法的多元化最终需要走向流域水生态补偿制度机制的规范化，即通过制度建构等方式，解决谁来评估？怎么评估？评估的信息公开、评估结果的法律效力等问题。此外，公众通过环境公益诉讼等方式参与流域水生态补偿绩效评估也是一个需要引起高度重视、深入思考的重要议题。

四、研究框架

本课题设计了两个研究板块，即水生态补偿机制基础理论研究与水生态补偿机制应用及实证研究，前者侧重对水生态补偿机制概念范畴体系进行理论分析，后者侧重对水生态补偿机制有效运行之制度完善面进行专门研究，两者之间互为支撑、相互援引和相互促进。具体而言，第一个研究板块水生态补偿机制基础理论研究主要包括以下几个方面：（1）水生态补偿机制的理论基础。鉴于经济学在社会科学领域体系内率先开展生态补偿的专门研究，且先后提出了外部性理论、公共产品理论和生态资本理论等作为生态补偿机制的理论基础。紧紧围绕水生态补偿机制有效运行的要求，对上述理论在水生态补偿制度建构过程中的作用、功能进行逐一检视，在剖析其进步意义的同时，进而提出它们在解释水生态补偿制度上的不足及缺陷。（2）水生态补偿机制的理论补强。在理论基础和实践理性共同加持下，我国逐渐形成了水生态补偿机制具有增益补偿与抑损补偿两种属性的初步判断。如何有效对其两种截然不同属性进行解读，唯有回归法学范畴内的国家生态保护补偿责任理论，从规范主义和功能主义双重视角去分析我国水生态补偿制度的法律属性，并以此为依据，逐步厘定市场补偿和政府补偿各自界限，进而搭建水生态补偿制度框架体系。为此，需要深入水生态补偿机制内部进行系统深入思考。（3）水生态补偿机制主体制度规则。主体制度规则试图解决"谁补偿谁"的问题，它构成水生态补偿机制运行逻辑起点。由于流域利益相关者众多且利益诉求复杂，现行政策法律受制于自身局限性，无法且无力穷尽所有利益相关者利益并予以保护，唯一可行举措是，围绕"受益者补偿""保护者受偿"原则，结合需要保护利益的重要程度以及这个利益与公共利益的关联程度，然后依据法律政策标准及程序，对利益相关者进行一一甄别，借助"权利—其他利益—反射利益"等法律分层保护机制，从而将核心利益相关者或者具体生态保护者依法有序纳入水生态补偿政策法律考量范畴中。（4）水生态补偿机制的类型梳理。国家政策所建构的流域水生态补偿主要类型，严重违背了"山水林田湖草沙自然生命共同体"理念，迫切需要重构以及再类型化。遵循生命共同体理念，按照结构—功能分析方法，初步总结出我国生态补偿立法需要建立或者明确的流域水生态补偿主要类型有，饮用水水源地（区）生态补偿（借助生态补偿的地方立法建构）、大江大河重要蓄滞洪区生态补偿（按照分类分级管理原则，中央、地方共同承担事权及支出责任）、流域跨行政区生态补偿（按照分级分类管理原则，中央、地方共同承担事权及支出责任）、调水引水工程生态补偿（建立跨流域、流域跨行政区生态补偿制度）、水电企业开发生态补偿（通过签订生态补偿协议方式建立）等，逐步形成一种"点、线、面"全面覆盖、内容结构配置科学、价值功能互为补充的流域水生态补偿机制，努力打通绿水青山向金山银山的转化通道。

第二个研究板块是水生态补偿机制应用及实证研究。2016 年，《国务院办公厅关于健全生态保护补偿机制的意见》中明确指出，建立健全多元化生态补偿机制。国务院《生态保护补偿条例》（公开征求意见稿）也逐渐明确我国应建立"国家财政补助 + 地方政府合作 + 市场参与"的多元化生态补偿机制。在多次调研基础上，课题组认为，这里的"多元化"具有丰富含义，其中一个重要内容就是需要理顺水生态补偿机制运行过程中不同制度、不同环节以及不同程序各自功能定位，促使多元制度、多元环节及多元程序都能够有效连接、环环相扣且相互呼应，有效破除阻碍水生态补偿机制运行的各种障碍。为此，课题组达成一致共识，认为传统的水生态补偿机制研究模式，包括"谁来补、补给谁"（补偿关系主体）？"补多少"（补偿标准）？"怎么补"（补偿方式）？（以下简称"三段论"研究模式），尽管对于推进生态补偿理论研究和指导生态补偿实践发展具有重要意义，但这种带有实用主义和问题导向的研究路径难以从整体上系统把握水生态补偿机制运行的全部面貌，迫切需要探索全新的研究模式。本书从影响我国水生态补偿机制有效运行的一些制度、一些环节和一些程序中，析出一些可能妨碍机制运行的制度问题进行有重点、有指向的研究，主要包括：（1）研究水生态产品形成与供给制度——水生态补偿机制有效运行之"前提"。提出水生态产品的形成逻辑在于，需要借助法律制度对流域土地等自然资源利用方式予以变更以及对产业结构进行必要调整，调整方式主要包括双向协同设计禁限性规范和倡导性规范。唯有建立健全流域水流产权制度和水生态补偿制度，才能为水生态产品供给机制提供坚实法治保障，两种制度价值功能不同，但需联动协同。（2）研究水生态补偿融资与支付制度——水生态补偿机制有效运行之"核心"。在梳理现行地方法规基础上，认为融资方式多元化和融资渠道多元化应当实现联结与协调，多元化融资的规范化发展均有赖于具体法律制度之建构。在水生态补偿标准支付基准方面，提出了行为基准与结果基准各自适用范围和条件，需要从效益和激励两个维度对现行法律、法规以及地方实践采用的行为基准和结果基准进行判断和选择。在水生态补偿标准指导原则方面，明确提出我国应建立"以合理补偿原则为主，合理补偿与公平补偿相结合"的指导原则。在水生态补偿标准分类方面，明确提出完善法定标准与协定标准以及厘定它们各自适用范围，并分别结合地方实践运行状况指出各自存在问题及改进策略。（3）研究水生态补偿监管体制——水生态补偿机制有效运行之"关键"。全面回顾了我国流域生态环境监管体制的变革历程以提供经验借鉴和制度支撑。在水生态补偿协同监管体制方面，分析了生态补偿联席会议制度功能、不足及其改进方向；在水生态补偿分部门监管体制方面，提出了三个统管部门牵头、多部门分工合作体制法治化发展方面的各种问题，需要结合不同生态要素和不同生态功能区进行功能导向的体制变革和管理流程重塑。建立健全生态补偿责任清单制度也是生态补偿监管体制法治化发展的重要组成部分。（4）研究水生态补偿评估与监督制度——水生态补偿机制有效运行的"保障"。在明确水环境考评制度及生态文明建设目标考评制度各自功能定位基础上，提出了水生态补偿考评制度在考评主体、考评对象、考评基准和考评结果运用等方面的制度完善及改进建议。建立健全生态补偿信息公开制度能够保障信息共享和监督行政机关依法行政。为此，提出了生态补偿信息公开主体、公开对象和公开要求等方面的制度完善建议。结合典型案例，提出建立一种生态补偿纠纷"协调解决与协商解决为主，司法审查为补充"的多元化解决机制，借助行政自制及司法权与行政权互动以实现对生态补偿行政的监督。

研究思路可以简要概括为，以法学研究方法为基础和主导，辅之以管理学、经济学和环境科学等基本原理及方法作为有机补充，梳理、分析并总结水生态产品形成与供给制度、水生态补偿融资与支付制度、水生态补偿评估与监督制度和水生态补偿管理与责任制度之运行现状、存在问题，对不同问题予以归类、整合及优化，将其转化为权利、义务、责任等法律规范层面，从"立法论""解释论"出发，通过法律制度引进、法律制度革新和法律制度创设等，进而有选择、分层次和分阶段推进水生态补偿制度研究，最终实现水生态补偿机制有效运行。

五、研究目标

（一）学术目标

1. 丰富和发展生态文明法治理论及绿色发展观

立足于新时代中国社会矛盾发生新变化的时代需求，为应对中国生态环境保护面临的新形势、新机遇和新挑战，生态文明法治理论创造性地提出了"生命共同体"这一全新的法理命题。① 开展水生态补偿制度及机制的专门研究，就是对"生命共同体"命题的制度化回应和规范化表达。首先，水生态补偿机制建设能够有效统筹水生态环境多重价值功能，有机协调衡平多元多层利益诉求，以"金山银山"为制度化预期利益结果，在"绿水青山"等生态保护者与生态保护受益者之间搭建起了一座良性互动的桥梁或通道，借助人与人之间关系的利益衡平和协调以实现人与自然之间的和谐共处，势必会极大推动"人与自然生命共同体"理念的落地。其次，水生态补偿机制依靠相对精致的生态补偿标准支付基准、生态补偿标准指导原则、水生态补偿标准分类体系等制度设计，以及补偿利益引导的行为选择策略，建立起一整套以流动之"水资源"为媒介和纽带、以"山水林田湖草沙"一体化、系统化补偿为主旨，分类补偿与综合补偿有效联结的水生态补偿制度体系，努力践行"山水林田湖草等自然生命共同体"理念。最后，水生态补偿机制借助流域水生态空间管控以及生态补偿尺度之优化调整、生态补偿机制之转型升级、生态补偿方式之多元探索等特有的动态性机制运转机理，在践行"人与自然生命共同体"与践行"自然生命共同体"等不同制度机制之间建立起结构耦合、互趋互动的制度互通互连、纵横交错之管道，从而最终促使流域"生命共同体"理念落地生根。水生态补偿机制建设对于"生命共同体"法理命题的回应，既带来一种理论上的深刻飞跃，也带来一种实践上的极大创新。只有深入研究流域水生态补偿实践运行的内在机理，在解释并回答中国特殊问题乃至世界普遍问题的基础上提出中国方案，努力打造具有中国特色且具有一定国际示范效应的生态补偿制度体系，为建设生态文明，建成美丽中国和法治中国提供强大理论滋养和智识支撑。此外，对流域水生态补偿制度机制开展专门研究，也有利于筹集更多资金从事流域生态环境保护、污染防治及生态修复工作以及面向生态保护者的利益补偿，从而不断激励流域土地等自然资源利用方式变更及流域产业结构转型升级，实现绿色发展。

2. 充实并补强生态补偿内涵及理论基础

如前所述，立足于公共产品理论、外部性理论和生态资本理论等理论基础之上的生态补偿制度机制一直是我国"绿水青山就是金山银山"理念的主要制度抓手以及中国生态文明制度建设的重要内容。但公共产品理论、外部性理论在解释中国水生态补偿实践过程中，却经常面临着难以调和的理论分歧与观念争议，包括但不限于，如何理解生态补偿科斯概念与生态补偿庇古概念之间的争议，如何确定正外部性补偿与负外部性补偿之间的争议，如何选择增益性补偿与抑损性补偿之间的争议，如何执行受益者付费原则与污染者付费原则之间的争议，如何区

---

① 吕忠梅：《习近平法治思想的生态文明法治理论》，载《中国法学》2021 年第 1 期。

分生态补偿与生态损害赔偿之间的争议等。客观上讲，上述争议的出现是一个相当正常的社会现象，因为这种争议本身就是中国生态文明建设"社会实验"的一个重要组成部分。不可否认的是，上述争议也在一定程度上妨碍着我国生态补偿制度规范建构及生态补偿机制有效运行。课题以水生态补偿制度建构及水生态补偿机制运行的传统理论基础为分析起点，以国家补偿责任法理中的"特别牺牲说""公平负担说"等作为水生态补偿机制的理论补强，以生成或确认生态补偿权利（一种公法上的权利）作为生态补偿机制有效运行的内生动力，以再类型化后形成的饮用水水源生态补偿、流域生态补偿等作为水生态补偿制度机制主要研究对象，以类型化的行为基准和结果基准作为水生态补偿标准支付基准，以类型化的法定标准和协定标准建构分类分层补偿标准体系，以流域生态补偿协议、水生态补偿管理体制、水生态补偿考评体制、水生态补偿信息公开制度等法治化发展为着力点，力图重新阐释生态补偿基本属性、理论基础及内生动力，并将上述理论与实践最新进展状况进行不同层面、不同环节、不同过程之间的结构融合，试图形成具有普遍解释力和高度涵摄性的水生态补偿制度机制基本原理，以便更好发现和认识生态补偿制度基本属性、基本原则、价值功能和运行机理，为中国特色社会主义生态补偿制度机制乃至生态文明理论提供正当性诠释。

3. 生成且形塑水生态补偿机制有效运行的内在机理

国内学界关于生态补偿机制的研究，整体上呈现出一种分学科化、碎片化等发展态势。比如，仅就水生态补偿机制的法学研究而言，若聚焦于横向转移支付，那么就会分析流域上下游地区流域生态补偿协议法治化发展路径；若聚焦于纵向转移支付，那么就会在饮用水水源生态补偿、水土保持生态补偿制度建设方面不断耕耘，至于如何有效协调横向转移支付与纵向转移支付，则留有诸多着墨空间；一些研究聚焦于市场化补偿机制，就会在取水权、排污权交易制度方面不断拓展，力图在用益物权制度方面给其留有一席之地。毋庸讳言，以"水"为媒，开展涉水领域"点""线""面"相结合的研究有助于水生态补偿制度建构及机制运行。尽管这都涉及"水"，也事关一定"生态补偿"，但现有研究均未能将以"水"为媒介的涉水领域内生态补偿制度进行有序整合，在更大视野下和更广范围内对水生态补偿机制进行整体性"打包"，实施必要的系统性"集成化"研究、"模块化"研究，更遑论立足于山水林田湖草自然生命共同体理念，实现水生态补偿机制与森林生态补偿机制、湿地生态补偿机制之间的功能、结构耦合、嵌合研究。在对上述问题系统思考基础上，本课题将在以下几个方面着力探索，一是基于水流系统性、整体性、流动性及水资源经济效益、社会效益和生态环境效益之间高度竞争性、竞合性以及整合可能性，认真梳理、整合涉水领域生态补偿机制法律政策规定、典型案例和先进经验，努力探索涉水生态补偿机制实践运行规律，不断发现水生态补偿机制运行过程中出现的各种问题，并对问题梳理总结和学科归类，形成解决问题之前提和基础。二是以"两山理论"为指导，以生态文明建设和建成美丽中国目标任务为目标导向，扎实推进水生态补偿制度建构与机制完善，这里主要包括，建立规范、有序的水生态产品形成与供给制度（前提），建立科学、规范、高效的水生态补偿融资与支付制度（核心），建立规范、有序的水生态补偿评估与监督制度机制（关键）以及建立规范的水生态补偿监管体制（保障），切实保障水生态补偿机制有效运行。

（二）实践目标

1. 对全社会生态文明建设行为具有显著指引和示范功能

法律制度价值功能在于，能够对全社会形成具有普遍约束、激励及保障功能的行为规范。就我国目前情形而言，流域水资源开发、利用、保护和管理政策法律法规体系已经逐渐成形，流域水污染防治法律法规体系也已初具规模，流域水生态修复法律制度体系正在奋起直追。但上述涉水领域的法律制度之间的结构未能实现互补，功能难以优化，制度绩效距离生态文明建设要求与美丽中国目标任务实现仍然存在较长距离。原因很多，其中不同法律制度之间以及执行法律制度之不同政府职能部门之间存在着目标、理念以及规制资源、规制能力的差异；再者，环境教育制度建设不力，民众生态文明意识及自觉行动能力欠佳。流域水生态补偿机制建设内容涵盖了生态伦理建设、法律制度建设和机制体制建设等各个方面，目的在于能够形成对全社会的制度约束与行为规范，达至一种理想境界，凡是对流域生态环境有影响之行为（结果），都有相应行为规则予以调节、约束、激励或倡导。水生态补偿机制通过在全社会不断强化流域水生态服务有价，优质水生态产品持续供给"人人有责、人人共享"的道德教育，从而形成全社会节约水资源、修复水生态和保护水环境的良好风尚和社会氛围。通过"命令＋控制"等强制性制度建设，让过度享用流域水生态服务，超前使用或奢侈消费水生态产品的行为付出必要的经济代价。通过市场类、信息类等激励性制度建设，让在流域水生态服务或优质水生态产品持续有效供给中作出"特别牺牲"或利益严重失衡的生态保护者（地区）获得正当合理回报，最终达致"因人人受制而致人人自由、因个人受益而致人人受益"的理想境界。

2. 对克服 GDP 增长模式的矫正功能和生态文明制度建设的增益功能

水生态补偿制度建构及机制运行的一个重要任务就是，彻底根除或永久改变中国较长时段内长期存在着的"GDP"主义政绩观，督促各级政府认真考虑将生态文明建设和生态补偿绩效考核指标体系纳入国民经济和社会发展总体指标考核评价体系之中，从而建立一种"有效市场和有为政府更好结合""分类补偿与综合补偿统筹兼顾""纵向补偿与横向补偿协调推进""强化激励与硬化约束协同发力"的水生态补偿制度机制。激励各级政府切实关注和依法履行其在优质水生态产品或生态服务供给等基本公共服务高质量均等化供给上的法定职责，及时回应和有效满足民众对高质量生活环境、生态环境以及优质水生态产品不断增长之需求。运转有序、保障有力且充满活力的水生态补偿机制建设，让"每一个人都能喝上安全乃至干净的水"能够成为各级政府行政正当性、合法性主要依据和执法目标之一，从根本上优化或改善"GDP"主义政绩观评价考核体系。通过水生态补偿制度建构及机制运行，发挥其在优化流域水生态空间管控，维持江河基本生态流量以及湖泊、水库、地下水最低生态水位，维护特定水体或水功能区自然净化能力，强化水污染物防治以及水质、水量和水生生物资源一体化系统保护等方面的特有功能，不断改善、修复和节约水环境、水生态和水资源，提高我国流域水资源可持续利用能力相应的生态环境承载能力，有效缓解压在民众身上的"水少、水多和水脏"等"三座大山"。此外，通过水生态补偿制度建设及运行，积极探索其在发展民生水利、人文水利和法治水利，预防与治理水土流失、保护森林、湿地和湖泊等方面的显著功能，达致一种法治化"碧水"机制及其与法治化"蓝天""净土"机制协力规范与协同效应的良好局面，为实现美丽中国目标任务提供制度支撑和体制保障。

3. 水生态补偿机制的对策研究也有很强可操作性

本研究强调问题导向、目标导向与逻辑导向统筹兼顾，以发现问题—分析问题—解决问题为主线，以水生态产品供给、水生态补偿支付、水生态补偿监管和水生态补偿考评过程中利益相关者利益保护、满足及界限为内容，以制度的需求—供给为着力点开展水生态补偿机制的专门研究。在流域水生态产品形成与供给制度研究中，详细梳理了各地流域水生态补偿法律法规、规章和规范性法律文件，概括出水生态产品形成的内在机理，总结出水生态产品供给的法治保障在于建立水流产权制度和水生态补偿制度；在流域水生态补偿融资与支付制度研究中，强调政府主导融资方式的多元化及正当性判断，尤其强调不同层级政府在不同类别水生态补偿事权与支出责任中的法定职责，具体包括中央政府单独承担的补偿职责、地方政府各自承担的补偿职责以及中央政府与地方政府、各级地方政府之间共同或按比例承担的补偿职责。在生态补偿支付制度研究中，将生态补偿标准支付基准分为行为支付基准和结果支付基准，将生态补偿标准指导原则确立为"合理补偿为主，合理补偿与公平补偿"相结合，将生态补偿具体标准分为法定标准和协定标准，将生态补偿支付方式分为资金方式和其他方式，强调将生态补偿标准支付基准、指导原则和具体标准进行一体化考量，形成水生态补偿标准制度规定的一种整体联动效应；在水生态补偿评估与监督制度研究中，借鉴、援用水环境考评制度、生态文明建设考评制度，以推进水生态补偿考评制度的规范化，此外，引进第三方评估、注重行为考评和结果考评以及考评结果有效运用等方面的探索也颇多新意。分析流域生态补偿协议在签约主体、协议内容、签约程序以及信息公开方面的挑战及法治化对策。在流域水生态补偿管理和责任制度研究中，建议在流域生态环境管理变革发展法治框架下统筹水生态补偿管理体制变革，梳理总结生态补偿联席会议和水生态补偿分部门监管体制面临的挑战及可行出路。关于生态补偿责任清单制度的完善也有一定的推广意义。上述四个主要内容的专门研究，分别构成了水生态补偿机制有效运行之"前提""核心""关键""保障"，既相对独立又环环相扣，针对水生态补偿机制不同发展过程、环节实施分类化、可操作性的制度供给研究，能够满足流域环境公共利益维持增进、优质水生态服务或水生态产品持续供给等诸多需求，实现用水文明推动制度文明，制度文明引领用水文明。

上 编

理论篇

第一章

水生态补偿机制的理论基础

实践是理论的先导。随着生态补偿实践的普遍展开，围绕流域水生态补偿机制理论基础、基本属性以及价值功能等一些深层次学理问题逐渐显现出来，这些问题反过来又成为进一步推动实践工作的障碍。因此，迫切需要理论研究对生态补偿、水生态补偿等概念范畴体系作出进一步理论反思及理论重构。"生态补偿是一个成长性和发展性同时兼具的概念范畴体系，横跨自然科学和社会科学领域。"[①] "源于自然科学概念的生态补偿，主要是指自然生态系统对于干扰的敏感性和恢复能力，后来逐渐演变成为促进生态环境保护的经济政策工具和法律制度。任何法律制度均需要相应理论基础作为支撑。环境科学、经济学和法学先后对生态补偿理论基础做出过专门研究，如外部性理论、公共产品理论等。在不同学科研究视野内，生态补偿有着不同理论蕴涵。"[②] 在法学视野下，需要对流域水生态补偿机制理论基础做出细致梳理、分析和考证。"任何一个法律制度的确立，其背后总有一种法律的理论在支撑的。不理会设计出这一制度的理论，要想充分领会这一制度是困难的。"[③] 应当说，经济学、管理学、环境科学、生态科学等在生态补偿理论基础上的研究成果给法学研究提供了一个多元、多维视角、多学科理论支撑。一言以蔽之，流域水生态补偿制度建构及机制运行涉及利益相

---

① 郑荣山：《反思与新解：论生态补偿的概念》，载《生态文明法制建设——2014 年全国环境资源法学研讨会论文集》，2014 年，第 581 页。

② 史玉成：《生态补偿的理论蕴涵与制度安排》，载《法学家》2008 年第 4 期。

③ 周伟文：《法律移植和法治》，载何勤华编：《法的移植与法的本土化》，法律出版社 2001 年版，第 131～132 页。

关者众多、利益需求异质性强、内在运行机理复杂，从而要求生态补偿理论基础具有复合性、多元性。

生态学意义上的生态补偿主要源于人们使用经济手段主动干预自然的生态过程。社会科学意义上的生态补偿则侧重于实现人与人之间的利益补偿，并借助这一补偿手段实现人对自然的补偿，从而带来人与自然和谐共处。基于此，经济学率先对生态补偿理论基础进行了深入研究并先后提出了外部性理论、公共产品理论、生态资本理论等，将它们作为水生态补偿正当性的理论依据。[①] 其中，外部性理论奠定了水生态补偿制度的正当性依据，分析了水生态补偿基本属性，揭示出生态补偿制度具有产权激励、物质利益激励等两个方面的制度功能，但外部性理论存在着难以有效区分正负外部性、对政府介入生态补偿功能区分过于简略等弊端，已经影响到水生态补偿制度建构及机制运行。公共产品理论揭示了水生态补偿制度变迁机理，相继提出了纯粹公共产品、俱乐部产品以及以商品形式存在的公共产品等不同类别之补偿规则，但公共产品理论难以全面诠释水生态补偿机制演化路径，对政府在生态补偿制度机制的价值功能判断过于粗略。总之，虽然外部性理论、公共产品理论等揭示出生态补偿制度机制某一或某些方面之特质，但它们各自或者共同均难以有效诠释生态补偿制度机制产生、存在及发展的内在机理。能否直接援引外部性理论、公共产品理论等直接作为水生态补偿制度建设及机制运行的正当性、合法性依据，并以此搭建水生态补偿制度机制框架体系，依然需要进一步反思。生态补偿既然涉及法律制度建构，因此，回归法学关于生态补偿的责任理论，并将其与经济学外部性理论、公共产品理论相互结合，相互比照，或许可能进一步夯实水生态补偿机制的理论基础。

第一节 外部性理论及其不足

一、外部性理论概况

（一）外部性理论的发展状况

回溯历史发现，经济学家亚当·斯密较早发现了外部性原理，经济学家马歇

---

① 赵雪雁等：《生态补偿研究中的几个关键问题》，载《中国人口·资源与环境》2012 年第 2 期。

尔、庇古（Pigou）、科斯等先后从不同角度对外部性理论作出了深入探讨，其中，庇古理论、科斯定理关于外部性理论的论述，已经远远超出经济学影响而成为社会科学研究的一种普遍分析工具。

1. 马歇尔首次提出产业发展的外部性

1890年，经济学家马歇尔在《经济学原理》一文中首次提出了"外部经济"概念。他认为，企业因生产规模扩大带来的经济可以分为外部经济和内部经济两类，其中，"前者是由产业自身的规模经济效应造成的，后者则是由产业内企业自身组织、经营效率提高而引起的"。[①] 在此认识的基础上，马歇尔又进一步地指出，当某一产业在不断扩张时，外部经济会造成该企业成本曲线出现下降，这种下降原因与内部经济存在一定程度的关联。这一论断首次提出了"外部经济"与"内部经济"两个不同概念，并在两个概念之间实现了某种程度的联结。甫一提出，就受到包括经济学在内的社会科学界的高度关注，诸多学者开始著书立说，对外部经济等概念范畴体系展开具体阐释。应当说，尽管马歇尔没有提出明确的外部性理论及其范畴体系，但后期的研究者根据他提出的观点、见解，合理推导出"外部不经济"和"内部不经济"等概念范畴体系，这种内外有别的视角分析方法对深入研究外部性理论带来了一种方法论上的启示或更新。

2. 庇古从私人和社会净资产角度研究外部性

1920年，经济学家庇古从社会经济福利最大化出发，围绕经济主体活动对他人与社会影响视角对外部性问题进行了系统深入的研究。[②] 他认为，由于私人与社会边际成本和边际收益存在一定差异，从而产生了一定的外部性。其中，经济主体行为或结果使他人或社会受益，这种情形可以称为正外部性，反之则为负外部性。在正外部性情形下，受益者并未为其所获得的正外部性付费；在负外部性情形下，污染者也并未为此承担相应的成本支出。上述两种情况都造成了边际私人受益与边际社会收益之间的差异。庇古理论认为，只有通过政府收税、补贴等方式而不应当依靠市场方式来消除边际私人收益与边际社会收益、边际私人成本与边际社会成本之间的背离或差异，从而促使经济活动所形成的外部性得到内部化，但政府通过税收或强制性服务收费方式进行必要的融资，需要高度依赖一定的制度基础作为保障。[③] 从国内外流域水生态补偿机制发展历程来看，庇古理论产生了非常深远的影响。庇古理论倡导下的政府生态补偿模式显然构成了一些发展中国家流域水生态补偿机制的主导范式，其提出的税收措施与补贴制度俨然

---

① ［英］马歇尔著，朱志泰译：《经济学原理》（上卷），商务印书馆1981年版，第278页。

② ［英］阿瑟·塞西尔·庇古著，金镝译：《福利经济学》（上册），华夏出版社2017年版，第154页。

③ 张锐连等：《水库水源保护区受影响农民生计困境与补偿机制探讨》，载《水力发电》2017年第2期。

成为保障流域水生态补偿机制有效运行的两大主要法宝。

3. 科斯从牛群与农田关系角度探讨外部性

20 世纪 60 年代，新制度经济学派的代表科斯[①]从牛群与农田的关系出发，认为外部性问题产生的主要原因在于产权界定不清晰，相应导致了行为主体权利和利益边际不明确。[②] 为此，科斯提出，应当从利益或产值最大化，或者损害最小化角度对外部性问题予以解决。具体而言，产权界定不清晰或没有完全界定，容易产生一定的外部性。为避免外部性产生或形成，需要实施清楚、明晰的产权界定。当产权界定清晰并且当交易费用为零时，庇古理论中用以解决外部性的方法就失去了存在价值。因为当交易费用为零时，无论如何进行产权配置，理性经济人之间可以通过自由协商方式以实现稀缺资源的优化配置；当交易费用大于零时，外部性的解决方法只能是进行相对复杂和精致的制度设计。由于"不同的制度设计，会产生不同的交易成本，造成不同的资源配置效率"。[③] 因此，只要交易成本为零，自然资源所有者或使用者就可以通过谈判机制内部化生态服务的外部性，依靠市场机制而无须政府介入就可以提供社会所需要的流域生态服务。[④] 流域水生态补偿制度机制运行实践表明，科斯定理提出产权界定以及自愿市场交易等要求，对于市场化生态补偿制度建构及机制运行具有方法论上的指导意义。

（二）外部性理论的内容简述

1. 外部性根源及成因

所谓外部性是指能够对他人产生积极或消极影响但却被排除在市场机制之外的一系列行为选择的总称，或者更准确地说，这些行为所产生的影响（结果）没有通过市场机制中的价格信号适当反映出来，故有单独列出并予以专门细化研究之必要。研究表明，利益相关者多元化、利益关系交互性及结构化，以及随带来的利益相关者之间缺乏普遍信任及合作意识、信息共享和共同决策行为等，都在一定程度上会带来外部性的产生，包括流域外部性。此外，一些利益相关者虽然与流域生态环境保护存在着直接关联，但由于诸多原因，他们很可能会被排斥在流域环境保护、生态修复的决策行为之外，与此同时，他们却又被迫承担外在于他们的不利影响或不良后果，这也在一定程度上助推流域外部性的产生。于庇古

---

① ［美］科斯：《社会成本问题》，原载《法律与经济学杂志》第 3 卷（1960 年 10 月）。

② 张宇：《生态保护与修复视域下我国流域生态补偿制度研究》，吉林大学博士学位论文，2015 年，第 75 页。

③ ［英］詹姆斯米德著，施仁译：《效率、公平与产权》，北京经济学院出版社 1992 年版，第 302 页。

④ 张锐连等：《水库水源保护区受影响农民生计困境与补偿机制探讨》，载《水力发电》2017 年第 2 期。

理论抑或科斯定理而言，尽管两者在解决外部性问题思路上存在一定差异，但它们都不约而同地认为，社会成本与私人成本、社会收益与私人收益的不一致性或差异是造成外部性产生的主要成因。

2. 外部性种类及特征

行为（结果）带来好的或积极的影响被称为正外部性，反之，行为（结果）带来坏的或消极的影响被称为负外部性。外部性实际上反映着利益相关者之间因为利益需求不同而产生的一种相互之间对立、竞争或者协调关系的影响，这种影响有普遍性和双向性。所谓普遍性是指外部性行为（结果）广泛存在于生产、消费活动之中，一些生产、消费活动可能产生正外部性，而另一些生产、消费活动可能产生负外部性；所谓双向性是指负外部性在另外一种情况下可能会转化成为正外部性，反之则相反。比如，流域上游地区主动保护流域生物多样性资源及其生存栖息地，严禁乱砍滥伐森林资源，或者非法倾倒、排放和处置固体废物甚至危险废物等，上述一系列行为（结果）势必会带来一定收益或者损失。受制于水资源自上而下流动自然规律，前述正外部性收益或者负外部性损失主要是由流域下游地区民众享有或承担。受制于人们认知能力和价值判断的差异，在一些特定情形下，很难厘清某一特定行为（结果）究竟是带来正外部性或者负外部性，需要结合特定时空背景和社会普遍价值共识进行综合判断。应当指出，外部性理论的双向性特征对于指导流域水生态补偿制度建构及机制运行产生重大深刻影响，后文对此有着较为详细的分析论述。

3. 外部性的解决路径

就目前来看，针对外部性的制度解决路径主要有两点：一是庇古路径；二是科斯路径。所谓庇古路径，首先，是指政府通过补贴、公共部门直接生产等方式来激励、保障正外部性的持续供给；其次，政府也可以通过直接行政管制或收取费用方式以限制或者遏制负外部性的产出。所谓科斯路径是指，两个以上的生态服务购买者与生态服务供给者之间，在一对一谈判或者多元博弈（一方或多方人数较少）基础上，就生态服务或生态产品达成平等交易的方式来解决相互产生的正、负外部性问题。与庇古路径相比，科斯路径存在严格前置条件约束，需要自然资源产权界定清晰、利益相关者人数较少且法律制度机制非常健全。与科斯路径相比，庇古路径存在着严重的政府依赖。实践中，诸多外部性问题的解决更多体现为两种路径的相互结合及相互补充。就流域水生态补偿而言，流域水流产权难以完全界定或者界权成本过高，加之利益相关者人数众多，完全意义上的科斯路径可能会存在诸多障碍。相反，制度约束条件不高，且对正负外部性有着灵活性破解策略的庇古路径逐渐成为一种主流范式，尤其受到发展中国家的青睐，故政府主导的流域生态补偿成功案例较多。

43

二、外部性理论的重要意义

（一）奠定着水生态补偿机制的正当依据

单个人的生存发展乃至整个社会经济社会发展离不开流域生态系统提供的各项水生态服务。水生态服务主要包括"调节服务、栖息服务、生产服务和信息服务等"。[①] 生态补偿科斯概念语境下，上述各项水生态服务持续供给主要体现为一种正外部性的供给与补偿，因此，水生态补偿机制就是对产生正外部性的流域水生态服务供给实施相应的补偿，换言之，只针对正外部性才能进行相应生态补偿。在此基础上，生态经济学家伍德[②]等进一步指出，流域水生态补偿机制就是一种自愿性市场交易机制，这个自愿交易机制存在三个限制条件，一是，需要有明确的流域水生态服务或者能够切实保障供给水生态服务的流域综合土地或其他自然资源利用行为（结果），这实际上是假定土地等自然资源利用行为（结果）变更与水生态服务供给之间存在因果关系；二是，必须至少存在两个平等交易主体，具体是指，流域水生态服务供给者与流域水生态服务购买者，只有两个及以上主体才能产生交易，但主体数量过多也会影响交易成本，导致生态补偿科斯概念难以发挥指导功能；三是，流域水生态服务供给者所提供的流域水生态服务必须具备一定的支付基准条件，即流域水生态服务所带来的正外部性是可以凭借一定的科学技术手段而得以有效监测、评估及量化。一言以蔽之，立足于生态补偿科斯概念要求，流域水生态补偿机制强调一种对正外部性的补偿，这是一种增益补偿，但这种补偿有着非常严格的约束条件。正是对正外部性行为（结果）实施必要补偿，才构成了生态补偿制度机制正当性的鲜明特色，能够将它与其他制度实施有效区分。

理论往往是灰色的，它与现实之间存在的巨大鸿沟迫切需要新的实践探索或者新的理论予以填补或支撑。这是因为，流域上游地区土地等自然资源利用行为（结果）并不总是产生正外部性，有时也会带来数量不菲的负外部性，比如，流域上游地区乱砍滥伐森林资源，排放、倾倒和处置固体废物甚至危险废物等，这些行为（结果）都会在不同程度上给流域下游地区带来一定的负外部性，若没有

---

① 中国 21 世纪议程管理中心：《生态补偿的国际比较：模式与机制》，中国社会科学文献出版社 2012 年版，第 1～2 页。

② Wunder. Payments for Environmental Services：Some Nuts and Bolts，GIFOR Occasional Paner，2005：42；Engel，Designing payments for environmental services in theory and practice：An overview of the issue ［J］. Ecological Economics，2008（65）：663 - 673.

一定干预机制的话，流域下游地区民众正常生活生产就会受到严重妨碍。但如何有效应对负外部性，显然不在生态补偿科斯概念的考虑范畴之内。这同时表明，受到严格约束条件限制的生态补偿科斯概念理论遭遇到了实践挑战，迫切需要寻找或者创设新理论对这些实践问题作出有效解读。生态补偿庇古概念就是在这种背景下产生的，它在强调对正外部性实施补偿的同时，也要求一些带来负外部性行为（结果）之具体主体承担相应的生态补偿责任。个中缘由在于，水生态服务具有典型的公共物品属性，需求众多且免费供应，逐渐呈现出稀缺特性，而稀缺公共物品供给需要利益相关者在相互信任基础上达成一致或共识，有赖于他们之间的集体行动，而强调通过自愿交易方式来解决正外部性的市场化补偿机制显然对此无能为力。因此，完整意义上的流域水生态补偿机制应当包括两个方面：一是需要对产生一定正外部性的行为进行相应补偿；二是在出现一定负外部性行为情况下，也应当对负外部性承担者予以相应补偿。上述补偿机制，唯有依靠具有一定权威的政府或公共管理机构介入才能实现，其中，对土地等自然资源利用变更带来的正外部性可以通过实施补偿、补贴、补助等方式予以补偿；对土地等自然资源利用变更所产生的负外部性通过征税（费）等方式实现补偿。总之，尽管生态补偿科斯概念与生态补偿庇古概念之间对于负外部性是否予以补偿存在认知分歧，但并不妨碍他们都认为，外部性理论不断夯实着生态补偿机制的正当性基础。

（二）揭示出水生态补偿机制的内在属性

生产力落后的农业社会，土地等自然资源利用方式高度受限，相应的流域水生态服务供给总量及各项服务功能之间并未产生所谓的稀缺问题，相反，持续充足的水生态服务供给不断支撑着人类繁衍生息，推动流域文明文化创新发展与代际传递。工业社会后，生产力及科学技术日新月异，流域土地等自然资源利用方式发生了翻天覆地的变化，流域水生态服务供给相对稀缺乃至绝对稀缺的问题开始显现并成为日益严峻之挑战。基于国家流域管理、生态空间管控以及行政区域管理需要，流域被人为区分为上下游地区，左右岸地区和干支流地区以及省、市、县等不同行政区域。水资源从流域上游地区向流域下游地区流动、汇集过程中，各项水生态服务由上游地区向下游地区、支流地区向干流地区持续供给，左右岸地区相互供给。在供给过程中，经常出现两种情形：一是流域上游地区持续供给了水生态服务，但下游地区没有提供相应的利益补偿，久之，上游地区提供水生态服务的内在动力就会缺失；二是流域上游地区不加约束开发利用流域土地等自然资源，导致流域水资源及其承载的水生态服务供给出现短缺，已经开始危及或抑制到流域下游地区经济社会正常发展。结合科斯定理和庇古理论，经济学界给出的解决路径就是建立一种既能满足上游地区利益，又能满足下游地区需求的水生态补偿制度机制，相应形成了生态补偿科斯概念与生态补偿庇古概念关于这个制度机制的分野。前者认为，既然流域上游地区能够直接（或间接）带来流域水生态服务持续供给，这实际上是增加了额外水生态服务或优质水生态产品，因此水生态补偿具有"增益"属性。但借助技术手段监测、评估这种额外"增益"非常困难，故在实践中常常以流域水生态服务供给存在直接关系的土地等自然资源利用行为（结果）作为测量"增益"或正外部性的生态补偿支付基准，例如，欧洲一些国家建立的水土保持生态补偿制度机制，就是按照特定行为（比如，种植灌木和生态隔离带、生态缓冲带等）与流域水生态服务（比如，水土保持服务功能）供给之间存在着一种"假定"的增益关系。

与生态补偿科斯概念认知不同，生态补偿庇古概念却认为，流域上游地区从事生态环境友好型的土地等自然资源利用行为（结果），比如组织或鼓励植树造林、退耕还林以及生态建设等土地等，显然能够带来水生态服务持续供给，此时，这体现为一种增益补偿应无异议。但同时也不能排除流域上游地区毁林开荒、肆意排放、处置固体废物等不友好的土地等自然资源利用行为（结果），这会带给流域下游地区水生态服务减少或者优质水生态产品供给不足等状况。为有效防范这种不良情形发生，需要通过生态环境税（费）等措施对上述负外部性行为实施必要抑制，并将所收缴税（费）对负外部性行为带来的流域水环境问题进行治理或修复。此时，流域水生态补偿制度机制就带有一种"抑损补偿"基本属性。申言之，生态补偿科斯概念认为，流域水生态补偿机制只能是一种市场补偿，一种对增益的正外部性补偿，补偿方向上呈现单向性。而生态补偿庇古概念则认为，流域水生态补偿机制既可能是政府补偿，也可能是市场补偿；既可能是增益补偿，也可能是抑损补偿；既可能是单向补偿，也可能是双向补偿。

（三）总结出水生态补偿机制的指导原则

依据生态补偿科斯概念，生态补偿属于一种市场补偿、增益补偿，因此，水生态补偿机制指导原则是"受益者负担"原则、"保护者受偿"原则。这里的受益者是指，流域水生态服务或生态产品享用者、管理者或其代理人，这里的"负担"是指，水生态服务或生态产品的享用者、管理者及其代理人应当对其享用、管理水生态服务或生态产品支付相应的对价。这里的保护者是指，具体从事生态环境保护工作或供给水生态服务的个人、法人或其他组织，他们应当获得与他们所供给的水生态服务或生态产品相适应的收益对价。总之，依循生态补偿科斯概念，我们大抵上明确水生态补偿机制指导原则主要是解决"谁补偿谁"这一关键难题。借助这一原则，具体的受益者与具体的保护者之间建立起一种市场交易机制，就水生态服务或者生态产品这个特殊的交易对象进行平等交易。透过市场机制特有的价格信号和信息机制，从而激励水生态服务或生态产品的持续产出或足额供给。生态补偿的庇古概念则认为，生态补偿是一个不断成长和发展的概念范畴体系。早期的生态补偿主要体现为，通过向污染环境者征收一定费用或负担的方式，从而达到抑制生态环境损害之目的。在这种情况下，水生态补偿机制需要遵循"污染者负担"原则。但随着流域经济社会发展，对稀缺水生态产品或优质生态产品供给结构的改善正在成为国家或者社会努力的方向，因此，如何正向激励水生态服务持续供给和负向激励水生态服务供给不足要一体化纳入生态补偿概念范畴中。推及开来，生态补偿庇古概念语境之下，水生态补偿机制指导原则主要有两点：一是"污染者负担"原则，只有让造成流域水生态服务供给减损的污染者及其代理人支付一定的对价，才能保障水生态服务持续足额供给；二是"受益者负担"原则，只有识别并发现一定的流域水生态服务或生态产品享用者、管理者或其代理人，并要求他们支付一定对价，才能为水生态服务持续供给提供必要的物质利益支撑。"受益者负担"原则与"污染者负担"原则并行不悖且相互补充，在不同流域、同一流域不同区域发挥不同功能，协力推进一体化水生态补偿机制有效运行。

（四）凸显着水生态补偿机制的激励功能

既有研究认为，科学合理的激励约束机制才是影响利益相关者行为动机的主导因素。从一定意义上，生态补偿制度机制正是这样一种制度机制。"无论从哪个视角来看，生态补偿都在强调一种激励额外优质生态产品足额供给的内在含义。"[1] "生态补偿的目的就在于建立一种把个体（集体）的土地利用决策与自然资源的管理所达到的目的连接在一起的激励。"[2] 这种激励能够促使个体（集体）主动采取有利于生态环境保护的土地等自然资源利用行为策略。生态补偿科斯概念语境下，流域水生态补偿制度机制主要借助明晰、赋予或创设一定水流产权（包括流域水域岸线权、水权、排污权等），满足市场补偿约束条件，保障、促进水权、排污权交易以实现市场化补偿。通过明晰流域相关产权并鼓励产权主体之间交易以实现一种补偿，这实际上是一种基于产权的激励机制。但这种产权激励机制需要相对明晰的流域水流产权界定、相对严密的法律制度环境和交易主体数量限定等作为前置性约束条件，条件不具备、不完整或者出现瑕疵都会导致水生

---

① 王彬彬等：《生态补偿的制度建构：政府和市场有效融合》，载《政治学研究》2015 年第 5 期。

② Muradian. Reconciling Theory and Practice：An Alternative Conceptual Framework for Understanding Payments for Environmental Services ［J］. Ecological Economics，2010（69）：1202 – 1208.

态补偿制度机制激励功能失效、低效或者无效。

生态补偿庇古概念认为，流域水生态补偿制度机制的激励功能主要是通过两种途径实现的：一是正向激励；二是负向激励（惩罚）。所谓正向激励，是指政府或公共机构通过相应补贴等额外增加利益方式，以激励流域生态服务或水生态产品的足额持续供应；所谓负向激励是指，政府或公共管理机构通过征收税（费）等造成利益相关者利益减少方式，来抑制流域生态服务功能减损或流域水生态产品稀缺。对增加流域水生态产品的行为（结果）实施额外利益奖励，对减损流域水生态产品的行为（结果）实施额外利益惩罚，但是，这种制度机制的总体原则是，奖励数量及所占比例应超过惩罚，这是因为，流域"生态补偿应该尽可能把奖励所表现的正向激励传达给提供生态系统服务的个人和集体"，从而形成"补偿能够将思维逻辑从做适当的事情转向开始思考什么最值得做"。① 可见，与生态补偿科斯概念所坚持的水生态补偿制度机制是一种产权激励机制不同，生态补偿庇古概念强调的是一种基于奖励惩罚的激励机制，具体是以一定国家或地方公权力为主导，通过赋予一定利益或者减损一定利益的方式予以实现补偿。尽管两种激励机制在激励原因、激励效果和激励行为的制度逻辑方面存在较大差异，但不可否认的是，两种激励机制制度设计的出发点均在于，通过一种激励约束机制的运行，以保障、促进并规范流域水生态服务或优质水生态产品持续足额供给。

三、外部性理论的不足

（一）难以有效区分正外部性与负外部性

前已论及，尽管生态补偿科斯概念和生态补偿庇古概念存在诸多差异，但并不妨碍它们都把外部性理论作为水生态补偿机制的正当性基础。但这两类生态补偿概念实际上均暗含着一个非常重要且相当关键的预设性前提，即涉及流域土地等自然资源利用之任何行为性质只能分为两类：一类是土地等自然资源利用行为（结果）产生一定的正外部性；另一类是土地等自然资源利用行为（结果）产生一定的负外部性。两类行为必须泾渭分明。具体到流域水生态补偿制度建构及水生态补偿机制运行中，就需要对流域土地等自然资源利用行为进行必要的性质判断，要么界定其产生正外部性，从而实施增益补偿；要么界定其产生负外部性，从而实施抑损补偿。这种非此即彼、非黑即白的"二分法"行为性质判断，难以

---

① Vatn. An Institutional Analysis of Payments for Environmental Services [J]. Ecological Economics，2010，69（6）：1245 – 1252.

有效应对流域之复杂情势。

　　"征用问题在环境法上占有十分重要的地位"①，其中尤以管制性征用为甚。一个关键问题为，政府是否以及何时限制自然资源利用行为而无须补偿具体权利主体，或者更确切地说，政府在什么情况下必须（而不是可以）为限制自然资源使用行为而补偿或付费。一般认为，受限制的土地等自然资源利用行为对社会增进利益，应当予以补偿。但如何区分自然资源利用行为是"产生损害（负外部性）"或"增进利益（正外部性）"，美国司法实践却产生了分歧。② 1963 年，美国莫里斯土地案中，新泽西州最高法院认为，鉴于农地在粮食生产方面的重要地位，农地利用行为应该提供公共服务，故判断此行为性质属于"增进利益"，进而予以相应补偿。1991 年，美国加德纳诉新泽西松林地委员会案中，新泽西州最高法院却又认为，农地利用行为是公共损害而非提供公共服务。可见，在涉及农地等自然资源利用行为的性质认定方面，新泽西州最高法院认识却在悄然发生变化。在解释这种变化的原因时，新泽西州最高法院解释说，法院对生态环境保护的认识受到环境伦理观、科学技术水平、社会价值观等多种因素制约，这种认识会影响到对同一个土地利用行为"产生损害"或者"增进利益"之区分。③ 一个时期被认为是"产生损害"的土地利用行为，在另外一个时期可能会被认为是"增进利益"之行为，反之则相反。1992 年，美国公民卢卡斯诉南卡罗来纳州海岸委员会案也涉及对土地利用行为的性质认定。南卡罗来纳州最高法院认为，依照《海滨地区管理法》规定，在海岸地区进行新的建设会威胁到公共资源，故卢卡斯对海滨地区土地利用行为是一种"产生损害"的行为。联邦最高法院最终推翻了州最高法院判决。最高法院认为，各州总是可以禁止它认为是对公众有害的使用，并且可以不给予任何补偿。同理，也不能以是否存在"增进利益"的正当理由作为是否补偿的检验标准。④ 如果"有害利用"定义非常广泛，更重要的是，如果把这个判断权力交给政治过程，则政治过程很可能通过确定或者捏造一些与土地使用方式有关的消极影响，来抽调管制性征用原则的精华部分。⑤

　　上述美国著名判例关于土地等自然资源利用行为性质的裁判说理带给我们的启示主要有：（1）很难有效区分土地等自然资源利用行为性质是一种"产生损害"或者"增进利益"之行为。立足于生态环境中心主义立场，似乎任何土地等自然资源开发利用的行为活动均被认为是对生态环境"产生损害"，理应通过

---

　　① 汪劲等：《环境正义：丧钟为谁而鸣》，北京大学出版社 2006 年版，第 359～364 页。

　　②③ 高敏等：《关于生态补偿正当性的思考——以受补偿主体行为的性质为视角》，载《山西省政法管理干部学院》2010 年第 1 期。

　　④ 汪劲等：《环境正义：丧钟为谁而鸣》，北京大学出版社 2006 年版，第 401 页。

　　⑤ ［美］尼尔·考默萨：《法律的限度——法治、权利的供给与需求》，商务印书馆 2007 年版，第 94 页。

各种措施尤其是法律规制措施予以抑制。在此立场之下，人类只能秉持顺应自然、敬畏自然之理念，人和自然均具有相对独立的内在价值，不能带有任何为人类利益服务的土地等自然资源开发利用行为活动存在。显然，这种比较偏激的立场及观点难以在现代社会中获致普遍共识。在水生态补偿机制建设方面，无论是保障流域水生态服务或生态产品持续有效供给，或者维持增进流域整体环境公共利益目的，主要是借助通过限制利益相关者尤其是权利人土地等自然资源的开发利用行为来实现的。那么，一个具体的土地等自然资源利用行为究竟是属于"产生损害"或者是"增进利益"，需要认真审慎予以判断。有学者认为，重点生态功能区对各类大规模开发行为的禁止或限制行为的性质到底是"防止损害"还是"增进利益"，应当很难界定。① 也就是说，土地等自然资源利用行为活动"产生损害"或"增进利益"的内在属性认定无法借助立法或者司法予以明确规定，② 可见，既然很难有效界定土地等自然资源开发利用行为是"产生损害"或"增进利益"，那么，对"产生损害"的负外部性实施抑损补偿以及对"增进利益"的正外部性实施增益补偿就失去了法理依据。一味在此进行整理和挖掘可能是缘木求鱼，最终会造成不同层级生态补偿立法之间相互抵牾甚至冲突，进而造成外部性理论难以有效诠释、统摄和涵盖丰富多彩的流域水生态补偿实践活动。

（2）外部性理论很难构成政策法律意义上水生态补偿机制之充分必要条件。简单地讲，如果严格遵循生态补偿科斯概念要求，流域水生态补偿机制正当性构筑在正外部性理论上，这就意味着流域水生态补偿实践中，"凡存在着正外部性的行为都应当获得补偿"。但就实然情形而言，受制于社会经济发展状况以及水生态补偿核算标准评估能力技术等客观因素限制，如果对具有扩散性、不均质性等特质的正外部性行为（结果）均进行相应补偿，势必会造成水生态补偿机制由于庞大的资金压力而不堪重负，制度独特功能不能实现。从逻辑上讲，对正外部性补偿和要求负外部性予以补偿应当可以相互界定与解读，这意味着，既然负外部性行为制造者需要补偿负外部性行为结果受害者，同理，正外部性行为的受益者应当补偿正外部性行为制造者。但如果稍加分析，就会发现这一推理存在着逻辑上的瑕疵。这是因为，在负外部性行为中，引发的补偿必须是以当事人存在一定的过错作为前提。也就是说，负外部性行为制造者对自己行为造成受害者损害之后果，存在着一定的故意或者重大过失。若无故意或重大过失存在，负外部性行为制造者就不存在补偿受害者的必要性和正当性。但遗憾的是，这一逻辑前提却不能简单适用于

---

① 任世丹：《重点生态功能区生态补偿正当性理论新探》，载《中国地质大学学报》（社会科学版）2014 年第 1 期。

② 高敏等：《关于生态补偿正当性的思考——以受补偿主体行为的性质为视角》，载《山西省政法管理干部学院》2010 年第 1 期。

对正外部性补偿的解释，因为对于具有正外部性的行为制造者所造成的损失（他本人认为应获而未获的报酬）而言，正外部性行为受益者不存在任何过错之说，既无故意也无重大过失，其所获利益是无意的。一言以蔽之，外部性理论将土地等自然资源利用行为简单划分为正外部性与负外部性的"一分为二"模式，在解释流域水生态补偿制度建构及机制运行存在着法理上和逻辑上的各种障碍。

（二）容易引发单向补偿或双向补偿之争议

生态补偿科斯概念与生态补偿庇古理论对于生态补偿属性的不同认知，深刻影响着中国生态补偿概念的立法界定，在水生态补偿机制建设方面尤为突出。[①]依据生态补偿科斯概念，由于流域上游地区在水生态服务或生态产品有效供给方面作出了重要贡献，理应遵循"受益者负担"原则，由流域下游地区单向流域补偿上游地区。沿袭这一思考路径，所建立起来的流域水生态补偿制度机制具有了单向性，即只能由流域下游地区单向补偿流域上游地区而不是相反，如此一来，流域上游地区只能作为生态保护者或者水生态服务供给者，而流域下游地区只能作为生态保护受益者或者水生态服务购买者，双方之间在生态补偿关系中的法律定位受制于不同的地理位置，不能发生法律地位更换，这样背景下的流域水生态补偿机制除了具有增益补偿属性外，附带着一定的交易性、单向性和身份性等特质。至于实践中广泛存在的流域上游地区水质超标、水量减少，导致下游地区水生态服务需求得不到满足，或者遭受严重生态环境损害，则不在生态补偿制度考量范畴之内。而生态补偿庇古概念认为，外部性可分为正外部性和负外部性。若流域上游地区在流域水生态服务供给方面作了贡献，根据"受益者负担"原则，理应由作为受益者的流域下游地区对作为生态保护者或者水生态服务供给者的上游地区进行补偿。问题关键在于，在经历经济社会高速发展之后，我国诸多流域上游地区并非生态环境状况良好，相反，大量存在着水资源短缺、水环境污染和水生态环境破坏等普遍问题，严重危及流域下游地区经济社会发展和水生态安全。于此情形之下，如果一味要求流域下游地区单向补偿上游地区，违背了基本的正义原则，此时应当按照"污染者负担"原则，由流域上游地区补偿流域下游地区。再者，流域排污主体数量众多、种类复杂，加之流域环境信息严重不对称、地方保护主义等因素，均会从不同程度、不同侧面抑制建立在个人主义基础

① 李永宁：《论生态补偿的法学涵义及其法律制度完善——以经济学的分析为视角》，载《法律科学》2011 年第 2 期；刘国涛：《生态补偿的概念和性质》，载《山东科技大学学报》（人文社会科学版）2010 年第 5 期；汪劲：《论生态补偿的概念——以〈生态补偿条例〉草案的立法解释为背景》，载《中国地质大学学报》（社会科学版）2014 年第 1 期；杜群：《生态补偿的法律关系及其发展现状和问题》，载《现代法学》2005 年第 3 期。

之上的生态环境损害赔偿制度发挥其制度功能。水生态补偿机制可将流域上下游地区所在地地方政府视作所在行政区域总代理人，若流域上游地区提供了约定的各项水生态服务，则由流域下游地区地方政府补偿流域上游地区，此时呈现为一种增益补偿；若流域上游地区未能有效提供约定的各项水生态服务，则由流域上游地区地方政府补偿流域下游地区，此时就呈现为一种抑损补偿。

　　建立在外部性理论基础上的增益补偿与抑损补偿之分歧，对于流域水生态补偿立法或政策制定产生了重要而深远影响。历经 2008 年、2017 年两次修订的《中华人民共和国水污染法》（以下简称《水污染防治法》）最早建立了我国流域水生态补偿制度。为贯彻执行这项法律制度，各省（自治区、直辖市）、设区的市（自治州）等陆续出台《××水污染防治条例》等地方法规规章等，希望继续优化、细化流域水生态补偿制度规则。以河南为例，2010 年，河南省人大常委会颁布了《河南省水污染防治条例》，明确建立流域水环境生态补偿制度；2010 年，河南省人民政府颁布《河南省水环境生态补偿暂行办法》，进一步细化了水生态补偿规则。这表明，河南省已经建立健全了流域水生态补偿制度体系。但梳理上述生态补偿法规则就会发现，国家法律、地方法规与地方规章在流域水生态补偿制度属性认知方面存在较为明显的分歧。（1）制度定位方面。《水污染防治法》第八条①将流域水生态补偿制度置于法律总则，试图确立其在水污染防治法律中的基本制度之定位，从而凸显其"统领"（针对该法律其他章节部分）及"指导"功能（针对下位法）。《河南省水污染防治条例》第 16 条②却将其置于饮用水水源和其他特殊水体保护章节，意图彰显其在流域水生态环境保护方面的特有功能。尽管地方法规没有突破上位法制度规定，却从结构安排上大幅降低了流域水生态补偿制度的功能定位。（2）基本属性方面。即便河南地方法规与国家法律在流域水生态补偿制度基本定位方面存在着不同认识，但并不妨碍它们将生态补偿制度视为一种单向、增益补偿之判断。2010 年，河南省政府颁行的《河南省水环境生态补偿暂行办法》③却做出了与上位法截然不同的规定：一是将制度名称由上位法中的"水环境生态保护补偿"改为"水环境生态补偿"，去

---

　　① 参见《中华人民共和国水污染防治法》（2017）第八条规定，"国家通过财政转移支付等方式，建立健全对位于饮用水水源保护区区域和江河、湖泊、水库上游地区的水环境生态保护补偿机制"。

　　② 参见《河南省水污染防治条例》第 16 条规定，"县级以上人民政府应当根据生态保护的目标、投入、成效和区域间经济社会发展水平等因素，通过财政转移支付、区域协作等方式，建立健全对饮用水水源保护区区域和江河、水库上游地区以及有关重要生态功能区的水环境生态保护补偿机制，逐步加大补偿力度。生态补偿的具体办法由省人民政府另行制定"。

　　③ 参见《河南省水环境生态补偿暂行办法》14 个条文中，除第 7 条提出的饮用水水源地生态补偿属于增益补偿外，其余均强调增益补偿和抑损补偿之双重属性，且在补偿资金分配上强调对流域下游地区之抑损补偿。

掉中间"保护"两字的文字表述。我们理解其主要意图在于拓展生态补偿概念的内涵外延，使其有更大的包容性和涵摄性，能够有效应对河南流域水污染严峻之现状。二是明确了生态补偿具有增益补偿和抑损补偿双重属性，流域水环境生态补偿机制的双重性及双向性可以同时并存不悖。总之，与国家法律、地方法规不同，河南地方规章对生态补偿的属性认定在一定程度上确是沿袭着生态补偿庇古概念的基本观点。

一般而言，不同位阶的法律规范之间，理应遵循"上位法优于下位法"原则。但关于流域水生态补偿机制的系列制度规定，作为下位法的地方规章（比如，《河南省水环境生态补偿暂行办法》）已经突破了上位法（比如，《水污染防治法》《河南省水污染防治条例》）的立法目的。初步的一个结论是，《河南省水环境生态补偿暂行办法》可能存在着一定的"违法（违反上位法）"嫌疑，即便是一种"良性违法"。来自环境法学界的学者每每在论及此问题时，颇多指责且未有停息之意。[①] 令人费解的是，上述可能存在一定"违法"嫌疑的流域生态补偿地方立法文本却在不断出现。继河南之后，江苏[②]、辽宁[③]、陕西[④]、山西[⑤]等省流域水环境生态补偿立法均明确提出，应当坚持"受益者负担"原则与"污染者负担"原则，建立健全流域水生态补偿制度。可见，地方涉及水生态补偿制度建构时，更多秉持一种实用工具主义的方法进路，坚持甚至强化生态补偿具有增益补偿与抑损补偿的双重属性判断，且结合各自流域水污染严峻现状，更强调流域上游地区对下游地区之间的抑损补偿。

在流域水生态补偿基本属性认知分歧背后，中央层面的态度及总体判断却存在着颇多耐人寻味之处。当遇到过于复杂的，尤其是难以即时定型问题时，除了选择一种抽象化或原则化的方案以外，中央的决策者或立法者们往往还会采取另一种未完全理论化的方式，即"保持沉默"且积极作为。[⑥] 这主要表现在，涉及

---

① 李永宁：《论生态补偿的法学涵义及其法律制度完善——以经济学的分析为视角》，载《法律科学》2011 年第 2 期；刘国涛：《生态补偿的概念和性质》，载《山东科技大学学报》（人文社会科学版）2010 年第 5 期。

② 参见《江苏省水环境区域补偿实施办法（试行）》规定，"水质未达标的市县将受到处罚，对水质受上游污染影响的市县予以补偿，水质好于规定的将实行奖励"。

③ 参见《辽宁省跨行政区域河流出市断面水质目标考核暂行办法》规定，"以地级市为单位，对主要河流出市断面水质进行考核，水质超过目标值的，上游地区将给予下游地区补偿资金"。

④ 参见《陕西省渭河流域生态环境保护办法》规定，"按照谁污染谁付费、谁破坏谁补偿的原则，逐步建立渭河流域水污染补偿制度。当月断面水质指标值超过控制指标的，由上游设区的市给予下游设区的市相应的水污染补偿资金"。

⑤ 参见《山西省关于完善地表水跨界断面水质考核生态补偿机制的通知》规定，"以地级市为单位，主要河流断面水质进行考核，水质超过目标值的，上游地区将给予下游地区补偿资金"。

⑥ 张帆：《地方立法中的未完全理论化难题：成因、类型及其解决》，载《法制与社会发展》2015年第 6 期。

流域水生态补偿的制度规定或政策举措，无论是国家法律①、行政法规②或者规范性法律文本③，均强调坚持生态补偿属于一类增益补偿的属性认知。2016 年，《国务院办公厅关于健全生态保护补偿机制的意见》等将原来名称"生态补偿"变更为现在的正式名称"生态保护补偿"。④ 2021 年，中共中央办公厅、国务院办公厅联合颁发《关于深化生态保护补偿制度改革的意见》，又明确提出"生态保护补偿制度"。总之，中央层面上，无论是党规或国法，无一例外地强调流域水生态补偿属于一种增益属性的"生态保护补偿"而非双重属性的"生态补偿"。与此同时，对各地存在一定"违法"嫌疑的制度创新举措却采取默许甚至纵容的态度。当然，追问中央层面的真实诉求并非本书关注的重点。这里只强调一个基本的事实，理论界和实务界、中央和地方、立法机关和执法部门甚至流域上下游地区等尚未完全对流域水生态补偿基本属性达成一致共识。这对于生态补偿国家或地方立法，对于生态补偿执法或司法，无疑构成一个需要认真面对和着手解决的棘手问题。

第二节　公共产品理论及其不足

一、公共产品理论概述

（一）公共产品理论发展状况

1651 年，法学家霍布斯在其著作《利维坦》中明确指出，"公共产品的利益

---

① 参见我国目前建立生态补偿制度的国家法律包括四部，一是《中华人民共和国水土保持法》建立了"水土保持生态效益补偿制度"；二是《中华人民共和国森林法》建立了"森林生态效益补偿制度"；三是《中华人民共和国水污染防治法》建立了"水环境生态保护补偿制度"；四是《中华人民共和国环境保护法》建立了"生态保护补偿制度"。这四部法律建立的生态补偿制度都呈现增益补偿的内在属性。

② 参见《太湖流域管理条例》（2011）第 49 条虽提出了上下游之间因水质目标而产生的补偿措施，但仅强调这是一种补偿，回避了其是否属于一种生态补偿。

③ 参见《国务院关于生态补偿机制建设工作情况的报告》，载《全国人民代表大会常务委员会公报》（2013 年）。该报告在涉及生态补偿基本属性时，强调这属于一种增益补偿。

④ 参见《国务院办公厅关于健全生态保护补偿机制的意见》（2016）首次在政策层面提出"生态保护补偿"概念，以取代以往的"生态补偿"概念。

和效用是由个人享有，但个人本身难以提供，而只能由政府或集体来提供"。① 应当说，这可能是关于公共产品供给理论的最早认识。1954 年，经济学家萨缪尔森（Samuelson）通过利用数学公式对公共产品和私人产品进行了区分，并提出了公共产品的基本内涵。② 他认为，"公共产品具有非排他性、非竞争性等两个基本特征，因此很难找到一个有效价格体系对公共产品的生产消费予以管控。因此，政府就应承担公共产品这个市场的主要配置者"。③ 1959 年，经济学家莫斯哥瑞（Musgrave）等在萨缪尔森研究基础上进一步细化了公共产品的非竞争性和非排他性。1965 年，经济学家布坎南又提出了"俱乐部产品"和"准俱乐部产品"概念。布坎南认为，"萨缪尔森等人定义的公共产品是一种'纯公共产品'，但现实社会中大量存在的却是介于公共物品和私人物品之间的'准公共产品'"④，因此，需要对公共产品再次进行详细分类，同时也需要对纯粹公共产品、准公共产品进行必要的拓展研究。继布坎南从供给视角研究公共产品理论以来，越来越多的学者开始质疑传统公共产品理论下政府垄断公共产品供给的有效性，将目光锁定在介于纯公共物品和纯私人物品之间的"准公共产品"领域，逐步构建公共产品市场化供给的新公共管理模式。⑤

（二）公共产品理论主要内容

本书试图概括出公共产品理论的范畴为：（1）公共产品基本特征。除了非排他性、非竞争性等显著特征之外，物品的有形与无形、科学技术发展状况以及相应制度安排等因素也在拓展着对公共产品本质属性的认知。因此，准确把握公共产品内涵和外延等就构成了公共产品理论研究的一个重要方面。（2）公共产品的有效供给。究竟是主动选择公共产品供给主体或者被动选择公共产品供给主体，学术界一直存在分歧，这里主要涉及公平与效率不同价值取向的争议。当然，政府作为供给主体的优势及不足常常成为研究的热门话题。政府与私人合作方式探索建立公共产品供给机制也常常进入研究者和决策者视野。（3）公共产品理论的研究走向。公共产品理论自产生以来，逐渐与政治学、经济学的其他理论相结合并不断向其他传统学科渗透。它相应地吸收了博弈论与信息经济学、组织理论、新制度经济学等学科的研究成果，不断拓宽公共产品理论研究的学术领域，即强

---

①　［英］霍布斯著，黎思复等译：《利维坦》，商务印书馆 1985 年版，前言。

②　Samuelson，The Pure Theory of Public Expenditure ［J］. The Review of Economics and Statistics，1954，36（4）：387 – 389.

③④　王爱学等：《西方公共产品理论回顾与前瞻》，载《江淮论坛》2007 年第 4 期。

⑤　刘佳丽等：《西方公共产品理论回顾、反思与前瞻——兼论我国公共产品民营化与政府监管改革》，载《河北经贸大学学报》2015 年第 5 期。

调社会伦理道德等科学技术以外诸多因素。[1] 其中，关于均衡博弈论的经典理论对于流域水生态补偿机制中协定标准制度规定产生具有指导意义的影响，本书将在后面对此进行专门论述。

实际上，"环境具有典型的公共物品属性。大量的环境公共品是产生环境外部性的物质基础"。[2] 在漫长农业社会中，与破坏生态、污染环境的行为相比，人类开发、利用与管控自然资源及其承载的生态环境等造成的稀缺性问题并不十分突出，主要原因在于，农业社会科学技术不甚发达，人类对土地等自然资源开发、使用等，尚未波及甚至危及自然资源及生态系统的恢复能力和纳污能力，也就是说，在那个时代中，实际上存在着较为宽裕的环境容量资源可供人类"肆意挥霍"。对单个利益相关者而言，自然资源及其承载的生态环境呈现出一种"非竞争性"，因为在这样一个相对开放体系之中，任何人对自然资源及承载着的生态环境之开发利用并不必然会对其他人开发利用产生消极影响或构成显著妨碍。此时，自然资源及其所承载的生态环境就是一种较为典型的纯粹公共产品。随着科学技术进步，人类需求对象和需求层次结构正在不断发生变化。与日益增长的新需求相比，自然资源及承载的生态环境则呈现出一种总量、功能双重"稀缺"窘况，主要表现为不同利益相关者对于"双重稀缺"的自然资源及其承载其的生态环境一种高强度、"排他性""竞争性"开发、使用等。这个阶段中，自然资源也由此更多地被视为一种共有资源。[3] 申言之，公共产品理论，尤其是公共产品的"排他性""竞争性"等特性，对于水生态补偿制度建构及机制运行发挥着指引功能。

二、公共产品理论的重要意义

(一) 诠释了水生态补偿机制变迁机理

1. 克服"公地的悲剧"之机制

美国环境保护主义者哈丁在其著作《公地的悲剧》一文中告诉我们，如果公共产品不存在排他性，"理性经济人"势必会不断追求个人利益最大化，久之，就会产生一定数量公共产品过度使用等不良状况，最终造成公共产品灭失或不复

---

① 张宏军：《西方公共产品理论溯源与前瞻——兼论我国公共产品供给的制度设计》，载《贵州社会科学》2010 年第 6 期。

② 高桂林：《公司的环境责任研究——以可持续发展原则为导向的法律制度建构》，中国法制出版社2005 年版，第 92 页。

③ 沈满洪：《资源与环境经济学》，中国环境科学出版社 2007 年版，第 50 页。

存在和"理性经济人"利益受损等"双输"结局。原因在于，因为公共产品产权界定模糊，共同共有最终会演变成为个人所有，既然为个人所有，就会以追求个人利益最大化为价值取向。哈丁认为，问题解决途径有二：一是通过明确界定公共产品产权或者将其一定程度的私有化等，旨在减少或消除公共产品的排他性；二是可以考虑引进外来的公共规制资源，通过设定公共产品的准入条件，借助许可制度对公共产品实施必要管制，也可在一定程度上减缓或避免"公地的悲剧"。就此而言，跨行政区流域经常面临着"公地的悲剧"的严峻挑战，水资源短缺、水污染、水生态破坏及水域岸线破坏等问题加剧形成流域上下游地区、左右岸地区和干支流地区"以邻为壑""集体行动困境"等，流域整体利益与公共利益持续不断流失，优质水生态服务或者生态产品供给严重不足。按照哈丁的路径，解决思路为：第一，明确界定流域水流产权、水环境容量产权等，分别建立以水量为主的水权交易市场和以水质为主的排污权交易市场，以市场配置资源方式消减公共产品的非排他性。从这个意义上讲，建立健全用水权交易制度、水污染物排放权交易制度，可以被理解为一种市场化生态补偿机制。第二，鉴于流域水资源自上而下流动性、水流产权、水环境容量产权界定技术困难或者界定成本过高，可以考虑引进政府规制资源。政府以流域公共利益代表或代理人之名，通过相应税费措施或补贴（补助）措施实施管制，激励并约束流域土地等自然资源的开发、利用行为及结果。

2. 克服"搭便车行为"的机制

1740 年，哲学家彼得·休谟指出，如果有公共物品的存在，免费搭便车者就会出现。如果所有利益相关者都是免费搭便车者，在他们人数众多情形下，最终结果就是公共产品供应不足且最终灭失。因为在免费搭便车者人数众多情形下，总有一些相对"精明"的免费搭便车者会慢慢了解到，自己享受的公共产品并不必然依赖于自己所缴纳的费用，一旦大家都怀有这样想法，并将这种想法付诸行动，那么导致的最终结果是，公共产品供给就会相继出现稀缺、特别稀缺乃至不复存在。对此，经济学家奥尔森曾经一针见血地指出，乐意实施"搭便车"行为，但不愿意积极承担集体行动的成本，符合"理性人"基本特质。[①] 可见，公共产品的"非竞争性""非排他性"等造成免费搭便车现象，一旦成为社会普遍现象，公共产品有效供给将不复存在。克服免费"搭便车"行为的举措是，建立制度规则，禁止搭便车行为或者对搭便车者行为适当收费。后者更为可行，因为将收取的费用以直接间接方式补偿给流域公共产品生产者或水生态服务提供

---

① Olson. The Logic of Collective Action：Public Goods and the Theory of Groups ［J］. Cambridge Harvard University Press，1971：2.

者，既避免免费"搭便车"行为，也能克服流域"公地的悲剧"发生。问题在于，如何激励稀缺公共产品有效供给，[①] 如何设计出一整套强化激励与硬化约束协同发力的补偿规则，充分调动生态保护者或者生态服务提供者的积极性和主动性。公共产品理论通过"公地的悲剧""搭便车行为"两种社会现象，有效地解释了水生态补偿机制产生、发展及变迁内在机理，并且提出了解决问题的路径。遗憾的是，公共产品理论在提供问题解决路径时，又引发了新的问题，即如何有效区分两种不同路径各自适用范围及功能界限，一种路径功能之不足能否必然需要借助另外一种路径得以有效化解或克服，这恐怕构成公共产品理论继续发展需要解答的难题。

（二）指导着水生态补偿机制实施分类

萨缪尔森的纯粹公共产品概念，布坎南的俱乐部产品概念，奥斯特罗姆的公共池塘资源理论，及至实践中以商品方式存在的各类公共产品，尽管它们在公共性程度、范围上及至主体上存在一定差异，但这种分类模式能够指导生态补偿规则建构与完善。

1. 纯粹公共产品的补偿规则

纯粹公共产品是指每个人对这种产品的消费都不会导致其他人对该产品消费减少的一类公共产品。纯粹公共产品种类、数量很多。就本书而言，带有纯粹公共产品特质的包括一些跨国界、跨省（自治区、直辖市）界等国家重要流域，比如大江、大河、大湖等流域源头区、流域上游地区等，他们提供的水土保持、水量供给、生物多样性保护、气候调节等水生态产品或者生态服务具有全域性、公共性和纯粹性。一些水生态服务具有单向流动性，即只能为流域中下游地区享有；一些水生态服务具有不均质扩散性，即整个流域单个人并不是平等享有；一些水生态服务扩散已经超越整个流域，具有全国或者全球的效应，可能为全国甚至全球共同享有。解决纯粹公共产品持续有效供给不足的关键点在于，要充分认识到国家重要流域提供的水生态服务是一种难以替代且须臾不可或缺的纯粹公共物品，仅仅依靠对流域上游地区、江河源头区的生态保护者进行无私奉献意识的道德教化难以有效实现最终目标，单凭流域下游地区的一己之力也难以有效破解供给不足的难题，唯有以流域生命共同体理念为依托，以维护流域整体利益和生态安全为宗旨，由国家或中央政府出面组织并建构以中央财政为主导或中央地方比例分担的一种生态补偿资金机制，方能有效化解各种利益冲突，保障流域水生

---

① 胡小飞：《生态文明视野下区域生态补偿机制研究——以江西省为例》，南昌大学博士学位论文，2015年，第68页。

态服务持续有效供给。

2. 俱乐部形态公共产品的补偿规则

经济学家布坎南将一种介于商品与纯粹公共产品之间的公共产品称为俱乐部形态公共产品。它的主要特征有，消费者相对集中，且受益人相对固定。在流域层面上，一些流域涉及的行政区数量较少，生态保护者与生态受益者关系简单，能够相互界定，此时，生态保护者所提供的水生态服务或者生态产品带有俱乐部产品特质。流域上游地区依法依约承担一定的生态保护责任，持续供给的水生态服务主要是由流域下游地区受益。反之，流域上游地区的环境污染、生态破坏等造成流域水生态服务持续供给不足的后果也主要是由下游地区承担。需要指出的是，流域这种俱乐部产品不是一种完全社会学意义上的俱乐部产品，这是因为，流域上下游地区存在自然地理位置差异性，"俱乐部成员"难以替代性以及相邻关系不可变更性，"尽管可能不愿意，但他们必须世代为邻"。基于此，作为流域"俱乐部成员"的上下游地区可以建构双向属性的生态补偿规则来实现彼此之间的激励约束，但也要考虑区位差异、"源头现象"及世代为邻之客观性，遵循一定"共同但有区别"原则以细化各自生态补偿权利义务规则。

3. 公共池塘资源产品的补偿规则

经济学家埃莉诺·奥斯特罗姆曾经指出，"公共池塘资源是一种人们共同使用整个资源系统但分别享用资源单位的公共资源。在这种资源环境中，理性的个人可能导致资源使用拥挤或者资源退化的问题。它既不同于纯粹的公益物品（即不可排他的共同享用），也不同于俱乐部形态的公共产品（即可以排他的共同享用），它具有非排他性和竞争性"。[1] "为了公共利益的吸纳，不同的个体就能组织起来，进行自主治理。因此，以公共池塘资源形态存在的生态产品，应在地方政府制定的规章制度约束下，通过集体组织内部一定范围的交易和集体治理协议等形式保障供给。"[2] 为此，奥斯特罗姆又提出了八项"设计原则"，认为"公共资源治理若完全遵守八项设计原则普遍会得到强有力的制度绩效"。[3] 但围绕公共池塘资源所建构的治理规则仅仅适用于集体规模很小情形，因为只有在这种人数较少且彼此具有地缘、血缘关系前提下，他们才能不断接触、互相联系，建立彼此之间的信任感和依赖感。久而久之，人们之间就统一了行为规则，建立起互利互惠的社会关系。一些中小流域、湖泊、水库的左右岸地区、干支流地区之

---

① ［美］埃莉诺·奥斯特罗姆著，余逊达等译：《公共事物的治理之道：集体行动制度的演进》，上海译文出版社 2012 年版，前言。

② 王彬彬等：《生态补偿的制度建构：政府和市场的有效融合》，载《政治学研究》2015 年第 5 期。

③ 于满：《由奥斯特罗姆的公共治理理论析公共环境治理》，载《中国人口·资源与环境》2014 年第 3 期。

间，由于流域生态服务提供者与生态服务受益者之间交互存在，难以对其有效区分，若能借助集体自治机制，可能也会建立一种更大意义上的相互合作和补偿规则。但也有学者对此持不同意见，他们认为集体自治机制主要体现在共同遵守的制度和分级制裁方面，并没有体现生态补偿内涵，所以以公共池塘资源形态存在的公共产品不能纳入流域水生态补偿制度框架之中。①

4. 商品形态方式存在的公共产品的补偿规则

"一切人类社会的一切制度，都可以被放置在产权分析的框架里加以分析。"② 由于不同流域社会经济发展和生态环境状况千差万别，导致流域产权界定有所差异，故难以促成所有流域采纳一体化的补偿规则。在流域水流产权和水环境容量产权能够明确界定的背景下，理应建构科斯语境下的一种市场化补偿规则。首先，明确流域水流产权界定规则，包括流域内水资源、流域岸线以及跨行政区断面的各类产权界定，厘清水资源所有权、水使用权及使用量，厘清水域岸线所有权、使用权以及跨界断面水环境管理权。其次，建构流域产权（使用权）的初始分配规则。用水权初始分配制度规则会受到流域水资源所有权、流域水量分配方案、水功能区划、生态流量等政府管制措施规制，排污权初始分配规则会受到流域自然地理特征、流域排污总量、水环境功能区划等政府管制措施规制。总之，无论是流域用水权初始分配、排污权初始分配，分配之后的用水权、排污权均体现为一种"拟制"的商品形态存在的公共产品，这构成了一种市场化生态补偿机制的前提和内容。

三、公共产品理论的不足

（一）未能深入揭示水生态产品内在属性

"公共产品"这个概念虽然产生于 20 世纪中叶，但无论是作为诸如国防、城市道路、轨道交通等大型基础设施等"硬件"类公共产品，或者诸如政策、法律等作为"软件"类公共产品，都是以国家产生及存在为前提，或者说，满足国家产生和运转的"公共产品"应该是伴随着国家出现而得以客观存在的。（1）历史发展逻辑。客观上讲，是先有一定的"公共产品"东西和"公共产品"现象的大量客观存在，才可能在此基础上凝练出"公共产品"这个带有学术性的概念

---

① 张振华：《"宏观"集体行动理论视野下的跨界流域合作——以漳河为个案》，载《南开学报》（哲学社会科学版）2014 年第 2 期。

② 中国 21 世纪议程管理中心：《生态补偿原理与应用》，社会科学文献出版社 2009 年版，第 49 页。

体系，而后通过对公共产品共性的认识和判断，才总结出"公共产品"具有非竞争性、非排他性等基本特征。更准确地说，并不是因为一种产品只要具备了非竞争性、非排他性等基本特征，才能够成为"公共产品"，而是先有"公共产品"，才总结出其有非竞争性、非排他性等两大特性。故任何涉及公共产品的制度设计需要遵循这个历史发展逻辑，不能认为公共产品的非竞争性、非排他性与生俱来，否则就会陷入"先有蛋或先有鸡"的争论窠臼，造成制度设计的偏差。（2）制度形成逻辑。政治学原理告诉我们，为了维护经济上占统治地位阶级的自身利益，他们会主动团结一部分民众，结成一定统一战线；为了预防因利益分配不公正而带来的社会秩序混乱，他们会借助国家通过义务教育、社会保障、公共医疗等带有社会福利的公共产品有效供给以解决社会公平，如此种种，不一而足。[①] 可见，公共产品并不是从来就有的，而是社会发展到一定阶段的必然产物，一旦民众或社会共同需求得不到满足时，相应的公共产品就会出现。统治阶级需要从维护自身统治地位出发，结合经济社会发展规律对公共产品的生产、供给进行不间断调整。同理，一旦流域水生态服务或优质水生态产品出现稀缺，其有效供给远远不能满足社会共同需求或不同层次特殊需求时，就会要求国家或政府作出政策改进或制度变革，以便保障优质水生态产品持续有效供给，至于这个制度叫作生态补偿制度或者其他，可以有所不问。（3）技术进步逻辑。公共产品的非竞争性、非排他性特征并不是绝对的或一成不变的，它会随着科学技术发展而出现相应变化。"在当前科学技术背景下，一些公共产品的生产和消费是在一定利益共同体内部是不能或不容易分割的，但一些公共产品的生产和消费是可以分割而不进行分割的。"[②] "即便如此，不能分割、不容易分割的公共产品都具有相对性，这种相对性主要体现在，不能分割、不容易分割的公共产品特质会随着科学技术日新月异的进度和制度精细化设计的要求而变得可以分割，甚至非常容易分割。"[③] 当科学技术发生了飞速变化，如果仍旧沿袭低级阶段历史时期总结出的公共产品特征以进行具体制度设计，显然不能有效应对当前社会实践，也不能指导未来发展。实际上，在互联网和大数据时代，一些原本存在非排他性和非竞争性的公共产品也开始借助一定的技术手段，呈现一定排他性和竞争性。总之，这个世界没有什么是一成不变的，唯一不变的就是变化。

如果说流域水生态公共产品内在属性不是传统意义上的非竞争性和非排他性，那么究竟是什么呢？政府层面上，流域综合规划、水污染防治规划、水生态空间规划以及社会经济发展规划等之间交叉、重叠和相互打架现象屡禁不止；涉

　　[①][②][③]　秦颖：《论公共产品的本质——兼论公共产品理论的局限性》，载《经济学家》2006年第3期。

及流域防洪、水土保持、水域岸线管理、水生生物管理等多头管理之"无形损耗"也司空见惯；流域"九龙治水"管理体制尚未从根本上进行全新变革。社会层面上，滥采河沙、乱建码头和随意堆放固体废弃物等造成流域岸线混乱状况尚未得到有效缓解；流域点源污染、面源污染以及大量环境风险源等均有可能成为破坏生态秩序或引发生态风险的"定时炸弹"；无节制的水生生物资源捕捞、水利工程建设造成众多水生生物资源濒临灭绝，水生态修复难度加大。上述不同层面问题单独或集体爆发，都会迫使流域共同体内部不断进行反思，并在相互冲突、相互碰撞、相互试探和反复博弈中，初步形成了一些基本共识或者共同需要。这表明，一个国家、地区或流域在经济社会发展到一定阶段后，基于自身经济社会发展水平、生态文明建设需求和一定的价值观念、道德标准，在流域共同体内部汇总不同利益相关者偏好基础上而形成的共同需要，包括流域水生态服务是否属于一种公共产品，如果是公共物品，那么它应当属于纯粹公共产品、俱乐部产品抑或纯粹商品，然后根据不同流域水生态服务重要性价值排序而形成一种社会共识或社会偏好。这种共同需要才是流域"公共产品"的基本属性所在。公共产品的非竞争性、非排他性等特征，只是它在一定时间、空间和科学条件下的阶段性特征，而立足于流域共同体形成的社会共同需要才是公共产品的基本属性。社会共同需要是以社会公共道德包括环境伦理道德为强大思想基础，以一定数量和一定质量的流域水生态服务或公共产品客观存在作为坚实物质基础，以流域水生态服务总量和功能双重稀缺作为客观现实基础。"只有社会共同需要才是决定公共产品的永恒性条件。"[①] 社会共同需要以立足于"人"作为出发点，体现了一种"以人为本"的主动性和积极性因素，而非竞争性、非排他性则是立足于生态产品自身的一种被动性因素。流域稀缺生态产品的价值体现在，它对流域共同体内所有人共同需要的一种满足程度。随着流域水生态服务的总量、功能双重稀缺问题日渐显现，如何保障稀缺优质水生态产品或水生态服务的公平分配才构成流域共同需要核心思想。因此，立足流域公共产品公平合理分配的目标，借助规范化制度手段才能在流域共同体范畴内不同利益相关者之间设计具体权利、义务和责任，逐步形成生态服务者与生态服务受益者之间的良性互动关系。更为重要的是，流域水生态服务是否属于一种相对稀缺的公共产品，由政府供给或由市场供给，各种稀缺流域水生态服务功能之间如何兼容协调以及优先顺序的排列组合，需要在国家和流域层面达成共识，并能够将这种共识以及为完成这种共识而必须遵守的行为规则通过法律正当程序予以固化。

---

① 秦颖：《论公共产品的本质——兼论公共产品理论的局限性》，载《经济学家》2006 年第 3 期。

（二） 对政府介入水生态补偿的判断过于粗略

在对公共产品分类基础上，纯粹的流域公共产品应当由政府提供补偿，其他补偿类型宜由政府与市场合作、市场与社会合作或自治方式等予以调节。这似乎为政府主导流域水生态补偿机制提供了一种正当性依据，也为政府补偿划定了边界。但在流域水生态补偿实践中，尤其是法律制度不甚健全的发展中国家生态补偿实践中，政府不仅仅关注纯粹的流域公共产品，实际上，即便是公共池塘资源的公共产品、纯粹以商品形式存在的公共产品，政府也需要发挥一定的指导、组织、协调职能，比如在市场化补偿领域中，政府需要发挥"市场增进"功能。具体而言，政府介入水生态补偿机制的职能有以下几点。（1）实施流域水流产权界定登记。产权制度安排是其他一切制度设计的先决条件。流域水流产权界定、流域环境容量产权界定等均是非常复杂且成本高昂之活动，单纯依赖市场机制无法实现水流产权清晰界定，一般社会团体也没有完成此项活动的资金或能力。在市场机制无法完成、社会或一般公共团体也无法胜任情况下，唯有政府凭借其强大财力支撑、专业技术基础和规制经验，逐步推进流域水流产权界定和流域环境容量产权界定。政府作为一种难以替代且日益重要的公共利益代表者、公共秩序维护者和公共生活管理者，政府能够抓住流域水流产权界定、环境容量产权界定的有利契机，有目的、有意识安排不同类型的流域水生态补偿机制，以便能够有效整合、维护和分配公共利益、集体利益以及个人利益，实现不同利益之间的协调衡平。（2）提高流域稀缺资源配置效率。"经济学认为，自然资源管理效率提高主要有两种改进方式：帕累托改进与卡尔多—希克斯改进。"[①] 所谓帕累托改进，"是指从一种分配状态到另一种分配状态的变化中，在没有使任何人利益受损的前提下，使得至少一个人获得利益"。[②] 可见，帕累托改进强调所有人利益都会得到妥善照顾。但令人遗憾的是，这只是一种理想状态，实践中也很难得以有效实现。卡尔多—希克斯改进是指，如果一个人利益由于自然资源管理变革而变好，而且变好所获得的利益远远大于变革所造成的损失，那么整体的效益就改进。显然，卡尔多—希克斯改进要求重新进行利益分配，由于侵犯或危及既得利益，势必会遭到强烈反对。为此，只有具有相对权威性的政府或其他公共管理机构通过法律、经济或市场等复合性手段，才有可能实现资源配置上的卡尔多—希克斯改进。有研究认为，流域水生态补偿机制就是政府通过利益重新配置方式以

---

① 沈满洪：《资源与环境经济学》，中国环境科学出版社 2007 年版，第 56～58 页。
② 唐经纬等：《公共政策视域中的温州"镇级市"改革愿景》，载《温州职业技术学院学报》2011年第 2 期。

实现卡尔多—希克斯改进的一种策略手段，这是兼具法律、经济或社会的一种手段措施。（3）降低制度交易费用。有学者指出，"政府参与可以降低交易费用"。[①] 这是因为，流域水生态服务供给者与受益者数量很多，具体情况各异且利益诉求复杂。试图让众多供给者与受益者之间进行一对一谈判、从而达成补偿交易，难度很大或者谈判成本很高。即便达成了流域生态补偿协议，也可能会因为情况千变万化而造成协议沦为一纸空文。因此，从降低制度交易成本角度考虑，由流域上下游、左右岸、干支流地区所在地地方政府作为保护者和受益者代理人进行谈判，可以大幅度降低谈判成本以及其他成本支出。（4）建构水生态补偿监督管理体制。唯有政府才能构建流域水生态补偿监督管理体制，从而保障补偿区域、流域尺度界定、补偿对象确定、补偿资金有序支付等生态补偿工作顺利开展。唯有政府才能在数量众多、异质性强的流域水生态服务提供者与受益者之间建立协调、博弈、谈判平台，从而有效推进流域生态补偿协议签订及履行。只有政府组织建立生态补偿信息平台和评估机制，才能对水生态补偿机制运行绩效进行全面客观真实评估。

总之，公共产品理论只是抽象界分了市场补偿与政府补偿范围，但对于政府如何介入水生态补偿机制则着墨不多，对于市场补偿与政府补偿中各级政府功能及定位把握不准。

（三）难以全面诠释水生态补偿机制演化路径

"公共产品供求总量、内容、类型和结构受经济发展水平和发展阶段的制约。"[②] 受制于目前发展水平及科学技术的制约，在"流域水生态服务的调节功能、供给功能、文化功能和支撑功能中，将任何单一类型的生态服务独立出来并予以商品化，虽然可能发现、整理和挖掘一类功能的市场价值，但它势必会导致其他类型的生态服务损失，其基于整体系统而形成的独特的生态功能整体效应将会被遮蔽"。[③] 一言以概之，公共产品理论对流域水生态服务或水生态产品的分类仅仅是一种静态分类，这种分类方法难以有效适用不断动态变化的流域水生态补偿制度设计方面。再者，流域生态系统每一部分都是相互作用的，如果单独将其中一项生态服务从生态系统中被人为分离出来，势必会阻断流域生态系统的天然联系，对任何一项生态服务的单独获取必然会影响系统内其他生态服务的有效供给。流域一些水生态服务外部性影响范围很广，它能影响整个流域或者整个国

---

① 中国 21 世纪议程管理中心：《生态补偿原理与应用》，社会科学文献出版社 2009 年版，第 58 页。

② 张宏军：《西方公共产品理论溯源与前瞻——兼论我国公共产品供给的制度设计》，载《贵州社会科学》2010 年第 6 期。

③ 王彬彬等：《生态补偿的制度建构：政府和市场有效融合》，载《政治学研究》2015 年第 5 期。

家，甚至会辐射和波及全球领域，单独将某一项生态服务归于某个个体进而允许其在市场中交易，也存在诸多不甚合理之处。比如流域水生态产品供给服务、信息服务可以借助一定科技手段、监测技术固定，使它具有相应的排他性和竞争性，在此情形下，这项生态服务就可以借助市场机制而得以实现补偿。与此同时，另外一些生态服务功能，如栖息服务、气候调节服务等，栖息服务可以辐射范围很广至相邻国家之间，调节服务甚至可以辐射至全球领域。更为重要的是，随着辐射空间领域的不断扩大，这两类服务的正外部性就会呈现一种不均质扩散性、高度不确定性和难以监控监测性，这种情况下，难以借助一定的技术手段将其予以固定，这意味着，很难从中析出一定的排他性和竞争性，故难以借助市场机制得以补偿，只能凭借政府补偿作为兜底，才能保障相应生态服务的持续有效供给。

四、小结

公共产品理论虽然在一定程度上区分了市场补偿和政府补偿各自界限和使用范围，但对于具体生态服务的市场补偿或者政府补偿界限却难有有效解释，相反，具体生态服务的外部性范围会随着社会经济发展而不断变化，因此，只有在动态变化中，借助必要的科技手段和相对灵活的规制手段，才能对流域水生态补偿机制的基本属性、制度功能和适用空间形成比较全面的认识和把握。

第二章

水生态补偿机制的理论补强

近年来，作为生态文明制度体系"四梁八柱"之一的生态保护补偿制度相继被写入《中华人民共和国环境保护法》《中华人民共和国森林法》等环境资源法律之中。梳理生态保护补偿制度法律规范内容，可以分为三个方面：（1）国家应当承担生态保护补偿的制度供给责任。（2）国家应当通过"财政转移支付"等方式承担生态保护国家补偿责任。（3）国家应当承担对市场补偿机制的指导责任。生态保护补偿制度实施已步入良性轨道。生态保护补偿行政法规、地方法规和地方规章相继颁行，生态保护补偿制度供给日渐趋于完备；针对森林、湿地等重要生态要素与针对国家公园等生态保护地区的财政转移支付也趋向规范化；"国家指导＋市场补偿"体制机制也已大体成形。关于生态保护补偿制度的理论研究也在持续进行。其中，涉及生态保护补偿制度供给与国家指导市场补偿机制的研究，学界已有大量论述。[①] 针对国家生态保护补偿责任的研究却不多见，新近研究试图确认一种生态保护补偿权利。[②] 显然，确认一种权利并不能与建立生态保护国家补偿责任之间画上等号。特别指出的是，2021 年，中共中央、国务院《关于深化生态保护补偿制度改革的意见》要求建立"有为政府与有效市场

[①] 史玉成：《生态补偿制度建设与立法供给——以生态利益保护与衡平为视角》，载《法学评论》2013 年第 4 期；刘晓丽：《我国市场化生态补偿机制的立法问题研究》，载《吉林大学社会科学学报》2019 年第 1 期。

[②] 杜群：《新时代生态补偿权利的生成及其实现——以环境资源开发利用限制为分析进路》，载《法治与社会发展》2019 年第 2 期；陈婉玲：《区际利益补偿权利生成与基本构造》，载《中国法学》2020 年第 6 期。

更好结合"的生态保护补偿制度，这里的"有为政府"就是要解决各级政府履行生态保护国家补偿责任的范围、大小以及其与市场补偿界分难题。总之，迫切需要对生态保护国家补偿责任基础理论进行深入研究，具体包括，提出生态保护国家补偿责任的法律依据是什么？如何定位生态保护国家补偿责任的法律性质？如何判断生态保护国家补偿责任的构成要件？上述几个问题紧密关联，对于如何解读"有为政府"具有一定参考作用。

对生态保护国家补偿责任进行研究也是回应司法实践的迫切需要。生态保护补偿纠纷引发的司法判决也已大量出现。[1] 但法官对于判断各级政府是否履行、如何履行国家补偿责任始终保持高度谨慎或克制态度，[2] 不能实现生态保护补偿制度法律规范在行为规范与裁判规范之间的有效融贯、衔接和转换。究其原因在于，生态保护补偿制度法治化程度不高，法定补偿义务人、补偿标准、补偿方式以及补偿程序规范均存在模糊性和难以操作性。由此引发的不仅是对生态保护补偿制度裁判规范的完善思考，还应当追根溯源，尽快厘清生态保护国家补偿责任的内涵、依据、性质及构成，以便更好地服务于司法实践。

第一节　生态保护国家补偿责任及其规范依据

一、生态保护国家补偿责任的内涵

研究者很早就关注到生态环境领域的国家补偿责任。司坡森在其博士论文《论国家补偿》将森林生态补偿定位为衡平补偿中的"国家助成补偿"，认为这是"国家对积极服务社会公益事业者所给予的奖励辅助性补偿"。[3] 王锴借鉴中国台湾学者李建良的分类，分别在征收征用补偿和衡平补偿对其进行论述，尽管他也认为这类补偿与征收征用补偿存在差异。[4] 上述研究对于理解生态保护国家补偿责任的内涵及定位有一定启示。

---

[1]　参见一个森林生态补偿纠纷的三个判决。重庆市渝北区人民法院（2017）渝0112行初233号行政判决书，重庆市第三中级人民法院（2016）渝03行初6号行政判决书，重庆市高级人民法院（2016）渝行终747号行政判决书。

[2]　最高人民法院（2019）行申4085号再审审查和审判监督行政裁定书。

[3]　司坡森：《论国家补偿》，中国政法大学博士学位论文，2004年，第12~35页。

[4]　王锴：《我国国家公法责任体系的构建》，载《清华法学》2015年第3期。

第一，适用场景包括对内责任和对外责任两层含义。"国家存在的原因不在于绝对主权、相对主权或国家利益，而在于它对全体或部分个人负有义务。"① 对内而言，国家应当从保障公众健康、满足民众美好生活乃至奠定生态安全屏障需求方面承担补偿责任。对外而言，中国作为国际社会重要一员，出于道义和社会责任，也可以在跨国流域、控制气候变化等国际事务中承担一定补偿责任。内外责任同在但内外责任有别，其中，对内责任构成基础和主导，对外责任属于延伸和补充。适用场景意义上的生态保护国家补偿责任旨在彰显一种国家意志，表征一种国家能力，塑造一种国家形象，成为国家治理体系和治理能力现代化的显著标志。现行生态保护补偿制度法规范仅明确了对内责任，未来需要从体系化视角出发，适当预留对外责任②的制度空间。

第二，补偿对象涵盖生态保护者与生态保护地区两类。在以森林、湿地等生态要素为实施对象的分类补偿中，国家在采取一定禁限措施的同时，还要求生态要素权利人需要符合一定行为条件，方能对其予以补偿。此时，单个生态要素权利人就成为法规范意义上的补偿对象。在以国家公园等特定生态保护地区为实施对象的综合补偿中，国家统筹考虑区位特征、产业政策等，要求生态保护地区承担一定生态保护、修复与资源输出责任。③ 由于生态保护地区供给生态服务功能价值的外溢核算评估困难以及生态保护地区与受益地区不能有效相互界定，唯有国家出面对生态保护地区予以相应补偿，才能实现分配正义与矫正正义。④ 此时，生态保护地区相关地方政府或依法设置的管理机构成为法规范意义上的补偿对象。现行生态保护补偿制度法规范确立了分类补偿与综合补偿，对于完善生态保护国家补偿责任具有重要意义。

第三，责任类型囊括全部责任、兜底责任和担保责任。"现代国家责任理念已发展为肩负起建构合理社会秩序之义务，其中包含保护社会弱者、维护社会安全和促进人民福祉等目标。"⑤ 但国家并不能仅以实现上述目标为由承担责任，即便要求国家承担责任，也未必就是全部责任。参照德国学者舒伯特的国家责任理论，⑥ 可将生态保护国家补偿责任分为全部责任、兜底责任和担保责任三类。全部责任是指为了保障绝对国家任务完成，各级政府需针对特定生态要素、生态

① 高鹏程：《国家义务析论》，载《理论探讨》2004 年第 1 期。
② 秦天宝：《跨界河流水量分配生态补偿的法理建构与实现路径——"人类命运共同体"的视角》，载《环球法律评论》2021 年第 5 期。
③ 陈婉玲：《区际利益补偿权利生成与基本构造》，载《中国法学》2020 年第 6 期。
④ 杜群、车东晟：《新时代生态补偿权利的生成及其实现——以环境资源开发利用限制为分析进路》，载《法治与社会发展》2019 年第 2 期。
⑤ 陶凯元：《法治中国背景下国家责任论纲》，载《中国法学》2016 年第 6 期。
⑥ 谢冰清：《我国长期护理制度中的国家责任及其实现路径》，载《法商研究》2019 年第 5 期。

保护地区履行补偿责任，这体现为绝对性和优先性。兜底责任是指在市场补偿机制难以启动之际，国家承担一定时空或一定数量、比例的出资责任，这体现为补充性和备位性。担保责任是指在政府与市场结合补偿机制中，政府履行一定数量、比例的出资责任，以引导、吸引市场主体建立补偿机制，这具有引领性和保障性。现行生态保护补偿法规范尚未有效区分上述类型，未来应予以逐步完善。

第四，责任内涵包括"职责"和"追责"双重要素。"追责和职责成为责任的两种不同理解，"① 但它们有时间上的先后次序，"追责看过去的行为和事件，这是'过去责任'。职责面向未来，形成'未来责任'"。② 追责和职责在生态保护国家补偿责任中都非常重要，但更加倚重后者。理由在于，"由于既往更多把注意力放在追责这个过往责任上，忽视了职责和任务在法律以及其他方面的重要性"。③ 更为重要的是，生态保护补偿所需资金数量庞大，市场和社会主体难以承担或不愿承担，唯有政府履行一定出资职责，才能发挥必要的引领、示范或兜底功能。现行生态保护补偿制度法规范中，"加大、加强、完善"财政转移支付等规范性表述实际上是在强调一种面向未来的职责履行。

申言之，所谓生态保护国家补偿责任是指为了彰显责任国家担当，国家通过财政转移支付等方式，对因受到一定禁限措施影响而使自身财产权益或者发展权益遭受损失的生态保护者、生态保护地区予以相应补偿的一种国家责任。它是一种具有公法规范意义上的国家责任，强调面向未来职责履行的积极作为。

二、生态保护国家补偿责任的依据

需要指出，前述关于生态保护补偿权利的研究并不能直接推导出生态保护国家补偿责任的依据。唯有从宪法理念、目标等宪法性规范中才能找出生态保护国家补偿责任的规范依据。

第一，宪法序言中的新发展理念：引领生态保护国家补偿责任的价值方向。2018 年修订之后的宪法序言增加了新发展理念，这是对"宪法'总纲'中生态环境国家目标任务条款的提升与超越"。④ 作为一种全新的政治命题，新发展理念"具有战略性、纲领性和引领性，主要体现在公共秩序和公共利益两个方

---

① 刘启川：《责任清单编制规则的法治逻辑》，载《中国法学》2018 年第 5 期。
② ［日］室井力：《日本现代行政法》，中国政法大学出版社 1995 年版，第 190 页。
③ ［澳］皮特·凯恩著，罗李华译：《法律与道德中的责任》，商务印书馆 2008 年版，第 48 页。
④ 张翔：《环境宪法的新发展及其规范阐释》，载《法学家》2018 年第 3 期，第 93 页。

面"。① 正是在宪法新发展理念价值引领之下，生态保护国家补偿责任才能以约束性国家财政投入为后盾、以规范化财政转移支付为主要方式，对生态保护者（地区）与生态受益者（地区）之间利益关系进行重构或调整，力图形塑出一种良性状态的公共秩序或生态秩序。也正是在宪法新发展理念价值指引之下，各级政府依照法定补偿标准、补偿程序将补偿资金直接支付或转移支付给生态保护者、生态保护地区，以"法治化方式矫正生态环境保护方面不平衡不充分发展现状"，② 在不断满足民众美好生活需求的同时，维持或增进着环境公共利益。

第二，宪法生态环境国家目标任务条款：形成生态保护国家补偿责任的规范指引。2018 年修订之后的宪法序言首次将"生态文明"同物质文明、政治文明等一并列为国家未来建设方向。生态文明入宪，引发了生态环境领域国家目标任务的重大调整，主要体现在：（1）优化了国家目标任务结构。修订之后的宪法在保护和改善"环境"这一目标任务同时，凸显国家保护和改善"生态"的目标任务，初步实现了"生态环境"的融贯与互洽。（2）丰富了国家目标任务内容。将修订之后的宪法第二十八条与具有宪法地位的《中华人民共和国国家安全法》第三条、第三十条进行一体化观察分析，就会发现上述系列宪法性规范就是在确立一种状态性的国家目标任务，即要求国家应当采取各种必要措施，防范生态风险，保障生态安全。（3）设定了国家中长目标。修订之后的宪法明确将"美丽中国"作为长远国家目标，这是在擘绘中国生态环境乃至生态文明建设的未来发展蓝图。历经多层次调整之后的生态环境国家目标任务，"在规范意义上作用于所有国家权力"③ "所有国家权力机关需要高度重视并积极履行"。④

更重要的是，宪法第二十六条第 2 款提出了"组织、鼓励"两项国家义务，前者指出，只有在国家组织之下，包括植树造林在内的生态环境保护工作才能得以整体性规划、系统性治理；后者表明，国家应当采取必要的激励性措施，才能促进包括植树造林在内的生态环境保护工作的积极性、主动性。就此而言，各级政府履行生态保护国家补偿责任实际上是在践行宪法确立的国家"鼓励义务"，通过调动民众从事生态环境保护的积极性和主动性，从而能够有效实现生态环境国家目标任务。

第三，宪法生态文明建设职权条款：确立生态保护国家补偿责任的体制机制。2018 年修订之后的宪法第八十九条第 6 项规定了国务院领导和管理生态文

---

① 周佑勇：《逻辑与进路：新发展理念如何引领法治中国建设》，载《法制与社会发展》2018 年第 3 期。

② 吕忠梅：《习近平法治思想的生态文明法治理论》，载《中国法学》2021 年第 1 期。

③ 张翔：《环境宪法的新发展及其规范阐释》，载《法学家》2018 年第 3 期。

④ 陈玉山：《论国家根本任务的宪法地位》，载《清华法学》2012 年第 5 期。

明建设的法定职责。这表明，各级政府及其职能部门在履行生态保护国家补偿责任中占据主导性地位。理由在于，履行生态保护国家补偿责任涉及生态保护补偿资金筹集、分配和支付等一系列复杂工作，综合了分配行政和给付行政等多项行政任务，唯有积极、主动且灵活的行政权方能担此重任。另外，考察宪法第八十九条规范内容，发现国务院"生态文明建设"职权与"经济工作和城乡建设放在一起一并加以规定，这体现了经济发展与生态建设并重"。① 这同样意味着，各级政府应当建立一个以国家发改部门为主，其他职能部门共同参与的生态保护国家补偿责任机制，才能践行经济发展与生态文明建设协同发展的宪法意旨。

第二节　生态保护国家补偿责任的法律性质

一、生态保护国家补偿责任的定位困难

关于生态保护国家补偿责任的性质判断，学术界大致有两种观点，一种将其纳入行政补偿范畴予以界定，② 另一种认为这属于一类民事合同关系。③ 司法实践中，一些判决认定其为征收征用补偿，④ 一些判决将其归入信赖保护补偿，⑤ 一些判决则认定为其他行政纠纷。⑥ 可见，理论观点并未被司法实践所接受，不同司法裁判之间也相互冲突。这表明，迫切需要对生态保护国家补偿责任予以准确定位。

第一，生态保护补偿与征收征用补偿。通过扩张解释，"征收征用对象从原来仅限于土地变成了一切具有财产价值的权利，征收征用目的也从原来的仅限于特定公用事业需求变成了一切公共利益，征收征用方式从原来的具体行政行为变

---

　　① 张震：《生态文明入宪及其体系性宪法功能》，载《当代法学》2018 年第 6 期。

　　② 车东晟：《政策与法律双重维度下生态补偿的法理溯源与制度重构》，载《中国人口·资源与环境》2020 年第 8 期。

　　③ 潘佳：《政府作为补偿义务主体的现实与理想——从生态保护补偿第一案谈起》，载《东方法学》2017 年第 3 期。

　　④ 辽宁省高级人民法院（2018）辽行终 386 号行政判决书。

　　⑤ 四川省绵阳市中级人民法院（2019）川 07 行初 53 号行政判决书。

　　⑥ 广东省深圳市中级人民法院（2018）粤 03 行终 837 - 852 号行政判决书。

成了包括立法征收"。① 尽管生态保护补偿与征收征用补偿共享着"公共利益""限制""损失""补偿"等要素，但两者之间仍然存在差别。（1）限制方式、程度存在差异。由于涉及宪法意义上的财产权限制，征收征用补偿大都需要借助国家立法方式予以确立，且对财产权构成了一种相当严厉的限制。引发生态保护国家补偿责任的限制方式、限制程度则呈现高度不均质的复杂态势。仅以限制程度为例，从程度轻微限制到变更财产权使用方式等不一而足，无法得出整齐划一的规范性判断。（2）补偿目的、补偿原则存在差异。"征收征用补偿应当能够保障被征收者生存权不受侵害"，② 故遵循公平和合理补偿原则。而生态保护补偿兼有侵害性与激励性等复合目的，故更多强调一种适当补偿原则。（3）补偿对象存在差异。征收征用补偿中，财产权利人、限制对象和补偿对象构成一一对应关系，体现为面向个体的差异补偿。生态保护补偿相对复杂。分类补偿中，既有面向个体的差异补偿，也有连带意义的"共享"补偿，比如森林生态保护补偿中，集体公益林所有者、承包经营者甚至经营者都可能单独或者共享补偿。至于综合补偿就更加复杂，比如郭文宋诉台州市政府生态保护补偿金案③中，最高法院裁判认为，郭文宋与临海市政府使用牛头山×雨区生态补偿资金的行为之间不存在利害关系，牛头山×雨区范围内自然人、法人或其他组织不能因为其自身处于牛头山×雨区就有权获得相应补偿。（4）补偿持续性不同。征收征用补偿属于一次性补偿。补偿对象获得补偿金之后，补偿法律关系即告消灭。生态保护补偿关系则呈现一种持续状态，持续时间是由特定区域设立后运行之持续性以及被采取禁限措施之持续性决定，比如饮用水生态保护补偿关系持续时间是"调整为饮用水水源区之日起至调整出饮用水水源区之日终"。④

由是如此，一些裁判文书强调，"承包的森林、草地和耕地被依法确定为公益林、禁牧区和休耕区的行为并非征收征用"。⑤ 这表明，对生态要素权利人采取禁限措施而引发的一种补偿不能简单划归为征收征用补偿。

第二，生态保护补偿与信赖保护补偿。信赖保护补偿是指，"国家基于合法事由，变更其以前作出的职权行为，致使他人信赖利益损失，国家应当对其承担补偿责任"。⑥ 由于生态保护补偿纠纷可能涉及行政许可变更或撤销，故容易造

---

① 陈新民：《德国公法学基础理论》（下），山东人民出版社 2001 年版，第 405～454 页。
② 汪进元、高新平：《财产权的构成、限制及其合宪性》，载《上海财经大学学报》（哲学社会科学版）2011 年第 5 期，第 22 页。
③ 浙江省台州市中级人民法院（2017）浙 10 行初 72 号行政判决书；浙江省高级人民法院（2017）浙行终 626 号行政判决书；最高人民法院（2018）最高法行申 3091 号行政裁定书。
④ 四川省高级人民法院（2020）川行终 410 号行政判决书。
⑤ 重庆市高级人民法院（2016）渝行终 747 号行政判决书。
⑥ 陶凯元：《法治中国背景下国家责任论纲》，载《中国法学》2016 年第 6 期，第 34 页。

成混淆。实际上，他们之间存在差别。（1）补偿原因行为不同。信赖保护补偿存在前提是，行政公权力设定或确认行政相对人一定权利或利益的行为。生态保护补偿原因行为可追溯到公权力依法划定、设立或者调整生态保护特定区域并设置禁限措施的行为。（2）补偿对象存在差异。信赖保护补偿仅限于对授益的被许可人实施补偿。如前所述，生态保护补偿对象呈现一种多元性和多层次性。（3）补偿原则不同。"信赖保护补偿正当性源于公民对公共资源的分享权。"① 故强调公平补偿原则。生态保护补偿则强调适当补偿。（4）补偿实现方式不同。"行政许可创制了一种被称为信赖利益的新型权利"，② 通过确认被许可人一种新权利以约束行政机关。生态保护国家补偿补偿责任的实现方式则较为复杂。分类补偿中，可能需要借助保护规范理论，从强行性补偿法规范中推导出一定补偿请求权；而在综合补偿中，唯有依赖各级政府及其职能部门履行相应补偿责任，方能保障补偿对象权益得以实现。

一些司法裁判试图将生态保护补偿解释成为信赖保护补偿，③ 虽然克服了法律适用困难，也会满足当事人部分诉讼请求，但这混淆了生态保护补偿与信赖保护补偿。故不宜推广。

第三，生态保护补偿与衡平补偿。衡平补偿是指，为了实现社会正义，对于符合一定条件的损失，基于"衡平性"或"合目的性"考量，国家主动给予利益受损人的补偿，④ 致力于每个人有尊严的生存保障。⑤ 通过国家衡平补偿，使既存不平等状况再次平等化，从而实现一种结果上的分配正义。生态保护补偿从衡平补偿理论中的"分配正义""给付义务"获取了理论滋养，但将其视为衡平补偿也有商榷之处。（1）适用范围存在差异。我国衡平补偿范围主要限于宪法第十四条确立的社会保障权、第四十五条确立的社会物质帮助权，旨在彰显对社会弱势群体生活扶助的国家责任。若完全脱离"社会国原则"背景，将生态保护补偿简单划入衡平补偿类型，就会不断扩大衡平补偿适用范围，造成其内涵游离不定且难以捉摸，消解理论自身涵摄力。（2）补偿责任构成存在差异。在衡平补偿法律关系中，政府承担的国家补偿责任已经脱离了对"先行行为"等前置性要件的考察，放弃了对国家行政公权力禁限措施与权益损害之间因果关系的溯源和追问，而是直接以国家法定给付义务作为实施补偿的逻辑起点。但在生态保护补偿责任构成中，若不对行政公权力禁限措施等先行行为加以考虑和必要制约，如果

①② 陈国栋：《行政许可创制了名为信赖利益的新型权利吗?》，载《求是学刊》2020 年第 5 期。
③ 江苏省常州市中级人民法院（2018）苏 04 行初 77 号行政判决书。
④ 翁岳生：《行政法》（下册），中国法制出版社 2009 年版，第 1738 页。
⑤ Peter Badura, Staatsrecht, C. H. Beck, 1996：77.

放弃对先行行为与损害结果之间因果关系的追问，就会造成行政公权力"先行行为"无处不在且不受约束，也会造成补偿对象随意放弃本应由其承担的生态保护责任。

总之，生态保护国家补偿责任呈现高度的复杂性，致使其与征收征用补偿、信赖保护补偿、衡平补偿等均存在交叉及不同之处，很难纳入它们当中的任何一个类型予以定位。

二、生态保护国家补偿责任具有复合属性

第一，内容属性：管制性征收补偿与衡平补偿的复合。一般而言，结合财产权的限制程度，可将行政类补偿分为不同类别。财产权的轻微限制属于一种财产权的社会义务，对应着不予补偿；财产权严厉限制甚至剥夺对应着征收征用补偿；大量游离于轻微限制与严厉限制甚至剥夺之间的财产权限制，属于管制性征收补偿。管制性征收补偿是指，"行政机关强制管制不动产造成类似征收损失而需要补偿的制度"。[1] 管制性征收补偿使用场景之下，行政公权力既未实际占有私有财产，也未造成财产物理侵害，只是限制私有财产某些用途或者附加一定条件，但这会对权利人财产价值造成不利影响，[2] 使其"承担特别的、不公平、不可预期的牺牲"，[3] 是故予以相应补偿。我国法律文本虽未出现管制性征收补偿这一概念，但在学理和实务讨论中，呼吁建立这个制度的诉求未有停息之意。[4] 生态保护国家补偿责任体系之中，针对森林、湿地等生态要素的分类补偿似乎可以纳入管制性征收补偿范畴。理由在于，在上述分类补偿实施过程中，行政公权力没有占有或剥夺私有财产，只是限制了森林、湿地等生态要素某些功能或者用途，或者对权利人施加积极作为之义务。在限制程度上，它高于财产权的轻微限制，但同时也低于征收征用补偿，似宜纳入管制性征收补偿范畴予以定位。

与分类补偿不同，综合补偿却带有衡平补偿基因。围绕国家公园等生态保护地区建立的综合补偿中，大都蕴含着对生态保护地区（往往也是经济落后地区）生存发展权益保障的倾斜性制度安排，这是面向社会弱势群体或者经济落后地区

---

① 刘连泰：《法理的救赎——互惠原理在管制性征收案件中的适用》，载《现代法学》2015 年第 4 期。

② 王丽晖：《管制性征收主导判断规则的形成》，载《行政法学研究》2013 年第 2 期。

③ ［德］哈特穆特·毛雷尔著，高家伟译：《行政法学总论》，法律出版社 2000 年版，第 667 页。

④ 参见彭涛：《规范管制性征收应发挥司法救济的作用》，载《法学》2016 年第 5 期。

的一种公平正义。2008 年《中华人民共和国水污染防治法》首次建立针对江河源头区等的综合补偿制度，是对 2007 年党的十七大社会主义本质——"公平正义"的一种环境法角度的回应。综合补偿制度实施过程中，将其与扶贫政策、公共服务均等化供给以及区域协调发展等进行多重联结，更有一种衡平社会利益以达致公平正义，践行"衡平性""共同体""协调性"等复杂考量。需注意的是，随着时代变迁，衡平补偿的适用范围也在相应拓展，但其核心意旨始终聚焦，"即强调生命共同体、团结、社会正义和协调发展理念"。① 由此观之，综合补偿与衡平补偿在补偿理念目标、补偿对象等有颇多契合之处，将综合补偿纳入衡平补偿予以定位似无不妥之处。唯一可能的挑战就是，如何在衡平补偿框架体系内，对生态保护国家补偿责任的构成要件（主要针对综合补偿）作出妥当解释。本书将在后文予以论述。

第二，形式属性：法定责任与约定责任的复合。其一，生态保护国家补偿责任是一种法定责任，它并不依赖于"合意"而取决于国家公权力的判断。② 只有法律、行政法规才能对各级政府是否履行、履行多大程度范围的生态保护国家补偿责任作出规定。补偿责任法定性要求：（1）补偿关系主体法定。首先，依法明确各级政府职能部门作为法定补偿义务人，他们单独或协同履行分类补偿或者综合补偿之责任。其次，依法建立完善补偿对象及其所在区域规则，以便有效甄别、筛选乃至明确具体补偿对象，进而在法定补偿义务人与补偿对象之间建立具体、对称补偿法律关系。（2）补偿条件法定。并非受到财产权或发展权禁限措施影响的所有生态保护者（地区）都有权获得国家补偿；并非履行生态保护责任的所有生态保护者（地区）都能得到国家补偿；受到禁限措施影响且履行生态保护责任的所有生态保护者（地区）并非都需借助国家补偿机制才能获得相应补偿。补偿条件法定性要求建立健全具体、可操作补偿条件规则，只有达到履行生态保护责任的补偿条件，才能切实实现宪法生态环境国家目标任务。（3）补偿程序法定。一定意义上，可将生态保护补偿制度理解为一套资金投入支付机制。补偿程序法定要求建立健全资金支付程序规则，以便保障国家转移支付或者直接支付的补偿资金能够以规范化、公开化方式到达补偿对象并能以规范方式得以使用。（4）责任追究法定。生态保护国家补偿责任不仅要求主动履行补偿职责，也关注补偿责任追究规则，以便能够有效抑制行政恣意，避免补偿对象不适当、不全面履行甚至放弃本应由其承担的生态保护责任。

---

① 黄锦堂：《国家补偿法体系建构初探》，载《行政法争议问题研究》（下），五南图书出版公司2000 年版，第 1215 页。

② 张建伟：《生态补偿制度构建的若干法律问题研究》，载《甘肃政法学院学报》2006 年第 5 期。

其二，生态保护国家补偿责任体现为一种约定责任。在"去强制化"①成为公共行政普遍趋势之下，"探索由'通过权力的治理'转向'通过契约的治理'，"②才能有效回应生态环境目标任务。补偿责任约定性体现在以下方面。（1）补偿关系主体的约定。除了法定补偿义务人不能约定之外，作为补偿关系人的补偿对象数量众多。需立足于激励生态保护，允许补偿对象自主约定如何分享相应的补偿费用。比如在森林生态补偿中，林权所有者、承包经营者和经营者之间可以就如何分配生态补偿金预先作出约定。（2）补偿条件的约定。鉴于生态保护者（地区）供给生态产品或生态服务种类繁多以及生态受益者（地区）需求千差万别，故允许补偿关系主体就补偿基准、补偿标准等补偿条件进行约定。（3）责任追究的约定。当补偿对象不完全、不适当或者放弃履行本应由其承担的生态保护责任时，也可以约定责任追究方式。

法定责任和约定责任地位不同。法定责任占据主导地位，约定责任处于次要地位。只能在法定责任范围内进行一定限度、一定范围的约定，约定内容不能损害环境公共利益、第三方利益。与法定性冲突的约定内容不发生法律效力。

申言之，生态保护国家补偿责任法律定位具有复合性，它是管制性征收补偿与衡平补偿的复合，也是法定责任与约定责任的复合。生态保护国家补偿责任的复合属性构成"法治从形式主义向实质主义转变的一项重要历史成就"。③

第三节 生态保护国家补偿责任的构成

一、行政公权力措施形成特定持续状态

生态保护国家补偿责任肇始于行政公权力依法"划定""设立""调整"生态保护特定区域，并结合特定区域功能定位要求附随设置不同种类、不同程度及范围不一的禁限措施，并形成一种相对稳定的持续状态（见表 2–1）。

---

① 章剑生：《作为介入和扩展私法自治领域的行政法》，载《当代法学》2021 年第 3 期。
② 章志远：《迈向公私合作型行政法》，载《法学研究》2019 年第 2 期。
③ 马怀德：《完善国家赔偿立法基本问题研究》，北京大学出版社 2008 年版，第 16 页。

表 2 - 1　　　　　　　　　针对生态保护特定区域的行政活动

划定（设立、调整）行政活动	禁限措施等行政活动
划定或调整公益林（依据森林法律法规及技术规程）	结合国家级公益林（一级、二级或准保护区）和地方级公益林（一级、二级）不同要求设置差异化禁限措施
划定或调整禁牧区、休牧区（依据草原法等）	分省确定指标和规模，然后由各省级政府针对禁牧区、休牧区不同类型的草原设置差异化禁限措施
划定或调整轮作区、休耕区（依据土地管理法等）	分省确定指标和规模，然后由各省级政府针对轮作区、休耕区土地设置差异化禁限措施
划定或调整重点生态功能区（依据主体功能区政策等）	划分为国家级重点生态功能区、省级重点生态功能区等，对重点生态功能区县级政府采取差异化、引导性禁限措施
设立或调整自然保护地（依据自然保护地法律法规等）	结合国家公园、自然保护区和自然公园三类以及自然保护区、国家公园以及各自内部的功能分区采取差异化禁限措施

从表 2 - 1 看出，行政公权力借助物理技术、现代信息手段等在国土空间范围内划定（设立、调整）生态保护特定区域，比如划定国家级公益林、设立国家公园、将饮用水水源二级保护区调整为一级保护区等。划定（划定、调整）行为属于一类抽象行政行为。它与后续的禁限行为呈现为连锁性，[①]"这种连锁表现为目的上的单一性、时间上的连续性、关联上的紧密性"。[②]设立（划定、调整）特定区域构成生态保护国家补偿责任的前提。设立（划定、调整）特定区域之后，需要围绕特定区域功能定位要求附随设置禁限措施。附随设置禁限措施既可以理解为划定（设立、调整）的附随行为，又能作为引发生态保护国家补偿责任的原因行为而存在。禁限措施有如下特点：（1）类型多样。包括财产权使用限制，比如方式限制、时空限制和行为限制等；财产权内容变更，比如将耕地变为林地；"已经着手行为、未来发展规划的限制或剥夺"等。（2）性质复杂。分类补偿中，禁限措施是一种对财产权的限制；综合补偿中，禁限措施是一种对发展权的限制。（3）禁限程度不一。一些禁限措施被认为是财产权的社会义务而

---

①　江利红：《行政过程论研究——行政法学理论的变革与重构》，中国政法大学出版社 2012 年版，第 138 页。

②　范伟：《行政黑名单制度的法律属性及其控制——基于行政过程论视角的分析》，载《政治与法律》2018 年第 9 期。

不予补偿。① 一些禁限措施涉及财产权灭失或被实质性剥夺，故被纳入征收征用补偿范畴。更有大量禁限措施，已经超出不予补偿的社会义务负担范畴，但又未达到征收征用补偿程度。这就为生态保护国家补偿责任生成提供了一种可能。

"划定（设立、调整）行为"与"禁限措施行为"之间呈现一种线性对应关系，但"禁限措施行为"与"生态保护国家补偿责任"并非一一对应关系，换言之，行政公权力禁限措施形成特定持续状态并非必然会导致生态保护国家补偿责任形成。

二、造成特别牺牲或者显失公平

管制性征收理论源于19世纪末奥托·迈耶的特别牺牲理论，强调政府为了公共利益强制公众承担特别牺牲。② "出于'利益均沾则负担均担'原则，就必须由国家动用公帑对'特别牺牲者'予以补偿。"③ "特别牺牲内容广泛而抽象，无论是涉及财产的征收征用，还是非财产权利为公益退让的情形，均能予以统摄。"④ 既然土地征收征用补偿和信赖保护补偿都能从"特别牺牲说"中找到理论归属，将其推至生态保护国家补偿责任的判断，似乎也无理论上的障碍。

结合分类补偿之管制性征收补偿定位，将"特别牺牲说"作为生态保护国家补偿责任构成要件亦无不可。这里需要对"特别牺牲说"作适度的拓展。（1）主体特定性的再判断。"特别牺牲说"强调主体特定性。"当某项国家权力措施并非针对某个相关人，但是其所造成的直接后果却意味着该相关人的特别牺牲之时，它便将这种肯定会造成特别牺牲的情形认为是侵犯。"⑤ 运用至分类补偿时，需对主体特定性予以再次判断。以饮用水水源生态保护补偿为例，它的补偿对象呈现人数复数性和类型多元性特点，其中，人数复数性体现为人数众多，利益范围兼具不特定性和可确定性两个方面，需要借助补偿对象规则逐一识别；类型多元性表现为，补偿对象可能是饮用水水源所在地集体经济组织或者自然人、法人和其他组织等。人数复数性和类型多样性虽然并不必然意味着不可确定性，但会对主体特定性造成一定冲击，应结合饮用水水源保护地、饮用水水源保护区实际对不同类型补偿对象作出具体回应。（2）损害程度的再判断。德国、日本等国家理论和司法实践发展出了一套相对精致的损害程度解释，但这种策略很难被直接

---

① ③ 张翔：《财产权的社会义务》，载《中国社会科学》2012年第9期。
② ［德］哈特穆特·毛雷尔著，高家伟译：《行政法学总论》，法律出版社2000年版，第667页。
④ ⑤ 伏创宇：《强制预防接种补偿责任的性质与构成》，载《中国法学》2017年第4期。

运用到生态保护国家补偿责任构成判断上。理由在于，一是，我国司法实务围绕"特别牺牲说""损害程度"的司法判断理论未有共识，据此作出裁判的情形罕见。二是，我国对"特别牺牲"的"损害"是否予以补偿之判断，一直被视为行政自由裁量范畴，未给司法裁量留下制度空间。

但"特别牺牲说"难以有效诠释综合补偿。因为它过分关注损害程度的判定，容易忽视私益与公益、整体利益与局部利益之间的协调与平衡，忽略了公共利益重要性、紧迫性之考量。换言之，是否对"牺牲"予以补偿，不仅要关注损害程度，也需要结合公益与私益、整体利益与局部利益的协调，进而做出是否予以补偿判断"权衡"，不可简单走向予以补偿或者不予补偿两个极端。若将"特别牺牲说"作为生态保护国家补偿责任的单一构成要件，就会造成一些不属于"特别牺牲"但不予补偿却显失公平的损害救济逃逸出法律规制范畴，忽视了生态保护补偿制度固有的分配正义功能。"以有无特别牺牲为指标，往往从一极端走向另一极端，缺乏实质上的妥当性。"[1] 比如在综合补偿场景中，由于自然禀赋、生态区位以及国家发展政策限制等，导致生态保护地区在经济社会发展中一直处于劣势地位，发展机会不均等、发展惠益不能共享、发展能力不足，正在演变成为一个个"实体性少数派"，这种劣势缺乏内生规避或"自我救赎"的能力或机制。[2] 诸多禁限措施造成生态保护地区的"牺牲"未达到"特别牺牲"程度，在生态受益地区难以有效界定背景之下，唯有国家出面对这种"牺牲"带来的"显失公平"状况进行利益调整，方能保障各类生态保护地区获得均等发展机会和基本发展能力，实现不同区域之间协调发展。

总之，在分类补偿中，禁限措施造成生态要素权利人"特别牺牲"时，行政公权力应当予以补偿；当事人也可提起诉讼予以救济，从而实现矫正正义；在综合补偿中，禁限措施造成生态保护地区"牺牲"，虽未达到"特别牺牲"但已呈现"显失公平"之后果，行政公权力也应当予以补偿，以实现分配正义。正如有学者指出，公法意义上的"国家补偿责任"需考虑两种情形：要么构成"特别牺牲"；要么仅造成"牺牲"但却呈现利益"显失公平"之后果。[3]

三、目的的侵害性与激励性并存

生态保护国家补偿责任在构成上呈现目的的侵害性。体现在：（1）对财产权

---

[1] ［日］宇贺克也著，肖军译：《国家补偿法》，中国政法大学 2014 年版，第 393 页。

[2] 彭丽娟：《生态保护补偿：基于文本分析的法律概念界定》，载《甘肃政法学院学报》2016 年第 4 期。

[3] 翁岳生：《行政法》（下册），中国法制出版社 2009 年版，第 1738 页。

造成侵害。毋庸讳言，行政公权力设置持续性状态之禁限措施，势必会影响到森林、湿地等生态要素权利人财产权能的有效实现，造成林木不能随意砍伐、草原不能随意放牧、耕地不能随意耕作，"在收入下降的同时，支出明显增加"。① 这是一种对财产权带有明确目的性的"合法"侵害。这种侵害，对于践行新发展理念、实现国家生态环境目标以及增进维持环境公共利益等，是必要的、急需的、积极的和有益的，但对于生态要素权利人而言，这是有害的和不公平的。需要通过适当补偿在私人侵害和公共受益之间进行利益平衡。（2）对发展权造成侵害。"受国家整体利益和区域分工影响，我国生态保护地区经济弱势地位形成具有较强的政策性、制度性诱因，即政府的各种社会经济安排和公共政策是这些区域遭受利益剥夺的直接原因。"② 某一特定行政区域一旦被设立、划定或调整为生态保护地区，该行政区域的国土空间发展功能用途就需要转向为水源涵养、水土保持等功能用途，该行政区域的土地用途变更、产业结构调整就会受到严格限制，与其他地区同等机会的发展权益就会受到侵害，而且这一侵害过程与维持增进更大范围内的社会公共利益是同步进行的。生态保护地区拥有国土资源的发展价值最终是以被全社会共享的生态价值方式予以呈现，也需要通过适当补偿在区域利益侵害与公共受益之间进行利益衡平。

生态保护国家补偿责任构成上又呈现目的上的激励性。"生态保护补偿始终强调以激励换取优质生态产品供给这一核心内涵。"③ 生态保护补偿激励功能主要体现为公平激励与目标激励方面。④ 在分类补偿中，"依据权利人土地面积数量等因素来核定相应补偿标准，这实质上是在不同当事人之间建立一种相对的公平感"，⑤ 旨在实现一定的公平激励。我国生态保护补偿政策与国家扶贫政策相联结，在补偿对象与贫困户之间建立一定对应关系，也体现为一种公平激励。在综合补偿中，流域、水库、湖泊上游地区最终获得的生态保护补偿资金取决于跨界断面生态环境监测指标的预设目标与考核结果。"生态补偿绩效考核为生态产品持续有效供给提供了足够创新空间。"⑥ 这是一种典型的目标激励。如果说公平激励侧重于指向公平价值追求，那么目标激励则侧重于效率价值追求。

目的的侵害性和激励性构成生态保护国家补偿责任不可分割的两面。这可从

---

① 张海鹏：《森林生态补偿制度的完善策略》，载《重庆社会科学》2018 年第 5 期。

② 陈婉玲：《区际利益补偿权利生成与基本构造》，载《中国法学》2020 年第 6 期。

③ 袁伟彦：《生态补偿问题国外研究进展综述》，载《中国人口·资源与环境》2014 年第 11 期。

④ 王清军：《生态补偿支付条件：类型确定及激励、效益判断》，载《中国地质大学学报》（社会科学版）2018 年第 3 期。

⑤ 吴云：《西方激励理论的历史演进及其启示》，载《学习与探索》1996 年第 6 期。

⑥ Astrid Zabel. Optimal Design of Pro-conservation Incentives [J]. Ecological Economics, Vol. 69, No. 1, 2009：126 - 134.

实践和理论两个视角予以解释。从实践上看，行政公权力在划定（设立、调整）生态保护特定区域、设置禁限措施时，不仅要命令权利人不得作出一定行为，而且还要激励其作出一定行为。单独析出前者所致侵害并对其予以救济性补偿，或者单独析出后者所供给优质生态产品而予以激励性补偿，几无实践可行性，更与成本效益原则不合。再者，受制于各种复杂因素制约，也难以通过一定手段对禁止行为或激励行为作出一一甄别，更何况有海量行为经常游离于禁止与激励之间。从理论上看，目的的侵害性与激励性可从形式与功能等两个维度①得以回答。一方面，只要因循"公共利益""限制""牺牲或特别牺牲"等形式逻辑体系，自然会导出生态保护国家补偿责任具有目的上的侵害性。另一方面，生态保护国家补偿责任不会简单止步于侵害性。功能主义认为，只有从制度目的出发才能对该制度作出有效解释。建构生态保护补偿制度客观目的在于，采取各种激励措施，保障生态保护者、生态保护地区从事生态保护工作的积极性和主动性。这样一来，生态保护国家补偿责任目的上的激励性就呼之欲出了。这种目的上的激励性，不仅体现为各级政府切实履行宪法确立的国家"鼓励义务"，更是保障宪法生态环境国家目标任务如期实现。形式主义与功能主义结合，才能领会生态保护国家补偿责任构成上目的二元性，其中，侵害性体现为生态保护国家补偿责任之"根"，实现其与其他补偿责任的联结；而激励性则凸显着生态保护国家补偿责任之"魂"，将其与其他国家补偿责任进行一定程度的区隔。但目的上的侵害性与激励性之间存在冲突：（1）确立补偿对象的冲突。以森林生态保护补偿为例，"侵害性"意义上的补偿对象仅限于特定林权权利人，而"激励性"意义上的补偿对象则相对广泛，所有者、承包经营者甚至管护者均有可能被纳入补偿对象而获得相应补偿。（2）确定补偿标准的冲突。"侵害性"意义的补偿体现为一种矫正正义，强调"侵害"之后的"填补"，遵循合理补偿原则确定补偿标准。"激励性"意义的补偿体现为一种分配正义，强调通过利益/负担再平衡思路实施一定激励，遵循适当补偿原则核算确定补偿标准。生态保护补偿纠纷判决的司法说理需要结合上述两个方面特性不断完善裁判规则。

---

① 熊丙万：《法律的形式与功能：以"知假买假"案为分析范例》，载《中外法学》2017年第2期，第314页。

第三章

水生态补偿机制的主体建构

水生态补偿机制运行过程中，补偿法律关系主体（以下简称"补偿关系主体"）扮演着非常重要的角色。补偿关系主体包括补偿主体、受偿主体以及其他利益相关者等。所谓补偿主体是指，依法（依约）享有流域水生态服务上的各项权利（利益），同时需要履行出资等各项义务（责任）的各级政府、企事业单位或其他组织。所谓受偿主体是指，依法（依约）保障流域水生态服务或水生态产品供给，享有生态补偿利益并承担相应生态环境保护责任的地方政府、企事业单位或其他社会组织。其他利益相关者是指在水生态补偿法律关系产生、变更和消灭过程中发挥一定辅助功能的企事业单位、其他组织或者个人等。补偿关系主体是流域水生态补偿机制运行的发起者或接受者，需要回答"谁补偿谁"这一棘手且敏感的重要议题，构成了流域水生态补偿机制的逻辑起点。

在生态补偿科斯概念中，水生态补偿机制是一种平等主体之间的市场交易关系，补偿关系主体分别是作为交易主体的生态服务购买者与生态服务供给者。由于流域水流产权界定相对困难或者界定成本过高，加之生态服务购买者或者生态服务供给者数量众多，市场补偿关系建构受到严格约束而适用范围空间受限。在生态补偿庇古概念中，水生态补偿制度逐渐演变为政府或公权力机构主导下的一种利益负担配置工具，主要用以激励流域土地等自然资源利用方式变更以增加流域水生态服务持续供给。但由于政府主导的利益负担分配工具数量众多，导致这个语境之下的生态补偿概念范畴体系无所不包，制度内容游离不定，严重妨碍着生态补偿制度独立价值功能。

补偿关系主体确立原则主要包括"受益者负担"和"保护者受益"，前者是从环境法"污染者负担"原则延伸而来，旨在弥补"污染者负担"原则之不足，以强调应当支付一定对价，显然，这是一种基于连带主义思想的责任承担原则。"保护者受益"原则，是指生态保护者或者流域水生态服务提供者依法（约）获得相应生态补偿权益。"保护者受益"原则直接表述为，"谁保护、谁得益""谁改善、谁得益""谁贡献大、谁得益多"，旨在持续激励生态保护者主动积极从事生态保护工作。

补偿关系主体主要包括政府主体、市场主体和社会主体三类，体现为一种具体性和抽象性的统一。在政府主体中，以划分中央与地方之间、地方各级政府之间生态补偿事权与支出责任为核心，最终区分为中央单独承担、中央地方按比例承担和地方政府之间按比例承担三类。市场补偿包括，基于数量的工具（如排污权交易）、基于价格的工具（生态竞价）和减少摩擦的工具等，围绕上述工具实现，生态补偿市场主体具有多元性、多层次性和异质性等特质。社会主体以多元环境治理主体参与为中心，鼓励社会组织和环境保护团体积极参与政府补偿或者市场补偿实践活动，旨在实现一定的填补功能。

第一节 水生态补偿关系主体建构理论

一、科斯概念与补偿关系主体

（一）市场主体及其优势

迄今为止，生态补偿的主流思想仍然是科斯经济学。[①] 在科斯经济学基础上，伍德等将生态补偿定义为，"生态服务购买者与提供者就生态服务买卖所达成的一种自愿交易"。[②] 这一自愿交易的约束条件为：一是补偿关系主体明确，生态服务购买者是补偿主体，生态服务提供者是受偿主体。实践中，考虑到受偿主体

---

① 赵雪雁等：《生态补偿研究中的几个关键问题》，载《中国人口·资源与环境》2012 年第 2 期。

② Wunder. Payments for Environmental Services：Some Nuts and Bolts［J］. Gifor Occasional Paner，2005：42.

数量众多，故可以由流域上下游地区所在地地方政府作为总代理人参与市场交易。二是关系主体平等且属自愿交易。即便是地方政府参与生态补偿，理应遵循平等自愿市场交易规则。三是生态补偿标准就是交易的价格构成要素。市场化生态补偿具有以下优势：（1）可以发现价格。流域水生态服务或水生态产品，属于一类特殊的服务（商品），具有内在价值和市场价格。在理想化市场补偿机制中，补偿关系主体能够直接观察或借助科技设施测算评估水生态服务或生态产品能否按照既定数量、质量供给，这是因为补偿关系主体通常掌握最完全的第一手信息，能够结合信息作出符合自己预期的理性行为决策。（2）能够激励创新。于受偿主体而言，当可量化的水生态服务能够带来显著收益且具有稳定预期时，势必会对其产生内在激励，促使其采取保障水生态服务持续足额供应的各种措施。于补偿主体而言，当水生态服务或生态产品内化为商品或服务生产成本并最终转化为消费支出时，势必激励其着力提高生态环境资源投入的技术效率，不断转变土地等自然资源利用方式，努力改善水生态服务的消费模式，这样，"新的创新方向或创新模式可因此而出现"。① （3）实施有效监管。补偿主体与受偿主体之间能够直接通过谈判、协商并签订生态补偿协议，也能够对协议履行建立自我约束、相互监管机制。也有权结合不可抗力、情势变更等不确定因素，对协议内容、履行状况进行必要变更、调整、补充。能够按照协议约定条件及程序终止、解除或者续签补偿协议，从而有效克服了政府主导生态补偿机制中成本支出过高难题，一定程度上避免"政府失灵"。

（二）市场主体的缺陷和不足

生态补偿科斯概念之下的市场补偿机制中，补偿关系主体建构存在一定不足：（1）流域水流产权界定困难。一是，流域土地等自然资源利用方式变更所产生的流域水生态服务难以得到精确界定及量化评估。流域水生态服务产权不完全等同于法律意义上的财产权利，各项水生态服务功能之间相互关联、相互作用的自然特性表明，在既定时空范围内分离不同的生态服务进行固化、确定和测量难以实现。② 故在实践中，大多是结合流域土地等自然资源利用方式变更以及这种改变对水生态服务产生一定影响的假定进行不完全信息背景下的行为决策。二是，流域水流等自然资源以及相应的水生态服务界权成本过高，难以承担。如同

① Richard. Ecosystem services：From Eye-opening Metaphor to Complexity Blinder ［J］. Ecological Economics，2010，69（6）：1089 - 1090.

② Erik Gomez - Rudolf. The History of Ecosystem Services in Economics Theory and Practice：From Nation to Markets and Payment Schemes ［J］. Ecological Economics，2010.

法律权利界定一样，任何一项土地或自然资源利用方式改变对生态服务产生影响的政策总是伴随着一系列选择和取舍，有选择就有成本。[1] 一般而言，土地等自然资源财产权益可以借助市场价格机制得以界定，但于流动的水资源而言，一些服务功能或水生态产品可以借助技术手段进行界定；一些服务功能受制于科技限制而难以有效核算评估。申言之，流域水流产权界定非常困难或者界权成本过高。（2）补偿关系主体数量众多以及补偿关系主体围绕水生态服务供给引发的因果关系受到一定限制。在生态补偿科斯概念中，水生态服务购买者数量固然重要，但往往不会成为一个棘手问题，比如，在饮用水水源生态补偿中，供水公司事实上就是一个用户群，能够代表上千甚至上百万名的购买者。但作为受偿主体的水生态服务提供者则会受到一定数量的限制，这是因为水生态服务供给者数量过多，势必增加谈判、履约成本以及监管难度。当交易成本过高且超出一定限度时，市场交易便不会发生。再者，补偿关系主体之间的时空联系可以是很直接的、即刻的，比如饮用水或灌溉水等水生态服务或生态产品供给；也可以是很遥远的，比如英国某公司与中国林权主体之间发生的一次森林碳汇交易。即便如此，因果关系"距离"远近仍然是决定市场补偿存在及功能发挥的一个重要制度变量。当因果关系"距离"较近时，通常容易明确关系主体与创建市场；当因果关系"距离"较远时，可能会出现关系主体确定以及市场机制创建的各种困难，是故各国均把因果关系"距离"较近的饮用水水源生态补偿机制列为市场补偿的一个优先考虑选项。（3）效率和公平难以完全兼顾。生态补偿科斯概念中，生态补偿涉及的区域和民众规模数量较大，自愿交易实质上演变为众多个人和集体组织相互之间的谈判。"诸多个体（参与）显然会造成谈判成本的迅速上升。"[2] 选择成本以及谈判成本过高，显然违背了科斯定理对效率价值的追求。因为在生态补偿科斯概念下，生态补偿被视为一种提高土地等自然资源管理效率的市场工具，应当优先补偿那些对环境正外部性贡献最大且受偿意愿最低的生态保护者，而缓解贫困仅被视作为生态补偿积极的"副效应"。"但在发展中国家的生态补偿实践中，生态补偿却肩负着保护环境、提振效率和缓解贫困的多重目标。"[3]"如果按照受偿意愿以确定生态服务供给者，那么农民就会成为生态补偿项目的主要受益人，生态保护者与贫困者实现了一定程度的联结，这虽然有可能实现效率与公平双赢，但会引发重要的道德伦理问题。"[4] 总之，流域水流产权界定困

[1] 凌斌：《界权成本问题：科斯定理及其推论的澄清与反思》，载《中外法学》2010年第1期。
[2] Muradian, Reconciling Theory and Practice: An Alternative Conceptual framework for Understanding Payments for Environmental Services [J]. Ecological Economics, 2010 (69): 1202-1208.
[3] 赵雪雁等：《生态补偿研究中的几个关键问题》，载《中国人口·资源与环境》2012年第2期。
[4] 王清军等：《生态补偿的法理分析》，载《南京社会科学》2006年第7期。

难或者界权成本过高，加之交易主体数量增多，交易制度费用随之增加，且补偿关系主体之间时空发生了事实上的分离，生态补偿科斯概念一直推崇的市场补偿范式就失去了赖以存在的制度、技术和社会基础。

二、庇古概念与补偿关系主体

（一）庇古概念中的政府补偿

生态补偿庇古概念则认为，生态补偿具有公共物品或公共事务属性，只能借助政府之手才能保障公共物品的持续有效供给。生态补偿是在"政府或公共团体主导下的一种利益分配，许多生态补偿实践都依靠国家或社区来运作，需要通过税收或强制性服务收费来融资，并严格依赖于一定的制度基础"。[①] 生态补偿庇古概念语境下，政府身份可能会相应转换，法律地位也会发生变化。一方面，政府可以向自然资源使用者或者生态服务受益者征收税（费），以生态补偿之受偿主体或其代理人身份而存在；另一方面，作为生态服务受益者或其代理人，向生态服务提供者或者生态保护者支付相应生态补偿费用。可见，各级政府既可以作为补偿主体，也可能作为受偿主体，同时并存且并行不悖。这样一来，导致政府生态环境保护领域中的费用支出（收入）均可以被贴上生态补偿标签。"致使生态补偿制度变成一个框，什么都往里面装"，而且"让生态补偿变成了无所不包的'百宝箱''魔幻瓶'"。[②] 流域水生态补偿机制更像容纳多元要素的一个生态补偿"概念伞"，[③] 包括但不限于流域土地等自然资源权属界定、分配与流转；市场交易（可交易的许可与限额交易、受益方与受损方直接的市场交易、生态标记）；税费和补贴（自然资源和产品收费、税收与补贴）；政府投资（政府代表受益方付费、建立专项基金、财政转移支付、政策优惠、技术支持和教育）；国际组织代表受益方付费等 5 大类 30 多小类。[④]

---

① Vatn. An Institutional Analysis of Payments for Environmental Services ［J］. Ecological Economics，2010，69（6）：1245－1252.

② 李永宁：《论生态补偿的法学涵义及其法律制度完善——以经济学的分析为视角》，载《法律科学》2011 年第 2 期。

③ Engel. Designing Payments for Environmental Services in Theory and Practice：An Overview of the Issue ［J］. Ecological Economics，2008（65）：663－673.

④ 中国 21 世纪议程管理中心：《生态补偿的国际比较：模式与机制》，社会科学文献出版社 2012 年版，第 38 页。

（二）政府补偿优势及不足

即便受到"无所不包"的指摘，发展中国家甚至发达国家的流域水生态补偿实践更多体现为一种政府补偿机制。各级政府的生态补偿职责与分工也越来越细。与市场补偿相比，政府补偿优点有：（1）能够有效降低制度交易成本。由于市场补偿需要遵循严格约束条件，比如产权界定清晰，交易主体数量较少等，一旦不符合这些条件，交易成本就会迅速上升，进而偏离市场补偿价值追求而使市场补偿难以有效推进。政府补偿则不同，它通过权威性、有规划的制度安排，使自身成为法律拟制意义的补偿关系主体（补偿主体或受偿主体），从而可以避免高昂界权成本带来的诸多困扰。（2）能够有效协调衡平生态保护、公平与效率之间的关系。市场补偿强调效率优先，公平与环境保护是效率优先之副产品。政府补偿则不同，它利用费（税）、补贴、转移支付等多元化激励约束措施，在保障流域水生态服务或生态产品持续供给之同时，也能兼顾利益负担公平分配和提高土地等自然资源利用管理效率，有效兼顾了环境保护、公平和效率。政府补偿追求的公平还体现在这个政策机制与扶贫政策实现了某种联结。但政府补偿也存在一定弊端：（1）制度总成本居高不下。政府补偿虽然降低了制度交易成本，但纯粹的政府补偿则意味着，需要构建一个庞大的生态补偿管理系统，包括生态补偿资金筹集系统、生态补偿资金支出系统、生态补偿监管系统和生态补偿绩效评估系统。任何一个有效的政府生态补偿机制均有赖于上述完整系统的全面建构及正常运转。这套运转系统意味着庞大的财政成本支出。因此，在发展中国家尤其是欠发达地区生态补偿实践活动中，流域水生态补偿制度建构以及水生态补偿机制能否有效运行，更多取决于各级政府财政收入状况以及政策偏好。（2）激励约束机制出现困境。各级政府通过征收税（费）方式，用以增加行为主体生产成本，从而达到抑制负外部性之初衷可能是好的，但这种税（费）方式却造成生产成本在全社会同一产业中被各级政府以统一定价等方式予以均等化，最终导致"自然使用者负责，消费者埋单"的不良境况。另外，"政府通过财政转移支付等非市场方式以激励正外部性行为，造成流域水生态补偿标准以及依据标准而确定的补偿费用不能完全准确体现流域水生态服务或水生态产品供给者所提供的一定数量、一定质量的水生态服务或优质水生态产品，从而难以对流域水生态服务供给者或者流域水生态保护者形成一种持续性的激励"。[①]

---

① 王彬彬等：《生态补偿的制度建构：政府和市场有效融合》，载《政治学研究》2015 年第 5 期。

第二节　水生态补偿关系主体确立原则

一、受益者负担原则

"受益者负担"原则是指，流域水生态服务或水生态产品使用者、消费者、受益者或其代理人依法应当负担生态补偿费用支出等义务（职责），这里的负担是指，"对其所获得或享用的相应生态服务的一种对等的价值给付"。[①]

（一）从"污染者负担"到"受益者负担"

"受益者负担"是从"污染者负担"发展而来。环境污染损害了生态环境质量，危害或危及公众健康，造成财产损失，也造成生态环境质量状况恶化。为了预防和治理流域环境污染，保障水生态服务持续供给，势必需要一定数量的费用源源不断支出，用以及时有效填补公众健康损失、财产损失以及流域水环境治理或水生态修复方面的投入。由于费用支出数额巨大，由此产生了如此庞大费用应当由谁承担及其能否承担之难题。1972 年，经济合作与发展组织率先提出"污染者负担"原则，这一原则改变了"排污企业赚钱同时污染环境、政府需要出钱治理污染"的不公平费用支出状况，而且能够有效防止并减轻环境污染所致的其他损害，故该原则迅速得到国际社会广泛认可，陆续被一些国家确定为环境法律一项基本原则。由于污染者概念相对明晰，在发生环境污染事故之后，借助通过一定技术手段，能够迅速锁定污染者并让其承担相应生态环境治理费用。总之，"污染者负担"原则在生态环境法治建设中发挥着不可替代的功能。但随着经济社会发展，人们逐渐发现，一味从污染源、污染者追责同样也会滋生一些负面影响，首先，责任主体单一性势必导致污染者自身负担过重。其次，随着对环境污染问题认识深入，人们发现一件产品在它全生命周期中，生产、储存、运输、销售和使用等不同环节都会存在对自然资源及水生态服务的占用、消耗，但上述占用、消耗却没有被列入生态环境成本之中。可见，"污染者负担"原则存在着一定的局限性。"受益者负担"原则就是在这个反思过程中被提出并逐渐受到一定

---

① 李永宁：《论生态补偿的法学涵义及其法律制度完善——以经济学的分析为视角》，载《法律科学》2011 年第 2 期。

关注。"受益者负担"原则要求从自然资源以及生态服务功能利用各个环节获得一定利益的一切利益相关者,都应当为自然资源、环境容量或者生态服务功能价值或使用价值之减少、消耗而付出相应的经济代价。由此可见,"受益者负担"原则从产品全生命周期出发,坚持了环境正义和生态公平等价值理念,脱胎于"污染者负担"原则且构成其升级和转型版,它能够有效诠释"污染者负担"原则尚未完全覆盖的环境成本责任的合理负担或分配问题,且蕴含着一定的合作理念,故而陆续受到一些国家环境法律政策的青睐。1993年,日本《环境基本法》首次提出"受益者负担"原则,要求"任何实际利益者都应当为价值和使用价值的减少而付出相应的补偿费用,而不再局限于直接的开发者和污染者"。一些发展中国家也围绕"受益者负担"原则进行环境政策法律制度创新探索。1997年,哥斯达黎加为了应对极端严峻之森林退化问题,率先建立森林生态补偿制度。向森林生态服务受益者征收税费、碳税等方式筹集补偿资金,引起了包括中国在内的世界各国的关注和效仿。[①] 自此之后,"受益者负担"原则以及贯彻此原则的法律制度开始相继出现。

(二)"受益者负担"与"污染者负担"的区别

一些经济学者认为,"生态补偿最初主要用以抑制负外部性,依据'污染者负担'原则向污染者征收税费,逐渐由惩治负外部性行为转向激励正外部性行为"。[②] 从抑制负外部性行为到激励正外部性行为的不断转变过程中,生态补偿领域内的"污染者负担"原则与"受益者负担"原则正经历着此消彼长的发展历程。虽然"受益者负担"原则是在"污染者负担"原则的基础上发展起来的,但两者之间也存在着一些区别:(1)法律性质不同。从法理上看,虽然两个原则都体现为一种对不利后果的法定负担,但"污染者负担"原则仅仅诠释了合法行为导致负外部性时应当承担的一种不利法律后果,而"受益者负担"原则则提出,凡是从土地等自然资源开发利用各个环节中获益的利益相关者均应当承担一定的不利负担。从这个意义上讲,前者更多体现为一种基于个人主义的责任负担,后者可以理解为一种基于连带主义的责任负担。由于两者在性质上存在一定差异,故两者在结构层次上也并非处于同一概念范畴体系。(2)主体范围不同。在"污染者负担"原则之下,流域水污染物直接排放者依法应当承担流域环境污染治理责任或者支付相应的环境污染治理费用,其主体是非常明晰且确定的。与

---

① Elwee. Payments for Environmental Services as Neoliberal Market – based Forest Conservation in Vietnam Panaeea or Problem Geo [J]. Forum, Vol. 43, 2012: 3.

② Merlo. Public goods and externalities linked to Mediterranean forests: Economic nature and policy [J]. Land Use Policy, 2000, 17 (3): 197 – 208.

"污染者负担"原则相比，"受益者负担"原则就渐次扩大了责任主体范围，主体的不确定性就进一步彰显出来了。按照"受益者负担"原则，任何直接或间接从产生污染物产品的生产、流通、消费等各个环节中获得一定利益的利益相关者都应当依法承担一定责任。可见，"受益者负担"原则扩大了责任主体范畴，造成原本没有责任的主体因为从中获得一定利益而被纳入进来了。多主体参与理论上可能会带来相对充裕的生态环境治理费用，但也存在诸多副作用。（3）负担标准不同。"污染者负担"原则通常是以事后责任追究的形式予以呈现。一般情况下，国家或政府按照污染者一定的排污量征收相应的环境税费，或者在发生一定流域环境污染事故之后，按照"污染者负担"原则精神及制度规定，由具体的排污者或肇因者对因其行为结果造成一定的人身健康损害、财产损害和生态环境自身损害支付一定赔偿费用或者履行生态环境修复责任。就此而言，"污染者负担"原则要求存在着一定的客观现实损害或者损害风险；"受益者负担"原则要求，即便受益者没有产生损害流域水生态环境的任何行为结果，但只要认定其从上述行为或结果中获得一定的收益，该受益者应当就其所获得收益之结果而承担一定的法律责任。可见，就流域生态环境保护基准要求而言，"受益者负担"原则已经远远高于"污染者负担"原则。

二、保护者受益原则

（一）保护者受益的多维解读

所谓"保护者受益"原则是指，流域水生态服务或水生态产品供给者或者其他生态保护者，依照法律政策规定或协议约定而获得一定生态补偿权利利益的总称。"保护者受益"原则可以表述为，"谁保护、谁得益""谁改善、谁得益""谁保护改善贡献大、谁得益多"，显然有利于水生态补偿主体的有效确定。"保护者受益"原则虽然发展较晚，但它也得到了多学科理论的强大支撑：（1）经济学层面。按照经济学的理解，生态保护者并非道德伦理意义上的"生态人"而是具有"理性经济人"的特质。为了维持增进流域环境公共利益，保障流域水生态服务持续有效供给，只能对流域土地等自然资源利用方式予以相应变更，即从有利于经济的方式向有利于环境的方式转变，从破坏生态较大的方式向影响生态环境较小的方式转变等，多种类型转变尽管达到了一定生态保护之目的，但同时也给土地等自然资源的所有者、使用者、经营者和管理者等直接利益相关者带来直接投入成本、间接发展机会成本等损失，如果上述损失得不到及时有效补偿，或者所得补偿远远低于所受损失，直接利益相关者就会按照"理性经济人"行为逻辑，在损失与补偿与否、多少之间进行反复权衡或核算，进而作出有利于自身最大利益获得或者最小利益损失的各种行为决策，无数个相关行为决策的直接后果最终传导至流域水生态服务或水生态产品持续有效供给方面，甚至会波及流域生态安全与否等。可行的解决思路在于，通过自愿或强制法律制度设计，让受到损失的直接利益相关者获得一定利益补偿，为了让直接利益相关者转变为生态保护者，"放下斧头，捡起锄头"，需要考虑让他们所获利益大于或者至少不少于为此而招致的损失。（2）管理学层面。"无论从哪个角度出发，生态补偿都强调以激励换取生态服务供给这一核心内涵。"① "这种激励，包括奖励性的正向激励与惩罚性的反向激励。"② 只有通过对生态保护者正向激励，才能有效激发他们保护流域生态环境主动性和积极性。就此而言，管理学认为，"保护者受益"原则实质上就是要建立一种以"正向激励为主，正向激励与负向激励相结合"的生态补偿制度机制。通过正向激励为主的制度安排，保障流域土地等自然资源的所有者、使用者和经营者能够结合利益获得与否、利益获得多少而做出最优行为决策，保障生态保护者持续供给水生态服务的主动性和积极性；通过负向激励的制度安排，让流域直接利益相关者为他们的经营行为付出一定代价，以便能够改进相关行为决策。总之，正向激励与负向激励结合的水生态补偿制度机制，能够促使流域不同群体、不同区域在生存利益和发展利益、经济利益和环境利益、区域利益和流域利益协调中趋向于统一，建立了一种绿水青山保护者向金山银山获得者的转化机制。（3）法学层面。为了维持增进流域环境公共利益及整体利益，为了保障流域水生态服务或水生态产品持续有效供给等，国家和政府需要对流域上游地区内特定人、特定范畴内的人、特定行政区财产权益或者发展权益实施较长时期持续存在的禁限措施，上述禁限措施要么造成"特别牺牲"，要么虽未造成"特别牺牲"但结果却显失公平。按照"特别牺牲说""公平负担理论"等要求，国家、市场或社会需要通过一定利益补偿机制，对上述生态保护者、生态保护地区予以相应适度补偿，践行"有损失，就有救济"的补偿法理，推进"没有损失，也有补偿"的激励法理。

（二）"保护者"的多层辨识

如何精准识别和依法厘定"保护者"成为贯彻"保护者受益"原则之首要问题。毋庸讳言，"保护者"就是依据一定标准和程序，将社会生活意义上的"生态保护者"转化为法规范意义上的"生态保护者"。理解或者认识法规范意

---

① 袁伟彦：《生态补偿问题国外研究进展综述》，载《中国人口·资源与环境》2014 年第 11 期。
② 丰霏：《法律治理中的激励模式》，载《法制与社会发展》2012 年第 2 期。

义上的生态保护者，可以借助不同的法学视角：（1）权益受限视角。前已论及，为了维持增进流域公共利益及整体利益，保障流域水生态服务或水生态产品持续有效供给，国家需要对流域上下游地区、左右岸地区内特定人、特定范畴内的人或者特定地区财产权益或者发展权益实施差异化禁限措施。这样一来，包括土地等自然资源所有者、使用权主体、承包经营权（经营权）主体等，他们的财产权益和势必会招致一定损失。相比于一般人、一般地区而言，特定人、特定范畴内的人、特定地区的这种损失属于"特别牺牲"，或者虽未导致"特别牺牲"但不予补偿就显失公平，因此，基于公平正义原则，需要对权益受限的特定人、特定范畴内的人、特定地区予以补偿，以维持增进流域公共利益及整体利益，保障水生态服务或水生态产品的持续有效供给。从这个视角出发，财产权益或者发展权益受限特定人、特定范畴内的人和特定地区均可以称为法规范意义上的生态保护者。（2）行为方式视角。为了维持增进流域公共利益及整体利益，保障水生态服务或水生态产品的持续有效供给，流域内一些利益相关者既需要承担生态环境保护、管理等积极作为义务，也需要履行有利于生态环境的消极不作为义务。前者包括植树造林、水土保持、封山育林、水源林涵养等有利于生态保护的具体行为，后者包括特定生态保护区划定之后排污企业或污染项目的"关停并转迁"，饮用水水源一级保护区等生活行为、生产行为的禁止等。积极作为还可以再细分为"比较增益""绝对增益"两类，其中，"比较增益"是相对于历史或既往比较测算得出的，"绝对增益"是相对于现实比较测算得出的。区分两者意义在于，对供给"绝对增益"行为，只能采用正向激励方式实施补偿，对于"比较增益"行为，在不违反现行法律法规情况下，可以协议采取正向激励或者负向激励补偿方式。

（三）"保护者"的多元类型

法规范意义上的生态保护者主要包括以下几种类型：（1）自然人。最广泛意义上，凡是积极、主动从事任何有利于流域生态环境保护行为的自然人均可以称为社会学意义上的生态保护者。狭义方面，为了维持增进环境公共利益和整体利益，国家行政公权力可以划定、调整或设立一定功能导向的生态保护特定区域并附随设置多类多层禁限措施，因禁限措施导致自身财产权益招致损失的特定人、特定范畴内的人，才能够成为法规范意义上的生态保护者，主要包括生态公益林、耕地、草原等自然生态要素的承包经营者、承包者或者经营者等。（2）法人或其他社会组织。专门或主要从事流域水环境治理、流域生态建设或者水生态修复的企业事业单位或者其他组织，也可构成法规范意义上的生态保护者。实践中，主要包括依法设置的国家公园、自然保护区、自然公园等管理机构；专门从事生态建设和生态修复的企事业单位；依法或依约承担生态保护责任的村民委员会、居民委员会以及其他集体经济组织。与自然人不同，法人或其他社会组织可以直接享有利益补偿，也可能通过补偿项目方式获得补偿费用，还可能通过转移支付方式获得补偿费用。（3）流域上下游、饮用水水源地以及重大引调水工程水源地各级地方人民政府。我国宪法、《中华人民共和国民法典》明确规定水流资源国家所有（其中，水资源国家所有，水域岸线资源包括国家所有和集体所有两类），由国务院或其授权机构具体行使所有权，但在"行政一体"背景下，地方各级政府"事实上"行使着各自行政辖区内水资源所有权各项权能，尤其是收益权能。一方面，地方政府受上级政府委托或授权，具体行使辖区内水资源所有权以及水资源管理权，承担着水资源、水流资源所有者和监管者角色，另一方面，地方政府作为地方利益总代理人，需要按照国家主体功能区划、国家产业发展以及流域水生态空间规划政策及其附随的禁限措施制约，发展权益受到一定损失，从而构成法规范意义上的生态保护者。此时，地方政府依法享有双重面向的生态补偿权利（力）。外部面向上，作为法规范意义上的生态保护者，地方政府依法享有请求生态保护受益者所在地地方政府给予一定生态补偿费用的权利，这种权利属于一种公法上的权利。内部面向上，地方政府在获得生态补偿费用之后，依法享有在本行政区域内进行利益再分配的公共性权力，体现为一种政府主导下的分配行政。

三、保护者受益原则与受益者负担原则之选择

（一）以权利规则为主

法经济学视野下，对当事人权益保护可以依据权利规则、义务规则和不可转让规则予以相应确定。[①] 所谓权利规则是指，赋予并界定当事人一定的财产权益，当事人可以通过行使财产权益或相应请求权，从而实现对自身权益的保护。所谓义务规则是指，"把对方当事人行使的权利视为自己负担的义务，自己义务或责任的有效履行就能保障对方当事人权利的实现"。[②] 不可转让规则有广义、狭义之分，"广义上的不可转让是对权利的交易、所有和使用的限制，狭义上的不可转让规则，即禁止权利在当事人之间进行交易，以此来保障权利人的权利"。[③]

---

① ［美］弗里德曼著，杨欣欣译：《经济学语境下的法律规则》，法律出版社 2001 年版，第 61 页。

② 孙宇：《生态保护与修复视域下我国流域生态补偿制度研究》，吉林大学博士学位论文，2015 年，第 53 页。

③ Rose Ackerman. Inalienability and the Theory of Property Rights［J］. Columbia Law Review，1985，85：931.

按照"保护者受益"原则要求，结合财产权规则理论，我们首先选择的一个策略工具为，从权利规则视角出发去建构并完善我国流域水生态补偿主体规则体系。具体路径是，通过直接立法或者间接司法裁判等方式，依法赋予流域内特定人一定的生态补偿权利/请求权。实际上，生态补偿权利已经在我国立法、司法实践中广泛存在。现行《中华人民共和国森林法实施条例》（以下简称《森林法实施条例》，2000 年颁行）第十五条第 3 款规定，"防护林和特种用途林的经营者，有获得森林生态效益补偿的权利"。严格追溯起来，这应该是新中国首次以行政立法方式，赋予防护林和特种用途林经营者等生态保护者一项带有普遍性和权威性的生态补偿权利。此外，一些地方生态补偿立法[1]也相继出现了"承担生态环境保护责任的下列组织和个人作为补偿对象，可以获得生态补偿"等规定，这实际上是在一定程度上明示或默示认可生态补偿权利。至于党和国家生态补偿政策或其他规范性文件，涉及生态保护者"受偿权利"的类似表述方法更是多见，尽管这可能更多被理解为一种社会性权利[2]而非法律权利，但对生成法律意义的生态补偿权利不无推动作用。换言之，通过主动性或者被动性权利规则配置方式，也能够达到有效激励生态保护者积极从事流域水生态环境保护主动性和积极性，可以建立一种生态保护者与生态受益者之间的良性互动关系。

（二）以义务规则为主

也可以试图从生态受益者法定义务或者法定责任履行角度以建构流域水生态补偿主体规则体系。即可以通过直接立法或者间接司法裁判等方式，要求从流域水生态服务供给中获得收益的个人、法人或者其他组织，甚至包括地方政府等承担补偿支付上的法律义务（责任）。实际上，义务规则"与权利规则一样，同样具有利益分配的功能，并且所分配利益也具有排除功能"。[3] 应然情形下，选择权利规则或者义务规则都能实现流域水生态补偿机制的客观目标，但在实然情形下，如何选择权利、义务规则需要判断它们之间存在的一些差异，前者是以法律权利（利益）确认为中心，将生态补偿法律关系产生、变更或消灭之主动权赋予具体的个人、法人或其他组织等生态保护者；后者则是以法律义务（责任）承担为中心，把生态补偿法律关系产生、变更或消灭之主动权配置给生态受益者或者受益者的代理人。从规范法学看，水生态补偿法律关系主体明确性、内容（权利义务）明确性、客体指向的明确性是水生态补偿机制得以有效运行的前提，其

---

[1]　参见《苏州市生态补偿条例》（2014 年）第 9 条；《无锡市生态补偿条例》（2019 年）第 13 条；《南京市生态保护补偿办法》（2016 年）第 2 条等。

[2]　姚建宗等：《新兴权利研究的几个问题》，载《苏州大学学报》（哲学社会科学版）2015 年第 3 期。

[3]　王怀勇：《个人信息保护的理念嬗变与制度变革》，载《法治与社会发展》2020 年第 6 期。

中，权利设定或义务设定是同一枚硬币的两面，一定意义上讲，设定具体生态保护者一定的生态补偿权利在一定程度上就是确定生态保护受益者的义务（职责），反之，设立一定的生态保护受益者的义务（职责）虽然并不必然意味着生态保护者的一定权利，但这最终也会指向生态保护者的利益实现及实现程度，无论这是法律保障的利益或者反射利益。再者，设置权利规则或者义务规则，实际上也体现着立法者、决策者对于具体生态保护者或者生态保护受益者各自权利能力、行为能力等的判断和成本效益的总体考量。一旦将权利赋予生态保护者，就需配置相应权利行使、权利保障尤其是权利救济机制。一旦要求生态受益者承担义务（责任），就需要建立责任追究机制。因为如果没有明确责任机制作为约束或者后盾，生态保护者由此而获得的生态补偿利益就可能停留于纸面上。水生态补偿制度建构及运行过程中，确立"保护者受益"原则，并通过生态补偿请求权的法律制度设计来具体落实"保护者受益"的法律原则，① 对于有效实现生态保护者正当利益和生态文明制度建设具有非常重要的现实意义和理论价值。

第三节　水生态补偿关系主体类型判断

一、政府主体：以厘清各级政府补偿事权为指向

"中央与地方事权划分及其运行，是国家治理的重大命题，在国家治理发展过程中，合理划分两者之间的事权并且切实付诸实施，是推进国家治理现代化的重要任务。"② 我们认为，水生态补偿关系主体规则中，作为补偿主体的各级政府如何厘定，理应从中央地方生态补偿事权关系入手。

（一）中央政府与地方政府补偿事权划分理论依据

宪法第三条第 4 款中的"统一领导"与"主动性""积极性"构成了调整中央政府与地方政府生态补偿事权的指导原则。这里的事权是指，特定层级的政府

① 田义文等：《再论生态补偿"谁保护，谁受益，获补偿"原则的确立》，载《理论导刊》2011 年第 4 期。

② 王浦劬：《中央与地方事权划分的国别经验及其启示——基于六个国家经验的分析》，载《政治学研究》2016 年第 4 期。

承担公共事务的职能、责任和权力的总称。从历史发展、规范现状、制度实践和改革趋势综合考察可知，"统一领导"与"主动性""积极性"的静态内涵，既包括中央政府与地方政府生态补偿事权划分上的明确性和规范性，也包括作为隐藏要件与生态补偿事权范围相匹配的生态补偿中央财政与地方财政支出的匹配程度，其动态内涵则体现为，针对生态补偿事权归属或财政资源争议的纠纷解决机制。[1]《国务院关于推进中央与地方财政事权和支出责任划分改革的指导意见》（以下简称"国务院央地分权意见"）指出，"财政事权是一级政府应承担的运用财政资金提供基本公共服务的任务和职责"。据此可知，不同层级的政府之间生态补偿事权划分，实际是指公共事务及其相应实施权力在不同层级政府和行政区域间的区别性配置。就其本质属性而言，中央与地方政府生态补偿事权划分配置是国家的整体利益与局部利益、普遍利益与地方特殊利益的分配关系，也是中央权力与地方权力配置的结构安排。

1. 指导原则

合理划分中央与地方生态补偿事权，就是不同行政区域和层级的政府，基于不同区域范围公共利益多重需求及其层级关系特点，合理配置权力，科学运行权力，优化权力关系，优质高效保障生态产品或生态服务供给。就其内在逻辑而言，不同层级政府的公共事务，是不同行政区域内公共利益要求的具体体现和公共权力配置的重要前提，是联系特定区域和层级公共利益与公共权力的因果纽带，因此构成划分政府层级间生态补偿事权的现实基础。中央与地方生态补偿事权划分，首先应当以生态补偿工作所涉事务属性作为基础，此外，生态补偿政治、经济、社会、自然和战略属性等，也作为划分依据。只有准确界定和把握不同生态补偿事务属性，以事物属性为据，才能准确划分生态补偿事务的政府层级归属，并且随之在不同层级政府之间配置相应权力，使得事性与事务、事务与权力互相匹配、有机结合，进而在中央与地方之间构建合法合理的事权划分和配置体系。以上述原理为指导，我们认为，划分中央政府与地方政府生态补偿事权指导原则包括：（1）外部性原则。研究表明，政府提供公共服务也会产生外部性。在厘定各级政府的生态补偿责任过程中，要看生态服务外部性主要是由哪一级政府来承担。各项生态服务提供，应该由控制着生态服务供给的效益与成本内部化的最小地理区域的行政区域地方政府来承担。（2）信息处理的复杂性。如何在中央政府与地方政府之间进行生态补偿事权划分，也需要考虑生态补偿工作信息处理的复杂性和交换性。因为不同级别的政府在信息处理上具有不同的比较优势。

---

[1] 郑毅：《论中央与地方关系中的"积极性"与"主动性"原则》，载《政治与法律》2019年第3期。

信息复杂程度越高，就越适合由基层政府实施管理；相反，信息复杂程度低一点，属于全局性、普遍性问题则适合由中央政府或者较高层级政府承担管理责任。（3）激励相容原则。如果在某种制度的安排下，各级政府都按照法定职责尽力做好自己的事情，就可以使全局利益最大化，那么这种制度安排就是激励相容。在激励相容的制度安排下，各级政府按照职责尽力做好自己的份内事情，实现自身利益的同时，客观上就可实现全社会利益最大化。总体而言，中央政府与地方政府在生态补偿工作事权划分的总体思路是，"以激励相容为主，辅之以外部性和信息处理的复杂性"。

2. 考量基准

结合前述的指导原则，划分中央与地方生态补偿事权与支出责任，需要考虑以下因素：（1）生态补偿事务的政治属性。就一国包括生态补偿在内的公共事务政治属性而言，影响中央与地方生态补偿事权划分主要考量基准首先是国家主权与政治制度属性。单一制国家中，地方政府权力（责任）属于一种从属性权力，其本质上就是国家主权与中央政府权力的一种必要延伸。生态补偿事务未经特别授权或者依法委托，理应由中央政府承担。在联邦制国家中，联邦中央政府权力在法源意义上来自于联邦成员的协议让渡，联邦成员在让渡一定主权权力时，可以而且应该保留一部分主权权力，因此中央政府往往与地方政府，尤其是作为联邦主体的次级政府共同分享主权。中央政府掌握和运行国家主权，地方政府在一定程度上也会拥有和运行国家主权的特定事权。（2）生态补偿事务的经济属性。按照公共经济学理论，政府供给公共物品活动之损益性体现在两个方面：一是公共经济活动对特定层级政府行政区域内经济利益的损益性；二是公共经济活动对于辖区范围之外其他主体的外部（损益）性。对于不同层级政府的经济损益性来说，相关事务若关涉全国公民，主体理应是中央政府，损失与收益直接影响全国公民，属于全国性公共事务；相关事务关涉一定区域范围，主体是地方政府，损失与收益直接影响相应区域范围的公民，是为地方性公共事务。相关事务外部性产生的损失与收益既影响到全国公民，也影响相关地方公民，这种情况下就构成中央与地方共同承担的混合（共同）公共事务。（3）生态补偿事务的民族属性。中央政府与地方政府在生态补偿事权划分中，需要赋予民族地区地方政府在生态补偿工作中的特定事权乃至自治权，同时也应该强调民族区域自治权本质上是在国家主权之下的治权，地方事权是国家主权的授权或者赋权，把握公共事务民族性与公共事务国家性根本一致的本质，促进其有机结合发展。在我国，由于生态补偿事务民族属性同时也涉及民族地区脱贫致富及民族地区乡村振兴[1]之高亮议

---

[1] 参见《中华人民共和国乡村振兴法》（2021）。

题，故需要中央政府全方位介入。（4）生态补偿事务的自然属性。这是指因为自然而非人为因素带来的生态补偿事权的问题。诸如温室气体排放、跨国境野生动植物迁徙、跨行政区域和跨流域调水等众多自然、社会现象仍然是超越行政区域，这就带来区域、国别之间的生态补偿事务，如跨境流域生态补偿、碳排放权、森林碳汇国际交易等。由于自然属性造成的生态补偿等公共性事务，可以根据其影响、受益范围以及程度等情况，确定其应归属于何种区域范围和层级的政府。但是，从一定区域范围和层次地方政府视角来看，跨行政区域事务具有外部性，因而具有任期制的地方政府官员缺乏动力主动承担这些补偿事务，而且缺乏跨行政区域生态补偿公共事务的充分信息，由此也形成了中央政府介入的必要性。中央政府不仅要协调相关地方政府共同参与，而且自身也要承担财政支出责任。故可以初步判断出，跨行政区或者跨界流域生态补偿事务中，往往表现为中央与地方共同事务或共享事权，需要他们按照一定比例承担一定的生态补偿支出责任。（5）生态补偿事务的国家发展战略属性。这里主要是指由于特定国家战略需求而产生的公共事务属性，如国家区域均衡发展战略、国家扶贫攻坚战略等产生的事务属性。具有这些属性的生态补偿事务一般应该由中央政府承担，但是，在部署和实施这些战略过程中，中央政府往往需要地方政府配合，并通过立法、行政命令或者专项财政支付等形式影响地方政府行为决策，由此也会使地方政府承担特定的国家战略性生态补偿事务。

总之，生态补偿事务政治属性中的主权属性、经济属性具有首要性、决定性意义，在价值选择排序意义上具有优先性。生态补偿事务的自然属性，对于生态补偿事务在中央与地方不同区域范围和层级方面的划分具有天然性甚至不可抗拒性。生态补偿事务的国家战略属性，体现着国家经济社会发展的宏观要求，必然会在政策层面决定生态补偿事务的实际层级归属。

（二）中央政府与地方政府补偿责任划分法律政策依据

中国宪法法律关于中央政府、地方政府生态补偿事权划分的制度规定相对较少，加之，制度规定偏重原则性、宏观性描述，可操作性不强。相反，实践中更多依靠灵活多变的国家生态补偿政策，不断探索和尝试中央政府与地方各级政府生态补偿事权与支出责任的分工与合作，一些政策形成的实践理性规定甚至具备了习惯法上的效力。基于全面依法治国的要求，未来面临的挑战就是，如何将上述成熟的政策规定转化为法律制度规定，为法治政府建设和生态补偿法治化发展提供更多经验素材。

1. 宪法法律依据

新中国成立以来，中央和地方关系一直在"中央集权"和"地方分权"之间来回摇摆。有学者甚至认为，中央的"统一领导"与充分发挥地方的"主动性、积极性"这一规定的模糊性使得中央和地方之间的权力关系变成无规则的布朗运动。我国现行宪法第八十九条、第一百零七条以及《地方各级人民代表大会和地方各级人民政府组织法》第五十九条均规定了政府的职权职责，然而中央政府、省级政府以及省级以下地方政府各项权力分工，却没有体现在宪法法律确定的政府职权职责之中，这不仅在宪法及其相关法律中广泛存在，而且在《中华人民共和国环境保护法》等涉及生态补偿制度规定的法律法规中也大量存在。总体上看，我国中央地方关系呈现过于原则化、非制度化的特点。从实践上看，虽然经过国家机构多次变革，但在中央与地方公共事务事权分配上，仍然采取一种"垂直性的权力分配方式"。比如对生态补偿事务，从中央到地方，从国务院到乡镇政府，各级政府和政府部门都有相应行政权。在"统一领导、分级管理"指导思想下，中央和地方各级政府共同参与对生态补偿事务管辖，而非以地方性事务范围和地方性需求为基础划分生态补偿事权、设置机构、配备人员、提供财政支出等。现行《中华人民共和国立法法》虽然规定，所有设区的市人民代表大会及其常务委员会在不同宪法、法律、行政法规相抵触的前提下，根据辖区的实际情况和现实需要，有对城乡建设与管理、环境保护、历史文化保护等方面的"地方性事务"事项制定地方法规、地方规章的权力。似乎通过法律方式明确了中央政府与地方政府在一些公共事务的分工，但随之而来的问题是，如何理解"地方性事务"概念？"地方性事务"是否能够简单等同于"城乡建设与管理、环境保护、历史文化保护"？尤为关键的是，能否简单将生态补偿事务纳入《中华人民共和国立法法》确定的"环境保护"事务，从而相应成为一个"地方性事务"？总之，一个初步且简略结论是，尽管中国宪法、《中华人民共和国立法法》对于中央与地方关系有着原则性制度规定，制度实践中推行多年的分税制改革也在划定中央财政和地方财政的范围界限。可见，中央和地方都认识到，地方政府在地方环境治理乃至生态补偿事务等中应当具有相对独立的利益主体地位和相应的事权与支出责任。但遗憾的是，地方政府在生态补偿事务中相对独立的主体地位欠缺有效的法律保障。

2. 政策依据

政策依据主要包括：（1）2015 年，中共中央、国务院《生态文明体制改革总体方案》明确指出，"完善生态补偿机制。探索建立多元化补偿机制，逐步增加对重点生态功能区转移支付，完善生态保护成效与资金分配挂钩的激励约束机制。制定横向生态补偿机制办法，以地方补偿为主，中央财政给予支持。鼓励各地区开展生态补偿试点，继续推进新安江水环境补偿试点，推动在京津冀水源涵养区、广西广东九洲江、福建广东汀江—韩江等开展跨地区生态补偿试点，在长江流域水环境敏感地区探索开展流域生态补偿试点"。（2）2016 年，国务院《关于推进中央与地方财政事权和支出责任划分改革的指导意见》（以下简称《国务院央地分权意见》）提出了设定地方事权范围原则，"将直接面向基层、量大面广、与当地居民密切相关、由地方提供更方便有效的基本公共服务确定为地方的财政事权"；设定了地方事权的范围，"要逐步将社会治安、市政交通、农村公路、城乡社区事务等受益范围地域性强、信息较为复杂且主要与当地居民密切相关的基本公共服务确定为地方的财政事权"。此外，还规定必须减少中央和地方共同事权范围，应建立中央和地方事权的动态调整机制。《国务院央地分权意见》只是对地方事权范围的总体性、纲领性文件，对地方事权范围的具体确定，还需要以国务院其他相关文件为依据。它在划分中央和地方事权基础上，要求中央财政事权由中央承担支出责任，地方财政事权由地方承担支出责任。"中央的财政事权如委托地方行使，要通过中央专项转移支付安排相应经费"；"地方的财政事权如委托中央机构行使，地方政府应负担相应经费"。这充分表明，中央和地方财政事权是两个各自独立、封闭的系统，中央不能随意进入地方事权范围，也不能随意处理地方事务。这一思路对于生态补偿事权与支出责任划分具有指导作用。（3）2017 年，"两办"《关于划定并严守生态保护红线的若干意见》指出，"加大生态保护补偿力度。财政部会同有关部门加大对生态保护红线的支持力度，加快健全生态保护补偿制度，完善国家重点生态功能区转移支付政策。推动生态保护红线所在地区和受益地区探索建立横向生态保护补偿机制，共同分担生态保护任务"。这是关于生态保护红线所在地区与受益地区的央地分工探索。（4）2018 年，中共中央、国务院《关于建立更加有效的区域协调发展新机制的意见》指出，"贯彻绿水青山就是金山银山重要理念和山水林田湖草是生命共同体系统思想，按照区际公平、权责对等、试点先行、分步推进原则，不断完善横向生态补偿机制。鼓励生态受益地区与生态保护地区、流域下游与流域上游通过资金补偿、对口协作、产业转移、人才培训、共建园区等方式建立横向补偿关系。建立区域均衡的财政转移支付制度。根据地区间财力差异状况，调整完善中央对地方一般性转移支付办法，加大均衡性转移支付力度，在充分考虑地区间支出成本因素、切实增强中西部地区自我发展能力基础上，将常住人口人均财政支出差异控制在合理区间。严守生态保护红线，完善主体功能区配套政策，中央财政加大对重点生态功能区转移支付力度，提供更多优质生态产品。省级政府通过调整收入划分、加大转移支付力度，增强省以下政府区域协调发展经费保障能力"。这一意见确立了流域生态补偿指导原则是，流域所在地地方政府承担生态补偿事权与支出责任的职权职责。（5）2019 年，《中共中央关于坚持和完善中国特色社会主义制度推进国家治理体系和治理能力现代化若干重大问题的决定》中明确指出，一是适当加强中央在知识产权保护、养老保险、跨区域生态环境保护等方面的事权。二是"减少并规范中央和地方共同事权"。这意味着，跨行政区流域生态补偿事权逐步向中央政府和上级政府倾斜配置。

（三）中央政府与地方政府补偿责任划分现实依据

1. 中央政府的补偿责任

中央政府往往从国家生态环境治理能力、生态安全与可持续发展、社会利益最大化目标、维持和增进流域环境公共利益等方面出发制定生态保护补偿政策，一方面确定中央财政的生态补偿事务，另一方面也对地方财政应当承担的生态补偿事务做出符合有利于流域整体利益的划分或界定。具体而言，涉及国家主权事务、对于事关全局、受益范围或影响范围覆盖全国的生态补偿事务，比如，影响跨区域安全乃至国家生态安全的重要生态要素、重点生态功能区、国家公园、国家级自然保护区等生态补偿事务及支出责任，理应由中央政府承担生态补偿事权与支出责任。可见，中央政府在生态补偿事权及支出责任划分占据核心位置，一方面，中央政府可以划分中央、地方各自生态补偿事权与支出责任，另一方面，它可以决定中央财政承担的生态补偿事权与支出责任，也可以决定中央地方财政共同承担的生态补偿事权与支出责任。据此，我们认为，在流域水生态补偿制度建构及机制运行过程中，中央政府应当承担长江、黄河两个国家重要流域的生态补偿责任。

长江、黄河是中华民族的母亲河，具有特殊的政治定位和重要法律地位。国家高度重视长江、黄河流域横向生态保护补偿机制建设工作。在长江流域，2018年，财政部等颁发《中央财政促进长江经济带生态保护修复奖励政策实施方案》，按照"早建早补、早建多补、多建多补"要求，对长江经济带11个省（市）之间建立横向生态保护补偿机制实施奖励政策。2020年生效的《中华人民共和国长江保护法》正式建立了长江生态保护补偿制度，对长江流域横向生态保护补偿机制作出明确规定。在黄河流域，2020年，财政部等颁发《支持引导黄河全流域建立横向生态补偿机制试点实施方案》，遵循"保护责任共担、流域环境共治、生态效益共享"原则，围绕促进黄河流域生态环境质量持续改善、推进水资源节约集约利用两个核心，支持引导沿黄九省（区）各地区加快建立全流域横向生态补偿机制。即将颁行的《中华人民共和国黄河保护法》建立黄河生态保护补偿制度，对黄河流域横向生态保护补偿机制作出明确规定。本条例依据《中华人民共和国长江保护法》和即将出台的《中华人民共和国黄河保护法》等要求，明确国家指导、鼓励长江、黄河流域上下游、左右岸和干支流建立横向生态保护补偿机制，此外，还要持续推动在长江、黄河全流域建立横向生态保护补偿机制，从而实现长江、黄河流域横向生态保护补偿机制的全方位、多层次和全覆盖。

2. 中央政府与地方政府共同的补偿责任

中央与地方共同承担的生态补偿事务大多数属于跨行政区域事务，受益对象是跨越行政区划若干行政区域范畴内的民众。应当说，共同事务中也有些事务受益对象是国家全体民众，这些事务原则上应当由中央政府承办，但是，其若干实施环节需要地方政府协办才能更好完成，由此就成为央地共同事务。受益范围跨行政区域的生态补偿事务，既事关本地利益，又事关局部或整体利益，可以作为中央和地方共同财政事权，并由中央政府和有关地方政府共同履行生态补偿支出责任。但是，由于共同事权由中央和地方共同履职并承担相应的支出责任，实践中容易出现职责不清、推诿卸责的问题，因此，科学划分共同事权的权责边界与支出责任比例就至关重要。这里面，实际上是需要发挥中央政府和地方政府各自优势。比如相对于中央政府而言，地方政府更接近服务对象，更了解基本情况，相对中央政府有明显的信息优势。相比地方政府而言，中央政府站位较高，对生态补偿事务认识更加全面，因此，较为理想情形就是，可以由中央政府负责制定标准、出台规划、监督管理，地方负责具体执行。中央与地方按照比例承担相应的生态补偿支出责任，比例的大小需要根据财政事权基本公共服务属性轻重、受益范围外溢程度、信息获取难易以及是否激励相容等予以确定。一是体现国民待遇和公民权利、事关全局长远发展或涉及全国统一市场和要素自由流动的生态补偿事权与支出责任，中央相对地方更有激励去主动履职，所以应以中央为主、地方为辅划分财政支出责任；二是受益范围跨行政区，但地方政府具有更多信息优势，也有对本行政区生态补偿事务的财政事权，可以由中央和地方同等承担支出责任。相关国家典型案例的经验表明，多数生态补偿共同事务需要采取中央决策、地方执行的委托承办方式，这种做法有利于发挥两级政府各自优势，消除或者弱化生态补偿事务实施过程中的负面外部性。总之，中央地方共同生态补偿事务的承办方式分为中央决策、中央与地方共同执行和中央决策、地方执行两类，中央政府是否参与执行或履行支出责任，要视该事务的绝大多数环节是否由中央承办予以确定。

在流域水生态补偿制度建构及机制运行过程中，长江、黄河之外的其他跨省级行政区国家重点流域，按照中央事权与地方事权分工要求，国家鼓励地方加快建设跨省（自治区、直辖市）国家重点流域上下游横向生态保护机制，从而形成其他国家重点流域横向生态保护补偿机制的全方位、多层次和全覆盖。

3. 地方政府的补偿责任

与中央政府相比，地方政府的生态补偿事务范围更加难以明确划定，因为地方事务内容很多且差别很大。研究显示，根据属性不同，地方事务大致可包括以下三项：一是本级政府日常事务；二是本级政府监管任务；三是建设或管理部分社会公共设施，并提供部分公共服务。地方事务覆盖范围限定在本行政区域之内，事务实施往往因地制宜，这是因为地方政府对地方公共物品需求、供应和范围等信息了解得更具体，政策措施更具有针对性，其受益边界更加清晰，地方事务由地方政府因地制宜实施，效率和效益往往高于中央政府。对于受益范围仅限于当地范围的公共服务，可作为地方财政事权。那么，究竟哪些事务应该属于地方事务？一种观点认为，对地方事务的具体范围没法作列举规定，而只能寻找一个确定地方性事务标准。法国判断地方事务主要标准为地方公共利益，凡涉及专属性的地方公共利益的事务，一般均可被认定为地方事务。另一种观点，则是追求对地方事务范围予以详细列举。我国宪法、《中华人民共和国地方各级人民代表大会和地方各级人民政府组织法》虽然提出并列举了"地方性事务"范围。但对地方事务的规定，与中央事务出现严重同构。也就是说，未把地方事务特定化。如果说地方事务是列举性的，则意味着在地方事务或中央事务中未列明的事务，都属于中央事务。如果说地方事务是概括性的，则意味着在地方事务或中央事务中未列明的事务，都属于地方事务。这是地方事务范围的界限所在。

地方政府生态补偿事权及支出责任应是由法律规定或者中央政府予以设定，属于一种典型的列举性事权，未明确列明的生态补偿事权原则上应视为中央事权或者是中央和地方共同事权。同时，我国需要建立生态补偿事权划分争议解决机制，以便解决中央与地方政府之间、地方各级政府之间在生态补偿事权与支出责任方面的分工争议。国务院《关于推进中央与地方财政事权和支出责任划分改革的指导意见》指出，"中央与地方财政事权划分争议由中央裁定，已明确属于省以下的财政事权划分争议由省级政府裁定"。显然，这一较低层级的规范性行政文本难以有效解决相关争议或纠纷。立足于全面依法治国要求，中央地方与地方政府之间、各级地方政府之间生态补偿事权及支出责任划分争议的法治化发展走向是逐步实现行政争议裁决程序规则的细化、明确。

二、市场主体：以全面把握市场补偿优缺点为关键

（一）市场补偿的类型

经济学视角上，水生态补偿机制的市场工具主要包括基于价格的市场工具、基于数量的市场工具、减少摩擦的市场工具等三类。[①] 相应地，多元化市场补偿

---

① 王彬彬等：《生态补偿的制度建构：政府和市场有效融合》，载《政治学研究》2015 年第 5 期。

主体可在不同市场工具背景下予以相应确定。

1. 基于价格的市场工具

价格工具是指借助拍卖、反向拍卖、重大生态环境工程退减免税等各种措施来实现一种市场化的利益补偿，其主要特点是直接反映流域水生态服务的方式来设定和优化价格，并将反馈和修正的市场信号传递给自然人、法人或者其他组织等有优质生态服务需求的生态服务购买者等市场主体。价格工具目前广泛存在于各国的生态补偿实践之中，如美国土壤保护生态补偿机制借助反向拍卖确定合格的生态保护者。澳大利亚水质生态补偿通过必要的税收减免，激励生态保护者从事具体流域水环境治理工作。由于基于价格的市场工具对政府规制资源、规制能力要求较高，因此在中国生态补偿实践中尚不多见。

2. 基于数量的市场工具

"数量工具，又称为交易权利工具。这类工具包括限额交易和一对一交易等，旨在创建一个关于排污权或取水权的权利市场，其使用条件是自然资源财产权尤其是水资源所有权、使用权的明确界定，并设定获得和维持生态服务的目标。政府或指定机构必须确定用水总量和排污总量、权利初始配置状况、交易条件以及如何监控和执行。"[①]"数字化交易"等数量工具目前也广泛存在于流域生态补偿机制中。比如我国正在推行的水权交易和流域水污染物排污权交易即为两类典型的市场化数量工具。就前者而言，侧重于水量的一种数量工具，就后者而言，主要是侧重于水质的一种数量工具。理想的情形是，基于水量的数量工具和基于水质的数量工具可以交替使用、并行不悖且相互呼应。但在补偿实践中，受制于具体流域复杂性影响，两者在使用时间和使用空间上存在着较大差异，彼此各自独立且难以有效呼应。

3. 减少摩擦的市场工具

这是指任何市场交易均有一定的成本支出，减少摩擦的工具主要是通过这类工具的输出，能够大幅度降低市场交易成本。"这类工具包括产品歧异、循环基金、生态认证与生态标签等。"[②]减少摩擦的市场工具对于促进绿色生产、绿色消费具有非常重要的意义。我国正在制定的《生态保护补偿条例》（公开征求意见稿）[③]正在试图对减少摩擦工具作出必要的法律规范。

---

①② 王彬彬等：《生态补偿的制度建构：政府和市场有效融合》，载《政治学研究》2015年第5期。

③ 参见《生态保护补偿条例》（公开征求意见稿）第23条规定，"国家探索建立绿色产业发展支持机制。国务院市场监督管理主管部门负责统一发布绿色产品评价标准清单和认证目录，统一绿色产品标识，组织开展绿色产品认证并向社会公布绿色产品认证结果，建立绿色产品评价标准和认证实施效果的指标量化评估机制，健全绿色产品认证结果符合性追溯机制，营造有利于促进绿色消费的市场环境"。

（二）市场补偿的优点

1. 可以发现价格

一般认为，作为交易对象的流域水生态服务或水生态产品，是一种较为特殊的生态商品（服务）。既然是生态产品，必然具有价值和市场价格两个关键性市场要素。"因此在理想的市场补偿机制中，任何一项生态系统服务的价格必然已经反映所有的提供这项生态服务的成本、费用以及市场交易的信息。"[①] 生态补偿主体和受偿主体均能够直接观察和感知生态系统服务是否按照数量和质量要求提供，故补偿关系主体对于其提供或享用的生态系统服务具有最完全的第一手信息。[②] 可见，市场补偿最大特点就是可以在相互讨价还价等反复博弈过程中逐渐形成或者发现这种特殊性商品或服务的价格，从而极大地避免了政府补偿过程中，希望通过直接保护成本、发展机会成本和生态服务价值的核算来确定价格的高度困难。

2. 能够激励创新

当生态服务能够带来显著收益且具有稳定预期时，受偿主体势必有一定的激励进行生态服务的持续足额供应。当生态服务内化为商品或服务生产成本并最终转化为消费支出时，补偿主体势必着力提高生态环境资源投入的技术效率、不断转变土地等自然资源利用方式，努力改善生态服务或商品消费模式，新的创新方向或创新模式可由此而不断涌现。在价格信号激励下，生态服务提供者和生态服务购买者都将努力推动生态创新。[③] 森林"碳汇金融"大规模推广就是一个典型的制度创新范式。此外，由政府充当市场主体进行生态补偿协议的实践探索也可以视作为一类准市场补偿的大胆探索，双方或对方在补偿标准问题上的讨价还价所形成的对赌协议也是一种制度创新的实践。

3. 有效实施监管

政府补偿不仅需要政府对生态补偿机制实施必要的行政管理，还需要政府对"管理者"进行必要监管。如此一来，政府补偿的监管成本过高且存在监管权损耗问题而引发的监管效果不彰，已成为显而易见事实。在市场补偿中，政府就不会对于一个个具体的生态保护者或者生态保护受益者进行直接监管，而是仅对补偿市场实施必要监管。监管资源能够得到集中高效配置，监管能力和监管专业能够得以专业性提高，监管效率自不待言。在准市场补偿中，对生态补偿主体和受

---

①②　王彬彬等：《生态补偿的制度建构：政府和市场有效融合》，载《政治学研究》2015 年第 5 期。

③　Richard B. Norgaard. Ecosystem Services：From Eye-opening Metaphor to Complexity Blinder［J］. Ecological Economics，2010（6）：69.

偿主体之间能够依据现行法律规定，秉持诚实信用原则直接谈判，并在此基础上形成具有一定法律约束力的生态补偿协议，能够对协议履行过程进行监管，有权结合实际情况对协议内容进行变更，能够结合协议履行情况和具体情势变更终止、解除和续订生态补偿协议，实现了一定程度上的自我约束与自我规制。从而可以有效避免政府主导生态系统资源配置过程中各种成本尤其是监管成本过高而造成生态补偿"政府失灵"问题，实现生态补偿政府机制和市场机制的相互融合及相互补充。

（三）市场补偿的缺陷

然而，由于现实条件与理论假设之间的巨大差距，加之市场补偿自身约束条件过多，市场化的生态补偿通常很难实现①。除了生态补偿科斯概念中市场补偿的不足之外，市场补偿的缺陷之处主要体现在以下几个方面。

1. 是否真实自愿

自愿交易的生态补偿机制在各国实践中仅占很小比重。这是因为市场补偿所要求的"自愿"条件在现实生活中难以实现。更多情形是，需要借助一定的外力强制。特别是存在多个水生态服务提供者的生态补偿机制中，补偿费用是按照生态服务提供者平均的机会成本核算确定；在有些发展中国家，甚至是按照生态服务提供者（如土地所有者）最小的机会成本来确定。一些生态服务提供者获得的生态补偿不能满足机会成本，生态补偿并不是在"自愿"的价格水平上达成。这也是发展中国家和地区"补偿致贫"现象的原因之一。偏离了"自愿"这一关键要素，市场补偿就很难持续发展下去。

2. 排除其他主体参与

政府、社会组织广泛参与生态补偿。在很多发达国家或发展中国家生态补偿实践中，政府等公权力机构以及社会组织在生态补偿机制运行过程中发挥着决定性作用，具体包括，政府、社会组织常常为生态服务交易双方提供信任保障、初始投入、信用贷款等，培育并促进生态补偿市场机制。生态补偿有受益者融资型和政府融资型之分。在政府融资型生态补偿中，政府角色从行政监管者变成了"第三方代理人"，以近似"总需求人"身份向生态服务提供者集体购买具体生态服务，而仅有受益者融资型生态补偿才高度契合着科斯型生态补偿。

3. 难以精确评价效果

生态环境的改善有多少来自生态修复和环境净化，有多少来自相邻空间生态环境改善带来的溢出效应，又有多少直接来自供给方的生态服务本身。这种叠加

---

① 王彬彬等：《生态补偿的制度建构：政府和市场有效融合》，载《政治学研究》2015 年第 5 期。

性、累积性或者聚合性因果关系的不确定性，使生态服务的核算评估具有很强的主观性，也会导致生态服务支付金额有长期走高的趋势。生态服务效果欠佳的原因有可能是前期投入不足而造成的生态服务成本和价格相应上涨。生态服务效果较好，更应该在补偿金额上对额外努力进行充分激励。因此，市场化生态补偿实践活动普遍缺乏连续、稳定、可持续资金机制。

（四）我国市场补偿的障碍

1. 自然资源资产产权制度尚未完全建立

市场工具适用要求自然资源权利界定必须是清晰的，主要包括两方面内容：第一，谁享有自然资源的所有权或使用权；第二，权利人能否有权做出自然资源利用方式的改变。一般而言，明确、清晰和规范的自然资源所有权、使用权制度体系构成市场化生态补偿机制有效运行的前提。尽管我国已经开始探索"中央地方分级行使自然资源所有权"，但围绕土地、水流、森林、草原等自然资源等以及由上述自然资源组合形成的"自然生态空间"所有权和使用权等制度体系却一直处于变革、空白等不确定状态中。自然资源资产产权制度不仅是生态文明建设的基础性制度，也是市场化多元化生态补偿机制构建及有效运行之前提。因此，我国自然资源所有权尤其是自然资源使用权制度变革所引发的不确定状态直接妨碍着我国市场化制度工具的适用范围、空间及可能产生的效果。

2. 总量控制制度尚未有效发挥功能

稀缺是土地、森林等自然资源以及由上述自然资源组合而成的"自然生态空间"的永恒话题。稀缺是客观存在的，也需要人为设计。我国总量控制制度就承担着保护生态环境和创造稀缺的双重功能。水权交易、排污权交易和碳排放权交易分别处于取水总量控制、排污总量控制和碳排放总量控制的延长线上。这意味着，如何科学设定、合理分配"总量"构成水权交易、排污权交易制度有效运行的前提。但设定、分配"总量"涉及环境利益与社会经济利益的博弈，涉及生存利益与发展利益的竞争，甚至涉及不同国家之间减排利益/责任的分享/负担，是故很难达成共识。实践中，一些案例未见"总量"只见"交易"，显然已经偏离了制度设计的初衷。唯有高度重视总量控制制度的保护生态环境容量及制造稀缺的双重功能，厘定并切实提高总量控制制度的法律性质、法律地位和法律效力，唯其如此，才能更好地发挥市场化制度工具，尤其是基于数量工具大规模推广适用。

3. 市场化补偿的技术支撑不足

市场工具的适用需要以生态服务商品化为前提。1997年，科斯坦萨（Costanza）等在《自然》上发表《世界生态服务和自然资本的价值》后，价值核算评估成为生态服务研究中最常讨论的议题。然而，用货币来表示生态服务存在着很大障碍，价值核算评估将受到科学空白、能力、成本等多重限制。生态服务商品化因为要求简单地交换价值来进行交易从而否认了这些服务价值的多样性，这将面临严重的技术困难以及如何顺应和尊重自然的伦理学意涵。在生态服务价值核算评估的机制设计中，需要综合考虑方法进路、价值度量、时间范围、地理规模、精确程度、利益相关者/受益者群体集合、产出形式等诸多要素。其中，利益相关者的参与和交流最为关键。最终的生态服务价值核算评估需要在适应于国家或地区的政策、社会、经济、制度文化背景等基础上予以确定。

三、社会主体：立足多中心治理视角的观察

在环境多中心治理语境下，流域水生态补偿机制就不再仅仅是政府或者市场各自或共同垄断事项，而是需要结合政府补偿和市场补偿各自不足、缺陷之处，通过较为广泛的利益相关者积极介入甚至深度参与，从而能够在一定程度上破解生态补偿"政府失灵"或"市场失灵"。流域水生态补偿制度机制，需要按照流域生命共同体理念为指导，广泛吸纳社会公众等多元利益相关者，共同参与流域生态环境治理。

（一）社会主体类型

社会主体类型主要包括：（1）社区居民自愿参与的生态补偿。社区参与是以共同的生活环境为基础，以共同或相近的文化价值观念为牵引，以有效经济激励为补充的一类补偿关系主体。通过保护母亲河行动、"民间河湖长""林长"等多种组织化途径鼓励社区民众主动参与流域水资源开发、利用方面的监督管理、生态修复活动，从而使流域生态环境保护成为社区民众普遍共识与集体行动。一些地方开发的生态积分、生态超市活动均在一定程度上激励社区民众积极参与生态保护活动。"社区参与生态补偿则是将社区参与方法与生态补偿相结合，通过社区居民之间的协商和自治，使居民公平参与生态环境的管理和利益分配。"①（2）生态环境保护类社会组织自愿参与的生态补偿。环境保护类社会组织是环境公共管理领域的新兴力量，在流域水生态补偿机制建设中扮演非常重要角色。我国现行环境法律已经允许符合一定条件（包括积极条件和消极条件）的环境保护类社会组织，就污染环境和破坏生态行为提起环境民事公益诉讼，从而深度参与中国多元治理进程。显然，环境保护类社会组织可以依照其组织宗旨和性质，作

---

① 吴萍等：《社区参与生态补偿探析》，载《江西社会科学》2010年第10期。

为流域水生态补偿项目的组织者、实施者、参与者或者监管者，利用其在生态环境保护事务中的专业优势，与政府主体、市场主体或者其他社区参与主体之间实现生态补偿事务方面的信息共享、功能互补和共建共享，从而成为生态补偿法治化发展的积极参与者和必不可少的组成部分。

（二） 社会补偿优点及不足

社会补偿优点包括：（1）构成多中心治理之重要举措。生态补偿实践中，政府主导生态补偿不断形塑着生态补偿机制建设进程，从短期来看，非常有利于生态补偿制度建构及机制运行，但从长期来看，政府主导往往会演变成政府唱"独角戏"。缺少了社会主体或者公众的积极参与，怎么补，补偿多少，如何补偿，补偿效果如何等最终均由政府说了算，造成了一定的消极后果，不可避免地带来行政恣意，另外，社会主体或者公众变成了生态补偿的旁观者甚至路人、看客。社会主体全面、深度参与生态补偿机制建设，既可以弥补政府补偿方面的不足，也在一定程度上限制了政府的行政恣意，契合流域水生态环境的"多中心治理"走向。（2）极大弥补补偿资金之不足。生态补偿涉及要素补偿和综合补偿、纵向补偿和横向补偿，围绕补偿关系的利益相关者数量众多，应当予以补偿的领域、对象层次各异，即便政府投入巨额资金，但于生态补偿资金的需求而言，无疑是杯水车薪。社会主体的有效参与，充分发挥其点多面广、查漏补缺之显著功能，社会补偿资金的源源不断注入生态补偿"资金池"，也会在一定程度上舒缓补偿资金不足之局面，优化生态补偿资金结构。（3）有效监管补偿机制运行的绩效。社会主体参与生态补偿，本质上属于社会自治范畴。他们全方位参与生态补偿机制建设，不仅能够提供补偿资金，参与补偿运行监管，评估补偿资金及补偿机制绩效，从而完善生态补偿反馈机制。

社会补偿也存在一定弊端或不足：（1）参与生态补偿程度规模偏小。无论是社区志愿者或者环境保护类社会组织，他们大多以生态补偿辅助者、参与者和监督者身份出现，相对零散地、不同程度地参与到国家、国家、区域（流域）生态补偿项目中，所进行的补偿活动更多带有地方性、探索性等特征。[1] 尽管不乏一定的创新意识和探索精神，但在更大意义上，仅仅停留在"社会实验"层面，难以有效生成可推广、可复制的制度范本。（2）补偿资金稳定性不足。有学者认为，生态补偿就是一套资金筹集和资金支付系统，稳定可靠的资金来源是生态补偿机制得以有效运行的根本。受制于管理体制所限，社会主体参与流域水生态补偿的资金来源仍然处在不确定、不稳定状态。一些国际性、国外生态环境保护组

---

[1] 中国生态补偿政策研究中心：《第七届生态补偿国际研讨会论文集》，2021 年 8 月最后访问。

织虽然具有相对强大的资金机制和较好的管理体制，但受制于法律、制度、文化或伦理约束，其在主权国家生态补偿活动范围、空间仍然存在一定限制，试图深度融入主权国家生态补偿实践活动仍然面临诸多法律或者社会层面的挑战。即便如此，社会补偿对于推进流域水生态补偿机制完善仍然发挥着不可替代的作用，比如，浙江新安江流域一些地方，一些环境保护类社会组织借助"三权分置"之下的土地经营权交易而设计的各种小流域水基金机制具有非常顽强生命力，发挥着不可或缺甚至难以替代的功能。

四、水生态补偿关系主体配置考量因素

政府补偿、市场补偿和社会补偿在主体内在行为逻辑、价值取向和制度约束等方面存在诸多差异，这些差异会在一定程度上影响我国流域水生态补偿主体规则的设计。

（一）行为的内驱力

流域水生态补偿机制，一定程度上可以理解为由政府主导之下，生态保护者与生态保护受益者之间进行利益重新分配。既然是涉及利益的重新分配，围绕正在分配的利益展开公开博弈或者讨价还价当属应有之义。但是，由于不同主体关注的利益或需求侧重点不同，相应地，他们选择博弈路径或方法也呈现一定差异：（1）政府补偿属于供给单向外在驱动。截至目前，我国水生态补偿机制主要采用两种模式，一是上级政府指导下的地方政府签订协议模式，优点是采用了一种"准市场"机制，希望能够发挥各级地方政府主动性和积极性，不足之处在于，在具体补偿实践中，地方政府尤其是上游地区地方政府的主动性积极性显然不够，为此，上级政府不得不借助科层制命令和必要的利益激励方式予以推进。二是流域上级政府负责生态补偿制度供应、横向财政支付转移纵向化等。无论何种模式，流域共同的上级政府扮演着非常重要角色，他们负责居间组织协调、财政支持、跨界水质水量监测和必要的事后监管等。可见，无论是从生态补偿事权配置抑或生态补偿财权配置，流域共同的上级政府扮演着组织者、协调者、规划者、监督者等多重身份功能。显然，目前政府补偿机制在更大程度上属于一个自上而下、单向、外在供给驱动之模式，这要求配备一个信息完备、资金充裕且"全能"的流域共同上级政府之外，也在有意无意地遮蔽着真正的生态保护者与生态保护受益者，遮蔽了他们的身影，也掩盖了他们的诉求。（2）市场补偿属于供给和需求共同驱动。从一定意义上讲，市场补偿试图把流域水生态服务或生态产品"客观事实"上的稀缺转化为流域取水总量、水环境容量总量等"技术与

法律交融"意义上的稀缺。在这种情形下，稀缺的流域水生态服务或生态产品供给就转化为稀缺利益的供给；流域水生态服务或生态产品的需求就转化为稀缺利益的满足。借助信息工具、价格工具和发现价格的衍生工具，供给者和需求者在稀缺利益供给需求方面找到了不同利益沟通协调乃至利益增进的契合点或连接点，借助私法意义上的权利（利益）交易实现了各自需求的满足。市场补偿难点在于，如何有效界定流域水流产权及水环境容量产权，如果产权界定不清或者界定成本过高，结构性供给与多层次需求之间就难以达成一致；此外，供给者和需求者的数量也不能太多，否则过高的交易成本也在一定程度上阻碍市场补偿。（3）社会补偿属于理念和社会责任双轮驱动。与政府补偿供给驱动、市场补偿供给与需求共同驱动不同，社会主体参与水生态补偿机制主要是基于自身发展理念及宗旨功能驱动，一些社会主体参与生态补偿也可能是基于一定伦理道德观念而凝聚而成的社会责任意识。就此而言，社会自治意义上的社会补偿与政府补偿、市场补偿存在本质不同，它有着自己的目标导向及行为逻辑。

（二）行为的成本支出

由于生态补偿关系涉及的利益负担关系非常复杂，"以公共性为媒介的利害分配需通盘权衡"[1]，成本收益尤为重要。政府补偿就是在权衡各自现存利益负担基础上，围绕公平与效率兼顾原则，重新配置利益负担，实现一种分配正义；市场补偿是在明确流域产权基础上，以效率优先兼顾公平原则，重新配置利益负担，实现一种分配正义。只要水生态补偿机制运行过程中存在诸如信息不完备、不对称、机会主义等不确定因素，无论是政府补偿或者市场补偿，成本问题将是不可避免。但它们在成本支出方面存在差异：（1）界权成本存在差异。市场补偿前提是需要界定流域产权。在当代科学技术条件下，一些原本很难界定的水流产权在可以接受的成本下得以界定，但并不能建立完全、明确的财产权，因为成本过高。[2] 相比而言，政府补偿就不需要完全的流域水流等产权界定，制度界权成本相应就会下降。（2）协商成本存在差异。政府补偿要求政府承担必要交易费用，如搜集流域水生态服务供给需求信息，确定补偿关系主体及利益相关者，筹集补偿资金等费用等。再者，政府补偿是一种公共选择过程，因此也存在着一定的协商交易成本，如补偿政策的制定者希望通过补偿促使利益负担公平分配，补偿主体则希望以支付最少费用以获得足额流域水生态服务；受偿主体希望丧失的

---

① 王天华：《分配行政与民事权益——关于公法私法二元论之射程的一个序论性考察》，载《中国法律评论》2020年第6期。

② ［美］丹尼尔·科尔著，严厚福等译：《污染与财产权——环境保护的所有权制度比较研究》，北京大学出版社2009年版，第3页。

发展机会成本获得完全弥补。总之，要想在生态补偿权利义务方面达成一致意见，就需要进行多回合的谈判和博弈。可见，政府补偿面临着较高制度协商成本或交易费用。市场补偿通常是在生态服务供给者与生态服务购买者之间达成的一种自愿平等协议，这立足于平等主体之间的各自利益需求和意志自由，尽管需要经过长时间博弈等，但制度协商成本远远低于政府补偿。（3）信息成本存在差异。在信息不对称背景之下，政府补偿面临着机会主义或者逆向选择行为之风险。即便支付了相应成本，但仍然存在效益损失之可能性。即便所获信息真实，但由于更多关注利益负担的公平分配，故在补偿效益提升方面乏善可陈。市场补偿则不同，尽管其在补偿领域与关系主体确定、讨价还价能力建设、监督交易和交易绩效评估过程中存在着较大不确定性，但由于市场补偿是一种面对面交易，故能够有效收集、传递和分享信息，会极大降低信息收集成本，有效减少信息不对称性，保证交易主体决策的理性、客观，这必然会带来生态补偿整体效率提升。

五、小结

立足生态补偿科斯概念与生态补偿庇古概念理论，遵循"保护者受益"原则和"受益者负担"原则，我们可以将水生态补偿法律关系主体界定为，具体性与抽象性有机统一，既包括抽象性的国家与市场，也有具体承担生态补偿责任的各级政府、法人或其他社会组织、自然人。"国家不是直接的，而是通过自己的机关参加法律关系，国家是通过国家机关的活动发挥作用的。"[1] "抽象性规定和具体性规定都是生态补偿关系主体概念界定中不可分割部分。"[2] 未来流域水生态补偿立法过程中，生态补偿主体规则界定的一般思路为，"有效市场补偿与有为政府补偿相结合，以有序的社会补偿作为补充"。所谓有效市场补偿就是，充分发挥市场机制在流域水生态服务供给的利益配置中的主导作用，抓住自然资源资产产权制度改革之有利契机，在产权相对明确、因果关系清楚，补偿关系主体数量较少的流域生态补偿领域中，积极大胆探索取水权、排污权等市场补偿机制。此外，也要考虑准市场机制的适用空间，通过签订具有法律约束力的流域生态补偿协议，明确补偿关系主体各自权利、义务和责任，从而建构一种富有效率、充满活力的"准"市场补偿机制。同时，我们也应当认识到，在一些以提供纯粹公共产品为主的广大流域范畴内，涉及环境公共利益乃至国家生态安全利益的维持增进等，由于补偿关系主体不明确，流域水生态服务供给难以测量；或者主体数

---

①② 王清军：《生态补偿主体的法律建构》，载《中国人口·资源与环境》2009 年第 1 期。

量众多，利害关系复杂，采用市场补偿机制制度环境难以成熟；或者受制于目前经济、技术和制度状况，流域产权界权成本高，不能采用市场补偿机制。因此短时期内甚至在未来较长一段时间内，宜由各级政府主动积极有效担当，立足于促进生态文明建设和建成美丽中国之未来目标，依法承担相应流域或者流域不同区段的国家生态补偿责任。需要指出的是，政府补偿机制并不妨碍其可以采用市场化补偿规则推进流域水生态补偿制度建设。

第四章

水生态补偿机制的动力源泉

　　生态保护者与生态保护受益者之间的关系问题是水生态补偿机制有效运行中的一个重要问题，它需要回答水生态补偿机制的动力源泉问题。过去主要从三个层面展开研究：首先是生态补偿理论层面的讨论。[①] 从生态补偿科斯定义提出的生态服务供给者与购买者之间的市场交易关系理论，[②] 到生态补偿庇古定义强调的受益者（以政府为主要代理人）向保护者（社区、个人）的资源转移理论，[③] 学者们一直致力于构建保护者和受益者关系模式的理论框架。其次是政策层面的表述，这以党和国家生态补偿政策为主要代表。从 2015 年《生态文明体制改革总体方案》到 2016 年《关于健全生态保护补偿机制的意见》，先后都提出，"保护者和受益者良性互动的体制机制尚不完善"，为此，需要"科学界定保护者与受益者权利义务，加快形成受益者付费、保护者得到合理补偿的运行机制"。最后是生态补偿制度构建与实践历程。主要体现在《中华人民共和国森林

---

　　① 汪锦军：《政社良性互动的生成机制：中央政府、地方政府与社会自治的互动演进逻辑》，载《浙江大学学报》（人文社会科学版）2017 年第 10 期。

　　② Wunder. Payments for Environmental Services：Some Nuts and Bolts，GIFOR Occasional Paner，2005：42；Engel，Designing Payments for Environmental Services in Theory and Practice：An Overview of the Issue［J］. Ecological Economics，2008（65）：663 – 673；王彬彬等：《生态补偿的制度建构：政府和市场有效融合》，载《政治学研究》2015 年第 5 期。

　　③ Muradian. Reconciling Theory and Practice：An Alternative Conceptual Framework for Understanding Payments for Environmental Services［J］. Ecological Economics，2010（69）：1202 – 1208；王彬彬等：《生态补偿的制度建构：政府和市场有效融合》，载《政治学研究》2015 年第 5 期；赵雪雁等：《生态补偿研究中的几个关键问题》，载《中国人口·资源与环境》2012 年第 2 期。

法》《中华人民共和国水土保持法》《中华人民共和国环境保护法》《中华人民共和国水污染防治法》等相继建立起来的各自领域保护者与受益者相互关系的制度实践。与理论探讨不同，生态补偿制度及实践层面的保护者和受益者互动则呈现一种显著的多元性和复杂性，这也间接回应了理论探讨可能并不能有效回答保护者和受益者互动关系中的多元机制问题。[①] 这三个层面的认识相互影响，但又互相矛盾。这表明理论与实践探索依然缺乏一个能够有效理解生态补偿机制中保护者与受益者关系的共识性框架。为此，这些分析都不得不修补原有理论以便与中国的具体实践相对接，导致至今仍缺乏一个关于保护者和受益者理论模式的共识性认识基础。新近出台的生态保护补偿政策虽然清楚意识到"科学界定保护者和受益者权利义务"对于建构他们之间"良性互动机制"的重要性，但仍然需要将政策理念与制度建构、具体实践进行有效对接，这种对接有赖于在对保护者与受益者互动现实的规律性认识基础之上，发现或找寻一个打破目前保护者与受益者互动不畅的关键切入点。"而制度层面的讨论虽然将视角更多转向了正在发生的各自领域丰富多彩的生态补偿实践，却过多关注多元性。"也就是说，保护者和受益者之间互动机制的认识需要一种全新的分析路径，这种路径既需要超越简单套用西方理论的模式化认识，也需要在中国实践基础上，将"原本长期属于生态补偿政策领域的事务"提供一种全面法治化的可能性，并尝试赋予一种公法上的权利，即所谓"生态补偿请求权"，通过对这一权利开展研究并尝试将其作为启动装备，或许能为建立保护者和受益者良性互动机制提供一条切实可行路径。如果可能的话，对于保护者而言，则要求对权利客体的"请求行为"与基础权利自身的有效整合，能够实现权利"可救济性"甚至"可诉性"的一种转变。对于国家和社会而言，包括水生态补偿请求权在内的生态补偿权利的确认有助于准确界定保护者和受益者权利义务关系，形成两者良性互动机制，乃至对生态文明制度建设也大有裨益。

毋庸讳言，我国生态补偿制度遭遇了法治化发展的艰难困境。[②] 针对此，学者们提出了两种主要解决思路。一种思路认为，"现行生态补偿制度存在着实践和理论的双重困境，需从环境资源开发利用限制为分析路径，围绕生成生态补偿权利这一生态补偿制度法治化的核心内核，以完善生态补偿制度的法律样态及主客观判断的法律准则"。[③] 另一种思路认为，应当"围绕援用较为成熟的民事财产权制度体系，能够改变长期依赖中央政府投入的生态补偿实践现状，同时也可

① 汪锦军：《政社良性互动的生成机制：中央政府、地方政府与社会自治的互动演进逻辑》，载《浙江大学学报》（人文社会科学版）2017 年第 10 期。
②③ 杜群等：《新时代生态补偿权利的生成及其实现——以环境资源开发利用限制为分析进路》，载《法治与社会发展》2019 年第 2 期。

理顺生态补偿主体关系和完善保护者的救济途径等"。①

客观上讲，两种思路对于纾解当前存在的制度困境大有裨益，但也不无一定商榷之处。前者提出需要生成生态补偿权利的设想无疑具有前瞻性和指引意义，尽管对这一新兴权利的合理性、合法性、现实性②及权利属性、实现方式作了论证，但"只有在法律关系的视角下，分析现实生活中各种冲突利益的类型与性质，及其与法规范之关联性，才是权利论证的关键所在"。③后者试图借助相对成熟的民事财产权法律关系理论，固然能够极大化解中央政府存在的巨大财政压力，也与我国目前正在大力倡导的市场化生态补偿机制相呼应。但如果将现实生活广泛存在的国家或政府主导的生态补偿描述为一种民事关系，"由于国家与其政府的特殊地位，随着其积极参与民法事务，在理论（尤其是行政法理论）上混淆其由此所形成的法律关系的性质的情况比较突出"，因此，较为可行方式是，"我们在区分围绕其产生的法律关系的判断方面，也要有意识地区分国家或政府的这两种身份——是以管理者的身份，还是以民事主体的身份出现"。④

本书认为，我国生态补偿机制动力源泉的突破点——如同第一种思路一样，应当聚焦于如何生成或确认生态补偿权利。在法治化发展的具体路径上，如果立足于行政法律关系而非民事财产权法律关系去分析生态补偿权利的生成逻辑、基本属性及实现方式，或许更有意义。主要理由在于，其一，行政法律关系理论构成了生态补偿制度法治化的基础。从奥托·迈耶的"特别权力关系理论"、巴霍夫的"法关系论"⑤、阿特贝格的"国家领域多重法律关系理论"⑥、鲍尔的"水平关系与垂直关系"理论⑦、山本隆司的"新行政法律关系理论"⑧等发展轨迹可以看出，尽管行政法律关系理论一直处于变动之中，但阿斯曼"分配行政"理念下的新行政法律关系理论，开始强调行政本质上就是对利益/负担的合理配置问题，"如果说私法主要是为实现交换的正义，那么公法则重在实现分配的正

---

① 潘佳：《流域生态保护补偿的本质：民事财产权关系》，载《中国地质大学学报》（社会科学版）2017年第3期；潘佳：《政府作为补偿义务主体的现实与理想》，载《东方法学》2017年第3期。

② 雷磊：《新兴（新型）权利的证成标准》，载《法学论坛》2019年第3期；姚建宗：《新兴权利论纲》，载《法制与社会发展》2010年第2期。

③ 鲁鹏宇：《论行政法学的阿基米德支点——以德国行政法律关系论为核心的考察》，载《当代法学》2009年第5期。

④ 李拥军：《民法典编纂中的行政法因素》，载《行政法学研究》2019年第5期。

⑤ ［日］塩野宏：《公法と私法》，有斐阁1989年版，第341页。

⑥ 程明修：《行政法之行为与法律关系理论》，新学林出版股份有限公司2005年版，第376页。

⑦ ［日］人見剛：《ドイツ行政法学における法関系论の展开と現状》，东京都立大学法学会，（32 - 10）111 - 121。

⑧ ［日］山本隆司：《行政上の主観法と法関係》，有斐閣2000年版，第262页。

义"。① 我国环境法学界主流观点普遍认为，生态补偿本质上就是环境利益/负担的分配正义问题。② 可见，生态补偿与行政法律关系理论存在着逻辑关联。如果抛开国家或政府在公共性生态产品供给配置上的主导地位，单纯从私法或市场化视角去讨论生态补偿制度的法治化发展，可能南辕北辙甚至适得其反。其二，更为重要的是，立足于行政法律关系理论，才能够对生态补偿实践事实进行法治化的观察和提炼。因为行政法律关系理论从来"都不是孤立地讨论权利或义务、权力或职责，而是提供分析一个系统思维框架和分析方法"。③ 在这种分析方法下，具体生态保护者的生态补偿权利义务，各级政府的具体生态补偿权力（职责）等都"开始不再彼此隔离、相互排斥，而是可以在法律关系的系统构造下获得整体把握"。④ 这样一来，借由生态补偿权利为核心制度装置，流域水生态补偿法律关系产生发展过程、纵向生态补偿与横向生态补偿、双边生态补偿与多边生态补偿都可在行政法律关系理论下得到有效统合。

当然，即便存在这样一种权利，却又面临着以下追问：法治化的生态补偿制度及"可救济"的生态补偿权利是否意味着当事人请求权未得到满足时，能否请求司法机关介入及介入后的尺度把握。因为这种做法可能面临着一定挑战：第一，对生态保护行为（结果）的国家或政府补偿"主要是一种以增加政府财政预算为前提的具有敏感政治性的社会公共事务，应当由立法机关或者至少由行政机关决定是否予以补偿给付，以司法判决代替立法或行政决策将使生态补偿面临政治上合法性的追问"。⑤ 故生态补偿权利的认定涉及司法权和行政权的合理配置问题。第二，生态补偿事务的"专业化程度和政策性较强，司法权的介入是否会造成生态补偿事业丧失决策上的科学性和专业性"。⑥ 本书围绕上述问题，试图尝试从生态补偿权利生成的基本逻辑、生态补偿权利与反射利益区别以及我国生态补偿权利的规范化构造等多方面展开论述，并且试图指出，在加快生态补偿制度法治化发展背景之下，提出生态补偿权利这一核心概念并围绕其基本范畴体系建立生态保护者与生态保护受益者之间的良性互动机制，从而不断强化流域水生态补偿机制的理论基础，夯实绿水青山转化为金山银山的法治保障，对于推进

---

① ［德］施米特·阿斯曼，林明锵等译：《秩序理念下的行政法体系建构》，北京大学出版社 2012 年版，第 282 页。

② 吕忠梅：《环境法原理》，复旦大学出版社 2007 年版，第 389 页；杜群等：《新时代生态补偿权利的生成及其实现——以环境资源开发利用限制为分析进路》，载《法治与社会发展》2019 年第 2 期。

③ 黄建武：《法律关系：法律调整的一个分析框架》，载《哈尔滨工业大学学报》（社会科学版）2019 年第 1 期。

④ 赵宏：《法律关系取代行政行为的可能与困局》，载《法学家》2015 年第 3 期。

⑤ 娄宇：《公民社会保障权利"可诉化"的突破——德国社会法形成请求权制度述评与启示》，载《行政法学研究》2013 年第 1 期。

⑥ 胡敏洁：《论社会权的可裁判性》，载《法律科学》2006 年第 5 期。

生态文明建设或建成"美丽中国"的目标，或许不无可能。

第一节　生态补偿权利的产生逻辑

"认定存在某种新兴（新型）权利就不只是、甚至主要不是经验上的认知活动，而是一种涉及价值、意义和政策考量的复杂证成。"① 可见，法律确认生态补偿权利，不仅要回答它所保护利益的合理性、还要解释它与既有法律体系的可容纳性及实现可能性，其中，合理性涉及价值判断，需要结合社会生活进行主观意义上的价值判断。既有法律体系的可容纳性涉及实证法意义上的梳理和考察，这种实现可能性需要进行经济社会发展情势的总体衡量。

一、生态补偿利益被保护的合理性

权利的本质在于利益，② 但法律并非需要保护所有的利益，只有正当性的利益才能得到保护。生态补偿权利的确认或成立，首先需要证明它所保护利益的正当性或合理性。

（一）存在着基于限制而产生的正当利益

一般认为，生态补偿客观目的在于保障生态服务功能的持续性供给，维持或增进环境公共利益，实现这一目的的路径是，"法律对正外部性生态效益的提供者行使环境资源开发使用权施加了限制"。③ 这种限制的特点有：（1）限制主体特定。为了维持或增进环境公共利益，只有国家或政府才能依照法律、法规所确立的以保护社会公共利益出发，作出一般或具体的禁限措施。（2）被限制主体多元。既包括特定的人（如公益林的经营者），也包括特定范畴内的人（如自然保护区分区范围内所有的自然人、法人）。由于被限制主体同时直接或间接供给生态服务功能，故他们与生态保护者存在内在逻辑关联，基于行文方便，本书统一称之为生态保护者，但不妨碍基于行文需要的各自表述。（3）限制性质复合。这

---

① 雷磊：《新兴（新型）权利的证成标准》，载《政法论坛》2019 年第 3 期。
② 于柏华：《权利认定的利益判断》，载《法学家》2017 年第 6 期。
③ 杜群等：《新时代生态补偿权利的生成及其实现——以环境资源开发利用限制为分析进路》，载《法治与社会发展》2019 年第 2 期。

种限制主要表现为一种消极限制，即禁止或限制生态保护者从事不利于生态保护的行为（结果）；也可能表现为积极限制，即要求生态保护者主动从事有利于生态保护的行为（结果）。（4）限制类型多样。既包括对特定人财产权使用限制①、内容变更②、剥夺③；也包括特定地区被界定、被扩张、被升级成不同类别、级别生态保护地区背景下④，该地区特定范畴内的人"从前或已经着手的行为""未来的产业发展及发展空间"等发展权益受到的限制或剥夺。应当承认，上述限制对于保障生态服务持续供给，维护或增进环境公共利益是必要的、急需的、积极的和有益的，但对于具体生态保护者而言，却是有害的和不公平的。政策或法律实践中，一些限制被认为是当事人的社会义务⑤及不予补偿的单纯限制；一些限制被纳入行政征收范畴而获得一次性行政补偿；更有大量的限制措施，或者造成生态保护者"特别牺牲"⑥，或者仅造成生态保护者"牺牲"却呈现利益"显失公平"之后果⑦，致使既有利益受损或利益负担失衡，且出现了普遍性与特殊性联结、全域性与地域性结合、多层次性与单一性交叉渗透等状况，这就构成了生态补偿的法理基础。其中，利益受损只是生态补偿的前置条件，因为它并不简单包括对既有损害实施利益补偿，更多是基于矫正正义要求，由国家或政府对因保障生态服务功能供给而采取限制措施造成利益负担严重失衡状况进行重新调适。当然，这种调适"并不是任意的行动，也不是对部分社会成员利益的随意剥夺和自由权利的肆意践踏，而是分配正义和公平正义交叉作用下的利益平衡，它作用于社会基本结构，并调节其主要制度，使其联结为一个体系"。⑧ 可见，虽然生态补偿的客观目的在于保障生态服务功能的持续供给，但其主观目的却是在国家或政府主导下，对受到限制的特定人、特定范畴内的人等生态保护者在生态服务功能供给过程中形成的利益/负担不均衡状况进行重新配置，实现协调、

---

① 包括：（1）方式限制。如基本农田对"三高"农药使用的禁止、对有毒有害农药的限制；（2）时空限制。如设立禁（限）牧期（区）、禁（限）渔期（区）、禁（限）耕期（区）、禁（限）猎期（区）、禁（限）养期（区）、禁（限）伐期（区）等。

② 比如，中国退耕还林（草、湿）需要变更先前自然资源（耕地、草地、水面等）利用类型（如耕种、养殖等），进而将其限定为特定的植树造林、种草、还湿等持续供给生态服务的自然资源利用类型。这种变更，一方面是对特定人自由种植、处分等财产权能的禁止，另一方面是对后续自然资源利用类型的限定，并需围绕确定自然资源利用类型实施相应的生态建设及管护义务。

③ 李永宁：《论生态补偿的法学含义及其法律制度完善——以经济学的分析为视角》，载《法律科学》2011年第2期。

④ 包括生态保护特定地区被界定（如指定为国家公园、自然保护区等）、被扩张（如管辖地理或空间范围扩大）、被升级（如二级保护区升级为一级保护区）等三类情形。

⑤ 张翔：《财产权的社会义务》，载《中国社会科学》2012年第9期。

⑥ 杜仪方：《财产权限制的行政补偿判断标准》，载《法学家》2016年第2期。

⑦ 翁岳生：《行政法》（下册），中国法制出版社2009年版，第1738页。

⑧ ［美］约翰·罗尔斯著，何怀宏等译：《正义论》，中国社会科学出版社2009年版，第217页。

均衡发展。完整意义的生态补偿应当是客观目的和主观目的的内在统一。

概而言之，生态补偿利益产生的一般逻辑前提是，特定的生态保护者附着在特定自然资源上的利益，包括财产权益或发展权益受到国家或政府实施的各种限制，此种限制虽然是基于环境公共利益目的需要，但却造成了特定利益受损或者利益关系失衡。为此，需要具体的法律制度安排对限制导致的利益受损状况予以利益补偿、对限制造成的利益失衡进行适度调适。据此可知，生态补偿利益是国家或政府限制措施的一种附随产物，具有发生学意义上的正当性；它是利益衡平和矫正正义产物，具有价值判断上的正当性。不能任其长期游离于法律射程范围之外，相反，它理应受到法律一定范围、一定程度和一定密度的观察和审视，进而研判对其实施法律保护的必要性、可能性及路径。

（二）生态补偿利益具有被法律保护的必要性

"一项有正当性根据的诉求未必自然等同于一项权利主张。"[①]"利益要能被上升为权利，不仅要证明这种利益是正当的，也要证明以特定方式对之加以保护在道德上是重要的。"[②]具有正当性的生态补偿利益需要法律予以保护，根本原因在于其具有相对重要性。

1. 涉及生态保护者正常生产生活

利益表现为人们的某种需求。[③]对具体当事人而言，构成利益的需求很多，但这些需求存在着重要性的差别，只有涉及他们日常生产生活需求上的利益满足或实现与否，其重要性才得以凸显。不妨以饮用水源区禁止网箱养鱼和禁止旅游、垂钓和游泳等为例进行分析，禁止网箱养鱼，显然会妨碍到渔民正常生活所需要的最低限度的财产，甚至波及他们选择自由，获得的生态补偿利益体现为一种基础性利益；此外，这种利益也构成了其未来发展的必要前提，体现为一定的工具性利益。无论体现为基础利益或工具利益，均要求这种利益获得具有稳定性、持续性及可预期性；至于禁止旅游、垂钓和游泳等涉及的更多体现为生活中的即时利益，[④]它指向的是一种短暂的、偶然存在的目标，追求享受、快感的利益。尽管此类利益在出现时可能也有很高强度，也会随着社会发展而凸显一定重要性，但在稳定性、持续性及可预期性方面远远不及前者。也就是说，与禁止旅游、垂钓和游泳等相比，禁止网箱养鱼带来的生态补偿利益关涉生态保护者正常

---

① Alon Harel. What Demands are Rights? An Investigation into the Relations between Rights and Reasons [J]. Oxford Journal of Legal Studies, 1997, 17: 101 – 114.

② 雷磊:《新兴（新型）权利的证成标准》，载《政法论坛》2019 年第 3 期。

③ ［美］罗斯科·庞德著，廖德宇译:《法理学》（第三卷），法律出版社 2007 年版，第 18 页。

④ 于柏华:《权利认定的利益判断》，载《法学家》2017 年第 6 期。

生产生活，构成其未来发展的重要基础，具有相对重要性，故有纳入保护或法律保护的必要。

2. 能够维持增进环境公共利益

良好的环境公共利益是人们正常生产生活的必需品，构成社会发展的支撑条件。由此，法律确认或保护某种正当利益，也需要判断其能否增进而非减损环境公共利益，否则就不具有重要性。"经由公共利益的强化，先前那种着眼于个人生活形成的利益的重要性排序就会受到调整。"[1] 生态补偿制度内嵌着一种激励性基因[2]，它通过对生态保护行为（结果）实施监测、评估、核算等，并将其作为生态保护者获致正当利益的裁量基准，从而形成他（们）维持或增进环境公共利益的内生动力。显然，增进或维持环境公共利益是通过保障或确认保护者正当利益时附带实现的，因此，增进或维持环境公共利益的功能仅构成判断这种正当利益重要性的辅助因素而非决定性因素。以森林生态补偿为例分析，我们知道，如同公益林生产经营一样，商品林生产经营也能增进环境公共利益，但现行法律并未将其纳入生态补偿利益范畴予以确认保护，主要理由在于，尽管国家法律对商品林生产经营也实施必要禁限措施，但这种限制只是经营者应当承担的社会义务，限制本身并未达到严重妨碍其正常生产生活的程度，也未实质剥夺其行为选择自由，未对其未来发展构成实质妨碍。也就是说，对商品林生产经营的限制虽然增进了环境公共利益，但这种限制并不必然存在着一种重要性程度达到需要法律确认及保护的利益。

3. 这种利益容易被经常干涉、忽视或侵犯

"某种利益受干涉的程度越大，那么它就越重要。"[3] 生态补偿利益的有效实现，大都仰赖于作出限制措施的国家或政府需要积极履行相应的生态补偿义务（责任）。但国家或政府经常会被拟制为一个不渗透的统一法人，如此一来，在生态补偿利益确认或保护而呈现出的生态补偿关系中，一方是具体的生态保护者，另一方却是抽象的统一公法人，始终无法建构出一种相对化、具体化的生态补偿法律关系。这种情形下，国家或政府承担往往是一种非关系性的生态补偿义务，这意味着，国家或地方政府是否、能否及如何履行义务就没有相应约束机制。久而久之，实践中的生态补偿就异化为生态环境治理或生态修复的资金筹集机制等。具体的生态保护者，亦即生态补偿利益的"最终归属主体"[4] 却在这个过程

---

① 于柏华：《权利认定的利益判断》，载《法学家》2017年第6期。

② 王彬彬等：《生态补偿的制度建构：政府和市场有效融合》，载《政治学研究》2015年第5期。

③ ［德］罗伯特·阿列克西著，雷磊编译：《法：作为理性的制度化》，中国法制出版社2012年版，第172页。

④ 关于"最终归属主体"和下文"中间归属主体"的相关论述，可参见，赵宏：《法律关系取代行政行为的可能与困局》，载《法学家》2015年第3期。

中沦为陪衬或处于边缘化地位，他们应当获得的利益被忽视，甚至被各类"中间归属主体"截取、提留或干涉，即便是在相对成熟的森林生态补偿法律关系中，公益林承包者、经营者尽管也获得了数量不等的生态补偿金，但却经常被其视为一种可有可无的单向"恩赐"。上述各种不良情形迫切需要通过相应法治手段予以化解或者改变。

综上，生态补偿利益是国家或政府对生态保护者附着在自然资源上的财产权益、发展权益予以限制而同时赋予他们的一种补救性、矫正性利益，具有产生上的正当性、必要性和对民众日常生产生活上的相对重要性，且能够在一定程度上维持或增进环境公共利益，由于经常被干涉或存在被侵犯的风险，迫切需要借助法律手段予以保护。

二、实在法规定对生态补偿权利具有容纳性

一般而言，"并非所有的正当利益或者说对正当利益的所有保护都需要通过'权利'的机制来进行"。[①] "一种新生的权利，如果业已在法律内部得到肯定，即人们通过法律找到权利主张的明确根据，那么，它就是新型权利，否则，即使一种社会关系已经相当发达，人们因为该社会关系而生的权利主张也相当活跃，但如前所述，它仍只停留在权利主张阶段。"[②] 从实践来看，现有法律体系对生态补偿权利容纳或接受，主要依靠两种路径：立法直接规定和司法间接推定。[③]

（一）法律直接规定

保护正当利益的生态补偿权利能够被直接写入法律条文，无疑是对生态保护者利益诉求的一种权威性认可，继而就会在作出限制措施的政府与生态保护者之间形成较为清晰的权利责任关系，生态保护者据此可以获得相对稳定的预期利益，并以此为基础，逐渐形塑出一种结构化的利益负担分配机制。以现行《中华人民共和国森林法实施条例》（以下简称《森林法实施条例》，2000 年颁行）第十五条第 3 款规定为例，该条明确指出，"防护林和特种用途林的经营者，有获得森林生态效益补偿的权利"。严格追溯起来，这是新中国首次通过行政立法方式，赋予防护林和特种用途林经营者一项带有普遍性和权威性的生态补偿权利。

---

① 雷磊：《新兴（新型）权利的证成标准》，载《政法论坛》2019 年第 3 期。
② 谢晖：《论新型权利的基础理念》，载《政法论坛》2019 年第 3 期。
③ 雷磊：《新兴（新型）权利的证成标准》，载《政法论坛》2019 年第 3 期；谢晖：《论新型权利的基础理念》，载《政法论坛》2019 年第 3 期；王庆廷：《新兴权利渐进入法的路径探析》，载《法商研究》2018 年第 1 期。

从制度变迁视角观察，这是对当时社会现实的必要制度回应，更多被理解为一种建构理性的产物。因为在经济社会快速发展背景下，国家重要流域森林资源被过度开发利用，乱砍滥伐林木的违法行为屡禁不绝。1998 年，我国先后出现的长江、嫩江、松花江等特大洪涝灾害既是上述流域森林资源严重枯竭的必然后果，也是森林生态补偿权利入"法"的直接导火索。随后，高层政治领导的直接授意、民意强大压力以及立法者功利主义的考量共同构成了森林生态补偿权利入"法"的合力。但令人遗憾的是，理论界迄今尚未对此新型权利展开深入研究，事务界也未围绕森林生态补偿权利范畴建构或完善森林生态补偿制度。[①] 与国家层面立法波澜不惊不同，新近的地方生态补偿立法却在一定程度上明示或默示认可生态补偿权利。一些地方法规[②]出现了"承担生态环境保护责任的下列组织和个人作为补偿对象，可以获得生态补偿"等类似生态补偿权利的表述。在党和国家的生态补偿政策或相关规范性文件中采用类似表述方法的更是屡见不鲜，纵然"受偿权利"在此并未被理解为一种法律权利，但对形成法律意义上的生态补偿权利具有重大推动作用。

综上所述，通过立法方式创制或认可生态补偿权利具有以下几个发展走向：（1）法律位阶较低。如前所述，目前我国仅有行政法规（仅有的就是《〈中华人民共和国森林法〉实施条例》）、地方法规等在一定领域、一定地域内明示或默示认可具体的生态补偿权利，尽管这可能是新型（兴）权利形成初期"遭遇"的惯常情形，但不容否认的是，由位阶较低的法规而非位阶较高的法律来创制或认可补偿权利，无疑会限制其生成空间和法律效力。（2）适用领域较窄。由于生态补偿涉及不同领域、区域（流域）等生态空间，加之不同领域、区域（流域）生态补偿的社会事实—生态补偿关系的内在规定性在成熟度、重要性及可操作性等方面存在较大差异，造成现阶段我国只能在自然资源资产产权确权相对清晰、生态补偿关系相对具体的森林、耕地领域才能通过立法方式创制或认可生态补偿权利，其他领域、区域（流域）生态补偿实践仍然需要进行不懈探索。（3）地域性特征突出。作为一项新型（兴）权利，生态补偿权利是经济社会发展到一定阶段的产物，只有这个阶段才会产生对优质稀缺生态服务或者生态产品的强烈需求；只有这个阶段才能为权利实现提供必要物质保障和技术支撑，才能在相对稳定、成熟的生态补偿实践中析出特定、明确、类型化且具有具体权利形态的生态补偿利益，而后形成生态补偿权利。具体而言，中国经济社会相对发达的东部地区，能够为生态补偿权利提供必要的物质财力支撑，比如江苏苏州、无

---

① 参见《中华人民共和国森林法》（2019 年修订）未明确提出森林生态补偿权利。
② 参见《苏州市生态补偿条例》（2014 年）第 9 条；《无锡市生态补偿条例》（2019 年）第 13 条；《南京市生态保护补偿办法》（2016 年）第 2 条等。

锡、南京等地，纷纷借助地方法规方式，直接或者间接明确特定生态保护者的生态补偿权利，其他地方的立法文本大都未有专门明确的规定。①

（二）典型司法案例存在先例

立法往往滞后于社会经济发展，加之法律自身的普遍性规定难以有效统摄不同领域、区域（流域）中生态补偿关系的千差万别性，故由法律直接规定或认可生态补偿权利路径可能不会是一种常态化现象。相反，司法机关经常处于生态补偿争议第一线，他们能够在依据现行法律法规基础上，结合具体案件情况作出判断，因而会有更多机会去促成新型生态补偿权利产生。实际上，审判机关通过典型司法个案的特殊救济，为法律确认生态补偿权利打开了另外一扇窗户。

"原告王新明等诉临安市政府履行法定职责案"被学术界认为是我国生态补偿第一案。② 该案基本案情是，1993 年，浙江省杭州市临安市政府（现杭州市临安区政府）颁发《关于扩大天目山自然保护区范围的通知》要求，该市西天目乡政府鲍家村部分集体所有石竹林被划入扩大的天目山自然保护区范围。同年 6 月，浙江天目山自然保护区管理局、西天目乡人民政府与鲍家村等 9 个村民委员会签订《天目山国家级自然保护区西关实验区联合保护协议》（以下简称《天目山协议》），明确了"权属不变，农户不迁，统一管理，利益分享"的指导原则。但在随后进展中，自然保护区绝对保护的限制措施与石竹林承包经营户生产经营利益需求之间的纠纷越来越多。2000 年，临安市政府在《关于天目山自然保护区新扩区保护与开发有关问题协调会议纪要》（以下简称《天目山会议纪要》）中公开承诺"对规划要求绝对保护的范围由市政府作适当补偿"。2001 年，鲍家村若干村民小组在迟迟未能得到"适当补偿"情况下，推选王新明等作为代表将临安市政府诉至法院。

一审、二审判决均认为，按照《自然保护区条例》等相关规定，国家级自然保护区行政主管部门是省级政府或国务院有关部门，但前述部门尚未出台专门且具有可操作性的补偿办法，临安市政府未能对原告诉求作出具体补偿方案，该行为并不违法，判决驳回起诉（上诉）。2003 年，浙江高院再审判决认为，临安市人民政府在《天目山会议纪要》中关于"由市政府作适当补偿"的公开承诺合法有效，该承诺所确定的义务应视为其必须履行的法定职责，要求临安市政府在规定期限内履行适当补偿的法定职责。这实际上是在一定程度上认可了承包经营

---

① 笔者搜索 2015～2019 年各省新近颁行的《××省（自治区、直辖市）（生态）环境保护条例》15 部左右，发现上述地方法规均要求地方政府建立健全生态补偿制度，但无一涉及生态补偿权利。

② 潘佳：《政府作为补偿义务主体的现实与理想——从生态保护补偿第一案谈起》，载《东方法学》2017 年第 3 期。

户等具体生态保护者获得了相应的生态补偿权利。

从"生态补偿第一案"可以发现，司法推定生态补偿权利的路径特点有：（1）灵活性。"新兴权利推定还需要在发生学意义上考虑相应的司法情境。"① 就本案具体司法情境而言，无论是"《天目山协议》"确立的"利益分享"原则，抑或从日常生活常理出发，原告提出具体的利益补偿诉求都具有合理性和正当性，也并未与现行法律法规、伦理道德或公序良俗产生直接冲突。尽管现行法律法规规章等均未对"是否补偿"及"如何补偿"作出明确规定，但法院又不能因为"于法无据"而拒绝裁判或回避当事人的具体诉求。浙江高院的再审判决虽然是司法自由裁量的产物，仅具有个案价值，但从中推断出生态补偿权利的裁判规则却彰显着一定的灵活性和人文关怀意义，这对于借助司法路径生成生态补偿权利无疑具有启蒙性或革命性意义。（2）间接性。溯源再审判决的整个说理过程，我们可以看出，浙江高院的论证逻辑可以简单归结为"承诺—职责—权利"，即首先将政府借助会议纪要方式的公开承诺视作政府的法定职责，再从政府的法定职责中推断出具体生态保护者的生态补偿权利。这种间接性的权利推断方式，尽管不如立法确认方式来得直接和明了，却也带来一个至关重要的难题：法律确认国家或政府的生态补偿责任或者说公法上的义务，是否意味着能够必然推断出具体生态保护者相应的生态补偿权利呢？"即使是依据看起来清晰的现行权利规定、职责规定，但经过延伸之后形成的结论仍然会被质疑是否符合演绎逻辑的要求。"② 这里实际上已经涉及生态补偿权利的法律性质，以及相应的公法权利理论和保护规范理论在司法裁判中的解释及实现问题。本书将在后面对此进行专门分析。

可见，生态补偿权利能够为法律所直接规定，也可能被司法裁判所推定或衍生，继而发展为以司法续造为基础的渐进式入法方式。③ 生态补偿权利能够被现有法律体系容纳，表明它在一定程度上获得了相应实证法意义上的支持。究其缘由，"主要源于行政法律关系产生基础的多元性。"④

三、生态补偿权利具有实现的可能性

"不以现实性为基础结合其可欲性与可行性而生成新兴权利，将使新兴权利

---

①② 王方玉：《新兴权利司法推定：表现、困境与限度——基于司法实践的考察》，载《法律科学》2019 年第 2 期。

③ 王庆延：《新兴权利渐进入法的路径探析》，载《法商研究》2018 年第 1 期。

④ 赵宏：《法律关系取代行政行为的可能与困局》，载《法学家》2015 年第 3 期。

重要性降低，法律权威受损。"① 就生态补偿权利而言，不断凝聚的社会共识和日渐充盈的国家财力能够为其实现可能性提供必要支撑。

（一）不断凝聚的社会共识

"从本质上看，'权利'存在于社会共识之中，即只有人们就权利是否存在形成一致肯定意见，权利才能存在。"② "如果在社会成员方面没有共同利益的意识，就不可能有权利。"③ 与其他新型（兴）权利存在广泛争议不同的是，生成生态补偿权利却面临着前所未有的良好机遇——我国社会正在凝聚的高度共识，更为准确地说，这种社会共识是在中国经历了难以数计的沉重环境代价之后才逐渐获得的。这种社会共识的内涵极为丰富，包括但不限于生态文明建设被提到了国家发展建设全局的高度，建成"美丽中国"被设定为生态文明建设的总目标；④ "绿水青山就是金山银山"理念被写入了党章；⑤ 2018 年的宪法修正案又将绿色发展、包括生态文明建设在内的"五位一体"布局以及建设"美丽中国"等明确设定为国家发展的根本任务和总目标之一；我国社会主要矛盾已经转化为人民日益增长的美好生活需要和不平衡不充分的发展之间的矛盾；国家要用"最严格制度最严密的法治保护生态环境"⑥。"山水林田湖草是生命共同体，坚持人与自然和谐共生。"⑦ 严格意义上讲，上述普遍性社会共识不再仅是一些象征性词汇话语、宏大抽象叙事，"而是具有一定法规范意义，甚至已接近将生态环境利益保障提高到宪法原则的高度"。⑧ 当务之急是，我国迫切需要建立努力践行上述社会共识并能有效约束国家或政府权力及生态补偿支出责任的系列规则体系，其中，生态补偿制度就扮演着必不可少且至关重要的角色，因为它是解决社会主要矛盾中环境利益负担配置不平衡的主要抓手；是促进生态文明建设和建成

① 姚建宗等：《新兴权利研究的几个问题》，载《苏州大学学报》（哲学社会科学版）2015 年第 3 期。

② ［美］詹姆斯·科尔曼著，邓方译：《社会理论的基础》（上册），中国科学文献出版社 1999 年版，第 65 页。

③ ［美］贝思·辛格著，王守昌等译：《实用主义、权利与民主》，上海译文出版社 2001 年版，第 62 页。

④ 胡锦涛：《坚定不移沿着中国特色社会主义道路前进，为全面建成小康社会而奋斗——在中国共产党第十八次全国代表大会上的报告》，载《十八大以来重要文献选编》（上），中央文献出版社 2014 年版，第 31 页。

⑤ 习近平：《决胜全面建成小康社会，夺取新时代中国特色社会主义伟大胜利——在中国共产党第十九次全国代表大会上的报告》，人民出版社 2017 年版，第 50～52 页。

⑥ 习近平：《在全国生态环境保护大会上的讲话》（2018 年 5 月 18 日）。

⑦ 朱明哲：《生态文明时代的共生法哲学》，载《环球法律评论》2019 年第 2 期。

⑧ 张震：《宪法环境条款的规范构造与实施路径》，载《当代法学》2017 年第 3 期。

"美丽中国"的重要制度保障；是实现绿色发展、协调发展的基本政策工具；是用最严密法治保护生态环境的指标性要素，而生成生态补偿权利则是生态补偿制度法治化的基本范畴和核心装置，唯有如此，才能够赋予"绿水青山"的保护者一种主动性法律地位和法律资格，才能保障其获得预期的"金山银山"。一言以蔽之，生态补偿制度是打通绿水青山转化为金山银山的基石性制度，生态补偿权利则是生态补偿制度的基石性权利。

（二）可以承受的社会成本

生态补偿权利实现可行性归根到底在于权利的实施成本。"权利需要钱，没有公共资助和公共支持，权利就不能获得保护和实施。"① "国家在新兴权利的实现过程中不但要履行相应的尊重和保护的义务，还应当履行采取积极有效措施逐步推进和实现的义务。"② "任何权利的实现都需要一定的成本，表面上依赖于人与人之间的社会合作，而这一切最终都会指向公共财政，需要公共资源的大量投入和国家机关的积极行动。"③

与其他新型（兴）权利不同，在生态补偿权利确认及实现过程中，特别是权利保护的质量和程度需要更加依赖于作出禁限措施政府具体相应的公共财政支出，也就是说，生成生态补偿权利主要是一个以增加政府财政预算及规范转移支付为前提的高度敏感性社会事务④，这无疑会对国家生态补偿财政事权及支付能力提出严峻挑战，尤其是在我国进入经济发展新常态后，各级政府财政收入增长持续放缓，基本公共服务均等化和全面推动脱贫攻坚等均在持续加重政府财政压力，此时贸然提出一种单纯以增加政府财政预算的新型（兴）权利诉求，似乎现实可行性不大？更有，在生态补偿权利实现过程中，会要求国家公权力机构提供法治保障，即需要建立并完善保障生态补偿纠纷案件得以及时受理、公正裁判和有效执行的司法裁判体系，显然这也会耗费不菲的国家财力。

即便障碍重重，但这都不妨碍生态补偿权利实现的可能性，反而会为其实现带来难得机遇。主要理由在于，首先，"环境宪法为财税法治预设了原则规则依据。"⑤ "生态文明建设""美丽中国""人与自然和谐"等具有丰富价值内涵的

---

① ［美］史蒂芬·霍尔姆斯等著，毕竞悦译：《权利的成本——为什么自由依赖于税》，北京大学出版社 2011 年版，第 3 页。

② 侯学宾：《新兴权利研究的理论提升与未来关注》，载《求是学刊》2018 年第 3 期。

③ ［美］史蒂芬·霍尔姆斯等著，毕竞悦译：《权利的成本——为什么自由依赖于税》，北京大学出版社 2011 年版，第 26 页。

④ 靳乐山：《中国生态补偿：全领域探索与进展》，经济科学出版社 2016 年版，第 17～19 页。

⑤ 刘剑文等：《财税法学与宪法学的对话：国家宪法任务、公民基本权利与财税法治建设》，载《中国法律评论》2019 年第 1 期。

新时代理念已经写在了我国宪法的字里行间。作为生态文明建设的物质基础和重要支柱，国家财税法治化的制度安排应当切实将其作为价值取向及指导依据，也就是说，需要通过具体的财税法规安排将上述价值理念或指导原则实现具体的承接并细化。就生态补偿权利实现而言，基于环境公共利益在对特定人、特定范畴内的人作出限制措施时，国家或政府应当预先做好生态补偿支付资金的财政预算安排，并且将这种预算安排通过相应法治化措施予以保障，贯彻执行"无补偿、无限制"原则。其次，就政府法定职责而言，现行宪法第八十九条增加了国务院领导"生态文明建设"的制度规定，"这是在生态保护国家目标的规定基础上，明确主要由国务院承担推进生态文明建设的职责。在国务院职权中添设此项，是在具体的国家机构规范中呼应具有全局性质的国家目标规范的变化"。[1] "宪法这种安排的考量在于，公众也在此问题上具有较强的'政府依赖'，因而行政机关也就相应地承担起更多的工作。"[2] 此处最为关键之处在于，建立健全"谁限制、谁补偿"原则，从而逐渐明确国务院地方各级政府之间、地方各级政府相互之间各自的生态补偿事权及支出责任，以及双方或多方在生态补偿共同事权的财政支出比例及范围。最后，司法机关处在生态补偿纠纷第一线，在一定范围内对专业性强的生态补偿事务进行必要审查判断也是展现司法能动特有机理的应有之义，因为"法院不仅仅具有适用法条解决纠纷的功能，还具有根据具体情势去准确、恰当地适用法律从而推进公共政策得以执行的功能"。[3] 司法机关通过确认或否认生态补偿权利，附带性审查"无补偿、无限制""谁限制、谁补偿"原则执行情况，推动政府及其职能部门履行生态补偿事务的法定职责，发挥司法机制在生态文明制度建设中的保障功能。申言之，从财税法治化要求、政府法定职责履行以及司法权对行政权必要制约等因素考虑，我国可以探索建立"有限与有为统一""规范与约束统一""事权与支出责任统一"的生态补偿权利形成及实现机制，激励生态保护者持续供给生态服务，维持或增进环境公共利益，不断满足人民群众日益增长的良好生态环境需求。

综上所述，所谓生态补偿权利是指生态保护者有依法请求作出限制措施的国家或政府履行一定生态补偿义务（职责）的权利。"无论是要求他人作为还是要求他人不作为，都是为了满足自己的利益和需求。因为这种权利是法律规定的和法律认可的，所以它就具有了法律权利属性，能够支配他人作为或者不作为。"[4]

---

① 王晨：《关于〈中华人民共和国宪法修正案〉（草案）的说明（摘要）》，载《人民日报》2018年3月7日，第6版。

② 张震：《宪法环境条款的规范构造与实施路径》，载《当代法学》2017年第3期。

③ 郑智航：《最高人民法院如何执行公共政策——以应对金融危机的司法意见为分析对象》，载《法律科学》2014年第3期。

④ ［德］奥托·迈耶著，刘飞译：《德国行政法》，商务印书馆2002年版，第109页。

具体而言，首先，生态补偿权利是一项公法上的权利。这意味需要在生态保护者与采取禁限措施的国家或政府之间建构一种具体化、相对性的生态补偿法律关系，生态保护者因而获得一种主动性法律地位和法律资格，能够实现对自身利益的救济及权利保护。其次，生态补偿权利是一种请求权利，"无论权利可能包括什么其他因素，权利必须包括请求（权）"①，"'请求权'以及与其相对应的义务之间的逻辑关系是霍菲尔德整个理论体系的核心"。② 生态补偿权利是对生态保护者行为可能性或必要选择性的一种具体描述，他们可以直接援用权利或提起相应请求等，对作出禁限措施的国家或政府直接实施防御、对抗或提出要求。

第二节 生态补偿权利的基本范畴

一、权利性质：公法权利或反射利益

（一）公法权利与反射利益的区别

立法确定或司法推定生态补偿权利时，最大争议就是如何区分它与反射利益之间的关系。"公权利存否之认定，与公权和反射利益的区分，为同一问题之两面，由于公法权利存否之认定，往往遭遇相当之困难，公法权利与反射利益的区分也就成为公法上一大难题。"③ 在我国现行环境法律中，环境保护法④、水污染防治法⑤、森林法⑥等相继建立了生态补偿制度，地方环境保护综

---

① ［加］萨姆纳著，李茂森译：《权利的道德基础》，中国人民大学出版社 2011 年版，第 43 页。
② Robert Alexy. A Theory of Constitutional Right［M］. Oxford University Press，2002：128.
③ 李庭熙：《第三人之法律救济——行政诉讼上之非相对人诉讼》（上），载《根治杂志》1991 年第 7 卷第 8 期，第 10 页。
④ 参见《中华人民共和国环境保护法》（2015）第三十一条规定，"国家建立健全生态保护补偿制度。国家加大对生态保护地区的财政转移支付力度。有关地方人民政府应当落实生态保护补偿资金，确保其用于生态保护补偿"。
⑤ 参见《中华人民共和国水污染防治法》（2017）第八条规定，"国家通过财政转移支付等方式，建立健全对位于饮用水水源保护区区域和江河、湖泊、水库上游地区的水环境生态保护补偿机制"。
⑥ 参见《中华人民共和国森林法》（2019）第七条规定，"国家建立森林生态效益补偿制度，加大公益林保护支持力度，完善重点生态功能区转移支付政策，指导受益地区和森林生态保护地区人民政府通过协商等方式进行生态效益补偿"。

合立法①、专项立法②也有生态补偿的制度规定，应当说，我国已经初步建立健全了生态补偿法规则体系。故争议的首要问题是，上述生态补偿法规则体系，究竟体现为生态保护者的生态补偿权利或者仅仅构成他们的一种反射利益。（1）上述生态补偿法规则是否明确了国家或政府之生态补偿义务（责任）？"承认真正的权利必须通过规范约束某些人来保护权利方，而且这些约束必须要求这些人承担义务。"③"主观权利以客观法规则为依据，并通过客观法规则来实践。主观权利的获得首先以法规则中规定了他人作为或不作为的相关义务为标志。"④ 梳理现有我国生态补偿法规则体系，从"建立健全""加大""落实""应当"等法律术语的表述来看，均在无一例外地明确并强化着中央政府、省级政府的生态补偿义务（责任），具体包括，一是补偿规则的供给义务；二是生态补偿资金筹集义务；三是纵向转移支付义务等。从行政法理上看，上述义务是一类作为义务，其中，既有抽象的作为义务，也有具体的作为义务。但上述明确政府作为义务的生态补偿客观法规则是否意味着作为生态保护者的特定人（生态公益林经营者）、特定范畴内的人（如饮用水水源保护区区域和江河、湖泊、水库上游地区等）获得的是一种生态补偿权利而非反射利益呢？"为了共同利益，公法的法律规范要求国家机关为特定的作为或不作为。这种作为或不作为的结果可能会有利于特定个人，尽管法制并无扩大个人权利领域的意图。这种情形可以被称为客观法的反射作用。"⑤ 可见，各级政府承担的国家生态补偿责任与生态保护者的生态补偿权利并非一一对应关系，生态保护者从国家或政府补偿作为义务履行过程中获得的可能是反射利益，也可能是生态补偿权利。简言之，如果能够从中确认生态保护者享有生态补偿权利，则其可以请求各级政府透过公权力机制的运作而使权利得以实现，但若仅为反射利益，则无此法律效果。（2）上述生态补偿法规则是否明确了"特定利益保护指向"之意旨。可以看出，确认国家或政府生态补偿义务（责任）的生态补偿法规则只能是推定生态补偿权利存在之前提，它仍然需要另一要件进行补充，即这个生态补偿客观法规则存在着具体的利益指向，即它除了维护或增进环境公共利益之外，是否也存在着对特定人、特定范畴内的人的"特

① 参见《贵州省生态环境保护条例》（2019 年）第 29 条第 1 款规定，"省人民政府应当将生态保护补偿纳入地方政府财政转移支付体系，建立健全生态保护补偿机制"。

② 参见《河南省水污染防治条例》（2019 年）第 21 条第 1 款规定，"实行水环境质量生态补偿制度，具体办法按照省人民政府的相关规定执行"。

③ 雷磊：《新兴（新型）权利的证成标准》，载《政法论坛》2019 年第 3 期。

④ ［德］格奥格·耶利内克著，曾韬译：《主观公法权利体系》，中国政法大学出版社 2012 年版，第 6 页；赵宏：《主观权利与客观价值——基本权利在德国法中的两种面向》，载《浙江社会科学》2011 年第 3 期。

⑤ ［德］格奥格·耶利内克著，曾韬等译：《主观公法权利体系》，中国政法大学出版社 2012 年版，第 64 页。

定利益保护指向"，否则的话，这仅仅构成一种反射利益。因此，迫切需结合典型司法案例，对此作出法解释学意义上的分析。

（二）生态补偿权利是一项公法权利

"主观公权利和客观规范的反射利益之间的区分颇有困难，因为在国家利益和私人利益之间根本不可能进行严格界分——两者之间总是相互作用的"，[①]"总是存在一些令人困惑的灰色地带"。[②]基于此，在对公法权利具体判定上，公权理论诉诸保护规范理论。而保护规范理论又将公法权利的存立系于客观法规则的"特定利益保护指向"，其本质仍旧是对客观法规则意旨的司法解释。[③]其中，旧保护规范理论强调对"法规则制定者主观意图"进行解释，新保护规范理论则认为，法规则的保护目的并非绝对地，或首要地、排他地、一次性地从生态补偿法规则制定者的主观意图中探求，而是需要从"整体的规则构造以及制度性的框架条件下获得"。[④]

循着新旧保护规范的理论脉络，需要对明确国家或政府生态补偿义务（责任）的生态补偿法规则是否蕴涵着特定利益保护意旨进行追寻，其中，立法者的主观意图、整体规则构造及制度性框架体系是观察重点。下面以流域水生态补偿法规则为例进行必要的分析，严格追溯起来，流域水生态补偿法规则最早出现于2008年修订的《中华人民共和国水污染防治法》第七条规定[⑤]之中。相对权威的官方描述我国当时水污染的基本情形是，"水污染物排放一直没有得到有效控制，水污染防治和水环境保护面临着旧账未清完、又欠新账的局面"。[⑥]迫切需要创新性制度举措应对这一复杂糟糕情形。确立流域水环境生态补偿法规则当时是被作为一项重大的制度创新而首次提出，但对其是否存在着"特定利益保护指向"却语焉不详，即便联系整个水污染防治法规则体系以及相关立法材料都难以发现。如果跳出法规则之外，着眼于法规则制度环境或催生这个制度创新的公共政策语境，或许能够发现一些端倪。实际上，早在2007年，党的十七大报告正式将公平正义作为社会主义的本质要求。按照当时立法参与者在事后给出的解释，

① ［德］格奥格·耶利内克著，曾韬等译：《主观公权利体系》，中国政法大学出版社2012年版，第44页。
② 鲁鹏宇：《德国公权理论评介》，载《法制与社会发展》2010年第5期。
③ 赵宏：《主观公权利的历史嬗变与当代价值》，载《中外法学》2019年第3期。
④ 赵宏：《保护规范理论的历史嬗变与司法适用》，载《法学家》2019年第2期。
⑤ 参见《中华人民共和国水污染防治法》（2008年）第七条规定，"国家通过财政转移支付等方式，建立健全对位于饮用水水源保护区区域和江河、湖泊、水库上游地区的水环境生态保护补偿机制"。
⑥ 周生贤：《关于〈中华人民共和国水污染防治法（修订草案）〉的说明》，中国人大网，2019年12月20日最后访问。

"这项制度（即指生态补偿法规则，笔者加）的提出是贯彻了党的十七大报告的精神，让那些为保护水生态系统做出'牺牲'的地方得到公平的补偿"。① "保护江河源头的生态环境，下游地区是主要受惠者，但上游地区往往因此丧失某些发展机会，从而造成地区间发展失衡。实践证明，生态补偿制度能够有效解决发展失衡的问题。"② 上述立法参与者的观点表明，较早出现在《中华人民共和国水污染防治法》的流域水环境生态补偿客观法规则，其目的指向不仅在于维护或增进流域整体利益或者环境公共利益，更在于透过对特定的生态保护者，尤其是对特定地区特定范畴内的人——"实体性少数派"利益实现一种带有倾斜性保护的制度安排，即赋予他们一定的生态补偿权利，借助赋权的方式从而实现社会主义的公平正义。这意味着，能够从"整体的规则构造以及制度性的框架条件下"解释出明确国家或政府生态补偿义务的客观法规则同时存在着对特定地区"特定利益保护"之指向，并构成其主要意旨。换言之，对于生态保护者而言，明确国家或政府生态补偿义务的客观法规则并不仅仅意味着反射利益，也能够从中解释或推导出一定的生态补偿权利。

二、权利主体：个人权利或共同权利

学界对于生态补偿权利是一项个人权利并无多大异议，但争议较大的是，它是否可以是一项集体共同权利？如果说它是一项共同权利，就需要解释其存在的必要性及实现方式的可行性。我们认为，作为一项公法上的权利，生态补偿权利既可能是一项个人权利，也可能是一项集体或共同权利。

（一）存在着特定的"实体性少数派"

生态补偿的权利主体"与环境资源的开发使用权受限制主体之间具有相对的关联性和模糊的契合性"。③ 这种关联性和契合性主要表现在以下两个方面：（1）生态服务功能附着的自然资源存在着明确的权属主体，此时受限制的主体是特定的人，呈现可分性、异质性等特征，可分性体现为对不同特定人之"特别牺牲"可以结合权属状况进行一定技术上的分割，异质性体现为不同特定人受到的

---

① 翟勇：《对修改后水污染防治法结构及主要内容的理解》，中国人大网，2019 年 12 月 20 日最后访问。

② 别涛：《十大制度创新，十大罚则突破——新修订的水污染防治法进展评析》，载《环境保护》2008 年第 5 期。

③ 杜群等：《新时代生态补偿权利的生成及其实现——以环境资源开发利用限制为分析进路》，载《法治与社会发展》2019 年第 2 期。

"特别牺牲"各不相同，此时生成的生态补偿权利就是一项个人权利，比如，一旦某集体林地被区划界定为生态公益林，该林地承包经营者获得的生态补偿权利就是一项个人权利。（2）附着在土地等自然资源的生态服务功能需要由具有生态关联性的特定地区的集体共同供给，此时，受到限制的是上述特定地区特定范畴内的人，他们呈现一种不可分割性、异质性等特性，由于整体性和系统性的生态服务或生态产品的供给是通过对特定地区的普遍性限制而获得的，故难以在技术上对特定地区不同主体利益受损状况进行逐一分割并补偿，只能基于成本效益原则，将特定地区特定范畴内的人拟制为一个"实体性少数派"，对比其他非特定地区而产生的利益上的失衡关系进行调适。此时，特定地区特定范畴内的人等"实体性少数派"享有的生态补偿权利就是一项共同权利或集体权利。比如，界定、扩大或升级国家重要生态功能区时，发展受到限制的重要生态功能区特定范畴内的人获得的生态补偿权利就是一项共同权利。可见，结合土地等自然资源权属关系、所供给的具体水生态服务的可分割性或难以分割性、限制对象牺牲的均质性或异质性等因素，可将生态补偿权利分为个人权利和共同权利。

（二）"实体性少数派"存在着需要保护的共同利益

传统"国家与社会"二元论方法视野下，理论和实践更多把个人利益和公共利益作为分析的起点并搭建相应概念范畴体系，对比之下，集体的共同利益以及保护这种利益的共同权利在这个分析过程中却未得到应有的重视。显然，这里的共同利益与中国政策法律中强调的集体利益也有所不同，因为后者更多体现在集体所有的土地资源、森林资源及集体财产等权属配置方面，它可能更多立足于政治或宪法意义上的所有权属性，此处所指的需要法律确认或保护的共同利益，在更多意义上可以理解为，基于生态服务功能整体性和系统性而形成的"集合性地或集团性地归属于多数人、处于个人利益与公共利益之间的中间利益"。[①]"因为上述利益既无法纳入特定地区内所私人财产利益中，更无法纳入超过特定地区范围的更高层次的国家或社会利益之中，因为其受益范围的地区性已经使该利益成为介于国家、社会利益等宏观公共利益与私人权益之间的中观利益。"[②] 这种共同利益，是国家或政府对特定地区特定范畴内的人实施禁限措施产生的一种利益，具有利益主体的可确定性、利益存在的相对独立性和利益内容的难以分割性等特征，可确定性体现在通过技术手段可以明确特定地区特定范畴内的人；相对

[①] 这里借鉴了日本学者所提出的"共同利益"概念。参见［日］阿部泰隆：《行政訴訟要件論》，弘文堂 2003 年版，第 112 页。

[②] 李永宁：《论生态补偿的法学涵义及其法律制度完善——以经济学的分析为视角》，载《法律科学》2011 年第 2 期。

独立性体现在它既不依附于个人利益和公共利益，也难以为个人利益和公共利益所接纳；难以分割性体现在它不能被均质地分割成个人利益或分割成本极高。这种共同利益是具体的、客观存在的。需要引起注意的是，个人利益通常是由私法或公法尤其是行政法保护，公共利益却是由国家或政府代表行使，相反，经常受到限制的集合性共同利益却未得到现有法律应有的重视和保护。界定、扩大或升级生态保护特定地区时，承认特定范畴内的人的生态补偿权利属于一项共同权利，实质上就是对上述独立、具体、客观存在且需保护的共同利益提供一种制度性保障，既能增强利益理论的逻辑自洽性，也能服务实践客观需要。

（三）保护共同利益的权利行使方式可以是多元的

如果明确生态补偿权利可以是一项共同权利，随之而来的问题就是，应当由谁来行使这项共同权利，如何保障权利主体围绕共同利益来行使共同权利，诸如此类的问题也会困扰生态补偿权利生成与实现。实际上，随着理论和实践发展，人们对共同权利的认识也越来越深入。在生态补偿语境下，共同权利主体虽然是由特定地区特定范畴内的人构成，与特定人仅仅是一种数量上的差别，但这并不意味着该项权利就必然难以有效行使。实际上，随着生态补偿实践的不断探索，我们已经初步总结出作为共同权利的生态补偿权利行使方式主要包括以下两种：（1）由共同代理人行使。这种方式在重点生态功能区、跨行政区流域生态补偿实践中广泛存在。比如，流域水生态补偿机制运行过程中，流域上下游地区各自享有的共同权利均可以由代表上下游地区共同利益的地方政府来统一行使，此时的地方政府就不再仅仅是一类公共利益的维护者，更多理解为一种特定地区特定范畴内的人的共同代理人，地方政府必须忠实履行相应的代理义务。（2）由共同成员代表来行使。这种方式在重要生态系统的生态补偿领域也大量存在，比如，在前述我国生态补偿第一案中，村民共同推举的原告作为共同利益的代表来行使权利，而原告本身就是共同利益内部的成员。总之，生态补偿权利作为一项共同权利，可以由共同代理人行使，也可以由共同成员代表行使。作为共同权利的生态补偿权利究竟采用何种权利行使方式，既取决于形成权利的法律路径，也与权利的实现成本和实现效率密切相关。可见，权利行使方式的多元也不会妨碍作为共同权利的生态补偿权利生成。

三、权利类型及权利内容

根据生态补偿请求权对象—生态补偿支付行为的不同，我们可以将生态补偿请求权分为两类：一是积极的规范行为请求权；二是积极的事实行为请求权。所谓积极的规范行为请求权，是指依据一定的生态补偿法规则而获得的生态补偿权利，这种生态补偿权利关注具有一定强制性的生态补偿法规则的存在为前提。所谓积极的事实行为请求权是指，依据一定的前导行为而获得的请求权。当然，这两种请求权均是以积极作为方式而得以实现，尽管实现路径存在一定的差异。

（一）权利类型

1. 积极的规范行为请求权

积极的规范行为请求权是指特定人、特定地区有权依照法律规定，请求补偿责任主体积极主动履行相应补偿支付行为的一种请求权，它特别强调请求权对象以及补偿支付行为的规范性，这种规范性意味着，生态补偿法律应对补偿目的、补偿原则、补偿权利义务、补偿体制、补偿支付（标准、条件、方式、程序）以及法律责任等作出了具体、细致的规定，补偿责任主体只需按照上述规定，积极主动履行相应的补偿支付义务，即可实现补偿请求权。当然，积极的规范行为请求权只在生态保护国家补偿制度的框架下才有法律意义，这是因为，在这个框架体系之下，有相对成熟的关于国家行政补偿的一般法理可以借鉴，通过国家补偿的一般性规范，辅之以生态补偿的特殊性规范，就能够搭建请求权制度的基本体系。积极的规范行为请求权大量存在于生态补偿实践中，较早建立的生态公益林补偿制度中，无论是国家级生态公益林、省级生态公益林和县市级生态公益林，具体颁行限制措施或加重限制措施的中央政府部门、省级政府部门和县市政府部门，都按照相应的法律法规要求筹集一定数量或比例的生态补偿资金，并按规定履行相应的补偿支付行为。积极的规范行为请求权中，保护者的特定性、补偿责任主体的特定性以及请求权对象的特定性，能够保障补偿请求权在生态保护国家补偿制度框架体系得以有效实现。通过各级政府依法主动、积极、及时筹集补偿资金、补偿支付行为，特定人、特定地区的补偿请求权得以完整、有效的实现。一旦各级政府未能履行相应的支付等法律规定的强制作为义务，则依据保护者是属于特定人或者特定地区来判断是否可由此而提起相应行政诉讼或行政复议等各种救济的权利。

2. 积极的事实行为请求权

积极的事实行为请求权的对象是一种事实行为，亦即通过补偿责任主体事实上的履行行为，保护者的补偿请求权即可以得到实现。例如，合同上缔约一方要求另一方按照约定转移标的物，属于这里的积极的事实行为请求权。对这类请求权的满足常常吻合某种法律形式。[1] 积极的事实行为请求权表明，以何种法律形

---

[1] 雷磊：《法律权利的逻辑分析：结构与类型》，载《法制与社会发展》2014 年第 3 期。

式来满足这种请求权是无关紧要的，决定性的只是通过一定具体的支付行为的实施，标的物被从一方当事人转移到了另一方当事人，这一点正是区分积极事实行为请求权与积极规范行为请求权的基本标准。积极的事实行为请求权也大量存在于不同领域生态补偿实践之中。早期的退耕还林生态补偿，中央政府与退耕农户签订的补偿协议对还林地点、规模、还林补助标准（中央和地方各自确定的标准）等内容都作了详细明确规定，只要退耕农户按照协议约定履行了相应的退耕行为及还林行为（需要通过相关部门的核查、评估）等协议行为，即可获得积极的事实行为请求权，也就是退耕还林农户有权按照协议约定要求中央政府或地方各级政府支付一定数量的金钱或履行其他相应行为。再如，以浙江安徽新安江流域生态补偿协议为开端，流域上下游地区各级政府签订××流域生态补偿协议中，也都明确了一定的补偿支付条件、支付基准和支付标准等。一旦上述补偿支付条件成就或实现，流域上游地区（下游地区）就享有一定的积极的事实行为请求权，要求下游地区（上游地区）政府按照约定的支付基准、支付标准、支付方式和支付期限，将协议约定的补偿资金从一方政府财政账户转移至另一方政府财政账户之中。总之，如果存在一个有效的横向生态补偿协议，在符合协议约定条件下，补偿责任主体承担特定的事实行为，则当事人即可根据此补偿协议向特定的补偿责任主体行使请求权，只要此协议不是自始无效的。

（二）权利内容及救济

既然是一种独立的权利，毫无疑问，生态补偿权利有着丰富的权利内容。总体来看，生态补偿请求权的内容围绕着受益权而展开，这体现着生态保护者在对优质生态产品有效供给作出贡献的基础上，有从国家或社会分享并获得相应利益的权利。围绕受益权能，生态补偿请求权的内容包括以下两个方面。

1. 确认请求权

确认请求权是指国家基于环境公共利益需要对特定人、特定地区财产权益或者发展权益实施限制时，特定人、特定地区有权请求做出限制的政府部门对请求权利的主体资格予以确认。确认请求权明确了保护者的法律资格，尤为重要的是，赋予他们一种主动性的法律地位，利于生态保护补偿法律关系的产生。以具体保护者的不同，确认请求权主要有：第一，特定人法律资格的确认。如承包经营林地被界定为生态公益林，承包经营耕地被纳入重金属污染耕作区，养殖水面被界定为重要湿地（湿地自然保护区、国际重要湿地），特定人即有权向作出具体限制措施的政府部门，要求其按照相应法律程序确认他们一种保护者的法律资格。第二，特定地区法律地位的确认。被依法确定、扩展、升级为重要生态功能区、水源涵养区、江河源头保护区、水土流失重点治理区等特定地区时，特定地区所在地政府、集体经济组织即有权向作出具体限制的政府部门，要求其按照相应法律程序确认他们保护者的法律地位。积极的规范行为请求权中，保护者的确认请求权需要法律法规明确一定的确认规则和确认程序。积极的事实行为请求权中，保护者的确认请求权既可以借助法律规则予以确认，也可以要求受益者或代理人的明示认可，并通过签订相应的生态补偿协议来完成。确认请求权的法律意义在于，当行政机关不予确认或者确认结果非保护者所期望的情况下，特定人可以依据相应的法律规定向法院提起相应的确认之诉，至于特定地区，由于受制于现行法律体制制约，只能向做出限制措施的政府部门的上一级政府部门申请救济。

2. 给付请求权

给付请求权是指依法确认权利主体的具体保护者有要求政府部门一定给付的请求权利。通过政府部门提供一定给付而实现对特定人、特定地区基本权利限制措施的一种补救或救济。"生态补偿是一套透明的制度体系，即通过有条件支付，自愿提供额外的生态服务。"① 确认请求权只是确定了一定法律资格和法律地位，并不意味着补偿法律关系的产生或启动，当且仅当法律规定或协议约定的补偿支付条件成就时，保护者才得享有向政府部门要求其给付一定生态补偿的请求。从给付权益性质进行分类，根据是否涉及财产权利，只能将其分为财产和非财产给付。特定人的给付请求权，在支付条件成就时，有权请求一定的财产给付；特定地区的给付请求权，在支付条件成就时，有权请求一定的财产给付或非财产给付。给付请求权的法律意义在于，通过行使给付请求权，要求各级政府积极主动履行在生态补偿方面的法定职责，通过建立生态补偿责任清单，完善生态补偿组织管理体制，筹集补偿资金或建立补偿基金，规范财政转移支付和直接支付，设计生态补偿支付条件和支付程序，在保护者实现中承担积极的作为义务（职责），通过各种积极的作为去促进请求权的实现，以纠正、弥补各种限制措施所带来的社会不公，在保障生态服务有效、足额供给的同时，实现社会公平、正义、安全及对自然资源产权的尊重。

作为一项新型公法权利，生态补偿权利也面临着如何保护或救济的问题，尤其当其呈现为一种共同权利的时候。"主观公权利本质上处理的是个人相对于国家的法地位问题，其背后所代表的是一种统一的公法权利观，这种权利观也因此对包括实体法和诉讼法在内的整体公法制度都会产生统摄和影响。""在德国公法中，主观公权利首先表现为公民在公法尤其是行政法上的实体请求权，实体请求

---

① Tacconil. Redefining Payments for Environmental Services [J]. Ecological Economics，2012，73（1）：32－33.

权投射于诉讼程序中又表现为诉权；对诉权的判定须回溯至实体请求权，但实体请求权的实现又有赖于诉权。行政实体法和诉讼法也因此相互对照、彼此呼应，并被塑造为融贯自洽的整体。"① 生态补偿权利是一种相对独立的实体性权利，它具备相对特定的权利主体、相对明确义务主体及权利内容这三项基本要素，其中，权利主体就是各类生态保护者，包括受限的特定人（个人权利）和特定范畴的人（共同权利）；义务主体就是作出禁限措施的中央和地方各级政府。但生态补偿权利的独立具有一定相对性，这是因为，生态补偿权利前端连接着附着于自然资源上的特定权益，后端连接着一定的救济权利，对前者而言，生态补偿权利体现为一种损害填补或利益衡平的请求权，一种附着在自然资源上的特定权益受到限制的变形救济权；对后者而言，生态补偿权利体现为一种给付请求权，只要通过确认、申请、审核等生态补偿程序性规则的设定，承担法定补偿义务的各级政府就应当履行相应的补偿支付责任，生态补偿权利即能够有效实现。一旦各级政府未能履行相应的生态补偿义务（责任），究竟是通过司法手段或者是行政手段保护生态补偿权利呢？我们认为，应当结合生成生态补偿权利主体分属于个人权利或共同权利以及权利救济的成本进行综合判断。当生态补偿权利属于个人权利时，由特定的生态保护者提起司法救济无疑是最为可行的手段；但当生态补偿权利属于共同权利时，应结合权利行使方式进行具体判断，一是当共同权利是由共同成员代表来行使的话，通过司法救济也是一种较为可行的未来发展路径。无论采用何种解决方式，均需要考虑是否符合成本效益原则。二是当共同权利是由共同代理人——地方政府来行使的话，情况就显得复杂一些，由于现行法律框架下缺乏地方政府之间生态补偿纠纷司法解决的制度空间，故可行的举措是，要么双方或多方自行协商解决，要么报请共同的上级政府进行调解或行政裁决。

四、生态补偿权利的法律意义

2016 年，《国务院办公厅关于健全生态保护补偿机制的意见》明确指出，"加快推进生态保护补偿法制建设。研究制定生态保护补偿条例。"2020 年，《生态保护补偿条例》（公开征求意见稿）正式出台。随着生态补偿制度法制化的加快实施，越来越多的由环境政策调整的生态补偿事务逐渐纳入法律轨道，越来越多的机构，包括政府、法院和其他社会组织在推进生态补偿法制化过程中将扮演重要角色。管理部门化、发展不平衡、结构不合理等生态补偿推进过程中形成的保护者和受益者权利义务不明晰及由此造成的两者互动机制不畅，将始终困扰着

---

① 赵宏：《主观公权利的历史嬗变与当代价值》，载《中外法学》2019 年第 3 期。

生态补偿的法制化进程，影响我国生态补偿体制机制的有效运行。确立保护者生态补偿请求权，并在此过程中逐步厘清保护者和受益者权利义务关系，对于建立保护者和受益者良性互动机制有非常重要的意义。

（一）建设法治政府的迫切要求

法治政府建设一直是法治中国建设的主要内容和优先选择。"尽管法治政府的含义非常丰富，但始终不能脱离权责法定、程序法定、监督法定等基本要素。"[1] 本书认为，生态补偿请求权的确认及成立是建设法治政府的迫切要求。就权责法定而言，法治政府下的行政权力与责任高度统一，有权必有责，有权必尽责，不允许存在无责任的权力。在这里，政府的一个主要责任就是按照服务政府要求，依法履行基本生态服务的均等化供给职能，这既是一种法定职权，也是一种法律责任。权责法定同时也要求生态补偿立法应作出相应的改变，一些立法虽然采取了直接确认生态补偿请求权的方法，但位阶较低，条文粗糙，可操作性差，迫切要求履行生态补偿法定权责的政府部门及时制定相应的实施细则、实施办法以丰富生态补偿请求权的具体内容，从而使生态补偿请求权得到切实保障；一些立法虽然采用了生态补偿请求权的间接确认方法，尽管这种通过规定政府法定权责（主要要求政府建立规范的财政转移支付等职责）来隐藏或暗含授予生态补偿请求权的立法模式虽然在制度实践中广泛存在，但由于政府及部门从事特定转移支付作为的法定权责与保护者生态补偿请求权之间并不必然对应，因此，相关生态补偿立法应明确指出，政府履行生态补偿转移支付的法定义务（责任），既有保护环境公共利益的目的需要，也有确认和保护特定人、特定地区特定利益的目的需要。此外，如果客观条件许可，应当尽可能地采用直接确认生态补偿请求权的立法方法，在这一方面，地方立法应大有可为。

生态补偿请求权的实现，要求政府必须提供一套相对完整的生态补偿程序规则，包括需要对申请、确认、受理、公示、异议、时限、方式等程序规则作出明确规定。这不仅是一种形式意义上的法定程序，还包含着实质意义上的正当程序。而程序法定也是法治政府建设的重要内容。否则的话，生态补偿制度机制始终是带有政府管制属性的一种行政行为，是否补偿、补偿给谁，补偿多少，怎么补偿，大都取决于政府的自由裁量或支付意愿，以至于生态补偿更多沦为一种单向的恩赐，一种可有可无的补贴。通过生态补偿请求权的立法确认，也能实现对政府生态补偿权力的监督或制约。监督法定也是法治政府建设中不可缺少的一环。行政权力运行受制约监督，这是法治政府的核心。但就像任何公权力属性一

---

[1] 杨小军：《论法治政府新要求》，载《行政法学研究》2014 年第 1 期。

样，行政权力也有两面性，即可能被滥用。这种监督包括政府部门或相应给付机构未履行或未恰当履行相应给付义务时，特定人有权提起相应的行政诉讼，特定地区有权在现行法律制度框架内提请上级政府进行裁决，实现生态补偿领域内，权利与权力的合理配置、行政权与司法权的合理配置，避免生态补偿领域目前出现的"有法却不可用"和"有法却不宜用"的困境。

（二） 实现权利倾斜性配置的客观需要

受制于历史原因、自然禀赋、生态区位、市场失灵、发展导向和主体功能等各种自然和社会因素，生态保护特定地区正在演变为一个个"实体性少数派"，他们依附在自然资源之上的各种权益受到限制而招致损害，他们发展机会不均等、发展惠益不能共享而导致发展能力不足。如果法律仍然对各类社会主体采用普遍性、同质性平行保护，那么守护着"绿水青山"的保护者就永远不会看到"金山银山"的"钱景"。"只有承认差别、区别对待，以非对称性权利保障的方式，从法律上赋予保护者更多的专有权利，补救他们所处的不利地位，使处于弱势地位的特定人、特定地区由弱变强，实现他们作为平等主体的共同发展需求是国家应履行的法定职责，符合保护基本权利的根本旨意，更是实质法治的内在需求。"① 生态补偿请求权，或因特别牺牲而产生，或为利益平衡而设计，均需要法律确认和保护而得以存在，它是对因遭受限制而处于不利地位的保护者以授权规范的形式实施的一种倾斜性权利配置。它是法律思维基于主体差异性的社会现实的一种进化，也是环境法追求实质平等和公平正义的具体体现，认为"尽管人们在事实上存在着差异，但他们却应当得到平等的待遇"。② 究其实质，倾斜配置或确认生态补偿请求权就是将因各种原因造成的保护者等"实体性少数派"的不利地位以法律方式变成一种主动的法律地位，从而实现对他们权利救济和利益失衡矫正。

五、小结

本节力图通过法律关系理论框架去解释生态补偿权利的形成逻辑、权利属性及实现方式等问题以及引发的相关争议，从而试图回答水生态补偿机制的动力源

---

① 陈婉玲：《判断与甄别：经济法权利辨析——以市场主体权利为视角》，载《政法论坛》2017年第4期。

② ［英］哈耶克著，邓正来译：《自由秩序原理》（上），生活·读书·新知三联书店1997年版，第57页。

泉问题。生态补偿利益存在着被保护的合理性。体现在三个方面：一是这种利益涉及生态保护者正常生产生活，体现为一种基础利益和工具利益，具有相对重要性；二是这种利益能够维持增进环境公共利益；三是这种利益容易受到损害或被侵犯，有通过法律保护的必要。生态补偿权利能为现行法律体系所容纳。我国现行立法直接明确生态补偿权利存在着功利主义的考量，呈现出法律位阶较低、领域相对较窄等发展趋势；司法确认生态补偿权利呈现能动性、灵活性和间接性特征。生态补偿权利具有现实的可能性。美丽中国建设目标、绿水青山就是金山银山的制度理念和社会主义社会主要矛盾的转向，均表明整个中国社会对于生成生态补偿权利具有高度凝聚的社会共识。确立各级政府生态文明建设的法定职责也为生态补偿权利的可行性提供物质支撑和体制保障。生态补偿权利是一项公法权利。现行环境法律确立的生态补偿法规则明确了各级政府生态补偿的法定职责，依据保护规范理论，这种法定职责在整体架构中呈现出"特定利益的保护指向"，故可以解释或推导出生态保护者享有生态补偿权利，这对于司法生成生态补偿权利具有重要启示。生态补偿权利可能是个人权利，也可能是共同权利；生态补偿权利既有激励功能，也有约束功能；生态补偿权利可以通过司法救济，也可以通过行政救济得到保护。

第五章

水生态补偿机制的主要类型

流域是各国生态系统重要组成部分，更是人类文明主要发源地。一般而言，流域是一种以自然属性为基础，自然属性与社会属性相结合的一种高复杂性生态系统。流域自然属性是指，"地表水及地下水分水线所包围的集水区域的总称，"① 它们相互之间进行物质、信息和能量交换。就社会属性而言，流域就是一个由水资源、土地资源、动植物资源等自然资源和社会、经济等人文资源构成的复合生态系统。"在这个进程中，流域为人类社会直接或间接提供了丰富生态服务功能，归纳为产品提供、淡水、水产品、木材和碳储存、调节功能水调节、水土保持、水源涵养、废物净化等、生物多样性保护环境提供和信息功能文化、休闲娱乐等。"② 总结流域的自然属性和社会属性，可以看出流域具有以下三个典型特征：（1）整体性。流域是一个以水为媒介，并由水体、水域岸线、水生生物等各类自然要素与社会、经济等人文要素组成的生态共同体。③ 在这个共同体内，以水为核心的各类自然要素之间不仅相互影响、联系密切，而且上述各类自然要素与社会、经济等因素也会产生相互影响。如果流域上游地区乱砍滥伐森林资源，不仅会造成本地水土资源流失，而且影响流域下游地区水资源合理利用，甚至也会带来洪涝灾害的风险；流域支流地区如果过度修坝蓄水，势必影响流域干流地区水资源需求等。因此，为了实现整体性流域可持续发展，各国需要对具

---

① 水利部国际经济技术合作交流中心等：《小流域综合治理管理模式研究》，中国水利水电出版社2008 年版，前言。

② 张陆彪等：《流域生态服务市场的研究进展与形成机制》，载《环境保护》2004 年第 6 期。

③ 聂倩：《我国流域生态补偿财政政策研究》，江西财经大学博士学位论文，2016 年，第 5 页。

体流域实施整体规划和生态系统管理。（2）复杂性。一般而言，流域水资源流经地域较广，往往横跨多个不同行政区域，但每个行政区域内自然资源、地理环境及经济社会发展状况又千差万别，导致在流域生态环境治理过程中需要处理广域和深度相结合的复杂利益关系。（3）单向性。与其他自然资源相比，水资源是一种单向的、可更新的流动性资源。在自然条件下，水资源大都是由地势较高的上游地区流向地势较低的下游地区，由支流地区汇入到干流地区。由此就决定了水资源开发、利用和保护行为所产生的后果具有单向性，即上游地区、支流地区所有涉水的任何行为均会不同程度、或早或晚、或大或小地影响到流域下游地区、干流地区，反之，流域下游地区对上游地区基于生态服务方面的影响则较为少见。这就决定了上游地区、支流地区在整个流域生态系统管理中扮演着特殊角色。

中国是流域资源较为丰富的国家之一。贯穿于中国东部、中部和西部地区，横向联系着不同行政区域主要城市的包括长江、黄河、珠江、辽河、淮河、海河、松花江等国家重要流域。与世界其他国家相比，人口数量众多的中国面临着较为严重的流域问题，主要体现在：（1）水资源数量方面。一是人均水资源数量较少。我国人均水资源占有量只有世界平均水平的1/4，严格意义上讲，中国是全球人均水资源最缺乏的国家之一。[1] 二是降水量时间分配不均衡，包括我国中部、西部在内的大部分地区夏季汛期降水量，就占到全年降水总量50%左右。三是水资源空间分布不平衡，总体上呈现南多北少，东多西少，且随着社会经济发展，这种趋势愈发明显。四是水资源总量逐渐减少。据不完全统计，北方地区的黄河、淮河和辽河等流域地表水资源量减少比例接近30%左右，而海河流域地表水资源量减少比例更高达40%左右。[2] （2）水环境污染方面。一是地表水、地下水污染严重。"全国地表水1 940个评价、考核和排名断面中，Ⅰ类、Ⅱ类、Ⅲ类、Ⅳ类、Ⅴ类和劣Ⅴ类水质断面分别占2.4%、37.5%、27.9%、16.8%、6.9%和8.6%。无论地表水水质抑或地下水水质，污染非常严重，主要污染指标为化学需氧量、氨氮和总磷。"[3] 二是跨行政区断面污染非常严重。原环境保护部《2016年中国环境状况公报》显示，"长江、黄河、珠江、松花江、淮河、海河、辽河等七大流域和浙闽片河流、西北诸河、西南诸河1617个国家级考核断面中，Ⅰ类水质34个，占2.1%；Ⅱ类水质676个，占41.8%；Ⅲ类水质441个，占27.7%；Ⅳ类水质217个，占13.4%；Ⅴ类水质102个，占

---

① 参见《国务院关于实行最严格水资源管理制度的意见》。
② 张利平等：《中国水资源状况与水资源安全问题分析》，载《长江流域资源与环境》2009年第2期。
③ 参见原环境保护部《2016年中国环境状况公报》。

6.3%；劣Ⅴ类水质147个，占9.1%。"① 可见，基本丧失了水体功能的Ⅴ类水和劣Ⅴ类水占据相当比例。三是国家重要流域、湖泊和水库污染严重。据原环境保护部《2016年中国环境状况公报》显示，112个重要湖泊（水库）中，Ⅰ类水质湖泊（水库）8个，占7.1%；Ⅱ类水质湖泊（水库）28个，占25%；Ⅲ类水质湖泊（水库）38个，占33.9%；Ⅳ类水质的湖泊（水库）23个，占20.5%；Ⅴ类水质湖泊（水库）6个，占5.4%；劣Ⅴ类水质湖泊（水库）9个，占8%。四是水生态修复任务繁重。在水资源短缺、水污染严重和水域岸线破坏严重情形下，我国各个流域、各个行政区域和各个城市都面临着非常严重的"生态赤字"，迫切需要休养生息以及整体系统的水生态修复。（3）洪涝灾害方面。中国是世界经常遭遇洪水灾害侵扰的国家之一。《中国水旱灾害公报2017》数据显示，② 1950~2016年，平均每年因洪水灾害死亡人数为4 327人；1990~2017年，平均每年造成约200亿美元的直接经济损失。由于特殊的地理位置，中国气候主要受东亚季风的影响，由暴雨引发的洪水灾害尤其严重。③ 自1990年始，受全球温室效应影响，中国极端天气事件频率和强度都显著增加，④ 由此导致洪水灾害更加频繁。⑤ 快速的城市化发展使中国各主要河流流域洪泛平原及沿河两岸人口与财富快速聚集，洪水灾害风险因此增加。⑥ 2021年，河南郑州等大中城市洪水灾害持续发生即是典型范例。

在历史之轴向前回眸，中国较早时期就有流域生态环境治理的文字记载。《管子度地》曾经记载着管仲对齐桓公说，"善治国者，必先除其五害。……五害之属，水为最大。五害已除，人乃可治。"⑦ 可见，我们的祖先很早就看出来治水与兴邦的紧密关联。斗转星移，如今时空早已穿越数千年计。今天的中国不仅存在着尚未解决且日益严重的水旱之患，更有先人不曾想象的，在成因、预防

---

① 参见原环境保护部《2016年中国环境状况公报》。

② Ye J, Li K, Kuang S, et al. China Flood and Drought Disaster Bulletin 2017 [M]. Beijing: China Cartographic Publishing House, 2018.

③ Chen P, Sun J Q. Changes in Climate Extreme Events in China Associated with Warming [J]. International Journal of Climatology, 2015, 35 (10): 2735 - 2751.

④ Zhang Q, Li J F, Singh V P, et al. Spatio-temporal Relations between Temperature and Precipitation Regimes: Implicationsfor Temperature-induced Changes in the Hydrological Cycle [J]. Global and Planetary Change, 2013, 111: 57 - 76.

⑤ 史培军等：《中国水灾风险综合管理：平衡大都市区水灾致灾强度与脆弱性》，载《自然灾害学报》2004年第4期。

⑥ Du S Q, He C Y, Huang Q X, et al. How Did the Urban Land in Floodplains Distribute and Expand in China from 1992 - 2015? [J]. Environmental Research Letters, 2018, 13 (3).

⑦ 张伟兵等：《我国古代早期的一部"防洪预案"——〈管子·度地〉的水害防治问题论述》，载《中国防汛抗旱》2018年第3期。

及治理上较之过往更为复杂、更加棘手的水资源短缺、水污染严重、水生态恶化以及由此而导致的流域社会信任关系损害严重之危害。客观上讲，流域环境治理需要对流域经济社会发展与环境保护关系保持清醒的认知。长期以来，我们把流域生态环境问题简单归纳为"发展的阵痛"或者"成长的烦恼"，也就是说，流域生态环境问题不仅是一个粗放、外延经济增长所导致的一种结果，更是经济社会发展转型时期所有国家或地区必须经历的一种结果，一种必须付出的不菲代价。"发展的阵痛""成长的烦恼"实际上符合经济学理论中的环境库兹涅茨曲线，这一理论所揭示的规律是，随着经济增长，污染物排放呈现倒"U"形曲线。① 按照"环境库兹涅茨曲线"（EKC）假说，环境污染与人均 GDP 呈倒"U"形关系。我国加速调整产业结构让拐点提前到来是环境治理的正确举措。② 将这一规律运用到流域水环境治理领域，就会发现，在经济快速增长初期，不可避免会伴随着水污染物的大量出现。但随着经济不断增长，水污染物排放量达到一个巅峰后会呈现一种逐渐下降的曲线。但环境库兹涅茨曲线理论只是解释了经济增长同时必然会伴随着流域水生态环境的恶化，却不能有效回答为何一些国家或地区在经济增长同时，流域水生态环境却不能得到有效保护？更不能解释流域跨界断面水质状况为什么远远低于流域整体水质状况？尤其是不能科学解释流域上下游地区为什么会经常做出"损人利己"，甚至"损人不利己""以邻为壑"的选择策略？也不能解释一些蓄滞洪区为什么只有运行补偿而无规范化的常态补偿？只有在廓清不同水生态补偿类别基础上，才能对上述问题有初步解读。

第一节　政策视角下的水生态补偿类型

　　整体来看，中国生态补偿制度发展演化带有非常鲜明的"高位推动"特性，故需要把执政党的意志因素纳入水生态补偿制度变迁的考察视野。"环境法研究必须关注现实中的制度变迁与演进，尤其需要围绕影响当前环境法治的核心结构性要素——政党、国家与社会——展开相应研讨。"③ 结合党内法规和国家法律的不同表述，我们试图整理出水生态补偿主要类型及其各自发展走向。

---

① 所谓库兹涅茨曲线，是指 20 世纪 50 年代诺贝尔奖获得者、经济学家库兹涅茨用来分析人均收入水平与分配公平程度之间关系的一种学说。它是发展经济学中重要概念，又称作倒"U"形曲线。
② 张莉：《财政规则与国家治理能力建设——以环境治理为例》，载《中国社会科学》2020 年第 8 期。
③ 陈海嵩：《中国环境法治中的政党、国家与社会》，载《法学研究》2018 年第 3 期。

一、典型水功能区生态补偿

（一）江河源头区生态补偿

1. 江河源头区概念及特征

严格意义上讲，江河源头区是一个流域或自然地理的概念。所谓源，"源者，江河之初也"，指江河的尽头。在一般情况下，一条江河可能不止一个源头，有可能是多个源头汇集而成的，这些源头有可能处于一个较为集中的区域，有的可能相距较远，甚至不在一个区域范围内。这里的"区"是指，各种水系交织的区域，是一个范围概念，源和区合用则表示这一水系区域。[①] 所谓江河源头区是指，地形地貌多为山地、丘陵和中低山系，水流湍急、河底比降大且具有特殊功能（生态、社会、经济、地缘优势等）的水系发源区域。其特征主要表现为：（1）所在区域的海拔地势较高。江河源头区多位于一定山脉集雨蓄水地带，海拔高，地势险峻，人类活动不多。（2）所在区域的自然资源及生物多样性资源较为丰富。当然，也会随着山脉海拔高度不同，相应植被群落也不同，蕴藏的生物多样性资源也存在一定差异。（3）所在地区域的生态系统较为脆弱敏感。尽管江河源头区生物多样性资源较为丰富，但生态系统较为脆弱、敏感，非常容易受到人类活动或者其他自然因素之不可逆损害。（4）所在区域的社会经济发展较为落后，民众要求发展或者摆脱贫困的愿望也较为迫切。由于水资源流动性和关联性等特点，决定了江河源头区在全流域生态保护中的重要地位。[②] 以长江、黄河、澜沧江源头区（以下统称为"三江源源头区"）为例，三江源源头区地处青藏高原腹地，是青藏高原重要组成部分，平均海拔达到 5 000 米左右。三江源源头区地域辽阔，地形复杂，被誉为"中华水塔"，得天独厚的资源禀赋造就"西藏好水"是世界公认的最好淡水资源之一。[③] 特殊的生态战略地位对中华民族生存和发展起着重要的作用。[④] 曾几何时，三江源源头区山清水秀、森林茂密、生物多样性资源丰富，孕育着中国母亲河长江、黄河等，构成中华民族心中圣地。但随着经济社会发展步伐加快，人为活动持续强化，特别是森林资源无序采伐、矿产资源高强度开发与野生动植物破坏性猎捕及采集等，三江源源头区生态系统一度

---

① 刘青：《江河源区生态系统服务价值与生态补偿机制研究——以江西东江源区为例》，南昌大学博士学位论文，2007 年，第 1 ~ 3 页。

② 文萌等：《江河源头区范围划定方法研究》，载《火力发电》2019 年第 12 期。

③ 课题组：《关于促进西藏生态文明建设的调研报告》，载《中国行政管理》2017 年第 11 期。

④ 董锁成等：《"三江源"地区主要生态环境问题与对策》，载《自然资源学报》2002 年第 6 期。

处于危险边缘。

2. 江河源头区生态补偿及面临的挑战

鉴于包括三江源源头区在内的江河源头区在国家生物多样性保护、洪涝灾害防治以及生态安全保护的极其重要地位，建立健全江河源头区生态补偿制度理应成为党和政府应对上述问题的主要举措。一些地方试图将江河源头区生态补偿问题作为水生态补偿制度建设的着力点和创新点，并在补偿关系主体、补偿标准、补偿方式等方面作出有益探索和尝试。需要提出的是，我国已经陆续建立了三江源国家公园、钱塘江源国家公园和武夷山国家公园等，正在努力将三江源源头区、钱塘江源头保护区和福建闽江源头区生态补偿的制度规定有序纳入各个国家公园制度之中。可以预料的是，随着以国家公园为主体的自然保护地制度建设的逐步推进，越来越多的重要江河源头区将会被有机纳入自然保护区、国家公园或自然公园等自然保护地制度体系中而进行相应的生态补偿制度建构。此外，剩下的一部分江河源头区是否会被有序整合到国家级、省级重要生态功能区中进行生态补偿制度建构，或者被纳入公益林、饮用水水源保护地等不同领域生态补偿机制中进行相应制度建构，都是可以展开讨论的话题。2020 年颁行的《中华人民共和国长江保护法》第二十四条规定，"国家对长江干流和重要支流源头实行严格保护，设立国家公园等自然保护地，保护国家生态安全屏障。"可见，已有国家法律支持将江河源头区纳入自然保护地相应类型予以制度建构。总之，我国目前正在构建的包括国家公园在内的自然保护地生态补偿制度能够囊括一些重要江河源头区生态补偿。但由于江河源头区数量众多、性质各异、生态区位重要程度不同，能否将此思路推及至所有江河源头区，则可能面临挑战。

（二）饮用水水源地（保护区）生态补偿

1. 饮用水水源地与饮用水水源保护区概念

为有效应对饮用水安全的严峻挑战，[①] 通过划定、设立饮用水水源保护区[②]来保障饮用水安全已经成为各国通行做法。让人民群众尤其是乡村居民喝上安全、健康饮用水一直是党和国家政府孜孜不倦的奋斗目标。我国人口众多，居住相对分散，饮用水水源地点多面广，不能将所有饮用水水源地纳入常态化管理轨道，只能将水源相对稳定，能够供给一定数量人口需求的水源地，依法将其确立为集中式饮用水源地。所谓集中式饮用水源地，一般是指，提供居民生活及公共

---

① 世界卫生组织（WHO）发布《环境卫生与健康指南》表示，截至 2018 年，全球每年因不安全的水、环境卫生和个人卫生造成的腹泻死亡人数达 82.9 万人。

② 参见《饮用水水源保护区划分技术规范》（HJ338 – 2018）3.1 规定，"饮用水水源保护区指为防止饮用水水源地污染、保证水源水质而划定，并要求加以特殊保护的一定范围的水域和陆域"。

服务用水，且供水人口在 1 000 人以上的取水工程的水源地域，包括饮用水地表水源地和饮用水地下水源地。① 通过划定、设立饮用水源地，进而对饮用水源地生态环境保护逐渐成为社会各界共识。② 在划定饮用水水源地基础之上，为了保护水源地生态环境，需要再次通过划定"饮用水水源保护区"方式进行法律保护。按照我国《中华人民共和国水法》《中华人民共和国水污染防治法》相关规定，"饮用水水源保护区"可以分为"一级保护区""二级保护区"，必要时可在"二级保护区"外另行设立"准保护区"。从"准保护区"到"二级保护区"再到"一级保护区"所采取的禁限措施逐步加密加紧加严，"一级保护区"甚至基本上排除了人类的生产生活活动等。设立饮用水水源地/饮用水水源保护区并建立相应生态补偿制度已然成为我国普遍做法。

2. 饮用水水源地或饮用水水源保护区生态补偿及面临的挑战

"饮用水水源地"和"饮用水水源保护区"所在地地方政府及辖区民众，不仅需要承受严格禁限措施带来的发展权益、财产权益损失问题，也需要承担额外的生态环境保护等持续性义务。如果不采取必要应对措施对损失和额外义务予以适当补偿，显然不符合法理上的公平要求，也不符合市场经济的基本准则。通过要求生态受益者（地区）对饮用水源地、饮用水源保护区的生态保护者（地区）予以生态补偿，可以达到保护饮用水资源、水源地生态环境以及提升饮用水源保护地区居民生活水平的多重目的。③ 近年来，各地陆续通过制定地方法规、地方规章等诸多方式，④ 相继明确了补偿关系主体、补偿标准和补偿方式等补偿规则，充实或者丰富了饮用水水源地、饮用水水源保护区系列生态补偿制度，将其纳入法治化发展轨道。制度建设目前面临的挑战有：（1）构建的究竟是一种"饮用水水源地生态补偿制度"还是"饮用水水源保护区生态补偿制度"？或者是两种制度并存？各地实践做法不一。显然，两个相似制度的保护尺度、受益对象和补偿对象存在差异，迫切需要创新理论予以智力支撑。（2）在跨行政区饮用水水源地或水源保护区划定过程中，"区域性"行政管理与跨行政区饮用水水源保护整体性理念之间的矛盾如何化解？比如，作为湖北大悟县饮用水水源地的界牌水库一旦划定保护区，上游河南省罗山县即将建造的高速公路和已经获得河南省批复

---

① 参见安徽省《宿州市饮用水水源地保护条例》（2018 年）的制度规定。
② 赵宁：《我国饮用水水源保护区生态补偿法律机制研究》，载《2016 年全国环境资源法学研究会（武汉）论文集》。
③ 王志凤等：《饮用水源地生态补偿机制设计》，载《环境保护》2013 年第 12 期。
④ 参见吉林省《松原市饮用水水源保护条例》（2019）针对饮用水水源保护区划定过程中，可能涉及占地、拆迁等影响单位和个人合法利益的问题。明确规定，市、县（市、区）人民政府应当建立饮用水水源保护补偿机制，具体补偿方式和标准由县级以上人民政府制定。

的 5A 级风景名胜区规划将可能成为泡影。[1] 迫切需要建立跨行政区生态补偿的利益共享机制予以应对。（3）饮用水生态补偿中，市场补偿和政府补偿各自的边界范围如何界定？政府主导的饮用水水源地（保护区）生态补偿制度建设中，如何划分中央与地方生态补偿事权及支出责任？为此，迫切需要逐步探索饮用水水源地（保护区）生态补偿资金筹集、补偿资金支出、受益对象识别以及补偿权益救济等生态补偿规则的法治化发展路径，切实发挥饮用水水源地（区）生态补偿制度在饮用水安全保障体制中的"压舱石"功能。

（三）水产种质资源保护区或水生生物资源养护区生态补偿

1. 水产种质资源保护区与水生生物资源养护区概念

水产种质资源是国家重要的生物多样性遗传资源，也构成一个国家渔业生产的重要物质基础，在食物生产中占有重要地位。水产种质资源及其适宜环境的减少，已经成为危及国家生态安全的重要问题。[2] 设立水产种质资源保护区是对水产种质资源就地保护的一种有效方式。建立适当数量的水产种质资源保护区，将对水产种质资源保护发挥重要作用。[3]《中华人民共和国渔业法》第二十九条规定，"国家保护水产种质资源及其生存环境，并在具有较高经济价值和遗传育种价值的水产种质资源的主要生长繁育区域建立水产种质资源保护区。"原农业部《水产种质资源保护区管理暂行办法》第 2 条规定，"水产种质资源保护区，是指为保护水产种质资源及其生存环境，在具有较高经济价值和遗传育种价值的水产种质资源的主要生长繁育区域，依法划定并予以特殊保护和管理的水域、滩涂及其毗邻的岛礁、陆域。"国务院《中国水生生物资源养护行动纲要》更是对水产种质资源保护的未来发展目标提出了明确要求。

在水产种质资源保护区制度之外，针对我国各个流域、海域水生生物资源普遍枯竭之现状，农业农村部等相继又提出建立水生生物资源保护区制度。我们知道，水生生物资源，尤其是一些旗舰类水生生物资源是海域、流域生态系统健康状况的主要标志，实施海域、流域重点水域禁捕是有效缓解长江生物资源衰退和生物多样性下降危机的关键之举，对改善海域、流域和水域生态环境，恢复生态服务功能具有重要意义。自 1995 年起，中国在四大海区普遍实行海洋伏季休渔

---

[1] 王彬辉：《从碎片化到整体性：长江流域跨界饮用水水源保护的立法建议》，载《南京工业大学学报》（社会科学版）2019 年第 5 期。

[2] 郭子良等：《中国国家级水产种质资源保护区建设及其发展趋势分析》，载《水生态学杂志》2019 年第 5 期。

[3] 盛强等：《中国国家级水产种质资源保护区分布格局现状与分析》，载《水产学报》2019 年第 1 期。

制度。2003 年、2011 年和 2021 年，中国又分别在长江流域、珠江流域和黄河流域建立推行禁渔期制度。2020 年 1 月 1 日起，在长江流域 332 个自然保护区、水产种质资源保护区全面禁止生产性捕捞。2021 年 1 月 1 日起，长江流域"一江两湖七河"等重点水域实行十年禁捕，其中长江干流和重要支流除水生生物自然保护区和水产种质资源保护区以外的天然水域，实行暂定为期 10 年的常年禁捕；鄱阳湖、洞庭湖等大型通江湖泊除水生生物自然保护区和水产种质资源保护区以外的天然水域，由有关省级渔业主管部门划定禁捕范围，最迟自 2021 年 1 月 1 日零时起实行暂定为期 10 年的常年禁捕，禁止天然渔业资源的生产性捕捞；与长江干流、重要支流、大型通江湖泊连通的其他天然水域，由省级渔业行政主管部门确定禁捕范围和时间。

2. 水产种质资源保护区或水生生物资源养护区生态补偿面临的挑战

从建立水产种质资源保护区到建立水生生物资源保护区，相关制度规定陆续出台。从海域禁渔期，到流域禁渔期再到流域重点水域十年禁捕，禁捕空间范围在不断扩大，逐渐呈现"点""线""面"相互结合；禁捕时间范围在不断拉长，从"三个月"到"十年"不等；禁捕强度范围在不断加码，从"禁止生产性捕捞"到"禁止全面捕捞"推进，甚至一些涉及自然垂钓的行为也受到不同程度限制；禁捕影响对象范围在不断扩散，从"职业性渔民"到"垂钓爱好者"无一幸免；禁捕措施范围也在不断延展，从"拆解渔船"到"没收不合格渔网"不一而足。毋庸讳言，实施海域流域禁捕制度对于水生生物资源养护无疑发挥着重要作用。建立相应的水生生物资源养护生态补偿制度，以平衡禁捕所带来的利益再平衡也成为一个理论和实务均需要回答的难题。这个方面面临的挑战有以下几点：（1）如何整合水产种质资源保护区生态补偿与水生生物资源养护生态补偿。山水林田湖草生命共同体理念之下的整体论、系统论认为，单独就水产种质资源保护区或者水生生物资源保护区进行相应生态补偿制度建设可能存在着保护功能重合、保护范围交叉和保护机构重叠等诸多难以解决之困难。未来可行制度选择可能是，要么将水产种质资源保护区生态补偿纳入自然保护地生态补偿制度体系，按照自然保护区或者自然公园进行具体生态补偿的制度建设和机制设计；要么有序整合水产种质资源保护区生态补偿和水生生物资源养护区生态补偿，将前者作为后者的一个组成部分，实现分类补偿与综合补偿相互结合。（2）能否实现补偿对象、激励对象与激励效果作用点之间的有效协同。无论是水产种质资源保护区生态补偿或者水生生物资源养护生态补偿，补偿尺度不可能无限延展，难以从干流到一级支流、二级支流进行回溯式延伸；补偿对象更不可能无序扩大，只能是财产权益遭受损害的法人、社会组织和个人等，与此同时，财产权遭受损失的自然人、法人或其他社会组织所在地地方政府发展权益也会或多或少受到一定损失，若没有相应的补救措施或者激励措施，难以实现补偿对象与激励效果作用点之间在水生生物资源保护上的有效协同。

（四）水土流失重点预防区（重点治理区）生态补偿

1. 水土流失重点预防区与水土流失重点治理区概念

水土流失严重也是我国面临的较为严峻的生态环境问题之一。统计数据显示，"目前我国约有 1/3 的国土存在不同程度的水土流失，为此每年国家需要支出 GDP 总量的 3.5% 用于兴修堤坝、坡耕地改造、退耕还林等水土保持工程"。[①] 划定特定区域应对水土流失是各国普遍采用的应对策略。按照《中华人民共和国水土保持法》规定，中国各级政府水行政主管部门依法将水土流失划分为水土流失重点预防区和水土流失重点治理区等两种类别，以及国家级（国家级水土流失重点预防区、国家级水土流失重点治理区）、地方级（地方级水土流失重点预防区、地方级水土流失重点治理区）等两种级别。所谓水土流失重点预防区是指，依据水土流失调查结果显示水土流失存在潜在危险较大的特定区域，该区域特征包括，"人为活动较少；水土流失现状较轻，但潜在的水土流失危险程度较高；对国家或区域生态安全、防洪安全和水资源安全有重大影响"。[②] 可见，设定水土流失重点预防区的主要目的在于"预防"，防范水土流失的可能及相应风险。所谓水土流失重点治理区是指依据水土流失调查结果显示水土流失现状非常严重的区域。该区域特征包括，"人口密度较大、人为活动较为频繁；现状水土流失相对严重；水土流失是当地和下游经济社会发展主要制约因素"。[③] 可见，水土流失重点治理区则侧重于"治理"，需要投入必要的财力、人力和物力及时治理已经造成的水土流失后果。

2. 水土流失重点预防区（重点治理区）生态补偿面临的挑战

建立健全水土保持生态补偿制度是预防、治理水土流失的创新性举措。现行《中华人民共和国水土保持法》第三十一条建立了水土保持生态补偿制度。所谓水土保持生态补偿制度是指对水土流失预防区、水土流失治理区所在地社会经济发展实施必要限制措施，对由于采取限制发展措施所造成的利益损失或利益严重失衡状况进行适当补偿的制度规则总称。我国水土保持生态补偿制度在实施过程中取得了显著成效。其面临挑战有：（1）采用政府补偿模式还是采用市场补偿模式。理论研究表明，如果采用市场机制补偿，对"短期见效"水土保持措施的激

---

① 张慧利：《市场 VS 政府：什么力量影响了水土流失治理区农户水土保持措施的采纳？》，载《干旱区资源与环境》2019 年第 12 期。

②③ 赵小姣：《水土流失重点防治区生态补偿法律制度研究》，西南政法大学硕士学位论文，2014 年，第 10～18 页。

励效果要大于"长期见效"的水土保持措施；政府补偿机制对"长期见效"水土保持措施的作用效果大于"短期见效"水土保持措施。[1] 如何在借鉴上述理论研究基础上，充分发挥市场补偿、政府补偿甚至社会补偿各自优势，实现不同补偿机制的规范协同，从而促使水土保持生态补偿机制有效运行。（2）分类或者整合。单独就水土流失重点预防区或者水土流失重点治理区分别建立生态补偿制度，还是进行有机整合，建立健全水土流失重点防治区生态补偿制度，实现预防与治理有机统一，需要进行理论和实践探索。（3）更高层面的合成。水土流失或者水土保持工作从来都不是单独出现的。需要立足山水林田湖草一体化理念、系统治理思维反思水土流失重点预防区（重点治理区）生态补偿之改进路径。不难发现，随着国家国土空间规划制度、国土空间分区管制及生态修复制度的实施，水土保持生态补偿制度是否被统筹纳入国家重点生态功能区、自然保护地等综合生态补偿制度体系中予以重新建构或完善，也是一个可以认真考虑的议题。

（五）大江大河重要蓄滞洪区生态补偿

1. 大江大河重要蓄滞洪区概念

纵观古今，中国一直是一个洪涝自然灾害频繁发生国家，同洪涝灾害作斗争一直是中国流域水事治理的重要内容，其中，建立蓄滞洪区制度就是一项重要的经验智慧结晶。大江大河中下游地区地理区位较为平坦，自然资源较为丰富，城市聚集区、工业聚集区及人口数量众多，经济社会较为发达。随着城市不断扩张和社会经济发展，普遍存在着洪水峰高量与河道宣泄能力相对不足的矛盾。为保障国家重要流域和国家重要城市的防洪行洪安全，国家在修建水库拦蓄洪水、加固江河堤防、扩大河道排泄洪水能力同时，依法规划、划定并设置一定数量的蓄滞洪区，从而能够发挥适时分蓄超额洪水、削减洪峰的重要功能。根据《中华人民共和国防洪法》第二十九条规定，蓄滞洪区范围包括"分洪口在内的河堤背水面以外临时储存洪水的低洼地区及湖泊等"，具体包括蓄洪区、滞洪区、分洪区和行洪区。就地理位置而言，主要分布在长江、黄河、淮河、海河两岸的中下游地区，构成江河防洪体系重要组成部分，对于重点地区的防洪安全起到屏障作用。"基于最大限度保障流域和区域防洪安全需要，蓄滞洪区经济社会发展长期以来受到一定制约。"[2] "蓄滞洪区在保证需要分洪时适时、适量的调度运用外，也要考虑蓄滞洪区内人民群众脱贫致富奔小康的适度发展要求；水库调度既要考

---

① 张慧利：《市场 VS 政府：什么力量影响了水土流失治理区农户水土保持措施的采纳？》，载《干旱区资源与环境》2019 年第 12 期。
② 刘定湘等：《蓄滞洪区生态补偿若干问题分析》，载《水利经济》2014 年第 5 期。

虑防洪需要，又要考虑水资源综合利用和水生生物繁衍生息的需要。"[1] 为实现蓄滞洪区与其他地区的协调发展，灾害预防和生命财产安全与生态安全的协调推进，国家在建立大江大河重要蓄滞洪区制度时，附带建立大江大河重要蓄滞洪区生态补偿也进入了政策制定者和决策者视野。

2. 大江大河重要蓄滞洪区运用补偿及问题梳理

我国较早建立了大江大河重要蓄滞洪区运用补偿制度。[2] 水利部《蓄滞洪区运用补偿暂行办法》规定了对蓄滞洪区内居民因汛期行洪分洪所遭受的损失进行补偿。在保障区内居民基本生活的同时，还需要关注区内农业生产恢复，且要与国家财政承受能力相适应。居民在依法获得补偿的同时也会按规定享受洪水灾区灾民的政府救助。应当说，这一制度举措仍然发挥着重要作用。但也存在着较为明显的问题：（1）时间范围不合理。《中华人民共和国防洪法》《蓄滞洪区运用补偿暂行办法》明确的只是一种"运用补偿"，即对于承担分洪任务的年份才给予补偿，对于未承担分洪任务的年份则不予补偿。[3] 鉴于蓄滞洪区是一个需要长期建设，且强调维持的一个持续性状态，其对于蓄滞洪区经济社会发展形成的制约是持续性的、长期性的。因此，按照分洪事实予以补偿的制度设计思路显然需要反思和检讨。（2）补偿标准偏低。这虽然是生态补偿的一个普遍性问题，但蓄滞洪区运用补偿制度更为突出。

3. 大江大河重要蓄滞洪区生态补偿制度建构面临的挑战

《中共中央关于全面深化农村改革加快推进农业现代化的若干意见》《水利部关于深化水利改革的指导意见》《国务院办公厅关于健全生态保护补偿机制的意见》《关于深化生态保护补偿制度改革的意见》先后明确指出"建立蓄滞洪区生态补偿制度"。总体来看，我国建立健全蓄滞洪区生态补偿制度面临挑战有，（1）如何准确定位目前正在实施的蓄滞洪区运用补偿制度。实际上，流域水生态补偿制度侧重于解决"水少""水脏"问题而引发的利益失衡问题，而蓄滞洪区运用补偿制度所要解决的是"水多"问题引发的利益失衡问题，其立足于防洪行洪安全而非生态保护和生态安全对流域某一特定区域经济社会发展实施必要限制，换言之，蓄滞洪区运用补偿和蓄滞洪区生态补偿虽然共享了"公共利益""限制""损失"等主要元素，但其主要目的不是"生态保护、生态安全"意义上的"补偿"而是"防洪行洪安全"意义上的"补偿"。（2）如何实现蓄滞洪区生态补偿与运用补偿之间的规范衔接。尽管两者之间存在差异，但并不妨碍两

---

① 要威：《新形势下长江蓄滞洪区建设与管理思考》，载《长江技术经济》2019年第2期。

② 参见国务院《蓄滞洪区运用补偿暂行办法》（2000年）。

③ 伊海燕：《蓄滞洪区生态补偿法律政策存在的问题及其优化》，载《郑州轻工业学院学报》（社会科学版）2020年第4期。

者实现有序的结构、功能互补。立足治水兴水、人与自然和谐相处的长远考量，探索国家大江大河重要蓄滞洪区生态补偿与运用补偿补助协调发展，推进国家纵向补偿与地区横向补偿，加强蓄滞洪区内产业布局引导，结合新型城镇化建设，为蓄滞洪区建设提供"新动能"。① （3）前置性制度规范化建设问题。即便我国需要建立蓄滞洪区生态补偿制度，也不可能做到全覆盖。因此，当务之急在于，需要建立蓄滞洪区分级分类管理制度及相应的动态调整机制。分级分类管理既有利于厘清中央政府与地方政府生态补偿事权与支出责任，也能为蓄滞洪区分类补偿或者综合补偿奠定坚实制度基础。

二、跨行政区流域生态补偿

（一）跨行政区流域生态补偿产生逻辑

1. 流域生态保护整体性与行政区域分割性之间存在冲突

跨行政区流域水污染防治、水环境治理是各国共同面临的一个普遍难题，也是困扰我国流域生态环境质量改善的重要议题。已有数据显示，我国跨行政区（跨省、跨市、跨县、跨乡）流域水污染通常要比该流域整体水污染水平要高。国家生态环境部已列出的流域重点污染区域主要集中在跨行政区的交界区域。几乎每个行政区都作为其上游地区污染的承接者，又作为其下游地区污染的生成者。也就是说，由于行政区域的人为分割，不同行政区域存在着"互污""竞污""污染转移""污染转嫁"等复杂难题。此外，流域上下游地区经济社会发展不平衡、不协调问题日渐凸显。相对发展不足、生态环境敏感的流域上游地区在供给下游地区水生态服务或优质水生态产品同时，要求下游地区予以相应补偿的意愿非常强烈。发展速度较快、利益需求多元的流域下游地区要求流域上游地区进一步改善水质、获得更多优质水生态产品的愿望也比较迫切，但对流域上游地区要求补偿的热切意愿却选择回避或主动积极补偿意愿不足、不够。一般而言，由于"源头现象"普遍存在，流域上游地区产业发展以粗放外延扩充式为主，经济社会发展相对滞后，故政府、民众促进地方经济社会发展的愿望或心情非常迫切，但在加快生态文明建设的总体背景下，基于国家对流域用水总量控制、水域面积总量控制和污染物排放总量控制加重和环保准入门槛趋向严格的情况下，为保障一定水量供给和较高的水质供应，流域上游地区需要付出大量的直接成本，并可能需要放弃诸多发展机会成本。与此相反，流

---

① 要威：《新形势下长江蓄滞洪区建设与管理思考》，载《长江技术经济》2019 年第 2 期。

域下游地区经济社会发展水平较高，立足于自身生态文明建设的要求，对来自上游地区水资源的水质、水量要求较高，他们可以从上游地区保护流域生态环境质量的各种行为中获得额外收益，故需要通过制度机制承担相应的补偿责任。但如果缺乏一定的流域生态补偿机制，上游地区选择牺牲生态环境以获取一定的经济利益，流域下游地区便失去了赖以生存的自然资源物质基础，致使流域生态环境陷入"公地的悲剧"，流域上、下游地区两败俱伤。总之，行政区域的分割性与流域生态环境整体性之间的矛盾是导致流域生态环境治理困难的根本原因。

2. 流域合作协议的低效或无效

为避免陷入所谓经济学中的"囚徒困境"，[①] 必须建构并完善利益协调机制。为此，由跨行政区的共同上级政府协调管理和流域上下游地方政府之间协商管理就成为两种可行的制度选择，其中，通过平等协商进而缔结流域合作协议[②]已然成为优先选项。一种常见情形是，当某一流域发生较大规模水污染事故纠纷后，各级政府及职能部门台前幕后协调或协商努力累积的结果是，流域上下游、左右岸等各级各类行政机关围绕事故纠纷缔结了名目繁多的流域合作协议。遗憾的是，如此众多的合作协议仍未能有效预防或避免污染事故纠纷的再次发生。[③] 在分析合作协议未能有效发挥作用的成因时，流域地方政府之间竞争需求大于合作愿望[④]，协议内容多为"政治正确"的合作宣誓而无实质内容[⑤]，过于强调协议缔结而忽视协议履行[⑥]等，上述解释都从不同侧面揭示了流域合作协议不能有效发挥作用的缘由，应该说，都有一定道理，但均未抓住问题的实质。

建起一个有效调整流域上下游地区之间利益关系的横向生态补偿机制就成为一种较为理性的制度选择。可见，跨行政区流域生态补偿制度就是试图在"上游保护—下游补偿""上游污染—下游受偿"两对关系之间建立一种基于利益交

---

① 余永定等：《西方经济学》，经济科学出版社 2002 年版，第 84 页。

② 吕志奎：《州际协议：美国的区域协作管理机制》，载《太平洋学报》2009 年第 8 期；张振华：《"宏观"集体行动理论视野下的跨界流域合作——以漳河为个案》，载《南开学报》（哲学社会科学版）2014 年第 2 期；李广兵：《跨行政区环境管理的再思考》，载《南京工业大学学报》（社会科学版）2014 年第 4 期。

③ 2002 年，江苏浙江两省发生跨行政区水污染事故纠纷，在当时国家环境保护总局、水利部等协调下，两省缔结《关于江苏苏州和浙江边界水污染和水事矛盾的协调意见》等流域合作协议。2005 年，两省跨界水污染纠纷再次发生；2009 年，安徽蚌埠宿州两市政府缔结《关于跨市界河流水污染纠纷协调防控与处理协议》等流域合作协议。2015 年，两市跨界水污染纠纷再次发生；2012 年，淮河流域安徽江苏两省六市（包括安徽宿州和江苏宿迁）缔结流域合作协议。2018 年，安徽宿州和江苏宿迁因洪泽湖水污染事故纠纷产生争议。

④ 王资峰：《中国流域水环境管理体制研究》，中国人民大学博士学位论文，2010 年，第 139～184 页。

⑤ 李广兵：《跨行政区环境管理的再思考》，载《南京工业大学学报》（社会科学版）2014 年第 4 期。

⑥ 晏昌霞：《政府间环境合作协议存在问题及完善路径》，载《行政与法》2016 年第 9 期。

换、利益分配而形成的生态补偿关系，并将这种生态补偿关系转化为一种制度意义上的权利义务关系，主要是通过或者明确保护者的补偿请求权，或者明确受益者补偿支付义务两种方式，并且希望这种良性的互动关系，有利于激励流域上游地区、支流地区持续保护流域生态环境，为下游地区、干流地区提供质优量足的水生态服务或优质水生态产品，避免流域上下游地区之间由于稀缺资源环境利用发生的冲突或内耗，加快流域经济生态化和生态经济化的进程，有利于促进整个流域自然经济社会和谐发展。

（二）跨行政区流域生态补偿实践探索

在国务院或上级政府财政、生态环境等主管部门组织指导下，跨行政区流域上下游地方政府开始探索建立健全流域生态补偿机制，借助分配正义和交换正义的基本原理，明确上下游地区各方权利、义务及责任，总结出"合作治理、共建共享"的治理经验，初步实现了"生产发展、生活富裕、生态良好"的双赢、多赢局面。可见，建立健全流域生态保护补偿机制，对于破解流域环境治理难题，实现区域协调发展，促进生态文明建设，贡献流域水环境治理的中国智慧，意义极为深远。当务之急在于，需要及时总结提炼流域生态保护补偿实践中的成熟经验和普遍做法，建立健全生态保护补偿制度机制体系，用最严格的制度、最严密的法治保护流域生态环境。

为保护新安江一江清水，守护千岛湖万顷碧波，在国家财政部、生态环境部等有关部门的大力关心支持下，浙江安徽两省率先建立新安江流域水生态保护补偿机制，并探索跨行政区流域合作治理的典型样本。随即，一个个跨省级（跨市级、跨县级）流域生态保护补偿机制渐次建立，流域生态环境开始由"行政区域自主治理"时段正式迈入"流域合作治理"时段。经过多年试点，主要的制度经验包括：（1）初步建立了激励为主、激励约束并重的制度机制。无论从哪个角度出发，生态保护补偿都强调以激励换取优质生态产品供给这一核心内涵。[①] 梳理以新安江生态补偿为主要代表的流域水生态保护补偿运行实践，我们可以看出，流域上下游地区地方政府签订的流域生态补偿协议是流域生态补偿机制运行的有效载体形式，借助协议权利义务关系的内在特有机理实现着对流域上下游地区地方政府及政府职能部门的自我约束与相互约束；中央（上级）政府透过对上游地区的纵向转移支付，传达着对流域生态保护者保护流域生态环境的正向激励的信号；借助"对赌水质"的创新约定，实现对协议双方或多方的正向激励或反

---

① Muradian. Reconciling Theory and Practice：An Alternative Conceptual Framework for Understanding Payments for Environmental Services［J］. Ecological Economics，2010，69（6）：1202 – 1208.

向约束。一言以蔽之，以地理位置毗邻但无行政隶属关系的上下游地区地方政府为缔约主体，以平等协商和意思表示一致为基础，以补偿资金的对价支付为核心和支点，以自我激励与相互激励相结合的流域生态补偿机制已经建立，并在流域水环境治理实践中扮演着越来越重要的角色，发挥着越来越重要的作用。（2）初步建立起相对稳定的生态保护补偿资金机制。最新研究表明，"生态保护补偿实际上就是自愿支付优质水生态产品的一套透明资金筹集支付机制体系。"[1] 在流域生态补偿实践中，地方政府按照协议履行各自出资职责，中央财政予以相应资金支持，极大舒缓了流域上游地区长期存在的环境污染治理和生态修复的资金短缺困境。如此一来，不同渠道的生态补偿资金汇聚于流域上游地区，流域上游地区地方政府及政府职能部门按照预定流域生态补偿资金实施方案，深挖污染重点、生态修复难点、分类施策、多管齐下、关停并转，扎实有力推进流域水污染防治、水环境治理和水生态修复。应当说，相对稳定的生态补偿资金机制，在实现流域生态环境逐渐好转同时，也在不断推进着传统产业转型升级和上下游地区的协调发展、绿色发展。（3）初步建立了跨界断面考核为主的流域合作机制。实证调研发现，在流域水流产权国有或全民所有背景下，实际拥有流域自然资源"治权"或管理权的地方政府往往青睐于一种"避害式合作"而非"趋利式合作"，这种合作发展走向极易导致业已建立的流域合作机制低效甚至无效。[2] 流域水生态补偿机制运行实践也表明，流域上下游地区地方政府通过协议约定补偿支付基准、补偿支付标准、补偿方式等，并将生态补偿资金支付与否建立在跨界断面水质水量监测考核结果基础之上，这样一来，既明确了生态补偿资金支付对象、受偿对象、拨付方向、使用范围，也在一定程度上克服了地方政府"共同共有"流域水流产权带来的弊端，倒逼地方政府必须对所辖行政区流域生态环境质量负责。更为重要的是，通过流域生态保护补偿机制特有的利益牵引机理，辅之以生态补偿支付平台和信息共享机制建设，有效保障了诸如重大建设项目环评会商、应急联防、联合执法等流域合作机制的良性运转，有效克服了传统流域合作协议机制低效或者无效之困境。（4）初步探索出流域生态补偿机制两种相对成熟的模式。古人云，水无常形。[3] 流域生态保护补偿机制的地方实践探索精彩纷呈，归纳、总结实践探索，仍然可以将其划分为两种模式：行政主导模式和市场主导模式。一是行政主导模式。凭借高层级政府行政高权力，进行相对集中的生态补偿规则供应、资金筹集、资金分配、监督管理及奖励惩罚，这主要以福建、江西等地为代表。以江

---

[1] 王彬彬等：《生态补偿的制度建构：政府和市场有效融合》，载《政治学研究》2015年第5期。

[2] 张振华：《"宏观"集体行动理论视野下的跨界流域合作——以漳河为个案》，载《南开学报》（哲学社会科学版）2014年第2期。

[3] 车吉心：《齐鲁文化大辞典》，山东教育出版社1989年版，第497页。

西省为例，江西省颁行了流域生态保护补偿规范性法律文件，明确了流域范围内所有市、县既是保护者，也是受益者，应当承担流域水环境治理和生态保护共同责任。在资金筹集方面，建构了省、市、县政府比例出资机制，保障资金有效筹集；在资金分配方面，结合流域水生态环境保护、森林生态保护和用水总量等因素进行资金分配，实现了行为基准和结果基准的相对统一；在生态补偿监督管理等方面，结合生态文明建设目标责任考核结果实现激励约束。二是市场主导模式。在中央（上级）政府指导协调下，流域上下游地方政府在平等协商基础上，就资金筹集、资金分配、监督管理及奖励惩罚达成一致意见，缔结、履行具有约束力的生态保护补偿协议，从而建立起流域生态保护补偿机制。这种模式首先出现在跨省的新安江流域，继而在全国范围内广泛铺开。由于涉及中央（上级）政府以行政指导等方式的一种适度介入，故严格意义上讲，这仅仅可以理解为一种准市场机制模式。

第二节 水生态补偿类型区分问题梳理

一、无视"生命共同体"理念

（一）整体性系统性考量不足

无论江河源头区生态补偿，或者水土保持重点预防区生态补偿，再或者水产种质资源保护区生态补偿，甚至跨行政区流域生态补偿，他们的补偿尺度均指向生态保护的特定区域，补偿对象均指向特定区域内地方政府、法人、其他社会组织和个人，补偿目的包含着一定的侵害性与激励性联结，补偿方法主要是以分类补偿为基础和主导。总之，上述各种类型生态补偿均是围绕"水"而得以展开，所谓水生态补偿机制就是在总结这些共性因素基础上而得以建构并持续完善。受制于"生命共同体"理念要求，流域水生态补偿机制完善首先要做的就是统筹考量涉"水"共性因素，设计出一般性补偿规则，其后结合补偿实践整理挖掘出特定区域个性化补偿规则。在水生态补偿制度建设及机制运行之初，仅考虑江河源头区、水土保持重点预防区、水产种质资源保护区等涉"水"特定区域个性补偿规则，立足于"自身一亩三分地""只要看好自己的责任田"，并试图把个性补偿规则作为迈向一般补偿规则的先决条件或准入门槛，尽管有助于制度建设及机制运行，但随着补偿实践的发展，这种补偿理念、补偿方法越来越显露出其自身弊端，严重妨碍流域水生态环境质量状况的好转。

无视山水林田湖等自然生命共同体理念以及流域生命共同体理念，造成流域上下游地区地方政府及民众逐渐形成不同认知分野，典型如流域上游地区认为，为了保护流域整体生态安全及下游地区生态环境，上游地区投入了直接成本、牺牲了发展机会，应当获得来自下游地区的公平合理补偿；流域下游地区地方政府及民众则认为，流域上游地区地方政府保护流域生态环境，保障水生态服务持续供给，这实质上是在承担自身的法定职责，而且履行这个职责也会使自身从中获益。相反，流域下游地区通过税收等方式已经向中央或者上级政府履行了自身法定职责，在这种情况下，再要求流域下游地区补偿上游地区不仅"于理不通"，而且"于法无据"。由于缺乏生命共同体理念，造成流域上下游地区均认为，建立流域横向生态补偿机制就意味着增加地方政府财政预算成本支出，随之而来的"额外"责任负担及风险等不确定因素也会相继出现，加之任期制官员流动较为频繁，难以在上下游地区之间建立一定的信任关系。由于缺乏生命共同体理念，加之强制性法律约束机制和科学理论支撑不足，即便在共同上级政府组织并加持下，流域上下游地区地方政府也难以在补偿标准与补偿基准方面达成相互妥协，从而持续阻碍着流域横向生态补偿机制运行进程。缺乏生命共同体理念，任期制官员即便在政治锦标赛压力之下就流域横向生态补偿机制达成基本共识并签订协议，但持续推动协议运行或者续签流域生态补偿协议的意愿不高，主动积极构建常态化执法协作机制的内生动力缺乏。缺乏山水林田湖等自然生命共同体理念，流域上下游地区建立横向生态补偿机制大多聚焦于跨界断面水质水量目标的设定。如此一来，能够迅速改善跨界断面水质状况、及时彰显生态补偿机制绩效的"短、平、快"环境治污或生态修复项目受到各级政府乃至社会的广泛青睐，导致双方对流域生态环境保护深层次问题解决路径的刻意甚至有意无意忽略；缺乏山水林田湖等自然生命共同体理念，"项目式"补偿所形成的资金支付存在"一锤子买卖"现象，往往造成业已建立的流域生态环境保护设施、污染防治设施难以持续维护及运营；对基于改善水质状况而实施关停并形成的数量庞大的企业失业工人、养殖户等而言，"一次性补偿"虽然暂时解决了他们眼前困难，但却有意无意回避了他们的长远生计难题。种种问题表明，若不牢固树立"生命共同体"理念，无视流域的整体性和系统性，忽视分类补偿与综合补偿的协同效应，单就涉水某一领域、某一阶段或某一层面进行流域水生态补偿制度建构及机制建设，难以保障水生态补偿机制的有效运行，从而引发对水生态补偿机制建设正当性之反思。

（二）容易造成补偿重复和补偿真空

水生态补偿机制运行中一个常见问题是，补偿重复与补偿真空、补偿不足与补偿过度同时并存，引发对生态补偿机制必要性的质疑。现以丹江口库区为例探讨这一问题。湖北丹江口库区最早建立水土保持生态补偿制度。2016 年，水利部按照《中华人民共和国水土保持法》《全国水土保持规划国家级水土流失重点防治区复核划分技术导则》等要求，利用第一次全国水利普查成果，借鉴全国主体功能区规划和已批复实施的水土保持综合及专项规划等，复核划分了全国水土保持规划国家级水土流失重点预防区和重点治理区。据统计，全国共划分大小兴安岭等 23 个国家级水土流失重点预防区，涉及 460 个县级行政单位，约占国土面积的 4.6%；东北漫川漫岗等 17 个国家级水土流失重点治理区，涉及 631 个县级行政单位，约占国土面积的 5.2%，两者共计达到了国土面积的 10% 左右。[①]其中，中国南水北调中线水源地丹江口库区被纳入国家级水土流失重点预防区，需要建立相应的水土保持生态补偿制度机制。随着国家对南水北调中线工程的高度重视，丹江口库区又陆续被纳入国家重点生态功能区，进而建立了相应的重点生态功能区生态补偿制度机制。此外，湖北丹江库区所在地方政府还与京津冀等地地方政府建立了横向生态补偿协作机制。总之，为了保障"一库清水永续北送"，湖北丹江口库区需要承担流域生态环境保护的"政治""法律""社会"等复合责任，相应可能获得来自纵向、横向等多方的生态补偿补偿资金、对口协作等，这是否意味着带来所谓"补偿重复"问题呢？对湖北丹江口库区所在地地方政府及民众而言，接受来自各个方面的补偿资金，无疑具有一定正当性和必要性，本应也是一件好事，但天下哪有如此好的"免费午餐"。由于中央政府各个职能部门以及受水区各地政府各自为政，在涉及各个部门、各个领域生态补偿机制的补偿标准、补偿方式、补偿支付与绩效考核等核心议题均由自己单独组织实施，"随意性""单向性""碎片化"造成湖北丹江口库区地方政府及民众在享受"多重补偿""多重红利"的同时，也承担着疲于奔走、周旋于不同政府职能部门"多重考评"带来的"多样苦恼"的境况，如何在一件衣服上绣出需要同时符合多个政府职能部门各自不同喜好的图案，对于丹江口库区地方政府及民众而言，也构成了一个长期挑战。

---

① 《水利部公布国家级水土流失防治重点区域（图）》，中华人民共和国水利部网站，2022 年 11 月最后访问。

二、部门利益痕迹过于突出

(一) 部门分工不明与合作不能

应该说，我国生态补偿机制肇始于不同政府职能部门资源生态环境管理的实践探索，最初多为各个政府职能部门履行各自法定职责（多为主导职责）而提供相应协助或配套服务的一类激励性政策工具，比如，森林生态补偿制度主要是为各级政府林业草原行政部门的生态公益林建设、保护与管理等主导职责服务的；水土保持生态补偿制度主要是为政府水行政主管部门水土保持监督管理的主导职责服务的；草原生态补偿制度初期主要是为各级政府农业农村主管部门促进农牧业健康发展的主导职责服务的。后来，随着党和国家机构管理体制变革，草原生态补偿制度又被一分为二，轮牧禁牧类生态补偿被划归为各级政府林草行政部门负责事项，而草畜平衡生态补偿仍为政府农业农村主管部门负责。久之，中国生态补偿制度建构及机制运行不可避免打上了不同政府职能部门的深刻烙印。"生态补偿部门化""部门利益化"逐渐成为不同领域生态补偿制度设计的出发点和立足点，任何试图打破原有部门利益格局的制度设计要么迟迟难以出台，要么出台后迟迟难以落地，最终形同虚设。我国的水生态补偿制度机制就是在这种背景下形成、发展的。乍一看，水生态补偿机制似乎把涉水领域的生态补偿机制进行了整体性打包和全面化覆盖，但认真梳理就会发现，它不可避免地最终掉进了部门利益的窠臼。

一想到江河源头区，就会联想到绿水青山、负氧离子、潺潺小溪等美好词汇和诗意画面。建立健全江河源头区生态补偿补偿制度无疑具有道德乃至法理的正当性。但问题关键是，地理或自然意义上的江河源头区与法规范意义上的江河源头区存在一定程度的区隔，因为并非所有的江河源头区均需要纳入行政管理乃至法治规制的轨道，也并非所有的江河源头区均需要通过建立江河源头区生态补偿制度而实现有序管理。因此，首先，需要结合生态文明建设的方略及步骤，建立健全江河源头区分级分类管理和动态调整机制，以便从地理意义上的江河源头区有序转化为法规范意义上的江河源头区，进而为相应的江河源头区生态补偿制度提供前置性制度环境。其次，应然意义上最为紧要之处在于，需要对江河源头区这一特定区域内森林、土壤、植被等相对完整的生态系统进行保护与管理，其关注的着力点或聚焦点是保护管理带来"活水""流动水资源"的特定区域而非单纯是对"活水"水体本身实施保护管理。由于其关注目标是"活水"及"活水"源头的生态补偿，就理所当然地被纳入政府水行政主管部门的职责中。与之相对

161

应，水产种质资源保护区生态补偿乃至水生生物资源养护区生态补偿，尽管也离不开某一特定功能区域内"活水""水资源"，但由于其更加关注的是这一特定功能区内水产种质资源保护、水生生物资源保护以及各自相应的生境保护，从管理保护目的及功能出发，理所当然应属于政府农业农村部门"操心"事项。水土保持生态补偿制度，无论是侧重于预防或者治理，大都离不开一定的植树造林、封山育林或植被恢复手段或策略，但水土保持主要目的和功能在于保"水"，既然涉及"水"，故而一直被作为政府水行政主管部门的"势力范围"，其他政府职能部门无权染指或不便过问。

在涉水生态补偿各个类别中，最为尴尬的当属涉及集中式饮用水水源的生态补偿制度。各地立法或制度实践中经常存在着三种不同名称或做法，第一种叫"饮用水水源地生态补偿"，第二种叫"饮用水水源保护区生态补偿"，第三种叫"饮用水水源保护生态补偿"。千万不要以为它们仅仅存在着一种文字表述上的细微差异。实际上，三种不同名称背后，意味着不同政府职能部门在主导不同生态补偿职责以及负载的补偿资金下引发的利益之争。简要分析如下，如果是对饮用水源地实施生态补偿，[①] 则可能属于政府水行政部门的职责范畴，因为依照现行法律法规和"三定方案"要求，饮用水水源地一般是由政府水行政部门进行确定或调整；如果是对饮用水源保护区实施生态补偿，[②] 则可能进入政府生态环境部门的"势力范围"，因为依照现行法律法规和"三定方案"要求，饮用水水源保护区划定、调整和升级等则是由生态环境部门牵头负责；如果是对饮用水源保护（行为或者结果）实施生态补偿，[③] 那么各级政府财政部门、水行政部门或者生态环境部门甚至卫生健康部门均可能依法履行相应监管职责。应然意义上，需要紧紧围绕生态安全尤其是饮用水安全来配置涉及集中式饮用水水源的生态补偿监督管理权力。但客观现实是，各个政府职能部门均从有利于自身利益或者自身主

[①] 一些地方法规强调对饮用水源地实施生态补偿。如云南省《曲靖市集中式饮用水水源地保护条例》第 24 条规定，"市、县（市、区）人民政府应当综合平衡集中式饮用水水源地使用、保护及各方利益，建立集中式饮用水水源地生态保护补偿机制，促进保护区和其他地区的协调发展"。

[②] 一些地方法规强调对饮用水源保护区实施生态补偿。如《广西壮族自治区饮用水水源保护条例》第 38 条规定，"县级以上人民政府应当建立健全饮用水水源保护区域的生态补偿机制，多渠道筹集补偿资金，加大对饮用水水源保护区补偿力度，促进饮用水水源保护区和其他地区的协调发展。生态补偿具体办法由自治区发展改革部门会同财政、环境保护、水行政、林业等主管部门提出方案，报自治区人民政府批准后执行"。

[③] 一些地方法规强调对饮用水源保护实施生态补偿。如《湖南省饮用水水源保护条例》第 26 条规定，"县级以上人民政府应当建立健全饮用水水源生态保护补偿机制，可以通过安排饮用水水源保护生态补偿资金、财政转移支付、区域协作等方式，促进饮用水水源保护区和其他地区的协调发展。生态补偿具体办法由省人民政府制定"。再如，浙江省《丽水市饮用水水源保护条例》第 10 条规定，"市、县（区）人民政府应当建立健全谁受益、谁补偿，谁保护、谁受偿的饮用水水源保护生态补偿机制"。

导职责实现与否开展集中式饮用水水源生态补偿监督管理工作。如此一来，涉及饮用水水源的生态补偿制度就会打上"部门烙印""部门利益痕迹"，生态补偿管理工作逐渐成为政府各个职能部门的"面子""花钱"和"政绩"工程，成为推动各个政府部门履行主导职责的"好帮手""好工具"，与此对应的是，这个制度本身所追寻的饮用水安全以及分配正义价值目标却被逐渐架空或处于不断消解之中。

尴尬也不能由集中式饮用水水源生态补偿独享。在多数情况下，跨行政区流域生态补偿机制更为关注水质状况，因此，由政府生态环境主管部门挑起了监管职责的大梁；但在跨行政区、跨流域重大引调水工程而建立的生态补偿机制中，由于强调水量、水资源配置等因素，因此，政府水行政主管部门似乎又理当重任在肩。可见，尽管补偿对象都涉及一定数量、一定质量的水资源，都事关水生态服务或水生态产品持续有效供给，但由于目标及功能需求的侧重点不同，可能就会打上不同政府部门烙印。由于不同政府部门职责不同，据以追求的部门利益不同、问题发现或问题解决的路径也不同，加之规制资源、规制知识和规制能力也存在较大差异，这就注定了水生态补偿制度建构及机制运行并非一体化、系统化集成的"一帆风顺"，相反，一直是分部门"涉水""曲折前行"。更严重的问题是，既有水生态补偿机制过于关注水质或水量要素，自然也就造成对水生态及水生生物资源状况的有意或无意疏离。故水生态补偿机制在继续关注水量供给、水质提升的同时，在更大范畴上和更高视野下关注流域水生态环境保护以及高质量发展有效协同，也是一个需要进一步思考的重要议题。

（二）地方生态补偿自主权不足

第一，部门利益痕迹明显，导致流域水生态补偿资金使用范围、使用方式严重受限，接受补偿的地方政府自主权严重不足的弊端也更加凸显。比如，跨行政区流域生态补偿机制实践中，一种模式主要是由流域上下游地区地方政府之间签订流域生态补偿协议方式推进。在流域生态补偿签订履行过程中，涉及中央财政资金和上级政府的财政资金的转移支付问题，通常需要经过中央—省级—地市级—县级资金拨付等一系列程序，内部操作过程烦琐，且对资金使用方向、程序和方式制定了较为严格管制。一方面，经过一系列复杂程序之后，生态补偿资金通常到位较晚；另一方面，又需要生态补偿项目当年必须投产见效，从而造成补偿项目实施与补偿资金拨付上的"时空错位"，地方政府为了获取一定的补偿资金，往往需要提前筹资"上马"生态补偿项目，但这些生态补偿项目往往难以与随后拨付的生态补偿资金匹配，造成生态补偿预期目标与最终效果的"变通"执行随处可见。第二，流域上游地区所在地的上级政府财政自身财力有限，没有多余资金供流域上游地区生态补偿项目提前投入使用，造成项目后期资金使用率和项目实施推进进度低，一些已经建成的流域水生态环境保护基础设施难以有效运行。第三，严重侵蚀了地方政府生态补偿自主权利（力）。从法理上看，流域上游地区地方政府依法享有生态补偿权利与生态补偿权力相结合的一种复合性权利（权力）。从权利视角来看，地方政府有权依法占有、使用来自纵向、横向的生态补偿资金，自主决定生态补偿资金的使用方向和使用范围。从权力视角来看，地方政府仅仅是生态补偿资金"中间主体"，他们依法享有将汇聚而来的生态补偿资金进行再次分配的权力。但上级政府"审批式"的生态补偿项目管理方式，造成地方政府，尤其是县级政府补偿资金使用自主权的严重匮乏。地方政府不仅需要花费相当精力用于与上级政府及其职能部门讨价还价，以便获批生态补偿项目和争取生态补偿资金。同时也不得不将资金和项目用在上级政府认为"该用的地方"。虽然地方政府熟悉流域实际状况却无权结合流域生态环境治理实际进行必要的调整与改进，"统计数量"式的补偿项目执行进路违背了流域生态环境"新治理"自主参与的精神，极大侵蚀了地方政府依法享有生态补偿权利或者生态补偿权力。

第三节　水生态补偿再类型化之展望

一、再类型化原则与方法

（一）遵循生命共同体理念

针对中国生态环境保护面临的新形势与新挑战，学者吕忠梅提出了"自然生命共同体""人与自然生命共同体""人类命运共同体"等相互关联、有机统一的"生命共同体"法理命题，[1] 这构成了水生态补偿机制有效运行的价值指引。（1）立足"自然生命共同体"理念实现人的全面发展。"以人民为中心"[2] 是中国社会主义法治的价值追求，水生态补偿制度建设亦不例外。良好的生态环境没

---

① 吕忠梅：《习近平法治思想的生态文明法治理论》，载《中国法学》2021年第1期。
② 习近平：《以科学理论指导全面依法治国各项工作》（2020年11月16日），载习近平：《论坚持全面依法治国》，中央文献出版社2020年版，第6页。

有替代品，"用之不觉，失之难存"①"人类在从事经济社会活动时，应该把周围的生态环境（尤其是水环境）视为一个有机生命躯体，视为其行动的天然基础和依托，而不能超越其承载能力与物理极限或造成其严重破坏。"② 为此，水生态补偿制度建设就不能仅仅"在水言水""就水治水""管好自己的一亩三分水"，而是需要打破传统单个自然要素、单个生态系统单独生态补偿所致的补偿碎片化问题，以"自然生命共同体"为旨趣，初步实现了补偿空间、尺度、范围、领域的"系统集成"，在"尊重自然、保护自然、顺应自然"前提下，践行"以人民为中心"的庄严承诺，实现对人的补偿与对生态的补偿相互促进。（2）借助利益分配机制践行"人与自然生命共同体"理念。对于人类不断增长、变化需求而言，良好水生态产品这种公共产品总是呈现出总量稀缺与功能稀缺状况。更为重要的是，双重稀缺状态的优质水生态服务在现实世界中并非总是均衡地配置于每个社会群体与个体之中，由此产生了不同区域、不同个体围绕稀缺资源展开了激烈竞争和相互冲突的局面，"公地的悲剧""集体行动的困境"由此而生。水生态补偿机制需要通过统筹流域水生态环境之多重功能、协调多元主体复杂利益诉求，希望探索"绿水青山"保护者与"金山银山"享有者之间的多元化利益协调机制，并促使其制度化和规范化。基于此，水生态补偿机制需要通过水权交易、排污权交易等系列市场化、多元化生态保护补偿机制建设，积极防范温室效应所引发的国家、流域、区域生态环境风险，实现国家乃至全球生态安全，在彰显一个负责任大国国家形象同时，也在倡导并引领"人类命运共同体"理念的实现。

在山水林田湖草生命共同体内，"各生态要素之间是普遍联系和相互影响的，不能实施分割式管理。实施分割式管理很容易造成自然资源和生态系统破坏。"③水生态补偿机制虽然是以"水"为核心，以"水"为媒介，但绝对不能仅仅就"水"论"水"，在"水"言"水"，要看到流域水生态环境诸多问题，问题出现在水里，但根子在岸上。如果完全脱离土地、森林、湿地、草原等"岸上"的自然资源或生态要素，单独就水质、水量或者水生生物保护管理进而推进相应的"水生态补偿机制"完善，最终可能造成顾此失彼，不仅生态补偿制度功能难以发挥，而且业已建立的水生态补偿机制难以有效运行。一个可行举措是，立足于生命共同体理念，将流域水流以及"岸上"的荒山、森林、湿地、草原等自然要

---

① 张文显：《习近平法治思想研究（中）——习近平法治思想的一般理论》，载《法制与社会发展》2016年第3期。

② 郇庆治：《习近平生态文明思想中的传统文化元素》，载《福建师范大学》（哲学社会科学版）2019年第6期。

③ 成金华等：《"山水林田湖草是生命共同体"原则的科学内涵与实践路径》，载《中国人口·资源与环境》2019年第2期。

素有效纳入系统性、整体性的流域水生态补偿机制建设之中，将水生态补偿市场机制和政府机制纳入水生态补偿机制建设之中，既要瞻前顾后，更要左顾右盼。唯其如此，才能保障已经建立的水生态补偿机制能够有效运行。顺便提及一下，立足于生命共同体理念，现行政策确立的水生态补偿主要类别就需要加以反思，因为这种类型区分更多是一种部门利益主导的产物，是对山水林田湖草生命共同体理念的严重违背。当务之急在于，牢固树立"山水林田湖草海自然生命共同体""人与自然生命共同体""人类命运共同体"理念，强化整体治理、系统治理思维，实现对水生态补偿类型的一个重新厘定，并在此基础上重塑我国水生态补偿制度机制。

（二）统筹协调分类补偿与综合补偿

1. 以分类补偿为基础

所谓分类补偿，是指结合涉水生态保护特定功能区域的生态区位重要性及生态敏感脆弱性，立足不同水功能区用途，划分为不同类别而予以相应补偿。一般而言，分类补偿包含三个意蕴：一是如何科学地对涉水特定区域进行分类。二是在分类基础上如何进行合理补偿。分类是补偿的前提，是以规范补偿为目的，实施分类补偿目的在于提高特定区域水生态服务供给功能。三是需要突出补偿标准级差，合理级差能够有效激发生态环境保护积极性，包括共时态下，不同领域、不同类别补偿标准之间的差额；历时态下，相同领域、相同类别补偿标准之间的差额。分类补偿存在较为坚实理论基础：（1）经济层面，分类补偿能够带来帕累托改进。由于涉水特定区域生态重要性及脆弱性各不相同，比如饮用水水源保护区事关民众饮用水安全，其生态区位重要性敏感性最高，因此对人类活动的限制程度最高，且需要最高级别管护措施，故应当给予较高标准补偿。相应地，对于水土流域重点治理区，其生态区位重要性没有饮用水水源保护区那么高，因此该区域人类活动的限制程度就不需要达到饮用水水源保护区禁限程度，允许人类在此区域内从事一定的生产经营活动，辅之以适当补偿，促使其境况变得更好，实现帕累托改进。（2）法律层面，分类补偿契合了公平激励的内在要求。我们知道，生态补偿制度是一套关于如何有效激励的制度安排，而激励的理想目标就是达到公平激励。生态保护者不仅需要将投入成本与所获补偿相比较，而且也会对他人投入与所获补偿相比较。如果采取一种无差别化的补偿，那么生态区位重要、受限较多且损失较大的生态保护者就会感觉不公平，从事生态保护的主动性积极性就会丧失，甚至产生对抗情绪，久之则会出现"劣币驱逐良币"效应。如果所有的生态保护者丧失了生态保护、管护的积极性，涉水特定区域的水生态服务或者水生态产品就会出现严重供给不足。因此，需要立足于公平激励视角，不断探索涉水领域的分类补偿。当然，基于单个生态要素的分类补偿也存在着分散、各自为政、衔接性不足等诸多弊端，迫切需要加以改进。

2. 以综合补偿为主导

所谓综合补偿，是指在有效整合不同类别、不同生态要素补偿的基础上，实现一种"综合性""合成性"的补偿。综合补偿旨在打破以往单一要素为实施对象的分类补偿的局限及弊端，试图将多个生态要素按照生态系统耦合原理连接起来，基于生态系统整体性、生态系统服务价值理论以及环境经济学理论，坚持可持续性原则，考虑区域空间的衔接性，重视生态系统整体性和稳定性，强调生态补偿创新性，增强地区能动性。① 综合补偿以"自然生命共同体"为旨趣，初步实现了补偿空间、尺度、范围、领域的"系统集成"。可见，综合补偿是生态补偿发展到一定阶段的必然产物。综合补偿也有坚实的基础。（1）实现多重价值目标。与生态补偿科斯概念强调效率和生态补偿庇古概念强调公平不同，新时代的综合补偿注重多元目标的协调融合。以"尊重自然、保护自然、顺应自然"为前提，以"改善民生"为目标，以"提供均等化或差异化公共服务"为内容，有效兼顾正义、平等、公平、效率等价值取向。"生态补偿发展的历史证明，庇古型生态补偿应与科斯型生态补偿相融合，才能实现生态补偿的多重目标。"②（2）提升制度成本收益。总体来看，目前的生态补偿实践呈现出一种"各自为政"状态，凸显的共性问题包括，补偿资金渠道单一，资金总量、增量不足，补偿标准偏低，生态补偿资金最终流向受限，导致具体的生态保护者未能得到相应补偿收益，生态保护与经济发展之间的冲突尚未得到有效化解，未能形成可持续的发展机制。为此，迫切需要建立一种系统化、集成化的补偿机制，以便契合成本收益原则。

但综合补偿并非漫无目标的"统合""拼装"而是需要结合"结构—功能"关系实施有机"整合"。结构—功能分析是功能分析和结构分析的结合，通过二者关系的诠释对社会现象进行解释。功能分析是对客观结果的结构及其决定因素进行解析，③ 而结构—结构分析则致力于解构客观结果与制度结构之间的因果关联。④ 结构是功能分析的起点和对象，结构分析是功能分析的自然派生、补充和

---

① 徐瑞蓉著：《综合性生态补偿制度设计与实践进路——以福建省为例》，载《福建论坛》（人文社会科学版）2020年第6期。

② 徐丽媛：《生态补偿中政府与市场有效融合的理论与法制架构》，载《江西财经大学学报》2018年第4期。

③ ［波兰］彼得·什托姆普卡著，林聚任译：《默顿学术思想评传》，北京大学出版社2009年版，第138、144页。

④ ［美］罗伯特·默顿著，唐少杰等译：《社会理论和社会结构》，译林出版社2008年版，第155页。

添加,① 二者相互关联,共同型构对社会结果的解释。② 立足于结构—功能分析方法,水生态补偿类别需要按照制度功能要求内部功能组合和结构调整,其中,功能相同相近的需要实施有机整合,功能独特的需要加以保留或者改进,无论是保留或者整合,均需要以生命共同体理念进行内部结构的必要适当调整。应当说,我国目前正在采用的生态综合补偿政策已经开始在"结构—功能"方法使用上迈出了可喜的一步。③ 比如,通过以综合性的森林生态补偿机制有效运行来带动湿地、草原等重要生态系统生态建设和生态恢复,典型如安徽省石城县,将集体和个人所有二级国家级公益林和天然商品林纳入生态综合补偿范畴,引导和鼓励经营主体编制森林经营方案,在不破坏森林植被前提下,合理利用其林地资源,适度开展林下种植养殖和森林游憩等非木质资源开发与利用产业,科学发展林下经济,初步实现了森林资源保护和利用的协调统一。通过建立健全流域水生态补偿机制,撬动并扩大资金来源,形成生态补偿"资金池",从而带动具体流域范畴内草原、湿地、森林等生态系统的生态修复和生态建设,充分发挥综合性补偿机制在各个生态领域的运用范围。再比如,四川省综合补偿试点推进流域上下游地区生态补偿制度机制建设,完善重点流域跨省断面监测网络和绩效考核机制,对纳入横向生态保护补偿试点的流域开展绩效评价,鼓励持续探索建立除资金补偿之外的其他多元化合作补偿方式,从而推进试点地区绿色发展以及产业转型升级。总之,生态综合补偿遵循流域生命共同体理念,以多元目标价值为依托,以补偿制度建构与产业转型升级为努力发展方向,促进了结构—功能整合,不断促进流域水生态补偿机制有效运行。

二、再类型化的初步思考

遵循生命共同体理念,兼顾分类补偿与综合补偿方法,我们尝试提出水生态补偿再类型化的若干思考,以便为开展水生态补偿机制研究提供理论储备。

(一) 需要归并的类型

需要归并的类型主要包括:(1)水土保持重点防治区生态补偿、江河源头区生态补偿等补偿类型可以考虑纳入国家级、省级重点生态功能区或者国家公园生

---

① [波兰] 彼得·什托姆普卡著,林聚任译:《默顿学术思想评传》,北京大学出版社 2009 年版,第 138 页。

② 黄锡生等:《生态保护补偿标准的结构优化与制度完善》,载《社会科学》2020 年第 3 期。

③ 参见国家发展改革委《生态综合补偿试点方案》(发改振兴〔2019〕1793 号)。

态补偿类型予以构建。2020 年颁行的《生态保护补偿条例》（公开征求意见稿）明确指出，所谓国家重点生态功能区，"是指承担水源涵养、水土保持、防风固沙和生物多样性维护等重要生态功能，关系全国或较大范围区域的生态安全，需要在国土空间开发中限制进行大规模高强度工业化城镇化开发，以保持并提高生态产品供给能力的区域"。① 因此，可以预料，随着我国生态文明建设步伐加快，一些肩负重要生态服务功能的特定区域，包括国家级重点生态功能区、省级重点生态功能区、市县级重点生态功能区就会陆续建立，一个目标明确、定位清晰、功能突出、激励约束相互结合的重点生态功能区生态补偿制度已然呼之欲出。按照这一制度发展设想，国家级水土流失重点预防区和水土流失重点治理区主要目标功能在于水土保持，而国家级重点生态功能区的主要功能之一也是水土保持，两者皆来自中央财政且两者补偿对象均为重点生态功能区所在地县级政府。不同点在于，由于监管部门不同（国家级水土流失重点预防区和水土流失重点治理区监管部门为水行政主管部门，国家级重点生态功能区监管部门为自然资源行政部门）而导致资金渠道不同。为了避免分类补偿弊端，建议将两者进行整合，实施必要的生态综合补偿。至于国家重要流域江河源头区或者其他涉水的特定区域等，可以结合生态区位重要及脆弱性，分别有序纳入国家公园、自然保护区、自然公园或者不同类别分别予以相应的生态补偿制度建构。

（2）水产种质资源保护区应当纳入自然保护地生态补偿类型予以构建。2019年，"两办"《关于建立以国家公园为主体的自然保护地体系的指导意见》明确指出，"对现有的自然保护区、风景名胜区、地质公园、森林公园、海洋公园、湿地公园、冰川公园、草原公园、沙漠公园、草原风景区、水产种质资源保护区、野生植物原生境保护区（点）、自然保护小区、野生动物重要栖息地等各类自然保护地开展综合评价，按照保护区域的自然属性、生态价值和管理目标进行梳理调整和归类，逐步形成以国家公园为主体、自然保护区为基础、各类自然公园为补充的自然保护地分类系统"。结合这个指导意见的要求，我们认为，传统上理应由《中华人民共和国渔业法》《水产种质资源保护区管理暂行办法》等实施规制的水产种质资源保护区将会被陆续纳入自然保护地体系下的自然公园予以统一规制。届时，水产种质资源保护区生态补偿势必被有机整合到新设立的自然公园进行相应的综合性生态补偿制度建构。

（3）水生生物资源养护补偿应当纳入行政补偿范畴或者信赖保护补偿较为妥当。由于水生生物资源养护区涉及范围过大，难以将其纳入生态保护特定区域实

---

① 参见原国家环保部、发改委、财政部：《关于加强国家重点生态功能区环境保护和管理的意见》（2013）。

施生态补偿。加之,随着"十年禁捕"的普遍实施,各级政府通过渔船回购、解体以及渔民再就业、社会保障托底等推进相应补偿工作,前者涉及财产权的灭失,后者涉及信赖保护利益丧失,按照行政法律的规定,前者构成一种行政征收补偿,后者涉及信赖保护补偿。因此,可以依据前述两个补偿制度规定分别予以推进。

(二) 需要单设的类型

立足于山水林田湖草一体化保护理念,按照分类补偿与综合补偿统筹兼顾方法,我国流域水生态补偿机制需要考虑单独设立的水生态补偿类型大体上可以包括以下四类。

1. 饮用水水源地 (保护区) 生态补偿

保障饮用水安全,既是我国生态补偿立法的主要目标之一,更是党和政府高度关注的政治议题之一。饮用水安全问题从水源地开始,一直延伸到"水龙头",故涉及中间环节较多,但饮用水水源地安全最为困难,因此,饮用水水源地安全问题构成饮用水安全的重中之重。按照现行法律制度规定,保障饮用水水源地安全的制度化措施一般为,首先,需由各级地方政府水行政主管部门依法划定、设立或调整一定的特定区域——"饮用水源地",其次,由同级别的各级地方政府生态环境主管部门在水源地基础上再划定、设立或调整另外一种的特定区域——"饮用水源保护区 (一级保护区、二级保护区和必要时的准保护区)"等,并且在不同等级保护区设置严厉程度不同的禁限措施。可以看出,划定、设立饮用水水源地,可能会对水源地所在地区的发展权益受到一定限制;划定、设立饮用水水源保护区,可能会对保护区域特定范畴内的人、特定人的财产权益受到一定限制。建立健全饮用水水源地 (保护区) 生态补偿制度机制是应对上述各种禁限措施,并激励特定区域内各级政府及民众主动积极保护饮用水水源地 (保护区) 的不二制度选择。饮用水水源生态补偿的地方立法文本中尽管存在着三种不同名称,"饮用水水源地生态补偿""饮用水水源保护区生态补偿""饮用水水源保护生态补偿",尽管可能会引发由哪个政府主管部门监管的争议,但更需结合各自实际,从目标——功能主义出发,明确建立饮用水水源地生态补偿制度或者饮用水水源保护区生态补偿制度。鉴于饮用水水源生态补偿制度非常重要,我们将在后文进行专门论述。

2. 大型引调水工程生态补偿

水资源的时空分布不均构成了一个国家、流域或区域的客观现实。为了实现解决水资源时空不均问题,实现流域水资源经济利益、社会利益和环境利益的协调平衡,国家或政府可以通过法定程序实施跨行政区、跨流域调水引水工程项目建设。由于引调水工程主要是在不同流域之间、同一流域不同行政区域之间进行，资金投入巨大、持续时间较长、技术高度复杂，故各国均由立法机关借助法律程序批准实施。对于输出地区或输入地区而言，引调水工程势必会打破原有流域生态系统的自然属性和社会属性，继而在输出地区或输入地区衍生出一定的环境污染、生态破坏或相应的风险问题。此外，引调水工程运行也需要对输水沿线区域经济社会发展提出相应禁限措施。为了实现输出地区、输入地区及输水沿线地区经济社会发展与生态环境保护协调发展，建立相对独立的大型引调水生态补偿制度殊为重要。所谓大型引调水生态补偿制度，是指为了缓解水资源时空不均，实现一定的社会正义和生态公平、有效协调调水沿线不同利益相关者关系，水资源输入地区应当对水资源输出地区、输水沿线地区因为引调水所造成的直接投入损失、发展机会成本损失予以适当补偿的制度规范的总称。引调水生态补偿的补偿对象是"人"，补偿内容包括对调水区生态保护的投入或丧失的发展机会的损失。[①] 实际上，我国南水北调中线工程、东线工程等大型引调水工程相继探索建立的资金补偿、对口支援等多元化补偿方式，属于这个制度的组成部分。2020 年，国家发改委《生态保护补偿条例》（公开征求意见稿）明确规定，"国务院财政、发展改革、水行政等主管部门应当依据流域综合规划、工程建设规划等确定大型引调水工程的受水区和水源区范围，引导有关省级人民政府建立健全区际间生态保护补偿或对口协助机制。大型引调水工程受水区、水源区所在的省、自治区、直辖市人民政府应当签订生态保护补偿协议或对口协助协作协议，综合考虑年度调水规模、水质状况等因素，协商确定调水方式、补偿基准、补偿标准和补偿方式等。新建大型引调水工程正式开工之前，国务院水行政主管部门应当指导受水区和水源区有关方人民政府签订生态保护补偿协议。国务院财政主管部门应当加大对在国家水资源配置格局中具有全局作用的大型引调水工程水源区的财政转移支付力度"。可以看出，大型引调水生态补偿制度属于一项较为新颖的水生态补偿类型，它对于明确各方权利义务关系，建立规范化的引调水制度奠定了坚实基础。鉴于引调水生态补偿与流域生态补偿在补偿关系主体、补偿支付基准、补偿标准、补偿方式等方面的制度规则基本相同，且均存在着通过签订流域或跨流域生态补偿协议方式实现双方或多方权利义务责任关系的规范化，故本书不予单独论述。

3. 水资源直接使用者生态补偿

针对水电开发企业、用水大户企业事业单位等水资源直接使用者建立生态补偿制度机制是贯彻落实"受益者补偿"原则的具体体现。2020 年，国家发改委

---

① 才惠莲：《我国跨流域调水生态补偿法律体系的完善》，载《安全与环境工程》2019 年第 3 期。

《生态保护补偿条例》（公开征求意见稿）明确规定，"水电资源开发企业与项目所在地县级以上人民政府应当签订水电资源开发收益补偿协议。根据水电开发项目占用集体土地面积、土地补偿费规模、水库移民人数、水电站发电量、运营年限等因素，协商确定补偿范围、补偿标准和补偿期限，明确补偿资金的使用范围和支出方向。已建立水电资源开发资产收益补偿机制的水电资源开发企业可将补偿资金计入发电成本，依照规定调整水电上网电价。新建、改建、扩建水电资源开发项目在通过可行性研究报告之后、项目开工之前，水电资源开发企业应当与项目所在地县级以上人民政府签订资源开发资产收益补偿协议。协议应当明确政府或其委托机构参与水电开发资产收益分红的入股资金规模、分红方式、保底收益等。分红收益应当用于支持项目所在地的基础设施和基本公共服务体系建设，法律法规有其他规定的，从其规定。省、自治区、直辖市人民政府应当指导、协调本行政区水电资源开发企业与项目所在地方人民政府、集体经济组织建立水电资源开发资产收益补偿机制，实现利益共享、责任共担"。实际上，关于水电开发企业生态补偿的探索实践开展较早，并且在补偿方式、补偿标准和补偿方式等方面也积累了较好经验。不仅水电开发企业，一些生产性"用水大户"企业，通过设立水生态补偿基金等可行举措，也在水生态补偿机制完善积累了丰富经验，比如从 2014 年起，茅台集团连续十年累计出资 5 亿元作为赤水河流域水生态补偿资金，[①] 探索多元化补偿方式，将生态保护补偿与精准脱贫有机结合，通过资金补助、发展优势产业、人才培训、共建园区等方式，对因加强生态保护付出发展代价的地区实施补偿。总之，水电开发企业、生产性"用水大户"等市场主体依法参与到流域水生态补偿制度机制中意义非常重大。鉴于其主要为一种市场化或社会化生态补偿机制，故本书没有对其进行专门论述。

4. 大江大河重要蓄滞洪区生态补偿

如前所述，重要蓄滞洪区生态补偿尽管与其他类型的水生态补偿共享了"公共利益""限制""补偿"等共性元素，但其主旨在于"防洪安全"，也就是说，需要紧紧围绕"防洪安全"而非"生态保护（生态安全）"进行大江大河重要蓄滞洪区生态补偿的制度建构。即便如此，我们仍然可以考虑按照流域生命共同体理念，将重要蓄滞洪区生态补偿纳入水生态补偿机制类型之中。重要蓄滞洪区生态补偿需要考虑的问题是，一是需要完善重要蓄滞洪区分类建设、分类管理问题，建立健全重要蓄滞洪区名录制度及相应的动态调整机制。分级分类建设与管理不仅是科学实施管理的基础，而且是重要蓄滞洪区生态补偿制度建构的一项前置性制度。二是如何协调运用补偿与生态补偿的关系。重要蓄滞洪区运用补偿是

---

① 林璐茜等：《构建生态保护补偿机制关键要素探讨》，载《绿色发展》2021 年第 4 期。

我国长期实行的一个制度。在长期运行实践中，重要蓄滞洪区运用补偿也取得了相应成效，但也暴露出价值取向冲突、补偿标准和补偿基准偏低、补偿对象错置等诸多问题，迫切需要予以相应变革。目前可供选择的策略有：或者将两者分别进行建构，或者将运用补偿有机纳入生态补偿之中，当然，这需进行深入研究论证。本书没有对此进行专门论述。

（三）需要整合的类型

需要整合的类型主要包括：（1）水质为主型生态补偿和水量为主型生态补偿。就我国目前实践发展来看，水质为主型生态补偿主要是由生态环境部门负责为主，水量为主型生态补偿是以水行政部门负责为主。从功能主义角度出发，均表现为一种横向补偿为主、纵向补偿为补充的补偿模式，且均处于一种"准市场"补偿状态，就此而言，两者之间并无多大差异。未来生态补偿立法中，可以考虑将两种不同类型予以有机整合，其中，双方或多方通过签订流域生态补偿协议方式，结合具体流域实际，将水质、水量甚至水生生物等自然生态因素作为水生态补偿支付基准，实现有效激励与有效约束的紧密联结，从而建立一种常态化的流域生态补偿机制。（2）国家重要流域生态补偿与非国家重要流域生态补偿。"八大"国家重要流域中，长江流域、黄河流域涉及行政区域较多，在生态安全和经济发展乃至国家战略中的地位极其重要，建议生态补偿立法将其依法明确为中央生态补偿事权与支出责任。除长江、黄河之外的其他国家重要流域，可以依法明确为中央事权与地方生态补偿共同事权，由中央政府和地方政府按照一定比例承担生态补偿支出责任。跨省级行政区的非国家重要流域可以比照这个规定办理。省域内跨市县流域属于省级政府和市县政府共同生态补偿事权。因为在省域范围内，成千上万的跨市（设区的市）、跨县（县级市、县级区）和跨乡（镇）的中小流域生态保护补偿机制建设涉及省级以下地方政府事权及支出责任划分。因此，生态保护补偿立法应当在明确在中央地方生态保护补偿事权及支出责任之后，需要提供省级以下不同层级地方政府之间生态保护补偿事权及支出责任划分的指导原则，以便促使地方各级政府能够依法享有生态补偿职权，依法履行生态补偿资金筹集、支出职责，探索生态补偿制度发展法治化的地方样本。

三、小结

遵循着流域生命共同体理念，按照分类补偿与综合补偿相结合之方法，总结出我国生态补偿立法需要建立或者明确的流域水生态补偿主要类型包括，饮用水水源地生态补偿（主要通过生态补偿地方立法予以规制）、大江大河重要蓄滞洪区生态补偿（按照分类分级管理原则，分别由中央、地方各自生态补偿立法予以规制）、跨行政区流域生态补偿（按照国家重要流域和非国家重要流域分类，结合中央、地方生态补偿事权与支出责任划分建立跨行政区流域生态补偿制度）、调水引水工程生态补偿（跨流域、跨行政区生态补偿制度探索）、水电企业开发生态补偿（国家层面和省级立法，地方各级政府、经济组织与水电开发企业通过签订生态补偿协议方式建立生态补偿机制）等，逐步形成一种"点、线、面"相互结合、内部结构配置科学且功能互为补充的流域水生态补偿制度机制，让它切实成为"绿水青山就是金山银山"理念的实践范本以及促进生态文明建设乃至美丽中国目标实现的重要制度抓手。

下　编

应用篇

第六章

水生态产品形成与供给制度

水生态产品形成与供给制度构成水生态补偿机制有效运行之"前提"。本章内容从多学科视角试图去破解水生态产品"生态属性""经济属性""社会属性"之间的价值转化及价值实现的各种难题，这对于我们认识生态产品概念范畴具有一定的方法论指导意义。但是，我们也应当清醒地看到，"生态产品的产出、流通、消费、分配不仅是一个政治经济学的供需问题，更是一个调整不同层次、不同主体之间利益关系的法律问题。如何通过立法、行政执法、司法等方式保障优质生态产品的有效供给，实现供需平衡，满足人民对优美生态环境的需求，是生态文明建设的重要内容，也是全面依法治国的题中应有之义"。①

本章关注的核心议题主要包括，一是水生态产品形成的法治逻辑。经验主义生活常理判断和科学主义的学术研究均表明，流域范畴土地等自然资源利用方式变更势必会对流域优质水生态产品形成或供给带来直接影响，具体表现为一定事实上或判断意义上的因果关系，这种因果关系最终需要转化为法律意义上的因果关系。此外，流域产业结构的调整往往引发水质、水量变化，进而影响水生态产品质量。因此，必须对产业结构调整实施法律规制。二是水生态产品供给的法治保障。主要分析如何通过法治化制度化举措保障优质水生态产品有效供给。研究表明，在流域水流等自然资源产权不能得到明晰界定情况下，受制于理性行为选择，在优质水生态产品供给上的搭便车行为、集体行动困境几乎是不可避免的。唯有建立清晰、明确、规范的流域水流产权制度，才能保障优质水生态产品持续

---

① 吴良志：《论优质生态产品有效供给的法治保障》，载《学习与实践》2020 年第 5 期。

有效供给。但仅仅建立水流产权制度是远远不够的，保障流域优质水生态产品持续有效供给的核心要义就是需要建立健全流域水生态补偿制度。研究表明，水生态补偿制度价值不仅体现在它能够持续不懈追求生态正义，包括一定的分配正义、交换正义和矫正正义，还能有效重塑流域生态秩序和管理秩序，同时，它也能带来流域经济利益与生态利益、整体利益和局部利益、代内利益和代际利益之间的协调平衡，形成生态保护者（地区）主动积极从事生态保护工作的内在激励，同时也能预防生态环境问题发生以及防范生态环境风险。

第一节　水生态产品形成的法治逻辑

严格意义上讲，生态产品是我国从农业文明、工业文明走向生态文明的时代背景下所提出的一个独创性且处在不断成长与发展的概念范畴体系。2011 年，国务院《关于印发全国主体功能区划的通知》首次明确提出生态产品概念，并将其概括为，"维系生态安全、保障生态调节功能，提供良好人居环境的自然产品"。党的十八大以来，生态产品的概念界定和内涵认知逐渐明晰。党的十九大报告进一步明确，"既要创造更多物质财富和精神财富以满足人民日益增长的美好生活需要，也要提供更多优质生态产品以满足人民日益增长的优美生态环境需要"[1]。2018 年，习近平总书记在深入推动长江经济带发展座谈会上强调，要积极探索推广"绿水青山"转化为"金山银山"的路径，选择具备条件的地区开展生态产品价值实现机制试点。2019 年，中共中央、国务院发布的《关于建立健全城乡融合发展体制机制和政策体系的意见》中进一步提出"探索生态产品价值实现机制"改革事项。2019 年，"两办"《关于建立以国家公园为主体的自然保护地体系的指导意见》指出"提升生态产品供给能力，维护国家生态安全，为建设美丽中国、实现中华民族永续发展提供生态支撑"。

基于不同知识背景和学科观点会得出不同的生态产品概念内涵界定。生态伦理学把生态产品理解为道德产品，生态经济学把生态产品界定为生态利益的分配正义，生态哲学则把生态产品界定为生态利益的产生正义，生态补偿研究者将生态产品（生态服务）视作商品（服务）的衍生品。由此可见，生态产品概念的提出，将空气、水源等自然资源赋予一种"生态产品"的内在属性，为转变自然资源管理方式，促进生态文明建设提供了一种新的观察视角。总之，随着"生态

---

[1]　本书编写组：《党的十九大报告辅导读本》，人民出版社 2017 年版，第 456 页。

产品"概念提出，从"生态产品范畴确定—生态产品生产—生态产品供给—生态产品价值实现"的系列高亮议题不断发酵、扩散，流域水生态产品形成与供给机制开始正式进入学界的研究视野和研究议程。研究是由经济学率先展开的。比如，经济学学者在研究生态产品概念时，认为，"生态产品是指维持生命支持系统、保障生态调节功能、提供环境舒适性的自然要素，包括干净的空气、清洁的水源、无污染的土壤、茂盛的森林和适宜的气候等"。[①] "水生态产品是在水生态系统及其服务功能的基础上提供给人类社会使用和消费的终端产品或服务，符合产品和生态产品的一般特征。"[②] 一些学者认为，生态产品分类包括"全国性公共生态产品、区域或流域性公共生态产品、社区性公共生态产品、私人生态产品"。[③] 在生态产品价值实现路径方面，"政府的管制、明晰的产权制度、生态技术的投入以及生态市场的建立"等必不可少。[④] "系统化的制度体系、多元化的激励体系、契约化的公私合作体系以及市场化的交易体系为主体的生态产品价值实现体系必不可少。"[⑤] "实施政府与民间两类主体合力供给生态产品的实践策略是生态产品合力供给模式产生更明显实际效果、发挥更大生态功能、收获更多生态效益的根本保证。"[⑥]

一、水生态产品的概念及特征

（一）经济学视野：生态服务、生态产品及水生态产品

前已论及，国外很少出现过有关生态产品的专题论述，但却存在着与生态产品相类似的相关概念范畴体系的研究，比如生态服务（ecosystem services，ES）、环境服务（environmental services，ES）、生态系统服务付费（payments for environmental services，PES）、自然资产（natural capital assets，NCA）等系列关联性概念体系。应当说，上述概念范畴与生态产品之间存在千丝万缕联系。基于行文方便，我们并不刻意区分生态服务、环境服务与生态产品等，但不妨碍它们在各自语境之下的分别表达。1974 年，学者胡德（Holder）在《全球生态服务功能报

[①③] 曾贤刚等：《生态产品的概念、分类及其市场化供给机制》，载《中国人口·资源与环境》2014 年第 7 期。

[②] 王建华等：《水生态产品内涵及其价值解析研究》，载《环境保护》2020 年第 14 期。

[④] 马晓妍：《生态产品价值实现路径探析——基于马克思主义价值论的新时代拓展》，载《学习与实践》2020 年第 3 期。

[⑤] 丘水林等：《生态产品价值实现的政策缺陷及国际经验启示》，载《经济体制改革》2020 年第 3 期。

[⑥] 谷中原：《政府与民间合力供给生态产品的实践策略》，载《甘肃社会科学》2019 年第 6 期。

告》中首次提出"生态服务"概念，由于内涵丰富且涵摄性强，开始为自然科学学界、社会科学学界广为引用，逐渐成为一个学术共同体的共识概念，并在立法、执法和司法实践得到一定程度认可。《中华人民共和国民法典》首次确定了"生态服务功能""生态环境功能"两个关联概念。[①] 学术界关于生态服务概念也存在着不同判断，第一，生态服务概念是否应以生态系统能否给人类带来收益而定。一些学者认为应当根据人类的收益来界定生态服务，也有学者认为不能仅仅从收益角度定义生态服务，尤其是不能仅考量人类收益。第二，生态服务是否包括生态系统过程。部分学者认为生态服务包括生态系统过程，也有学者认为生态服务不包括生态系统过程。即便如此，生态服务概念界定存在以下共识：（1）多以经过改良的"人类中心主义"来定义生态服务。在人与自然关系中，拥有意识的人类才是唯一主体，人是目的，人具有内在价值，人是万物尺度。自然只是客体，没有内在价值。谈及自然价值大都是指其对于"人类的意义"以及"人类的需求"的满足及程度。经过改良后的"人类中心主义"尽管试图淡化人与自然各自定位，但仍然强调人的内在价值和自然的外在价值，应当从满足人类各种需要的程度以衡量生态服务价值。可见，这是从哲学自然观和价值观层面对生态服务的一次审视。（2）从"输出＋输入"双重视角来定义生态服务。输出视角上，生态服务强调自然向人类经济社会系统输入有用能量、物质和信息，保障人类社会正常运行。输入视角上，生态服务包括自然生态系统接受、吸收并转化来自人类经济社会系统的污染物、废弃物等。单独强调输出或输入均不利于对生态服务内涵进行准确把握，唯有两者结合才能准确界定。（3）从"自然＋人工"两个维度来定义生态服务。生态服务功能来源既可能包括自然生态系统，也包括人工生态系统。可见，生态服务包含生态系统为人类提供的直接间接、有形无形的收益。生态服务是指人类从生态系统获得的惠益，这些惠益包括生态系统在提供供给服务、调节服务、文化服务和支持服务。[②]

1. 生态产品的概念与特征

迄今为止，理论界尚未对生态产品概念范畴形成统一认识。将生态产品与物质产品比较，我们发现，生态产品是指"维持生命支持系统、保障生态调节功能、提供环境舒适性的自然要素，"[③] 区别于物质产品是人类生产活动结果，这一结果是创造了新的实物形态和使用价值的产品。生态产品具有以下几个显著特征：（1）有益性。"通过影响安全保障、维持高质量生活所需要的基本物质条

---

① 参见《中华人民共和国民法典》（2020）第 1235 条规定。

② 黄如良：《生态产品价值评估问题探讨》，载《中国人口·资源与环境》2015 年第 3 期。

③ 曾贤刚等：《生态产品的概念、分类及其市场化供给机制》，载《中国人口·资源与环境》2014 年第 7 期。

件、健康以及社会与文化关系等，生态产品的提供对人类福祉产生重大而深远影响。反过来，福祉等构成要素又可以对人类获得的自由和选择产生相互影响。"①生态产品有益性侧重于强调它对于人类生存与发展福祉而言，这种判断逻辑立足点是一种人类中心主义视角，自然附随着一定的功利因素。（2）复合性。生态产品是由"自然力"和人类"劳动力"共同凝结而成。首先，构成生态产品的自然资源要素主要来源于生态系统，其形成首先依赖于生态系统能量流动、物质循环及信息传递。生态产品体现为生态系统"自然力"本身所推动。其次，上述"自然力"不是自然而然地为人类服务的，而是由于人类利益需求在不断引导和推动，将天然的自然资源要素辅以生产加工所形成的生态产品，由于在生产过程中凝结着人类劳动，因而具有使用价值和价值。②应当说，生态产品的复合性特质是人类能够对其规制的前提。（3）多维性。主要是指生态产品具有多重价值，包括经济价值、生态价值、选择价值、遗传价值和文化价值等。有学者认为，"生态系统即使对人类福祉没有直接贡献，它们也仍然具有一定存在价值"。③生态产品虽然具有多维价值，但多维价值之间并不是相互并存且并行不悖的，对其某一特定价值的过度关注、强调势必会对其他价值具有相应减损、抑制甚至损耗等效果。生态产品稀缺的一个重要表现就是围绕生态产品不同功能之间出现选择冲突。（4）动态性。主要指生态产品各种价值会随着生态环境变化以及社会经济发展而产生变化。一些生态产品会随着生态环境变化、人类需求增加或调整而变得相对稀缺，因稀缺而逐渐彰显出某一类别价值功能。一项生态产品某种价值一旦呈现稀缺状态，该生态产品这项功能价值就会发生变化。（5）时空差异性。体现为生态产品会随着自然生态空间变化而呈现出不同价值和形态，比如，在夏季雨水充沛时，人类对于水生态产品调节服务功能就显得格外关注。干旱地区更加关注水生态产品饮用功能。故在对生态产品供给进行相应法律规制时，应考虑地方知识、地方经验的指引、指导功能。

2. 水生态产品概念与特征

毋庸讳言，水生态产品与生态产品之间属于种属关系。与其他生态产品相比，水生态产品具有非常特殊的经济功能、生态功能和文化功能等。2010 年，国务院《全国主体功能区规划》首次提及"生态产品"时，特别提到了"清洁的水源"这类特殊的水生态产品。所谓水生态产品是指，"在流域水生态系统及其服务功能的基础上提供给人类社会使用和消费的终端产品或服务"。④ 流域水

---

①③ 赵士洞著：《千年生态系统评估报告集（3）/生态系统与人类福祉：评估框架》，中国环境科学出版社 2007 年版，前言。

② 李宏伟等：《生态产品价值实现机制的理论创新与实践探索》，载《治理研究》2020 年第 4 期。

④ 王建华等：《水生态产品内涵及其价值解析研究》，载《环境保护》2020 年第 14 期。

生态系统及其服务功能是指淡水生态系统及其服务功能，具体包括河流、湖泊、地下水和湿地等生态系统等在能量、信息、物质传递过程中所带来的营养物质输送、环境净化、维持森林、草地、湿地、湖泊、河流等自然生态系统的结构与过程，以及其他人工生态系统的功能。① 水生态产品具有有益性、复合性、多维性、动态性和时空差异性等复合特质。此外，水生态产品还存在以下特征：（1）非排他性与排他性并存。一般而言，纯粹公共产品具有非排他性和非竞争性。所谓非排他性是指，任何人对公共产品进行消费时不能排除其他人对公共产品的消费；非竞争性是指任何人对公共产品的消费都不影响其他消费者的利益，也不影响整个社会的利益。② 水生态产品的非排他性，是指特定区域内，特定人、特定范畴内的人对水生态产品的使用并不能排除其他人的使用。显然，水生态产品的这种非排他性是相对而言的，因为在现代化条件下，一些类别的水生态产品逐渐会随着技术革新而呈现出一定的排他性，典型如地下水生态产品。此外，多数水生态产品或水生态服务排他性并不突出，比如，地表水生态产品具有气候调节功能，包括对大气温度、湿度、降水等方面的影响，这些影响具有不均质外溢性，显然就不具有非排他性。应当说，水生态产品非排他性与排他性并存特质造成其在制度设计上存在诸多困难。（2）外溢性突出。流域水生态产品外溢性通常呈现出正外部性，伴随着有形、无形两种路径，比如，借助水资源从上游向下游的流动规律，水生态产品以及其负载的经济价值、生态价值等正外部性会逐渐外溢到流域下游地区；借助必要大气环流等自然路径，水生态产品生态价值可以不均质外溢到不限于流域下游地区的其他一些地方，甚至可能会波及至全球领域。借助引调水工程等人为原因，可以将优质水生态产品经济价值、生态价值等正外部性逐渐外溢到跨流域不同行政区域范畴内。优质水生态产品正外部性的外溢性随着距离远近逐渐呈现不均质性和扩散效益递减性，这些特征也会造成水生态产品形成和供给制度设计困难。（3）可再生性明显。随着大气环流影响，一些水生态产品可以再生，因此也被认为是一类可再生资源。应当说，只要人类对可再生的水生态产品开发利用限定在流域水资源环境一定承载力范畴内，水生态产品就会向人类社会源源不断供给优质水生态服务。水生态产品的这种可再生性往往是一把"双刃剑"。一旦人类盲目无知或者视野狭隘，也会造成对水生态产品不加节制使用甚至肆意挥霍，最终酿成"公地的悲剧"，明智之举就是借助一定法律手段予以约束或规制。（4）供给者多元化。杨筠认为生态产品由政府作为投资主体的较

① 王浩等：《水生态环境价值和保护对策》，清华大学出版社/北京交通大学出版社2004年版，第47页。
② 胡庆康等：《现代公共财政学》，复旦大学出版社2010年版，第137页。

多，同时依据"谁投资、谁收益"的原则鼓励其他主体参与。① 水生态产品供给者多元化虽然有助于保障优质生态产品持续有效供给，但会对生态产品收益分配带来一定挑战。

分类是进行制度设计的重要前提。对水生态产品进行科学分类有助于人们对其实现更好认识，也有助于进行相对精准的法律规制。从服务功能上看，水生态产品可以分为"供给类产品、调节类产品和文化类产品"，② 供给类产品在现代科学技术手段下能够被有效量化，因而具有排他性，从而为其市场化供给提供技术和制度前提；调节类产品涉及对大气温度、湿度、降水等方面的影响，且随着地域变化、季节变动而呈现一种不规律、非均质性扩散，因为在现有科技手段下难以有效精准厘定，唯有作为公共利益代言人的政府补偿方能实现其有效供给。文化类产品虽然难以精准厘定，但也可以借助市场机制得以实现配置，但需要政府发挥"市场促进"功能。此外，学者们也陆续提出了"公共性水生态产品、经营性水生态产品"，③ 前者需要借助政府之手予以补偿，后者需要借助市场之手得到合理配置。

（二）法学视野：生态产品及水生态产品

显然，经济学意义上的生态产品、水生态产品与法规范意义上的生态产品、水生态产品存在差异。不可否认，前者对生态产品的判断对于后者的界定具有指导作用，其中，经济学中提出的"生态性"和"产品"对于我们明确法规范意义上的生态产品奠定了坚实基础。即便是法规范意义上的产品概念，在扩大其解释法规范意义上的生态产品概念时，也需要比较和分析。"没有一个法律概念，在教条上是完全不变的，并且在其功能上也因而一直可以公式化地应用于所有之法律事务。"④

1. 产品的法律含义

《中华人民共和国产品质量法》第二条第 1 款将产品定义为，"产品是指经过加工、制作，用于销售的产品"。该法随后借助列举方式排除了部分不属于产品的一些物质，可见我国现行法律通过"概括＋列举（否定式）"模式来界定产品的含义。⑤ 具体而言，法规范意义上的产品须同时具备两个条件，一是经过加工、制作等凝结着人类劳动，这是与阳光、空气等自然物相对应的一种劳动生产物；二是该产品加工制作后的用途是销售。三个关键词"加工""制作""销售"

---

① 杨筠：《生态公共产品价格构成及其实现机制》，载《经济体制改革》2005 年第 3 期。
②③ 王建华等：《水生态产品内涵及其价值解析研究》，载《环境保护》2020 年第 14 期。
④ 刘静波：《侵权法一般条款研究》，武汉大学博士学位论文，2012 年，第 1 页。
⑤ 温世扬等：《论产品责任中的"产品"》，载《法学论坛》2018 年第 3 期。

中，"加工"是指不改变物的基本形态而提升原物价值的生产行为总和；"制作"是指彻底改变物质物理意义上的基本形态、从无到有地创造出一种新的价值或产品的生产行为的总和，这两种行为最终扩张解释为"包括由于生产者人为因素介入进而对产品质量造成影响的一切行为"。[①] "销售"是指产品进入流通领域。当然，也有学者指出，《中华人民共和国产品质量法》关于产品的销售概念界定存在着需要改进的地方，原因在于，除了销售之外，产品还可以通过赠予、试用、租赁和借用等方式到达消费者并对消费者产生影响，故应以更广义的概念如"以合法方式交付"或"流通"代替"销售"。[②] 总之，产品这一概念的法律界定对于生态产品的法律界定具有指导作用。

2. 生态产品及其法律特征

法规范意义上的生态产品，可以界定为，"经过人为介入并造成影响，可以合法交付、获取、流通的生态环境要素及其所承载的生态服务功能"。[③] 它具有以下特征：（1）生态性。生态产品与其他社会学意义上的产品最大区别在于"生态性"，即这种产品所提供的满足人类需求的物品主要来自自然生态系统，更广泛意义上可能也包括一定的人工自然生态系统。自然生态系统提供的生态服务主要包括调节服务、供给服务、文化服务和支持服务，其中，一些服务功能可以通过产品这个载体呈现出来的，或者更具体地讲，生态产品就是能够通过产品形式呈现出来的一些生态服务。故在更严格意义上，生态产品属于生态服务的下位概念。本书在论述过程中，有时为了凸显生态产品的定位，特意将其与生态服务并列。（2）流通性。在一定科技手段之下，水生态产品可以分离出来，或者不能分离但可以通过销售、有偿（无偿）体验等方式进入流通领域，上述两类生态产品应当接受法律的一体化、全方位保护。对于水生态服务或水生态产品供给者而言，无论是主观上呈现流通的内在意思表示，还是在客观上形成了具有促进流通的行为外在表征，均可表明，既定时空背景之下，借助一定科学技术手段，水生态产品能够呈现出一种可交易性、可流通性和可转让性。除此之外，仍有诸多水生态产品不能通过市场交易机制而使自身功能价值得以实现。（3）人为性。生态产品必须是现实的社会人能够凭借现有科学技术手段有效介入或控制的自然生态要素。也就是说，只有人类行为能够影响的自然生态要素才能构成法规范意义上的生态产品。考虑到人类活动现实的有限性和未来无限可能性等诸多特质，因此，这里所讲的影响可能是一种积极介入，包括积极主动开发、利用和消费，让自然为人类服务；也可能包括消极介入，包括禁止非利益相关者进入自然保护区

---

① 刘静波：《侵权法一般条款研究》，武汉大学博士学位论文，2012年，第1页。
② 刘静波：《侵权法一般条款研究》，武汉大学博士学位论文，2012年，第2页。
③ 吴良志：《论优质生态产品有效供给的法治保障》，载《学习与实践》2020年第5期。

核心区、禁止可能影响饮用水水源一级保护区的一切开发建设行为等。与积极介入不同的是，只有在法律作出明确规定情况下，消极介入才能形成或产生具有法规范意义上的生态产品。

二、水生态产品的形成逻辑

发生学意义上，流域水生态产品形成显然离不开对一些人类活动行为的激励、对一些人类活动行为的限制（禁止）等。我们认为，水生态产品形成离不开对流域土地等自然资源利用方式以及产业结构调整的禁限以及引导、促进措施。本书分别从外在表征与内在表征等两个方面展开分析。

（一）水生态产品形成的外在表征

1. 流域土地等自然资源利用方式的变更

就生活常理而言，优质水生态产品供给似乎侧重于强调流域水质、水量状况等要求，但实质上，优质水生态产品中的流域水质状况与岸上土地等自然资源利用状况紧紧勾连在一起，俗语常说，"问题在水里，根子在岸上"。因此，要想有效解决优质水生态产品供给不足问题，关键在于需要对岸边、岸上土地等自然资源利用方式实施必要变更或调整。具体而言，需要从污染较重、对水质影响较大的土地等自然资源利用方式（如农业、畜牧业）向对水质影响较小的土地等自然资源利用方式（如林业）实施一定的变更或转化，典型如中国退耕还林政策。唯有如此，才能有效保障优质水生态产品的有效生成与持续供给；就优质水生态产品所希望达到的水量保障方面，需要从保持水土、控制径流量较差土地等自然资源利用方式（如农业）向控制水土流失、控制径流量较好的土地利用方式（如林业）实施转变，这可以为保障优质水生态产品数量提供一定的支撑空间。

相对严谨的科学论证也在一定程度上支撑生活常理的判断。研究表明，"土地利用方式影响污染物的排放和传输过程，对河流水质具有重要影响"。[1] 更为重要的是，"土地利用类型在子流域尺度上对水质的影响更为显著"。[2] 一些研究

---

① Thomas A R C, Bond A J, Hiscock K M. A Multi-criteria Based Review of Models that Predict Environmental Impacts of Land Use-change for Perennial Energy Crops on Water [J]. Carbon and Nitrogen Cycling. GCB Bioenergy, 2013, 5（3）: 227 – 242.

② Tu J. Spatially Varying Relationships between Land Use and Water Quality Across an Urbanization Gradient Explored by Geographically Weighted Regression [J]. Applied Geography, 2011, 31（1）: 376 – 392.

成果"直接分析农田、居民用地等土地利用方式与河流水质的相关性"。[1] 土地等自然资源利用方式的变更，除了对流域水质产生一定影响外，也会对流域生态用水量产生直接影响。"流域土地利用方式的改变，一方面，改变了植被类型和面积，改变了土地的蓄水能力，影响水量在季节和需水部门之间的分配；另一方面，不同土地等自然资源利用方式，将会改变流域内沉积物、污染物和营养物的径流路径和分布，影响河流水质，改变河流稀释用水量。"[2]

总之，经验主义的生活常理判断和科学主义的学术实证研究均表明，流域土地等自然资源利用方式变更势必会对流域优质水生态产品形成或供给带来重要且直接的影响，即水质影响较小、控制径流较好的土地等自然资源利用方式能够有效保障流域优质水生态产品的持续供给，反之则造成流域优质水生态产品的稀缺，两者之间存在着事实上的因果关系，这种事实上的因果关系为采取必要的法律规制提供了正当性依据。换言之，为了保障流域优质水生态产品的持续供给，需要采用相应法律、经济等手段对土地等自然利用方式变更实施相应的具体法律规制。

2. 流域产业布局结构的调整

除了流域土地等自然资源利用方式变更对优质水生态产品形成产生直接影响外，流域产业结构布局调整也会对水生态产品形成产生直接或间接影响。实际上，流域产业结构布局调整对优质水生态产品形成产生影响主要也是通过影响水质、水量变化而不断发挥作用。从发生学意义上看，一些产业结构在空间上的不合理布局是流域水生态环境质量恶化的主要原因，"为此通过产业结构布局调整的方式达到水环境质量改善，已成为学术界的普遍共识"。[3] 可见，为了保障优质水生态产品生成，迫切需要对产业结构调整实施必要法律规制。但产业结构调整内涵外延也较为丰富，因为这涉及第一产业、第二产业及第三产业结构之间的相互调整以及它们各自内部相互之间的调整或变更。一些研究表明，"工业结构调整中，减少劳动密集型产业比重对流域水资源平衡和水质改善非常明显；劳动密集型产业和第三产业的技术提升可缓解流域水资源需求同时对流域水质的改善作用也非常明显"。[4] 不可否认的是，对于不同国家、不同流域、不同地区而言，产业结构调整可能存在多重目标功能，但可以肯定的是，流域优质水生态产品或者水生态服务供给呈现稀缺的国家、流域和区域，一般都会把围绕产业结构调整

① Sliva L, Williams D D. Buffer Zone Versus Whole Catchment Approaches to Studying Land Use Impact on River Water Quality [J]. Water Research, 2001, 35 (14): 3462 - 3472.
② 丰华丽等：《土地利用变化对流域生态需水的影响分析》，载《水科学进展》2002 年第 3 期。
③ 王磊：《江苏省太湖流域产业结构的水环境污染效应》，载《生态学报》2011 年第 22 期。
④ 苏琼等：《产业结构调整对流域供需水平衡及水质改善的影响》，载《中国环境科学》2009 年第 7 期。

而建立的正面清单、负面清单、准入禁止名录等制度建构等视为生成优质水生态产品、缓解水资源短缺的重要政策法律工具。申言之，围绕流域优质水生态产品供给的流域产业结构调整并不是一蹴而就的，而是需要采用经济、社会和法律等系列政策工具举措予以有效应对。

（二）水生态产品形成的内在表征

流域土地等自然资源利用方式变更、流域产业结构调整之主要目的在于保障优质水生态产品生成或供给。但无论是土地等自然资源利用方式变更和产业结构调整，最终有赖于一种法治化、常态化的制度机制，方能实现有力约束与有效激励的有机统一。这里的有力约束是指，借助国家行政公权力措施形成特定区域特定禁限措施的持续性状态，包括依法设置生态保护特定区域，并在特定区域实施保护区、保留区、利用区等功能分区，进而在不同功能分区采用土地等自然资源利用方式、产业准入方面的差异化、个性化禁限措施，且通过严格执法及有效监督制度实现一种带有法律责任后果导向的刚性约束。这里的有效激励是指附着在差异化禁限措施之后的一种差异化补偿措施，这里的补偿，一方面是对禁限措施造成侵害性的补偿，另一方面也包含着对有利于生态保护行为的激励，是侵害性与激励性的有机统一。法律意义上的禁限措施应当遵循谦抑原则和比例原则，附随的补偿应当遵循公平、公开和合理原则，排除"一刀切"禁限与"一刀切"补偿，方能达致有力约束和有效激励相结合。

为了清晰展现水生态产品形成的法治逻辑，笔者搜集了广东广州流溪河流域、湖北清江流域、湖北宜昌黄柏河流域及四川沱江流域等地方法规，梳理其中关于流域土地等自然资源开发利用方式变更、产业结构调整方面的一系列制度规定，希望能够展现流域优质水生态产品形成的内在机理，从而实现优质水生态产品形成过程中外在表征和内在机理的有机统一。详情参见表6-1地方法规中的禁限性规范；表6-2地方法规中的倡导性规范。

表6-1　　　　　　　　　　地方法规中的禁限性规范

名称	适用范围规则	禁限性规则
广东省广州市流溪河流域保护条例	（1）设置岸线保护区、岸线保留区、岸线控制利用区和岸线开发利用区	保护区禁止一切开发
	（2）编制流域产业发展规划和鼓励、限制、禁止发展的产业、产品目录	禁止一些产业发展、产品生产

续表

名称	适用范围规则	禁限性规则
广东省广州市流溪河流域保护条例	(3) 干流河道岸线和岸线两侧各5千米范围内，支流河道岸线和岸线两侧各1千米范围内，禁止新建、扩建特定设施、项目	禁止一些产业发展、产品生产
	(4) 划定流溪河干支流源头区	禁止野炊、烧荒、毁林等活动
	(5) 流溪河干支流河道范围内	禁止投放饵料的水产养殖
	(6) 干支流两岸、源头区和水库保护范围内的林地应当划定为生态公益林	禁止采伐，抚育更新除外
	(7) 流溪河流域河道管理范围内	禁止新建、扩建住宅等其他建构筑物
	(8) 设置饮用水水源保护区	一级、二级区禁止诸多产业活动等
湖北省宜昌市黄柏河流域保护条例	(1) 流域分为核心区、控制区和影响区，分区实施保护	核心区禁止一切开发
	(2) 明确流域干支流河道和水库岸线范围	禁止在河道和水库岸线范围内新建建筑物、构筑物
	(3) 划定畜禽养殖禁养区和限养区	禁养区已有的畜禽养殖场、养殖小区限期搬迁或者拆除
	(4) 实施流域矿业权准入管理	严格控制流域内矿产资源的年度开采总量和矿业权宗数
四川省沱江流域水环境保护条例	(1) 制定四川省生态保护红线和生态空间相关技术规范	划定和调整沱江流域禁止和限制开发区域
	(2) 确定沱江流域水资源利用上线	实施最严格的水资源管理制度
	(3) 制定禁止、限制和鼓励发展的产业、产品目录	采取限期淘汰、转产、搬迁等措施
	(4) 禁止在干流岸线1千米范围内新建、扩建化工园区和化工项目。禁止在合规园区外新建、扩建钢铁、石化、化工、焦化、建材等高污染项目	禁止一些产业发展、产品生产

水生态补偿机制研究

续表

名称	适用范围规则	禁限性规则
四川省沱江流域水环境保护条例	（5）划定畜禽养殖禁养区	禁养区内不得从事规模化畜禽养殖业
	（6）划定饮用水水源保护区	禁止设置排污口
	（7）在沱江干流和支流沿岸一定范围划定生态隔离带	禁止一些活动
	（8）河道两岸和水库库区范围内的森林应当按照规定划定为生态公益林予以保护	禁止种植外来速生用材树种
湖北省清江流域水生态环境保护条例	（1）制定清江流域发展负面清单	岸线、河段、区域和产业等方面的禁止性规定
	（2）制定清江流域禁止使用的农药目录	禁止在清江流域内销售和使用剧毒、高毒、高残留农药及其混剂
	（3）划定本行政区域畜禽养殖禁养区、限养区	禁养区内不得从事畜禽规模养殖
	（4）加强对水产养殖的监督管理	禁止养殖珍珠； 禁止围栏围网（含网箱）养殖、投肥（粪）养殖； 禁止在渔用饲料中添加激素类药品和其他禁用药品； 禁止将原料药直接添加到饲料或者用于水产养殖
	（5）规范洗涤用品	禁止生产、销售和使用含磷的洗衣粉、洗涤剂、清洁剂等洗涤用品
	（6）规范餐饮、娱乐、住宿等服务行业	禁止将未经处理达标的污水排入水体
	（7）规范捕捞活动	禁止在禁渔区、禁渔期，使用法律法规禁用的渔具、捕捞方法进行捕捞
	（8）规范水电站建设	禁止新建装机5万千瓦以下的小水电站

续表

名称	适用范围规则	禁限性规则
湖北省清江流域水生态环境保护条例	（9）规范新建拦水坝	对生态影响较大的拦水坝限期拆除
	（10）规范增殖放流	禁止使用外来物种、杂交物种、转基因物种或者其他非本地原有物种进行增殖放流
	（11）水生生物保护义务	应当建设渔业资源增殖放流站、洄游通道或者采取其他补救措施
	（12）加强水域岸线管理	严格控制与生态保护无关的开发活动

表 6 - 2　　　　　　　地方法规中的倡导性规范

名称	法律规则	规则属性
广东省广州市流溪河流域保护条例	（1）推广测土配方施肥、精准施肥、生物防治病虫害等先进农业生产技术	土地利用方式变更的倡导性规定
	（2）指导农业生产者按照安全使用的规定和标准，科学、合理地使用农药、肥料、饲料等农业投入品	土地利用方式变更的倡导性规定
	（3）推广循环水养殖等生态养殖新技术	土地利用方式变更的倡导性规定
	（4）推广节约用水新技术、新工艺，发展节水型工业、农业和服务业	产业结构调整的倡导性规定
	（5）产业布局和产业转型升级，应当优先考虑自然资源条件、生态环境承载能力以及保护生态环境的需要	产业结构调整的倡导性规定
湖北省宜昌市黄柏河流域保护条例	（1）组织推广测土配方施肥、病虫害绿色防控等先进适用的农业生产技术	土地利用方式变更的倡导性规定
	（2）合理确定并适时调整矿产资源年度开采计划	土地利用方式变更的倡导性规定
	（3）引导和鼓励核心区范围内人口外迁	土地利用方式变更的倡导性规定
	（4）指导农业生产者科学、合理施用化肥和农药	土地利用方式变更的倡导性规定

名称	法律规则	规则属性
四川省沱江流域水环境保护条例	（1）鼓励村民委员会、居民委员会制定村规民约或者居民公约，对水环境保护作出约定	土地利用方式变更的倡导性规定
	（2）鼓励、支持沱江流域总磷等重点水污染物防治科学技术研究和先进技术的推广应用	产业结构调整的倡导性规定
	（3）推动磷矿开采项目逐步搬迁或者退出	产业结构调整的倡导性规定
	（4）指导农业生产者科学合理使用化肥、农药、农膜和饲料添加剂，推进沼渣、沼液、菌渣等有机废弃物的科学还田利用，调整农业产业结构，发展绿色生态农业	双重属性
	（5）鼓励水产养殖生产者采取措施，推广稻渔综合种养、流水养殖、循环水养殖等健康生态养殖模式和技术	双重属性
	（6）指导企业实施工业节水改造，完善用水计量设施，引导高耗水企业向水资源条件允许的工业集聚区集中，促进废水深度处理和再生利用	产业结构调整的倡导性规定
	（7）加快推进高效节水灌溉和节水现代化改造，优化农作物种植结构，推广畜牧渔业节水模式，完善农业节水社会化服务体系	产业结构调整的倡导性规定
	（8）推广绿色建筑和节水器具，科学利用雨水资源，并在园林绿化、环境卫生、建筑施工、消防等领域普及使用再生水	产业结构调整的倡导性规定

续表

名称	法律规则	规则属性
湖北省清江流域水生态环境保护条例	（1）鼓励排放工业废水的企业采用高效清洁工艺设备，实行清洁生产和资源循环利用，减少水污染物排放量	产业结构调整的倡导性规定
	（2）推进农作物秸秆露天禁烧和综合利用	土地利用方式变更的禁止性规定和倡导性规定的结合
	（3）鼓励和支持水产生态健康养殖	产业结构调整的倡导性规定
	（4）鼓励和支持清江流域船舶采用和升级改造为环保型动力	产业结构调整的倡导性规定
	（5）加大扶持力度，做好产业转型、就业帮扶、技能培训、社会保障、移民后扶等工作，保障和改善清江沿岸村（居）民的生产生活	产业结构调整的倡导性规定
	（6）鼓励和引导社会力量参与清江流域水生态环境保护建设	—
	（7）支持和推进绿色有机农业发展，引导建设示范基地，加大绿色有机农产品标准化种养技术和科技成果推广应用，支持创建绿色有机农产品品牌	双重属性

从表6-1、表6-2可以看出，流域优质水生态产品形成，主要依赖于流域土地等自然资源利用方式变更和产业结构调整。而流域土地等自然资源利用方式变更和流域产业结构调整，主要借助地方立法文本建立起来的激励约束规则体系。

1. 以约束属性的禁限规范为主

法律法规设置了多种层次、多种类型、多种表现方式的行为禁止、限制规范，禁限规范具有约束属性。一般而言，禁限规范"发端于19世纪中期德国学者萨维尼关于强行性规定的观点"。① 而后随着禁限指向对象的不断细化、具体，

---

① 孟星宇：《风险治理视域下禁止性规范的正当性考量——以校园网贷"三部规范性文件"为切入》，载《法学》2018年第9期。

它又区分为强制性规范和禁止性规范，[①] 强制性规范就是命令当事人当为一定行为之法律规定，禁止性规范是指"命令当事人不得为一定行为之法律规定"。[②] 与强制性规范不同，禁止性规范旨在阻止行为主体从事某种行为，[③] 这涉及对所规范行为做出否定性评价，客观上形成了检验公民行为的"度量衡"，公民不得做出禁止性规范所限定的行为。禁止性规范实际上充当着划定公民行为边界的工具，[④] 具有了限缩行为人权利范围的效果。[⑤] 总结地方立法文本，发现禁限规范沿着两条路径发挥约束功能：（1）在流域范围内设立、划定生态保护特定区域并附随设置禁限措施。广东省《广州市流溪河流域保护条例》在流域岸线分别设置岸线保护区、岸线保留区、岸线控制利用区和岸线开发利用区。其中，在岸线保护区内禁止一切开发利用行为，岸线保留区内禁止未经许可的开发利用行为，岸线控制利用区内控制开发利用行为，岸线开发利用区建立准入规则。从准入—控制—许可—禁止，体现着禁限措施的层层加码，这种分区管控模式也被其他地方立法文本援用。湖北省《宜昌市黄柏河流域保护条例》将流域岸线划分为核心区、控制区和影响区三类，其中，核心区内禁止一切开发利用行为，控制区和影响区通过列举方式限制妨碍水生态服务持续供给的一些开发利用行为。与广东广州立法文本相比，湖北宜昌立法文本减少了一个禁限类别。《湖北省清江流域水生态环境保护条例》没有借助划定生态保护特定区域方式，而是通过设置产业发展负面清单方式，按照纵横坐标设置流域内岸线、河段、区域和产业等禁限规范。"列举＋概括"模式的负面清单模式尽管能够准确保障禁限规范落地实施。负面清单模式没有设定生态保护特定区域而是立足人类行为，尽管客观上也起到保护特定区域之目的，也能够保障流域水生态产品持续供给，但难免存在挂一漏万的弊端。（2）在流域岸线范围内划定直线（红线），并在直线范围内附随设置"一刀切"禁限规范。《广州市流溪河流域保护条例》规定，"干流河道岸线和岸线两侧各5千米范围内，支流河道岸线和岸线两侧各1千米范围内，禁止新建、扩建特定设施、项目"。《四川省沱江流域水环境保护条例》规定，"禁止在干流岸线1公里范围内新建、扩建化工园区和化工项目。禁止在合规园区外新建、扩建钢铁、石化、化工、焦化、建材等高污染项目"。《中华人民共和国长江保护法》第二十六条明确规定，"禁止在长江干支流岸线1千米范围内新建、扩建化

---

① 杨代雄：《民法总论专题》，清华大学出版社2012年版，第128页。

② 王轶：《论物权法的规范配置》，载《中国法学》2007年第6期。

③ 王泽鉴：《民法总则》，北京大学出版社2009年版，第221页。

④ 朱庆育：《私法自治与民法规范——凯尔森规范理论的修正性运用》，载《中外法学》2012年第3期。

⑤ 孟星宇：《风险治理视域下禁止性规范的正当性考量——以校园网贷"三部规范性文件"为切入》，载《法学》2018年第9期。

工园区和化工项目。禁止在长江干流岸线 3 千米范围内和重要支流岸线 1 千米范围内新建、改建、扩建尾矿库；但是以提升安全、生态环境保护水平为目的的改建除外"。与划定特定区域或者设置负面清单以及采取禁限措施不同，划定直线进而采取禁限措施显得更加刚性，禁限力度之大、强度之高、密度之细，均为历年来生态环境立法之罕见。划定直线方式固然是"一刀切"的简单做法，其好处与弊端均比较突出，但这种做法也并非一成不变的。

总之，为了保障流域水生态服务形成，地方法规越来越显露出其刚性一面。流域生态环境保护的地方立法文本，俨然正在演变成为针对人类生产生活行为的一揽子"禁限法"，小至民众日常生活不可或缺的垂钓、游泳行为，大至区域经济社会正常发展所必须赖以生存的产业项目建设运营等。可以看出，在经历长期的高速经济社会发展之后，我国流域普遍面临着严峻水资源短缺、水生态破坏和水污染严峻之"叠加"情势，唯有借助刚性法律制度方能予以有效应对，所谓"重病需用猛药攻"，从而为保障优质水生态产品持续供给输入源源不断的强大国家意志。

2. 以激励属性的倡导规范为补充

倡导规范是指，"提倡和诱导当事人采用特定行为模式的法律规范"。[①] 在禁限规范之外，数量众多的倡导规范广泛存在于流域地方立法文本之中。现行宪法第二十六条第 2 款规定，"国家组织和鼓励植树造林，保护林木"。该宪法规范实际上就是一种倡导性宪法规范。推及开来，意味着各级公权力机关需要承担组织和鼓励一切有利于生态环境保护行为的国家义务。显然，这一具有最高法律效力的宪法规范需要借助立法、执法或者司法而得以实施。地方立法文本在这个方面也彰显出其一定的宪法实施功能。广东省《广州市流溪河流域保护条例》涉及农业产业结构调整以及土地等利用方式变更方面，大量采用了"组织""指导""推广"等诸多带有一定倡导性、激励性的法规范表述。湖北省《宜昌市黄柏河流域保护条例》《四川省沱江流域水环境保护条例》《湖北省清江流域水生态环境保护条例》在土地等自然资源利用方式变更方面，也有"鼓励""引导"等系列倡导规范。

相应问题是，优质水生态产品形成的法治保障措施，除了需要完善相对刚性的禁限规范之外，是否需要借助一定倡导规范呢？我们认为，倡导规范必不可少，并且在保障优质水生态产品形成中发挥着不可替代之功能，主要理由在于：（1）流域土地等自然资源利用方式变更及产业结构调整自身的客观要求。实践中，传统的土地等自然资源利用方式及相应产业结构在带来经济快速增长的同

---

① 王轶：《民法典的规范类型及其配置关系》，载《清华法学》2014 年第 6 期。

时，也逐渐成为流域水生态服务或优质水生态产品供给出现稀缺的"罪魁祸首"，因此，需要对传统土地等自然资源利用方式予以相应变更，对传统产业结构予以相应调整，但是这一历程并不能一蹴而就，更非简单的"一禁了之"，而是需要国家采取系列"组合拳"措施方能予以有效应对。除了"刚性""硬质"的禁限性措施外，"柔性""人性化"倡导性措施也受到越来越多青睐。世界其他国家生态补偿成熟实践经验表明，借助立法方式的倡导规范有助于实现土地利用方式变更及产业结构调整，故而成为一种较为可行的制度选择策略。（2）转变流域生态环境治理方式的现实需要。优质水生态产品的生成机制实际上也涉及政府基本公共服务有效供给及供给均等化问题。一般认为，基本公共服务均等化供给构成政府法定职责，相应要求政府从"管理型政府"向"服务型政府"转型。如果各级政府仍以"管理者""监管者"自居，处处、时时考虑"一刀切"的"一禁了之""一限了之"，久而久之，就会形成一种制度惯性和路径依赖，"一禁了之""一限了之"的边际效益就会越来越低，与此同时，其边际成本却越来越高，不仅难以有效推动土地等自然资源利用方式变更和产业结构调整，反而会妨碍流域水生态产品持续有效供给。实际上，对于优质水生态产品形成这样具有高度政策性、地方性和动态性的议题，通过倡导性、引导性和服务性的法律规制策略，反而更有助于推动政府流域生态环境治理转型升级，提高解决问题的效率和实现流域生态环境治理能力的现代化。（3）禁限规范和倡导规范并非截然对立而是结构功能互补。应然意义上，我们尝试将禁限规范与倡导规范进行一定区隔，以便分别予以应对，但在实践中，禁限规范与倡导规范并非截然对立。这是因为人的行为具有复杂性，特定时间空间内的某一具体行为可能属于禁限的行为，但将其置于另外一特定时间空间内可能就成为一种倡导的行为；反之亦能成立，比如，向农田投放农药化肥的行为，按照特定时期生态环境保护目标实现之要求，这可能被认定为一种禁限的行为，但将其置于特定时期粮食安全目标射程之下，这可能被认定为一种倡导的行为。总之，禁限规范与倡导规范，既非"二元对立"，也非"非黑即白"，而是紧紧联结在一起，致力于维持增进环境公共利益，保障水生态服务或水生态产品持续有效供给。各地流域生态环境立法文本形成了"以禁止规范为主、倡导法规为补充"的制度规定范式，依靠"一硬一软""一刚一柔""胡萝卜＋大棒"等组合策略以及相应的"数量组合优势"，共同推动土地等自然资源利用方式变更及产业结构调整，有效保障着优质水生态产品生成。

毫无疑问，地方立法文本中的倡导规范，多少也存在着需要改进之处：（1）要素不完备。主要体现在，倡导性行为模式带来的究竟是肯定式法律后果或者否定式法律后果，地方法规大多语焉不详，比如，广东省《广州市流溪河流域保护条例》规定，"大力倡导推广循环水养殖等生态养殖新技术"。从生活常理出发，生态养殖新技术推广显然能够降低养殖污染及相应风险，对于优质水生态产品生成大有裨益。但问题关键是，如果养殖户采用了生态养殖新技术，最后能够获得的肯定式后果是什么？如果养殖户未采用生态养殖技术，随之而来的否定式后果又是什么？《广州市流溪河流域保护条例》没有作出明确回答，或者说，在该法实施之后很长的一段时间内，行政执法部门也很难对此作出有效回应。立法文本中的倡导规范，虽然带有立法机关或决策部门的良好初衷和美好愿望，但由于未能提供肯定或者否定后果之判断，无疑使具体执法实践产生诸多不确定性。久之，原本承载美好期望的倡导规范就可能逐渐演变一个个"僵尸条款""睡美人条款"，仅具有"宣誓"意义。未来持续改进的途径在于，既然立法文本提出了一定的倡导性规范，理应结合该倡导规范实施或执行情况的反馈结果，探索建立倡导之行为的肯定式后果或者否定式后果的法律规范，或者至少明确上述行为所引发的一种肯定式法律后果，从而让具体行为人或者生态保护者有着相对明确的利益预期。（2）可操作性不强。可操作性判断需要回答一部法律、一个法律条文能够付诸实践以及对实践生活的作用效果。不同层级的立法在可操作性这方面存在一定的适度分工。中央层面生态环境立法重在理念精神传递、法律原则确立和基本制度建构，地方层面的生态环境立法应当重在针对性、可操作性、及时性和有效性的具体制度建构及完善。与中央立法相比，地方立法更接近民众，更贴近民众生活。"只有最贴近民众生活的立法主体才能了解民众的具体需要，才能制定出最满足人民生活需要的立法。"① 这意味着，针对性强、操作性强理应构成地方生态环境立法的标配，是地方环境治理现代化的必然路径。综合各地地方立法文本中的倡导规范，发现它们存在针对性不强以及可操作性差等诸多弊端，比如，《湖北清江流域水生态环境保护条例》规定"鼓励排放工业废水的企业采用高效清洁工艺设备"。毋庸讳言，这一规定显然有助于水生态服务或优质水生态产品生成。但事实意义上的"高效清洁工艺设备"仍然需要转换为具有法律意义的"高效清洁工艺设备"认定规则，包括明确认定主体、认定程序和认定基准等配套制度措施。如果缺少这些具有可操作性、针对性强的认定规则，就难以形成企业清洁工艺设备持续运行的外在压力，面向排放工业废水企业的"鼓励"因为外在压力缺乏就会成为一句空话，或者沦为一个道德性规范。（3）严谨性不够。概念术语及体系结构安排是人类社会进行沟通的基本工具。正是通过一定概念体系"形式"将纷繁芜杂的社会现象加以归纳和抽象处理，使得人与人之间免于一事一议、每次都要"从头说起"的负担，有了进行高效快速的

---

① 陈建平：《设区的市立法权限的合理扩充》，载《法学》2020 年第 4 期。

言语交流的可能。① 法律规范是一门对语言艺术要求颇高学科，概念、原则、制度等措辞、搭配应当做到客观、严谨和规范。就此而言，地方立法中的倡导规范仍然存在着较大改进空间，比如，《湖北清江流域水生态环境保护条例》规定，"地方政府应当加大扶持力度，做好产业转型、就业帮扶、技能培训、社会保障、移民后扶等工作，保障和改善清江沿岸村（居）民生产生活"。从法理上讲，"应当"通常是与强行性规范放在一起使用的，强调责任主体必须做出一定行为。"但在某些特殊情况下，如道德性倡导性规范，则需要严格区分'应当'的含义。"② 而立法文本中的"应当"更多含有立法对行政执法机关从事不特定事项的一种高度期待，希冀执法机关能够发挥必要执法能动性，以"人民为中心"创新执法工作，而非要求地方政府强行履行这一职责。申言之，这里应当更多体现为一种倡导规范而非强行性规范。就此而言，不如将该立法文本中的"应当"改为"可以"，或许可能更好地促进地方政府行使一定行政自由裁量权。

三、小结

水生态产品形成与供给制度构成水生态补偿机制运行的前提。水生态产品形成机制的法治保障在于，建立健全"有力约束与有效激励相结合"的制度机制，具体而言，应该以体现约束属性的禁限规范为主，以体现激励属性的倡导规范为补充，两者相辅相成，共同推动土地等自然资源利用方式变更以及产业结构调整。立法体制变革方面，应当建立健全地方立法机关、行政机关各自在保障流域水生态产品形成的功能定位。"下一步要继续对地方立法放权，逐步有序释放地方立法空间，"③ 实现流域水生态产品生成法治保障的地方自主化，保障水生态产品有效形成。

第二节　水生态产品供给的法治保障

显然，水生态产品形成并不能简单等同于水生态产品供给。在更长远意义

---

① 熊丙万：《法律的形式与功能——以"知假买假"案为分析范例》，载《中外法学》2017 年第 2 期。

② 周斌：《论作为立法用虚词的"必须"——主要以"应当"为参照》，载《苏州大学学报》（哲学社会科学版）2013 年第 1 期。

③ 王晨：《在第二十五次全国地方立法工作座谈会上的讲话》，载《中国人大》2019 年第 23 期。

上，与水生态产品形成制度相比，水生态产品供给制度具有根本性意义，主要原因在于，与水生产品形成制度相比，水生态产品供给机制直接涉及流域共同利益需求满足与否以及满足程度等问题，也与福利时代背景下各级政府存在正当性合法性密切相关。与水生态产品供给需要法治保障相同，水生态产品供给须臾离不开一定的法治保障。

一、我国水生态产品供给严重不足

经济学意义上，有效供给基本范畴包括供给侧与需求侧的双向对应关系。从需求层面讲，伴随着经济社会发展，我国总体上呈现差异化、复合性需求结构要求，首先，需要保障最低限度生活需要的"底线均等"，要求每一个人应当能够获得一定数量、可饮用的清洁水的权利，也就是说在尊严的条件下生存所需的必不可少的水。为此，可以将水权视为一项人类的基本权利或者宪法权利，从另外一个角度而言，可以将持续供给"水"或"水生态产品"作为政府或公共权力机构宪法意义上的国家义务或法定职责。其次，需要满足不同层次的利益相关者差异化结构性需求。与需求相比，我国优质水生态产品总体供给呈现两个不足：一是相对供给不足；二是绝对供给不足。

（一）相对供给不足

"物质产品、文化产品和生态产品是支撑现代人类生存与发展的三大类产品。"[1] 随着社会经济快速发展，物质产品、文化产品不断地被大量制造、创造出来，我国正在由"制造大国"向"制造强国"迈进，"文化产品创意无限"，[2]极大满足了人民群众日益增长的物质文化生活需求。与物质产品、文化产品的有效供给相比，生态产品尤其是优质的生态产品供给却存在着这样或者那样问题，赖以呼吸的空气变脏了，赖以饮用的水变黑变臭了，赖以生存的土壤受到重金属污染了。更令人难以置信的是，无论是物质产品或者文化产品，它们供给上的极大丰富与结构性满足，在很大程度上却是以牺牲或者损耗优质水生态产品作为代价的。

供给相对不足体现在两个方面：（1）与物质产品、文化产品的极大丰富相比，人们对稀缺、优质生态产品的需求却在急剧增加。民众迫切需要蓝天、碧水和净土，但遗憾的是，蓝天、碧水和净土等优质生态产品的稀缺性却在逐渐显

---

[1] 尹伟伦：《提高生态产品供给能力》，载《瞭望》2007 年第 11 期。
[2] 齐骥等：《文化自信视角下文化产业的思想理路与创新路径》，载《理论月刊》2021 年第 7 期。

现，且这种稀缺性呈现出地域性与普遍性相结合、季节性和时段性相结合，导致我国优质生态产品的有效供给始终停留在一种浅层次、低质量发展状况阶段，不能有效满足广大民众不断增长的多层次结构性需求。（2）优质生态产品供给出现区域不均衡状况。受经济发展不平衡制约，在优质生态产品总体上稀缺背景下，优质生态产品供给的区域差异状况日渐显现。于经济社会发展较快的地区而言，优质生态产品逐渐表现为一种日常生活必需品，民众视其为一种生存性消费品，往往形成的是一种刚性需求，需求弹性不大。对于经济社会发展较慢地区而言，优质生态产品则更多理解为一种可望而不可即的奢侈品，民众对其的需求存在着极大弹性。这种需求弹性上的差异导致不同区域对生态产品供给的成本—收益评价存在差异。① 这意味着，经济社会发达地区民众更愿意为优质生态产品供给支付必要的成本，而经济社会发展较慢地区对优质生态产品的支付意愿要远远低于经济社会发达地区民众。但优质生态产品形成与供给却不是以经济社会发展状况作为主要区隔和分野的，相反，由于自然生态系统系统性与完整性影响，造成经济社会发达地区之所以能够获得优质生态产品持续有效供给，在很大程度上依赖于自然毗邻或者具有生态关联性的经济社会发展较慢地区的"无偿奉献"或"牺牲"。如果没有建立一定的水生态补偿机制实现上述两个不同地区之间的利益协调，那么，经济社会发展较慢地区就不能从中获得利益补偿，久而久之，就会造成经济社会发展较慢地区持续供给优质生态产品的动力机制缺乏，从而引发普遍或整体意义上的优质生态产品供给不足，甚至会形成一种恶性循环"怪圈"。

（二）绝对供给不足

如果相对不足立足于比较的话，那么绝对不足则需要从事实数据方面进行详尽描述。一般而言，人类活动对水生态产品供给产生影响的途径如下所示：（1）生产环节过度直接消耗水生态产品。无论是农业生产或者工业生产，尽管都是在满足民众物质文化生活需要，但生产环节中对自然资源或自然生态系统的消耗已经远远超过了可更新自然资源的更新程度和更新频次，同时也造成了不可更新自然资源的迅速枯竭或灭失。（2）生产环节大量排放污染物和废弃物损耗水生态服务功能。应当承认，人类生产活动中向河流、湖泊排放一定数量质量污染物和废弃物是必需的。但如果从流域生态系统中不加节制地获取生态产品，同时又向流域生态系统不加节制地单独或者叠加排放流域生态系统不需要的废弃物和污

---

① 洪传春等：《京津冀区域生态产品供给的合作机制构建》，载《河北经贸大学学报》2017 年第
6 期。

染物，一旦超过了流域环境容量，就会造成流域生态系统丧失"新陈代谢"功能，进而导致优质水生态产品供给绝对不足。（3）消费环节大量消耗优质生态产品。人类活动对生态环境的破坏日益严重，消费者的消费活动、废弃物的处置等都可能对环境造成冲击，其中 30% ～ 40% 的环境恶化是由家庭消费活动造成的。① 有专家曾经指出，消费环节"造成的生活污染对生态环境的伤害，一点也不亚于工业点源污染和农业面源污染"。② 如果不对民众日常消费活动加以必要法律规制，优质生态产品短缺效应迟早来临。（4）生态修复环节"人工"供给生态产品数额不大。面对生产环节、消费环节对优质水生态产品消耗、损耗，人类也需要不断通过法律以及人工专业辅助措施，结合流域生态环境状况，实施必要生态修复活动，从而减少对可更新或不可更新自然资源的过度消耗和破坏。人类也通过各种措施维护、改善和扩大自然资源时间、地域等方面存量，约束消费行为，从而达到保障生态产品供给能力之目的。因此，人类开展的各种增强生态产品供给能力的活动使得原本属于自然要素的生态产品具有了"人工"的成分，从而使得人类"供给"生态产品成为可能。③ 以湖泊为例，我国湖泊面临的主要问题是，富营养化和蓝藻水华没有得到根本缓解，湖泊水源地水质安全威胁依然存在；湖泊水生植被退化严重，净化能力减弱，生物多样性下降；气候变化与人类活动叠加造成湖泊洪涝灾害和萎缩咸化并存。④

以至于有专家认为，我国严重的优质水生产产品短缺，不是因为水资源量减少了，而是因为蓄水的"盆"（包括湖泊、水库和湿地等）变小了，或者说承载水资源的环境容量面积、体积缩小了。"由于区域性的环境污染呈现出不断加重的趋势，使得生态环境不断遭受严重破坏，大范围、高强度的生态危机时有发生，缺乏良好的生态环境做支撑，导致生态产品的总量供给严重不足。"⑤

优质生态产品相对或绝对供给不足，不仅直接影响我国经济社会发展，而且也影响到民众自身的生存发展及对美好生活环境和生态环境的需求。在一定意义上讲，优质生态产品供给总量和结构上的双重稀缺构成我国与一些发达国家之间的主要差距之一。

① Mc Gougall G H G. The Green Movement in Canada：Implications for Marketing Strategy ［J］. Journal of International Consumer Marketing，1993（5）：69 – 87.

② 谷中原：《政府与民间合力供给生态产品的实践策略》，载《甘肃社会科学》2019 年第 6 期。

③ 洪传春等：《京津冀区域生态产品供给的合作机制构建》，载《河北经贸大学学报》2017 年第 6 期。

④ 张运林等：《论湖泊重要性及我国湖泊面临的主要生态环境问题》，载《科学通报》2022 年第 30 期。

⑤ 陈辞：《生态产品的供给机制与制度创新研究》，载《生态经济》2014 年第 8 期。

（三）供给不足成因

优质生态产品供给不足成因包括：（1）生态产品供给系统性与行政区域分割性之间的矛盾与冲突。作为生态产品供给载体的自然资源及自然生态系统是由多个生态子系统、多种复杂生态过程所构成的完整的生态单元，[①] 系统内各组成单元以及各子系统间相互依存、相互影响，物质、能量和信息在彼此之间相互流动，形成了"一荣俱荣，一损俱损"完整生态系统单元。组成单元与各子系统之间通过共同作用，从而提供多种类型功能的生态产品，每一生态子系统的健康发展都是建立在其他生态子系统健康发展的基础上，任何一类生态子系统受到破坏都不可避免地影响到生态产品的供给。[②] 比如森林生态系统、农田生态系统和湿地生态系统等子系统组成的完整生态系统之间，各组在空间上有序组合、互相作用并持续地为社会提供支撑人类生存发展所必需的生态产品。这一系统功能的正常运行完全依赖于承载生态产品的生态系统单元被有效地保护、修复与扩展。相对完整系统的生态系统被不同行政区域实施了人为分割。不同行政区发展思路、目标和路径各不相同；不同行政区监管体制、监管制度与制度环境存在较大差异，造成无法按统一标准与监管体制对整体性生态系统实施有效保护、维护。总之，碎片化的行政区划监管体制与整体性生态系统发生冲突，特定行政区域内生态产品供给相对不足或绝对不足问题就会出现。（2）生态产品供给过程中的"搭便车"行为。"生态产品的公共属性导致其供给主体动力不足。生态产品为自然生态系统的产物或其组成部分，具有典型的公共属性，这使得其供给具有跨域性和溢出性。"[③] 可见，正外部性的外溢容易导致不同区域利益相关者之间以及同一区域内不同利益相关者之间产生一种"搭便车"行为。从特定区域层面来看，由于经济发展所引致的对自然生态系统的损害仅仅依靠其自身的修复能力难以恢复到保证生态产品持续供给程度，这使得人工参与或主动介入生态产品供给成为必要，但这势必带来巨大的成本支出。在没有科学制度安排情况下，具有生态关联性的相邻行政区域就会通过"搭便车"方式获得外溢之正外部收益，从而导致供给成本无法得到合理公平分摊。在当前财政分权和地方政府竞争模式下，势必会严重地抑制特定区域供给生态产品的积极性，从而导致其生态产品供给远

[①] 王大尚等：《生态系统服务供给、消费与人类福祉的关系》，载《应用生态学报》2013 年第 6 期。

[②] 洪传春等：《京津冀区域生态产品供给的合作机制构建》，载《河北经贸大学学报》2017 年第 6 期。

[③] 王佃利等：《区域公共物品视角下的城市群合作治理机制研究》，载《中国行政管理》2015 年第 9 期。

低于合意水平。① （3）生态产品供给过程中的"集体行动困境"。理论研究表明，集体行动存在困境，这导致公共产品的有效供给并非轻而易举之事。中国古代"三个和尚没水喝""滥竽充数"等典故，"林子大了什么鸟都有""众口难调"等民间俗语，古典经济学中的"劣币驱逐良币"效应，安徒生童话中的"皇帝的新装"等，均从不同侧面说明了客观存在着集体行动困境之难题。② 奥尔森在桑德勒（T. Sandler）《集体行动》一书序言中直言不讳地写道，所有的社会科学研究范畴几乎都是围绕两条定律展开的，第一条定律是，"当每个个体只考虑自己的利益的时候，会自动出现一种集体的理性结果"；第二条定律是，"当第一条定律不起作用时，不管每个个体多么明智地追寻自我利益，都不会自动出现一种社会的理性结果"。③ 显然，由于优质水生态产品供给是诸多社会因素和自然因素"聚合"之结果，在社会因素层面上，这可以理解为一种"集体行动"，根据奥尔森的集体行动生成逻辑，理念认知差异、利益结构差异和制度机制缺失使得该"集体行动"面临困境。④ （4）不同行政区域民众及社会对生态产品需求弹性差异造成优质生态产品结构不均衡。一般而言，经济社会发达地区对优质生态产品需求呈现一种刚性状态，需求弹性较小，对通过一定对价方式获取优质水生态产品供给的意愿较为强烈，市场化生态补偿机制的氛围浓厚，因此，需要借助相应法律手段对市场化生态补偿机制予以保护或维护。相反，经济社会发展较慢地区对优质水生态产品需求则呈现一种不规则的弹性状态，无法通过刚性法律制度进行规制，只能借助政策机制或者激励性法律制度进行一定程度上的倡导或促进。

二、保障水生态产品供给的前提：水流产权制度

流域土地等自然资源产权得不到明晰界定情况下，优质水生态产品供给上的"搭便车"行为、集体行动困境几乎是无可避免的。唯有建立明确、规范的流域水流产权制度，才能保障优质水生态产品持续有效供给。在此意义上，我们认为，建立健全水流产权制度构成是保障水生态产品供给的前提。

---

① 王长宇：《地方外溢性公共产品的供给问题探讨》，载《经济科学》2015 年第 4 期。
② 陈潭：《集体行动的困境：理论阐释与实证分析》，载《中国软科学》2003 年第 9 期。
③ 苏长和：《全球公共问题与国际合作：一种制度的分析》，上海人民出版社 2000 年版，第 2 页。
④ 张振华：《"宏观"集体行动理论视野下的跨界流域合作——以漳河为个案》，载《南开学报》（哲学社会科学版）2014 年第 2 期。

（一）水流及水流产权的法律界定

我国《现代汉语词典》关于水流的解释包括两个方面：一是指"江、河等的统称；二是指流动的水"。[①] 狭义上的江、河特指长江、黄河，广义上的江、河则包括所有天然的或人工的河流、水道总称。法规范意义上的"水流"含义则需要从法律条文中寻找答案。严格追溯起来，法规范意义上的"水流"概念最早出现于 1954 年制定的《中华人民共和国宪法》之中，它是与矿藏、森林等并列的一类重要自然资源，并且这个概念出现往往与"国家所有（或全民所有）"紧紧勾连，代表着一种国家主权宣誓功能。虽然宪法历经多次修正（订），但"水流"始终都被明确规定为一类需要通过列举而予以明示的自然资源，且明确规定"水流"自然资源属于全民所有。新近颁行的《中华人民共和国民法典》（以下简称《民法典》）则进一步明确了"水流"这一概念。《民法典》二百四十七条明确指出，"矿藏、水流、海域属于国家所有"。与宪法、《民法典》等提出"水流"这一概念不同，涉水领域中最主要的专门法律《中华人民共和国水法》（以下简称《水法》）却在"水流"概念之外，又提出一个"水资源"概念。《中华人民共和国水法》第二条第 2 款明确指出，"本法所称水资源，包括地表水和地下水"。该法第三条又进一步明确："水资源属于国家所有。水资源所有权由国务院代表国家行使。农村集体经济组织的水塘和由农村集体经济组织修建管理的水库中的水，归各该农村集体经济组织使用。"总之，宪法明确提出，《中华人民共和国民法典》再次强化的"水流"及"水流国家所有"等法律规制并未得到《中华人民共和国水法》的有序承接。随即产生的问题是，我国宪法、《中华人民共和国民法典》明确的"水流"及"水流国家所有"与《中华人民共和国水法》所提出的"水资源"及"水资源国家所有"到底存在着一种什么样的关系？它们之间究竟存在何种区别？如何有效协调不同法律在规制"水流"或者"水资源"这种特殊自然资源时产生的冲突？我们认为，秉持一定法律原则，审视"水流"和"水资源"两个概念各自功能定位，寻找它们之间联系与区别，挖掘各自独有属性，然后在此基础上进行具体法律制度建构或政策设计。

1. 界定"水流"与"水资源"秉持的原则

从比较法视角观察，我国自然资源法律制度规定有更多借鉴大陆法系制度规定的发展倾向，故了解大陆法系界定自然资源秉持的原则就非常重要。（1）"双吸收"原则。与英美法系经常出现的水流依附土地资源的"河岸权原则"[②] 不

---

① 中国社会科学院语言研究所词典编辑室：《现代汉语词典》，商务印书馆 2012 年第 6 版，第 1219 页。

② 单平基：《我国水权取得之优先位序规则的立法建构》，载《清华法学》2016 年第 1 期。

同，大陆法系秉持的是一种资源中心主义原则。① 所谓资源中心主义原则是指，尽管森林、水流等自然资源均依附于土地，但森林、水流等与土地同为自然资源重要组成部分，因此，在土地资源与依附其存在的其他自然资源关系上，一般宜考虑其他自然资源占据主导地位，也就是说，土地资源此时可以被其他自然资源所吸收，承载其他自然资源的土地资源就失去了独立客体地位，因此也被称为"非土地资源吸收土地资源"原则。此外，当多种自然资源在同一权利上同时出现时，产生"目的性自然资源吸收辅助性自然资源"原则。因此，需要判断在多种自然资源中，何种资源属于目的性资源，何种资源属于辅助性资源。比如湿地资源，即可能涉及水，也可能涉及土地，但其主要目的在于生物多样性保护，就不能简单依靠水或者依靠土地设定权利，而是需要单独设定相应权利。简言之，大陆法系在自然资源权属问题上采用的是一种"双吸收"原则。结合"资源中心主义"原则和"目的性自然资源吸收辅助性自然资源"原则，在流域水流产权界权过程中，承载水资源的土地资源在水权界定中就不再具有独立法律地位。此外，如果将水资源视为一种目的性资源的话，那么相应承载水流的土地资源和水中的动植物资源就只能是一种辅助性自然资源，需要紧紧围绕目的性资源的开发、利用、保护和管理活动而展开对辅助性资源的法律规制。（2）多元价值功能原则。水是生命之源、生产之要和生态之基，相应地，水资源或者说凝结着一定人类劳动的水生态产品或水生态服务就具备多元价值与多层次价值。随着经济社会发展、科技进步和人类需求不断变化，水资源这些多元、多层价值正在源源不断地被挖掘、整理和开发出来。水资源是具有多重价值功能的自然资源，它不仅是一种目的性资源，其主要目的在于维系人类生存和经济社会发展；它也是一种辅助性资源，辅助其他自然资源的开发、利用及保护；它既是一种价值性资源，也是一种工具性资源。在缓和的人类中心主义看来，稀缺水资源以及相应的水生态产品构成一种目的性和工具性并存的自然资源。在法律科学或制度建构中，相对稀缺的水资源应当按照生活用水、生态用水和生产用水进行价值排序，并以此为据得以合理配置，从而形成一种规范化的用水管理秩序和良好生态秩序。

综上所述，法规范意义的"水流"不仅包括江、河、湖、库等的流动或静止水资源，还应该包括承载着水资源的"土地"资源（包括河床、堤岸、河漫等河流领域内涉及土地资源的固体边界），如果没有这些固体边界作为不可或缺的"辅助性自然资源"，江、河、湖、库等中的水资源或者说水体就无法存在，业已存在的就会流失；同时要行使对江、河、湖、库等中水体的利用，必须首先作用

---

① 邓君韬：《自然资源立法体系完善探析——基于资源中心主义立场》，载《西南民族大学学报》（人文社会科学版）2011 年第 8 期。

于承载"水"的固体边界（堤岸、河漫、河床等）这个辅助性自然资源客体。[①]"水"的价值的多层次性和水的功能的多元性，决定了水作为自然资源的多样性，水的数量、水的质量、水深、水面宽度、落差、流速、水环境容量、岸线（包括自然岸线、人工堤岸；水库、大坝等水利工程设施）、河（湖）床等均属于水流这个自然资源的范畴，因此，"水流"中应该包括这些涉水要素。[②] 总之，"双吸收"原则和水资源多元价值等两个原则对于我们厘清水资源或者水流资源之间的区别及联系，大有裨益。

2. 厘清"水流"与"水资源"之间的区别

法规范意义上，我们也要明确"水流""水资源"两个概念之间的差别：（1）内涵不同。谈及水资源，侧重于指一个国家管辖范围内所有的淡水资源，包括地表水资源和地下水资源。可见，这个概念强调水资源这种较为特殊自然资源以及其在国家所处的一种基础性、经济性和战略性的基本定位。"水资源是基础性自然资源，是生态环境的控制性因素之一。同时又是一类战略性经济资源，是一个国家综合国力的有机组成部分。"[③] 换言之，在研究或者讨论水资源性质、功能定位以及对其实施相应的法律规制时，更多需要从宏观或中观层面将其上升到一定的国家安全等战略地位上加以解读和定位。我国水法明确指出，水资源包括地表水资源和地下水资源。而在谈及"水流"概念范畴时，则侧重于一个国家国土空间范围内所有淡水以及由承载淡水水体的固体边界组成的一类淡水空间。也就是说，这个概念强调一种源于"水"、基于"水"和围绕"水"所形成的特定自然生态空间的系统性、整体性。从水生态空间上定位"水流"也得到党内法规的认可。党的十八届三中全会颁行的《中共中央关于全面深化改革若干重大问题的决定》中，就是把"水流"作为一种"自然生态空间"予以认识或理解。从"自然生态空间"上理解和把握"水流"这个概念范畴对于我们进行水生态补偿制度建构及机制运行具有一定指导意义。（2）外延不同。由于"水资源""水流"内涵不同，相应的在外延方面也有一定差异。"水流"范围应当包括，江河、湖泊、池塘、水库、沼泽等地表水以及承载地表水的物理性固体边界（诸如堤岸、河漫、河床等）。概言之，谈及"水流"，就可知其应当包括一定自然生态空间范围内的地表水资源以及承载地表水资源的岸线等固体边界等，强调一定时间内、一定空间范围内以"水"为中心的生态系统。现行《中华人民共和国水法》规定，水资源范围一般可以包括地表水和地下水。我国宪法、《民法典》采用"水流"概念并对其实施相应法律规制，《中华人民共和国水法》采用

---

①② 彭岳津等：《水流的内涵与外延探讨》，载《绿色科技》2019年第18期。

③ 张利平等：《中国水资源状况与水资源安全问题分析》，载《长江流域资源与环境》2009年第2期。

"水资源"概念并对其实施法律规制，主要原因在于，不同法律之定位以及其在规制目标、基本原则和具体规则方面存在一定差异。

总之，"水流""水资源"内涵和外延尽管存在诸多理念、功能等不同，两者在涉及地表水时，显然也存在着交叉关系。但这并不意味着不同法律规制之间会存在冲突，相反，迫切需要借助一定的法解释学和典型案例予以不断释明，最终形成的概念范畴，可能有所区隔，需要相互界定，更需彼此关照。

3. 界定水流产权及其法律意义

人类社会的一切社会制度，都可以被放置在产权分析框架里加以分析。"产权是界定人们如何受益及如何受损，因而谁必须向谁提供补偿以使他修正人们所采取的行动。"[①] "产权在任何社会都是经济增长与发展的动力源泉，自然资源产权更是如此。有效率的产权设计和安排通常能促使自然资源物尽其用，进而实现价值最大化，"[②] 水流产权亦不例外。新中国成立之后，遵循马克思主义关于社会主义的基本认定，国家自然资源所有权成为国家基本制度设计的基础，具体至水资源所有权方面，明确宣誓水资源国家所有。在运行实践中，水资源国家所有权被行政权吸收，水资源集体所有权被国家所有权吸收。[③] 两个吸收的最终结果是，水资源国家所有权未能履行国家完整支配且目的在于赋予全民福利之初心，水资源更多成为地方政府的"治权"，水资源浪费、水资源无价，"靠水吃水"逐渐成为常态化"自然现象"。肆意浪费、围垦湖泊、挤占河道、侵占岸线、污染水体以及以邻为壑等问题层出不穷，最终导致优质水生态产品总量功能双重稀缺，优质水生态产品供给严重不足。

在财政分灶背景下，国家所有的水资源产权在地方政府"先行先试"背景下不同程度地进入了市场。在国家所有旗帜下，试点地区通过设定可交易水权制度，既能满足地方政府从中获取巨额收益，也为私人产权获取相应利益腾出了一定制度空间。但遗憾的是，中国水权交易制度发展实践却充分表明，中国水权市场及其发展取决于地方各级政府意愿及职能实现程度，而不是稀缺水生态产品供给需求关系以及相应价值价格机制。权力决定市场边际演化到最大，在制约水资源价值实现的同时，也妨碍了水权市场发育。[④] 自国家生态文明制度体制改革以来，尽管我们一再强调水资源所有权与管理权适度分离，探索水资源有偿使用制度，建立健全水流产权制度，这可能与环境保护乃至生态文明建设存在一定关

---

① ［美］登姆塞茨著，刘守英译：《财产权利与制度变迁》，上海三联书店1991年版，第204页。

② 肖国兴：《论中国自然资源产权制度的历史变迁》，载《政法论丛》2021年第1期。

③ 参见《中华人民共和国水法》（1982年）确立了水资源集体所有权，2002年修订《中华人民共和国水法》时，水资源集体所有权这一权利类型又被取消。

④ 肖国兴：《论中国自然资源产权制度的历史变迁》，载《政法论丛》2021年第1期。

联，但真正让政府权力割舍不下的是，地方财政对于水资源以及附着于水资源上的各种税费的高度依赖。

尽管"生态产品的基本属性决定了其产权边界的界定比较困难。如清新的空气、清洁的水源和适宜的气候"①，但包括水资源在内的自然资源产权制度改革仍在艰难推进。2016 年，水利部、原国土资源部颁发《水流产权确权试点方案》（以下简称《试点方案》）指出，"开展水流产权确权，是健全自然资源资产产权制度的必然要求，对转变发展方式、节约集约利用资源、保护水生态空间具有重要促进作用，对完善现代水治理体系具有重要意义"②。《试点方案》在全国选取一个流域、一个河道、一个水库、一个省、一个地级市和一个县共六个试点地区，开展水域、岸线等水生态空间确权试点，探索流域水流产权确权的路径和方法，界定权利人的责权范围和内容，解决所有权边界模糊、使用权归属不清、水资源和水生态空间保护难、监管难等问题，为开展水流产权确权改革和自然资源确权登记提供经验与借鉴。2019 年，自然资源部颁行《自然资源统一确权登记暂行办法》（以下简称《暂行办法》）规定了以生态空间为独立登记客体，对国家所有权行使主体及代表行使主体或代理行使主体登记造册，以关联方式公示管制性事项等全新的登记规则。③ 水流产权确权登记开始迈上了一个初步的法治化征程。微观上看，建立水流产权制度，是保障水生态产品持续有效供给的法治前提。唯有水流产权制度科学、规范，水生态产品持续供给的市场机制有效、水生态产品持续供给的政府机制有为，才能实现各项制度机制协同发挥功能，水生态补偿机制才能有效运行。宏观上看，建立健全水流产权制度，是生态文明建设的基本要求，也是国家治理体系和治理能力现代化的客观要求。

（二）各国水流产权制度的发展现状

绝大多数国家通过立法确立水资源公有制度，将水资源归国家/全民所有（如中国、以色列、法国、德国等），④ 仅美国东部水资源、英国地表水、俄罗斯个别零散水体等依照惯例或者其他因素属于个人私有。世界上一些国家，比如美国、澳大利亚、日本等国在水流产权、水权以及水市场领域，已经具有相对比较完善的法律法规体系。⑤ 一般而言，水权交易及配置方法往往与一个国家、一个地区水资源丰沛程度存在直接关系。美国宪法和法律将水体所有权划归为各州，

---

① 马永欢等：《对我国生态产品价值实现机制的基本思考》，载《环境保护》2020 年第 1 期。
② 黄玥：《完善自然资源产权和用途管制的制度研究》，载《环境与可持续发展》2015 年第 3 期。
③ 郭洁：《自然资源统一登记的物权法问题及其破解》，载《法学》2020 年第 3 期。
④ 彭诚信等：《水资源国家所有权理论之证成》，载《清华法学》2010 年第 6 期。
⑤ 郑航：《初始水权分配及其调度实现》，清华大学博士学位论文，2009 年，第 15～18 页。

并由各州相关部门进行管理，但联邦拥有影响州政府司法权力中水权的权力。① 迄今为止，美国东部主要沿用河岸权原则，即毗邻水体的土地所有者拥有水权，水权与地权不分离；美国西部主要采用先占原则，水权与土地所有权相分离，用水权优先顺序由州政府确定。在保护私有水权同时，美国水权及交易制度兼顾联邦和地方利益，同时避免负外部性的产生。各州对水权确权和管理因各自人文和自然状况差异而异，但对水资源"合理有益的使用"原则是各州共有的理念。② 日本《河川法》明确规定，水资源归国家所有，并将水权分为"贯行水权"和"许可水权"，前者特指处理先占原则而获得的水权的制度规定，后者是指需要经过政府或公共团体许可而获得的水权。《河川法》同时又把水权划分为灌溉水权、工业水权、市政水权、水电水权和渔业水权等。③ 日本水权优先权基本上遵循占有优先原则，水权转让受到较为严格限制。澳大利亚早期沿袭英国采用河岸权原则，后期通过立法将水权与土地所有权分离，明确水资源是公共资源，归州政府所有，由州政府调整和分配水权。近年来，澳大利亚部分地区停止发放新的取水许可证，一些用户已经开始买卖用水配额以调剂余缺。④ 澳大利亚的水权交易对于发挥水资源效率和强化水资源管理发挥了较为重要的作用。2016 年，法国《关于有效落实人类饮用水权和卫生设施权的法令建议》在国家立法中明确承认"水权"具有人权性质，以区别于"取水权"。为保障该项基本人权实施，国家应具有建设清洁、安全水基础设施的义务，并设立预防性水援助基金制度，以家庭收入为基础，对低收入、困难家庭水价补贴。⑤

　　总结以上各国关于水流产权的制度规定，有以下几点值得观察：一是均明确水资源是一类公共资源，而且大都强调水资源国家所有的重要意义；二是均不同程度地建立了水权交易制度。希望借助水权交易这种市场化机制，宏观上可以实现水资源时空之间的合理配置，微观上看，在满足私人利益的同时，能够实现公共利益最大化；三是已有部分国家已经开始从宪法人权层面讨论水权问题，认为人人依法享有清洁水的权利。这对于我国基本人权制度完善具有一定参考价值。

（三）我国水流产权制度改革的实践探索

　　2016 年以来的水流产权试点地区在实践探索中，先后提出了"一个内涵定

---

　　① 郑航：《初始水权分配及其调度实现》，清华大学博士学位论文，2009 年，第 15 ~ 18 页。
　　② 严予若等：《美国的水权体系：原则、调适及中国借鉴》，载《中国人口·资源与环境》2017 年第 6 期。
　　③ 秦雪峰等：《从日本的水权看我国水权法规体系的健全》，载《中国水利》2001 年第 12 期。
　　④ 丁民：《澳大利亚水权制度及其启示》，载《水利发展研究》2003 年第 7 期。
　　⑤ 彭峰：《法国饮用水权保护新进展》，载《环境保护》2016 年第 7 期。

义、两层分配层级、三种供水水源、四类确权用户、五条分配原则、六项关键技术、七步确权步骤"等水流产权确权方法，梳理出"可以持续、严守红线、生活优先、注重生态、合理水量、留有余量、分水到户、水随地走，农业水权、非农许可、试点先行、稳步推进、可以调整、可以交易"的水权确权要点。[①] 上述经验探索正在成为我国水流产权制度法治化发展基础。

1. 水域岸线等水生态空间确权

水生态空间确权对于相应的水资源确定具有一定的先导意义。按照水流的自然生态空间要求，水域岸线等水生态空间确权主要内容包括：（1）划定水域岸线等水生态空间范围。根据管理实际和需要，将流域河道管理范围明确为水域、岸线生态空间范围。[②] 根据河道已划定管理范围，划定河道水域、岸线生态空间范围，明确地理坐标，设立桩牌。[③] 这是在自然地理意义上确定水生态空间范围。（2）开展水域、岸线等水生态空间确权登记。依据自然资源部颁发的《自然资源统一确权登记办法（试行）》规定，对河道管理范围水生态空间实施自然资源统一确权登记。权属登记时，尊重现状，兼顾历史。属于国家所有的，登记为国家所有，属于集体所有的，登记为集体所有。依法划清全民所有与集体所有各自边界；划清全民所有、不同层级政府行使所有权的各自边界；划清不同集体所有者的各自边界，划清水流与其他类型自然资源的各自边界，填写相应的《水生态空间登记簿》《自然资源登记簿》。（3）建立健全水域岸线等水生态空间的监管制度。结合具体流域、河道依法划定水域岸线保护、保留、控制利用、开发利用等不同功能分区，实现分区、分类差异化、梯级化监管。规范涉水项目许可建设，禁止非法占用水域岸线，防止现有水域面积衰减、岸线滥占滥用。收集并整理水生态空间"三线一单"、水（环境）功能区划、用途管制、生态保护红线、公共管制及特殊保护等规范性法律文件，明确河湖开发利用及生态环境保护要求，合理利用河湖水生态空间资源。

2. 水资源确权

与水域岸线等水生态空间确权相比，水资源确权的技术性要求可能更高一些。主要是以取水总量控制指标、江河水量分配方案[④]等为依据，开展具体流域水资源使用权的确权。结合水资源确权主体不同，我们尝试从以下四类主体介绍水资源确权状况。（1）流域特定层级行政区区域取水总量及权益之确认。首先需要明确不同行政区区域用水总量控制指标和水量分配方案。从法理上看，行政区

① 李静：《河北省水流产权确权方案研究》，河北农业大学硕士学位论文，2019 年，第 23 页。
② 徐玲玲等：《徐州市水流产权确权工作的探索与实践》，载《江苏水利》2020 年第 4 期。
③ 耿俊等：《江苏省河湖划界工作的技术设计和实现》，载《地理空间信息》2018 年第 12 期。
④ 参见《国家发展改革委水利部关于西江流域水量分配方案的批复》（发改农经〔2020〕1270 号）。

域用水指标属于区域水资源监管权和分级所有权人权益的一种混合。作为区域取用水总量和权益边界的体现，区域用水指标在法律上需要通过明确区域用水总量控制指标、江河水量分配方案、跨流域调水工程分水指标等相关政府文件予以确认。[①] 各行政区域用水指标由行政区域内自然人、法人或其他组织使用，也可以将多余指标与其他行政区域进行交易。（2）取用水户取水权之确认。结合《中华人民共和国民法典》《中华人民共和国水法》《中华人民共和国行政许可法》等系列制度规定，我们认为，取水权主体应当申请水行政主管部门而获得一定取水许可证，取水许可证上记载着取水权主体及权利内容。根据权利取得方式不同，取水权权利内容呈现一定的伸缩性。对于通过取水许可证无偿取得的取水权，取水权人的使用权能、收益权能应当受到一定限制，只能依法转让通过采取节水工程、管理措施而节约的水资源量，且不能抵押、出租取水权，权利内容不甚完整；若为有偿取得的取水权或者合法交易后获得的取水权，在符合水生态空间管制、水功能用途管制等约束条件下，取水权人既可以对取水权进行入股、抵押或者出资、合作，也可以将取水权依法转让，条件成熟时，可以建立水银行制度，将取水权存到水银行而获取一定利息。（3）公共管网供水用水权之确认。对使用公共供水的用水户，包括灌区用水户和城市供水管网内用水单位（如规模以上的工业企业等）进行用水权确认。这是水资源确权的一种特殊类型，也是水市场体系建设重要组成部分。总结此类水权确权实践做法及未来发展需求，公共供水用水权确权形式大体包括三类：一是单独发放用水权属凭证，如用水权证、水权使用证、水票等，比如山西清徐县给农户发放水权使用证，甘肃张掖给农户发放水票等。二是在其他权属凭证上记载用水户用水份额，如一些地区在小型水利工程设施权属证书上记载受益农户用水份额等。三是直接下达用水计划指标或用水定额，不发放权属凭证。这也是一些地方长期累积形成的习惯做法，法律应当对类似公序良俗予以相应尊重。（4）农村集体水权之确认。这也是水资源确权的一种特殊类型。农村集体水权主体依法应当为农村集体经济组织，但可以由农民用水合作组织或村民委员会代表村集体依法享有相应的农村集体水权。实践中，农村集体经济组织可以在民主决策基础上，进一步确认水塘、水库受益范围内相关受益农户一定的用水权。农村集体水权既可以单独发放权属证书，也可以结合农村小型水利工程产权制度改革，在水利工程设施权属证书上记载用水份额及其相应的权利。

---

① 比如，2019年四川省人民政府批复《四川省主要江河流域水量分配方案》。

（四）我国流域水流产权制度问题及改进策略

1. 我国流域水流产权制度问题梳理

我国流域水流产权制度问题主要包括：（1）对水生态空间所有权制度认识存在严重分歧。水利部、原国土资源部颁行的《水流产权确权试点方案》明确要求，"依据划定的水域、岸线等水生态空间范围，明确其所有权和功能定位，按照自然资源统一确权登记的有关规定实施统一登记"。原国土资源部颁行的《自然资源统一确权登记暂行办法》（以下简称《暂行办法》）也对包括水流资源在内的自然资源统一确权登记作出了规定。上述法律法规、部门规章已对流域水生态空间所有权内容、权利主体与空间范围内土地所有权关系、水资源所有权及使用权等都作出明确具体规定。但从试点实践来看，一些流域把国家所有的水域、岸线等水生态空间范围内的土地登记为国家所有，集体所有的水域、岸线等水生态空间范围内的土地登记为集体所有。总之，水域、岸线等水生态空间没有明确的权利主体，水生态空间所有权与空间范围内土地所有权的关系未能有效理顺，以至于无法有效实施对水生态空间的确权登记。"地方政府不同管理部门对水生态空间所有权是什么权利，水生态空间所有权主体是谁，水生态空间所有权与空间范围内的土地所有权是什么关系，存在着截然不同的观点。"[①] "不同地区、不同部门对水生态空间范围的划定需要达成一致共识。按自然资源统一确权登记办法等制度规定，水生态空间范围即水流登记范围以堤坝背水侧坡脚线作为登记单元界线；无堤坝的，结合河湖岸线管理范围划定，但如何结合仍须细化落地。"[②] 尽管对于水生态空间所有权制度（包括权利性质、权利主体和权利内容等）认识不一致，但"无论是水流域管理机构，还是地方政府及水利部门普遍对水生态空间权利主体确定登记比较关注，其背后涉及国家和地方政府之间、不同部门之间在后续自然生态空间保护中的责权利平衡配置问题"[③]。（2）对水资源使用权物权登记途径和方式存在争议。水利部、原国土资源部颁发的《水流产权确权试点方案》明确要求，"在水资源使用权确权试点中，要充分考虑水资源作为自然资源资产的特殊性和属性，研究水资源使用权物权登记的途径和方式"。由于水资源具有流动性、不确定性、多功能性等特殊属性，水资源使用权物权登记与水资源特殊属性及其管理要求不符，难以套用其他不动产登记的方式和方法完成确权

---

① 刘鑫等：《甘肃省疏勒河水域岸线空间管控方法与经验探讨》，载《水利发展研究》2020年第6期。

②③ 张富刚等：《水流产权确权改革的问题与思考》，载《中国土地》2019年第12期。

登记。[①] 根据 2015 年国务院《不动产登记暂行条例》第 5 条的规定，显然也难以将水资源使用权登记纳入其中。2013 年，中央编办《关于整合不动产登记职责的通知》规定登记事项中未涉及水资源和取水权登记问题。对于水资源究竟属于动产还是不动产，进而按照动产抑或不动产进行确权登记，理论和实践仍然存在着争议。流域水域、岸线水生态空间范围内"一地多证"问题产生原因复杂，既包括土地、水等自然资源分头管理，"证"出多门、标准不一等历史原因，又有法规制度不健全，各地政策、自然及人为因素、土地现状变化较大等客观现实原因，试图通过具有一定争议的水生态空间、水资源确权以全面化解"一地多证"矛盾，显然也存在一定难度。(3) 不同法律制度之间相互冲突。不同于理论及实践争议与冲突，水流产权制度改革也面临着不同法律制度规定之间的冲突。主要包括：一是《中华人民共和国民法典》[②] 中自然资源国家所有权豁免登记与《自然资源统一确权登记暂行办法》（以下简称《暂行办法》）[③] 中强制登记存在一定冲突。从法律位阶上看，《民法典》属于国家基本法律，其提出的豁免登记应当高于《暂行办法》（属部门规章）中的强制登记；从法律颁行时间来看，《中华人民共和国民法典》（2020 年颁行）中的豁免登记应当优先于《暂行办法》（2019 年颁行）的强制登记而得以实施。总之，无论从哪个方面来看，自然资源国家所有权豁免登记应当优先于强制登记而得到优先适用。二是生态空间登记单元和物权"一物一权"原则的挑战。《暂行办法》[④] 明确提出"水流可以单独划定自然资源登记单元"。在自然资源统一确权登记改革的语境下，登记单元的空间面貌和生态品格使其表现为，将基于生态关联结成的自然生态空间作为独立登记单元，特定空间范围内容纳的各具体资源要素作为其组成部分的"聚合式"构造。在此意义上，登记单元是一定物理空间单元内所包含的水流等自然资源要素的空间集合体，其与传统物权登记客体具有较大差异性，由此带来自然资源统一确权登记改革与传统物权登记制度在登记客体构造、登记事项内容等方面的巨大差异，[⑤] 引发了"空间客体（自然生态空间）是否具有'一物'的法律地位"之追问。三是管制性登记事项的从属性与加大生态监管力度的冲突。《暂行

---

① 王合创：《甘肃省疏勒河流域水流产权确权试点改革的实践与思考》，载《中国水利》2020 年第 9 期。

② 参见《中华人民共和国民法典》（2020）第二百零九条第 2 款规定，"依法属于国家所有的自然资源，所有权可以不登记"。

③ 参见《自然资源统一确权登记暂行办法》（2017）规定，"自然资源部对大江大河大湖和跨境河流进行统一确权登记。""省级人民政府组织省级及省级以下自然资源主管部门会同水行政主管部门对本辖区内除自然资源部直接开展确权登记之外的水流进行确权登记"。

④ 参见《自然资源统一确权登记暂行办法》（2017）第 15 条规定，"水流可以单独划定自然资源登记单元"。

⑤ 韩英夫：《自然资源统一确权登记改革的立法纾困》，载《法学评论》2020 年第 2 期。

办法》逐渐确立了呈现"权属内容＋管护内容"共同登记的公私法交融之复合特征，关联国土空间规划明确用途、划定的生态保护红线、公共管制事项等原本呈现附属性登记事项内容，在加大自然资源与生态空间环境监管工作进程中，开始逐渐脱离附属功能，原本水流产权登记制度"以私为主，公私交融"，现在又逐渐发展为"以公为主，公私交融"的态势，从而引发对水流等自然资源产权登记制度主导功能的追问。

2. 问题的改进策略

改进策略主要包括：（1）需要确立持续改进的总体思路。流域水流产权制度改革涉及多重价值衡平与协调，难度较大，不可能毕其功于一役，需做好打持久战的思想准备。当务之急在于，严格按照中央提出的"改革要于法有据""立法工作要和改革工作相向而行"的指导要求，将水流产权确权登记纳入自然资源统一确权登记工作范畴，水域、岸线等水生态空间按照自然生态空间确权登记方式明确记载，水资源确权重点将取水权作为用益物权纳入不动产统一登记工作体系，对权利人颁发不动产权证书。① 继续深化对水生态空间所有权制度研究，明确水流所有权、水生态空间所有权等内涵，明确水生态空间所有权与空间范围内土地所有权之间的关系，明确水生态空间所有权范围边界；研究水生态空间所有权、使用权与水资源所有权、使用权之间的关系。（2）深化水资源"权利束"系列制度设计。"两办"《关于统筹推进自然资源资产产权制度改革的指导意见》强调指出，进一步"理顺取水权与地下水、地热水、矿泉水采矿权的关系"，为后续水资源权利体系建设指明了方向。应围绕水资源权利"权利束"为中心，以形式主义方法为主，功能主义方法为补充，开展水资源权利体系研究。水资源所有权、水资源使用权，甚至包括取水权等权利主体、权利内容、权利保护、权利边界、权利登记、权利交易等实体性规则。此外，如何协调水资源权利与水生态空间权利在主体、内容及登记方面的衔接联动。对于跨省国家重要流域，如长江等均可以按照省级行政区进行相应水流产权确权登记，清晰界定省级政府各自代理行使长江流域段水资源所有权及附带保护责任、水域岸线所有权及相应监管责任、保护责任。适时启动修订《中华人民共和国水法》，进一步明确水流产权在不同行政区域之间的合理分配，将水流产权的公共属性与取水权的物权属性统合考虑，以保障流域资源的经济价值与生态环境价值在一个权利体系中得到整合，进而通过配置水权及建立水权交易制度来实现权利和附带义务在不同主体之间的流动。② 长远来看，我国需要探索明确水流产权制度"保护功能为主、交易功能

---

① 张富刚等：《水流产权确权改革的问题与思考》，载《中国土地》2019年第12期。

② 陈玉梅等：《长江经济带流域生态保护补偿制度的立法完善》，载《云南民族大学学报》（哲学社会科学版）2020年第4期。

为辅"定位的可行性，逐步调整《中华人民共和国民法典》物权编之不动产登记规则，赋予水流资源国家所有权登记能力，以流域生态整体功能作为登记客体的独立性标准。将管制性事项的关联登记提升至水资源权利登记，将其作为权利限制，赋予其社会公信力。[①]（3）明确水生态空间及水资源生态环境监督管理职责。结合全面推行河湖长制要求，对水域、岸线等水生态空间的监管工作理应由各级河长负责组织实施。各级政府水行政主管部门应当联合自然资源、农业农村、林业等部门等建立水生态空间监管协调机制，组织指导流域水域、岸线等水生态空间的开发、利用与保护工作；组织拟订水生态空间利用总体规划编制方案、水生态空间合理利用技术规范标准和操作规程等。涉水建设项目、河道开发利用的许可程序应当逐渐规范化。在生态环境考核评价或者生态文明建设考核评价中，适当考虑增加因利用水域、岸线等水生态空间而导致生态环境损害之考核基准。生态环境督察部门应当依法督察非法侵占水域、岸线，无序开发利用以及严重破坏水域生态环境行为。发挥检察机关或环境保护组织在水生态空间开发、利用和管理上违法作为或不作为的环境公益诉讼制度机制。（4）准确理解地方政府在水流产权制度变革中的多重定位。地方政府与地方政府职能部门是两类性质不同的行政机关。从我国现有水权交易制度实践来看，地方政府扮演角色可以分为两类：一是地方政府直接作为水权交易主体，直接参与水权交易的整个过程；二是地方政府不直接参与水权交易，它的角色主要是推动者和监督者。[②]有学者认为，"地方政府既是运动员（水权的拥有者），又是裁判员（水权管理者）将不利于保障水权制度的公平性"[③]。学者的质疑可能有一定道理，但这可能忽略了分析场景。因为，当运动员的地方政府与当裁判员的地方政府不是在同一语境和同一层面下使用的，因此，与之而产生的法律关系也是不同的。当务之急是应当给不同语境下的地方政府编制严密行为规则，促使他们在法治轨道下行使自己权力（权利），履行自己义务（职责）。

三、保障水生态产品供给的核心：水生态补偿制度

规范的水流产权制度仅仅构成保障优质水生态产品供给的前提性制度，完善规范的水生态补偿制度才构成保障优质水生态产品供给的核心制度。水生态补偿制度供给越完备，优质水生态产品供给就越能得到保障，水生态补偿机制才能得

[①] 郭洁：《自然资源统一登记的物权法问题及其破解》，载《法学》2020年第3期。
[②③] 王慧：《水权交易的理论重塑与规则重构》，载《苏州大学学报》（哲学社会科学版）2018年第6期。

以有效运行；水生态补偿制度供给越欠缺，优质水生态产品供给就不能得到保障，相应地，水生态补偿机制就难以有效运行。"法律制度本身虽然不出于某种目的，但法律制度是为了服务于某种目的而进行设计和安排的。"① 水生态补偿制度内容很多，此处是从学理上总结水生态补偿制度价值功能，为后面水生态补偿制度机制内容全面展开提供理论支撑。水生态补偿制度价值首先体现在，追求生态正义，包括一定的分配正义、交换正义和矫正正义；其次也体现在重塑流域秩序，包括一定的流域生态秩序和经济社会秩序。水生态补偿制度的功能体现在，它能够带来经济利益与生态利益、整体利益和局部利益、代内利益和代际利益之间的协调平衡，它能激励生态保护者（地区）主动积极从事生态保护工作，能够形成主动保护生态环境的内在激励，它能预防生态环境问题发生以及生态环境风险。水生态补偿制度是保障水生态产品供给的核心制度，其独特价值功能是水生态补偿机制得以有效运行的基础。

（一）水生态补偿制度的价值取向

"生态补偿制度的目的性价值包括环境公平、正义与秩序，其目的指向生态环境利益相关者之间实现利益的重构与平衡，并通过确立环境公平的优先位阶，实现生态利益的持续增加。"②

1. 追求生态正义

在人类词典中，最激动人心而又最蛊惑人心的词要算是"正义"了。③ "环境问题若不与社会正义联系起来便不会得到有效的解决。"④ "社会制度应当这样设计，以便事情无论变得怎样，作为结果的分配都是正义的。""正义是社会制度的首要价值，正像真理是思想体系的首要价值一样"。⑤ "环境正义是指在环境资源法律、法规、政策的制定、遵守和执行等方面，全体人民，不论其种族、民族、收入、原始国籍和教育程度，应得到公平对待并卓有成效地参与。"⑥

（1）实现分配正义。水生态补偿制度能够实现分配正义。"环境公正的实质

---

① 孙宇：《生态保护与修复视域下我国流域生态补偿制度研究》，吉林大学博士学位论文，2015年，第119页。

② 李依林：《论生态补偿制度的价值体系》，载《浙江工商大学学报》2020年第5期。

③ 齐延平：《论社会基本制度的正义——对罗尔斯正义理论的讨论》，载《北方法学》2007年第4期。

④ Bullard. Environmental Racism and the Environmental Justice Movement in Merchanted Sociology Key: Concept in Critical Theroy [M]. New Jersey Humanities Press, 1994: 261.

⑤ ［美］约翰·罗尔斯著，何怀宏等译：《正义论》，中国社会科学出版社1988年版，第1~3页、第131页。

⑥ 蔡守秋：《环境正义与环境安全——二论环境资源法学的基本理念》，载《河海大学学报》（哲学社会科学版）2005年第6期。

是指如何在人与人之间分配自然资源和分摊环境责任，即环境权利与环境义务的对应问题。"① "资源环境政策的三大目标分别为分配公平、配置效率和生态可持续性。"② "对于一个民族国家，尤其是那些希求为其公民提供一些自由权利的国家，一个至关重要的前提是，大多数人感觉到利益与负担的分配具有合理的正当性。此条件的重要性，就像许多必需品的重要性一样，在其得不到满足时就显得更为清楚了。"③ "在社会层面，要尽可能确保每个人都得到公平的份额，而在个别交易中，要确保任何人不通过剥夺他人的资源的方式增加自己的份额。"④ 首先实现微观层面的分配正义，比如在饮用水水源保护区生态补偿制度中，林地、耕地等具体权利人可以分别按照亩/元标准得到同样补偿，同种情况同样对待，这可以理解为一个公平对待问题。其次体现在中观层面的分配正义，这涉及对不同群体的公平对待问题，比如在江河源头区相关生态补偿制度中，受"源头现象"影响，大江大河源头地区经济社会发展落后，民众为了解决生存问题不得毁林开荒，不得不扩大农作物种植面积，不得不加快对当地自然资源的开发、利用，形成"靠山吃山、靠水吃水"的"自然"现象，因此，江河源头区相关生态补偿制度设计过程中，"尤其在发展中国家，制度目标经常涉及流域环境保护、效率提升和贫困缓解等多重目标，更为重要的是，在利益辨识、获得、分配时往往难以绕开对公平的制度设计考量"⑤。再比如在流域水生态补偿制度中，每个行政区域都有同等生存和发展权利，但"源头现象"导致流域上游地区虽然贡献了优质水生态产品，但在经济发展与生活水平上属弱势群体，政治上处于弱势地位，与流域下游地区谈判博弈能力和讨价还价能力有限，如此一来，上游地区往往成为牺牲对象和忽视的群体，制度设计需要优先考虑弱势群体利益诉求。如果低收入人群或者贫困地区成为补偿对象，固然能够实现环境保护、效率和公平的多赢，但这也势必会引发对环境正义的重新解读，低收入人群是否真正自愿参加生态补偿项目或者被纳入补偿范畴，或者在这些看似自愿的补偿协议背后，是否存在低收入人群因为他们的身份而不能拒绝补偿的情况出现；由于低收入人群和贫困地区的绝对发展机会成本较低，致使流域生态环境保护的负担长期转由低收入人群、贫困地区承担，从而使得低收入人群和贫困地区自由选择土地、森林等

---

① 曾建平等：《环境公正：和谐社会的基本前提》，载《伦理学研究》2007 年第 2 期。

② Daly. Steady – State Economics ［M］. Washington Island Press，1991：325.

③ ［美］彼得·温茨著，朱丹琼等译：《环境正义论》，世纪出版集团/上海人民出版社 2007 年版，第 16 页。

④ ［美］詹姆斯·戈德雷著，张家勇译：《私法的基础：财产、侵权、合同和不当得利》，法律出版社 2007 年版，第 23 页。

⑤ Wunder. Taking Stock：A Comparative Analysis of Payments for Environmental Services Programs in Developed and Developing Countries ［J］. Ecological Economics，2008，65：834 – 852.

自然资源用途变更的自由度降低，久之因为水生态服务供给就会形成一种"生产性锁定"和"发展性锁定"，造成低收入人群或者贫困地区长期以较低的价格、较小的选择，专司流域水生态服务供给工作，从长期来看，这种做法无疑会限制低收入人群或贫困地区的发展机会和发展能力。

（2）带来交换正义。水生态补偿制度功能之一，就在于确立流域补偿关系主体之间的交换正义规则，公正度量界分利益关系，促进流域合作关系的持续维持推进。交换正义概念主要体现为自愿原则、对等原则和互惠原则等。比如在饮用水水源生态补偿制度中，保护者与受益者之间自愿达成生态补偿协议，如何交易，交易多少，如果不违反相关法律规定，就不会受外在力量的干扰，体现了一种相对意义上的自愿原则。在流域生态补偿制度中，受制于水流单向流动自然规律制约，特别要求流域上下游地区在权利义务设计上注意对等原则的适用，第一种情形是，流域上下游地区都作出贡献或负担，都从中获益。但流域上下游地区各自作出贡献或负担大小与其所获利益并不完全对等。这是因为，水生态服务供给具有单向性，下游地区能够分享上游地区所带来的生态服务，但上游地区很难分享下游地区带来的水生态服务。即流域上游地区负担大于收益，下游地区负担小于收益。第二种情形是，流域上下游地区都不愿作出贡献或负担。这种情形下，流域下游地区除了分担上游地区带来的额外负担，还要承担自身社会经济发展所造成的负担。对于流域下游地区而言，承担负担远远大于收益。第三种情形是，仅仅依靠上游地区作出贡献或负担。这种情形下，上游地区水生态服务单向供给至下游地区单独享有。第四种情形是，流域下游地区作出保护流域水生态环境的贡献。这种情形与第三种情形相对。不同的是，这是流域上游地区向下游地区转移负担而非收益。流域上下游地区通过自愿签订流域生态补偿协议，克服了上述不对等情形，实现了一种实质意义上的对等和交换。流域生态补偿制度同样体现为一种互惠原则。所谓互惠原则，是指民事主体双方都能从交换中获益，一方不得以损害另一方利益的方式获利。[①] 流域生态补偿制度中，流域上游地区通过签订履行生态补偿协议，获取了一定的经济利益；下游地区通过签订履行生态补偿协议，换来了源源不断的优质水生态服务供给所带来的环境利益。双方均从交易中获取了利益，一方的获利并未损失另一方的利益，体现了一定的互惠性。在饮用水水源生态补偿制度中，保护者获得了一定经济利益，实现了对其限制发展的补偿，受益者获得了饮用水安全甚至健康的身体。

（3）产生矫正正义。从亚里士多德提出矫正正义概念时，矫正正义就被理解为一个典型的法律概念："法官试图从加害人处剥夺其所得，恢复当事人之间的

---

① 黄文艺：《民法典与社会治理现代化》，载《法制与社会发展》2020 年第 5 期。

平等。"① 水生态补偿制度功能之一，就是按照矫正正义原则和要求，公平设计和分配国家生态补偿责任，让受损害的利益或关系得到一定程度的恢复或救济。这主要是借助一系列制度规则得以完成的。一是明确在什么情况下各级政府应当承担补偿责任。首先，国家行政公权力措施形成了特定持续性状态。这是引发国家生态补偿责任产生的原因。其次，这种持续性状态造成特别牺牲或者显失公平。具体而言，国家生态补偿责任在这个方面的构成条件具有选择性，要么造成"特别牺牲"之结果，要么造成"牺牲"且结果显失公平。最后，目的上的侵害性与激励性并存。与其他国家补偿责任强调目的上的侵害性相比，国家生态补偿责任在目的上强调侵害性与激励性同时并存且不可分割。符合上述三个条件，各级政府应当承担相应的国家生态补偿责任。二是需要明确何种级别的地方政府承担补偿责任。需要按照"受益者补偿""谁限制、谁补偿""中央与地方生态补偿事权与支出责任分工"等不断厘定各级政府应当承担的生态补偿责任。三是承担什么样的责任。我们认为，生态补偿责任具有恢复性和激励性两个要求，一是需要恢复到受侵害之前的一种自然状态，这体现着填补性，二是需要达到足够激励，能够有效激励流域生态保护者或水生态服务提供者主动积极从事流域生态保护工作或有效供给水生态服务。对于恢复性而言，生态补偿可能是一个基于损失的补偿，遵循一定合理补偿原则，而对于激励性而言，这可能是一个基于成本、基于效益甚至基于价值的补偿，需要遵循一定的合理甚至公平补偿原则。

2. 重塑生态秩序

良好秩序是社会一切活动的开端和起点，是环境正义实现的基础。没有良好秩序生成，社会将犹如散沙一般无法运行。"一个法律制度若要恰当地完成其职能，就不仅要力求实现正义，而且还须致力于创造秩序。"② "秩序是法的内在价值的集中体现，是人类一切活动的必要前提。"③ "秩序是法的内在价值的集中体现，是人类一切活动的必要前提。"④ 法律制度秩序价值主要体现在，善的制度能够对社会生活秩序进行有效维护，不仅有效维持政治统治秩序和权力运行秩序；而且维持社会生活秩序和经济秩序。

（1）重构流域生态秩序。流域生态秩序强调，以流域生命共同体为要求，以人与自然和谐相处为目标，人类对流域自然资源、水生态空间利用、改造时要合乎法则性，即达到人与自然处于一种相对稳定有序状态。一旦不能处于稳定状

---

① ［古希腊］亚里士多德著，廖申白译：《尼各马可伦理学》，商务印书馆 2003 年版，第 136 页。

② ［美］博登海默著，邓正来译：《法理学、法律哲学与法律方法》，中国政法大学出版社 1999 年版，第 318 页。

③④　刘金国等：《法理学》，中国政法大学出版社 1999 年版，第 294 页。

态，人类就需要采取措施，尤其是制度化措施，努力恢复生态秩序。人类社会为了生存和发展，为了实现自由和必然之最终价值目标而不断努力，然而在认识自然、利用自然和改造自然过程中不可避免出现认识错误或者行为偏离，具体体现为对环境伦理和生态秩序的破坏。在流域层面表现为，流域所在地地方各级政府及其职能部门，其他利益相关者从自身利益出发，作出涉及流域功能定位、利用形态、利益冲突、纠纷解决等宏观决策行为，但这些决策"无论是从功能定位、价值取向或决策流程上看，都充满着杂乱渐增主义的色彩"。[①] 关于流域生态系统管理的政策措施均会受制于地域自身政治、经济等因素，上述因素会形成一条强大压力链，对地方政府流域保护开发利用决策行为进行层次钳制，使得政府在作出流域行为决策时只能从地方利益进行考量，倾向于从地方利益为中心来制定流域生态环境资源开发、利用等宏观策略，显然，这种决策模式肯定无法兼顾流域长远、整体利益之考量，无法建构出一种良性的流域生态秩序。再者，行政科层制中的"唯上"思维导向之下，流域地方政府在涉及流域水生态服务供给等所需财政资金、优惠政策缺口等棘手问题，只能从上级政府那里得到有效弥补，这种纵向为主且单向度的转移支付模式也会对流域上下游地区建立良性互动机制形成极大障碍，极大弱化了流域上下游地区政府自主合作建构水生态补偿机制，实现流域生态环境合作治理的积极性。最后，当流域任一地方政府试图做出以牺牲流域生态环境为代价重大决策时，流域其他地方政府如果作出有利于流域生态环境的行为决策就无异于就是一种"无偿奉献"，久之，就会使整个流域陷入环境治理不作为的恶性循环链条及"集体行动的困境"，"以邻为壑""竞污""互污"就会成为显性规则或彼此心照不宣的潜规则，多重连锁反应所带来的消极后果严重危及良好流域生态秩序的有效生成。水生态补偿制度能够修复受损生态秩序。它从流域生命共同体理念出发，以流域良好生态秩序建构为目标，要求从流域整体利益出发来完善流域利益相关者之间的利益交换、利益分配等各项制度措施。它以国家发展规划为统领，以空间规划为基础，以专项规划、区域规划为支撑的流域规划体系[②]，充分发挥规划对推进长江流域生态环境保护和绿色发展的引领、指导和约束作用。它通过流域跨界断面水质水量监测考核、流域生态保护

[①]　董正爱等：《主体利益调整与流域生态补偿机制——省际协调的决策模式与法规范基础》，载《西安交通大学学报》（社会科学版）2012 年第 3 期。

[②]　参见《中华人民共和国长江保护法》（2020）第十七条，"国家建立以国家发展规划为统领，以空间规划为基础，以专项规划、区域规划为支撑的长江流域规划体系，充分发挥规划对推进长江流域生态环境保护和绿色发展的引领、指导和约束作用"。

补偿协议①等制度化措施来逐渐细化流域上下游地区政府各自的权利义务责任关系，并将这种关系逐渐纳入加密编制的法治化轨道之中。它通过中央（上级）政府纵向转移支付实现对上游地区额外提供生态服务的持续激励，通过"对赌协议"等方式实现相互激励和激励相容。总之，水生态补偿制度建构能够有效抑制生态服务提供者免费无偿提供生态服务、受益者免费享受流域生态服务，流域社会关系处于一种无序状态的不良局面，加快流域良好生态秩序有效快速生成。

（2）维护流域经济社会秩序。有学者认为，"社会秩序分为三个层次，社会秩序、私人秩序和公共秩序，它们的关联复合，形成了一个整体性的社会秩序的治理与安排。同时，社会秩序三个层次及整体的扩展与演进，形成了自发的规则秩序和整体的行动秩序。社会秩序及其促成的社会福利增进和社会文明进步，是一个自发的过程，也是一个自然的结果"②。流域作为自然生态系统与社会经济系统的复合载体，需要在生态秩序与社会经济秩序互动中自发自觉的规则秩序与行动秩序。应当说，我国已经陆续在多个省内流域（沱江、闽江）、跨省级行政区流域（长江、新安江等），跨流域（南水北调中线工程等）等微观、中观和宏观层面上开展了多种多样的横向生态补偿实践活动。总体来看，我国初步形成了流域上下游地方政府为主，中央（上级）政府为适当引导并通过财政支付转移的激励方式为补充；以生态补偿资金支付为主，其他方式支付为补充；以跨界断面水质水量为补偿基准，以森林覆盖率、水土保持率等为辅助性补偿基准，建立起"利益共享、责任共担、合作共治"的流域良性互动合作机制。它以一定利益的对价支付为核心和支点，既满足了各自利益需求，从而保障了流域生态保护补偿机制的有效运行，在流域水环境质量改善、社会经济转型等方面作用也颇有成效。但我们也应当清醒地看到，由于缺乏相对明确规范的正式和非正式制度规则约束，致使流域生态补偿经常呈现一种随意性、软性治理状态。流域上下游地区对流域生命共同体理念认知不深，难以建构流域横向生态补偿机制的内生驱动；双方或者多方在补偿关系主体界定、补偿基准确定和补偿标准厘定方面存在较大争议；即便签订了一定的横向生态补偿协议，但协议如何有效履行、违反协议的纠纷解决等尚未存在法治化救济渠道；如何巩固流域横向生态补偿机制或者如何更进一步发展将其转型升级为全面的横向合作机制，形成全流域环境共治、产业

① 参见《中华人民共和国长江保护法》（2020）第七十六条，"国家建立长江流域生态保护补偿制度。国家加大财政转移支付力度，对长江干流及重要支流源头和上游的水源涵养地等生态功能重要区域予以补偿。具体办法由国务院财政部门会同国务院有关部门制定。国家鼓励长江流域上下游、左右岸、干支流地方人民政府之间开展横向生态保护补偿。国家鼓励社会资金建立市场化运作的长江流域生态保护补偿基金；鼓励相关主体之间采取自愿协商等方式开展生态保护补偿"。

② 惠双民：《社会秩序的经济分析》，北京大学出版社2010年版，序言。

共谋的共建共享机制，仍然还有诸多棘手难题需要破解。更有甚者，一些业已形成的生态补偿个案未能有效体现水生态服务价值价格机制，致使一些生态补偿实践探索似乎正在沦为一种可有可无的单向"恩赐"、一种难以言说的"鸡肋"。综上，正在如火如荼开展的流域水生态补偿实践活动，在稍许缓解流域复杂利益冲突的同时，似乎也在不断累积着利益分配走向更加尖锐对立的能量。一些正在制定的流域生态补偿政策，在实施一定利益负担分配的同时，也在酝酿和制造新的不公，此时获得的补偿资金既不是锦上添花，更不是雪中送炭。流域生态补偿实践暴露出来的各种问题，在危及流域生态秩序同时，也对流域经济社会发展秩序造成冲击。

可行之举在于，继续深化、完善或改革流域水生态补偿制度。一是整体上把握流域横向生态补偿机制法治化发展基本进路。需改变目前"碎片化""单中心""行政区行政"的传统行政法模式，实现调整范围拓展、原则重构、方式转型、过程统合、机制优化等变革，并以重新调整后形成的"流域行政法"作为基本进路。但"流域行政法"不是另起炉灶，而是在"行政区行政法"基础上实现对流域聚合行为关系调整重构。二是围绕流域经济社会发展进行各方权利义务规则设计。流域生态补偿机制不仅要静态地明确生态保护补偿权利义务关系，更要通过调整、巩固、补充和完善水生态补偿权利义务规则结构的动态调整问题，按照"以压制型法—自治型法—回应型法为基本主线，用回应性的、负责任的法规对社会环境中的各种变化作出积极回应"①。

（二）水生态补偿制度的主导功能

1. 协调利益冲突

"法是获取或减损利益的方式，是利益确认、衡平与维护的规范化途径。"②"法律的根本目的就在于确认和协调各种利益，使它们之间的矛盾和冲突减至最低程度，从而使每种利益得到最大限度的实现。好的法律通过协调各种利益之间的关系，从而达到防止和减少矛盾和冲突，促进社会进步和发展的目的。"③"法的最高利益就是平衡利益。"④"法学本质上的利益衡平基于利益冲突而存在，并以消解利益冲突为己任。它既包括实现衡平的法律努力，又包括通过努力而实现

---

① ［美］诺内特著，张志铭译：《转变中的法律与社会：迈向回应型法》，中国政法大学出版社 2004 年版，第 81 页。

② 王灿发：《论生态文明建设法律保障体系的构建》，载《中国法学》2014 年第 3 期。

③ 参见严存生：《西方法律思想史》，法律出版社 2004 年版，第 347～348 页。

④ 徐国栋：《民法基本原则解释》，中国政法大学出版社 1992 年版，第 64 页。

的利益平衡状态。"① 实现流域经济社会和生态环境的可持续发展。② "通过补偿增强和平衡地方环境保护、财富增长以及流域发展惠益分享的能力,对全流域发展机会、发展能力和利益分享能力予以平衡,最终实现流域社会总利益的最大化。"③

　　随着流域优质水生态产品的日益稀缺、流域水环境质量的逐渐恶化,利益相关者不得不针对十分稀缺的流域水生态产品和日益逼仄的水生态空间占有、使用和分配,展开或明或暗、或大或小的激烈竞争,由此引发各种类型的社会冲突。上述冲突在本质上就是针对稀缺利益的冲突。水生态补偿制度作为一种特殊的公共机制,其主导功能就是通过使用经济、法律等多种手段,协调流域上下游、左右岸、干支流地区利益相关者之间的利益冲突。需要指出的是,水生态补偿制度对利益冲突的协调,既体现为一定的协调结果,更体现在一定的协调过程。(1) 经济利益与生态利益的协调。"经济发展与生态保护的关系在法学的语境下可以转化为经济利益与生态利益的关系。"④ 可见,水生态补偿制度的利益协调首先体现经济利益与生态利益的协调。在流域特定时空背景下,优质水生态产品的稀缺主要表现为两类:总量稀缺和功能稀缺。所谓总量稀缺,是指相对于人类社会不断增长的结构性需求而言,优质的水生态产品总量总是表现为一种稀缺状态。所谓功能稀缺,是指优质水生态产品在涵养水源、调节气候等生态功能与航运、养殖、发电等经济功能之间总是呈现一种竞争性状态,比如,若主要用于养殖,则可能导致清洁饮用水源供应稀缺;若侧重于水生生物多样性保护和生态流量维持,则势必影响水力发电所带来的经济效益。"总量稀缺和功能稀缺等双重稀缺决定了其经济利益和生态利益会发生冲突。当人类利用流域水资源的经济利益造成水资源匮乏,威胁到以水资源为要素的流域生态环境原有状态和正常循环,甚至威胁到以水资源为依托的整个流域生态系统平衡的时候,流域水资源具有的经济利益和生态利益就会发生激烈冲突。这种状态下,对水资源经济利益的利用意味着对其生态利益的损害,反过来,对水资源环境利益的过度维护,意味着对水资源经济利益的损害。"⑤ 面对优质水生态产品供给过程中所出现的经济利益与生态利益之间的严重冲突,如何在它们之间作出合理判断和取舍?应当说,"经济利益与环境利益均为人类的基本利益,对两种利益的主张和追求,都

　　① 吴清旺:《房地产开发中的利益冲突与衡平——以民事权保障为视角》,法律出版社 2005 年版,第 34 页。
　　② 赵春光:《流域生态补偿制度的理论基础》,载《法学论坛》2008 年第 4 期。
　　③ 肖爱:《论跨行政区域流域生态补偿的社会属性——基于流域生态补偿法律制度建构的现实立场》,载《时代法学》2013 年第 5 期。
　　④ 邓禾等:《法学利益谱系中生态利益的识别与定位》,载《法学评论》2013 年第 5 期。
　　⑤ 王清军等:《生态补偿机制的法律研究》,载《南京社会科学》2006 年第 7 期。

是人们追求和提高生活质量的正当要求，具有同源同质和共生互动性即共生性和一体性"①。因此，不宜对经济利益与生态利益进行简单取舍，更不能轻言何种利益优先。"严格意义上讲，二者应该并且能够在社会学建构意义上经过相对精致的制度设计衡平后的一种协调关系，在一定时期、一定领域、一定地区所依法实施的经济利益优先或生态保护优先应当是生态利益和经济利益有机协调的具体表现。"② 水生态补偿制度以认可优质水生态产品同时负载着经济利益、生态利益甚至文化利益为认知前提，以保障经济利益和生态利益协调平衡以及和谐发展为努力方向，以搭建生态保护者与生态保护受益者良性互动关系为制度目标。水生态补偿制度是经济利益与生态利益冲突时的一种制度化解决方式，这种方式既有利于生态环境保护又不妨碍经济社会发展，或者是在一定生态环境承载力背景下促进绿色发展，从而达到在环境保护中发展经济，在发展经济中保护环境。水生态补偿制度建构基于一种"社会实验"，因此需要在利益相关者之间均衡博弈但避免零和博弈，需要各方作出利益妥协但避免违反现行法律规定或法理精神的让步。（2）生存利益与发展利益的协调。"在人的所有欲望中，生存的欲望具有绝对的优先地位，由此，生存权成为人类最基本的权利形态。"③ 从世界各国经验来看，流域大多存在着一种"源头现象"，即在流域上游地区，尤其是流域源头区，当地民众面临首要问题依然是生存问题。彼得·休伯曾经说过，"挣扎着生存的人们是不会非常关心自然的，除非他们非常害怕自然"④。但是，整个流域也面临着经济社会发展问题，发展权也是人类的基本人权。从法理上讲，生存权和发展权都是人类的基础性人权，都有着漫长的历史渊源，也都有着正当性道德诉求。具体到流域而言，也都面临着如何以流域为补偿尺度，以优质水生态产品供给为媒介，通过制度化方式来解决生存权与发展权之间的冲突。水生态补偿制度以承认生存利益和发展利益均为人类基本利益为基本前提，以优先保障民众生存利益基础上努力衡平生存利益和发展利益冲突为基本进路，以在上下游地区的合作博弈过程中所形成的独立、合作和交叉行为规则为努力践行方向。流域生态补偿作为一剂有效的黏合物、调和物和化合物，它以特有的激励机制为基本动力，努力在流域生命共同体中，实现生存权益和发展权益有先有后且并行不悖。一方面，通过建立中央（上级）政府与上游地区之间、流域上下游地区之间的纵向转移支付、横向转移支付，有效保障上游地区政府正常运转与民众基本生存发

① 李启家：《环境法领域利益冲突的识别与衡平》，载《法学评论》2015 年第 6 期。
② 王清军等：《生态补偿机制的法律研究》，载《南京社会科学》2006 年第 7 期。
③ 徐显明：《生存权论》，载《中国社会科学》1992 年第 5 期。
④ ［美］彼得·休伯著，戴星翼等译：《硬绿——从环境主义者手中拯救环境》，上海译文出版社 2002 年版，序言。

展权益，借助多元化补偿方式带来的补偿资金、技术和人才，合理利用各种自然资源资源而得以实现绿色发展的转型发展机遇；另一方面，通过流域生态补偿机制形成的资金补偿、土地等各种自然资源得到有效保护、保育、维持和管理，以及在此基础上的流域水生态服务的持续有效供给。（3）整体利益与地方利益的协调。流域生命共同体范畴内，自然资源、生态环境与经济社会发展相互依赖、相互制约。但基于行政管理需要，一个完整流域会被认为分割为多个行政区域。行政区域管辖范围与流域水生态系统范围之间的不一致使得完整的流域生态系统被人为分割，分属于不同级别和不同层级甚至不同领域的行政管辖区域，形成流域管辖范围下的上游地区和下游地区、干流地区和支流地区、左岸地区和右岸地区等。不同行政区域往往会根据自身地理位置、资源禀赋、人口社会经济状况，对流域水资源、水域岸线资源的开发、利用、保护和管理作出不同行为决策安排。系统化整体性流域被分割为不同区段，不同区段并被赋予不同功能，不同功能之间相互冲突，从而导致了流域优质水生态产品总量稀缺和功能稀缺。加之"流域水资源的连续性和流动性，以及流域与行政区域之间的不对称甚至相互分割性，决定了上下游主体在流域水资源开发利用、流域治理和生态保护中，存在着成本和收益相互转移的问题"①。以流域上下游地区为例，如果上游地区积极主动限制财产权益和发展权益，从而有效供给流域一定数量、一定质量的水生态服务或水生态产品，即形成一种经济学意义上的正外部性，如果下游地区不及时、主动对这种正外部性进行合理补偿，也就是说，下游地区免费获得了来自上游地区的水生态服务，就会出现"上游地区付出，下游地区收益"的状况，久而久之，上游地区就缺乏主动限制约束自己发展，积极从事流域水生态环境保护的主动性。大量使用水资源及污染水环境，造成流域水生态服务供给严重不足，形成一定负外部性。这种负外部性，随着水资源流动而被下游地区所承接，形成"上游地区污染，下游地区受损"的状况。水生态补偿制度是以制度方式协调流域整体利益与区域利益之间的矛盾和冲突。它以流域公共利益维持增进为主导目的，以实现流域整体利益最大化为努力发展方向。按照利益共享、责任共担原则，在中央（上级）政府组织协调下，流域上下游地区地方政府签订流域生态补偿协议，明确各自权利义务。达到约定或法定条件时，流域下游地区应当给付流域上游地区一定补偿；当未达到约定或法定条件时，流域上游地区应给付流域下游地区一定补偿。流域水生态补偿机制就是通过这样一个特有利益分配机制来实现不同区域之间的利益平衡。水生态补偿制度用制度性机制来调节流域上下游地区之间的发展差距和贫富差距，确保生态环境保护在整体层面上的统一行动，确保流域环境

① 崔伟等：《流域管理与开发利用中主要问题的博弈分析》，载《四川环境》2005年第2期。

合作规则得以切实地遵守和执行，切实改变流域上下游地区各自发展过程中长期奉行的"把发展留给自己、把污染留给他人""以邻为壑"等不良局面。

2. 实现激励约束

"无论从哪个角度出发，生态补偿都强调了以激励换取优质水生态产品提供这一核心内涵。"[①] 水生态补偿制度的主要功能就在于"通过提供一种激励机制，诱导当事人采取从社会角度来看最优的行动"[②]。而且"这种激励，包括奖励性的正向激励与惩罚性的反向激励"[③]。反映到水生态补偿制度设计上，"就是通过法律激发主体合法行为的发生，使其受到鼓励作出法律所要求和期望的行为，最终实现法律所设定的整个社会关系的模式系统的要求，取得预期的法律效果，形成理想的法律秩序"[④]。为实现激励功能，水生态补偿制度可以依循路径主要包括两种模式：权利义务模式和奖励惩罚模式。其中，权利义务模式是以通过直接赋予权利（义务）方式以实现对持续供给生态服务的激励；奖励惩罚模式是以直接增加或减少物质利益方式以实现对持续供给生态服务的激励。两种模式都有各自优点及不足。确立生态补偿权利则选取了较为典型的权利义务模式，即通过赋予生态保护者生态补偿权利，"以法律上的权利义务作为行为调节的杠杆，迎合、唤起并强化行为人趋利避害的本性，改变行为人的行动方案，促使激励机制生效，从而实现激励相容效果"[⑤]。生态补偿科斯概念通过水流产权配置方式进行激励制度设计，因此主要体现为一种产权激励。生态补偿庇古概念试图通过正向激励/负向激励方式进行激励制度设计，因此主要体现为一种奖励/惩罚激励。

水生态补偿制度激励功能体现在：（1）直接激励。直接给付给生态保护者或水生态服务供给者一定的资金、项目等，就意味着提供一种直接激励，能够充分发掘生态保护者或优质水生态产品供给者主观能动性，催生他们充分利用生态文化知识、累积经验，为生态服务供给者变革、创新和发展补偿支付条件多样性提供动力。"由于生态服务提供者最终所获得补偿资金取决于相应生态环境指标的结果状况，能够激励其采取相应的措施以达到考核要求，避免信息隐藏等低效率行为的发生。此外，基于生态系统服务产出的生态补偿绩效考核为生态服务提供者的生态系统服务供给提供了足够的创新空间。"[⑥]（2）公平激励。前已论及，

① 袁伟彦等：《生态补偿国外研究进展综述》，载《中国人口·资源与环境》2014 年第 11 期。
② 张维迎：《信息、信任与法律》，生活·读书·新知三联书店 2003 年版，第 24~25 页。
③ 丰霏：《法律治理中的激励模式》，载《法制与社会发展》2012 年第 2 期。
④ 付子堂：《法律功能论》，中国政法大学出版社 1999 年版，第 68~69 页。
⑤ 丰霏：《当代中国法律激励的实践样态》，载《法制与社会发展》2015 年第 5 期。
⑥ Zabel. Optimal Design of Pro-conservation Incentives [J]. Ecological Economics, 2009, 69 (1): 126 – 134.

公平正义也是水生态补偿制度价值取向，而且这种公平正义需要在生态补偿制度设计中得到具体体现。如果根据投入的土地等自然资源利用类型状况或劳动时间等过程性因素来确定生态补偿标准，那么投入越多，获得的补偿就越多，投入越少，获得的补偿就越少。不同类别的生态公益林，获得的补偿费用是有差别的。这里实际上彰显了一种公平激励，这种公平激励，最直观体现为生态服务提供者提供了一种公平感。公平正义的价值取向还体现在通过向贫困人群发放补偿支付而有效地扮演了政府减贫工具的角色。① 通常情况下，贫困程度与所要求的补偿相反，如果按照投入要素，包括土地和劳动时间来确定补偿核算，那么低收入人群就会成为生态补偿的真正受益人，从而体现生态补偿的公平激励。（3）能动激励。② 确认生态补偿权利将改变实践中生态保护者长期处于的被动地位，督促其借助制度化的利益预期效应，自主调整自然资源利用行为，从而转型、升级产业发展。在享有生态补偿权利同时，自觉履行持续供给生态服务的法定或约定义务，达到主动性的自我约束或自我规制，从而实现能动激励。（4）互动激励。③ 互动激励是一种理想状态的激励机制。长期以来，生态保护者和生态保护受益者互动关系不畅的一个重要缘由在于，保护者与受益者均存在一种抽象状态或公共政策话语的客观存在，两者之间缺少互动平台和引发互动机制产生的启动装置，导致保护者缺少供给生态服务的内在动机。确认生态补偿权利则改变了这一不良局面，它通过向作出禁限规定的各级政府提起生态补偿请求权，能够建构出具体化、相对性的生态补偿法律关系，这样，生态保护者因权利行使而获得一定利益的可能性，受益者因一定支付行为而要求保护者必须履行相应行为（结果），双方权利（权力）义务（责任）通过相互博弈和讨价还价而逐渐得以明晰，这种权利义务机制特有功能促使在双方或多方主体之间形成互动激励。水生态补偿制度具有约束功能，这主要体现在两个方面：一是避免政府行政恣意。随着生态文明建设及责任考核机制推进，各级政府及职能部门纷纷"跑马圈地"，陆续设立划定目的不同、类型不同、功能各异的生态保护特定地区，包括但不限于生态红线区、禁止开发区、生态修复区等。实践中经常存在界定、扩大或升级生态保护特定地区随意性、重叠性、"一刀切"以及不予补偿的单纯限制等诸多问题。通过构建水生态补偿制度，从而对政府为何、是否和如何界定、扩大和升级生态保护特定地区的行政自由裁量权形成明显的反向压缩和约束。二是保障给付行政任

---

① Kemkes. Determining When Payments are an Effective Policy Approach to Ecosystem Service Provision [J]. Ecological Economics，2010，69（11）：2069 – 2074.

② 所谓能动激励，是指通过设置一定利益诱因，借助一定激励方法，诱导当事人在一定范围发挥行为的自主性。参见张文显：《法哲学通论》，辽宁人民出版社 2009 年版，第 44 页。

③ 所谓互动激励，是指激励主体和激励客体之间的双向激励、相互激励。参见彭贺：《人为激励研究》，格致出版社/上海人民出版社 2009 年版，第 35 页。

务顺利完成。为推动政府积极履行生态补偿义务（责任），一方面需要健全政府生态补偿责任考核评价机制，另一方面需要不断探索发展生态补偿请求权机制。这是因为，确立生态补偿权利对行政作为或不作为的合法性具有反向的评价功能。通过法律确认或司法推定生态补偿权/请求权，政府的生态补偿义务（责任）就不再是政府率性而为的一种政治运动或口号宣示，而构成其应当履行的法定职责。否则，水生态补偿制度始终是一种带有政府管制属性的单向行为，是否补偿、补偿给谁、补偿多少、怎么补偿等大都取决于政府自由裁量或支付意愿，以至于实践中的生态补偿更多沦为一种单向恩赐或者可有可无的补贴。确认生态补偿权利能够极大地避免生态补偿领域"有法却不可用"和"有法却不宜用"的困境。总之，生态文明法治时代，形成并完善生态补偿法规则既是拘束生态补偿行政过程的行为法规则，也是确认生态补偿权利存在与否的裁判法规则，既是涉及利益负担分配的调整性规则，也是明确权利机制的构成性规则，二者相辅相成。

3. 落实预防原则

预防原则是环境法律的基本原则。数十年来，预防原则的理论研究不断走向深入，从预防环境问题产生到预防环境风险形成，内涵外延不断丰富。风险预防原则实践应用不再局限于环境法，也不仅是"不顾科学上的不确定性而采取保护国民的行动"，[1] 而是需要结合社会生活进行结构化阐释。[2] 需要从权力约束路径、分类管控的内容承接和优化联防联控的体制机制方面对预防原则尤其是风险预防原则进行全面解读。[3]

水生态补偿制度的预防功能体现在：（1）预防环境纠纷。水生态补偿制度能够有效预防人与自然冲突而引发的人与人之间利益关系之冲突。人与人之间、人与社会之间的冲突与矛盾和人与自然关系的冲突矛盾可以相互感染和不断转化。早期的生态补偿实践主要致力于人与自然关系的恢复与调整。但随着实践发展和认识深化，人们逐渐发现，人与自然关系紧张冲突背后实质上是人与人、人与社会关系的紧张和冲突。为此，法规范意义上的生态补偿制度主要指向人与人、人与社会利益冲突的调整，这是因为，"经济不发达，财富分配不公，贫困的增加，激化社会矛盾，致使社会冲突向生态领域扩散、转移和蓄积，损害资源环境；同时恶化了环境问题的人文社会背景，妨碍环境问题的解决"[4]。因此，人与自然

---

① 金自宁：《风险规制与行政法治》，载《法制与社会发展》2012 年第 4 期，第 61 页。
② 苏宇：《风险预防原则的结构化阐释》，载《法学研究》2021 年第 1 期。
③ 秦天宝：《论风险预防原则在环境法中的展开——结合生物安全法的考察》，载《中国法律评论》2021 年第 2 期。
④ 王清军等：《生态补偿机制的法律研究》，载《南京社会科学》2006 年第 7 期。

关系和人与人之间关系之间及各自内部之间冲突的紧张和加剧，最终造成基于利益关系失衡所引发的"社会—自然"相互缠绕的"问题束"。水生态补偿制度通过向利益受损或者利益分配严重失衡的特定人、特定范畴内的人提供以资金补偿为主导的各种类型的生态补偿，弥补他们的损失，使损益平衡或略有盈利，能消除利益受到损失的特定人、特定范畴内的人的不满和怨气，化解矛盾，从而切断或阻碍导致流域水生态服务供给严重不足的社会经济根源和内在因素，促使他们以更加良好的心态和持续的内在动力去积极从事流域水生态环境保护工作。
（2）防范生态风险。水生态补偿制度的预防功能还体现在它对流域水生态环境风险的防范。一般认为，预防原则起源于 20 世纪 70 年代德国的事前考虑原则。[1]1992 年《里约宣言》第 15 条原则表明，"为了保护环境，各国应按照本国的能力，广泛适用预防措施。遇有严重或不可逆转损害的威胁时，不得以缺乏科学充分确实证据为理由，延迟采取符合成本效益的措施防止环境恶化"[2]。"危险防御原则适用于确定性领域；而风险预防原则适用于不确定的领域，将来很可能发生损害健康，或者以现有的科学证据尚不足以充分证明因果关系的成立，为了预防损害的发生而在当前时段采取暂时性的具体措施。"[3]建构水生态补偿制度，"对受害者来说又是巨大的心理安慰和伦理激励，鼓励潜在环境问题受害者同环境问题制造者作斗争，从而有效预防和抑制环境问题的发生"[4]。总之，对生态保护受益者而言，流域水生态补偿是一种巨大的经济负担，构成极大的制度约束、成本约束和伦理约束，迫使潜在的生态环境问题制造者加快调整行为方式、产业发展方向和土地等自然资源利用方式，从而有利于促进整个流域经济社会不断转型升级，朝着绿色发展路径不断迈进。

---

[1][3]　王贵松：《风险行政的预防原则》，载《行政法学研究》2021 年第 1 期。

[2]　联合国环境与发展大会：《关于环境与发展的里约热内卢宣言》，载《中国人口·资源与环境》1992 年第 4 期。

[4]　王清军等：《生态补偿机制的法律研究》，载《南京社会科学》2006 年第 7 期。

第七章

水生态补偿融资与支付制度

水生态补偿融资与支付制度构成水生态补偿机制有效运行的"核心"。它关注的主要议题为，如何建立规范化的水生态补偿融资制度；如何有效管理数量庞大的生态补偿资金；依据何种支付基准及支付标准以分配生态补偿资金，实际上，可以将上述问题简要概括为生态补偿资金的"收"与"支"。立足于法治化发展视角，我国需要建构一系列法律制度体系，将水生态补偿资金"收""支"等行为分门别类纳入法律规制范畴。立足于整体性系统性水生态补偿制度机制视角，水生态补偿融资与支付制度占据"核心"地位，以至于有学者将水生态补偿机制直接简化为水生态补偿融资与支付机制。"生态补偿实际上就是一套自愿支付优质生态产品的透明资金融资支付制度体系。"[①]

本书拟从以下几个方面开展论述工作：一是水生态补偿融资的规范化探索。分别检索了我国饮用水水源生态补偿以及流域生态补偿的地方立法文本，归纳整理地方立法文本在融资规范化方面探索经验以及其存在的各种问题，试图总结出我国水生态补偿融资制度规范化发展路径有，融资方式与融资渠道的规范化联结，财政转移支付的规范化发展，水生态补偿基金制度的法治化探索等。二是水生态补偿支付基准的规范化探索。支付基准也称为支付条件或支付基准条件。在总结国内外实践经验基础上，本书将生态补偿支付基准分为投入（行为）支付与结果支付。投入支付可以分为按照投入面积支付和社会必要劳动时间支付；结果支付可以分为单一指数支付、多元指数支付等。投入支付强调一种过程激励，结

---

① 王彬彬等：《生态补偿的制度建构：政府和市场有效融合》，载《政治学研究》2015 年第 5 期。

果支付是一种直接激励，两者的制度设计要求各不相同。三是水生态补偿标准的法理分析。在水生态补偿制度建构及机制运行过程中，补偿关系主体确定、补偿资金分配、支付基准选择、补偿方式探索及补偿绩效评估，均是围绕生态补偿标准有无及大小而得以展开，因此它构成水生态补偿机制"核心"之"核心"。本书认为，水生态补偿是规范性与科学技术性的统一，其科学技术性体现在，标准确定有赖于对直接投入成本、发展机会成本乃至水生态服务功能价值的核算评估，其规范性体现在，标准最终确定是综合判断的产物，需要对标准制定主体、标准内容和制定程序纳入法律规制范畴。四是水生态补偿法定标准的实践探索。在详细考察生态补偿地方立法文本基础上，详尽梳理了流域水生态补偿法定标准制度规定现状及存在的各种问题，包括但不限于标准制定主体、制定依据、制定程序等，最后对水生态补偿法定标准制度规定完善提供了必要参考。五是水生态补偿的协定标准。梳理总结我国已经签订的流域生态补偿协议，对协定标准制定主体、制定依据以及制定程序及存在的问题进行了详细梳理，以便为协议标准在内的流域生态补偿协议法治化发展提供必要参考。

第一节 水生态补偿融资的规范探索

学者法利（Farley）明确指出，一个理想的生态补偿融资制度应当符合三个标准：第一，每个出资人的边际支付至少应该与其所接受的收益或造成的损害成一定比例；第二，应该有一个反馈环，通过它随着对相应水生态服务供给的变化而增加或降低相应的出资费用；第三，交易成本应该最小化。更有学者指出，水生态补偿融资制度构成水生态补偿机制有效运行的"血液"，没有常态化、持续化、规范化融资作为制度支撑，水生态补偿制度就会一直停留在政策推进层面。为此，需要深入研究水生态补偿融资制度中各类主体权利义务配置的内在逻辑，推动水生态补偿融资制度法治化发展。本节拟通过饮用水生态补偿融资以及流域生态补偿融资制度运行考察，梳理存在的问题，提出水生态补偿融资制度法治化发展的可行路径。

一、水生态补偿融资的实践探索

"有效融资机制能够解决环境治理与生态修复资金短缺困境"[1]，推动流域传

---

[1] 孙宏亮等：《中国跨省界流域生态补偿实践进展与思考》，载《中国环境管理》2020年第4期。

统产业转型升级与促进区域协调发展。

（一）饮用水水源生态补偿之融资实践

饮用水水源生态补偿制度能够改善饮用水水源水质水量状况，化解经济发展与环境保护之间矛盾，是我国水生态补偿机制重要内容，更是打好水源地保护攻坚战的重要"法宝"。[①] 中国政府高度重视饮用水水源生态补偿制度建设工作。2016 年，《国务院办公厅关于健全生态保护补偿机制的意见》提出，"在集中式饮用水水源地以及具有重要饮用水水源功能的湖泊，全面开展生态保护补偿，适当提高补偿标准"。2017 年，修订后的《中华人民共和国水污染防治法》第八条规定，"国家通过财政转移支付等方式，建立健全对位于饮用水水源保护区区域和江河、湖泊、水库上游地区的水环境生态保护补偿机制"。2021 年，"两办"《关于深化生态保护补偿制度改革的意见》再次强调建立"水源地生态补偿"。

鉴于饮用水水源生态补偿制度之重要定位及独特功能，理应率先实现法治化发展探索，第一，从制度目标来看，清洁、健康及可持续一直是我国饮用水安全的重要目标，而建立健全饮用水水源生态补偿制度则是践行这一目标的主要支撑。饮用水水源生态补偿制度的法治化理应从融资的规范化、法治化着手。第二，从分工来看，按照划分中央地方生态补偿事权与支出责任基本原理，饮用水水源生态补偿制度建构更多属于地方各级政府事权及支出责任。中央政府提供的更多属于目标、愿景展望方面的国家义务，而地方立法机关和地方各级政府及其职能部门相继颁行了诸多饮用水水源生态补偿的地方法规、地方规章及规范性法律文件。总之，既然属于地方政府及其职能部门事权与支出责任问题，如何常态化、规范化融资就成为制度建构的首要问题。第三，从生态补偿法律关系来看，围绕饮用水水源生态补偿而产生的补偿法律关系较为明晰。生态保护者与生态保护受益者数量不多或者借助法律拟制后会大大简化。补偿关系主体数量不多，相应的补偿权利义务关系就会比较简单，另外，这实际上也为探索市场化补偿提供了一个制度空间。为此，我们借助北大法宝抽样广东中山[②]、浙江丽水[③]、温州[④]、河南驻马店[⑤]、山东临沂[⑥]等四省五地关于饮用水水源生态补偿的地方立法

---

① 蓝楠：《美国饮用水水源保护区生态补偿立法对我国的启示》，载《环境保护》2019 年第 5 期。

② 参见广东省《中山市饮用水水源保护区生态补偿实施办法（修订稿）》（2019）。

③ 参见浙江省《丽水市饮用水水源保护条例》（2017）、浙江省《丽水市市级饮用水水源地生态保护补偿管理办法》（2019）。

④ 参见浙江省《温州市级饮用水水源地保护专项补偿资金管理办法》（2017）。

⑤ 参见河南省《驻马店市饮用水水源保护条例》《驻马店市饮用水水源地生态保护补偿办法》（2018）。

⑥ 参见山东省《临沂市城区饮用水水源地生态补偿机制》（2020）。

文本（见表 7 - 1）。

表 7 - 1   饮用水水源生态补偿融资的地方探索

地区	融资原则	融资规则
广东中山	（1）谁受益谁补偿； （2）市、镇政府按比例分担	（1）将饮用水源生态补偿纳入生态补偿专项资金； （2）"市财政主导、镇区财政支持"的纵横结合的资金筹集模式； （3）适度吸纳社会捐赠
浙江丽水	（1）谁受益谁补偿； （2）多元筹资	（1）市级饮用水水源地售水价格构成机制（每立方米 0.1 元的基准）； （2）财政预算统筹安排
浙江温州	（1）谁受益谁补偿； （2）设立水源地保护专项补偿资金	（1）在原水价格中明确水源地保护资金，纳入专项补偿资金； （2）水源地水资源费省级返还地方部分纳入专项资金； （3）按年度提取部分排污费和排污权有偿使用费纳入专项资金； （4）市级、用水区县级财政分别承担 5 000 万元、4 000 万元
河南驻马店	（1）谁受益谁补偿； （2）设立专项资金	（1）在原水价格中明确水源地生态保护专项资金； （2）市区财政依据专项资金总额 1∶1 比例安排专项资金
山东临沂	谁受益谁补偿	市及相关县区年度征收的水资源税地方留成部分

从表 7 - 1 可以看出，关于饮用水水源生态补偿融资的制度规定，具有以下特征：（1）确立融资主体及其责任指导原则是"受益者负担原则"。前文已述，围绕饮用水水源生态补偿而产生的法律关系相对简单，主要体现在，一是饮用水水源保护者（保护地区）与饮用水水源保护受益者（受益地区）等补偿关系主体相对明确；二是关系主体之间补偿关系具有"单向补偿、双向差异约束"等规则设计考量，也就是说，不会出现补偿关系主体法律地位互易的情况。对生态保护者而言，他们除了自身的财产权益或者发展权益受到法律必要限制之外，还应

承担围绕保障饮用水水源安全而积极从事饮用水水源地生态环境治理、生态修复等方面的生态保护责任；于生态受益者而言，他们享受饮用水清洁、安全和健康方面的利益之外，需要支付必要的生态补偿资金等义务。生态保护者与生态受益者各自承担的法定义务不同。（2）多元化融资体制机制已经初步形成。从各地实践探索情况来看，创新性举措频频亮相。一些地方，比如浙江温州、浙江丽水以及河南驻马店等地在饮用水水源生态补偿资金机制中，增加了从原水价格抽取一定比例费用作为补偿资金来源渠道，并试图将原水价格调整机制与生态补偿资金筹集比例之间形成一定联动关系。撇开其合法性不谈，这种带有创新特性的生态补偿资金筹集方法势必能够保障生态补偿"资金池"获得源源不断的资金注入，补偿资金总量不足之痼疾可能会得到根本上的破解；浙江温州地区更是超前一步，他们将水资源费返还资金、部分排污费和排污权有偿使用费等按照一定比例或者一定数量源源不断注入饮用水源地生态补偿"资金池"。除了破解资金不足的创新举措之外，各地还在一定程度上拓展着补偿资金渠道来源，实现了资金来源渠道多元化，不断优化生态补偿资金结构与功能，为补偿资金绩效结果的反馈机制建构预设了制度前提。（3）设立生态补偿专项资金也被纳入法律规制议程。广义的专项资金是指中央和地方政府年度予以下达和安排的用于社会管理、公共事业发展、社会保障、经济建设以及政策补贴等方面具有指定用途的资金。[①] 本书所指的生态补偿专项资金是指，前述各个地区根据区域经济社会发展状况，结合各自年度财政预算专门安排用于饮用水水源保护补偿这一特定用途的财政资金。这从一个侧面展现出，我国一些地方政府开始由"经济建设型"政府向"公共服务型"政府转变，其中，向行政区域民众提供安全、清洁乃至健康的饮用水构成地方政府普惠式公共服务主要内容，也是回应民众要求分享改革开放红利的制度化举措。浙江丽水、河南驻马店等地专门设立饮用水水源生态补偿专项资金，这个专项资金如何规范化发展也值得持续关注。（4）开始探索地方政府之间出资比例。省级以下地方政府之间生态补偿事权与支出责任的实践探索一直在"干中学"，尽管存在着随意性强以及法治化程度不高之诟病，但可喜的是，这种探索也不乏一定的创新意义，比如结合财政状况、收益状况和人口数量等实行差异化比例，比例动态调整以及比例与固定数额相结合等举措，均为法治化发展提供了可资借鉴的样板。（5）吸纳社会捐赠也开始进入决策者视野。尽管总体成效不大，但也一直在努力探索。总之，随着实践不断推进，一个多元、多层、多类别饮用水水源生态补偿资金筹资机制正在快速形成中。

---

① 王志刚：《地方政府财政专项资金管理问题研究》，载《北京社会科学》2013 年第 2 期。

（二） 流域生态补偿之融资实践

如前所述，流域生态补偿机制经过多年发展，逐步形成了两种模式，一种是行政主导模式；另一种是市场主导模式。梳理发现，两种模式融资机制存在较大差异。

1. 行政主导模式

行政主导模式下，较高层级地方政府首先需要承担补偿规则供给职责。补偿规则需要对补偿关系主体、补偿原则、补偿基准和补偿标准预先作出明确规定，尤其对于融资规则需要作出较为详尽的制度规定，尤以福建①、江西②为甚（见表 7 - 2 ）。

表 7 - 2　　　　　　　　　行政主导模式融资实践探索

地区	融资原则	融资规则
福建	（1） 推进多方筹资； （2） 共同但有区别责任	（1） 从市、县政府集中部分（按地方财政收入的一定比例筹集；按用水量的一定标准筹集）； （2） 省级支持部分（存量部分＋新增部分），其中存量部分是指省财政每年安排重点流域水环境综合整治专项预算 2.2 亿元用作流域生态补偿金等；新增部分包括省财政专项预算每年分别新增 4 500 万元、4 500 万元、6 000 万元； （3） 水口电站剩余经营期电力空间资金每年分别新增等量部分，2018 ~ 2020 年分三年逐年到位
江西	（1） 政府主导多方筹资； （2） 共同但有区别责任	（1） 设立全省流域生态补偿专项资金； （2） 中央财政争取一块、省财政安排一块、整合各方面资金一块、设区市与县（市、区）财政筹集一块、社会与市场募集一块的"五个一块"方式筹措

从表 7 - 2 可以看出，行政主导下融资实践探索特点有：（1） 提出了"共同但有区别的责任"原则。国际环境法中，"共同但有区别的责任"是分配发达国家和发展中国家之间气候变化治理责任的基本原则③、重要依据④。一般认为，共同责任是前提和基础，区别责任是关键和核心；共同责任从形式上解决责任的

---

① 参见《福建省重点流域生态补偿办法》（2017）。
② 参见《江西省生态文明建设促进条例》（2019），《江西流域生态补偿办法》（2018）。
③ 王曦：《国际环境法》（第二版），法律出版社 2005 年版，第 108 ~ 110 页。
④ ［法］亚历山大·基斯著，张若思编译：《国际环境法》，法律出版社 2000 年版，第 115 ~ 116 页。

有无问题，区别责任则是应对气候责任的定量、定时问题；共同责任是目的，区别责任是手段。[①] 将"共同但有区别的责任"运用到流域生态补偿融资方面，意味着需在不同层级地方政府之间划定流域生态补偿事权及支出责任。这里的"共同责任"是指，从"流域生命共同体"理念出发，流域流经不同行政区域不同层级政府均应当承担流域生态补偿筹资责任，这种共同责任是前提和基础，要求任何层级地方政府均应当承担一定的融资责任。依靠共同责任机制，解决了各级政府融资责任的有无问题。所谓"有区别责任"是指，由于流域水生态服务供给范围及其正外部性效益外溢范围存在不同，流域不同层级政府所在地民众享有的相应水生态服务也各不相同，因此流域不同层级政府应结合其所在地享有的相应水生态服务而承担责任大小不同、比例存在一定差异的筹资责任。可见，"有区别责任"是解决融资的关键和核心，最终需要通过一定出资比例而得以展现出来。以福建立法文本中流域生态补偿融资责任制度规定为例，每个设区的市都应当承担出资职责，但流域下游地区所在的行政区域，比如厦门等，应当承担较大、较重的资金出资责任；相应地，流域上游地区所在地行政区域，如三明等，可以承担较小、较轻的资金出资责任。基于"有区别责任"的出资比例兼顾了流域不同地区经济社会发展及生态区位状况。（2）采取行政渠道的多元筹资方式。除了要求地方政府之间按照一定比例筹集资金外，一些立法文本也开始探索政府渠道内多元化筹资制度以及其规范化探索问题，比如福建立法文本中，除了要求单列一定地方财政预算之外，也要求可以按照不同地区用水量一定比例筹集补偿资金。江西立法文本要求进行生态补偿资金的"整合"，希望能够汇聚更多生态补偿资金。更为可喜的是，政府利用自身优势，开始探索市场化方式筹集生态补偿资金，比如福建立法文本规定，流域内达到一定量的水电站应当承担一部分资金筹集责任，并结合实际状况按照一定比例或者一定数量逐年递增；江西立法文本虽然尚无实质性举措，但也大力倡导从社会与市场方面募集部分资金。需要指出的是，由政府出面，采用市场化方式筹集补偿资金已经得到国家高层的高度重视。2020年，国务院《生态保护补偿条例》（公开征求意见稿）明确提出，"水电开发企业与项目所在地人民政府、农村集体经济组织探索建立水能资源开发生态保护补偿机制，积极开展生态保护与修复。""各级政府及其职能部门应当做好统筹指导与协调。"[②]

---

① 刘健等：《"共同但有区别责任"内涵审视与适用研究》，载《湘潭大学学报》（哲学社会科学版）2016年第3期。

② 参见《生态保护补偿条例》（公开征求意见稿）第20条第2款规定，"为促进河流生态保护，国务院发展改革、能源、国有资产监督管理等主管部门和省级人民政府应做好统筹指导和协调，水电开发企业与项目所在地人民政府、农村集体经济组织探索建立水能资源开发生态保护补偿机制，积极开展生态保护与修复"。

2. 市场主导模式

跨行政区流域水生态补偿机制建设需要中央政府（上级政府）及其职能部门通过组织、指导和协调等方式适度介入，这种所谓的横向生态补偿机制仅仅是一种"准市场"模式的生态补偿机制。应当说，经过以新安江流域生态补偿实践为代表的市场主导模式的多年探索，目前已经初步形成了以流域上下游地区地方政府相互自愿补偿为主，中央（上级）政府通过纵向转移支付方式进行适当激励；以补偿资金支付为主，其他方式支付为补充；以跨行政区断面水质水量状况为主导性补偿基准，以森林覆盖率、辖区流域生态环境治理状况等为辅助性补偿基准，初步建立起"利益共享、责任共担、合作共治"的流域良性互动合作机制。显然，这种准市场主导模式的好处也是非常明显的，它以一定利益的对价支付作为核心和支点，既满足了各自利益需求，从而保障了流域生态保护补偿机制的有效运行，在流域水环境质量改善、社会经济转型等方面作用也颇有成效。经常引发的争议是，这种市场主导模式，"在实践中不仅面临补偿标准的问题，而且涉及上下游省份的补偿资金分担比例问题。分担比例回答的是如何分担这些补偿资金，这是落实生态补偿资金的关键"①。即便如此，我们仍然看到这种带有一定众筹特性的市场主导模式在融资筹集方面的旺盛生命力及令人瞩目的发展前景（见表7-3）。

表7-3　　　　　　市场主导融资模式的实践探索

补偿名称		比例分担规则	融资规则
1	南水北调中线水源区生态补偿	受水区河南、河北、天津、北京按照调水量比例、调入水量比重和GDP比重均值分担比例	由受水区地方政府筹集
2	新安江流域生态补偿	国家、上游安徽、下游浙江分担比例分别为60%、20%、20%（第一轮试点，后面几轮变动）	由中央政府、浙江、安徽政府分别筹集
3	潮白河流域生态补偿	国家、上游河北、下游北京分担比例分别为42.9%、14.30%、42.80%	由中央政府、北京、河北政府分别筹集
4	东江流域生态补偿	国家、上游江西、下游广东分担比例分别为60%、20%、20%	由中央政府、广东、江西政府分别筹集

① 王西琴等：《流域生态补偿分担模式研究——以九洲江流域为例》，载《资源科学》2020年第1期。

	补偿名称	比例分担规则	融资规则
5	汀江—韩江流域生态补偿	国家、上游福建、下游广东分担比例分别为60%、20%、20%	由中央政府、广东、福建政府分别筹集

资料来源：作者自制。

从表7-3可以看出，市场主导模式下的融资实践探索发展特点有：（1）尽管中央财政承担比例较高，但仍遵循着一定的退坡原则。众所周知，早期浙江安徽新安江流域生态补偿实践探索中，中央政府为了有效推进流域生态补偿机制有效运行，除了充足、倾斜性补偿制度规则充足供应外，更是投入了较大比例的中央财政资金，实现了助力性行政指导和赋益性行政指导的有机协调，从而能够形成可复制、可推广的制度经验。但随着试点逐步推进，加之中央地方生态补偿事权与支出责任需要不断明晰化，在生态补偿资金融资领域中，中央财政投入所占比例似乎沿袭着一种退坡原则，在总体规模中呈现出投入比例和投入总数"双减少"发展趋势。以新安江生态补偿试点为例，在2012~2015年度第一轮试点中，中央财政投入占比高达60%，在2016~2018年度第二轮试点中，中央财政投入占比却在逐渐下降，先后为50%（2016年度）、43%（2017年度）、33.3%（2018年度）。[1]中央财政在新安江生态补偿中投入占比在不断下降，这种趋势虽然极大降低了中央财政的负担或压力，也符合厘清中央政府与地方政府生态补偿事权与支出责任的客观要求。但由此带来的问题是，流域上下游地区由于对来自中央财政投入减少而带来不确定性的"担忧"。流域上游地区担忧的是，缺少来自中央政府的转移支付，上游地区发展机会成本的巨大损失可能由自己负担；流域下游地区担忧的是，缺少来自中央政府的转移支付，自己能否独立承担来自上游地区的无尽"索取"。（2）流域上下游地区地方政府承担筹资责任的比例大体相同，但也存在一定例外。无论是早期试点探索的浙江安徽新安江流域生态补偿机制，抑或后期出现的广东江西东江流域生态补偿机制，流域上下游地区省级政府基于对赌水质、水量等支付基准因素谈判中，先后都约定了相同的筹资责任分担比例。但在北京河北潮白河流域生态补偿中，上游河北、下游北京分担比例分别为14.30%、42.80%，[2]呈现出上下游地区地方政府分担比例不同情形。特别值得观察的是，在浙江安徽新安江流域生态补偿机制第二轮、第三轮试点中，尽

① 沈满洪：《跨界流域生态补偿的"新安江模式"及可持续制度安排》，载《中国人口·资源与环境》2020年第9期。

② 薛知宜：《京冀水量水质双向补偿路径研究》，载《北京水务》2019年第3期。

管中央财政投入比例在持续下降，但上游地区安徽省与下游地区浙江省在筹资责任分担比例上一直维持在相同水平。客观上讲，流域上下游地区筹资责任分担比例大体相同，有利于试点初期达成补偿协议以及便于补偿协议有效履行，但随着补偿协议常态化发展的深入推进，基于各自不同利益诉求的协议内容开始不断进入协议文本之中，为此，需要加快协议签订履行的技术数据支撑建设，深入探索结合不同行政区流域面积占比、用水总量占比、人口数量、GDP数量以及流域水生态服务功能外溢程度等为基础的生态补偿技术核算评估工作推进力度。（3）无论筹资责任分担比例或大或小，中央财政、地方财政筹资渠道呈现单一化局面。显然，这种模式"具有强制性和易于实施的优点，但是不具有长期性"。[①] 可见，除了纵向转移支付外，流域上下游地区地方政府横向生态补偿机制中筹资渠道的单一化构成了一个基本发展走向，是法治化发展进程中难以避免之难题。

二、水生态补偿融资的问题梳理

（一）饮用水水源生态补偿融资规范化不足

1. 资金来源结构不合理

各地饮用水水源生态补偿的立法文本不同程度显示，地方政府应当依法承担生态补偿资金筹集责任，但对于如何承担这个责任以及不承担或难以承担这个责任的相应法律后果，立法文本却"一笔带过"或语焉不详。总体来看，政府主导的资金融资机制"存在资金来源结构不合理、资金筹集渠道单一的问题"。[②] 由于融资责任主体单一，资金来源结构单一，完全不足以解决饮用水水源生态补偿资金总额绝对匮乏和相对不足的问题。地方政府拥有较为强势的饮用水水源生态补偿资金筹集权力，他们可以借助正当程序从不同政府职能部门涉及生态环境保护职责履行的"小金库"中抽取一定比例或一定数量的资金，重新汇聚整合成为生态补偿专项资金；也可借助这一筹集上的行政权力，从市场渠道获得源源不断的资金支持，用以注入或扩充生态补偿专项"资金池"。即便如此，也很难改变这样一个事实，饮用水水源生态补偿融资制度正在演变为行政体系内部相对封闭的一种资金运作体系，这种体系正在将饮用水生态补偿融资制度形塑、固化

---

① 郑海霞：《关于流域生态补偿机制与模式研究》，载《云南师范大学学报》（哲学社会科学版）2010 年第 5 期。

② 蓝楠：《美国饮用水水源保护区生态补偿立法对我国的启示》，载《环境保护》2019 年第 5 期。

为一种单一性政府资金机制。与此相对应的是，具体的生态保护者与生态保护受益者却不能依靠这一封闭体系建立直接的良性互动关系，从而也难以有效接受来自市场、社会信息反馈并对反馈作出相应的行为调整策略。按照学者法利（Farley）之判断，没有建立反馈环的生态补偿资金机制是低效的甚至是无效的。

2. 筹资行为的规范性、科学化严重匮乏

筹资行为的规范化是指，需要形成具有一定稳定性、正当性和可操作性强的筹资制度机制；所谓筹资行为的科学化是指，生态保护受益者边际支付与他应该接受的收益之间应该形成一定比例。规范化、科学化构成筹资行为的基本要求。但就地方立法文本目前现状来看，即便是较为成熟的地方探索，仍然存在着诸多需要加以持续改进的空间，以浙江丽水为例，浙江丽水的立法文本规定，饮用水水源生态补偿资金主要从"原水价格＋财政预算"两个渠道筹集，在"原水价格"渠道中，需要从原水售水中抽取一定比例资金作为补偿资金。"原水价格"所生成的补偿资金呈现一种可操作性强、规范化强特质，且随原水价格变动而产生补偿资金变化等。可见，"原水价格"这一规则表明，这是从市场渠道获取资金，体现了资金渠道来源多元化发展趋势，另外，在"财政预算"之渠道中，政府财政预算安排资金却是经过测算后得出的一个相对固定数额，并且市级财政与县级财政在补偿资金支出责任比例方面也是相对固定数额。

这意味着，在"原水价格＋财政预算"两个渠道资金构成中，前者是按一定比例出资，即这会随着"原水价格"不同而进行相应比例的动态调整；后者则是一个相对固定的数额，不会进行动态调整。换言之，根据"原水价格"与根据"财政预算"的生态补偿资金是一种在二者之间没有任何对应比例关系的"水果拼盘"，在这个"水果拼盘"中，来自"原水价格"资金机制呈现规范化、常态化走向，而来自"财政预算"的资金机制更多代表着政府一种自由裁量权的行使。如此一来，基于"原水价格"的补偿资金，由于稳定性、可操作性而容易被纳入一种法治化发展轨道，而财政预算资金，包括市、县两级政府各自支出比例责任，则被"依法"纳入市级政府的自由裁量权范畴。这样的后果是，"水果拼盘"中，来自市场的补偿资金具体可持续性、常态化，且随着市场变化而相应增加，反之，来自政府"财政预算"的补偿资金却经常面临着不确定性，饮用水水源生态补偿资金池的不确定性由此得以形成。再以河南驻马店市的立法文本为例，一般而言，不同层级地方政府出资比例应当与他们的受益存在一定对应关系，此谓科学化。河南驻马店立法文本在"原水价格"和"财政预算"之间搭建了一定比例关系，这一比例关系对于"原水价格"和"财政预算"各自出资

方具有约束，因而呈现一定的规范性。但遗憾的是，该立法文本未能有效厘清市、县两级政府生态补偿事权及支出责任。从法理上讲，这意味着市、县两级政府可以承担各自单独责任；也意味着市、县两级政府可以承担比例责任；也可能意味着，市、县两级政府可以承担连带责任，无论出现上述何种情形，市、县两级政府各自理应不会受到相应的问责机制追究。

（二）融资主体单一性与融资结构单一性并存

1. 融资主体单一性之成因

实践考察表明，无论是饮用水水源生态补偿或者流域生态补偿，"各级政府，包括中央政府和县级以上地方政府几乎处于筹资的单一主体地位；在各级政府生态补偿筹资中，财政预算占据了主导地位，尽管一些创新实践探索中，通过征收水资源费、排污权有偿使用费"[①] 等方式获得了一部分生态补偿资金，但仍然难以撼动政府财政预算的主导地位。水生态补偿融资日渐呈现"以政府筹资为主导""政府融资以财政预算为主导"的"双主导"模式。原因如下，（1）流域水生态服务或水生态产品供给实质上是一种公共产品（或准公共产品）的供给，面向社会或民众持续普惠式均等化供给公共产品（或准公共产品）构成各级政府的法定职责。此外，与个人、法人或其他组织相比，各级政府具备供给公共产品（或准公共产品）的规制资源能力和规制知识能力；与其他融资方式相比，财政预算由于其法定性、稳定性而构成了生态补偿机制的固定渠道。（2）尚未营造出社会资本积极参与生态补偿的制度环境。社会资本参与生态补偿需要良好的制度环境作为支撑。我国水流产权确权登记制度改革仍在持续进行之中，各级政府在水流产权所有权、监管权配置方面仍然存在诸多难以解决的难题。无论是取水权交易、排污权交易或者水生态产品认证等市场化补偿机制，其存在较高的约束条件。一旦条件不成熟，市场主体和社会主体参与生态补偿融资的可能性就会非常渺茫。一些地方在实践探索中，希望从水资源费、原水价格中抽取一定比例资金纳入生态补偿"资金池"，毋庸讳言，这不仅能够极大缓解生态补偿资金短缺之困境，实际上也为生态补偿资金源源不断注入开辟了一个全新渠道，但直接从水资源费用中抽出一定比例用作生态补偿资金，实际上就是政府水行政主管部门将钱"从左手转到右手"，违背了"运动员兼任裁判员的"的基本法理，迫切需要借助相对精细的制度设计予以有效应对。（3）水生态补偿融资机制建设过程中，由于建设项目投资数量较大、项目持续时限较长，收益不明确的风险加大，这在

---

① 王西琴等：《流域生态补偿分担模式研究——以九洲江流域为例》，载《资源科学》2020 年第 1 期。

一定程度上也会对以投资回报为主要目的，且注重短期回报的社会资本吸引力不大。

2. "双主导"模式优点及不足

应当清醒认识到，我国流域水生态补偿融资"双主导"模式，优点与缺点同时并存，且优点与缺点之间还可相互转换。这里，最突出的一个优点是"集中力量办大事"，以森林生态补偿制度为例，公益林生态补偿关系简单、补偿事项单一、补偿范围、尺度和对象相对容易确定，对公益林管护行为之监控也比较到位，因此森林生态补偿制度彰显出来的经济效益、社会效益和生态效益较为明显，但同时也看到，由于双主导模式的存在，也带来了森林生态补偿激励性结构缺失、规范化不足以及利益预期性不强之弊端，补偿资金聊胜于无，需要引起其他类型生态补偿制度的反思。应当说，中国生态补偿制度发展至今，基本上已经告别了"试点推广"、单一领域"大水漫灌"阶段，"集中力量办大事、办好事"等所要求的制度环境情形难以在现实生活中反复出现，为此，特别需要结合流域生命共同体理论，以问题导向为主，兼顾目标导向和逻辑导向，进行生态补偿制度的精细化设计。我国水生态补偿制度机制建设过程中，利益相关者数量众多，补偿关系复杂，补偿范围相互交叉、补偿尺度收缩与扩张同时并存，补偿对象异质性和均质性交互存在，在某一领域、某一环节或者某一过程出现的或大或小问题，或早或晚会引发一定"蝴蝶效应""鲶鱼效应"。更为重要的是，水生态补偿资金的无限需求与政府筹资的有限供给之间的矛盾及冲突在较长一段时期内会长期持续存在。有学者提供的研究数据显示，[1] 西方发达国家用于生态补偿方面资金投入一般占到 GDP 的 2% 以上，我国从"六五"到"十二五"生态补偿（补偿资金主要用于污染治理）的资金投入平均水平低于 GDP 的 1.5%。世界银行的统计数据显示[2]，发展中国家要让自己的生态环境状况有所改善，需要投入占 GDP 2% ~ 3% 的资金用于生态环境保护。与西方国家及世界银行的政策建议相比，尽管近年来我国也在不断增加生态补偿的资金总量，但与环境保护或环境治理所要求的巨大资金需求相比，这个总量仍然是非常有限的。2019 年，国家大力推行综合生态补偿，希望在森林生态补偿和流域生态补偿以及相关的产业转型等两个领域突破，试图在两个领域通过一定相对集中的政府生态补偿资金投入，发挥其"四两拨千斤""以点带面"之杠杆支点效应。综合生态补偿强调环境绩效管理工作，利用环境绩效的经济性、效率性、效果性等特点评价综合性生

---

[1] 张会恒等：《我国环保产业投融资状况及其效率的包络分析——以 30 个省市面板数据为例》，载《中国环保产业》2015 年第 9 期。

[2] 陶萍等：《生态环境基础设施项目投融资灰色 GM（1，1）预测模型》，载《工程管理学报》2010 年第 3 期。

态补偿的效果。① 可见，综合补偿是在政府筹资能力有限和筹资总量既定情形下，如何更好发挥政府资金的综合效益。考虑到综合补偿涉及部门利益、地方利益的深度整合，综合效益结果究竟如何也需要拭目以待。此外，"双主导"模式也带来生态补偿资金不可持续性、难以监管性和自由裁量性。在地方政府官员任期制和锦标赛任命体制背景下，当某一地方政府财政吃紧，其他财政支出存在刚性法律约束情况下，无任何法律刚性约束的生态补偿资金被挪作他用、被截留问题就会频繁出现，相应地，不断限缩或扣减生态补偿财政预算支出也会成为地方政府的不二选择。在目前尚无专业、规范制度监管背景下，生态补偿政府筹资机制存在的各种问题就会层出不穷。

（三）融资方式与融资渠道不匹配问题突出

融资方式与融资渠道不匹配问题主要表现在：（1）主要融资方式的规范化程度严重不足。政府主导生态补偿融资，即意味着政府有权采用多种融资方式，如财政转移支付、征收水资源费、征收环境保护税、发行生态彩票和股票等可以纳入政府融资的考量范畴。这些融资方式之间存在着执行成本差异。在这些数量众多的融资方式中，财政转移支付又占据着主导地位，现行法律也对财政转移支付的主导地位作出了明确规定，② 但财政转移支付制度建设规范性乃至法治化严重不足，不能发挥其在生态补偿制度机制中的主导、引导、带动功能。理论上讲，财政转移支付包括纵向转移支付和横向转移支付，我国现行法律仅仅明确了纵向转移支付，它又包括一般转移支付和专项转移支付，就一般转移支付而言，法律制度未对一般转移支付条件作出明确法律规定，因此我们可将一般转移支付理解为无任何法律条件的拨款，但在现实意义上，它可能会受到权力逻辑、突发事件甚至潜规则的直接间接影响。"对各地方的财政转移支付不注意区分事项的轻重缓急，最有可能的结果就是转移支付资金的浪费，甚至会造成'会哭的孩子有奶吃'的怪圈。""转移支付制度成为中央与地方谈判的筹码，直接或间接损害了社会公平正义。"③ 国家虽然在流域水生态补偿制度的财政转移支付规范化探索方面做了巨大努力，④ 但由于中央地方水生态补偿事权与支出责任不清晰，饮用水水源区、江河湖泊水库上游地区、水生态环境敏感区等概念界定不严谨等问题

---

① 徐瑞蓉：《综合性生态补偿制度设计与实践进路——以福建省为例》，载《福建论坛·人文社会科学版》2020 年第 6 期。

② 参见《中华人民共和国水污染防治法》（2017）第八条，"国家通过财政转移支付等方式，建立健全对位于饮用水水源保护区区域和江河、湖泊、水库上游地区的水环境生态保护补偿机制"。

③ 韩兴华：《财政转移支付公平与央地关系法治化辨析》，载《郑州大学学报》（哲学社会科学版）2015 年第 3 期。

④ 参见财政部《国家重点生态功能区转移支付办法》（分年度颁布）。

长期存在，致使水生态补偿机制的纵向财政转移支付规范化建构方面困难重重，极大抑制了财政转移支付方式的引领及带动功能。除一般转移支付之外，生态补偿专项转移支付也比较常见。专项转移支付又称有条件补助或专项拨款，是下级政府因承担上级政府委托事务或政府间共同事务而享受的上级政府补助资金。[①]但专项转移支付规范性也存在不足，"官僚体制本身的低效率、寻租腐败的可能性，都可能影响政府补偿模式的实际效果，使得运行和管理成本较高，许多专项资金由于高额的管理成本而难以发挥效益"。[②]另外，一些专项转移支付还要求地方须有相应比例的配套资金，导致假配套案例经常出现。至于横向转移支付，尽管德国等相继对其作出相应的法律规制，但我国现行法律尚未对其法律定位有着明确认知。流域生态补偿机制运行实践中，流域上下游地区地方政府之间补偿资金往来主要借助横向补偿纵向化方式予以实现。（2）融资方式与融资渠道不匹配问题难以有效化解。毋庸讳言，可以通过不同渠道、利用各种方式进行生态补偿融资。一般认为，融资方式与融资渠道是两个不同的概念，"融资方式是企业筹集资金所采用的某种具体形式，而融资渠道指的是资金的来源方向或通道，简单理解就是资金从哪里来的"。[③]这就是说，融资渠道主要解决补偿资金从哪里来的问题，即 Where 问题，表现为国家财政资金、公司企业资金、社会个人资金、银行信贷资金、非银行机构资金、其他组织资金等；融资方式主要是解决资金怎么来的问题，即 How 问题，主要表现为财政转移支付、水资源税费、环境保护税、生态彩票、PPP 融资、股票债券、政策性或商业性贷款等。对于水生态补偿融资制度法治化发展而言，要求融资渠道与融资方式形成某种方式的联结，多元融资渠道和多元融资方式才能合理匹配和有机互动，进而形成水生态补偿融资机制有效运行的内在闭环。一旦制度供给匮乏或者机制某个环节出现障碍，就会造成生态补偿融资方式与融资渠道严重脱节，流域水生态补偿资金短缺状况就会长期持续存在。

就我国目前实践状况来看，我国水生态补偿制度机制采用的是一种"纵向财政转移支付为主，水资源税费、环境保护税费等为补充"的多元融资方式。但如果认真加以审视，就会发现，无论是法律规定的纵向财政转移支付方式，还是实践探索的横向转移支付方式，抑或依法征收的水资源税费、环境保护税费等转化为一定的生态补偿资金，主要体现的是一种国家财政（包括中央财政和地方财

① 朱光等：《专项转移支付、一般性转移支付与地方政府公共服务支出》，载《华东经济管理》2019年第3期。

② 高玫：《流域生态补偿模式比较与选择》，载《江西社会科学》2013年第11期。

③ 张明凯：《流域生态补偿多元融资渠道及效果研究》，昆明理工大学博士学位论文，2018年，第40～60页。

政）资金的融资渠道。另外一些融资方式只能在一定范围内发挥作用，不能堪当生态补偿筹资大任，比如，排污权交易制度在中国运行多年，曾被理论界视为以市场机制解决中国环境污染问题的一个良方，通过排污权有偿使用筹资水生态补偿资金也曾被寄予厚望。遗憾的是，由于排污总量制度、数据核算分配等制度环境不充分、不配套，导致排污权交易制度难以在流域水生态环境保护领域得到全面推广，依靠该制度机制向社会或市场渠道筹资水生态补偿资金恐怕在未来较长一段时间内难以实现。一些融资方式尽管前景诱人，但其面向的融资渠道又受到严格限制，故制度空间相当有限，较为典型的就是发行生态彩票。所谓生态彩票是指，"以生态建设和环境保护资金筹集为目的而发行的彩票称为生态彩票"。[1]通过发行生态彩票方式为水生态补偿机制筹资，具有诸多好处，如"与国债相比，风险较小；与税收相比，效率更高"。[2] "生态彩票的发行，将有助于缓解生态产品供给过程中政府的融资压力。"[3] 但由谁发行、发行条件、发行程序、资金使用等制度供给严重不足。总之，发行生态彩票的规范性程度非常低，严重抑制了其在生态补偿融资中的诱人前景实现。即便未来生态文明法治进程加快，能够为发行生态彩票提供充足制度供给，但如果在发行渠道中将发行对象限定为社会公众，不能面向公司企业、银行等法人发行生态彩票，如此单一融资渠道，显然难以与融资方式实现联动匹配，故其能够获得生态补偿融资数量及其质量状况也不一定令人乐观。一些融资方式虽然能够增加资金供给，但很难发挥必要的带动作用，比如排污企业缴纳环境保护税，即便存在税收减、免、缓等措施，但就纳税对象排污企业自身而言，他们没有参与流域水生态补偿投资的内在动力。

三、水生态补偿融资的制度改进

（一）规范政府筹资机制

1. 各级政府生态补偿事权与支出责任的法治化

党的十八届三中全会明确提出，要"建立事权和支出责任相适应的制度"，并强调"必须完善立法、明确事权、改革税制……建立现代财政制度，发挥中央

---

① 邓凌翊等：《探索低碳经济背景下环保资金筹措的新方式：生态彩票》，载《商场现代化》2010年第11期。

② 陈珂等：《生态彩票与生态林业建设资金筹集：理论与实证》，载《中国人口·资源与环境》2013年第11期。

③ 孙亚男等：《基于CVM法的民众生态彩票购买意愿研究》，载《东南学术》2018年第3期。

和地方两个积极性"。① 我们认为，事权法定是财政分权的逻辑起点，也是构筑整个现代财政体制的基础。"事权法定要求，在纵向上明确各级政府的权力和职责范围，在横向上尽量避免各部门职能交叉重叠，形成条理清晰、各司其职的事权框架；在内容或具体职权上，各级政府要以提供公共产品的外部性大小为事权分层定级，提升公共品的供给效率，同时使事权划分更趋均衡化。"② 具体而言，迫切明确中央地方、省级以下地方政府各自生态补偿事权及支出责任，实质上就是要明确各级政府应当依法履行的生态补偿筹资责任。我们认为，各级政府生态补偿筹资责任法治化应当按照责任主体不同而形成不同的法治化发展路径，具体包括：（1）中央政府单独承担的筹资责任。如前所述，中央政府应当负责影响跨行政区域安全乃至国家生态安全的重要生态系统、重点生态功能区、国家公园等重要生态区域的生态保护补偿事务。"加大生态环境保护力度，提高中央在环保投资配置中的调节作用。"③ 结合不同流域重要性、流域水生态服务供给的重要性以及流域生态环境管理实际需要，中央政府应当负责跨国流域、国家重要流域生态补偿筹资责任，前者如黑龙江流域，后者如长江流域、黄河流域等国家重要流域。换言之，上述跨国流域或国家重要流域需要建设流域生态补偿资金机制的话，中央政府应当承担全部或者主要筹资责任。（2）中央政府与省级政府共同承担筹资责任。跨省级行政区流域数量众多，这些流域水生态服务供给主要是由相邻上下游地区省级政府提供或享用，因此相邻省级政府应当按照约定或者参照其他标准承担主要筹资责任。这个过程中，中央政府可以结合不同跨省界流域对国家重要政治、经济意义承担一定比例的筹资责任。此外，跨省级行政区调水工程涉及受水区利益满足以及国家整体利益需要，因此也应当由受益区省级政府和中央政府按照一定比例承担筹资责任。中央政府可以通过建立补偿基金制度或者规范化的转移支付制度，用于跨省界流域生态补偿筹资机制完善。此外，中央财政和省级财政也应按照一定比例出资，建立健全跨省流域、跨省调水工程生态补偿协商平台，用于支持跨省界流域上下游地区、左右岸地区、干支流地区、受水区与引水区省级政府自主协商。此外，中央政府应当建立提供筹资责任规则制度供给，明确筹资责任主体、出资方式、出资期限以及出资不能应当承担的相应法律责任或政治责任。（3）省级以下地方政府的筹资责任。我国基层政府中，县、乡两级政府应当按照法律法规规定，负责或履行集中式饮用水源生态补偿机制之筹

---

① 习近平：《关于〈中共中央关于全面深化改革若干重大问题的决定〉的说明》，人民出版社 2013 年版。

② 刘力：《事权与支出责任法治化的几个关键》，载《人民论坛》2020 年 5 月。

③ 郝芳华等：《财政分权对环保投资效率的影响研究——基于 DEA–Tobit 模型的分析》，载《中国环境科学》2018 年第 12 期。

资责任，探索建立健全保护地区和受益地区相互联结的横向生态补偿融资规则体系。上一级政府应当结合所在行政区流域重要性，水生态服务外溢程度等因素，对跨市、跨县、跨乡流域生态补偿机制建设承担一定比例的筹资责任，跨市、跨县、跨乡流域所在地相邻政府也应当结合所占流域面积、受益人口数量和用水量等因素承担一定比例的筹资责任。申言之，规范政府筹资机制应当从各级政府生态补偿事权与支出责任法治化开始。

2. 生态补偿财政转移支付的法治化

在中央地方生态补偿事权与支出责任法治化进程中，面临的另外一个问题是，尽管地方政府依法应当承担筹资责任，但由于客观情势限制，经常出现地方政府筹资责任履行不能等情形。为切实保障地方政府能够有效履行筹资责任，必须建立健全财政转移支付这个非常重要的配套制度。财政转移支付制度设立初衷在于，分税制税收分配模式下实现中央与地方政府之间、地方各级政府之间财权和事权分配上的再平衡，消解由于经济发展不均衡与地区间公共服务供给水平均等化之间的张力。科学有效的财政转移支付制度类似于"转换器"，[1] 在一定程度上扮演着维持各级政府法定职责有效履行的主要工具。

生态补偿转移支付法治化应从以下几个方面着手：（1）整合并规范生态补偿转移支付项目。依目前制度规定来看，流域水生态补偿转移支付可以纳入专项转移支付范畴。"到底有多少专项转移支付、有多少项目，在中国可能没有一个人搞得清楚。"[2] 受事权和支出责任划分滞后、部门利益固化和上下级政府间激励和约束弱化等因素制约，当前我国中央对地方转移支付体系设置和管理存在着一般性转移支付"不一般"、专项转移支付"碎片化"、资金使用不规范和效益不高等问题，特别是一般性转移支付和专项转移支付之间的界限不够清晰、内容交叉重叠。[3] 尽管问题众多，我们还是应该看到专项转移支付在地方政府生态补偿事权及支出责任划定中的重要功能。当务之急是需要把分散在中央政府各个职能部门生态补偿专项转移支付项目按照"山水林田湖草一体化"理念及综合补偿方法进行必要的整合、归并，在打破部门利益基础上，形成相对集中、规范有序的综合生态补偿专项转移支付项目。（2）实现对生态补偿转移支付的程序控制。现行专项转移支付的一个显著问题是，申报审批、拨付、监督、救济程序严重匮乏。生态补偿专项转移支付在纳入地方政府预算过程中，挪用、截留已然成为常

① 张婉苏：《我国财税法中转移支付的公平正义——以运行逻辑与实现机制为核心》，载《政治与法律》2018 年第 9 期。

② 李金华：《中央的钱流到村里，渠道长"渗水"太多》，载《人民日报》2006 年 6 月 6 日，第 4 版。

③ 张婉苏：《我国财税法中转移支付的公平正义——以运行逻辑与实现机制为核心》，载《政治与法律》2018 年第 9 期。

态，甚至一度被认为是一种制度创新的重要举措，主要原因就在于对生态补偿转移支付的程序控制不足。"国家预算不仅要具有形式约束力，而且必须具有约束政府财政支出的实际效能。"[1] 为实现对专项转移支付的程序控制，国家需要及时出台《中华人民共和国财政转移支付法》等法律法规。《中华人民共和国财政转移支付法》应是对国家财政资金支用权的一种规范和控制法[2]，通过该法将生态补偿转移支付纳入法律规制范畴。此外，为保证生态补偿转移支付公开、公平和公正，依法赋予社会公众对生态补偿转移支付项目、结构、转移支付核算、编制、执行及监督等过程的参与权。为此，需要建立转移支付听证制度。在涉及转移支付决策、执行和监督过程中，下级政府、社会公众以及生态保护者等利益相关者均有权请求举办听证会，广泛听取利益相关者的陈述、申辩，避免或减少转移支付决策过程中的恣意和武断。当然，生态补偿协调机制应当定期聘请或委托第三方机构对生态补偿财政转移支付实施效果进行绩效评估，结合绩效评估结果进行转移支付的调整，只有建立一定的反馈，才能真正实现对生态补偿转移支付的程序控制。

3. 水资源或环境保护税费的规范化转移

2016 年，《国务院办公厅关于健全生态保护补偿机制的意见》指出，"完善森林、草原、海洋、渔业、自然文化遗产等资源收费基金和各类资源有偿使用收入的征收管理办法，逐步扩大资源税征收范围，允许相关收入用于开展相关领域生态保护补偿"。深入分析这个政策规定后发现，各级地方政府收取的自然资源有偿使用费可以充作生态补偿的一个重要筹资方式。实际上，一些地方在流域水生态补偿实践探索中，已经开始探索将政府征收的水资源费作为政府主导的生态补偿资金来源。[3]

理论上，我国水资源租、税、费概念及性质争议不断，界定不清，主要原因在于，我国实践中的水资源租、税、费混用和界定不清，只有以"税""费"为名的征收，并没有租的概念，似有一种"非税即费"的定式。[4] 显然，这种认知对于我们建构自然资源有偿使用制度存在瓶颈。严格意义上讲，我国水资源实际上存在着水资源租、水资源税、水资源费等三种性质各异的国家或政府利益的获得模式，但这三类并非均能够作为政府生态补偿的筹资渠道及筹资方式。一是水资源租。宪法、《中华人民共和国民法典》《中华人民共和国水法》都明确规定，水流（水资源）属国家所有，即全民所有。结合马克思主义经典理论，"水资源

---

① 周刚志：《宪法学视野中的中国财税体制改革》，载《法商研究》2014 年第 3 期。
② 徐阳光：《财政转移支付制度的法学解析》，北京大学出版社 2009 年版，第 24 页。
③ 参见《福建省重点流域生态补偿办法》（2017）、《江西流域生态补偿办法》（2018）。
④ 陈少英等：《水资源税改革的法学思考——以租、税、费的辨析为视角》，载《晋阳学刊》2018 年第 6 期。

租是水资源国家所有权的实现形式。二是水资源税指，地表水和地下水资源的开发利用者，以自己的给付是用于宪法所赋予的资源与生态权利为前提，依照法律规定按照其对水资源的开发、利用程度和对环境的破坏程度所承担的一种给付义务"。① 三是水资源费指，"直接取用水资源的单位和个人向行政机关缴纳的费用"。② 2006 年颁行的《取水许可和水资源费征收管理条例》依法确定了水资源费征收的法律定位。实际上，水资源租、税、费之间存在着征收理念、征收依据等方面的区别（见表 7 - 4）。

表 7 - 4 水资源租、税、费的区别

	征收理念	征收依据	征收客体	支出方向
水资源租	使用者付费	水资源国家所有权	绝对地租和级差地租	全社会公众福祉
水资源税	可持续发展	国家政治权力	水资源利用中的负外部性	流域水生态环境保护
水资源费	劳动价值论	公共事务管理权力	政府提供服务的对价	公共管理支出

结合表 7 - 4 内容，我们可以看出，上述水资源租、税、费三类收入中，唯有水资源税收可以作为流域水生态补偿的融资方式，但这仍然面临着水资源税法治化发展的艰难挑战：（1）只有国家法律才能对税收制度作出明确规定。党的十八届三中全会明确提出了"落实税收法定原则"。故只能由国家立法机关通过国家法律方式，依照法律程序明确设立水资源税，践行"未经同意，不得征税"的税收法定主义。除了依法征收的水资源税可以用作水生态补偿筹资方式之外，各级政府水行政主管部门征收的水土保持费，也可以遵循这个路径，有序纳入流域水生态补偿机制"资金池"，在政府主导模式下形成水生态补偿融资多元化发展走向。（2）水资源税征收程序的规范化。国家税收征收程序的法律控制是法治主义的重要环节。为此，需要明确税收行政机关征收、减收、免收、缓收水资源税的程序规则。相对明晰的程序规则能够有效约束行政机关恣意行为。水资源税纳税申报、审核、复核及征收、减免缓等规定需要借助程序规则的规范化而得以实现。（3）水资源税支出的规范化探索。客观上讲，将目前的水资源费作为水生态补偿融资方式的初衷是好的，但存在着水资源费征收者与支出者均是政府水行政主管部门，这种"既当裁判员又当运动员"等不符

---

① 陈少英等：《水资源税改革的法学思考——以租、税、费的辨析为视角》，载《晋阳学刊》2018年第 6 期。

② 张继荣：《完善水资源费征收制度的法律思考》，载《中州学刊》2004 年第 3 期。

合法治精神要求的实践做法需要进行必要调整。可行做法就是，将依法征收的水资源税依法纳入国家或地方财政预算中，按照《预算法》相关制度规定相关，专列出生态补偿科目，从而将征收的水资源税有序纳入流域水生态补偿的政府筹资渠道和筹资方式之中。

此外，已经开征多年的环境保护税也可比照这个路径，从而作为一种可行生态补偿融资方式，不断壮大水生态补偿"资金池"。

（二）建立政府与社会合作的筹集机制

多元融资涉及政府和社会资本的资金，社会资本又涉及诸多类型资金，不同资金组合的融资效率和效果迥异。[①] 我们认为，建立政府与社会合作的水生态补偿筹资机制可以从借助政府和社会资本合作（PPP）融资路径入手。

1. PPP 融资机制的必要性及其不足

2002 年，中国学术界从国外引入 PPP 概念。2014 年，财政部《关于 2014 年中央和地方预算草案的报告》中首次官方提出 PPP，属于先有实践后补充政策保障。[②] PPP 融资机制对于缓解资金短缺，明确双方权利责任具有非常重要价值。在水生态补偿领域中，引进 PPP 融资机制具有必要性及可行性。因为就水生态补偿领域而言，资金短缺将是一个永恒话题。完全依赖各级政府进行筹资，即便政府可以采用多种筹资方式，除了面临合法性与正当性挑战外，资金总量远远难以满足水生态补偿机制有效运行的巨大资金需求。有鉴于此，以必要的利益获得为杠杆，大量吸引闲散、充足社会资本进入水生态补偿领域，应当不失为一种可行选择。社会资本进入水生态补偿领域需要建立制度机制及设立融资平台。其中，PPP 模式就是一种合适机制或者融资平台。总体来看，借助 PPP 机制及平台从事水生态补偿筹集具有诸多难以比拟之优势：（1）国家倡导支持。在国家顶层政策设计方面，国家发改委、财政部已经陆续颁行了 PPP 系列政策法律规定，初步勾勒了 PPP 机制必要的融资方式、业务范围和责任分担等。相关制度供给已经能够初步满足实践发展需要。（2）成熟经验支撑。国外发达国家 PPP 融资机制有着成熟经验及教训。包括在主体选择、领域确定、风险及责任分担等方面的经验教训对我国开展相关业务提供了智力支持和有益参考。（3）资金优势突出。伴随着经济社会快速发展，中国社会资本数量和结构逐渐壮大。建立 PPP 模式下的政府与社会合作筹资机制，打破了政府与社会界限，有利于发挥各自比较优势，对于

[①] 张明凯等：《流域生态补偿多元融资渠道融资效果的 SD 分析》，载《经济问题探索》2018 年第 3 期。

[②] 吕途等：《中国政府与社会资本合作的政策效果分析》，载《福建论坛》（人文社会科学版）2020 年第 4 期。

缓解水生态补偿资金短缺，保障水生态服务或优质水生态产品持续供给提供了无限生命力和想象力。

但水生态补偿融资机制的PPP模式也存在不少挑战：（1）从经济层面来看，融资回报周期较长或具有不确定性。PPP融资本身就面临着一定的政治、经济等不确定风险，加之我国流域水生态环境问题较为复杂，前期环境治理和生态修复需要大量资金投入，大量投入所产生的收益具有不均质分散性，造成这种收益并不必然能够为社会资本带来预期利益获得，因而对社会资本吸引力不够。此外，水生态补偿领域中的PPP融资主要是一种基于流域生态环境保护的公共利益面向，实践中尚未探索出一条可复制、可推广的盈利模式或路径，也会在一定程度上抑制社会资本和闲散资金参与融资的积极性。（2）从法律层面来看，法律制度供给严重不足。由于PPP涉及生态环境公共利益及公众福祉维护，对其进行系统法律规制实属必要。[①] 尽管中央政府职能部门、省级政府等陆续出台了PPP融资的规范性法律文件，但由于不同职能部门及监管者对于PPP法律规制的功能定位、规制手段和法律责任等存在不同认识或者较大分歧，造成在PPP融资领域中，政策规定一直优先于法律而存在，由于政策驱动为主，意味着预期利益保障的法治机制缺失，从而难以为政府资本和社会资本合作各方提供相对明确的方向指引，社会资本预期利益获得未能得到法治呵护。

2. 水生态补偿领域PPP融资机制的法律规制

水生态补偿领域PPP融资机制的法律规制主要包括以下几个方面：（1）编制政府权力、责任清单以及负面清单。世界各国关于PPP模式中政府权力的法律规制模式各有不同。以美国为首的是通过个案立法的模式，即在具体的案件中对于政府的权力作出明确的认定；以德国为代表的是一种通案立法模式，即在PPP立法文件中对于政府权力及责任作出明确的规定；以欧盟为代表的没有统一或者专门的PPP立法，而是通过公共采购法、招投标法等对程序方面PPP模式中的政府权力做出相应的规制。[②] "政府在PPP中权力规制的主要途径在于明确政府的权力清单，厘清政府的权力边界。"[③] "政府在PPP融资机制中承担着法定职责，即通过财税、价格、金融、竞争、规划等方面的保障和监管来促进PPP的发展。"[④] 域外经验表明，何种立法模式都需要明确政府的权力、责任清单。这里的权力、责任清单是指，"如何'清单式'地列举政府所拥有的行政权力和相应

① 喻文光：《PPP规制中的立法问题研究——基于法政策学的视角》，载《当代法学》2016年第2期。

② 于靓：《论PPP模式中政府权力的法律规制》，载《西南民族大学学报》（人文社会科学版）2017年第9期。

③ 张守文：《政府与市场关系的法律调整》，载《中国法学》2015年第5期。

④ 张守文：《PPP的公共性及其经济法解析》，载《法学》2015年第11期。

行政责任、如何勾连行政权力和行政责任以使权责一致、如何动态更新并保障清单发挥实效等的一系列行动准则和操作性规定"。① 因此，在水生态补偿领域PPP融资机制完善中，首要关键问题是，明确政府权力、责任清单，实现法定化的"清权""减权""治权"和清单的"动态调整"。（2）明确政府的风险负担。我国目前出台的《政府和社会资本合作模式操作指南（试行）》中关于风险的分配，主要采取的是风险由最为适宜承担的一方负责，即按照风险最佳承担原则分担风险。② 实际上，由于水生态补偿领域内项目周期较长，经常面临着来自不同领域、不同阶段风险，比如商业风险、政策风险、法律风险和市场风险等。如何在政府与社会资本之间实施相对公平合理的风险负担一直是生态补偿领域推进PPP融资机制的重要障碍。我们认为，任何组织、个人乃致政府，其风险分担必须与自身控制力相匹配，比如，对于商业风险，理应是由社会资本来承担，但实际上，一些商业风险是由于法律或政策变动所带来的，因此，简单地认定商业风险概由社会资本进行分担也有失公允。政府对于引发商业风险的其他不确定因素有着较大的防控能力，在一些涉及政府的商业风险引发的生态补偿项目难以推进时，政府应当主动利用公共管制权力或者承担一定的担保责任，调整价格形成机制，防范或消解必要的商业风险，从而带给社会资本相对稳定的利益回报预期。故在法治化发展进程中，迫切需要引入"国家担保"概念，规范PPP等公私合作机制的运行，凸显国家在合作行政时代下的"担保责任"和"兜底责任"，防止国家责任的转嫁和逃逸。③

（三）建立融资方式与融资渠道联动的融资机制

1. 与融资渠道协同的融资方式选择

选择具有引领、带动作用的融资方式，吸引大量社会资本投资流域水生态补偿领域，形成多元资金来源，多资金筹集方式相互结合相互作用的多元融资渠道机制，从根本上解决生态补偿资金来源短缺的问题。④ 这一观点仅仅提出了融资方式多元化问题，实际上正如前面所提及的，当务之急在于，在提出或选择多元化融资方式过程中，着力解决融资方式规范化不足的问题，但如果把过多制度资源或关注点放在所有融资方式规范化方面，既不可行，也无必要。因此，需要突

---

① 唐亚林等：《权责清单制度：建构现代政府的中国方案》，载《学术界》2016年第12期。

② 于靓：《论PPP模式中政府权力的法律规制》，载《西南民族大学学报》（人文社会科学版）2017年第9期。

③ 章志远：《迈向公私合作型行政法》，载《法学研究》2019年第2期。

④ 张明凯等：《流域生态补偿多元融资渠道融资效果的SD分析》，载《经济问题探索》2018年第3期。

破的关键问题是，在资源约束条件下，在经过科学论证基础上，谨慎选择一种或两种带有主导性、引领性、牵引性的融资方式，将其规范化发展为重点和突破点，从而实现规范化发展。（1）财政转移支付方式是否能够成为一个可行选项。如前所述，财政转移支付被作为国家调整各地政府经济行为的手段而得到普遍性运用。财政转移支付逐渐被作为财税法保障实现公平正义的一项具体政策工具，需要财政转移支付法治化的保障。[①] 但财政转移支付这种融资方式的融资渠道只能是国家财政资金，包括中央财政资金和地方财政资金。也就是说，财政转移支付这种融资方式的融资渠道非常单一，造成它很难与社会资本实现有机合作或互动，不能有效搅动或吸引社会资本积极参与到水生态补偿实践中。缺少了社会资本的参与，水生态补偿融资总量就会受到限制。这表明，尽管目前状况下，财政转移支付方式构成水生态补偿融资主要方式，但由于融资渠道单一，故这种融资方式很难发挥引领和带动作用。（2）水资源租、费、税征收及筹资能否成为一个可能选项。水资源税（费）政策作为一种控制不同区域水资源需求量、保护水环境的主要经济工具，已为世界上许多国家所采用，其基本原理是政府通过颁布取水许可证来管理取水者从水源地直接取水的权力，并对取水许可的拥有者征收相应的税或费，即水资源税（费）。[②] 资源税费是政府介入资源开采领域的一个非常重要的手段，主要作用在于调节级差收入、优化资源利用以及保护生态环境。[③] 我们认为，需要在不断厘清水资源租、税和费基础上，将单独的水资源税作为水生态补偿机制的主要融资方式，这样一来，水生态补偿融资就因为对水资源需求增长而不断增长。但就目前情形来看，理论界和事务界尚未在这个问题上达成基本共识，未来的水资源税费究竟应当怎样改革？如何改革？诸多难题的解决仍然存在着较大不确定性。故初步判断为，在目前情境下，企图将水资源税费作为生态补偿机制主要融资方式，并发挥其引领和带动作用，恐怕也存在一定难度。（3）环境资源产权交易费用能否成为一个可行选项。环境资源实行产权管理、有偿使用，建立完善的市场调节机制，是摆脱我国环境资源困境的根本出路。[④] 在环境资源产权体系中，有两类涉水的财产权需要引起高度重视，一是取水权，二是排污权。现行《中华人民共和国民法典》再次将取水权明确为一种用益物权，它在实践中属于自然资源权利的种类，是指通过开发利用水资源而获取相应资源性产品的权利；[⑤] 排污权是指利用自然要素所组成的自然生态系统的环境容量进

① 张婉苏：《我国财税法中转移支付的公平正义——以运行逻辑与实现机制为核心》，载《政治与法律》2018年第9期。

② 王敏等：《欧盟水资源税（费）政策对中国的启示》，载《财政研究》2012年第3期。

③ 姚林香：《国外资源税费制度经验与启示》，载《社会科学家》2014年第1期。

④ 郝俊英等：《环境资源产权理论综述》，载《经济问题》2004年第6期。

⑤ 吴卫星：《环境权理论的新展开》，北京大学出版社2018年版，第121~128页。

行排放污染物的权利。取水权具有一定的财富生产性，排污权具有一定的财富减支性，皆属于广义财产权的范畴。[①] 客观上讲，无论是取水权或者排污权，尽管它们与相应的取水许可制度或排污许可制度存在高度关联，但它们作为两类最具有活力的新型财产权，其规范化、法治化的发展走向势必会带来生态补偿制度机制的转型与升级。在环境资源有偿使用制度下，各级政府或者公权力机构可以从取水权交易、取水权交易中至少获取三种类型以上的费用，一是初次转让费（有偿使用费），二是交易税费，三是监管费用。这三种费用中，除了第三种费用应当纳入行政监管成本之外，前面两种费用都具有来源上的相对稳定性、数量的庞大性和可持续性。即便如此，试图将这两种费用直接作为生态补偿融资方式，难免又会陷入融资渠道的单一困境。较为可行的选择策略是，基于取水权或者排污权而获取的各种费用可以采用政府和社会资本合作，从而形成一定的PPP 融资模式。可以预料的是，在这种模融资式下，PPP 融资机制在环境资源产权交易，尤其是取水权交易、排污权交易的带动下能够与取水权交易、排污权交易一起协同发挥作用，从而产生多元融资渠道或者多元融资方式的协同。此外，我国正在大力推进用水权交易、排污权交易的规范化建设，水票、水银行、水生态产品认证、流域排污总量控制、排污权初始分配等制度规则均在持续供给之中，这也为其参与水生态补偿机制融资提供了较好的制度环境。

2. 后果导向的融资渠道选择

在不完全信息获得、不对称信息决策背景下，多元化融资渠道选择就显得极为重要。在融资方式规范化推进或发展过程中，更需要对多元化融资渠道进行合理判断及有效选择，实现融资方式和融资渠道的有机联结。如果说水生态补偿融资方式重在规范化问题上，那么规范化的融资方式与融资渠道的协同联动落脚点在于对融资渠道的选择和判断问题。我们认为，在多元融资渠道选择取舍过程中，结合融资方式与融资渠道的联结要求，一个较为可行的策略路径就是进行后果导向的融资渠道选择策略。也就是说，与多元融资方式适配的融资渠道可以有多重选择，究竟何种融资渠道能够带来效益最大化或损失最小化，需要进行不同融资渠道的"社会实验"，针对不同"社会实验"结果实施绩效评估，包括对补偿资金支撑下的流域生态环境治理所展现出来的水质、水量和水生物等结果进行定性定量判断；对补偿资金支撑下的流域生态环境治理过程所开展的水土保持工作、农业面源污染和工业点源污染、生态修复状况等行为过程进行定性定量判断。综合上述两个方面的结果，在排除一些变量因素下，按照因果关系的溯源原理对业已采用的融资方式、融资渠道进行一一甄别

---

① 杨朝霞：《论环境权的性质》，载《中国法学》2020 年第 2 期。

分析，从融资方式的规范性、融资方式与融资渠道的适配性等分析中，筛选出最优或者次优的融资渠道。因此，水生态补偿制度在绩效评估机制建构过程中，需要将生态补偿融资方式、融资渠道单列并进行专项评估。科学评估来自不同渠道的政府资金、市场资金、社会资金以及它们之间结合而形成的"混合""混改"资金在水生态补偿机制运行中展现出来的经济效益、社会效益和环境效益，从而判断出融资方式与融资渠道的联结程度以及它们各自存在的问题以及相应改进策略。申言之，融资方式规范化固然重要，但规范化的主导融资方式只有与多元化融资渠道相连接才能彰显其应有价值。如何实现融资方式与融资渠道的有机联结，可以考虑完善水生态补偿评估制度，进而实现对后期融资渠道选择的判断。

（四）水生态补偿基金制度的法治化探索

所谓基金（fund），是指为了实现某一目的而筹措、募集、储备的资金。《现代汉语小词典》对"基金"的解释为，"专为兴办、维持或发展某种事业而储备的资金或专门拨款，如教育基金"。① 所谓基金制度，是指为了有效规范某种事业所储备的资金或专门拨款的法律规范的总称。实现不同种类、不同层次基金制度法治化是各国基金制度得以健康发展的主要前提。

流域水生态补偿融资机制建设运行过程中，建立健全水生态补偿基金制度也是一个可行选择。与其他融资方式相比，水生态补偿基金具有目的功能的专一性、管理的专业化、资金供给的稳定持续性及规模化，能够实现融资方式与融资渠道的有效联结，故而颇受各国青睐。1987 年，美国《清洁水法》正式建立"清洁水州立滚动基金"。在基金来源方面，联邦政府和州政府按照 4∶1 比例投入资本金，各州还可以通过"平衡债券"（用各自周转基金中的 1 美元做担保发行 2 美元的债券）来增加可使用资金量。② 在基金管理方面，各州设立管理机构，并根据本州具体情况决定资金使用用途和申请程序等；在基金使用方面，通过低息或无息贷款的方式，为地方政府、社区、小企业、农民和非营利组织的污水处理项目提供必要的融资。③ 美国"清洁水州立滚动基金"特征在于，以财政资金稳定注入作为主要资金来源，以利息收入和投资性收益作为补充来源，以低息贷款等有偿使用方式为主，主要解决企业融资瓶颈问题，对撬动社会资本投入环保行业起到了重要作用。④ 自"清洁水州立滚动基金"建立之后，世界其他国

---

① 中国社会科学院语言研究所词典编辑室编：《现代汉语小词典》，商务印书馆 1980 年版，第342 页。
②③ 姚瑞华等：《完善我国水生态环境保护投融资体系》，载《中国财政》2014 年第 12 期。
④ 程亮等：《建立国家绿色发展基金：探索与展望》，载《环境保护》2020 年第 15 期。

家纷纷仿效，日本、欧盟等国也在这个方面进行了不懈探索。近年来，我国一些地区在涉水领域的基金制度探索方面进展迅速。2019 年，河南省设立了绿色发展基金，融资规模达到了 120 亿元人民币。该基金投资范围是围绕推动经济绿色转型升级，促进绿色产业发展，激发市场绿色投资动力，重点支持河南省内清洁能源、生态环境保护和恢复治理、垃圾污水处理、土壤修复与治理、绿色林业等领域的项目。[①] 2019 年，国家发展改革委与三峡集团共同发起设立长江绿色发展投资基金。长江绿色发展投资基金定位为国家级产业投资基金，首期募集资金 200 亿元，未来计划形成千亿级规模。该基金拟重点投向长江经济带沿江省市水污染治理、水生态修复、水资源保护、绿色环保及能源革命技术创新等领域，全力支持长江经济带绿色发展。2020 年，财政部、生态环境部和上海市人民政府三方共同发起设立绿色发展基金。首期基金总规模为 885 亿元，其中除了中央财政出资的 100 亿元，还包括长江经济带沿线 11 省（市）、部分金融机构和相关行业企业筹集的资金。基金首期资金募集充分体现了政府和企业的多元性。[②] 新颁行的《中华人民共和国长江保护法》也对基金制度作出了明确规定。随着生态文明建设步伐加快，设立一定类别、一定数量和一定层次的流域涉水基金既有必要性也有可行性。当务之急在于，需要努力推进水生态补偿基金制度规范化和法治化发展。因此，需要从以下几个方面努力。

1. 明确基金法律性质：独立法律人格或者非独立法律人格

基金究竟属于独立法律人格还是非独立法律人格，这是基金得以存在的前提。民法中，人格学说中的"人"是指民事权利主体，"格"是指成为这种主体的资格。"人格"就是民事权利主体资格的称谓。[③] 法律人格概念赋予团体之上，使其行为与责任统一于自身。[④]《中华人民共和国民法典》将法人分为营利法人、非营利法人和特别法人三类。现在需要明确的是，水生态补偿基金是否应当具有独立的法律人格？如果是，那么它是否属于现行法律所确定的法人种类中的哪一种，是否能够有其独立的财产，独立的组织架构，在基金财产范围内承担有限责任。因为是否具有独立法律人格是水生态补偿基金制度建立的前提。就实践而言，美国"清洁水州立滚动基金"属于一种政府基金，我国绿色发展基金也属于一种政府基金。政府基金的设立、管理、资金统筹都是由国家或政府全权把控，基金自身没有自己的组织结构、限制或者对国家财政以外的资金来源进行必要的

---

① 新华社：《河南设立百亿元绿色发展基金推动生态文明建设》，中华人民共和国中央人民政府网，2020 年 8 月最后访问。

② 程亮等：《建立国家绿色发展基金：探索与展望》，载《环境保护》2020 年第 15 期。

③ 江平：《法人制度论》，中国政法大学出版社 1994 年版，第 1 页。

④ 谭启平等：《民法总则中的法人分类》，载《法学家》2016 年第 5 期。

管制。因此，政府基金没有完全独立的法律人格，其主旨在于实现国家或政府某一方面的目的，具有强烈的政府主导性和强大的政府意愿。政府基金的弊端也是显而易见的，一是依附于政府，故缺乏独立的权利能力和行为能力；二是主要依赖于政府财政投资，未能克服资金来源单一这一弊端；三是缺乏社会参与机制，资金的使用、监督和管理可能在一定程度上脱离社会或民众的需要。

我们认为，未来需要多种属性并存的水生态补偿基金制度，除了不具有独立法律人格的政府基金之外，应当为具有独立法律人格的非政府基金保留必要制度空间。具有独立法律人格的生态补偿基金能够致力于生态补偿融资之功能有效实现。如果允许具有独立法律人格的水生态补偿基金存在，那么，后续的问题是，究竟是采用营利法人、非营利法人和特别法人哪一类呢？现行《中华人民共和国民法典》区分了营利与非营利法人，并将法人性质与其组织形式捆绑，采用特定的组织形式意味着只能从事特定性质的行为，法人"身份"直接决定了其"能力"。① 也就是说，《中华人民共和国民法典》的这一规定在一定程度上限制了企业等营利法人不能单纯从事非营业性活动，诸如水生态产品供给等公益活动，也不能随意将所获利润用于水生态产品供给及相邻的公益事业。虽然，这种机械的分类做法"堵塞了公益事业的市场化供给渠道，加重了国家的公共服务负担，实非长久之计"。② 但在法律未作明确调整之前，未来的水生态补偿基金只能定位于一类非营利法人。因此，通过基金这一特定组织形式，③ 建构起自身的独立法律人格，并按照章程规定对外筹资、融资以及建立市场化、社会化水生态补偿制度机制。

2. 建立健全基金内部组织结构：运行机构、审核机构和监督机构

未来水生态补偿基金制度应从以下几个方面完善：（1）建立健全理事会作为基金会的决策机关。理事会的选任应当有利于基金运作及科学有效管理。自然人个人或机构都应当拥有理事会成员的推荐及选任资格，这样的话，专业技术人士、机构、企业、学者都可以依法加入。为保证水生态补偿基金运行专业、公正，基金运作人应当具备环保事业领域、环保科技领域、法律领域、财务领域和

---

① ② 宋亚辉：《营利概念与中国法人法的体系效应》，载《中国社会科学》2020 年第 6 期。

③ 例如，万向信托与美国大自然保护协会和阿里巴巴一起共建了"浙江龙坞小水源地保护项目"，并成立全国首个水基金信托"万向信托—善水基金 1 号"，建立了一套很好的利用市场力量保护生态环境的机制。项目通过对水源地周围竹林的集中管理，有效控制农药、化肥的使用，使竹林处于最好的水源涵养状态。经过近两年管理，龙坞水库的总磷和溶解氧指标已经提升到 I 类。通过对下游生态友好型社区产业的开发，创造了可持续的资金机制，使得水库周边农户每年获得不低于往年经济收益的补偿金，水基金获得日常运转所需资金，投资者也能够获得合理收益。善水基金形成了一个集环保、公益、商业、金融为一体的开放式平台。转引自靳乐山：《完善生态补偿机制需打好"综合"牌》，载《中国环境报》2019 年12 月 3 日第 2 版。

其他相关领域的高级职称或从事相关实践工作的丰富经验，具有环保相关行业研究的丰富经验为佳。另外，因为基金涉及的核心为资金的利用，数额巨大，所以基金运作的委托实质上是以信用为基础的信托，在运作人的选任上必须要考虑信用记录因素。[①] 作为决策机构的理事会职能应当包括：经费筹集，包括制定重大的资金募集、募捐、筹款计划；制定基金管理章程及发放标准，制定的章程应当在相关政府部门予以备案，修改后的章程也应当及时备案；理事长、副理事长、秘书长的选任；年度收支预算、决算审定；决定基金会与内部分支机构的设立、变更与终止；听取秘书长的工作报告，等等。理事会成员作为理事会主要组成部分，对基金发展、管理、决策做协助工作。（2）建立健全基金会运作审核机构。基金会主要以自我规制为主，因此，基金会运作监督机制相当重要，这里主要包括两个方面的机构：一是融资审核机构，主要是对生态补偿资金来源及其合法性、资金的使用限制、使用方式、使用范围等方面要件进行审核，结合审核结果结论向运行机构提出建议，向监督机构汇报工作进展。二是补偿审核机构，主要职责包括审核基金补偿款拨付方案；审核生态补偿资金筹集支付进度、因支付而产生的必要管理费用计算等，补偿审核机构向基金理事会负责并提出相应建议。（3）建立健全基金会监督机构。监事会主要监督控制组织内部是否依照法律、公司规章办事，基金使用用途是否符合公益目的。监事主要从主管行政机关、基金内部分别选拔，其权利与义务包括：检查基金会财务和会计资料，监督理事会遵守法律和章程的情况；监事列席理事会会议，有权向理事会提出质询和建议，并应当向登记管理机关、业务主管单位以及税务、会计主管部门反映情况等。

四、小结

水生态补偿融资机制规范化、法治化发展是我国生态补偿制度未来发展基本走向。这里主要包括三个层面的法治化发展走向：一是政府主导多元化融资机制的规范化。包括财政转移支付法治化以及自然资源税费有序依法转化为生态补偿资金融资方式。二是政府和社会资本合作的规范化。PPP 模式下的取水权、排污权有偿使用费用与社会资本合作的生态补偿融资机制具有必要性和可行性，能够成为饮用水生态补偿融资的主渠道，因为这种模式实现了融资渠道与融资方式的有效连接。但只有 PPP 机制的法治化发展才能为政府和社会资本的生态补偿融资

[①] 张新宝等：《大规模侵权损害赔偿基金：基本原理与制度构建》，载《法律科学》（西北政法大学学报）2012 年第 1 期。

奠定基础。三是水生态补偿基金也具有必要性和可行性。从完全民间属性的水生态补偿基金到政府属性的水生态补偿基金，均可能借助现行《中华人民共和国民法典》独立法律人格属性的非营利法人模式实现法治化的改造和改进。

第二节　水生态补偿支付基准的法治发展

水生态补偿支付基准，亦称水生态补偿支付条件是指，流域生态保护者或水生态服务提供者与生态服务受益者之间，单方决定或双方约定一定的支付条件，并将条件成就（发生或出现）与否作为生态服务提供者获取补偿费用的制度规定的总称。应当说，水生态补偿支付基准是确定生态补偿标准的前提和基础，在流域水生态补偿标准的制度规定中，对水生态补偿支付基准进行专门研究非常重要。就世界各国情形来看，尽管生态补偿"概念界定并不统一，但将条件性作为概念的一项核心要素已经得到普遍认可"。[1]"条件性是激励生态服务供给的核心方法，究竟以生态服务物理量还是以生态服务提供者所采取的行动作为条件对项目设计至关重要。"[2]其中，生态补偿支付条件强调，只有流域水生态服务提供者提供了事先明确约定、可以界定的水生态服务时才能获得一定的利益补偿。缺少了对水生态补偿支付条件的专门研究，水生态补偿关系主体之间权利义务指向的对象不明确，他们之间的良性互动机制难以形成；没有对支付条件的专门化、规范化研究，生态补偿支付标准的法治化及生态补偿方式的多元化更无从谈起。令人遗憾的是，我国缺乏对支付条件进行专门研究的足够关切。实践探索方面，从基于林地面积进行森林生态补偿支付条件的设定、到基于水质水量条件确定流域生态补偿标准核算基准，再到新安江流域生态补偿协议约定"对赌条件"[3]作为创新的支付条件。总之，逐渐暴露出随意性、碎片化以及对赌条件合法性、合理性的质疑。上述问题迫切要求对支付条件进行整理、归并及实施规范化制度改进。本书在对支付基准进行规范分类基础上，从激励效应和成本效益两个维度对支付基准的制度设计进行分析、判断、选择和取舍。

---

[1]　Adgeret. Governance of sustainability：towards a 'thick' analysis of environmental decision making［J］. Environment and Planning A，2003，35（6）：1098.

[2]　Frey. Motivation Crowding Theory［J］. Journal of Economic Surveys，2001，15：589 – 611.

[3]　浙江安徽新安江流域生态补偿协议（第一轮）约定，"三年后，若水质好于确定的支付门槛，浙江省将补偿资金拨付给安徽省 1 亿元；若水质超过确定的支付门槛，则安徽省将补偿资金拨付给浙江省 1 亿元，若水质等于支付门槛，则双方互不补偿"。参见，《亿元对赌水质——中国首例跨省流域生态补偿破题》，载《南方周末》，南方周末网站，2019 年 3 月最后访问。

一、水生态补偿支付基准的主要类型

效的概念分类是正确认识概念的前提和基础。对实践中涉及生态补偿支付条件的个别事务经由突出的共同特征进行归纳概括，通过自下而上的典型的叙述性概念分类方法,[①] 我们将水生态补偿支付条件分为基于投入的支付条件（以下简称"投入支付"）和基于结果的支付条件（以下简称"结果支付"）。

（一）投入支付

所谓投入支付，也称为行为支付，是指假定土地等自然资源利用类型变更与变更所提供的相应水生态服务之间存在直接因果关系基础上，按照土地等自然资源所有者或使用者（以下统称"流域水生态服务提供者"）所投入的土地等自然资源面积、劳动时间等其他可以量化的指标体系，而给予其相应生态补偿支付的系列条件规定的总称。一般来讲，为保障相应水生态服务持续足额供给，水生态补偿制度机制往往需要通过引导、改变、调适生态服务提供者的土地等自然资源利用行为，要么禁止、限制特定的行为活动；要么引导、鼓励特定的行为活动。这种限制或引导的一个基本前提是，假定土地等自然资源利用方式类型变更与相应水生态服务供给之间因果关系必须清晰。一般认为，"土地等自然资源用途类型的变化是通过改变环境、改变生物多样性、改变生态系统过程等途径来影响生态服务的供给。"[②] 但实际情况并不尽然，"大多数生态补偿项目是以不完全信息为特征的，实践者常常根据所提倡的土地等自然资源用途类型变化对生态服务供给产生影响的假设进行决策"。[③] 基于此种考虑，围绕土地等自然资源利用类型变化来代替与其具有一定因果联系的具体水生态服务，通过一定的技术手段锁定土地等自然资源利用变化中可测量、透明性强且易理解的一些投入要素，诸如面积、劳动时间等，并将其作为水生态补偿支付条件逐渐成为各国生态补偿实践的普遍选择。

1. 按照土地等自然资源利用类型变化面积予以支付

既然假定相应水生态服务或优质水生态产品供给主要根据土地等自然资源利

---

① 黄茂荣：《法学方法与现代民法》，中国政法大学出版社 2001 年版，第 434 页。

② 赵雪雁等：《生态补偿研究中的几个关键问题》，载《中国人口·资源与环境》2012 年第 2 期。也有一些学者提出，土地等自然资源用途的变化与生态服务供给之间关系尚不明确，这可能会导致一些错误的决策。参见谢高地等：《生态系统服务研究：进展，局限和基本范式》，载《植物生态学报》2006 年第 2 期。

③ Pagiola. Payments for Environmental Services: from Theory to Practice [J]. World Bank. Washinton, 2007: 124.

用类型变化予以实现的，而土地等自然资源最为简便核算方法就是通过面积等可以量化的要素予以具体显示，因此，土地等自然资源利用类型变化面积大小就成为一类相对重要的生态补偿支付条件。需要注意的是，以投入土地等自然资源的面积大小作为生态补偿支付条件的典型案例在各国森林、湿地、农用地、草原等生态补偿实践中大量存在。较为典型的案例有，德国巴伐利亚州农业生态补偿项目和中国退耕还林补偿项目（见表 7 - 5 和表 7 - 6）。

表 7 - 5　　　　　德国巴伐利亚州农业补偿项目支付基准

序号	具体补偿项目	基于面积支付
1	整个农场采用生态农业的耕作方式	255 ~ 560 欧元/公顷
2	有利于环境保护的耕作措施	25 欧元/公顷
3	草场的粗放和轮替利用	125 欧元/公顷
4	水域岸线与敏感性草带附近禁用化肥和农药	360 欧元/公顷
5	退耕还草	500 欧元/公顷

表 7 - 6　　　　　中国退耕还林补偿政策支付基准

序号	具体补偿项目	基于面积支付	补偿期限
1	粮食补助	（1）南方：2 250 千克/公顷/年； （2）北方：1 500 千克/公顷/年； （3）1.4 元/千克（2004 年后）	（1）退耕还草 2 年； （2）退耕还经济林 5 年； （3）退耕还生态林 8 年
2	现金补助	300 元/公顷/年	同上
3	种苗和造林费补助	750 元/公顷	
4	林种结构补助	（1）生态林面积比例不得低于 80%； （2）2 亩或 2 亩以上造林任务	
5	农业税减免	依据面积相应扣减农业税费	

从表 7 - 5、表 7 - 6 中可以看出，德国巴伐利亚州农业生态补偿项目中，无论是对采用生态农业耕作方式、农业生态敏感带附近禁用使用化肥或农药等补偿支付核算，或者是草场或牧场粗放经营或轮牧的支付核算等，均可以折算成一定

的土地利用变化的面积作为一种补偿支付的核算基准。中国早期推行的退耕还林[①]、退耕还草、退耕还湿等生态补偿政策实践中，也主要是依据土地等自然资源利用类型面积变化状况进行生态补偿支付基准的核算。按照土地等自然资源利用类型面积变化作为生态补偿支付基准开始大量出现在各国生态补偿政策和生态补偿法律制度规定中。《中华人民共和国森林法》在森林生态效益补偿制度设计中，公益林，无论是国家级、省级或其他地方级公益林，主要就是根据公益林生产经营管理者等生态服务提供者提供的生态公益林面积大小作为生态补偿支付基准。将土地等自然资源利用类型变化面积作为生态补偿支付基准的最大好处是，可以用较低成本支出直接锁定生态服务提供者所提供的土地等自然资源面积等数量指标，制度制定与实施成本都较低，颇受青睐和支持。其弊端在于，土地等自然资源利用类型变更与变更所能够提供的相应生态服务并不能简单借助技术手段或推理进行准确界定，可能会造成制度实施的社会效益与生态效益不一定对称出现。

2. 按照劳动时间长短多少予以支付

按照劳动时间长短多少予以支付是指，以流域水生态服务提供者所提供相应具体生态服务有效劳动时间作为补偿核算基准的一种支付条件。马克思主义劳动价值理论曾经指出，价值是指凝结在商品（服务）中的一般的无差别的（即抽象的）人类劳动，价值量大小是由生产商品（提供服务）所消耗的社会必要劳动时间决定的。[②] 可以看出，马克思主义经典劳动价值理论认为，不包含人类劳动的生态服务就不具有价值。但是，随着社会经济发展，需要结合商品（服务）的具体特性对马克思劳动价值理论进行相应变更或调整。流域水生态服务或生态产品是使用价值与价值统一体，它的使用价值体现在，为人类生存和发展所提供的产品服务、调节服务、文化服务和支持服务等各项服务功能[③]，其价值相应也是由维护、改善和提高上述各类生态服务所需社会必要劳动时间决定。长期以来，由于生态服务功能自然再生能力能够适应社会经济发展，或者说，社会经济发展虽然超过了生态服务自然再生速度，但对生态服务消耗尚不足以引起人类重视，生态服务供给完全凭借自然恢复力和再生力，基本排除了人类的劳动投入。但是，随着社会经济快速发展，"在不到一个世纪的时间内，全球由生态过剩到

---

① 参见《退耕还林条例》（2003）第 35 条规定，"国家按照核定的退耕还林实际面积，向土地承包经营权人提供补助粮食、种苗造林补助费和生活补助费。具体补助标准和补助年限按照国务院有关规定执行"。

② 黄邦根：《劳动价值论与均衡价格论的比较研究》，载《学理论》2010 年第 5 期。

③ 中国 21 世纪议程管理中心：《生态补偿的国际比较：模式与机制》，社会科学文献出版社 2012 年版，第 2 页。

生态稀缺、再到生态危机的急遽转化"。① 各项生态服务功能之间、同一服务功能不同需求之间竞争冲突空前加剧，或者说，由于流域水生态服务总量、结构等两重稀缺引发的供需之间矛盾加剧逐渐成为世界各国尤其是中国经济社会发展的新常态及严峻挑战。基于生态服务持续且足额供应之考量，人类社会必须为水生态服务的维持、改善和提高等自然再生产过程投入必要社会劳动，甚至为此必须放弃一定权利或利益获得。如此一来，现有的、有用的、潜在的、稀缺的土地等自然资源以及依附于土地等自然资源且相对独立的相应生态服务等由于加入了人类劳动因素而呈现出一定的价值，其价值量大小可以通过流域水生态服务维持、改善和提高等再生产过程中投入的社会必要劳动时间来决定，同理，通过一定劳动时间的环境污染治理、一定劳动时间的生态修复整治，依附于土地等自然资源且相对独立的生态系统也具备相应价值及使用价值。这也意味着，按照水生态服务持续有效供给所消耗的一定社会必要劳动时间作为生态补偿支付基准。

迄今为止，尚未有确切证据或科学研究证实，社会必要劳动时间与所提供的相应水生态服务存在一种必然因果关系，加之，各国按照一定社会劳动时间作为支付条件的生态补偿案例相当罕见，因此，将社会必要劳动时间作为支付条件的研究成果并不多见，相应的政策法律规定也难以搜索。但这并不意味着，基于劳动时间的支付条件没有专门研究必要。这是因为，作为一种展现水生态服务提供者投入努力的"时间长度"作为一种可行的衡量基准，同样也具有简单易行、成本低廉和可操作性强等诸多优势，也能在一定程度上减少水生态服务提供者改变土地等自然资源利用状况变化所带来的一些风险。

（二）结果支付

结果支付是指以流域水生态环境治理最终结果作为是否支付生态保护者一定生态补偿费用的一种支付条件，也称为"基于绩效的支付或基于产出的支付"。② 结果支付通过可测量、可适用、可推广的数字或者指数来量化具体水生态服务实际结果，并按照法律规定或协议约定，从而予以生态补偿费用支付与否的系列规定总称。与关注行为过程的投入支付不同，结果支付强调在提供具体生态服务（产品）的最终结果上建立一系列指标体系，至于行为过程状况及投入时间资金与否，则可以在所不问。总结各国实践经验，我们可以尝试把结果支付细分为单一指数（结果）支付、多元指数（结果）支付、相对评价（结果）支付与表现

---

① 王彬彬等：《生态补偿的制度建构：政府和市场有效融合》，载《政治学研究》2015 年第 5 期。

② Schomers. Payments for Ecosystem Services：A Review and Comparison of Developing and Industrialized Countries［J］. Ecosystem Services，2013，6：16 – 30.

门槛（结果）支付四类，兹简述之。

1. 单一指数支付

所谓基于单一指数支付，是指依法、依约单独设置流域水生态环境的一个污染因子（因素）、一个生态因子（因素）等具有单一性的指数指标，作为流域水生态服务提供者提供的生态服务最终核算结果。由于单一指数支付设置的水质、水量指标单一且监测成本较低与操作简单，故多常见于流域实践探索早期或者试点初期。一般而言，各国主要选择生态因子指标和污染因子指标[①]两大指标体系中的任一突出特征指标因子作为提供的水生态服务核算基准或支付条件，其中，生态因子指标主要指向为带来系列正外部性的数字化表征，它一般可通过流域范围内森林覆盖、生物多样性、水生生物栖息地、水土保持率等指标予以展示。污染因子指标主要是反映流域水（环境）功能区容纳污染物数量的数字化表征，主要通过系列水质指标体系构成。[②]

实践中较为典型的有"单因子水质法"[③]和单一生态因子指标法。单一指数支付在解决不同区域、流域生态补偿突出污染问题时被经常反复使用。[④] 主要理由在于，除了在流域水生态补偿核算上的数据易得等诸多便利外，它也能够紧紧聚焦流域水生态破坏、流域水环境污染等迫切需要解决的主要问题，在有效降低生态补偿政策实施阻却性的同时，利用较低的制定实施成本优势，聚拢或整合流域水环境治理中的人力、财力和物力资源，为流域其他更为复杂问题的解决提供可推广、可复制的"社会实验"路径。当然，这种生态补偿支付条件的弊端也是显而易见的，在流域生态环境复杂性问题解决过程中，容易忽视问题的联动性及水生态系统性，经常存在着"挂一漏万"的现象，它在集中优势资源解决突出主要问题的同时，却对其他潜伏甚至更为严重问题采用了选择性忽略或基本无视的应对策略，这又会在一定程度上催生流域生态环境次生问题出现或连锁性生态风险发生。这也表明，流域水生态补偿制度机制中，单一指数支付基准难以有效应对我国流域生态环境问题的高度复杂性和"水量""岸上"的连带性，故难有大

---

① 基于行文的方便，我们可以将生态补偿基准中的生态因子指标称为正指标，污染因子指标称负指标。需要指出的是，这里所谓的正指标或负指标并无任何法律或政策意义上的价值评价因素。

② 依据《地表水水环境质量标准》（GB3838—2002）规定，河流水质评价项目分为必评、选评、参评3个级别。其中，必评项目包括溶解氧、高锰酸盐指数、化学需氧量、氨氮、挥发酚和砷6项；选评项目包括五日生化需氧量、氟化物、氰化物、汞、铜、铅、锌、镉、铬（六价）、总磷、石油类11项；参评项目包括pH值、水温和总硬度3项。各地可以结合各自流域实际状况实施选择。

③ 王学忠等：《不同水质评价方法在怀柔水库水质评价中的应用与分析》，载《水环境》2002年第1期。

④ 比如，开展生态补偿实践较早的浙江，主要是把森林覆盖率作为一个主要指标进行纵向的生态转移支付基准，但在后期做了较大改动。《辽宁省跨行政区域河流出市断面水质目标考核暂行办法》（2008）仅设置了化学需氧量一个指标体系（赶潮断面重新设置了高锰酸钾指数）。

规模推广或适用的空间。

2. 多元指数支付

由于单一指数支付问题众多，多元指数支付便应运而生。与单一指数支付相比，多元指数支付更加注重从多维视角去描述或展现流域生态环境治理的最终结果，也更加能够契合区域、流域和不同领域生态环境问题的复杂性、多元性和多层次性，故在实践探索中存在广泛适用空间。根据内容结构的不同，我们可将多元指数支付细分为两类：（1）简单多元指数。主要是选取两个以上（含两个）正指标（生态因子）或负指标（污染因子）作为支付条件，因所选取指标具有质的同一性、结构上单一性和数量上的可累加性，故称为简单多元指数。在流域生态补偿实践中，简单多元指数的条件设置能够直接决定生态补偿标准以及补偿关系主体应当支付的补偿费用多少问题，甚至在一定程度上可能会引发补偿关系主体在补偿主体或受偿主体等法律身份地位的互换，故建立全面、真实和可复核的数据监测采集规则非常重要。简单多元指数也存在一些弊端，第一，实践中多从流域水资源物理化学属性方面进行跨界水质结果的判断，继而依循简单多元污染因子指标体系来建立支付基准，可能会导致流域水生态补偿制度功能变异。这是因为，流域水生态环境治理过程中，"问题在水里，根子在岸上"已然成为普遍现象。若仅从反映"水质状况"的负指标（污染因子）体系建立相应支付条件而排除"岸上"诸如森林覆盖率、水土保持率、污染防治设施达标率等正指标体系，似乎仍在走"头痛医头、脚痛医脚"的传统老路，没有认识到"水里"问题的根子在"岸上"。第二，很多流域水生态破坏、水环境污染尤其是水质恶化的成因复杂，反映流域水质状况的主要水污染物负指标数量激增与水质状况整体恶化的内在机理需要进行长期深入研究，才能作出相对准确的判断。因此，仅凭几个特征性负指标指数的变化状况并不能真实有效反映流域水环境状况的恶化或好转。总之，以负指标为主的简单多元指数存在着观察视角狭隘、内部结构不均衡等问题，需要结合具体流域水生态环境状况进行必要调整。（2）复合多元指数。复合多元指数并不是单一指数的简单相加，而是立足于流域水生态系统整体性，结合流域经济社会与环境保护历史状况、现实特征和未来发展趋势，综合设置一整套具有异质性、复合性和多功能特性的指数指标体系。复合多元指数，不仅要表征流域水资源物理属性、化学属性，也要兼顾水资源生物属性以及水生生物资源状况；不仅要反映流域水资源多维自然属性，也要统筹考虑流域水域岸线范畴内土地等自然资源开发利用状况以及产业结构布局状况；不仅要考察流域不同行政区水流权属状况（包括水资源和水域岸线资源）和水生态空间功能分区状况，也要整理和挖掘流域经济社会发展状况、环境保护状况以及法律意识等制度环境状况等。基于此，各地流域生态补偿实践探索陆续出现了各种类型的修正性多元指数，大致可以包括水量分摊系数、水质修正系数和效益修正系数、同比改善系数等。① 实际上，修正后的复合多元指数也开始被广泛运用至流域水生态补偿制度规定之中，比如德国在生态补偿转移支付过程中，要求采用修正后的复合多元指数，并对这些采用的复合多元指数提出了明确要求：一是指标对生态环境情况反映的精度；二是需要有效降低所需要利用数据的难度和复杂度；三是需要接受国家宪法法律条款的限制。② 我国流域水生态补偿制度实践也对复合多元指数适用状况进行了不懈探索，尤以广东③、浙江④、福建⑤、江西⑥等地最为突出，比如，2016 年，广东广西九洲江流域水环境补偿协议、广东福建汀江—韩江流域生态补偿协议均采用了多因子叠加且结构多元的复合多元指数。⑦

---

① 刘玉龙等：《流域生态补偿标准计算模型研究》，载《中国水利》2006 年第 22 期；胡小华等：《东江源省际生态补偿模型构建探讨》，载《安徽农业科学》2011 年第 15 期；王彤等：《水库流域生态补偿标准测算体系研究—以大伙房水库流域为例》，载《生态环境学报》2010 年第 6 期；刘桂环：《关于推进流域上下游横向生态保护补偿机制的思考》，载《环境保护》2016 年第 13 期。

② 德国生态指标应该能够符合财政转移支付的法律规定并且可以通过立法机关的批准。例如，在联邦一级的转移支付体系中，宪法明确规定指标的选取必须是抽象的，并且不能受各州政府的影响。在此背景下，德国生态转移支付（EFT）的建立主要依赖于联邦到地方政府的资金分配的指标确定上。如分配指标究竟是以生态保护区面还是其所占辖区面积比重作为标准，同时，必须不断修正不同保护区类型的权重系数大小。参见杨谨夫：《我国生态补偿的财政政策研究》，财政部财政科学研究所博士学位论文，2015 年，第 78～80 页。

③ 参见《广东省生态保护补偿办法》（2012）规定，"生态保护补偿转移支付资金由省财政根据财力情况，每年确定分配总额，并分为基础补偿和激励补偿两部分，各占 50%，主要用于生态环境保护和修复、保障和改善民生、维持基层政权运转和社会稳定等方面。基础补偿根据类别系数和调整系数核算；奖励补偿选择了集中式饮用水源地水质达标率等 15 项生态因子指标体系。《江西省流域生态补偿办法（试行）》将流域生态补偿指标分为三类：第一，水环境质量因素占 70% 权重；第二，森林生态质量因素占 20% 权重；第三，水资源管理因素占 10% 权重"。

④ 参见《浙江省环境保护专项资金管理办法》（2015）规定，"转移支付的核算基准主要是：生态因子指标（权重为 8%）、污染因子指标（权重为 82%）、管理因子指标（权重为 5%）、其他因子指标（权重为 5%）"。

⑤ 《福建省重点流域生态补偿办法》（2015）设置了多元复合指数：第一，生态因子指标。包括水环境综合评分因素占 70% 权重；森林生态因素占 20% 权重；用水总量控制因素占 10% 权重。第二，上下游地区补偿系数指标。闽江流域上游三明市、南平市及所属市、县的补偿系数为 1，其他市、县的补偿系数为 0.8；九龙江流域上游龙岩市、漳州市及所属市、县补偿系数为 1.4，其他市、县补偿系数为 1.1；敖江流域上游市、县补偿系数为 1.4，在此基础上对各流域省级扶贫开发工作重点县予以适当倾斜，补偿系数提高 20%。同时属于两个流域上游的连城县、古田县，补偿系数取两个流域上游相应地区补偿系数的平均数 1.32。流域下游的厦门市补偿系数为 0.42，福州市及闽侯县、长乐市、福清市、连江县和平潭综合实验区补偿系数为 0.3。

⑥ 参见《江西省流域生态补偿办法（试行）》（2015）将流域生态补偿指标分为三类：第一，水污染因子指标占 70% 权重；第二，森林生态因子指标占 20% 权重；第三，水资源管理因子指标占 10% 权重。

⑦ 广东广西九洲江流域生态补偿协议（2016）约定，"第一，以地表水标准 pH 值、高锰酸盐指数、氨氮、总磷、五日生化需氧量 5 项。第二，跨省界断面年均值达到 Ⅲ 类水质，其中 2015 年、2016 年、2017 年水质达标率分别达到 60%、80%、100%。多元复合指标的设置，体现了流域上下游政府对水质稳定达标、持续改善的迫切要求"。

3. 表现门槛支付

表现门槛支付指在流域跨界断面依法、依约设置一些可以量化的指数指标，并将该指数指标作为补偿支付门槛，若一方所提供的流域水生态服务高于（或者等于）这个门槛，其有权获得相应的生态补偿费用（或互不补偿）；一旦低于这个门槛，一方就需对另外一方实施相应的补偿，至于是否采用相同补偿标准，则无关紧要。表现门槛支付制度设计虽然较为简单"粗暴"，但由于其激励约束界限非常明显，故广受实践青睐。学理研究中，这种支付基准却存在着两个较大争议：（1）设置对赌性支付门槛条件的法律属性。2011 年，浙江安徽新安江流域水环境补偿的协议（第一轮）最早设立了对赌性支付门槛条件[1]，后来一发而不可收拾，陆续出现在广东福建汀江—韩江生态补偿协议、广东江西东江生态补偿协议以及湖南重庆西江流域生态补偿协议中。就此，一种观点认为，流域生态补偿协议所设支付门槛条件就是附条件合同。[2] 另一种观点认为，这实际上就是一种射幸合同。[3] 我们认为，上述争议主要聚焦于对所设定门槛条件的法律性质认定方面。实际上，流域生态补偿协议设定的门槛支付条件就是一种射幸性条件。理由在于，一是流域生态补偿协议所设对赌性支付门槛条件，是流域上下游地区地方政府之间经过多轮博弈，共同协定之产物。所设条件具备了客观不确定、任意性、合法性等诸多符合射幸合同要件的因素。[4] 更为重要的是，首先，支付门槛条件本身就构成了流域生态补偿协议主要内容；其次，流域生态补偿协议所设支付门槛条件不同于附条件合同。民法理论一般认为，附延缓条件合同效力的发生取决于所附条件的成就，附条件成就时合同开始生效；附解除条件，是待条件成就时，合同效力即告解除。流域生态补偿协议设立的对赌性门槛支付条件通常在成立之时即已经生效，条件成就时不仅确定了支付义务主体，而且还要确定支付费用数额的多少，它并不影响流域生态补偿协议是否成立或者是否产生效力。二是流域生态补偿协议设定的对赌性支付门槛条件符合射幸合同[5]一般特征，首

---

[1] 浙江安徽新安江流域生态补偿协议（第一轮）约定，"三年后，若水质好于确定的支付门槛，浙江省将补偿资金拨付给安徽省 1 亿元；若水质超过确定的支付门槛，则安徽省将补偿资金拨付给浙江省 1 亿元，若水质等于支付门槛，则双方互不补偿"。参见《亿元对赌水质——中国首例跨省流域生态补偿破题》，详情请参见《南方周末》，南方周末网，2019 年 3 月最后访问。

[2] 附条件合同是附条件的民事法律行为的一种，它是指以条件的成就或者具备使民事法律行为生效或失效为特征的民事法律行为。其中的条件是指决定民事法律行为生效或失效的事实，是行为人意思表示的一部分。其中条件的成就是指符合意思表示的事实的实现或者具备。参见马俊驹等：《民法原论》，法律出版社 2007 年版，第 198 页。

[3] 柯坚等：《跨行政区环境治理的对赌性契约——以"新安江协议"为背景的分析和探讨》，载《清华法治论衡》2015 年第 1 期。

[4] 马俊驹等：《民法原论》，法律出版社 2007 年版，第 199 页。

[5] 傅穹：《对赌协议的法律构造与定性观察》，载《政法论丛》2011 年第 6 期。

先，即便已经有了明确支付门槛，但未来能否实现门槛条件却存在着不确定性。负有流域生态环境治理义务的流域上游地区地方政府即便客观上作出了积极努力，但受制于流域气候变化状况、水文状况等诸多不确定因素影响，仍然不一定能够达到约定支付门槛。[①] 其次，当事人利益获得（收入与支出）具有鲜明不对等性。排除来自上级政府财政转移支付或奖励资金，即便流域上游地区做出了诸多努力，但受制于气候变化、水文变化等诸多不确定因素影响，仍然不能避免补偿下游地区之情形出现，相反，流域下游地区地方政府只有补偿利益支出或得到的两个可能性，再无其他任何显性义务安排。（2）能否以Ⅲ类水质作为流域水生态补偿支付门槛？[②] 一种观点认为，[③] 将Ⅲ类水质作为门槛支付条件符合中国经济社会发展现状，因此，可以将Ⅲ类水质作为流域上下游地区补偿的一个支付门槛。当上游地区提供水质高于Ⅲ类水质的，则由下游地区补偿上游地区；当上游地区提供水质低于Ⅲ类水质的，则由上游地区补偿下游地区；当上游地区提供水质等于Ⅲ类水质的，流域上下游地区双方互不发生补偿关系。该观点主要理由在于，一是现行法律对地方政府流域生态环境质量责任有着明确法律规定。因此，地方人民政府负有实现流域水生态环境保护目标的强制性国家义务，而Ⅲ类水质就可以成为一个法定化的强制性目标。二是现行水环境质量标准也有明确规定。我国《地面水环境质量标准》（GB3838—2002）规定，Ⅲ类水环境质量标准主要适用于集中式生活饮用水、地表水源地二级保护区、鱼虾类越冬场、洄游通道、水产养殖区等渔业水域及游泳区。可见，将Ⅲ类水质作为支付门槛条件并不违反国家环境质量标准。三是生态补偿实践中广泛把Ⅲ类水质作为支付门槛条件，典型如贵州、河南等地生态补偿实践中，先后把Ⅲ类水质作为支付门槛标准。另一种观点认为，[④] 不宜将Ⅲ类水质作为流域水生态补偿支付的门槛基准，主要理由在于：一是极大限缩了流域生态补偿制度机制适用范围。因为我国大部分流域水生态环境已经受到不同程度污染，相当数量流域水质已经达不到Ⅲ类水质标准。在此情形下，如果把流域生态补偿支付门槛限于Ⅲ类水质，将会极大压缩流域水

---

① 新安江流域生态补偿协议（第一轮）中，专门设置了水质稳定系数为0.89，以降低流域上游地区流域治理努力后的不确定性因素。

② 一些学者立足于我国水质现状，提出将Ⅳ水质作为流域生态补偿的基准条件。参见李飞：《我国流域生态补偿体系构建的理论框架与基本思路》，载《中国社会经济发展战略新视野》2015年第1期。实践中，也有一些地方是将Ⅱ类水作为补偿的设定门槛。参见《贵州赤水河流域水污染防治生态补偿暂行办法》（2014年）。

③ 杜群等：《论流域生态补偿"共同但有差别的责任"——基于水质目标的法律分析》，载《中国地质大学学报》（社会科学版）2014年第1期；严厚福：《流域生态补偿机制的合力构建》，载《南京工业大学学报》（社会科学版）2015年第2期。

④ 谢玲等：《责任分配抑或权利确认：流域生态补偿适用条件之辨析》，载《中国人口·资源与环境》2016年第10期。

生态补偿制度适用范围。二是偏离流域水生态补偿制度价值功能。以Ⅲ类水质作为支付门槛，实际上把流域水生态补偿制度简单定位于落实水环境考评制度的策略工具，偏离了流域水生态补偿制度之"正向激励为主、负向激励为补充，激励约束相结合"功能预设。三是遮蔽了流域补偿关系主体多元性。将Ⅲ类水质作为支付门槛，意味着只能由地方政府作为补偿关系主体。流域生态环境治理中，势必存在着水环境质量得到改善但仍未达到Ⅲ类标准之情形，由于地方政府环境质量责任制度兜底，从而导致相应的地方政府需要承担一定的补偿责任，而流域生态环境治理作出贡献的生态保护者及其利益诉求却在这个过程中被有意无意地遮蔽。

我们认为，建立流域跨界断面支付门槛条件具有一定必要性，但是否将其直接明确为Ⅲ类水质，则有商榷空间。主要理由在于：（1）任何流域水生态补偿均需设置一定的支付条件。至于采用投入支付或者结果支付，采用多元指数支付或者设定支付门槛支付，以Ⅲ类水质作为支付门槛或者其他水质结果作为支付门槛等，理应由流域上下游地区地方政府结合流域经济社会发展状况平等协商确定，因为流域生态补偿实践本质上仍然属于流域上下游地区地方政府自身事务，需要遵循"流域生命共同体"理念，按照"共建、共享""共同但有区别责任"原则，持续明确流域上下游地区地方政府责、权、利关系，建立相对稳定化、规范化合作机制。（2）设置基于表现门槛支付条件是可行选择。通过双方或多方约定支付门槛，可以厘清流域上下游地区各级政府在流域生态环境治理方面的经济责任。当然，基于表现门槛的支付只是确定了流域上下游地区地方在生态补偿关系中经济方面的约定责任，至于是否会引发相应政治责任或其他责任，则不应属本命题讨论范畴。一些地方实践中将表现门槛支付条件作为追究地方政府生态环境质量责任依据，容易造成水生态补偿制度功能异化，需要引起重视。（3）是否只能以Ⅲ类水质作为支付门槛条件则有商榷空间。因为我国具体流域经济社会发展状况各不相同，流域水环境污染、水生态破坏和水生态修复状况差异较大，流域上下游地区应当依据现行法律法规、具体流域状况可以对是否采用Ⅲ类水质作为门槛支付条件作出具体约定。[①] 但无论作何约定，不得违反"禁止恶化环境"原则。（4）即便以Ⅲ类水质作为支付门槛，但并不意味上游地区或者下游地区在超越门槛时，实施同样补偿标准。这是因为生态补偿制度通常是以正向激励为主导功能，它关注的更多在于，如何有效保障流域水生态服务持续足额供给。按照

[①]　有专家提出，应将省流域的面积、流量、水质三要素作为设定的门槛。其中补偿金额的计算30%依据流域面积，70%依据水质和水量，当流域内水质、水量达到既定目标时，下游区域应该对上中游区域进行补偿；反之，当流域内水质、水量没有达到既定目标时，上中游区域应该对下游区域进行补偿。参见田义文等：《跨省流域生态补偿：从合作困境走向责任共担》，载《环境保护》2012年第15期。

"共同但有区别的责任"原则要求，即便流域上游地区超越支付门槛，其应当补偿下游地区的补偿标准应当低于流域上游地区在门槛范围内，依法或依约获得流域下游地区的补偿标准。

4. 基于相对评价的支付

基于相对评价的支付，是指以流域水生态服务提供者带来额外生态环境状况优异与否而对其实施相应生态补偿的一种支付条件。在流域水生态服务提供者数量较多的情况下，基于补偿效率的要求，那些能够对产生流域水生态服务"额外性"[①] 贡献最大且受偿意愿最低的生态服务提供者应该成为相对评价中表现优异的一方，从而获得相应补偿费用。显然，若依对环境额外性贡献最大以确定流域生态服务提供者，就需要设计一整套相对科学的监测或评价系统，以便对不同类别的流域生态服务提供者进行比较，从中筛选出作出最大贡献的生态服务提供者。基于相对评价的支付要求筛选一方除了完整监测评估系统作为技术支撑，仍然需要完备法律规则体系作为制度保障，若没有健全、公开的程序性规则和严格法律责任机制作为后盾，基于相对评价的支付可能会沦为一种"数字"金钱游戏。从补偿公平价值取向来看，依据流域生态环境保护行为结果优异与否，以确定是否予以必要补偿，尽管这在一定程度上体现着"奖优"，但也不可避免地存在着一定消极后果，一是表现优异的生态保护者并非完全自愿参与生态补偿项目。衡量生态补偿政策好坏主要判断依据是，参与的具体生态保护者（地区）"自愿与否"，自愿参与的生态保护者是否自愿按照既定规则进行必要的考核评估，自愿比较之后的评价结果能否得到自愿履行。二是难以防范"生产性锁定"或者"发展性锁定"。显然，由于地理位置和国家产业政策约束等诸多原因，流域上游地区无论是在产业发展方面，土地等自然资源利用方面，发展机会成本较低，由此而带来的后果是，保障流域水生态服务持续有效供给的责任最终会不相称地配置到贫穷地区或低收入人群身上，这对于贫困地区而言，形成了一种事实上的发展性锁定；对于相关穷人而言，形成了一种事实上的生产性锁定。无论是"发展性锁定"或者"生产性锁定"，可能导致一种全新的"身份"固化之挑战，为此，也需要结合经济社会发展需要探索对包括相对评价支付基准等在内的水生态补偿制度变革。

---

① 所谓"额外性"是指，实施水生态补偿制度后新增加的水生态服务量，它通常作为水生态补偿效率的指示器。详情请参见，Schomers. An Analytical Framework for Assessing the Potential of Intermediaries to Improve the Performance of Payments for Ecosystem Services [J]. Land Use Policy, 2015, 42 (7): 58 – 59.

二、水生态补偿支付基准的激励功能

无论从哪个角度出发,生态补偿都强调了以激励换取生态服务供给这一核心内涵。[①] 生态补偿"首要目的就是通过提供一种激励机制,诱导当事人采取从社会角度来看最优的行动。"[②] 围绕着能否产生激励、怎样产生激励等问题全面分析投入支付与结果支付各自优势或弊端,以便能够纠偏,有效凸显水生态补偿制度激励功能。

(一) 激励对象的选择

激励对象是指,激励"行动或思考时作为目标的人或事物"。[③] 激励对象"与主体相对,是指主体的意志和行为所指向、影响、作用的对象"。[④] 由于流域水生态补偿制度固有的性质复杂性、机制多元性和结构安排多层次样态,逐渐形成了一种相对独特的二元激励结构,具体激励对象与激励效果作用点各自相对分立的状况,也就是说,生态补偿"激励对象和激励效果作用点往往并不是同一的",[⑤] 具体而言,生态补偿激励对象,是指凡是受行政公权力禁限措施影响,发展权益或者财产权益受到一定损失的地方政府、自然人、法人或其他组织,但生态补偿激励效果作用点往往是一个个具体的自然人。因此,要保证水生态补偿机制有效运行,需要重视在二元结构背景下的利益重新分配问题,具体而言,需要在激励对象与激励效果作用点之间进行补偿利益的再次分配。流域水生态补偿支付基准中,无论投入支付或者结果支付,在激励对象与激励效果作用点选择方面均存在细微差异,如何正确处理两种支付基准存在的二元结构差异成为水生态补偿制度设计的一个难点。

投入支付,无论是基于土地等自然资源利用类型面积支付,抑或基于社会必要劳动时间支付,强调对生态服务提供者所提供具体水生态服务的一种过程激励。[⑥] 这种激励的特点在于,抓住生态服务供给行为过程中可以量化的一些环节、

---

① 袁伟彦等:《生态补偿国外研究进展综述》,载《中国人口·资源与环境》2014 年第 11 期。

② 张维迎:《信息、信任与法律》,生活·读书·新知三联书店 2003 年版,第 24～25 页。

③ 中国社会科学院语言研究所词典编辑室编:《现代汉语词典》(修订本),商务印书馆 1996 年版,第 320 页。

④ 张文显:《法哲学范畴研究》(修订版),中国政法大学出版社 2001 年版,第 105 页。

⑤ 丰霏:《法律制度的激励功能研究》,吉林大学博士学位论文,2010 年,第 123 页。

⑥ 本书所指的过程激励是指,以引导生态服务提供者的心理期望入手,以提高生态服务提供者的积极性为目的,属于过程控制的一种生态补偿支付条件。

过程节点或要素（如土地类型或利用方式变化面积、社会必要劳动时间等），通过一定监测技术手段予以锁定，借助一定法律程序予以厘定。只要提供出一定数量土地等自然资源利用类型变化之面积，付出了相应社会劳动时间以及其他义务履行状况，即可获得相应生态补偿费用。投入支付的制度设计，必须正视激励对象（集体组织、法人）与激励效果作用点（自然人）可能出现的二元结构分离状况，在激励对象与激励效果作用点之间进行补偿利益的精准再分配，否则就会出现激励效果不彰境况，以我国森林生态补偿制度为例，受集体林权制度改革成本以及降低制度实施成本之考量，我国主要围绕激励效果作用点进行补偿支付基准的制度设计，即强调一种对集体林权权利人（主要是指集体林地承包经营者、林木所有权者）实施一定补偿（尽管补偿标准偏低），但在客观上却造成了对激励对象——集体林权所有者（主要是指农村集体经济组织等）和农村基层政府（主要是指乡镇政府）利益诉求的选择性忽略。由于县、乡两级政府未能从森林生态补偿制度建构中获得一定的利益满足，故他们对数量众多激励效果作用点土地等自然资源利用类型变化状况进行严格审核的内在动力缺失，即便为了完成科层考核需要进行严格审核，也缺乏严格审核标准或者审核方法创新方面的主动性、积极性，甚至不排除基层政府与集体林权权利人"合谋"套取生态补偿费用的情形出现。再者，按照目前森林生态补偿制度现状，无法考察集体林权权利人等森林生态服务提供者最终提供了多少量化的森林生态服务，如此一来，生态服务是否提供的不确定性风险则由生态服务受益者自己承担。[①] 为有效克服投入支付过于偏重激励效果作用点的现状，在相关补偿制度设计中，"鼓励有影响力的地方组织机构参与，有利于增强内生激励，提升补偿计划的可持续性"。[②] 实际上，一些实践探索已经注意到，投入支付条件设计中存在着激励对象与激励效果作用点相对分离的问题，相继提出了将激励对象与激励效果作用点有机结合的两阶段补偿方法，"即首先对社区或地区进行补偿，以激励集体形成积极的态度和行为，然后再通过市场机制对个人提供进一步的激励"。[③] 其中，"对社区或集体经济组织根据公益林总面积折合一定比例后，提供政策、教育等非现金补偿方式，另一方面根据投入状况大小对个人提供现金补偿"。[④]

---

① Matzdorfand. How Cost-effective are Result-oriented Agri-environmental Measures? An Empirical Analysis in Germany [J]. Land Use Policy, 2010, 27 (2): 535 – 544.

② Clements. Payments for Biodiversity Conservation in the Context of Weak Institutions: Comparison of Three Programs from Cambodia [J]. Ecological Economics, 2010, 69 (6): 1283 – 1291.

③ Cranford. Community Conservation and a Two-stage Approach to Payments for Ecosystem Services [J]. Ecological Economics, 2011, 71 (15): 89 – 98.

④ 袁伟彦等：《生态补偿国外研究进展综述》，载《中国人口·资源与环境》2014 年第 11 期；袁伟彦等：《生态补偿效率问题研究述评》，载《生态经济》2015 年第 7 期。

以量化结果为导向的结果支付基准为生态服务提供者建立了一种直接激励。它能够充分发掘生态服务提供者的主观能动性，催生他们充分利用自然资源禀赋优势、生态文化知识和累积经验，为变革、创新和优化补偿支付条件提供不竭内在动力。"由于生态服务提供者最终所获得补偿资金取决于相应生态环境指标的结果状况，能够激励其采取相应的措施以达到考核要求，避免信息隐藏等低效率行为的发生。此外，基于生态服务产出的生态补偿绩效考核为生态服务提供者的生态系统服务供给提供了足够的创新空间。"① 显然，与投入支付的激励效应相比，结果支付凸显了生态服务提供者的一种主体地位。但在结果支付中，无论是多元指数支付或者表现门槛支付，也未能有效处理好激励对象与激励效果作用点二元结构相对分离状况。与投入支付刚好相反，结果支付把激励效果着眼点全部停留在激励对象上。将激励对象确定为流域上下游地区地方政府，固然纯化了生态补偿关系，简化了补偿链条，降低了制度总成本，显然有利于水生态补偿机制运行。但这种制度设计却忽略了对激励效果作用点—保障流域水生态服务持续供给过程中实际贡献的自然人予以补偿，具体包括，对各级政府及其职能部门专司生态补偿事务的具体公务人员实施激励性补偿，以满足他们在权力、成就与责任感等方面的高层次需要；对保障水生态服务持续供给而对自身土地等自然资源财产权益实施限制的权利人等生态保护者提供基础性补偿激励，以满足他们自身的利益需求。在结果支付的制度设计中，为了实现激励对象与激励效果作用点的有机统一，对于相关公务人员的激励，应置于行政科层内部"职权—职责"框架下建立相应的激励机制，不断激励他们复杂化、专门化生态补偿领域进行制度变革的创新探索；对于后者而言，应置于"权利—利益"框架内建立相应的激励机制，包括依法赋予他们生态补偿权利或者明确各级政府国家生态补偿责任等路径。申言之，在结果支付基准设计中，生态补偿的激励功能不能仅仅止步于激励对象的选择，而是要继续探索激励效应的延长线，通过赋予自然人以更大权责或更多权益，切实将补偿激励效应传导至保障生态服务持续供给作出具体实际贡献的每一个具体的自然人身上。

（二）激励方式的选择

一些学者认为，激励方式主要是指激励机制作用于激励对象的途径，主要包括公平激励、期望激励以及目标激励等。② 由于各自运行方向和运行逻辑等存在

---

① Zabel. Optimal Design of Pro-conservation Incentives [J]. Ecological Economics，2009，69（1）：126 - 134.

② 丰霏：《法律制度的激励功能研究》，吉林大学博士学位论文，2010 年，第 60～70 页。

水生态补偿机制研究

诸多不同，导致投入支付和结果支付在激励方式选择方面也存在较大差异。这些差异可能会加大或者减弱激励效应。水生态补偿制度设计需要正视这种状况，以便优化行为选择策略。

如前所述，效率和公平构成水生态补偿制度的两大价值追求，效率和公平正义从来都不是抽象意义上的，它们需要在生态补偿支付条件等具体化制度方面得到具体体现。投入支付是根据投入的土地等自然资源利用类型状况或劳动时间等过程性因素来确定补偿标准，投入越多，获得的补偿就越多；投入越少，获得的补偿就越少。可见，投入支付在激励方式选择方面彰显着一种公平激励，这种公平激励最直观的体现是，为生态服务提供者带来了一种比较意义上的公平感。这种公平感在某种程度上甚至比公平结果更受到人们的青睐。可见，投入支付满足了生态服务提供者一定的公平感，进而为激励他们保障生态服务供给提供了一种源源不断的内生动力。此外，投入支付的公平追求还体现在，"通过向生态环境保护特定区域贫困人群发放补偿支付而有效地扮演了政府减贫工具的角色"。① 通常情况下，贫困程度与所要求的补偿相反，如果按照投入要素，包括土地和劳动时间来确定补偿核算，那么低收入人群就可能成为生态补偿真正受益人，从而体现出生态补偿公平上的激励功能。但在投入支付中，无论是公平感获得，抑或附随的减贫公平激励，均有赖于相对坚实的法律制度作为支撑。首先，需要明确流域土地等自然资源产权状况，以及围绕生态服务供给的投入量和应当获得的补偿量；其次，基于土地等自然资源面积或者社会劳动时间的核算标准、核算程序应该公开、公正；再次，需要建立一定的监控监测体系，以保障土地等自然资源利用类型符合供给的生态服务状况；最后，需要借助具体的生态补偿协议来实现对土地等自然资源财产权限制的具体措施，避免出现不正当激励。②

结果支付，无论是基于指数支付或基于表现门槛支付等，都强调建立一种期望激励或目标激励。这种支付条件设计不关注整体行为过程，更强调行为结果，但结果需要借助一定量化指标才能测算评估。由于流域水生态服务或生态产品供给结果大都是土地等自然资源利用行为与其他自然生态环境因素共同作用的，故所采取的量化指标体系很难完全表述或者展现目标所设定的水生态服务的结果，加之实现相应生态服务结果的量化指标多样化、多层次化，容易造成流域水生态服务或生态产品提供者在努力完成量化指标的同时逐渐偏离相应生态服

① Kemkes. Determining When Payments are an Effective Policy Approach to Ecosystem Service Provision [J]. Ecological Economics，2010，69（11）：2069-2074.
② 所谓不正当激励是指引发土地等自然资源破坏行为的逐步扩大以获得后续更大的补偿。

务的结果。① 其中，与多元指数支付条件相比，单一指数和门槛支付容易达至相应的结果，但存在期望激励边际效应逐渐递减之痼疾。复合或修正的多元指数企图纠正指标体系偏离所设定的目标生态服务风险，但多元指数自身的复杂性却在加重期望激励实现的难度。为实现预期激励效果，结果支付在多元指数指标选择上需要考虑以下因素：（1）合理设置指标背景变量。如何考虑降低生态服务生产或优质生态产品供给过程中的风险和干扰，避免对生态服务提供者产生次优激励。② 可行方法是，结合不同流域生态环境历史发展情形，针对不可抗力因素等，要么明确一定排除因素，要么设置一定风险指数，以便大幅度降低生态服务提供者在优质水生态产品供给过程中可能遭遇到的各种不确定因素。（2）围绕相对确定的水生态服务供给目标，不断优化指标选择，预防指标的扭曲或变形。可量化、透明性、易理解性等指数选择标准虽然可能有效达至最终结果，但忽视了生态服务生产过程中不确定的风险以及扭曲程度，应当将所有可能影响计划参与者决策的相关社会经济文化因素纳入考虑范围。③ 申言之，为充分实现结果支付之目标激励效能，多元或复合指数指标选择应当充分考虑不同类型类别指标背后所承载的环境利益、社会利益和经济利益，并力图在三种不同利益之间合理选择指标。

三、水生态补偿支付基准的效益判断

尽管激励功能是流域水生态补偿制度机制主导功能，但并不妨碍对生态补偿机制运行所产生的环境效益和成本效益进行判断，这种判断最终也会反馈到生态补偿支付条件的设定方面。"效率是生态补偿计划实施必须考虑的基本问题之一，也是生态补偿计划可持续的内在要求，对于存在预算硬约束而生态环境保护又面临迫切需求的发展中国家和地区尤其如此。"④ "如何通过生态补偿机制的设计优化提高补偿效率，逐渐成为国内外学者和政策制定者的关注热点。"⑤ "生态补偿效率可以区分为环境效益和成本效益，前者是生态补偿的环境

---

①② 袁伟彦等：《生态补偿国外研究进展综述》，载《中国人口·资源与环境》2014 年第 11 期；袁伟彦等：《生态补偿效率问题研究述评》，载《生态经济》2015 年第 7 期。

③ Zabel. Optimal Design of Pro-conservation Incentives ［J］. Ecological Economics, 2009, 69（1）: 126 - 134. 袁伟彦等：《生态补偿国外研究进展综述》，载《中国人口·资源与环境》2014 年第 11 期；袁伟彦等：《生态补偿效率问题研究述评》，载《生态经济》2015 年第 7 期。

④ 袁伟彦等：《生态补偿效率问题研究述评》，载《生态经济》2015 年第 7 期。

⑤ Wunscher. Spatial Targeting of Payments for Environmental Services: A Tool for Boosting Conservation Benefits ［J］. Ecological Economics, 2008, 65（4）: 822 - 833.

目标达成的程度，后者则通常在交易成本进路中进行讨论。"① 由于生态补偿支付条件不同，水生态补偿机制运行带来的环境效益和成本效益也会发生相应变化，这种变化结果对于政策或法律制定具有非常重要影响。结合环境效益和成本效益的具体判断，以分析行为支付和结果支付之间区别，以便更好为水生态补偿制度立法提供参考。

（一）生态效益的判断

"简单地讲，生态效益主要取决于生态补偿能否产生目标生态服务。"② 由于投入支付假定土地等自然资源利用类型变化面积等投入要素与所提供的生态服务存在一定必然关系，故目标生态服务处于一种相对的不确定状态。为克服不确定性，保障目标生态服务的有效实现，投入支付高度关注三个方面的重要议题：（1）生态服务提供者的筛选机制。（2）对"额外性"生态服务的核算。（3）环境效益泄露的规制。对于具体生态服务提供者筛选机制而言，由于目标生态服务供给的不确定风险是由生态服务受益者（购买方）来承担的，因此，为降低不确定风险，生态服务受益者（购买方）在结合自身财力基础上，需要按照土地等自然资源面积、生态区位状况，对生态服务提供者进行识别和筛选。为此，投入支付需要考虑建立一定的识别和筛选机制。这种筛选机制可以借助生态保护者一定土地或自然资源面积、既定面积所能提供的生态服务数量等进行定量识别，也可以通过一定竞争竞标机制，把出价最低但提供生态服务最优的生态服务提供者挖掘出来，以保障环境效益实现。我国目前公益林生态补偿机制主要是借助林业地区位、面积予以识别；美国保护休耕项目主要是借助竞争竞标机制予以识别。对于"额外性"生态服务核算，主要是考虑实施这个制度以后新增加的生态服务量。由于这种核算技术、方法采纳相当困难，因此，额外性生态服务核算只能依靠一定的生态监测与跟踪观察，"投入支付引发了土地等自然资源利用行为的改变，才算增加了额外生态服务的供给。此外，还必须知道正确的土地利用类型的改变正在进行，即土地等自然资源利用的改变事实产生了目标生态服务。"③ 最后，生态效益泄露也是一个棘手难题。"由于投入支付存在信息不对称（生态服务提供者比受益者拥有更多的相关信息）而产生环境效益泄露。"④ 假如特定区域水生态服务供给改善是以其他区域生态环境破坏活动增加为代价，那么就会产

① Schomers. An Analytical Framework for Assessing the Potential of Intermediaries to Improve the Performance of Payments for Ecosystem Services [J]. Land Use Policy，2015，42（7）：58－59.
②③ 张晏：《国外生态补偿机制设计中的关键要素及启示》，载《中国人口·资源与环境》2016年第10期。
④ 袁伟彦等：《生态补偿效率问题研究述评》，载《生态经济》2015年第7期。

275

生泄漏问题，比如，一个国家、地区森林生态补偿制度禁止砍伐森林资源，但这可能会导致这个国家、地区的林产品价格上涨，而林产品价格上涨又会鼓励其他区域的森林砍伐情况加重。为避免泄漏情况出现，各国在森林生态补偿合同或协议中，直接将发展利益与限制社区在特定区域的权利联系起来。这意味着，在生态补偿投入支付的制度设计中，需要强调对生态服务提供者拥有的土地等自然资源财产权益实施多个方面的禁止限制。总之，在投入支付中，为保障环境效益的实现，需要一定的制度机制对生态服务提供者实施识别、对其行为实施一定的监控，实现一种全过程监控，但这无疑会增加一定的管理成本。

"结果支付强调对生态服务提供者直接激励，它能够充分挖掘生态服务提供者在生态服务提供方面的知识和经验，为生态服务提供者创新生态服务供给留下了足够空间。"[1] 与投入支付不同的是，结果支付把目标生态服务实现的不确定风险留给了生态服务提供者，而且通过一系列量化指标体系来检验生态服务提供者是否充足有效实施了供给。由于相应的具体生态服务是人类活动与其他自然生态因素共同作用之结果，造成结果支付所选的指标体系很难完全展现出政策目标具体指向的具化生态服务。同时，为了保障能够达成目标生态服务，"结果支付所选指数指标体系必须尽量的多样化、多元化，加之生态服务提供随着时间变迁和空间位移而发生变化，上述情形造成生态服务提供者在积极努力实现指标体系的要求的同时，产生偏移目标生态服务问题，从而产生一定的扭曲现象"。[2] "因为缺乏得到广泛认同的标准，生态服务度量指标的选择往往具有随意性，从而使得对于同一生态服务存在不同的认识。"[3] "已有相关研究中的生态服务指标非常模棱两可，在不同的框架下有不同的含义。生态补偿计划里的指数是用来描述或评估生态环境状况、变化或用来构建生态环境目标的生态环境相关现象的组成部分或一个度量，因此，生态指标的选取既要清晰又要具有广泛性。"[4] "建立这种绩效考核机制的前提是明确界定生态补偿机制所希望获得的生态系统服务类型。当某项生态补偿政策所针对的生态系统服务比较明确和单一时，可通过设定与该项生态系统服务功能高度相关的直接指标作为考核依据，这种指标与预期的生态

① 袁伟彦 等：《生态补偿效率问题研究述评》，载《生态经济》2015 年第 7 期。
② 袁伟彦 等：《生态补偿国外研究进展综述》，载《中国人口·资源与环境》2014 年第 11 期；袁伟彦 等：《生态补偿效率问题研究述评》，载《生态经济》2015 年第 7 期。
③ Niemeijer. A Conceptual Framework for Selecting Environmental Indicator Sets [J]. Ecological Indicators, 2008, 8 (1)：14 – 25.
④ Heink. What are Indicators? on the Definition of Indicators in Ecology and Environmental Planning [J]. Ecological Indicators, 2010 (10)：584 – 593.

系统服务之间扭曲程度较小。"① "而当某项生态补偿政策所针对的生态系统服务功能相对复杂和多样化时，则往往需要多个指标或者构建指标体系来反映该区域的生态系统服务供给状况。"② 总之，为切实保障生态环境效益实现，结果支付需要结合生态补偿所在领域、流域实际情形，努力找寻、匹配适合目标需求的具体生态服务，同时也要建构存在一定事实因果关系的系列生态指标指数体系，从而降低不确定风险和避免指标出现扭曲。

（二）成本效益的判断

生态补偿支付条件选择与成本效益也存在密切关联。当环境效益被确定为目标生态服务时，成本效益就成为生态补偿支付条件制度选择的关键要素。在这个意义上，成本效益直接决定着如何选择支付条件。

投入支付的最大优点是，极大降低了制度交易成本，因为它是直接根据土地等自然资源利用面积的实际投入状况来确定补偿核算依据。"如果存在清晰的、能够为生态服务购买者或监管者所认识和观察的，而且是目标生态服务生产所必需的行为，基于投入的支付也可以提高补偿计划的成本—收益率。"③ 与此同时，为了目标生态服务有效实现以及降低由此所带来的不确定风险之缘由，投入支付需要对目标生态服务提供者进行必要的识别并筛选，毫无疑问，建立一定的识别和筛选机制需要考虑巨大成本支出。"在投入支付的补偿机制设计下，从已有研究文献来看，目标生态服务提供者的筛选包括两个维度：一是筛选计划实施的地区；二是筛选计划参与家庭。"④ 为了避免投入支付信息不对称的约束和规避道德风险，需要进行相应机制的设计，如基于补偿支付水平的接受意愿调查⑤与拍卖机制。⑥ 为了保障"额外性"生态服务持续供给，需要设计基于合约履行的激

---

① 例如，欧美国家的生物多样性保护的生态补偿案例中，许多是以保护物种的动物数量作为绩效考核的直接依据。参见孔德帅：《区域生态补偿机制研究》，中国农业大学博士学位论文，2017年，第78页。

② 例如，美国保护性休耕项目（CRP）中所采用的是包括生物多样性、水质状况等多个指标的"环境效益指数（EBI）"。参见孔德帅：《区域生态补偿机制研究》，中国农业大学博士学位论文，2017年，第78~79页。

③ Derissen. Combining Performance-based and Action-based Payments to Provide Environmental Goods under Uncertainty [J]. Ecological Economics, 2013: 85, 77–84.

④ Wünscher. International Payments for Biodiversity Services: Review and Evaluation of Conservation Targeting Approaches [J]. Biological Conservation, 2012: 152, 222–230.

⑤ Farber. Economic and Ecological Concepts for Valuing Ecosystem Services [J]. Ecological Economics, 2002, 41 (3): 375–392.

⑥ Ferraro. Asymmetric Information and Contract Design for Payments for Environmental Services [J]. Ecological Economics, 2008, 65 (4): 810–821.

励与惩罚机制设计。[①] 显然，这些方法在解决信息不对称及降低不确定风险同时，也因为操作程序复杂而直接增加了筛选成本和监控成本，故需要对成本支出与收益加以权衡。在维持一定环境效益同时，适当降低投入支付的成本支出。可行思路是，"将补偿合约监管权力下放给有活力的本地组织或直接委托给生态服务提供者，能够更大程度地利用本地非正式制度的激励和约束能力，从而更好地激励生态服务提供者主动参与和合作"。[②] 显然，上述做法与其说是生态补偿监管权的重新配置，不如说是通过行政规制与合作规制、自我规制相结合的多元规制举措，实现降低投入支付损耗的监控或管理成本支出。

结果支付最直接也最能体现成本—效率观。"对生态服务提供者而言，也是最划算的支付模式，因为这种支付条件为服务提供者创新服务提供留下了空间，赋予了服务提供者充分的主观能动性。"[③] "虽然存在着结果支付能够保障补偿计划符合成本—收益原则的证据，"[④] 但结果支付因为聚焦于显示目标生态服务指标体系选取，而使这种证据打上一定的问号。从成本—效益方面来看，支付指标选取方面应当注意的是：（1）增加某一指标体系需要提供更多关于指标背后的信息量，尽管这也会降低生态服务提供者的风险成本。"因为生态服务提供还要经受参与者所无法控制的其他外部因素的影响，如果参与者偏好于风险规避，其将会要求更高的支付水平，从而抬升补偿计划的服务支付成本。"[⑤] 以流域跨界断面水质指数结果为例加以分析，流域水生态补偿在建立跨界断面水质指数指标体系时，一方面要考虑到流域上游地区对流域生态环境治理方面投入的各种资源，另一方面也要考虑受到气候变化等不确定因素对治理结果的影响。一旦出现极端气候或其他不可抗力事件，均有可能导致业已确定的水质指数超标，从而将上游积极治理的效果化为乌有。从管理学角度来看，流域水生态补偿机制实践中，一般是以跨界断面的水质水量监测的结果数据作为支付条件，确定上下游之间的生态补偿量。但水质水量指标是受下级政府行动和外生变量共同影响。上级政府与流域下游地区政府期望通过水质水量指标的观测了解上游地区政府在生态保护中的努力程度，而水质水量指标反映的是上游地区政府努力程度和外生变量共同作

---

① Schroeder. Agri-environment Schemes: Farmers' Acceptance and Perception of Potential 'Payment by Results' in Grassland – A Case Study in England [J]. Land Use Policy, 2013 (32): 134 – 144.

② Wünscher. International Payments for Biodiversity Services: Review and Evaluation of Conservation Targeting Approaches [J]. Biological Conservation, 2012, 152: 222 – 230.

③ Zabel. Optimal Design of Pro-conservation Incentives [J]. Ecological Economics, 2009, 69 (1): 126 – 134.

④ Matzdorfand. How Cost-effective are Result-oriented Agri-environmental Measures? An Empirical Analysis in Germany [J]. Land Use Policy, 2010, 27 (2): 535 – 544.

⑤ Derissen. Combining Performance-based and Action Based Payments to Provide Environmental Goods under Uncertainty [J]. Ecological Economics, 2013, 85: 77 – 84.

用的结果，因此水质水量指标的观测获得的信息与下级政府努力程度不是完全一致的。当外生变量对水质、水量指标的影响为负面时，上级政府与流域下游地区政府低估了下级政府的努力程度；当外生变量对水质、水量指标的影响为正向的时候，上级政府与流域下游地区政府又会高估下级政府的努力程度。甚至在某些特定情况下外生变量的负面影响很大，以致上游地区政府即使投入了较大的努力也难以实现水质、水量指标的改善，不能获得上级政府与流域下游地区政府的补偿。这势必会打击上游地区政府在生态保护中的积极性甚至导致其短期行为，不利于流域生态环境的改善。（2）某一指标观测成本应当小于它的价值。[①] 在确定所选择指标能够保障环境效益前提下，所选指标的易观测性就显得非常重要。这种易观测性主要体现在制度实施成本的大幅度降低，比如在流域水生态补偿实践中，一些流域生态补偿协议设计了多元复合指数作为支付基准，为保障所设指数不致偏离目标生态服务，最终选取的指数要么难以有效观察，要么可以监测但要付出巨大成本。这与成本—效益原则显然存在冲突，必须加以检讨。

四、小结

需要加强对水生态补偿支付基准的专门研究。在实践理性基础上，我们试图将支付条件分为投入支付和结果支付，以彰显一定的涵盖性和统摄力。两种支付基准条件各有利弊，应结合不同领域采用不同行为策略。投入支付在森林、耕地、湿地、草原等生态补偿领域适用广泛，而结果支付，尤其是多元指数支付和门槛支付在流域水生态补偿领域也有广阔适用空间。激励效应方面，投入支付属于一种过程激励。在激励对象选择方面，投入支付应正视二元分离状况，实现对激励对象与激励效果作用点各自的足够关注；在激励方式方面，在保障生态服务提供者补偿利益公平获得的同时，兼顾补偿与扶贫之间的协调，但不宜将二者进行混同。结果支付是一种直接激励。在激励对象选择方面，应努力实现将补偿利益传导至每一个为生态服务作出贡献的具体自然人身上。在激励方式方面，结果支付体现的是一种目标激励或期望激励，如何保障选取的目标指数契合生态服务提供者的努力程度可能构成较大挑战，但挑战远远不止于此。在成本—效益方面，投入支付强调以土地等自然资源利用类型变化来换取相应水生态服务（环境效益）的供给（实现），为此，需要水生态服务受益者支付一定的识别成本、测算成本和监控成本。应当说，随着生态环境监测技术大幅度进步以及数据资源的规模化运用，上述成本支出会出现逐步降低迹象。结果支付关注目标生态服务的

---

① 郭志建等：《流域生态补偿中的委托代理机制研究》，载《软科学》2012 年第 12 期。

显性指数提供，一方面需要保障这些指数能够体现生态服务提供者"贡献"，以突出激励效应。另一方面需要保障这些指数指标能够契合目标生态服务，避免出现偏离风险，从而导致环境效益落空。兼顾所选指数指标成本支出，避免出现指数指标获取成本过高情形。总之，"如果生态服务生产的环境影响确定或服务合约双方都是风险中性的，基于投入的支付条件是最优的；如果补偿支付方拥有生态服务生产的完全信息，即信息对称，基于投入的支付条件是最优的；如果同时存在环境不确定与信息不对称，采取两种支付条件的结合（按一定权重比例）将能改善生态补偿的产出表现"。① 投入支付与结果支付相结合，既可以有效降低生态服务购买者的风险，也可以降低生态服务提供者的风险，在实现环境效益同时，无疑会增加成本支出。换而言之，生态补偿支付条件选择总在生态效益与成本效益之间来回流转。

第三节　水生态补偿标准的属性界定

水生态补偿标准，也称为水生态补偿支付标准，与前文所提及的水生态补偿支付基准一道，共同组成水生态补偿标准制度规定的核心议题，它"直接关系到生态补偿的科学性可行性和实施效果"。② "合理的补偿标准是保证生态补偿政策实施效果的重要前提条件。"③ 对于生态补偿标准重要性的认识，不同学科几乎达成一致共识：补偿标准在生态补偿制度建构和机制运行中居于核心地位。但对于补偿标准的性质认识，由于不同学科一直存在争议。从应然角度，补偿标准需要回答"应该补偿多少"。从实然角度，补偿标准需要解决"能够补偿多少"。水生态补偿制度体系中，无论是补偿关系主体确定、补偿方式选择以及补偿责任履行，规范、合理、有效的补偿标准制度规定均发挥着不可替代作用。于补偿主体而言，补偿标准确定意味着补偿责任大小和补偿费用多少；于受偿主体而言，补偿标准则表明损失补偿持续激励的预期收益多少；于补偿方式而言，无论是资金补偿抑或政策补偿，都与补偿标准确定息息相关。各地水生态补偿实践中，补偿关系主体经常难以达成一致意见的核心议题就是如何确定生态补偿标准。基于

---

① Derissen. Combining Performance-based and Action-based Payments to Provide Environmental Goods under Uncertainty [J]. Ecological Economics, 2013: 85, 77-84.
② 刘玉龙：《生态补偿与流域生态共建共享》，中国水利水电出版社 2007 年版，第 145 页。
③ 李芬等：《森林生态系统补偿标准的方法探讨——以海南省为例》，载《自然资源学报》2010 年第 5 期。

此考虑，厘定生态补偿标准的基本属性就显得尤为重要。

一、水生态补偿标准的技术属性

生态补偿实践中，水生态补偿标准更多展现为一种技术属性，它借助一定的技术核算评估方法，无论是简单意义上的直接投入成本核算，或者复杂意义上的流域水生态服务功能价值核算，抑或是耗日费时的条件价值调查评估方法，似乎正在走向一条专业技术核算评估的发展之路。也就是说，论及流域水生态补偿标准如何确定之难题时，人们更倾向于一种实用主义工具的核算测算方法选择。

（一）技术属性的主要表征

目前学术研究及实践发展中，流域水生态补偿标准核算方法主要包括三类，水生态服务功能价值核算，基于直接成本和机会成本的总成本核算，基于条件价值的评估核算。

1. 基于功能价值的补偿标准：水生态服务功能价值核算评估

水生态服务功能价值核算评估更多来自理论探索：（1）水生态服务概念及内容构成。广义的生态服务（ecosystem service），也称生态系统服务、自然服务、自然系统服务、环境服务等。1970 年，关键环境问题研究课题组（Study of Critical Environmental Problems，SCEP）在《人类对全球环境的影响》报告中首次提出生态服务一词，并列举了包括害虫控制、昆虫传粉、渔业、土壤形成、水土保持、气候调节、洪水控制、物质循环和大气组成等生态服务功能。不久，学者威斯曼（Westman）提出"自然服务"概念，但未对其进行深入分析。1974 年，学者华达（Holder）在《全球生态服务功能报告》中提出"生态服务功能"概念，迅即获得了包括中国在内的多个国家与国际组织的响应。可从以下几个方面理解生态服务功能，一是以经过改良的人类中心主义来定义生态服务。在完全人类中心主义看来，在人与自然关系之中，人类是主体，具有内在价值；人类是目的，构成万物的尺度；自然只是客体，只是手段，没有内在价值，自然的"价值"仅仅是指对于"人类的意义"。改良后的人类中心主义提出，人的内在价值与自然外在价值应当统一，理应从满足人类各种需要程度来衡量生态服务价值。二是从"输出＋输入"视角来定义生态服务。从输出视角来看，生态服务强调向人类经济社会系统输入有用的能量、物质，从而维系人类社会正常运行。从输入来看，生态服务是指自然生态系统接受、吸收并转化来自人类和经济社会系统的废弃物。单独强调输出或者输入都不利于对生态服务内涵的准确把握，只有从"输出＋输入"双重视角观察生态服务，才能对生态服务概念范畴作出准确解读。三是从"自然＋人工"两个维度来定义生态服务。"生态服务功能的来源既可能包括自然的生态系统，也包括经过人工改造的生态系统。可见，生态服务包含生态系统为人类提供的直接的和间接的、有形的和无形的收益。"①

作为生态服务的下位概念，水生态服务"主要包括四种主要功能，供给服务、调节服务、文化服务和支持服务等四类服务功能"。② 就供给服务功能而言，水供给服务主要是以河川径流为载体，地势高低造成了"水往低处流"自然现象，是水供给服务空间流动的现实表现。③ "根据水文学河流水文连通性原理，通过模拟流域径流分布，作为水供给服务的流动路径。"④ 就调节服务功能而言，主要包括气体调节、气候调节、水文调节和废物处理等方面的功能价值核算。中国学者谢高地认为，"与森林、湿地等相比，河流湖泊等水体在废物处理的调节服务方面占据非常重要位置，达到了 12.31 个当量"。⑤ 现有湿地、水流和森林等生态要素的生态补偿政策规定，大都是以不完全信息为特征的，依据流域自然资源（湿地资源、水流资源、森林资源等）利用状况变化对调节服务功能进行一种大致测算。就文化服务功能而言，主要包括提供美学景观等方面的核算。一些文化服务功能可以通过技术测算得出，另一些文化服务功能难以通过测算但可以借助市场交易实现。大多数文化服务功能受益对象众多、不特定，且涉及代际利益，故很难有较为成熟测算方法。就支持服务功能而言，主要包括保持土壤和维持生物多样性等的核算。由于支持服务功能具有保底、基准等特质，与其他功能相比，其科学测算面临任务更加艰难。

（2）水生态服务价值测算评估方法推进概况。水生态服务功能价值测算评估的重难点是，如何确定选择适合流域水生态服务自身的评估方法。1997 年，澳洲学者科斯坦萨（Costanza）等在 *Nature* 上使用价值当量法⑥对全球生态服务价值进行测算，获得了高度认同，并引发了全球测算研究及实践热潮。在此基础上，一些国际组织推动了一系列不同领域的生态服务价值的核算研究。2001 年，

---

① 李彩红：《水源地生态保护成本核算与外溢效益评估研究》，山东农业大学博士学位论文，2014年，第 35 页。

② 刘伟峰：《海洋溢油污染生态损害评估研究》，中国海洋大学博士学位论文，2010 年，第 145 页。

③ 闫欣等：《白洋淀流域湿地连通性研究》，载《生态学报》2019 年第 24 期。

④ 刘春芳等：《基于生态系统服务流视角的生态补偿区域划分与标准核算》，载《中国人口·资源与环境》2021 年第 8 期。

⑤ 谢高地等：《一个基于专家知识的生态系统服务价值化方法》，载《自然资源学报》2008 年第5 期。

⑥ Costanza R，D'Arge R，De Groot R. The Value of the World's Ecosystem Services and Natural Capital ［J］. Nature，1997，387：253 – 260.

联合国千年生态系统评估（Millennium Ecosystem Assessment，MA）[1] 中将生态服务价值核算评估方法分为生产率变动法、基于成本的途径、内涵价格法、旅行费用法、条件价值法 5 种。2007 年，欧盟生态系统和生物多样性经济学项目（TEEB）[2] 也提出具有一定实践性的测算评估方法。2010 年，世界银行财富账户与生态系统价值核算项目（WAVES）和 2014 年联合国统计署发布基于环境经济核算体系（SEEA）的《实验性生态系统核算》（EEA）等一系列成果。上述系列成果都对生态价值核算从方法学、政策应用方面做了大量探索。尤其是《实验性生态系统核算》提出将生态服务划分为产品供给、调节服务和文化服务三类进行价值核算评估，得到广泛实践应用。此外，联合国《联合国生态系统核算导则》（EEA—2020）正在推出环境经济核算系统—生态系统核算（SEEA EA）。SEEA EA 为此建立了五个核心指标：一是衡量生态系统随时间变化的程度；二是跟踪生态系统的状况；三和四是"服务流指标（实物和货币）"，分别记录家庭、企业和政府等经济部门的供应和使用情况；五是货币生态系统资产，用于保存有关种群和生态系统资产存量变化（包括退化和增强）的信息。SEEA EA 试图通过这五个核心指标体系，以取代 GDP 作为衡量经济繁荣的唯一指标，从而确保将诸如湿地、清洁水生态系统等自然资产纳入影响价值的政策和行为决策。该计划于 2021 年在昆明举行的生物多样性公约第 15 次缔约方大会上正式发布。[3] 在联合国环境经济专家委员会（UNCEEA）倡议下，截至 2020 年 1 月，全球共有 24 个国家建立了官方生态系统核算账户。荷兰[4]、澳大利亚和英国[5]发布了国家层面的生态系统服务价值核算报告；西班牙和南非[6]也定期发布区域层面的生态系统价值核算报告。加拿大 EVRI（Environmental Valuation Reference Inventory）数据库[7]更是将核算报告评估方法分为市场价值法、揭示偏好法、陈述偏好法三大类，进一步细分为 21 种。经济合作与发展组织（OECD）成员通过本国国际援

---

[1]　千年生态系统评估项目概念框架工作组，张永民译：《生态系统与人类福祉：评估框架》，中国环境科学出版社 2007 年版。Millennium Ecosystem Assessment. Ecosystems and Human Well Being：Synthesis［M］. Washington DC：Island Press，2005.

[2]　Brink P，Berghöfer A，Schröter–Schlaack C，et al. TEEB–The Economics of Ecosystems and Biodiversity for National and International Policy Makers 2009［J］. TEEB–The Economics of Ecosystems and Biodiversity for National and International Policy Makers 2009，2009.

[3]　Lars H，Kenneth J B，Carl O，et al. Progress in Natural Capital Accounting for Ecosystems［J］. Science，2020，367（6477）：514–515.

[4]　Statistics Netherlands. Wageningen University & Research. Experimental Monetary Valuation of Ecosystem Services and Assets in the Netherlands，2019.

[5]　Office for National Statistics. UK Natural Capital Accounts：2019［R］. 2019.

[6]　South African National Biodiversity Institute. National River Ecosystem Accounts for SouthAfrica，2015.

[7]　Eigenbrod F，Armsworth P R，Anderson B J，et al. Environmental Valuation Reference Inventory（EVRI）［EB/OL］. http：//www. evri. ca，2021 年 11 月 3 日最后访问。

助渠道或通过世界银行、联合国等机构联合大学和科研机构支持一些发展中国家开展生态系统价值核算。[①]

国内生态服务价值评估方法的研究也陆续开展，相关技术标准也不断涌现。谢高地等学者通过专家问卷调查方式构建了中国生态服务价值当量表,[②] 得到了学术界广泛认可。在国家标准方面，原国家林业局相继发布了《荒漠生态系统服务评估规范》（LY/T2006—2012）、《自然资源（森林）资产评价技术规范》（LY/T2735—2016）、《湿地生态系统服务评估规范》（LY/T2899—2017）、《岩溶石漠生态系统服务评估规范》（LY/T2902—2017）。国家市场监督管理总局、国家标准化管理委员会联合发布了《森林生态系统服务功能评估规范》（GB/T38582—2020）[③] 等规范导则。地方标准方面，浙江省地方标准《生态系统生产总值（GEP）核算技术规范——陆域生态系统》[④] 中给出了固定估值方法，也具有非常重要指导价值。2021 年，深圳市市场监督管理局发布《深圳市生态系统生产总值（GEP）核算技术规范》，初步完成了以 GEP 核算实施方案为统领，以技术规范、统计报表制度和自动核算平台为支撑的"1 + 3"核算制度体系。这个技术规范与联合国统计局生态系统核算（SEEA – EA）技术指南和国家 GEP 核算标准相互衔接，是我国首个高度城市化地区的 GEP 核算技术规范。[⑤] 总之，深圳市 GEP 核算实现以科学统计方式给绿水青山贴上"价格标签"，将无价生态服务功能"有价化"来核算"生态账"，让人们更加直观认识生态系统价值功能。

（3）水生态服务价值核算评估之挑战与应对。鉴于水生态服务价值功能核算是水生态补偿机制补偿标准核算的主要科学基础，迫切需要对其在补偿标准确定方面的挑战有着清醒认识，一是如何有效统一生态服务价值核算框架体系，实现核算方法的规范化。流域水生态系统复杂性直接决定了水生态服务功能价值核算具有较大难度。就目前情形来看，水生态服务价值核算框架体系并不统一，各个指标体系均有差异，核算方法各不相同，导致核算结果差异较大，难以进行有效比较，可行的核算方法难以有效推广。2014 年，联合国统计署发布了基于环境经济核算体系（SEEA）的《实验性生态系统核算》（EEA）等一系列成果，试图以五个核心指标取代 GDP 指标。这是世界第一个环境经济核算国际统计标准，

① OECD. Beyond GDP: Measuring What Counts for Economic and Social Performance, 2018.
② 谢高地等：《一个基于专家知识的生态系统服务价值化方法》，载《自然资源学报》2008 年第 2 期。
③ 国家市场监督管理总局 国家标准化管理委员会：《森林生态系统服务功能评估规范》（GB/T38582—2020），2020 年。
④ 浙江省市场监督管理局：《生态系统生产总值（GEP）核算技术规范陆域生态系统》（DB33/T2274—2020），2020 年。
⑤ 参见深圳新闻网，2021 年 11 月最后访问。

对生态价值核算从方法学、政策应用方面做了大量探索。为了践行"绿水青山就是金山银山"理念，我国需要建立一个规范化、标准化的生态服务价值核算体系，从而合理配置水生态服务供给者、受益者和其他利益相关者之间的利益/负担，有效调动生态保护者主动性和积极性。[①] 为此，需要从三个层面同时发力。国际层面，积极参与各个国际组织生态服务价值功能核算规范编制工作，主动提出中国建议和中国方案，以便与世界各国全面有效合作。国家层面，加快建立生态服务价值核算方法确定为中心的生态服务价值核算体系，颁行生态服务价值核算评估技术指南和导则，推动我国生态服务价值功能核算的标准化、科学性和规范化。在流域、区域层面，立足于国家技术指南和导则，结合不同流域、区域特征，进一步细化各项水生态服务功能核算具体指南和程序方法，不断推动国家重要流域、不同生态功能区域生态服务价值核算规范化，从而建立生态服务价值功能核算为中心的生态服务标准体系。二是如何加快流域、区域水生态监测网络建设，促进核算参数流域化、地域化。水生态服务价值功能核算涉及经济社会生态等多维多层指标体系，每个指标实际上都包含多个技术参数。技术参数则是体现不同流域特征的关键要素。要实现不同流域水生态服务核算结果的精细化和专门化，能够将核算结果直接作为水生态补偿的标准参考，必须进行支撑指标构造关键参数的流域化、地域化再造。借助生态监测、数据采样、实地调查以及现代遥感解译等先进技术手段，从实物量和价值量两个方面入手，探索建立国家重要流域比如长江、黄河等流域在水源涵养、固碳释氧、土壤保持、防风固沙、气候调节、环境净化等指标的流域生态环境参数库建设。国家自然资源主管部门、生态环境主管部门、国家林草主管部门和水行政主管部门应当建立健全流域自然资源生态环境监测网络和数据信息共享机制建设。加快构建国家技术标准统筹、流域部门技术监督、地方推进落实、社会共同参与的生态监测网络，形成覆盖流域山体、森林、草原、湿地、农田、水流等重要自然资源或生态要素调查监测体系，实现核算数据动态更新以及生态监测数据信息共享。

2. 基于成本的补偿标准：总成本核算评估

流域水生态补偿制度建构过程中，流域上下游地区都面临着促进本地区经济社会发展之重任，但这需要在一定环境资源承载力约束之下方能有效推进。若要求流域上游地区保障流域水生态服务持续有效供给，这意味着要求流域上游地区须进行一定成本投入。理论实践中，成本投入经常被划分为两块，一是直接投入成本，即为了维持一定数量、质量水生态服务而直接投入到流域生态建设、生态

---

① 胡晓燕等：《用效益转移法评估生态系统服务价值：研究进展、挑战及展望》，载《长江流域资源与环境》2021 年第 5 期。

修复方面的成本。二是发展机会成本损失，这是流域上游地区选择生态保护而损失的其他发展机会。直接投入成本与发展机会成本之和称为总成本。

（1）直接投入成本及其核算。商务印书馆《英汉证券投资词典》将直接投入成本定义为，"生产某种产品或提供某项服务时支付的直接费用，如原材料、人员工资费用等"。"与某一特定对象（产品、劳务、加工步骤或部门）之间具有直接联系，可按特定标准将其直接归属于该对象的成本。"① 本书提及的直接投入成本是指，为保障流域水生态服务持续供给，尤其是为了维护一定数量、质量水流资源，流域上游地区或者生态保护者直接投入的各种人力、物力和财力资源总称，比如，生态建设成本、生态移民成本和生态保持成本等。为了满足流域下游地区对一定水量、水质水资源的需求，需要对上游地区土地等自然资源利用行为进行变更，也需要对流域产业结构进行必要调整。为此，需要在特定区域经济社会发展过程中执行比其他区域更为严格的生态环境标准措施。从法律上讲，诸如此类禁限措施不仅惩罚污染行为、破坏措施的不作为义务，更需要一定环境保护、生态建设修复措施的积极作为行为。无论是消极不作为义务抑或积极作为义务，流域上游地区均需要付出人、财、物等直接成本支出。这一切直接投入成本并非流域上游地区自愿支出，而是带有一定程度的强制性。这种强制性主要源于流域上游地区自身的特殊自然地理位置。

流域上游地区直接投入成本核算相对简单，主要体现在，一是核算类型简单，因为直接涉及投入过程中的各种直接资源消耗，故可以依照会计学简单原理用以核算；二是核算资料可追溯、可验证。任何直接投入成本核算凭证都可以借助一定书面等凭证得到证明；三是核算过程简单。具有会计学基本原理知识即可迅速掌握。直接投入成本由于是直接投入和实际发生费用，其核算相对简单、明确，而且都可以找到相应的市场价格，可以采用直接市场法，将因保护生态环境而直接投入的人力、物力和财力直接以货币的形式计算出来。② 就目前不同领域的生态补偿实践状况来看，大都把直接投入成本作为一种主要核算方法予以推广使用。一些地方立法文本明确将直接投入成本作为生态补偿标准的核算依据。③"从理论上看，流域生态保护、生态建设直接投入成本是流域生态补偿标准的最低标准。"④ 在国家主体功能区划中，处于优化发展和重点开发区的流域下游地区，依据流域上游地区限制和禁止开发区所提供的足量优质的水资源所带来的利

① 乐艳芬：《成本会计》，上海财经大学出版社 2002 年版，第 12～13 页。
② 周信君等：《生态补偿标准的成本核算体系构建——基于环境会计的研究视角》，载《吉首大学学报》（社会科学版）2017 年第 2 期。
③ 刘霄：《贵州省赤水河流域生态补偿标准核算研究》，贵州大学硕士研究生学位论文，2016 年，第 40～46 页。
④ 张化楠等：《主体功能区的流域生态补偿机制研究》，载《现代经济探讨》2017 年第 4 期。

益，结合所提供的流域水生态产品的直接投入成本，综合考虑区域特点、用水量、用水效率、经济发展状况等因素，选取可反映流域水生态系统质量带有一定显示度的生态指标体系，进行归一化处理，不难得出流域水生态补偿机制的补偿标准。

（2）发展机会成本及其核算。发展机会成本是指，为了得到某种东西而所要放弃另一些东西的最大价值；也可以理解为在面临多方案择一进行决策时，被舍弃的选项中的最高价值者是本次决策的机会成本。[①] 1889 年，奥地利学者维塞尔在《自然价值》一文中，[②] 通过对边际效用分析，首次提出了"机会成本"（opportunity cost）概念。机会成本概念一问世，就随着理论实践发展而不断完善。法学作为对社会生活进行规制的一门应用学科，尽管没有专门研究发展机会成本，但这并不意味着不对这个概念做出一定回应。流域水生态补偿标准制度规定中，发展机会成本被理解为，流域上下游地区均有平等、均等发展机会。但国家基于国家利益、流域整体社会公共利益要求，需要对任何一方平等发展机会权益实施必要禁限措施，若这些限制措施在一般人忍受限度内，可以视为上游地区或者下游地区的社会义务，一旦这种限制造成了特别牺牲并造成特定地区的严重损失，国家或流域受益地区应按照"公平负担"理论，对利益遭受损失且显失公平的一方予以公平合理补偿，其中，造成特别牺牲而形成的发展机会成本测算应纳入公平或合理的生态补偿标准的范围之中。

发展机会成本核算具有以下特征：一是不确定性。主要表现在，流域土地等自然资源的排他性使用导致发展机会成本高度不确定性出现。立足于经济学视角发现，土地等自然资源供给稀缺性、有限性是发展机会成本产生的内在原因。由于自然资源总是呈现稀缺属性，因而当自然资源及其所承载的生态环境某一功能用途获得相应收益时，必然存在着另外一种或几种功能用途受到限制，这种限制带来了一种潜在收益损失，这种损失就是放弃自然资源在其他方面使用所能带来的一种可以预期收益。应当看到，不确定性势必会给流域水生态补偿标准核算评估带来较大挑战。二是区域性。按照流域整体利益要求，需要建构流域全域性生态补偿机制才能实现最大制度收益，但实际情况却恰恰相反，任何流域生态保护带来对发展机会与潜力限制是有区域性的，在核算发展机会成本时，一定要了解受限制区域基本状况，因为不同区域受限的发展机会成本存在着较大差距，比如饮用水水源保护区所面临的限制是为了保护民众"喝上清洁的水"，因此，这种限制应该是一种最高级别的限制，因限制所造成的发展机会成本损失，就与另外

① Gregory. Principles of Economics ［J］. Peking University Press，2003：6 – 7.
② ［奥］维塞尔著，陈国庆译：《自然价值》，商务印书馆1982年版，第50～52页。

一类区域，如水土流失重点治理区限制所造成的发展机会成本损失完全不同。因此，在使用发展机会成本进行补偿标准核算评估时，不能仅仅局限流域上下游地区各自发展机会成本损失，而且还要认识到不同生态功能区域自身需要而导致的发展机会成本之间的差异性。三是动态性。流域任何特定地区因发展权益受限而带来的利益损失，这种损失可以表现为该地区与其他地区经济社会发展水平的差距。但是，基于限制而产生的发展差距并不能完全归结为限制自身，自然资源禀赋效应、执政水平和执政能力等非限制因素也可能形成或造成差距，更为重要的是，这种因限制而造成的经济社会发展水平差距会随着时间进展而不断变化，因此，必须以动态发展观点来核算评估发展机会成本损失。机会成本核算方法现在已经广泛被运用在世界各国水生态补偿实践活动中（见表7-7）。

表7-7　　　　　　　通过机会成本法确定生态补偿标准的案例

序号	典型案例	生态补偿标准核算依据
1	尼加拉瓜草牧生态系统补偿	农户最佳土地利用产生的价值
2	哥斯达黎加 PES 项目	造林地区的机会成本
3	西藏水生态系统服务功能补偿	农民每年土地大麦产量
4	美国环境质量激励项目	在生产者成本和潜在收益之间
5	纽约流域管理项目	最佳经营活动的成本
6	美国保护准备金项目	每年 125 美元和 50% 的成本补偿

从表7-7可以看出，上述典型案例都存在着一个基本发展方向，即流域水生态补偿标准核算评估，既需要考虑直接投入成本的核算评估，同时也需要随着流域经济社会发展等因素，适当考虑发展机会成本核算评估。实际上，机会成本法在确定流域水生态补偿标准过程中发挥着越来越重要的功能。为了克服机会成本核算评估中出现异质性、不确定性等各种难题，需要在广泛汲取实践经验基础上，按照可以量化的水生态服务或生态产品数量、质量，结合水生态补偿支付基准体系，建立以发展机会成本为主，分类与分级相结合的流域水生态补偿标准核算体系。

3. 基于收益的补偿标准：条件价值评估核算

所谓条件价值评估法（conditional valuation method，CVM）就是基于效用最大化原理，通过构建假想市场，直接调查利益相关者对资源环境改善的支付意愿（willingness to pay，WTP）或资源环境损失的受偿意愿（willingness to accept，

WTA），以此测算出环境资源的经济价值。① CVM 主要通过实地走访调研、直接调查和询问生态服务受益者对生态环境保护者所愿意支付的补偿意愿，以及生态环境保护者所愿意接受的受偿意愿，再通过非参数估计方法分别求得平均补偿意愿和受偿意愿。② 1947 年，学者旺特鲁普（Ciriacy - Wantrup）提出通过直接询问的方式了解受访者对公共物品的最大支付意愿与生态环境的最小补偿意愿，进而估计消费者消费此公共物品而获得的经济效益。③ 1963 年，美国经济学家戴维斯（Davis）首先提出 CVM 概念体系，并将其应用于美国缅因州生态补偿机制建设之中。④ 后来，CVM 被广泛适用于流域生态补偿各个领域，逐渐成为一种较为成熟和流行的补偿标准核算评估方法。⑤ （1）CVM 研究方法概述。目前来看，"CVM 引导技术主要包括开放式、支付卡式、投标博弈式、单/双/多边界二分选择式等多种形式"。⑥ 由于利益相关者对生态补偿政策认知不足以及难以衡量生态保护改善所产生的生态服务价值增量，若直接使用开放式、支付卡式或反复询问的投标博弈式询问流域居民所愿意补偿的资金额度，很难给予真实有效的回答。多边界二分选择式是一种高度模仿"购物"消费行为情景的询问方式。询问受访者是否愿意接受所给定的物品价值，然后再以其询问所愿意接受的最大支付水平或最小受偿水平。这种引导方法能够帮助受访者更为理性地选择较为真实的支付水平或受偿水平，从而越来越受到国内外相关学者的认可和广泛应用。⑦ （2）支付意愿调查评估。支付意愿分析，对于流域生态补偿标准的形成具有指示器作用。一般来讲，支付意愿的分析需要通过实证调查，从而形成一种描述性分析，而且在描述性分析基础上，建立一种科学回归数据分析，通过建立相应的变量关系来验证描述性分析的可靠性。具体而言，支付意愿调查分析可以包括但不限于以下几个方面，居民生态环境意识；生态补偿支付意愿情况；不愿意支付的原因。"一是对补偿主体的认识问题；二是家庭收入低；三是认为补偿资金使用

---

① 接玉梅等：《黄河下游居民生态补偿认知程度及支付意愿分析——基于对山东省的问卷调查》，载《农业经济问题》2011 年第 8 期。

② 张化楠等：《流域禁止和限制开发区农户生态补偿受偿意愿的差异性分析》，载《软科学》2019年第 12 期。

③ Portney P R. The Contingent Valuation Debate：Why Economists Should Care ［J］. Journal of Economic Perspectives，1994，8（4）：3 – 15.

④ Davis. Recreation Planning as an Economic Problem ［J］. Natural Resources Journal，2009（3）：239 – 249.

⑤ 肖俊威等：《湖南省湘江流域生态补偿的居民支付意愿 WTP 实证研究——基于 CVM 条件价值法》，载《中南林业科技大学学报》2017 年第 8 期。

⑥⑦ 张化楠等：《流域内优化和重点开发区居民生态补偿意愿的差异性分析》，载《软科学》2020 年第 7 期。

不透明。"① "被调查者个人特征因素对居民生态补偿支付意愿的影响。受教育程度对居民生态补偿支付意愿的影响。从对调查结果的统计分析可以看出，受教育程度越高，居民的生态补偿支付意愿越高。收入因素对居民生态补偿支付意愿的影响。居民收入水平与生态补偿支付意愿有较强的正相关性。"② 年龄因素对居民生态补偿支付意愿的影响。被调查者的生态补偿支付意愿最高的年龄段与他们的生活年代以及所接受的教育有关。"职业因素对居民生态补偿支付意愿的影响。工作环境越优越、工作越稳定，居民生态补偿支付意愿越高。性别因素对居民生态补偿支付意愿的影响。从调查来看，男性被调查者的生态补偿支付意愿较女性强。年龄与生态补偿支付意愿。年龄变量的回归系数为负，说明居民年龄越大，生态补偿的支付意愿越弱。需要说明的是，年龄因素对支付意愿的影响未通过显著性检验。"③（3）受偿意愿调查评估。受偿意愿调查评估步骤如下，首先确定一个初始补偿水平，询问被调查者是否愿意接受。若被调查者不愿意接受，则调高补偿金额继续询问，愿意接受则结束询问；若被调查者仍不接受，则进一步调高补偿金额继续询问，以此类推。如此追踪询问多次，最终可得出被调查者较真实的受偿意愿区间。如果受访者不愿意接受生态补偿，需向其了解具体原因。④受偿意愿的调查内容包括，一是基本环境认知水平。对森林、野生动物、河流和鱼类资源等生态服务的认知，当地流域生态系统提供生态服务重要性的认知。二是对利益相关者异质性、利益相关者的理解、接受是影响的重要因素。利益相关者文化水平、年龄、职业等对利益相关者受偿意愿影响非常显著；生态移民会对利益相关者受偿意愿也会产生重要影响。是否具有流域水流产权也对利益相关者受偿意愿产生影响。居民生态环境保护意识也直接影响他们对于受偿意愿的认知水平和认知能力。

（二）技术属性认定面临的困境

形而上认为"生态补偿标准属于一种技术范畴内事项，"⑤ 若不对各类核算评估方法实施法律规制，水生态补偿标准制定可能会陷入"技术决定主义"泥沼以及产生"技术规制社会"的风险。

1. 过于追求核算评估的确定性与科学性

方法论层面上，无论是流域水生态服务的核算评估，抑或发展机会成本或直

---

①②③ 接玉梅等：《黄河下游居民生态补偿认知程度及支付意愿分析——基于对山东省的问卷调查》，载《农业经济问题》2011 年第 8 期。
④ 张化楠等：《流域禁止和限制开发区农户生态补偿受偿意愿的差异性分析》，载《软科学》2019年第 12 期。
⑤ 巩固：《环境法律观检讨》，载《法学研究》2011 年第 6 期。

接投入成本的核算评估，或者条件价值评估核算，均可以通过一定技术手段来认识核算对象。[①] 秉持"核算技术论"的专家学者们大都认为，只要占有详尽的流域水生态环境、气候条件、水文特征等基础性资料，辅之以现代科技条件下的大数据、云计算、物联网等先进的核算技术理念、设备及设施，依据能够搜集、整理和占有详尽的流域信息资源，采用多学科合成办法，就能够"科学"地分析、储存和处理这些"海量"的流域信息资源，能够"核算"出流域水补偿标准的"科学"结果，它或者是基于投入所产生的结果，或者是基于收益所产生的结果，甚至可以消除生态补偿标准核算过程中大量存在的各种不确定性因素，克服异质性变量，从而形成具有完全确定性、科学技术性强的流域水生态补偿标准。显然，用复杂数理模型建构，用海量数据、科学定理公式、严谨演算和精妙的推断去描述、表征和再现整个流域水生态环境状况，包括流域生态环境承载力、水质水量状况、固定源污染、农业生产和日常生活的面源污染、各种有毒有害污染物累积和反映情况、流域水土保持状况、流域湿地恢复状况、流域森林覆盖率等物理、化学和生物状况，规划着流域土地等自然资源的利用方式变更或者产业结构的调整。这似乎在展现着一种严谨的科学性乃至理性的力量。但流域水生态系统从来都不是孤立存在的，它势必和人类社会经济系统发生紧密联系，企图"完全还原"流域生态系统自然属性和社会属性的方法注定也是不可能的。[②] 脱离整体性、系统性流域生态环境状况，脱离流域范畴内民众日常行为及活动，脱离人的主观感受和价值判断，脱离一个地方的经济社会发展状况，任何"冷冰冰"的精确计算都显得毫无价值，也无法对水生态补偿制度建构和水生态补偿机制运行起到指导功能。

实际上流域水生态补偿标准几种主要核算评估方法均存在一定缺陷：一是在明确性方面。如在总成本核算中，已有研究和实践仅仅考虑了直接投入成本和一部分发展机会成本，且计算这些发展机会成本的数据是通过社会调查得来的，社会调查不可避免的偏差使发展机会成本核算准确性打了一定折扣。在流域支付意愿调查中，同样也存在社会调查数据偏差导致支付意愿核算标准不精确的问题。流域水生态服务功能价值评估中，多数流域生态系统同时具有直接服务价值与间接服务价值，且不同服务功能之间存在交叉重叠，对于交叉重叠部分，进行准确厘定与科学评估事实上很困难，在实践中也难以精准操作实施。尽管科恩斯坦等在前人基础上将生态服务功能分为若干大类，使用多种方法对全球生物圈生态服务价值进行初次评估，得出每年全球生态系统就能够产生总价值。但是，这一结

①② 苏曦凌：《行政技术主义的社会病理学分析：症状、病理与矫治》，载《社会科学家》2015 年第 11 期。

果也饱受争议。① 二是在可操作性方面。"当前缺乏足够可行的手段来界定生态服务功能。另外，没有足够方法来判断这些生态系统服务功能的基本经济价值。""国内资源环境价值计量研究，被解决的大部分问题仅局限在技术方面，目前的研究过于注重技术性问题，反而在基本问题上迷失了方向。"② 被西方生态补偿实践广为接受的支付意愿评估方法在我国也遭遇到可操作性的困扰。原因在于，我国正处于生态文明体制变革转型时期，公众对流域生态服务或生态产品的需求正在发生不断变化，需求结构正在变得复杂，难以借助相对静态的支付意愿调查评估对他们真实支付意愿有着相对明晰认知，加之仅有对支付意愿的评估，却没有与之相适应的受偿意愿评估，单兵突进思路也会妨碍其可操作性。发展机会成本评估由于明确性方面存在不足，故在可操作性方面也差强人意。三是在普遍适用性方面。一些流域实践尽管有采用部分直接成本和机会成本之考量，但具体生态保护者能否从中获取一定利益也存有诸多疑义，至于流域生态服务功能价值评估、支付意愿方法评估也未在实践规模铺开，能够产生效果需要实践反复检验。

总之，无论是生态服务功能价值核算评估，抑或总成本核算评估和条件价值核算评估，它们的不足及缺陷不是能够通过建构更为复杂的数学模型予以克服，也不是仅仅依靠流域生态服务功能价值等核算方法理论研究而使自身问题予以消解。"一些研究提出的关于生态补偿标准的系列核算方法，尚属于实证研究的范畴，但对于补偿标准的系统研究，不仅与核算计量结果有关，更涉及价值判断，理应进入规范研究的范畴。"③

2. 导致生态补偿核算的实用主义倾向

致力于流域水生态补偿标准核算评估的专家学者们理所当然认为，技术属性是流域水生态补偿标准的本质属性，无论是基于生态服务功能价值核算评估，抑或发展机会成本或直接投入成本核算评估，甚至是支付意愿或购买意愿等条件意愿的调查评估，都是秉持价值中立原则，没有是非、好坏之分的一种工具性方法而存在。既然只是一种"方法""手段"，所以，水生态补偿标准核算评估过程，就可能表现为一种纯粹的仅仅着眼于"精致演算""严格推理""重复试验"的技术理性彰显过程。专注于核算数据完整性和可验证性、核算操作严谨性和有效性、核算结果可重复性和不以时空转移性等一种完全类似于物理发展变化的一种

① 张耀启等：《自然与环境资源价值评估的误区》，载《自然资源学报》2005 年第 3 期；谢高地等：《全球生态系统服务价值评估研究进展》，载《资源科学》2010 年第 6 期。

② 张耀启等：《自然与环境资源价值评估的误区》，载《自然资源学报》2005 年第 3 期。

③ 何承耕：《多时空尺度视野下的生态补偿理论与应用研究》，福建师范大学博士学位论文，2007年，第 78 页。

自然过程。显而易见，将流域水生态补偿标准本质属性视作为一种技术属性，"就是对标准本原的一种片面理解。"① 这是因为，无论是流域水生态服务功能价值评估，直接投入成本和发展机会成本核算评估，抑或支付意愿和受偿意愿调查评估，均是由人或者人所操控的工具比如计算机或者大数据来实施的，无时无刻不在反映当事人的主观意志和价值理念。企图设计一种完全价值中立或者不受情感因素影响的水生态补偿标准核算方法、核算内容或核算结果，几乎是不可能的，也注定会失败。

流域水生态补偿标准不仅要回答补偿标准是什么、是多少的问题，而且更重要的是需要回答，流域生态补偿标准为什么重要、选择某种补偿标准背后的社会经济考量等更为深远的问题。流域水生态补偿标准核算技术专家所关注的核算知识，尽管数据全面翔实、推理过程严谨，结论客观可靠，但这终究不过是实践性、技术性规程知识的浅显性、工具化和数字化符号描述。客观上讲，显性或数字化描述过程中所彰显出来的数理逻辑严密的推演却逐渐遮蔽和掩盖了整个核算过程、核算结果透露出的一种浓厚但未能量化的主观价值判断和人文关怀意识。按照这种理解，只需要关于直接投入成本、发展机会成本、流域生态服务功能核算的专业知识储备，就足以胜任完成流域水生态补偿标准的准确核算。实际上，这种貌似准确的核算却导致流域水生态补偿标准认知层面的偏差，并且会逐渐陷入短视性、功利性、片面性泥沼。这是因为，任何客观性、纯粹性和理想性地追求关于"如何做"的"中立性"专业技术性知识，恰恰容易忽视在这种技术性核算知识背后发挥重要理论指导作用的基本原理和内在逻辑，容易忽视令人眼花缭乱技术规则背后是源于人性基本认知的哲学原理，从而导致对流域水生态补偿标准认知上的简单性、"形而上"偏差，最终造成流域水生态补偿标准确定止步于核算方法评估的技术掌握、沉迷于各种各样核算模型框架的搭建，专注于利用核算模型进行具体流域的核算评估。② 这种技术理性之上或者实用主义的工具化倾向势必会掩盖对流域水生态补偿标准社会属性的基本认知和相应的政策设计判断，势必需要得到纠正。

二、水生态补偿标准的社会属性

不可否认，流域水生态补偿标准首先体现为一种技术属性，但技术属性只能回答补偿标准"是什么""是多少"？而不能有效解释补偿标准"为什么""怎么

①② 苏曦凌：《行政技术主义的社会病理学分析：症状、病理与矫治》，载《社会科学家》2015年第11期。

样"，从而在一定程度上消解了水生态补偿标准制度规定的丰富内涵，不能准确把握水生态补偿标准内在质的规定性，为此，需要回到社会属性乃至法律属性层面重新认识水生态补偿标准的基本属性。

（一）水生态补偿标准社会属性的客观表征

水生态补偿标准社会属性是指，在对补偿标准实施核算评估基础上，从而展现出一种符合流域经济社会发展的主观价值判断。这种价值判断是由有权机构依靠法定程序单方作出的，或者是由有权机构共同协商后作出。无论是单独判断或者共同判断，均属于社会中"人"的一种价值判断，却最终回到规范性判断层面。

1. 水生态补偿标准内含多元价值追求

从价值追求来看，水生态补偿标准社会属性主要体现在效率与公平价值的协调衡平。社会科学视野下，水生态补偿制度机制实际上是一种利益重新配置的制度机制。这种利益分配所遵循的标准是什么？福利经济学以效率价值为导向而给出了两个答案：帕累托改进和卡尔多希克斯改进。帕累托改进强调在不使任何人境况变坏的情况下，而不可能再使某些人的处境变好。[1] 帕累托标准最为理想，但往往囿于现实状况难以达成，卡尔多—希克斯标准要求较宽泛，更重视补偿和社会整体利益的提升，其通过比较受益者的收益与受损者的损失来判断法案是否值得实施。[2] 无论是帕累托改进或卡尔多希克斯改进，尽管他们在改进效率方面的选择或取舍不同，但这种选择或取舍背后包含着的一种功利主义的价值哲学基础。而功利主义在公平价值追求方面存在着固有缺陷。它"仅仅关注绝对意义上的利益分配，而忽视了利益的相对损失、利益获取的时间差异和非物质利益的分享"。[3]"我国在利益分配领域我们一直遵循福利经济学的指引。"[4] 在这种思想指引下，我国社会总体福利水平确实得到了巨大提升。认真反思就会发现，目前这种社会总福利水平的大幅度提升，很大程度上是以损害或牺牲一部分特定区域、一部分特定民众的福利为代价。在特定时空下，我们可将其视为一种无奈或不得不为之举，若一旦形成经验模式并将其加以规模推广，势必造成更大范围内、更深层次上的利益冲突、对立以及利益分配不公。总之，"在社会总体福利不断增

---

① 安宇宏：《帕累托改进与帕累托最优》，载《宏观经济管理》2013年第3期。
② 单云慧：《新时代生态补偿横向转移支付制度化发展研究》，载《经济问题》2021年第2期。
③ 彭源贤：《帕累托改进、利益分配与改革》，载《兰州学刊》2008年第4期。
④ 何承耕：《多时空尺度视野下的生态补偿理论与应用研究》，福建师范大学博士学位论文，2007年，第48页。

长过程中，就有可能掩盖了公平性问题"。① 也就是说，我国目前利益分配的制度体系，其遵循的帕累托改进或卡尔多希克斯改进，尽管实现了对效率的追求，但在一定程度上却掩盖着对公平的价值追求。具体至流域水生态补偿机制而言，尽管我国陆续开展了多个重要生态系统（森林、湿地、草原等）、多个重要流域（新安江、东江、长江等）、多个重要生态功能区（国家公园、自然保护区和自然公园等）、跨行政区跨流域（南水北调中线工程）等"点""线""面"相结合、单独补偿与综合补偿相联结的全方位、全范畴生态补偿实践活动。其间，由于生态补偿制度法治化建构缺席、政策随意性强以及软性约束无处不在，水生态补偿制度建构随意性与补偿标准核算技术主导性之间撕裂加剧，致使补偿标准技术核算陷入"自言自语"状态。由于补偿标准核算评估及其背后承载价值追求差异较大，造成水生态补偿制度在稍许缓解利益相关者利益冲突的同时，也在不断累积利益分配走向更加尖锐对立的能量和态势。因此，包括水生态补偿标准在内的水生态补偿机制在积极回应社会总体福利提高的同时，也要回归法理层面，高度重视水生态补偿标准制度规定在营造流域生命共同体理念、追求分配正义、交换正义、矫正正义以及重构良好流域生态秩序等方面的价值功能定位。

2. 水生态补偿标准自带多层公共属性

水生态补偿标准社会属性还体现在，它具有公共属性。这种公共属性不是来自严格规范的科学测算，而是来自科学测算过程中不同利益相关者之间的社会交互活动，从这个意义上讲，水生态补偿标准制定过程就是一个公共性社会交往活动，表现在：（1）标准制定（协定）主体的公共属性。在补偿标准确定过程中，专业技术方面的核算评估必不可少，但标准制定（协定）主体仍然是由政府及其职能部门单独享有。作为流域公共利益、整体利益或者地方利益代理人或委托人，尽管地方政府及其政府职能部门难以破解各自视角障碍，在流域水生态服务供给过程中存在这样那样偏差，尽管存在各自地区利益诉求或者部门利益诉求，但并不能排除他们在等级科层制和社会伦理法律约束机制下，达成价值共识以及采取一致性行动的可能性。就此而言，我们认为，水生态补偿标准制定主体伴随着一定的公共性甚至公益性。（2）制定（协定）过程的公共属性。水生态补偿标准制定过程体现着法治、公开和公众参与等方面的公共权力特质，它强调利益相关者参与、谈判，强调机会平等和过程平等。在这个过程中，不仅有公共利益、整体利益与地方利益各自的代言人——地方政府身影，更有流域万千具体的生态服务提供者或生态保护者参与其中。需要借助制度方式确权赋能，保障他们能够参与到水生态补偿标准制定的博弈互动过程之中，实现标准制定过程成为专

---

① 姚明霞：《福利经济学》，经济日报出版社 2005 年版，第 151 页。

业与大众、政府与社会的有机互动进程。

坚持水生态补偿标准的公共性，就是坚持水生态补偿机制的公共性。只有坚持水生态补偿标准的公共性，才能防止补偿标准核算技术成为特定群体借助一定技术优势垄断水生态补偿领域的不良局面，才能避免生态补偿标准核算评估技术成为特定群体谋取个人、团体私利或者部门利益的技术工具。坚持水生态补偿标准的公共性，要反对将水生态补偿标准仅仅看作是一个技术意义上的核算评估问题，不仅要看到一系列复杂数字测算、相当严密的数理模型推演和海量数字指标，也要看到这些核算评估背后包含着不同地区、不同民众的生存状态以及他们对自由、权利、尊严及正义、秩序的追寻。如果仅仅强调水生态补偿标准数字核算中工具理性的重要功能，就会不断忽视技术背后所蕴藏的人文主义和价值理性。如果过于强调水生态补偿标准数字核算上的"精致化""精细化""精巧化"，极易导致单个的人的技术化、客体化或物化，从而逐渐偏离流域水生态补偿制度机制之最终目的。当下，我国逐渐转向尊重每一个群体及个人生存权利、发展权利以及一定程度的选择自由，这就要求我们既要关注水生态补偿标准核算和手段本身的正当，也要关注生态补偿标准制定（约定）过程的公正性、公共性和公开性。

3. 水生态补偿标准附随一定的人文关怀

不可否认，水生态补偿标准技术核算评估构成标准制定或博弈的技术基础，但技术基础或者技术核算评估仅仅占据了其中的一小部分。流域水流产权关系最终确定、流域上下游地区民众各自对流域生态服务的不同利益需求及变化状况、流域生态服务保护者与受益者之间的良性互动关系等诸多经济社会因素才是决定流域水生态补偿标准的内在规定、内在特征，更充当着判断流域水生态补偿标准技术属性实施与否的基本价值尺度，主要理由在于，首先，从流域水生态补偿标准确立来看，制定主体主观价值取向是导致流域水生态补偿标准产生的主体性根据。标准制定主体实质上在既定价值观念和伦理道德下，参照技术核算评估数据，决定流域水生态补偿标准的基本尺度、发展路径、主要内容、大致脉络和发展方向。其次，补偿标准技术核算过程是在核算主体一定价值观念和方法论指导下进行的，任何脱离核算主体主观意识和价值观念的核算过程和核算方法都是不真实的，任何以严谨的科学名义核算评估出来的补偿标准结果背后所折射的一定是带有一定的温度、一定人本主义的人文情怀。[①] 最后，从确立之后的水生态补偿标准调整过程来看，任何业已确定的流域水生态补偿标准会随着流域经济社会

---

① 苏曦凌：《行政技术主义的社会病理学分析：症状、病理与矫治》，载《社会科学家》2015年第11期。

发展以及生态文明建设发展状况而进行相应调整。流域水生态补偿地方立法文本中先后均建立了水生态补偿标准动态调整机制，大都要求补偿标准需结合流域所在地社会经济发展状况、人口变化状况或者最低收入状况等进行定期调整，这种定期调整机制需遵循一定的规范化程序。

（二）水生态补偿标准法律规制的必要性

我们进一步发现，无论是补偿标准呈现的公共性，或者其对于效率、公平正义的价值追求，抑或在补偿标准制定（约定）程序机制中，几乎均与社会生活中的法律制度存在直接关联，就此而言，我们甚至认为，水生态补偿标准的社会属性主要体现在水生态补偿标准的法律属性方面。"法律文件中不可能规定基于某种假设而建模推演出的计算方式和标准。""在法律机制建构过程中必须克服技术主义的路径依赖，将重心落在如何明确标准制定主体、相关程序机制和利益表达、沟通机制的设置。"[1]

1. 法律能够实现对权益限制的公平合理补偿

基于维持增进环境公共利益需要，国家对特定人、特定范畴内的人涉及自然资源的财产权益和发展权益施加各类禁限措施。上述禁限措施，要么造成他们特别牺牲；要么虽未造成特别牺牲，但不予补偿却造成利益严重失衡，基于公平正义价值要求，需要由作出特定状态下禁限措施的各级政府代表国家对利益受到损害的特定区域、特定人或特定范畴内的人予以公平合理补偿，生态补偿权利/生态补偿请求权由此得以产生。在补偿权利产生过程中，法律发挥着不可替代之作用：（1）能够保障禁限措施与补偿措施同步有序推进。流域生态环境公共利益实现过程与流域生态补偿方案、项目确定过程是一枚硬币的两面。一旦各级政府准备以环境公共利益、整体利益为名作出相应禁限措施的制度安排，这种制度安排势必带来两类后果：一个是造成特定人、特定范畴内的人的特别牺牲以及相应的利益损失；另一个是造成特定地区牺牲，尽管未达到特别牺牲，但不予补偿却显失公平。法律制度功能在于，将环境公共利益实现与生态补偿实现建立联结管道。（2）通过界定生态补偿权利或国家补偿责任实现补偿。法律主要通过以下几种途径保障生态补偿权利，一是明确国家或各级政府生态补偿责任。各级政府有效履行生态补偿责任的过程就意味着生态补偿权利得以实现；一旦政府不履行相应的生态补偿责任，特定人、特定范畴内的人可以通过提起司法救济，司法机关可以借助公法规范，从国家生态补偿责任中，推断出一定的生态补偿请求权。二

---

[1] 苏曦凌：《行政技术主义的社会病理学分析：症状、病理与矫治》，载《社会科学家》2015年第11期。

是生态保护者与生态保护受益者可以借助签订履行生态补偿协议方式①以产生、变更和消灭生态补偿法律关系。在这一关系中，双方或多方的权利义务关系借助契约途径得以固化，一方或多方不完全履行协议或者违法协议内容要求，另一方可以借助司法途径得到一定救济。一言以蔽之，生态补偿权利的立法保护、执法保护向司法化保护是生态补偿制度法治化的主要标志，也是生态补偿权利真正成为法律权利的主要标志。（3）通过建立最低补偿标准制度实现合理补偿。为了保持最低限度公平，法律可以探索建立生态补偿最低标准规则。国家或各级政府颁行实施针对特定地区、特定人、特定范畴内的人的禁限措施，造成的损失通常包括两个部分：一是直接损失；二是间接损失。"直接损失就是流域上游地区为了提供符合一定条件的流域生态服务，所投入的各种直接成本的支出，这种对直接损失的补偿显然是最为基础的补偿，所以确定直接损失必须补偿对于公平正义的社会构建自不待言。"② 间接损失是指发展机会成本的损失。水生态补偿标准能否将直接投入成本和发展机会成本之和作为全部损失而要求补偿，取决于补偿原则等要求。法律依据直接投入成本而确定的最低补偿标准具有一定法律效力。（4）形成解释水生态补偿制度的逻辑闭环。国家水生态补偿制度建构，首先要考虑的因素是，对美丽中国目标主导下流域公共利益、整体利益以及水生态安全的"高度关注""高度重视"；其次所要表达的是，围绕上述目标任务实现而对流域特定地区、特定人、特定范畴内的人财产权益与发展权益实施一定禁限措施的"高度谨慎""高度克制"；最后需要表达的是，围绕上述禁限措施而对流域特定地区、特定人、特定范畴内的人损失予以相应救济以及激励的"高度尊重""高度敬畏"。以此层层推进，才能有效诠释生态补偿制度。美丽中国目标实现需要借助必要制度工具，而相应制度工具选择必须附随着一定的配套措施。法律制度能够在"目标—工具"确定与选择、"权利—利益"获得与实现之间建立起一种实质性勾连，从而形成了水生态补偿机制运行的逻辑闭环。

2. 法律能够保障利益负担的公平分配

所谓利益，是指能够满足人类需要的各种客观对象。不同的人、同一个人在不同发展阶段，需求可能不同，唯一相同的是，他们始终如一的不懈追求着利益，正如学者爱尔维修所说，"人不能逆着利益的浪头走"。③ 与利益相伴的就是负担，利益和负担的分配总是伴随着水生态补偿制度建构及机制运行。如前所

---

① 参见《生态保护补偿条例》（公开征求意见稿）第 6 条第 4 款规定，"补偿对象确定为耕地、林地、草地权利人的，县级以上人民政府或者其委托单位应当与权利人签订补偿协议，明确补偿关系中各方的权利义务，约定违约责任"。第 16 条、第 17 条又分别对流域生态补偿协议形式内容作了明确规定。

② 肖顺武等：《试论公共利益实现中的公平补偿原则》，载《经济法论坛》2012 年第 1 期。

③ 苏宏章：《利益论》，辽宁大学出版社 1991 年版，第 10 页。

述，水生态补偿制度通过分配正义、交换正义以及矫正正义等诸多要求，在利益和负担之间实现一种公平合理分配。利益负担的公平合理分配不能借助复杂或者简单的技术核算而顺利得出，相反，它需要借助水生态补偿制度尤其是水生态补偿标准制度规定才得以有效实现。水生态补偿制度在利益负担公平合理分配方面的作用主要体现在以下几个方面：一是相对抽象的分配正义、交换正义和矫正正义原则可以具化为带有一定权利义务特性的法律规则。利益负担公平合理分配的法律规则可以简化为具体的权利义务设置的一定标准，达到或符合这个标准即可享受一定权利或者承担一定义务。"从一定意义上说，权利也是一种资源。"① 具有一定法律意义的生态补偿权利实际上就是以另外一种方式在分配利益负担，经济学中将其称为分配一定的资源。二是通过法律衡量不同利益价值顺位以保障利益负担公平合理分配。并不是所有的利益负担可以借助权利义务规则得以合理分配，有时候，法律利益衡量也发挥着非常重要的功能。按照利益代表的价值和需求等级不同，法对利益分配主要体现在，将较高级别的利益或需求放在效力等级较高的法律，可以将这些利益称为根本利益，将较低级别的利益放在效力等级较低法律。当不同级别利益或需求发生冲突时，按照法律关照程度不同，需要在不同级别利益之间进行一定的法律选择，其中，对根本利益实施优先保护，严禁侵犯；对其他利益进行不同层级的相应保护，而且需要根据社会公共利益实现程度要求，对其予以不同程度的限制，一些限制可以视为当事人应当承担的社会负担而不予以补偿；一些限制造成财产权灭失的可予以一次性行政补偿；但更多限制经常会形成一种持续性状态，或者造成特别牺牲，或者虽未导致一种特别牺牲程度但不予以补偿就显失公平，法律需要合理补偿，这种合理补偿实际上就是达至一种新的利益负担合理分配的一种主要形式。学者安德鲁·韦斯特认为，"一些人多占了环境资源，而另一些人占有得远远不够，国家应该在他们之间进行平衡和调整，而生态补偿就是指的这种平衡和调整"。②

（三）水生态补偿标准法律规制的主要进路

水生态补偿标准既体现为一定的技术属性，也体现为一定的法律属性，它是技术属性与法律属性的结合体，其中，技术属性构成其前提与基础，法律属性构成其核心与保障。

1. 结构安排：多元与多层相结合

我们认为，流域水生态补偿标准在结构安排上的特点是，"多元性与多层次

---

① 田培炎等：《论权利与效率》，载《法学研究》1992 年第 6 期。

② 李小云等：《生态补偿机制：市场与政府的作用》，中国社会科学文献出版社 2007 年版，第 283 ~ 319 页。

的有机结合"。多元性是指，水生态补偿标准不是单一的数学公式而是一个非常复杂的标准结构体系，比如水生态补偿标准，按照领域可以分为饮用水水源生态补偿标准、蓄滞洪区生态补偿标准和流域生态补偿标准等，不同领域的水生态补偿标准在支付基准、支付原则方面是不同的。多层次性是指，在一个既定领域的补偿标准体系内，"可以根据水质、水量以及其他量化要求，将同一补偿标准划分为多种层级，每一层级采用不同的标准"，[①] 比如在流域生态补偿标准体系中，基于对应于流域水生态服务功能价值、发展机会成本和直接保护成本技术核算方法的不同，我们可以将其转化具有一定法律意义的最高补偿标准、一般补偿标准和最低补偿标准，且结合各自核算方法的不同而赋予不同法律效力。按照不同流域适当拉开差距，彰显生态补偿标准的激励约束功能，践行"激励相容"原则。但是，我国生态补偿标准体系在形成过程中，受到多元化补偿方式的外部结构与"成本为主"的内部结构双重制约，使得补偿标准体系虽然具有明确补偿水平、推进生态保护补偿实施的显正功能和配置生态保护补偿责、权、利的潜正功能，却也不可避免地带有固化补偿标准、侵犯个人权益的潜负功能。[②] （1）主要成因。水生态补偿标准在结构安排上的多元多层特质主要有以下各种因素，一是受到水生态补偿主体、补偿方式等多元化影响。补偿关系主体与补偿标准多少存在紧密联结，补偿关系主体属性决定着补偿标准类别。补偿关系主体是多元的，无论是市场主体或者政府主体、社会主体等，不同补偿主体补偿能力、补偿资金状况以及补偿行为逻辑各不相同，势必会带来不同补偿标准。即便在政府主体补偿范畴内，受制于地方财政状况以及各自对水生态服务需求结构不同，也会形成不同补偿标准；补偿标准与补偿方式紧密联结，而补偿方式也是多元的。资金补偿、产业补偿和政策补偿等多元化补偿方式均会对补偿标准产生影响。多元化补偿方式势必要求多元化补偿标准与之相适应；补偿标准与补偿区域、领域紧密联结，比如水土流失重点预防区与水土流失重点治理区在区域定位、保护目标以及禁限措施各不相同，进而也会带来不同补偿标准。再比如，饮用水水源保护区和重要江河源头区由于在保护目的、保护范围以及生态保护者法律定位不同，也会带来不同补偿标准。二是受到水生态服务价值功能多元核算评估方法的影响。我们知道，直接保护成本和发展机会成本是从生态保护者损失视角来核算评估补偿标准。按照这种核算评估计算出来的补偿标准虽然较为细致地测算出生态服务提供者或者生态保护者的直接或者间接损失，但这会受到生态保护受益者一定的质疑。流域水生态服务功能价值评估关注从生态效益视角核算评估补偿标准。按照

① 郭少青：《论我国跨省流域生态补偿机制建构的困境与突破——以新安江流域生态补偿机制为例》，载《西部法学评论》2013 年第 6 期。
② 黄锡生等：《生态保护补偿标准的结构优化与制度完善》，载《社会科学》2020 年第 3 期。

这种核算方式对自然资源以及生态系统价值进行了全面评估，尽管这可以为补偿标准制定提供技术依据和参考依据，但计算出来的补偿标准数额巨大，难以为有限的各级财政所能承受。条件价值评估法强调支付意愿与受偿意愿的调查统计，但支付意愿与受偿意愿难以达至有机统一或者协调联动，也使其在中国的可行性打上一定问号。三是价值意义的补偿标准与物质意义的补偿标准难以协调统一。水生态补偿制度机制最终诉求为，立足于流域生命共同体理念要求，实现不同时空尺度上的人与人之间和谐共处以及人与自然和谐共处。人类作为流域水生态系统保护者、开发者和利用者，需秉持一定的生态理性，借助一定方法及程序对失调或退化的流域水生态系统进行物质、能量方面有效及时补充，避免流域水生态系统退化。因此，通过调整一定人与人利益关系进而实现人与流域和谐共处的水生态补偿标准需要努力做到价值意义的补偿与物质意义的补偿协调统一。价值意义的生态补偿标准是一种立足于事实基础上的价值判断，尤其是需要借助法律价值工具进行公平、正义和效率的价值判断，这种判断立足于事实但会偏离事实。物质意义上的补偿标准更多可以理解为一种事实判断，需要借助生态学、物理学或化学等学科知识进行相对科学严谨的测量、核算和评估。应然层面上，价值意义上的生态补偿为物质意义上的生态补偿提供一定的物质保障，而物质意义上的生态补偿为价值意义的生态补偿提供科学基础和检验方式。但在实然层面上，由于事实与价值分离，不同学科受制于学科视角，对于水生态补偿标准认知存在较大分歧，比如，某一特定流域水生态系统退化或失调已经超过一定阈值，比如造成一种濒危物种或一种物种基因已经永久消失。若立足于生态学视角，这是一种不可逆损失，即便给予再多价值意义的补偿已经没有意义，但若立足于法学或其他社会科学视角，尽管这是一种不可逆损失，但要基于风险防范原则，仍有必要实施一定物质意义的补偿，至少可以减少或者延缓这种不可逆性。水生态补偿标准需要在两种意义的补偿标准之间反复徘徊和左顾右盼，意图实现二者之间的协调统一。

（2）基本结构。结合标准制定的主体意志不同，我们可将水生态补偿标准分为法定标准和协议标准两类。所谓法定标准，是指法律授权主体依照法定权限及法定程序制定的生态补偿标准；所谓协定标准，是指协议主体在平等自愿基础上协商确定的生态补偿标准。法定标准和协定标准制定均需要以一定的核算评估方法作为技术依据。按照技术依据不同，法定标准又可被分为最低补偿标准、一般补偿标准和最高补偿标准，其中，最低补偿标准主要是依据直接投入成本进行核算评估；一般补偿标准主要是依据直接投入成本与发展机会成本之和进行核算评估；最高补偿标准主要是依据流域水生态服务价值进行核算评估。法治实践中，最低补偿标准由于事关具体生态保护者的生存与发展问题，故可能构成一种带有强制性的补偿标准，最高补偿标准是一种参考意义上的标准，而一般补偿标准则为一种官方推荐意义上的标准。

协定标准也可再分为两类，一类是纯粹意义上的协定标准，另一类是准协定标准。前者意味着协议签订主体之间在支付意愿与受偿意愿之间的协商一致。鉴于流域上下游地区存在着自然地理位置、经济社会发展等诸多方面事实上的不平等，纯粹意义上的协定标准并不多见，实践中较为常见的是准协定标准。准协定标准主要是在外在行政公权力介入下，协议双方达成的一种生态补偿标准。就我国目前实践来看，公权力介入主要是以规范意义上的行政指导形式出现的，除了上级政府及其职能部门的组织、协调之外，需要附随着一定数量的纵向转移支付。正是由于纵向转移支付带来了一定的"额外"利益可能性，协定标准这一生态补偿协议最为核心议题才能得以达成和履行。

多元、多层相结合的水补偿标准制度规定，显然是对"一刀切"补偿标准的否定，也是对过度补偿、过低补偿的一种制度化纠正或克服。多元多层相结合的水生态补偿标准制度规定，才能更好地激励流域水生态服务的持续有效供给，更好地抑制或约束流域水生态服务供给中的负面行为结果产生。这对于建立公平、公正、合理的流域水生态补偿标准的制度规定意义重大。不可否认，多元、多层相结合水生态补偿标准制度规定也给制度设计、执行带来挑战。

2. 内容安排：确定性与不确定性结合

这里的确定性是指，无论是协定标准或者法定标准，在指导原则、支付基准和标准内容方面呈现可量化、可核查；不确定性是指，由于流域社会经济发展不断变化，业已确定的补偿标准也会产生相应变化。水生态补偿标准是确定性与不确定性的统一，其中，确定性是相对的，不确定性是绝对的。

（1）补偿标准呈现一定的不确定性。首先，补偿标准的不确定源于补偿关系主体存在一定的认知分歧。流域水资源归国家所有，但地方政府"实际拥有""具体行使"所有权，在"唯上"的行政科层制以及中央地方分税制等诸多因素叠加下，确立生态补偿标准的过程实际上是在地方政府之间进行利益重新分配的过程。在生态文明制度体制框架尚未搭建完成以及流域共同体共识尚未形成一致等背景下，流域上下游地区地方政府会以各种"正当理由"，逐渐形成基于不同立场和不同利益的系统完整论述，其中在流域生态补偿上的"自言自语"造成各方很难在补偿标准问题达成一致，即便在外在压力下达成暂时妥协，也很难有效持续。其次，补偿标准不确定性受到水生态服务或水生态产品核算评估方法多元性的影响。如前所述，学者们提出了流域水生态补偿标准的多种核算评估方法，无论是基于流域水生态服务功能价值的核算评估，或者建立在直接投入成本和发展机会成本之和基础上的总成本测算，再或者是建立在支付意愿与受偿意愿统一基础上的条件价值评估，甚至在上述不同核算评估基础之上衍生的各种具体方法，难以计数。① 应当看到，这些多元测算评估方法在丰富和完善水生态补偿标准理论之同时，也在加剧水生态补偿标准的不确定性。最后，补偿标准不确定受到流域经济社会发展变化的影响。流域水生态补偿标准尽管立足于核算评估，但并不完全取决于核算评估。在某种程度上，流域水生态补偿标准最终取决于流域经济社会发展变化以及由其引起的流域需求结果的变化。流域上下游地区地方政府 GDP、财政收入、人均收入状况和人口数量在不断发生着变化。流域利益相关者生态环境保护意识、价值观念和消费习惯也在发生着变化。宏观层面、中观层面和微观层面的发展变化，经济、政治和环境保护方面的发展变化，价值观念和行动层面的发展变化，都会在一定程度上影响着补偿标准的确定性。

（2）补偿标准呈现一定的确定性。补偿标准的确定性是由流域水生态补偿标准的基本属性决定的。法定标准层面方面，任何补偿标准均是公权力机关依照法定程序制定出来的，制定出来的法定标准已经呈现出"法规范"特性，既然如此，确定性、可操作性强就成为这类"法规范"的显性特征。"技术与法也都同属人类理性的造物和表现，并且，一定目的的实现往往仰仗于一定的手段或方式，故作为实现某种目的所必须采取的方式、方法或技能的技术本身同时也可能在一定意义上具有规约、规范的意味。""它们都具有操作性、应用性和技术性，标准的统一、普遍、明确、稳定和可预测性是它们共有的属性。技术自不必说，法本身其实也是一种操作性程序和技术，且法只有被技术化、程序化、形式化才可能被操作和运用。"② 在协定标准层面，无论是"卖方的成本"还是"买方的收益"，"水生态产品的价值"或者"水生态产品的价格"，最终达成的补偿协议中，协定标准是协议各方相互博弈、相互妥协的结果，这个结果应当是明确的，呈现出确定性、可操作性等特征。核算评估结果层面，无论是采用水生态服务功能价值的核算评估方法或者采纳直接投入成本与发展机会成本的核算评估方法，抑或采用条件价值的核算评估方法，最终递交给公权力机关的核算评估结果应当都是确定的。

水生态补偿标准的这种确定性非常重要。于补偿主体而言，补偿标准确定意味着补偿责任的大小和支付补偿费用的多少；于受偿主体而言，补偿标准则表明财产权益或发展权益受到限制后损失的大小及基于激励的预期收益多少；于补偿方式而言，无论是资金补偿抑或政策补偿，都与补偿标准息息相关，更为重要的是，补偿标准能够直接决定各种补偿方式之间是否相互转化以及转化的程度。总

---

① 胡晓燕等：《用效益转移法评估生态系统服务价值：研究进展、挑战及展望》，载《长江流域资源与环境》2021 年第 5 期。

② 孙莉：《在法律与科学技术之间》，载《科学学研究》2007 年第 4 期。

之，水生态补偿制度机制中，补偿关系主体确定、补偿资金分配、补偿方式确立和补偿绩效评估，均可能是围绕着水生态补偿标准是否具有确定性以及确定性大小而得以顺利展开。

3. 发展走向：历史性与现实性相结合

水生态补偿标准在不断发展变化，它是历史性和现实性的有机结合。（1）水生态补偿标准发展受到利益相关者认知水平的影响。人类对自然资源、生态要素以及生态服务的认识是不断发生变化的。人类社会早期，受制于生产力低下，产生了对自然及自然现象的崇拜，他们敬畏自然，感谢自然赐予人类的各项产品或服务。随着生产力快速发展，人类认识工具和认识能力大幅提高，征服自然、变革自然、改造自然等理念一度喧嚣之上。人类从自然获取丰富产品及财富的同时，也受到自然的多重惩罚及无情报复。遭受重创的人类开始不断反思，在反思中得以持续进步。随着生态文明理念产生、推广与普及，尊重自然、保护自然和顺应自然又受到人类青睐。当生产力处于较低发展阶段时，人类不可能对流域水生态服务功能价值有着深刻认知。但随着生产力快速发展，人类为了不断满足自身需求，就不断向流域索取各项水生态服务或生态产品，以致它们逐渐成为一类稀缺资源。进入生态文明时代之后，人类对稀缺的流域水生态服务或水生态产品及其供给状况认知进一步提高。自然资源有价、生态服务有价，干净空气、清洁水源不再仅仅是来自大自然恩赐，它也凝结着时间、成本以及各种投入。申言之，优美的水生态环境、优质的水生态产品不再是"肆意挥霍"的"免费午餐"。上述认知上的巨大变化对水生态补偿标准产生和发展产生深远影响。（2）水生态补偿标准也受到不断变化的人类需求之影响。随着社会经济发展，人类对自然的需求也在发生变化。早期需求更多体现为一种生存性、物质性需求，这些需求只需要从自然获取必要的生态产品即可以得到满足。但随着经济社会快速发展，在常规物质需求需要持续得以满足之后，开始关注从各项水生态服务供给中获取精神需求和文化传承需求。人类利益需求的变化要求流域水生态服务供给应当进行必要结构调整，其中，从"安全的饮用水"到"健康的饮用水"，从"Drinking"到"Swimming&Fishing"，从"物质需求"到"文化价值或美学价值需求"。近年来，随着全球气候变化问题凸显，对流域水生态服务的气候调节功能重视程度又在持续攀升。经济学认为，人类在对流域水生态服务认知逐渐深化背景下，对于其在调节气候、供给生态产品功能以及传承文化等方面的不同功能极大满足了人类不断变化的利益需求结构，对于他们在水生态服务供给意愿和支付意愿方面会产生微妙甚至积极的影响。人类需求结构的不断变化，也在一定程度上引发水生态补偿标准的变化。（3）水生态补偿标准发展也受到科学研究的影响。社会经济发展能够为流域水生态补偿制度机制提供强大资金基础，能够为生态补偿标准技术核算方法与相应制度设计提供资金支撑，能够为补偿标准动态调整寻找正当依据。在这个发展过程中，水生态补偿标准制度规定经历了一个从无到有，从简单到复杂，从单一到多元的发展过程。自然科学和社会科学的相关研究也扮演着非常重要的角色。从直接成本核算评估到生态服务功能价值核算评估，从技术范畴的自然科学研究到规范领域的法治建构研究，从实证研究到价值研究，从单一学科研究到多学科的交叉研究，水生态补偿标准理论研究助力水生态补偿标准概念范畴体系不断完善。

三、小结

首先，流域水生态补偿标准是一个技术范畴中的标准核算问题。核算数据全面、真实、客观以及核算过程中严谨数理推演和价值中立自不待言。国内外学者先后提供了多种核算评估方法，影响较大的包括流域水生态服务功能价值评估核算方法、成本核算方法以及条件价值评估方法等。其次，流域水生态补偿标准更是一个社会领域中的法规范设计问题。因为补偿标准核算评估从来不是在价值中立环境中进行的，任何"精致"核算方法不能掩盖或遮蔽补偿标准的社会属性。流域水生态补偿标准既是一个技术核算问题，也是一个社会判断问题，是技术性与社会性的有机结合，简单抓住某一方面属性进行理解并作出行为判断难免顾此失彼。水生态补偿标准的技术核算评估与法律制度规定相辅相成。从事实角度分析，补偿标准具有技术属性，需要经过科学测算；从规范角度分析，补偿标准具有法律属性。可从形式和实质两个层面对其法律属性进行进一步分析，形式层面，补偿标准需要揭示标准制定主体基于何种权力，以何种程序采纳一定的核算评估方法，并将其转化为具有法律效力的国家法律、行政法规、行政规章、地方法规或者其他行政规范性文件。实质层面，水生态补偿标准制度规定主要包括，补偿标准指导原则、补偿标准支付基准和补偿标准主要内容等。

第四节　水生态补偿标准的指导原则确定

如前所述，完整的水生态补偿标准体系应当包括水生态补偿标准的支付基准、水生态补偿标准指导原则以及水生态补偿标准基本内容等，其中，水生态补偿标准指导原则发挥了非常重要功能，因为它体现着水生态补偿标准制度规定的主要目的，贯穿水生态补偿全部活动过程，规范着水生态补偿的立法、执法以及司法进程，维系着生态保护者与生态保护受益者的良性互动。水生态补偿标准指导原则具有概括性、涵摄力，主要解决补偿标准确立依据，影响甚至决定生态补偿标准范围，在水生态补偿标准制度规定供给不足或者水生态补偿标准不符实践需求时，发挥指引、替代甚至裁判功能；具体的生态补偿标准制度规定需要回答补偿具体额度、具体程度或者具体费用多少等问题。补偿标准指导原则也是补偿标准制度规定体系内部和谐统一的重要条件，它能够有效协调支付基准、补偿标准以及补偿方式等制度规定之间的矛盾和冲突。

一、传统行政补偿标准的指导原则

学界对于传统行政补偿标准的指导原则有着深入研究，这显然有助于我们认识水生态补偿标准的指导原则。"在现代宪法理念下，无条件牺牲人民基本权利以满足公益的绝对性早已不复存在。"[①] 对于行政补偿标准的指导原则，法国、美国、德国及其他国家先后通过宪法法律及司法实践提出了"正当补偿"要求，但何谓"正当补偿"？各国理论及实务大都莫衷一是，不同国家地区结合各自实际状况作出了不同解释。对于"正当补偿"的含义，一直是人们争论的焦点。学理上有完全补偿说、公平补偿说和合理补偿说等三种解释。[②]

(一) 完全补偿原则

完全补偿是指，"补偿必须将不平等还原为平等，即对于所产生损失的全部进行补偿"。[③] "征收补偿与民事赔偿是相通的概念和制度，宜根据受害人的全部损害来确定补偿的具体数额。"[④] 行政补偿采用完全补偿原则，经过了理论的长期沉淀以及司法实践的丰富经验总结。完全补偿原则是在所有权绝对理论之下，以"既得权说"为主要理论基础，"因为土地所有人对该土地拥有的所有权是依法取得的一种既得权，理应得到绝对的保护"。[⑤] 基于公共利益要求，需要对土地进行征收，就必须依照法律对征收土地实施完全补偿。"按照所有权绝对理论，既然土地所有权本质上为不可限制的权利，政府对于任何私人土地所有权不得予

---

① 马怀德：《国家赔偿法的理论与实务》，中国法制出版社 1994 年版，第 46～48 页。

② ［日］盐田宏著，杨建顺译：《行政法》，法律出版社 1999 年版，第 506 页。

③ ［日］桥本公亘：《宪法上的补偿和政策上的补偿》，载成田赖明编：《行政法的争点》，有斐阁 1980 年版，第 1 页。转引自杨建顺：《日本行政法通论》，中国法制出版社 1998 年版，第 605 页。

④ 张玉东：《公益征收若干法律问题研究》，载房绍坤等：《不动产征收法律制度纵论》，中国法制出版社 2009 年版，第 202 页。

⑤ 李集合等：《土地征收：公平补偿离我们有多远？》，载《河北法学》2008 年第 9 期。

以剥夺，因此，理应给予土地所有权人以完全补偿，以实现公平正义的内在要求。"① 完全补偿原则也得到了国家法律确认或司法认可。

1. 国外立法规定

法国《人权宣言》第 2 条规定，"财产权属于'人的自然和不可超越的权利'之一。当财产权因公共利益需要做出特别牺牲时，国家即给予完全和充分的补偿"。② 以此宪法意义明确宣示为开端，各国法律先后明确了完全补偿原则。早在 19 世纪，德国土地征收补偿即采用完全补偿原则，对造成的损失予以全部补偿。1837 年，德国巴伐利亚州《公益征收法》明确规定了完全赔偿原则。③ 1874 年，德国《普鲁士邦土地征收法》也提出了完全补偿原则。④ 1889 年，日本《土地收用法》采用"相当价值之补偿"，⑤ 实际上也是一种完全补偿原则。1945 年，日本《和平宪法》规定，"私有财产在正当的补偿下得收归公用"，⑥ 这实际上从宪法角度明确了完全补偿原则。加拿大《土地征收法》⑦ 对完全补偿原则也作了一般性规定。加拿大亚伯达省《土地征收法》⑧ 对完全补偿原则作了细化规定。美国建国初期，征收土地没有存在补偿之说。这种做法随后发生了颠覆式变革。1789 年，《美国宪法》（第 5 修正案）首次明确提出"公平合理补偿"是美国公用征收之前提。结合美国历史上几类典型土地征收补偿案例，大体可以得出美国司法实践体现的是一种完全补偿原则。⑨ 可见，在土地征收所形成的行政补偿中，完全补偿原则在宪法法律制度规定中占据着主导地位，但对于完全补偿原则的理解，各国乃至同一国家不同发展阶段都有不同判断。

2. 中国的立法规定

作为一个快速发展的社会主义国家，中国对于土地征收以及相应补偿原则的

---

① 李集合等：《土地征收：公平补偿离我们有多远？》，载《河北法学》2008 年第 9 期。

② 凌学东：《域外不动产征收的完全补偿与公正补偿原则比较》，载《理论月刊》2013 年第 5 期。

③ 参见德国巴伐利亚州《公益征收法》（1837）规定，"政府基于公共利益目的需要征收财产权人土地时，不仅要补偿所征收土地本身的通常价值，还必须补偿其特别价值或其他利益"。

④ 参见德国《普鲁士邦土地征收法》（1874）明确提出完全补偿原则，规定征收土地应补偿被征收土地及地上附着物、孳息的完全价值，并且对因一部分征收造成的残余土地价值减少的特别损失也应予补偿。

⑤ 参见日本《土地收用法》规定，"依该土地及近旁类似土地之价格补偿其损失，即依照该土地买卖价格，能买入其他同样土地的价值"。参见黄宗乐：《土地征收补偿法上若干问题之研讨》，载《台大法学论丛》1992 年第 1 期，第 71 页。

⑥ 蒙晓阳：《私法视域下的中国征地补偿》，人民法院出版社 2011 年版，第 170 页。

⑦ 加拿大《土地征收法》25 条规定，"政府征收土地所应支付的补偿金额应当等同于征收时被征收权益的价值总额及剩余财产的任何价值减损之和"。

⑧ 参见加拿大亚伯达省《土地征收法》42 条规定，"土地被征收的，支付给所有者的补偿应基于：（1）土地的市场价值。（2）侵扰引起的损害赔偿。（3）基于所有者占有土地产生的任何特别经济利益因素的价值，除非其他条款将其计入。（4）对情感伤害的损害赔偿"。

⑨ 王太高：《行政补偿制度研究》，苏州大学博士学位论文，2003 年，第 78 页。

认识及实践经过了一个较为漫长发展过程。民国时期的一些法律法规中依稀出现了完全补偿制度规定身影，应当说这是一个具有历史意义的巨大进步。新中国成立后，新近颁行的国家法律、行政法规中，完全补偿原则也占据了重要的一席之地，甚至成为土地征收征用补偿标准的主要指导原则，它主张对被征收人所遭受的一切损失进行补偿，其包括直接利益损失与可预期利益损失，该补偿原则的目的是实现社会平等，保障公民的个人利益不受公权力的侵害。[①] 比如，国务院《农村集体土地征收征用与补偿安置条例》第 3 条第 3 款规定，"非公共利益征收的适用完全补偿原则"。总之，现行法律法规对于完全补偿原则的制度规定，既是对国外经验的有益借鉴，也是我国历史发展的经验总结，体现着土地公有制的中国对于土地私人财产权的平等保护和一体化尊重，这对于发展和完善社会主义市场经济奠定了较为坚实的土地产权基础。

（二）公平补偿原则

公平补偿原则是指，"征收人对征收行为给被征收人造成的直接的、确定的、物质的损失进行补偿，使被征收人尽可能恢复到被征收前的相同状态，通常以公开市场价值评估为基础"。[②] 公平补偿说认为，需在斟酌公益与关系人利益后，公平决定之。此种利益衡量主要体现在征收补偿的范围上，就征收补偿的标准而言，通常以市价进行衡量。[③] "如果政府征收了你的住房，而你的房子通过公平市场交易有一个价格，那么公正补偿一般就是指这个价格所反映的'公平市场价值'。"[④] 这个原则以利益衡平为基本理念，通过必要法律机制实现个人利益、集体利益、社会利益与国家利益之间的博弈和妥协，从而实现不同层面、不同种类利益增进。公平补偿原则与完全补偿说的主要区别在于，公平补偿说是一种非个性化的客观化补偿，而完全补偿说则为个别化的主观色彩浓重的补偿。[⑤] 公平补偿原则尽管非常抽象，但它所彰显的一种理想主义理念似乎使它更容易受到政策法律制定者的青睐，故它应该是目前运用得最为广泛的土地征收补偿的指导原则。即便如此，不同国家、地区土地征收补偿立法对于公平原则内涵外延的解释千差万别。

法国最早在宪法中明确了公平补偿原则。1789 年，法国《人权宣言》第 17

---

① 胡建：《城乡统一建设用地视阈下的集体土地征收补偿问题》，载《理论月刊》2017 年第 9 期。
② 凌学东：《域外不动产征收的完全补偿与公正补偿原则比较》，载《理论月刊》2013 年第 5 期。
③ 肖楚钢：《集体土地征收补偿标准及其民法典进路》，耿卓主编：《土地法制科学》第 1 卷，法律出版社 2017 年版，第 168 页。
④ 张千帆：《"公正补偿"与征收权的宪法限制》，载《法学研究》2005 年第 2 期。
⑤ 房绍坤等：《论国有土地上房屋征收的"公平、合理"补偿》，载《学习与探索》2018 年第 10 期。

条规定，"财产是神圣不可侵犯的权利，除非合法确认的公共需要明确要求，且在公平和事先补偿前提下，任何财产皆不得被剥夺"。① 公平补偿原则在德国立法演进中经历了一个复杂演变过程。早期的《魏玛宪法》对征收采用适当补偿原则，但未明确何为"适当"而交由立法机关解释。"二战"之后，《联邦德国基本法》第14条第3款规定，"财产之征收，必须为公共福利始得为之。其执行，必须根据法律始得为之，此项法律应规定赔偿之性质与范围。赔偿之决定应公平衡量公共利益与关系人之利益。赔偿范围如有争执，得向普通法院提起诉讼"。这里首次提出了公平衡量的指导思想，"公益权衡"主张意味着基本法即确立公平补偿原则。② 1952年，德国联邦普通法院通过一份判决指出，"所谓公平补偿是使被征收人能恢复到征收前的财产状态，在土地征收案中，被征收人可用补偿费再获得（市价买到）与其被征收土地同样价值（品质）的土地"。这一关于公平补偿原则的判决理念被以后的法院所奉行。③ 1845年，英国《土地条款统一法》明确土地补偿应以"所有者享有价值"为标准。后来在陆续颁行的《土地补偿法》（1973年）、《强制购买法》（1981年）、《规划与强制购买法》（2004）等明确确立了公平补偿原则。公平补偿原则内容主要包括，土地征收补偿应当以市场价为基础；补偿以相等为原则，损害以恢复原状为原则；不因为被征收土地的特殊用途而给当事人以价格补贴；如果土地目前使用有违反公众利益或违反法律的情形，由此发生的收益在征收价格中不予考虑；特别情形下，土地征收局会不考虑市场价格而考虑一个"重置等价"，例如，一座教堂若按市价出售，所有者所得款项难以在别的地方建立同样的教堂；适当考虑打搅补偿（侵扰补偿）。④ 1789年，美国"《宪法》第五修正案明确规定联邦政府征用私人财产时必须给予公平补偿"。⑤ 在美国法上，公平补偿意味着不完全补偿：补偿被严格限制于合同法上的"一般损害赔偿"（general damages），只是其应体现征收财产的公平市场价值。⑥ 至于何谓市场价值，美国联邦最高法院的定义是，一个有意愿的购买者愿意支付给一个有意愿（出售）的出卖人的现金价格。⑦

宪法在土地征收征用补偿制度规定中，也明确提出公平补偿原则。《中华人民共和国民法典》第一百一十七条规定，"为了公共利益的需要，依照法律规定

---

① 王名扬：《法国行政法》，中国政法大学出版社1989年版，第393页。

② 陈新民：《德国公法学基础理论》（下册），山东人民出版社2001年版，第492页。

③ 蒙晓阳：《私法视域下的中国征地补偿》，人民法院出版社2011年版，第169页。

④ 高景芳等：《行政补偿制度研究》，天津大学出版社2005年版，第114页。

⑤ 李集合等：《土地征收：公平补偿离我们有多远？》，载《河北法学》2008年第9期。

⑥ Thomas W. Merrillal，"Incomplete Compensation ForTakings"，11New York University Environmental LawJournal111，2002.

⑦ See，Berenholz v. United States，1 Cl. Ct. 620，632（1982）.

的权限和程序征收、征用不动产或者动产的，应当给予公平、合理的补偿"。结合各国宪法法律关于土地征收征用公平补偿原则的制度规定，初步呈现以下几个方面的发展趋势：一是公平补偿标准是动态发展的，公平补偿标准必须与经济和社会的发展相适应，必须与人口的变化和收入相适应。二是公平补偿原则希望"努力协调公共利益和个人利益的平衡"。① 因此，相关立法或政策规定中的利益衡量原则必不可少，相关纠纷司法判决中也要考虑利益衡量原则。三是公平补偿原则也强调一种底线思维，即依据补偿标准所确定的补偿费用能够保证受偿主体的最低生活水平不至于因为限制而遭到一种实质性降低，确保其最低生活水平不至于因土地征收而急剧恶化或者被剥夺。

（三）合理补偿原则

所谓合理补偿原则，也称为适当补偿原则，是指，"鉴于征用财产权之公共目的，正当补偿只需为妥当或合理补偿即可，未必补偿全额"。② 因为随着社会的发展，土地所有权绝对理念已经发展重大变化，拥有土地所有权即附随着一定的社会义务成为普遍共识。"正是从这一意义出发，财产不再意味着权力，而意味着责任。"③ "合理补偿原则旨在，坚持公共利益、整体利益优先的情形下，协调个人利益与公共利益、地方利益和整体利益的紧张关系。但是，由于合理补偿原则的权衡基础是公共利益，私人利益仅具有参考意义，故其补偿额一般低于被征收土地的市场价格。"④ 合理补偿原则也广泛散见于各国及国家不同地区的法律之中。1992 年，我国澳门特别行政区《因公益而征用的制度》（法律第 12/92/M 号）及 1997 年《充实公用征收法律》（法令第 43/97/M 号，若干废止），尽管均由澳葡当局制定，但"一国两制"沿用至今。上述法律确立了不动产征收一般原则，"不动产及其当然权利，透过合理赔偿的款项，可因公益而被征用"。⑤ 该法第十八条规定了一定的索偿权。⑥ 此外，"《充实公用征收法律》在立法说明中强调对私有财产的保护和公共权力的限制。可以看出，追求公共利益与私人利益

---

① 杨建顺：《日本行政法通论》，中国法制出版社 1998 年版，第 606、607 页。

② 张蔚昕：《行政补偿标准研究》，中国政法大学硕士论文，2010 年，第 35 页。

③ ［美］伯纳德施瓦茨著，王军等译：《美国法律史》，中国政法大学出版社 1990 年版，第 306、307 页。

④ 陈新民：《德国公法学基础理论》，山东人民出版社 2001 年版，第 486 ~ 488 页，第 493、494 页。

⑤ 参见澳门法律网，2020 年 4 月最后访问。

⑥ 参见中国澳门特别行政区《因公益而征用的制度》第 10 条第 1 款、第 3 款规定，"一、任何财产或权利因公益而被征用时，赋予被征用事物的拥有人收取合理赔偿而同时支付的权利。二、合理的赔偿并非因令征用者得益而是基于被征用事物的拥有人的损失作补偿，该项补偿是按被征用事物的价值计算，同时要考虑公益声明当日所存在事实的情况和条件。三、为订定征用财物的价值，不能考虑公用声明中被征用楼宇所处地区内所有楼宇的增值"。被征收人的索偿权包括其他方面的内容，如"为实现公共利益目的，对不动产方面可以构成必需的地役权，当涉及所用楼宇价格或租金的实质减低时，则给予索偿权"。

的平衡是澳门征收补偿立法的核心精神所在"。① 我国法律法规中，"合理补偿"与"相应补偿"同义，表达的均是"适当补偿"的意思。② 现行《中华人民共和国民法典》第一百一十七条规定，"为了公共利益的需要，依照法律规定的权限和程序征收、征用不动产或者动产的，应当给予公平、合理的补偿"。这表明，在公平补偿之外，又提出了合理补偿。

合理补偿原则是在全面检讨完全补偿原则和公平补偿原则的基础上产生的。合理补偿原则通过否定"所有权绝对"价值理念，从而反对法律法规采用所谓的完全补偿原则，以关注实用功利主义来抵制公平补偿原则所坚持的一种所谓理想主义，以强调"所有权的社会义务"来强化、肯定或认可合理补偿原则存在的必要性、合法性和正当性。在合理补偿原则指导下，土地所有权人、使用权人有义务接受政府基于公益目的的征收征用，或者其他类型的各种准征收性限制，一旦这种限制超过"所有权的社会义务"，造成了特别牺牲，或者即便没有造成特别牺牲，但结果却显失公平，需要对这种限制所造成的损失予以适当考虑的补偿原则。可见，合理补偿原则以其便宜性、功利性等诸多优势，加之相对灵活的补偿程序规制而受到政府或公共管制机构的好评。但是，合理补偿原则也经常受到质疑，一是经常以公共利益之名对个人利益进行限制，很可能会导致公共利益对私人利益的"过度挤出效应"，这可能会使私人利益生存空间受到挤压，也可能造成行政补偿沦为可有可无的一种单向度恩赐；二是很可能不适当激励政府或公共管制机构随时以公共利益、整体利益为名实施各种类别、各种形式的限制措施，导致行政自由裁量权过大，从而引发"权力寻租"和"管制俘获"等负面问题。③

二、水生态补偿标准的指导原则

与传统行政补偿指向对个人补偿不同，生态补偿很难简单化约为具体指向对具体生态保护者个人的补偿。水生态补偿机制运行实践中，实际上存在着一个利益冲突"束"。明确或厘定水生态补偿标准指导原则，实际上就是在发现或者搜寻一个、一种或一类平衡点，以此平衡点为支点，力图破解复杂利益冲突之"束"。整理我国生态补偿政策、法律、法规以及规范性法律文件等立法文本，发现我国水生态补偿标准的指导原则更多停留在政策规定层面，且更多呈现为一种

---

① 凌学东：《域外不动产征收的完全补偿与公正补偿原则比较》，载《理论月刊》2013 年第 5 期。

②③ 房绍坤等：《论国有土地上房屋征收的"公平、合理"补偿》，载《学习与探索》2018 年第 10 期。

原则性、抽象性规定。

（一）合理补偿原则

　　总体来看，合理补偿原则最为常见。它广泛地存在于生态补偿政策法律法规等法律文本之中。（1）法律规定。2002 年，《中华人民共和国防沙治沙法》第三十五条规定，"为保护生态而将治理后的土地划为自然保护区或沙化土地封禁保护区的，批准机关应给予治理者以合理补偿"。2005 年，修改后的《中华人民共和国矿产资源法》第三十六条规定，"国务院和国务院有关主管部门批准开办的矿山企业矿区范围内已有的集体矿山企业，应当关闭或者到指定的其他地点开采，由矿山建设单位给予合理的补偿，并妥善安置群众生活；也可以按照该矿山企业的统筹安排，实行联合经营"。这应该是我国法律关于补偿标准之合理补偿原则最为明确的法律规定。（2）政策规定。国家或地方生态补偿政策规定中，涉及合理补偿原则的政策细则较为常见。这表明，政策规定的灵活性与合理补偿自身的伸缩特性存在一定契合之处。2007 年，国家环境保护总局颁行的《关于开展生态补偿试点工作的指导意见》（以下简称《指导意见》）可视作为我国首部生态补偿规范性政策文本。《指导意见》首次明确提出生态补偿机制"责权利相统一"原则，同时也提出，"研究制订合理的生态补偿标准、程序和监督机制，确保利益相关者责、权、利统一，做到应补则补，奖惩分明"。① 应当说，这是我国官方首次正式提出合理补偿原则。2013 年，时任国家发展与改革委员会主任徐绍史代表国务院向十二届人大正式提交《国务院关于生态补偿机制建设工作情况的报告》，该报告也明确提出对生态保护者给予"合理补偿"。② 2016 年，《国务院办公厅关于健全生态保护补偿机制的意见》明确提出了"合理补偿"作为生态补偿的指导原则。③ 此外，云南、西藏、河北、辽宁、广东、贵州等地关于健全生态保护补偿机制的政策规范性文件均强调指出，"加快形成受益者付费、保护者得到合理补偿的运行机制"。④ 总之，就生态补偿法律、政策主要发展走

---

　　① 参见《国家环境保护总局关于开展生态补偿试点工作的指导意见》（2007）。

　　② 参见《国务院关于生态补偿机制建设工作情况的报告》（2013）指出，"在综合考虑生态保护成本、发展机会成本和生态服务价值的基础上，采取财政转移支付或市场交易等方式，对生态保护者给予合理补偿，是明确界定生态保护者与受益者权利义务、使生态保护经济外部性内部化的公共制度安排"。

　　③ 参见《国务院办公厅关于健全生态保护补偿机制的意见》指出，"按照权责统一、合理补偿。谁受益、谁补偿原则，科学界定保护者与受益者权利义务，推进生态保护补偿标准体系和沟通协调平台建设，加快形成受益者付费、保护者得到合理补偿的运行机制"。

　　④ 参见《云南省人民政府办公厅关于健全生态保护补偿机制的实施意见》《西藏自治区人民政府办公厅关于健全生态保护补偿机制的实施意见》《河北省人民政府办公厅关于健全生态保护补偿机制的实施意见》《辽宁省人民政府办公厅关于健全生态保护补偿机制的实施意见》《广东省人民政府办公厅关于健全生态保护补偿机制的实施意见》《贵州省人民政府办公厅关于健全生态保护补偿机制的实施意见》等。

向来看，"合理补偿"原则俨然正在成为我国占据主导地位的生态补偿标准指导原则。

（二）适当补偿原则

通常意义上，适当补偿原则可与合理补偿原则相互通用。但如果认真加以语义学方面分析，就会发现两个原则也存在细微差别，比如，适当补偿原则更容易从政策意义层面予以解释，它强调补偿关系主体据此行使一种自由裁量权，且带有政策操作层面的考虑。我国行政补偿以及生态补偿制度也有适当补偿原则的身影。（1）法律规定。2008 年，经修订的《中华人民共和国防震减灾法》第三十八规定，"因救灾需要临时征用房屋、运输工具、通信设备的，事后应及时归还，造成被征用物毁损或无法归还的，应按有关规定予以适当补偿或以其他方式处理"。2016 年，经修订的《中华人民共和国防洪法》第三十二条规定，"因蓄滞洪区而直接受益的地区和单位，应当对蓄滞洪区承担国家规定的补偿、救助义务。国务院和有关的省、自治区、直辖市人民政府应当建立对蓄滞洪区的扶持和补偿、救助制度"。同时，该法第四十五条第 2 款规定，"依照前款规定调用的物资、设备、交通运输工具等，在汛期结束后应当及时归还；造成损坏或者无法归还的，按照国务院有关规定给予适当补偿或者作其他处理。取土占地、砍伐林木的，在汛期结束后依法向有关部门补办手续；有关地方人民政府对取土后的土地组织复垦，对砍伐的林木组织补种。"可见，防震减灾、防洪过程中，基于公共利益需要而实施必要行政补偿时，我国法律确立了一种适当补偿原则。（2）政策规定。适当补偿的政策规定比较多见。2016 年，《河南省人民政府办公厅关于健全生态保护补偿机制的实施意见》[①] 在论及流域水生态补偿标准制度规定时，明确提出了适当补偿的指导原则。此外，西藏、福建等地流域水生态补偿标准制度规定，也提出了"适当补偿"的指导原则。[②] 总之，适当补偿原则广泛存在于国家或地方生态补偿政策之中。但是，如何理解适当补偿原则的内涵和外延，它与合理补偿原则存在什么联系与区别？适当补偿原则指导下的流域水生态补偿标准呈现何种特征？适当补偿原则指导下的水生态补偿标准制度规定的发展走向在哪里？相关政策、法律以及规范性法律文件均未给出明确答案。即便是强调可操作

[①]　参见《河南省人民政府办公厅关于健全生态保护补偿机制的实施意见》及修订后的《河南省水环境生态补偿暂行办法》，该办法规定，"在江河源头区、集中式饮用水水源地、重要河流敏感河段和水生态修复治理区、水产种质资源保护区、煤矿开采区水土流失重点预防区和重点治理区、重要蓄滞洪区以及重要饮用水源或具有重要生态功能的湖泊，全面开展生态保护补偿，适当提高补偿标准"。

[②]　参见《西藏自治区人民政府办公厅关于健全生态保护补偿机制的实施意见》《福建省人民政府办公厅关于健全生态保护补偿机制的实施意见》。

性的地方规范性法律文件，也未对适当补偿原则作出一个相对明确的界定。

另一个值得观察的信息是，2021 年，"两办"《关于深化生态保护补偿制度改革的意见》在涉及生态保护成本时又提及一个新的概念——适度补偿。适度补偿内涵究竟如何？它与适当补偿存在何种关系？也需要进一步观察探索。

（三）公平补偿原则

与适当补偿原则相比，公平补偿原则更具有深厚的法理学滋润及公平价值引领。现行行政补偿以及生态补偿法律法规、制度实践均对公平补偿有着明确的规定。2011 年国务院《国有土地上房屋征收与补偿条例》第 2 条①、2013 年国务院《农村集体土地征收征用与补偿安置条例》第 3 条第 3 款②都先后明确规定了"公平补偿原则"。浙江、福建等地关于森林生态补偿、湿地生态补偿的地方立法文本中，已经在大力探索通过租赁、赎买权利人林权等方式实施一种市场化的生态补偿机制。市场化生态补偿涉及双方或多方补偿标准、补偿费用的平等协商约定，实际上已经蕴含着公平补偿原则等较为丰富的内涵。我国新安江流域水生态补偿、东江流域水生态补偿、长江黄河流域生态补偿等试点实践中，依靠中央政府（上级政府）的统一组织、指导和协调，辅之以必要的纵向转移支付，跨行政区流域上下游地区各级政府之间在平等、自愿和互利互惠原则下就生态补偿基准、生态补偿标准达成一致意见，进而签订具有一定法律约束力的流域横向生态补偿协议。在业已生效的流域生态补偿协议中，双方共同协商补偿支付基准、补偿指导原则以及补偿标准，实际上也蕴含着公平补偿原则的深厚意蕴。

（四）完全补偿原则

与其他补偿原则相比，完全补偿原则代表着一种最高水平的补偿指导原则，既表征着一定的制度文明，也体现着国家雄厚的经济社会发展水平。尽管学界对完全补偿原则持有一定微词，认为，"完全补偿说与适当补偿说相对应，受私法损害赔偿理念影响最大。完全补偿大大增加了政府负担，进而妨碍公共利益、影响国家任务之实现"。③ 但这似乎并不妨碍完全补偿原则在我国法律法规中占有一席地位，并且越来越凸显其具有一定的重要性。2013 年国务院《农村集体土

---

① 参见《国有土地上房屋征收与补偿条例》第 2 条规定"为了公共利益的需要，征收国有土地上单位、个人的房屋，应当对被征收房屋所有权人（以下称被征收人）给予公平补偿"。

② 参见《农村集体土地征收征用与补偿安置条例》第 3 条第 3 款规定，"为了公共利益征收或者征用的适用公平补偿原则"。

③ 房绍坤等《论国有土地上房屋征收的"公平、合理"补偿》，载《学习与探索》2018 年第 10 期。

地征收征用与补偿安置条例》第3条第3款，[①] 2017年国务院《大中型水利水电工程建设征地补偿和移民安置条例》第3条[②]都明确提出了"完全补偿原则"。这都具有划时代的意义，体现着我国对私有财产权利以及地方利益的高度尊重，彰显着我国财产观念和法治观念上的巨大进步。遗憾的是，我们查阅了大量涉及生态补偿法律法规、地方法规、地方规章以及规范性文件，几乎没有直接或间接提及完全补偿原则的文件。这充分说明，在流域水生态补偿制度建构及机制运行中，完全补偿原则适用可能性不大，因此，对其适用范围、适用空间、适用对象的深入讨论意义不大。

（五）相应补偿原则

相应补偿原则是指，各级政府及其职能部门在法律法规范围内，结合各个地区、各个部门实际情况制定的补偿标准指导原则。与公平补偿、合理补偿或者完全补偿等原则相比，"相应补偿原则"的弹性可能最大，即便是在统一语境下谈论"相应补偿原则"，生态补偿关系主体之间的法律地位以及相应的补偿标准也存在着较大差异。严格意义上讲，相应补偿很难称为一项指导原则，其他国家鲜有对相应补偿原则的讨论及专门研究。但这并不妨碍我国法律法规等对"相应补偿原则"作出制度规定。2003年《中华人民共和国农村土地承包法》第十六条，[③] 2017年修改后的《中华人民共和国公路法》第三十一条[④]等先后都明确规定了"相应补偿原则"。我国生态补偿立法草案在起草过程中，学者们对于如何选择合理补偿原则、公平补偿原则或者相应补偿原则等问题存在着非常激烈讨论。2020年颁行的《生态保护补偿条例》（公开征求意见稿）第2条规定采用的是一种"相应补偿"的表述。2021年，"两办"《关于深化生态保护补偿制度改革的意见》在涉及生态保护成本时又提及一个新的概念——"适度补偿"。

（六）未作规定

确立生态补偿标准指导原则事关一个国家、一个地区生态文明建设的基本立

---

① 参见《农村集体土地征收征用与补偿安置条例》第3条第3款规定，"非公共利益征收的适用完全补偿原则"。

② 参见《大中型水利水电工程建设征地补偿和移民安置条例》第3条规定，"国家采取前期补偿、补助与后期扶持相结合的办法，使移民生活达到甚至超过原来的水平"。

③ 参见《中华人民共和国农村土地承包法》第十六条规定，"承包地被依法征用或占用的，土地承包方有权依照法律规定获得相应的补偿"。

④ 参见《中华人民共和国公路法》第三十一条规定，"如公路建设影响水利、铁路、邮电、电力等设施正常运行的，公路建设单位可以按照原有技术标准予以修复，也可以给予相应的补偿"。

场，是故这构成一项重大且敏感事项。另外，我国不同领域、不同区域和不同生态要素生态补偿制度推进深度广度程度差异较大，难以借助一个补偿指导原则予以全面有效涵盖。基于此，我国一些法律、行政法规或者地方法规在涉及生态补偿制度规定时，不约而同回避对生态补偿标准指导原则作出规定，较为典型的有，《中华人民共和国环境保护法》第三十一条，① 《中华人民共和国森林法》第七条，《中华人民共和国森林法实施条例》第十五条第 2 款，② 《中华人民共和国水法》第三十一条，③ 《中华人民共和国防洪法》第七条，④ 《中华人民共和国野生动物保护法》第十九条，⑤ 《太湖流域管理条例》第三十二条、第四十四条和第四十九条⑥ 等均未就生态补偿标准指导原则作出规定。地方法规层面上，2014年，江苏《苏州市生态补偿条例》第 3 条⑦规定对生态补偿涉及发展权限制的法律属性虽然作出了明确规定，但是对于生态补偿标准指导原则的制度规定也语焉不详。2016 年，江苏省《南京市生态保护补偿办法》也未对补偿标准指导原则作出明确规定。⑧ 2020 年颁行的《海南省生态保护补偿条例》也未对补偿标准指

---

① 参见《中华人民共和国环境保护法》（2015）第三十一条规定，"国家建立健全生态保护补偿制度。国家加大对生态保护地区的财政转移支付力度。有关地方人民政府应当落实生态保护补偿资金，确保其用于生态保护补偿。国家指导受益地区和生态保护地区人民政府通过协商或者按照市场规则进行生态保护补偿"。

② 参见《中华人民共和国森林法实施条例》第十五条第 2 款规定，"防护林和特种用途林的经营者，有获得森林生态效益补偿的权利"。

③ 参见《中华人民共和国水法》第三十一条规定，"开采矿藏或者建设地下工程，因疏干排水导致地下水水位下降、水源枯竭或者地面塌陷，采矿单位或者建设单位应当采取补救措施；对他人生活和生产造成损失的，依法给予补偿"。

④ 参见《中华人民共和国防洪法》第七条第 3 款规定，"各级人民政府应当对蓄滞洪区予以扶持；蓄滞洪后，应当依照国家规定予以补偿或者救助"。

⑤ 参见《中华人民共和国野生动物保护法》第十九条规定，"因保护本法规定保护的野生动物，造成人员伤亡、农作物或者其他财产损失的，由当地人民政府给予补偿。具体办法由省、自治区、直辖市人民政府制定。有关地方人民政府可以推动保险机构开展野生动物致害赔偿保险业务"。

⑥ 参见《太湖流域管理条例》第 32 条、第 44 条也都涉及流域水生态补偿的制度规定。此外，《太湖流域管理条例》第 49 条规定，"上游地区未完成重点水污染物排放总量削减和控制计划、行政区域边界断面水质未达到阶段水质目标的，应当对下游地区予以补偿；上游地区完成重点水污染物排放总量削减和控制计划、行政区域边界断面水质达到阶段水质目标的，下游地区应当对上游地区予以补偿。补偿通过财政转移支付方式或者有关地方人民政府协商确定的其他方式支付。具体办法由国务院财政、环境保护主管部门会同两省一市人民政府制定"。但该条例未对太湖流域生态补偿标准、方式等作出规定。

⑦ 参见江苏《苏州市生态补偿条例》第 3 条规定，"本条例所称生态补偿是指主要通过财政转移支付方式，对因承担生态环境保护责任使经济发展受到一定限制的区域内的有关组织和个人给予补偿的活动"。

⑧ 参见江苏《南京市生态保护补偿办法》（2016 年）第 2 条规定，"本办法所称生态保护补偿，主要指对本市行政区域内因承担重要生态保护区域及其他生态保护责任使经济发展受到一定限制的有关组织和个人给予的补偿活动"。

导原则作出任何规定。① 应当说，现行法律法规回避对生态补偿标准指导原则作出规定，契合了生态补偿制度正处于不断发展的显著特征，尽管这可能不利于当前水生态补偿制度法治化发展，但从长远来看，有利于各地进行积极实践探索，也有利于多元化、市场化流域水生态补偿制度建构及水生态补偿机制有效运行。

三、水生态补偿标准指导原则的问题梳理

（一）内部结构安排不合理

梳理水生态补偿标准指导原则的制度规定，可以发现，大约2/3提出了"合理补偿原则"，另外1/3涉及适当补偿、公平补偿原则或者未作规定。这是否可以意味着，我国已经初步建立了"合理补偿为主，适当补偿与公平补偿为补充"的水生态补偿标准指导原则结构体系。进一步分析发现，这一指导原则体系内部结构存在诸多不合理之处。

1. 指导原则制度规定的法律位阶较低

补偿标准指导原则体现着国家生态文明建设的基本立场，故宜由国家法律作出正面回应，以彰显绿水青山就是金山银山的国家意志。水生态补偿制度法治化发展应当是未来主要发展趋势。在这一进程中，国家法律不仅要建立健全生态补偿制度，更要对生态补偿制度框架体系作出相对完整搭建，其中，涉及生态补偿标准及其指导原则的系列制度规定显然也不能游离于国家法律之外，否则，严格推进生态补偿执法，公平推进生态补偿司法就会成为一句空话。现行国家环境法律中，无论是充当环境基本法的《中华人民共和国环境保护法》，或者是污染防治单行法律和自然资源保护法律等，尽管相继建立健全了生态补偿制度，但没有一部法律对生态补偿标准及其指导原则作出明确规定。国家行政法规中，国务院《森林法实施条例》未对补偿标准作出任何规定；公开征求意见的国务院《生态保护补偿条例》在补偿标准指导原则的表述上也莫衷一是，先后提及的"相应补偿""适度补偿"无不体现着一种复杂且微妙的心态。地方法规中，较早出现的《苏州生态补偿条例》《无锡生态补偿条例》《海南省生态保护补偿条例》等也未对补偿标准及其指导原则作出任何规定。毫无疑问，生态补偿制度是一个正在成

---

① 参见《海南省生态保护补偿条例》第5条第2款和第3款规定，"生态保护补偿的具体范围、方式、标准的制定和调整由省人民政府有关主管部门提出方案，报省人民政府批准后公布实施。市、县、自治县人民政府可以根据本地区生态功能定位、本级财力状况等因素扩大生态保护补偿范围和提高补偿标准"。

长和发展的法律制度，国家法律未对补偿标准指导原则作出规定确有一定合理之处。但以强调可操作性、可执行性的行政法规、地方法规对此却也采取回避策略，则存在颇多疑问之处。如此一来，本应具有较高法律定位的水生态补偿标准指导原则只能委身于或散见于部门规章、地方规章或者较低层级的规范性法律文件之中，极大消解着其对行政执法工作和司法审查工作的指导力。

2. 未对公平补偿原则作出明确规定

合理补偿原则具有极大的灵活性和不确定性，对于正在不断发展壮大的水生态补偿制度而言，确有一定的正当性和合理性。毕竟，对于我们这样一个经济社会发展水平尚未完全达到相对富裕的发展中国家而言，明确提出合理补偿原则无疑是向世界宣告了我们秉持的生态文明建设基本立场，彰显出中国一个负责任大国形象。但是，我们所要建立的水生态补偿制度机制并不是要求国家和政府包打一切，而是一个多元化和市场化相结合的生态补偿制度机制。多元化意味着国家承担生态补偿责任之外，市场和社会也应当承担一定的生态补偿责任。市场化意味着强调市场补偿，市场补偿意味着交换正义，意味着公平、公正和公开制度建构。与之相适应，公平补偿原则应当在水生态补偿标准指导原则结构体系中占据一席之地。实践考察中发现，一些地方在饮用水水源生态补偿、流域生态补偿中采用公平补偿原则指导水生态补偿标准的确定或核算。因为随着生态文明建设进程及美丽中国目标任务要求，在未来流域水生态补偿制度建构及其机制运行过程中，在充分挖掘、总结整理合理补偿原则基础上，也需要给公平补偿乃至完全补偿留下一定的制度空间，以助推市场化、多元化水生态补偿机制建设。

（二）可操作性不强

指导原则与基本原则最大区别在于，基本原则比较抽象，强调高度的涵摄性，指导原则则需要游走于涵摄性和可操作性之间，其内涵外延可以借助司法实践而予以相应确定。这里的可操作性是指，水生态补偿标准指导原则"是否具有现实针对性和具体可行性、是否能够适应客观的社会现实需要，相应的管理制度、措施是否明确、完备、可行，行政程序是否易于操作、畅顺、快捷、便民，对上位法的补充规定是否细化、具体、可行等"。[①] 就此而言，我们认为流域水生态补偿标准指导原则可操作性不强，主要体现在以下几个方面：（1）指导原则制度规定的表现方式多样。笔者做过粗略统计，我国生态补偿标准指导原则的制度规定主要散见于党内法规以及其他规范性法律文件中，而国家法律未将补偿标

---

① 汪全胜等：《党内法规的可操作性评估研究》，载《中国浙江省委党校学报》2017 年第 3 期。

准指导原则置于应有地位。前述制度规定也并未对"合理补偿""适当补偿""公平补偿"等作出任何具有实质意义的界定，位阶较低的规范性法律文件仍然秉承"击鼓传花"策略，即对"合理补偿""适当补偿""公平补偿"等原则进行再规定、再强调，没有做出任何具有一定可操作性的细化措施，司法实践中法官判案经常陷入"无法可依"之困境。（2）未对不完全补偿作出有学理意义的实践探索。学理层面上，"合理""适当""公平"原则等可以概括为一种不完全补偿原则。既然如此，我国在水生态补偿实践中，无论是执法实践或者司法实践，均可以对不完全补偿原则进行有意义的探索，挖掘、整理其丰富内涵，为水生态补偿制度法治化发展做好必要理论储备。因为补偿标准指导原则不仅事关生态文明建设基本立场，更关涉利益交换或转移，属于一类高度敏感议题。立法者、政策制定和实施者以及法官均不愿在此议题上浪费时间及精力，难题只能借助"击鼓传花"而得以不断延续。（3）指导原则制度规定实施中也存在解释难题。客观上讲，在生态补偿制度创设早期，赋予制度执行者一定的解释权，自有其正当性和必要性。法律概念是法律规范的基础，是进行法律思维和法律创制、法律适用的根本环节。[①] 概念乃是解决法律问题所必需的和必不可少的工具。没有限定严格的专门概念，我们便不能清楚地和理性地思考法律问题。[②] 我们知道，"合理""适当""公平"等概念范畴体系，不仅在内涵上存在交叉、重叠，而且呈现语义灵活和不确定性，具有较大解释空间，具体执法者价值观念不同，所依赖的规制资源、规制知识和规制能力差异很大，对同一补偿标准指导原则可能存在着不同解释。再者，我国采用不同政府职能部门主导不同领域生态补偿机制的做法，就会受制于部门利益导向或者部门视野障碍，导致对同一标准指导原则也会形成不同解读，此外，部门主导的补偿标准在理解上的晦涩、不畅顺也成为一个常见现象。随着生态补偿制度法治化快速推进，行政执法的这种解释上的自由裁量权需要接受必要的司法审查。

（三）配套制度措施问题重重

水生态补偿标准指导原则功能发挥有赖于系列配套制度措施保驾护航。遗憾的是，相关配套制度措施也多有不尽如人意之处。

1. 配套制度措施目标存在抵牾

尽管我国已经勾勒出生态保护补偿制度的顶层设计蓝图，但并未妨碍中央政

---

① 雷磊：《法律概念是重要的吗》，载《法学研究》2017 年第 4 期。

② ［美］博登海默著，邓正来译：《法理学：法律哲学与法律方法》，中国政法大学出版社 1999 年版，第 486、487 页。

府各个职能部门在各自职权事权范围内追求各自政策目标。以生态补偿统管部门发改委和财政部为例，在基本建立符合我国国情的生态补偿制度机制体系这个总目标之下，国家发改委似乎更强调生态补偿制度机制之区域经济协调、绿色发展以及产业转型等制度功能实现，为此，他们更关注"生态保护补偿与主体功能区规划①、西部大开发战略和集中连片特困地区脱贫攻坚的关系"，② 甚至一度将前者作为推进后者实施的工具。但在目前生态补偿资金主要有赖于中央财政转移支付背景下，财政部则更关注结合国家财力实际，有效控制生态补偿转移支付的规模和数量，更强调中央财政支出的安全、效率和规范。"各种相互对立无法兼容的政策目标并存于法律体系内，极易损害法的一致性和安定性等内在品质。"③ 此外，政府职能部门在确定各自领域生态补偿政策目标时，势必与自身主导职能职责联结，甚至将生态补偿资金作为履行主导职能职责的推进工具。不同政府职能部门在职责职权运行逻辑中，不可避免在生态补偿政策实践中夹带部门利益。比如，依照现行法律规定，水行政主管部门依法收取水资源（税）费、水土保持生态效益补偿资金；按照现行生态补偿政策规定，允许水行政主管部门将前述相关收入用于开展相关领域的生态补偿工作。政策初衷（目的）显然是希望多渠道筹集补偿资金以及建立稳定的资金机制。但这可能是一把"双刃剑"，容易造成水生态补偿资金演变成水行政部门内部封闭运行的"自留地"。

2. 配套制度措施聚焦点存在差异

按照生态补偿顶层设计设想，各级政府职能部门需要在逐步扩大补偿范围、合理提高补偿标准和建立保护者和受益者互动机制等三个主要问题上着力完善生态补偿制度。由于不同政府职能部门各自领域建构生态补偿制度的侧重点各不相同，故在制度推进实践中，一些部门把着力点放在有序扩大补偿范围，实现分类补偿与综合补偿相结合；还有一些部门把关注点放在如何提高补偿标准和建立差异化补偿标准体系方面。问题是，当把注意力聚焦于如何扩大补偿范围以及实现补偿范围全覆盖的同时，容易忽视给已经扩大的补偿范围如何优化补偿标准结构或者提高补偿标准；当把注意力聚焦于如何建立差异化补偿标准体系时，容易忽略如何有序扩大补偿范围和实现补偿领域的全覆盖。总之，生态补偿领域内的政府职能部门在渐次解决生态补偿现存问题的同时，又在制造或引发新的问题出现，致使"问题束"越缠越大，积重难返。可行措施就是，围绕生态文明建设要

---

① 按照 2018 年党和国家机构改革方案，主体功能区区划职权已由国家发改委转交给国家自然资源部。

② 参见《国务院办公厅关于健全生态保护补偿机制的意见》（2016）。

③ 鲁鹏宇：《法政策学初探——以行政法为参照系》，载《法商研究》2012 年第 4 期。

求以及美丽中国目标任务完成状况，按照山水林田湖草沙系统治理理念，推进框架性生态保护补偿立法工作，坚持问题导向、目标导向和逻辑导向有机结合，不能仅仅聚焦于问题解决，而是应当兼顾目标实现程度及逻辑发展规律，重点推进和统筹兼顾相结合、分类补偿与综合补偿相结合，从而为水生态补偿标准的多元化和规范化创造良好制度空间。

3. 配套制度措施推进程度参差不齐

1998 年《中华人民共和国森林法》较早建立了森林生态效益补偿制度。① 几十年来，依循"法律托底 + 政策驱动"路径，我国已经初步建立健全了公益林生态补偿的"市场补偿 + 政府补偿 + 社会补偿"等多元补偿相结合的补偿模式；在政府补偿中，初步完善了"市场化补偿（赎买、租赁）+ 行政补偿 + 生态补偿"等多元补偿方式相结合的策略；在生态补偿中，初步建立了"补偿（公益林）+ 补贴（种苗）+ 补助（天然林商业禁采）"等多元补偿类别相结合的策略，初步形成了"补偿立法 + 补偿执法 + 补偿司法"的法治运行体系。申言之，我国生态公益林生态补偿制度法治化发展进程已经处于生态补偿制度法治化发展前列，与此相适应，生态公益林生态补偿标准制度规定已经相对成熟，其所强调的公平补偿与合理补偿相结合的补偿指导原则已然被其他领域生态补偿制度所借鉴。与此同时，按照《中华人民共和国水污染防治法》规定，② 孕育并催生各地竞相出台流域生态补偿规范性法律文件③或签订流域生态补偿协议文本，④ 流域生态补偿制度朝着多元化、法治化发展也迈出了坚实步伐，与此同时，流域生态补偿标准制度规定也开始展现出一定雏形，围绕水质、水量或生态指标方面的补偿标准制度规定开始成为实践的标配。但在其他领域的水生态补偿机制中，比如，水产种质资源保护区，水土流失重点预防区和重点治理区等诸多领域中，由于区划界定、分级分类等前端性制度规定存在大量空白，加之水功能区划和水环境功能区划尚未完全有效协调⑤、流域水流产权界定登记改革力度较慢等原因，真正实现水生态补偿制度法治化发展的路途还相当漫长。

---

① 《中华人民共和国森林法》（2019）第七条规定，"国家建立森林生态效益补偿制度，加大公益林保护支持力度，完善重点生态功能区转移支付政策，指导受益地区和森林生态保护地区人民政府通过协商等方式进行生态效益补偿"。

② 《中华人民共和国水污染防治法》（2017）第八条规定，"国家通过财政转移支付等方式，建立健全对位于饮用水水源保护区区域和江河、湖泊、水库上游地区的水环境生态保护补偿机制"。

③ 参见《河南省水环境生态补偿暂行办法》《江苏省水环境区域补偿实施办法（试行）》等。

④ 参见浙江安徽新安江流域生态补偿协议，江西广东东江流域生态补偿协议等。

⑤ 按照 2018 年党和国家机构改革方案，水功能区划职权已由国家水利部转交给国家生态保护部。

四、水生态补偿标准指导原则的优化策略

（一）明确指导原则的理想境界和现实情形

"在权利复苏和彰扬时代，那种认为私人利益应当为国家利益和集体利益牺牲、局部地区利益应当为整体利益让路的思维方式和理论逻辑必须进行相应的调整或修正。"① 公共利益和个人利益、整体利益和地区利益并不是一种零和博弈的关系。那种认为为了公共利益和整体利益需要，随时牺牲个人利益或地区利益的认识应得到一定程度的修正。实际上，无论是个人利益或者地区利益，都有其正当性存在的理由，都不应当是随时作为一种工具性存在，在更多情况下，它们是一种价值性存在。无数个个人利益和地区利益，自然就汇成了公共利益和整体利益。两者关系处理得当，完全可以在共同发展中得到共同增进而非此消彼长。基于环境公共利益目的实现的需要，各级政府及部门应当依据一定的法律程序对特定地区、特定人的地区利益、个人利益实施限制，这种限制可以以公共利益为正当理由，但这绝不意味着国家（政府）可以随时打着环境公共利益大旗，任意对个人利益、地区利益予以限制。"无补偿，无限制"应当成为基本指导思想。因为，"在追求公益时，也应当顾及'个别利益'，甚至'个别利益'的实现，亦可能属于公共任务"。② 完全补偿、公平补偿和合理补偿原则尽管在理论上抽象，内容上复杂多变，在技术核算上难以确定其范围。即便如此，仍然不妨碍我们对生态补偿标准的理想境界作出展望，也不排除我们对生态补偿标准的最差情形作出准确判断，以便对为未来获得利益形成有效的制度预期。

1. 朝理想效果最好情形努力

从技术核算角度上讲，达到理想效果就是，不能仅仅立足于直接投入成本、发展机会成本对生态保护者予以补偿，而是应当基于水生态服务功能价值进行生态补偿标准的核算评估，这样核算评估出来的生态补偿标准，才能使特定的生态保护者（地区）遭致损失得到完全弥补，若将其转化为补偿法理，即采用"完全补偿原则"，即认为达到理想效果的最好情形。但"完全补偿原则"前提是，国家、市场和社会已经具备了相对充足财力。从工业文明进入生态文明，从福利国家迈向生态国家，从法治政府迈向责任政府征程中，流域水生态补偿制度建构及机制运行都离不开国家社会经济发展状况以及相应的国家财政负担能力。生态

---

① 张蔚昕：《行政补偿标准研究》，中国政法大学硕士学位论文，2010年，第28页。
② 城仲模：《行政法治一般法律原则》（二），三民书局1997年版，第7页。

补偿资金（基金）主要源于中央财政和地方财政，而无论是中央财政抑或地方财政，都会受制于国家地方社会经济发展状况。国家财政用途很多，但其总量也是有限的，有限的国家财政需要在经济、文化、社会和生态文明建设进行合理分配，从而提高全社会总体福利。任何生态补偿的财政投入必须结合美丽中国目标任务完成进度、民众对优质水生态产品需求变化以及相应的财政负担能力进行整体考量，否则就会严重影响国家财政其他重要用途。如果强调达到效果理想情形下的"完全补偿"原则，"这样的补偿，必然会严重影响政府提供相关公共物品的效率，而补偿的结果可能会超越政府的财力承担"。① 再者，在完全补偿原则指导下确立的生态补偿标准，要求以恢复原状作为补偿方式，费时费力，可能难以企及，又未必会使生态补偿关系的当事人完全满意。就生态补偿的国家补偿责任而言，国家（政府）并不属于法理意义上的"加害人"，其对损害从法理上说是没有责任的，只是基于履行"生态国家"的发展理念和美丽中国目标的任务需要，才给生态保护者一定的补偿，如果这是一种完全补偿，则对承担国家运行的纳税人来说是一种不公正和不负责任的表现。按照完全补偿原则要求，补偿标准需要考虑特定人、特定范畴内的人所处的特别环境，而对每一种类别的生态保护者所具备的特别情形需要不厌其烦地去耗时费力调查了解，这样做成本太高，最终不仅损害环境公共利益和整体利益，而且损害特定人、特定范畴内的人的个人利益，最终会导致生态保护者不能得到任何形式的补偿。

2. 从达到效果合理情形去选择

所谓合理情形，就是按照社会中立第三人，或者说按照合乎一般具有正常理性的人的标准确定补偿标准，以便使青山绿水保护者得到与其保护效果相适应的金山银山。为了维持增进流域整体利益、公共利益，保障流域水生态服务持续有效供给，处于特殊生态功能区位的流域上游地区需要承担保护生态环境、涵养水源等各种法定、约定或者习惯等方面的生态环境义务责任。为此，流域上游地区需要对产业发展提出更加严格的限制规定或者进行产业结构调整，对一切可能带来水生态环境风险的产业或项目实施不同程度的关、停、并、转、迁等。需要对土地等自然资源利用方式作出不同程度的禁限规定。从法律上讲，如此众多的限制措施要求上游地区各种消极不作为行为，对于消极不作为而言，造成的是流域上游地区发展机会成本的损失；此外，流域上游地区还要承担流域水生态环境保护的各种行为，这属于一种积极作为行为，造成的是上游地区一定人财物资源投入等直接成本投入的支出。为了保证水生态补偿制度一定的刚性，建议将直接成本支出确立为一种具有法律意义上的最低补偿标准。至于发展机会成本损失，则

---

① 周林彬：《所有权公法限制的经济分析》，载《中山大学学报》（社会科学版）2000 年第 4 期。

构成一种间接的损失，构成一种具有约定意义上的一般补偿标准。依法确立最低补偿标准，是对流域上游地区履行流域生态环境责任的一种最低限度的补偿，赋予一种强行性意义，这可能是一种最接近达到合理情形之策略手段。

（二）水生态补偿指导原则选择的基本方略

1. 以合理补偿原则为基础和主导

如前所述，合理补偿与完全补偿、公平补偿原则的价值立场存在不同。合理补偿认为，需在保全公共利益前提下，正当、必要生态补偿妥当即可，不必考虑补偿所要达到的理想情形，但应兼顾补偿所能达到的合理情形。合理补偿原则内涵主要包括以下方面。

（1）要求明确补偿尺度和范围。合理补偿原则下，要界定生态补偿范围，一是从应当予以补偿事项角度确定，即事项范围，具体包括饮用水水源保护、水土保持、水源涵养等涉"水"事项；二是从应当予以补偿行为的角度去界定，即行为范围，主要包括不利于流域水生态保护的行为的禁止，以及有利于流域水生态保护的积极行为的提倡；三是从限制权益类型去界定，即内容范围及损失范围。所谓内容范围，是指流域上下游地区基于协议约定而相互限制发展权益所造成的损失，所谓损失范围，主要是指"权益损失程度范围，又包括直接损失与间接损失两个方面"。① 直接损失是指，国家基于公共利益与流域整体利益需要，采取禁限措施所造成的直接投入之损失，间接损失是指前述禁限措施行为阻却了未受侵犯前的可得利益，主要是指发展机会利益减少或丧失而造成的发展机会成本的损失。申言之，只要水生态补偿制度标准规定妥善考虑上述补偿尺度和范围，可以认为达到了合理补偿。（2）要求进行及时补偿。法谚有云，迟到的正义是不正义。应按照"无补偿既无限制""限制与补偿统筹安排、一体实施"要求，采取禁限措施之前，就需公开公示生态补偿具体实施方案，明确补偿程序规则、时限规则，以便在实施后续限制措施时，给予遭受特别牺牲而遭致损失的特定人、特定范畴内的人以时间预期，避免或减少直接间接损失。任何推迟、迟延履行，都有可能导致特定人、特定范畴内的人生活、生产陷入困难，特定地区经济社会发展遭受障碍。这意味着违背了合理补偿原则。（3）要求实施公开补偿。合理补偿原则要求，生态补偿工作应当公开补偿事项及补偿机制运行全过程。一是补偿依据公开，无论是依据法律进行生态补偿抑或依据政策实施生态补偿，都必须公开补偿标准依据等，签订的生态补偿协议文本也应当依法公开；二是补偿标准公开，包括补偿支付基准、补偿标准指导原则以及具体补偿标准核算方法结果等；

---

① 祁小敏：《试论我国行政补偿范围》，载《理论探索》2003年第3期。

三是补偿程序公开，无论是法定补偿或协定补偿，都明确了生态补偿实施方案、步骤和时限规定，对补偿领域、受偿主体、补偿关系启动、补偿资金筹措、发放、公示等均应作为公开内容。程序公开既能实现一定监督，也能限制权力恣意。（4）要求探索多元补偿。合理补偿原则要求结合补偿方式以确定相应补偿标准。比如，对于森林、耕地、湿地等重要领域的生态补偿，合理补偿要求以货币补偿作为主要方式，辅之以实物补偿。究其原因，主要理由在于，货币作为社会财富的一般等价物，任何涉及森林、耕地等财产限制所遭致的损失可以通过金钱的价值尺度予以评价。"货币作为融通性最高的资产，接受货币的具体生态保护者可以灵活运用，从而最大限度地减少因特定财产权益限制而给具体保护者生活、生产带来的不便。"① 考虑货币补偿在土地等自然资源评估技术不足的情况下，合理补偿也相应地规定了一些例外的实物补偿，如我国退耕还林政策法律中对生态保护者实施小麦、大米等实物的补偿。对于国家重要生态功能区、自然保护地生态补偿以及流域生态补偿，合理补偿原则除了强调必要的货币补偿方式外，产业专业、教育技术培训、共建园区等多元化补偿方式似乎更切实际。（5）要求行政适度裁量。"大多数生态补偿案例是科层制的治理结构，仅有少部分才是基于市场和基于社区的治理结构。"② 在科层制的补偿治理结构中，政府除了充当生态服务购买者的角色或更为理想的"生态服务购买者的第三方代表"③ 外，越来越多在生态补偿的法律建构上发挥重要作用。进入现代社会以来，行政机关开始突破"立法的传送带"束缚，承担起广泛的政策创制任务，为此，现代行政法除了对行政权有效控制外，更承担保障行政机关创制政策以完成行政任务（目标）的职责。合理补偿原则视野下，需要结合具体流域社会经济发展状况，依法赋予各级政府一定自由裁量权利，但同时对行政机关生态补偿裁量权建立一定的司法审查机制。借鉴德国的判断余地理论④和美国的谢弗林规则⑤等两种理论规则，实现司法权与生态补偿行政权的适度介入。

2. 以公平补偿原则为持续努力方向

我国水生态补偿标准指导原则也要不断探索公平补偿原则的实施空间及发展

---

① 吕小娜：《我国集体土地征收补偿法律保障机制研究》，河南大学硕士学位论文，2011 年，第 35 页。

② Vatn. An Institutional Analysis of Payments for Environmental Services［J］. Ecological Economics，2010，69（6）：1245－1252.

③ Stefanie Engel. Designing Payments for Environmental Services in Theory and Practice：An Overview of the Issue［J］. Ecological Economics，2008（65）：663－673.

④ Hans－Uwe Erichsen. Unbestimmter Rechtsbegriff and Beurteilungsspielraum［J］. In：Verw Arch Band 63（1972）：337－344.

⑤ Elliott. Chevron Matters：How the Chevron Doctrine Redefined the Roles of Congress，Courts and Agencies in Environmental Law［J］. Villanova Environmental Law Journal，2005（16）：1－19.

方向。理由在于，与合理补偿原则相比，公平补偿原则更契合市场化生态补偿的发展要求，更能妥善安排公共利益与个人利益衡平，地方利益和整体利益的协调。我国水生态补偿标准指导原则确立，应以公平原则为努力方向。公平补偿原则包括以下要求：（1）强调补偿范围的全面性。这里的全面性是指，公平补偿原则要求流域水生态补偿标准制度规定应当包含流域水生态服务提供者为持续供应水生态服务所产生的直接成本支出和所遭受的各种损失。无论是对于特定人而言，或者特定范畴的人而言，生态补偿的内容必须能尽量涵盖两个方面，一是国家基于环境公共利益需要，所采取的禁限措施所造成的直接财产损失应当予以全面补偿；二是国家基于环境公共利益需要，所采取的禁限措施所造成的发展机会的损失应当予以全面补偿。公平补偿原则的这种全面性要求有着明显的价值取向。①（2）强调补偿核算评估的科学性、中立性。立足目前核算评估科学发展的基本现状，采用主流核算评估方法进行补偿标准的科学核算。以流域水生态服务功能价值核算为例，由于流域水生态服务功能呈现空间范围内不规则的衰减性，"要想明确上游地区或下游地区所获得的外溢生态服务的价值性衡量就显得十分困难。目前，在现行条件下也无法像国家赔偿及侵权行为赔偿那样，能在法律上予以准确及公平的认定。故我国生态补偿标准制度建构过程中，企图依据目前核算技术，确立科学的精准的补偿标准或补偿额度几乎是不可能的"。② 更为重要的是，即使掌握了或者国内均认可了流域生态服务所呈现的有关直接投入成本、发展机会成本或者流域生态服务价值功能的科学核算方法，法学研究或者法政策学所关注的不是这些核算方法的科学性与否，而是试图从公平正义的核心价值评判的角度确定"额外水生态服务"计算及认定方式和方法的科学性。（3）强调行政裁量合乎一定比例性。公平补偿要求遵循一定的比例原则。按照比例原则判断标准，第一，行政行为的动因应符合法律的要求；第二，行政行为应建立在正当考虑的基础上；第三，行政行为的内容应符合情理。③ 将比例原则拓展于流域水生态补偿标准制度规定领域，要求具体的生态补偿标准必须与特定利益失衡状态相适应或相匹配。公平补偿原则本质上是对参与国家补偿的公权力的限制性原则。

五、小结

我国流域水生态补偿标准指导原则，可以表述为，在国家或政府财力允许条

---

① 李永宁：《生态利益国家补偿法律机制研究》，长安大学博士学位论文，2011年，第86页。
② 李永宁：《生态利益国家补偿法律机制研究》，长安大学博士学位论文，2011年，第87页。
③ 罗豪才等：《行政法学》，中国政法大学出版社1989年版，第43~44页。

件下，努力实现一种合理补偿；并且在财力不断增长基础上，考虑一些特别敏感水域或者特别重要的水生态保护领域（比如饮用水水源保护区），逐步探索实现一种公平补偿。我们尝试将其简单概括为，"以合理补偿为主，以公平补偿为努力方向，最终实现合理补偿与公平补偿相结合"。总之，确立"合理补偿为主导，合理与公平补偿相结合"的水生态补偿标准指导原则，对于建立健全流域水生态补偿制度，促进水生态补偿机制有效运行，意义殊为重大。

第五节　水生态补偿法定标准的实践探索

为了维持增进流域环境公共利益和整体利益，保障流域水生态服务持续有效供给，国家需要对流域上游地区土地等自然资源利用方式及产业结构调整实施必要禁限措施。对这种限制正当性的探讨主要包括两个方面：一是目的的正当性；二是补偿的正当性。由于流域环境公共利益和整体利益的目的正当性高度抽象概括且随时空而不断变化，对其专门研究的全部理论意义远远大于实践意义。[1] 这样一来，补偿的正当性就成为核心议题所在，而补偿的核心要素在于补偿标准的多少，它是计算流域水生态服务提供者或者生态保护者获得多少补偿费用的直接依据，也是限制流域上下游地区经济社会发展权益的正当性所在。具体来讲，对中国流域水生态补偿法定标准进行专门研究具有以下重要意义：第一，流域水生态补偿制度自身完善的需要。流域水生态补偿制度体系主要由补偿关系主体、标准和方式等构成，其中，补偿关系主体是流域生态补偿关系启动者或接受者，他们依照法律或政策规定享有一定补偿权利和承担一定补偿责任（义务），他们之间能否形成良性互动机制构成流域水生态补偿机制有效运行的逻辑起点；补偿方式是补偿关系主体利益的具体实现形式，构成生态补偿机制落脚点和最终归宿；补偿标准则是流域水生态补偿制度中心环节，它紧密联结着补偿关系主体、补偿方式等，是补偿主体依法（依约）筹资、支出补偿费用、承担补偿责任大小的直接依据，也是受偿主体因其生态环境建设投入或特别牺牲享有补偿请求权利继而获得补偿费用的计算依据，它甚至直接影响补偿方式的最终实现。缺少对补偿标准制度规定的地方实践专门研究，补偿主体的补偿责任就会成为一种道义责任或摆设，受偿主体要求补偿的正当利益诉求就会沦为道德口号，多样化补偿方式的

---

[1]　王清军等：《中国森林生态效益补偿标准制度研究——基于10省地方立法文本的分析》，载《林业经济》2013年第2期。

探索更多流于一种美好愿景。第二，流域水生态补偿机制有效运行的必然要求。一般而言，机制有效运转的根本原因就在于，它在不同主体不同利益诉求与制度预设目标之间搭建了内在行为关联。[①] 对于补偿主体而言，补偿标准明确了利益付出的种类、内容和数量多少，尤其是经济利益支出的底线预期，这种预期能够保障自己期望的水生态服务持续足额供给；对于受偿主体而言，补偿标准保证其在履行环境治理义务时而产生利益预期，并能为其采取相应行为选择策略提供激励。简言之，科学、规范的补偿标准体系会在不同主体利益诉求与制度预设目标之间搭建稳定的行为关联，促使不同主体围绕各自利益是否实现及实现程度而不断调整自身行为，积极主动契合制度预设目标，极大降低制度运行交易费用，形成水生态补偿机制有效运行的内在机理。第三，流域水生态补偿地方实践急需解决的现实命题。地方的生态法治资源和生态法治建设是中国流域水生态补偿机制运行的着力点和主要抓手。伴随着严峻的流域水污染和水生态环境破坏的现实状况，具有法律强制性的水环境考评制度及具有政治约束性的生态文明建设目标考评的外在压力，河北、河南、福建、江西等地纷纷出台流域生态补偿制度地方法规、地方规章和地方部门规章（以下统称地方立法文本），其中，关于流域水生态补偿标准制度规定构成地方立法文本主要内容。在深入实地调研基础上，本书拟从生态补偿标准条款现实结构、标准类型等内容构成方面分析流域生态补偿标准制度规定的法治经验、面临困境及应对策略，以便更好地服务于地方法治实践，并为国家层面流域生态补偿立法提供宝贵法治资源。

一、法定标准制度规定的现实结构

本书研究对象主要包括，流域生态补偿地方法规、地方规章、部门规章等地方立法文本。选择依据主要基于以下考虑：一是不同流域水污染、水环境与水生态之现状，注意选取水污染严重流域与水质状况较好流域的数量比例，以便实现结构均衡；二是流域所在地经济社会发展状况。考虑东部、西部和中部各自经济社会发展以及流域流经山区、丘陵和平原等地理状况；三是综合考虑地方立法文本法律位阶、时效及其对生态补偿标准制度规定内容安排等。利用"中国知网"搜索中央地方立法文本，借助水利部、生态环境部、财政部等中央部委及各地政府官方网站进行比对。此外，课题组成员利用假期分赴河北、福

---

① 王清军等：《中国森林生态效益补偿标准制度研究——基于 10 省地方立法文本的分析》，载《林业经济》2013 年第 2 期。

建、浙江等地实地调研、座谈和查找地方材料等，搜集最新权威官方资料，深入
了解流域生态补偿实践运行状况。将地方立法文本分为综合立法、单项立法和专
项立法。综合立法是指调整环境保护综合性地方立法或面向某一流域的综合性立
法，典型如《××省环境保护条例》《××省××江保护条例》。单项立法是指
专门针对流域工业、农业和生活水污染防治的立法规定，典型如《××省水污染
防治条例》等。专项立法是指对流域生态补偿关系主体、补偿标准和补偿方式等
生态补偿事项进行的专门立法，如《××省水环境生态补偿办法》《××省生态
保护补偿条例》等（见表7-8）。

表7-8　　　　　　　流域水生态补偿的地方立法文本

序号	地方法规	地方规章	地方部门规章
1		（1）《山东省关于在南水北调黄河以南段及省辖淮河流域和小清河流域开展生态补偿试点工作的意见》（2007）； （2）《山东省地表水环境质量生态补偿办法》（2019）	
2	《河北省减少污染物排放条例》（2007）	《关于进一步加强跨界断面水质目标责任考核的通知》（2009，2012）	《河北省生态补偿金管理办法》（2010）
3	《海南省生态保护补偿条例》（2020）	《海南省万泉河流域生态环境保护规定》（2009）	
4	《河南省水污染防治条例》（2010）	《河南省水环境生态补偿暂行办法》（2010）	《关于河南省水环境生态补偿暂行办法的补充通知》（2012）
5		《辽宁省跨行政区域河流出市断面水质目标考核暂行办法》（2009）	
6	《浙江省水污染防治条例》（2009）	《浙江省跨行政区域河流交接断面水质监测和保护办法》（2009）	《浙江省生态环保财力转移支付试行办法》（2010）； 《浙江省跨行政区域河流交接断面水质保护管理考核办法》（2013）

续表

序号	地方法规	地方规章	地方部门规章
7	《安徽省环境保护条例》（2010）	《新安江流域水环境补偿试点实施方案》（2011）	《安徽省跨市断面水质目标考核及生态补偿试点工作暂行办法》（2012）
8		《陕西省渭河流域生态环境保护办法》（2010）	《陕西省渭河流域水污染补偿实施方案（试行）》（2010）
9	《云南省牛栏江保护条例》（2012）		
10	《湖南省湘江保护条例》（2012）		《湖南湘江流域生态补偿（水质水量奖罚）暂行办法》（2014）
11		《福建省重点流域生态补偿办法（试行）》（2017）	
12	《贵州省赤水河流域保护条例》（2011）		《贵州省赤水河流域水污染防治生态补偿暂行办法》（2014）
13		《江西省流域生态补偿办法（试行）》（2018）	
14	《湖北省水污染防治条例》（2014）	《湖北省跨界断面水质考核办法（试行）》（2015）	
15		《四川省"三江"流域水环境生态补偿办法》（2016）	《岷江沱江流域试行跨界断面水质超标资金扣缴制度》（2011）
16		《福建省重点流域生态保护补偿办法》（2017）	

（一） 地方立法文本颁行时间

时间是理解制度变迁的重要维度。我们选取一些关键时间节点，以便更加清楚理解流域水生态补偿制度变迁历程及其背后承载的社会经济发展因素。应当说，学界关于流域水生态补偿制度的研究已经开展多年，但结合关键时间节点对制度变迁背后的法治因素进行学术梳理仍存在一定疏漏之处。结合表 7 - 8 提供的地方立法文本，我们尝试从 2007 ~ 2008 年度、2014 ~ 2016 年度、2016 年之后三个关键时间节点，认识并理解我国流域水生态补偿法定标准制度规定的发展历程。

1. 制度变迁时期 （2007 ~ 2008 年度）

严格追溯起来，早在 2007 年之前，一些地方，比如福建、河北等地开始立足于各自流域水生态环境治理现状，创新探索流域水生态补偿立法及实践活动，但这更多体现为一种带有单纯 "社会实验" 性质的探索尝试，具有问题导向突出、应急特征明显以及制度规定零星及碎片化等弊端。2007 年之后，我国经济社会快速增长之副作用开始不断投射到流域生态环境领域，各大重要流域普遍存在水污染严峻、水生态破坏严峻及水污染治理资金短缺等困境，尤其是一些流域水污染治理问题到了刻不容缓予以解决的地步，"依法治污" 要求国家层面生态环境立法应当予以及时回应。2008 年，经修订的 《中华人民共和国水污染防治法》 第七条①第一次以国家法律形式明确建立流域水环境生态保护补偿制度，即便措辞简单，甚至语焉不详，但它为流域生态补偿制度地方实践提供了明确上位法依据。2008 年之后，浙江、河北、河南、辽宁等地陆续颁行流域生态补偿地方立法文本，大都按照 "问题引导立法，立法解决问题" 原则，抓住各地流域生态补偿制度建构中普遍存在的资金短缺问题为切入点，开展了一场颇具规模的流域生态补偿 "立法竞赛" 活动。总体来看，地方立法文本大都存在着内容简略、形式粗糙，不乏逻辑上和法技术上的矛盾，在稍许缓解着流域生态环境治理资金短缺困境的同时，也在不断累积着流域上下有地区利益分配方面的矛盾与冲突。与流域水生态补偿立法文本不断涌现的 "盛况" 相比，流域水生态补偿机制运行绩效并不十分明显。原因在于，地方立法文本借此制度虽然能够有效筹集水污染治理资金，但却未能在不同主体利益诉求与制度预设目标之间搭建内在行为关联，建立这种内在行为关联需要打破传统或旧有的权力配置与利益分配格局，要求在更深层次和更广领域内配套制度的建构与完善。显然，凭借 《中华人民共和国水污染防治法》 中一个过于简略的法律条文，难以有效肩负起保障流域

---

① 参见 《中华人民共和国水污染防治法》 （2008） 第七条规定，"国家通过财政转移支付等方式，建立健全对位于饮用水水源保护区区域和江河、湖泊、水库上游地区的水环境生态保护补偿机制"。

水生态补偿机制有效运行的重要职责。

在对地方立法文本梳理过程中，我们发现，各地流域水生态补偿机制运行无一例外与我国业已存在并经《中华人民共和国水污染防治法》予以法律固化的流域水环境考评制度存在紧密关联。受制于流域水环境考评制度自上而下的考评压力，流域上下游地区地方立法机关、行政机关大都在这个时间节点前后出台不同法律位阶的地方立法文本，一些流域水污染、水生态破坏严重的省区市，比如辽宁、河南尤甚。这表明，水环境考评制度对水生态补偿制度快速建立具有一定的倒逼功能，好处自不待言，但也存在着一个非常显著的后遗症，即造成流域水生态补偿制度异化为流域水环境考评制度的一个工具化策略措施而存在，各地广泛开展的流域水生态补偿实践活动从不同侧面证实了这一判断。即便如此，我们仍然认为，2007～2008年这个重要时间节点构成了中国流域水生态补偿地方立法发展的一个重要里程碑，一方面，国家法律首次正式建立了流域水生态补偿制度，自此以后，流域水生态补偿的地方立法文本有了比较明确的上位法依据。另一方面，国家严格流域水环境考评制度及较为严厉的问责机制，迫使地方不断进行涉水制度变迁的创新探索。自此，业已建立的流域水生态补偿制度在承载着利益协调、激励供给以及预防功能之外，也被打上了贯彻执行水环境责任考评制度的工具性制度之烙印。

2. 制度完善时期（2014～2016 年）

2014～2016 年度是我国流域水生态补偿制度快速变革的另外一个重要时间节点。2012 年，党的十八大提升了生态文明建设的战略地位，之后短短几年之内，党中央、国务院密集出台了环境污染第三方治理、排污费向环境保护税过渡、环境保护投融资改革、生态环境监测垂直管理、中央生态环境督查机制、环境保护党政同责和领导干部离任环境审计等系列生态文明体制机制制度改革文件。其中，关于生态补偿尤其是流域水生态补偿的顶层政策立法文本也陆续出台。[①]

---

① 包括：（1）2013 年《国务院关于生态补偿机制建设工作情况的报告》指出，"在中央财政支持重点流域生态补偿试点的同时，各地积极开展流域横向水生态补偿实践探索，形成了多种补偿模式"。（2）2014年《中华人民共和国环境保护法》第三十一条规定，"国家建立、健全生态保护补偿制度。国家加大对生态保护地区的财政转移支付力度。有关地方人民政府应当落实生态保护补偿资金，确保其用于生态保护补偿。国家指导受益地区和生态保护地区人民政府通过协商或者按照市场规则进行生态保护补偿"。（3）2015 年中共中央办公厅、国务院办公厅《关于加快推进生态文明建设的意见》指出，"建立地区间横向生态保护补偿机制，引导生态受益地区与保护地区之间、流域上游与下游之间，通过资金补助、产业转移、人才培训、共建园区等方式实施补偿"。（4）2015 年《生态文明体制改革总体方案》指出，"制定横向生态补偿机制办法，以地方补偿为主，中央财政给予支持。鼓励各地开展生态补偿试点，继续推进新安江水环境补偿试点，推动在京津冀水源涵养区、广西广东九洲江、福建广东汀江－韩江等开展跨地区生态补偿试点，在长江流域水环境敏感地区探索开展流域生态补偿试点"。

　　总体来看，这一时期各地流域水生态补偿立法文本呈现以下显著特征：（1）生态文明建设的党内法规、国家法律对各地流域水生态补偿制度建构予以持续性高强度关注。大胆探索流域水生态补偿试点活动能够获取更多来自中央高层的肯定，甚至不乏来自中央财政的鼎力支持。这一方面能够为地方流域生态环境治理带来必要的资金支撑，另一方面也授权地方可以大胆进行制度创新，且对地方创新探索带有"背书"的强烈信号。此外，中央相继出台生态文明制度建设一系列纲领性文件，这对流域水生态补偿制度建设也具有引领、促进、固化和保障功能，尤其是明确落实党委、政府及其工作部门和党政领导干部的环境保护工作责任，建立健全"党政同责、一岗双责"环境保护责任体系。这里的"党政同责"是指，地方党委、政府对环境保护工作都负有领导责任，其班子成员按照职责分工分别承担相应的环境保护工作职责；"一岗双责"是指，党政领导干部在履行岗位业务工作职责的同时，按照"谁主管、谁负责""管行业必须管环保、管业务必须管环保、管生产经营必须管环保"原则，履行环境保护工作职责。①总之，生态文明建设的党内法规、国家法律法规以及生态补偿制度顶层设计不断催生着各地流域水生态补偿制度的创新探索。（2）面向流域整体建构生态补偿制度的地方立法文本开始出现。流域生态环境问题成因较多且渐趋复杂，陆续建构起来的水环境考评制度、排污总量控制制度等只能在一定范围内、一定层次上和一定限度内解决流域某一方面难题，换言之，任何环境法律制度都有其自身适用条件、适用范围限制。如何利用系统思维，在整体流域视野下发现并借助流域水生态补偿制度来解决流域主要环境问题一直在考验地方的立法智慧。如前所述，早期流域水生态补偿立法将问题聚焦于流域水污染治理过程的水环境考评制度功能实现方面，在功利化、工具化流域水生态补偿制度同时，也使制度一直陷入流域水污染治理的狭小范围之内。自2014年尤其是2016年后，各地流域生态补偿地方立法文本发展的一个非常明显趋势是，立足于流域整体性生态环境质量改善而非仅仅停留于流域水污染治理建构以完善流域水生态补偿制度机制。若仅仅立足于"水质"而不关注"水量""水生生物资源"，仅仅立足于"水体"而不关照"岸边"土地资源，没有统筹安排生活在岸边的"人"和运行在岸边的"产业""设施"，地方立法文本设计出来的具体制度措施就会犯"盲人摸象"的错误。这一时段内的各地流域水生态补偿地方立法文本，开始从整体治理、系统治理视角和方法以建构流域水生态补偿制度，典型如《江西流域生态补偿办法》在流域生态补偿标准确立中，开始采纳山水林田湖草一体

---

① 参见台州市三门县《安全生产"党政同责、一岗双责"暂行规定》，http://www.zjsafety，2019年3月最后访问。

化治理保护的系统思维方法，除了考虑"水体"中的水质、水量等因素之外，还把"岸边"的森林覆盖率、生态环境设施运维率等因素全部考虑进来；再如《福建省重点流域生态补偿办法（试行）》在流域水生态补偿标准制度规定中，除了考虑水质、森林覆盖率等"水体""岸边"等诸多应当统筹兼顾的自然生态要素外，流域上下游不同地区之间的经济社会发展差异等社会性因素也一并被统筹考虑进来。这些最新立法发展走向充分展现出流域不仅是一个围绕"水体"为中心的自然生态系统，也是一个以"水体"为媒介的社会经济系统。流域生态补偿立法，不仅仅是人为自然立法，也应当是人尊重自然。顺应自然而立法，无论是补偿关系主体规则、补偿标准规则或者补偿方式规则，都必须尊重或者适应流域自然生态系统、社会经济系统要求，遵循自然规律、社会规律和经济规律。唯有如此，才能保证流域水生态补偿地方立法文本实现合规律性与合法理性的统一，才会具有一定的针对性、科学性、规范性和可操作性。

（3）面向未来进行流域水生态补偿制度建构的立法走向也令人瞩目。我们知道，法律制度一般具有预测功能、指引功能等主导功能。就流域水生态补偿制度而言，其预测功能主要体现为，对各地未来土地等自然资源利用方式及流域产业结构调整提前分析、研判。其指引功能体现为，对流域各地宏观决策行为以及微观层面生产生活行为实施必要的行为指引和行为选择。早期流域水生态补偿的地方立法文本，多出现在跨行政区流域水环境污染严重之际以及应对水污染治理资金短缺之境况，希望通过对流域水污染严重地区地方政府一定经济上的"处罚"，以督促其治理水污染，相应地，遭受水污染损失的地方政府借此获取一定补偿资金以"代理"治理水污染。显然，这种立足于当前水污染问题解决为主要逻辑进路的水生态补偿制度被深深打上"应急性""救济性"以及追究"历史责任"等标签，其体现的抑损补偿属性使其遭受单向补偿和双向补偿的巨大争议。① 流域水生态补偿制度本身所固有的预测功能、指引功能和激励功能在逐渐消隐，而负外部性、抑制、惩罚和救济等标签却越发凸显。新近的流域水生态补偿地方立法文本着眼于流域未来产业发展引导以及土地等自然资源利用方式变更的走向提供行为指引，开始彰显出一定的制度预测、指引及激励功能，典型如《四川省"三江"流域水环境生态补偿办法》（2016）中，开始关注如何利用补偿资金进行流域生态环境修复，如何激励或引导流域产业发展等，无

---

① 李永宁：《论生态补偿的法学含义及其法律制度完善——以经济学的分析为视角》，载《法律科学》2011 年第 2 期；刘国涛：《生态补偿的概念和性质》，载《山东科技大学学报》（人文社会科学版）2010 年第 5 期；汪劲：《论生态补偿的概念——以〈生态补偿条例〉草案的立法解释为背景》，载《中国地质大学学报》（社会科学版）2014 年第 1 期；杜群：《生态补偿的法律关系及其发展现状和问题》，载《现代法学》2005 年第 3 期。

论是前者或者后者，体现着一种面向未来走向，势必会对流域利益相关者行为选择发挥指引功能、预测功能。毫无疑问，流域水污染治理是当前甚至是未来较长一段时间流域环境治理的主要任务，但这并不意味着紧紧围绕这个突出问题以开展流域水生态补偿的立法探索。在国家大力推进生态文明建设以及实现美丽中国目标任务背景下，不能将流域水生态补偿制度仅仅作为跨行政区流域水环境考评制度的策略工具，不能简单将其视作水污染治理的资金筹集工具，而是需要从流域整体视野出发，着眼于流域水污染防治、水生态修复、水域岸线保护、流域土地等自然资源利用方式变更等一体化范畴予以面向未来的法律规制。一言以蔽之，流域水生态补偿地方立法探索不仅需要解决当下面临的流域水污染问题，更应当在更大范围内、更广阔视野上引导流域上下游地区、左右岸地区如何形成环境友好生产方式、生活方式，实现产业转型升级或结构调整，促进绿色低碳发展。

3. 制度成熟时期（2016 年之后）

2016 年之后，流域生态补偿顶层制度设计方案更是密集出台，流域水生态补偿制度法治化轮廓初步形成。① 在中央政府（上级政府）组织、协调和指导下，流域上下游地区地方政府之间通过签订流域生态补偿协议方式建立一种常态化的横向生态补偿关系，实现不同区域协调发展，已然成为高层共识和顶层制度设计的努力方向。这一时期，流域水生态补偿地方立法文本具有以下显著特征：（1）逐渐探索出流域水生态补偿机制两种相对成熟模式。流域生态补偿机制的地方实践探索也精彩纷呈，归纳、总结实践探索，可将其划分为两种模式：一是行政主导模式；二是市场主导模式，更多游走于行政模式与市场模式之间。所谓行政主导模式是指，凭借省级政府行政高权力，进行资金筹集、资金分配、监督管理及奖励惩罚等相对集中的生态补偿法规则供给，主要是以福建、江西等地为代表，江西流域生态补偿的地方立法文本，明确了流域范围内所有市、县既是生态保护者也是生态保护受益者，应当承担流域水环境治理和生态保护的共同责任；在资金筹集方面，江西建构了省、市、县政府三级政府比例出资的补偿资金筹集机制，保障资金

---

① 包括：（1）2016 年 4 月，《国务院办公厅关于健全生态保护补偿机制的意见》提出，"研究制定以地方补偿为主、中央财政给予支持的横向生态保护补偿机制办法"。（2）2016 年 11 月，财政部、发改委等四部委《关于加快建立流域上下游横向生态保护补偿机制的指导意见》要求，"流域上下游地方政府之间签订具有约束力的生态补偿协议"。（3）2018 年 11 月，中共中央、国务院《关于建立更加有效的区域协调发展新机制的意见》明确鼓励"流域上下游通过资金补偿等建立横向补偿关系"。（4）2018 年 12 月，国家发改委等九部委《建立市场化、多元化生态保护补偿机制行动计划》要求"探索建立流域下游地区对上游地区提供优于水环境质量目标的水资源予以补偿的机制"。（5）2021 年，"两办"《关于深化生态保护补偿制度改革的意见》指出，"巩固跨省流域横向生态保护补偿机制试点成果，总结推广成熟经验。鼓励地方加快重点流域跨省上下游横向生态保护补偿机制建设，开展跨区域联防联治"。

能够稳定筹集；资金分配方面，江西将流域水生态环境保护、森林生态保护和用水总量等行为或结果作为生态补偿支付基准；在生态补偿监督管理方面，江西结合生态文明建设目标责任考核结果实现激励约束。行政主导模式好处非常明显，它以"集中优势办大事"为主导思想，化繁就简，利用行政力量促使流域生态保护补偿机制得以建立和运行，发挥其在流域水环境质量改善方面的积极作用。市场主导模式是在中央（上级）政府指导协调下，流域上下游地区地方政府在平等协商基础上，就资金筹集、资金分配、监督管理及奖励惩罚达成一致意见，签订并履行具有一定约束力的流域生态补偿协议，从而建立流域生态补偿机制。这种模式首先出现在新安江流域，继而在全国广大跨行政区的流域范围内广泛展开。由于中央（上级）政府的适度介入，故严格意义上讲，这仅是一种准市场机制模式。经过多年发展，初步形成了以流域上下游地方政府为主，中央（上级）政府为适当引导为补充；以补偿资金支付为主，其他方式支付为补充；以跨界断面水质为补偿基准，建立起"利益共享、责任共担、合作共治"的流域良性互动与合作机制。

(2) 大胆探索省级以下地方各级政府在流域水生态保护补偿上的事权与支出责任。2016年8月，《国务院关于推进中央与地方财政事权和支出责任划分改革的指导意见》指出，"省以下财政事权和支出责任划分不尽规范"之同时，也要求各省、自治区和直辖市结合自身情况，"加快省以下财政事权和支出责任划分"。对于我国"省以下财政事权和支出责任划分不尽规范"的主要表征，比较一致的看法，认为这主要是政府事权划分不明晰、政府事权不合理、政府间事权与支出责任不相适应、政府间财力与支出责任不够匹配、政府间转移支付制度不够完善等。[①] 这一时期，流域生态补偿地方立法文本在这个方面进行了大胆探索。遵行的大致走向是，跨省（自治区、直辖市）国家重要流域（长江、黄河等七大流域）以及长江特定一级支流生态补偿事务主要属于中央政府事权；跨省（自治区、直辖市）的非国家重点流域（如新安江流域）生态保补偿事务属于中央政府与地方政府共同事权，但仍然需要明确中央政府、地方政府各自财政支出比例。省内跨市流域生态补偿事权与支出责任应当由省级政府与所在市级政府按照一定比例承担；设区的市域内跨县流域生态补偿事权与支出责任应当由市级政府与流域所在地县级政府按照一定比例承担。前面提及的江西、福建等地流域生态补偿地方立法文本在省、市、县三级政府的出资比例值得借鉴。

即便进入制度成熟时期，流域水生态补偿制度机制仍然面临着诸多严峻

① 参见《国务院关于推进中央与地方财政事权和支出责任划分改革的指导意见》。

挑战，其体现在：（1）流域上下级地方政府在流域生态保护补偿事权及支出责任方面仍然模糊不清。如前所述，流域生态保护补偿事权及支出责任应当分为中央事权、中央地方共同事权及地方事权。其中，中央事权主要包括国家重要流域生态保护补偿事权及支出责任，实践探索已经在逐步清晰；中央地方共同事权主要针对跨省（自治区、直辖市）流域生态保护补偿承担支出责任，生态保护补偿国家层面的立法需要结合具体跨省（自治区、直辖市）流域重要性等明确中央地方各自出资比例确定及调整规则。最后，最富有挑战意义的就是，划分省级以下地方政府之间的流域生态保护补偿事权及支出责任，因为这主要是针对数以万计的中小流域、湖泊、水库，因为它们普遍存在跨行政区（市、县）现象。因此，在明确中央地方生态补偿共同事权及支出责任后，需要结合具体流域实际情形，不断探索和继续明确省级以下地方各级政府在跨市（县）流域上的生态补偿事权及支出责任划分。唯有如此，才能逐渐识别和精准判断流域内具体生态保护者（地区）与生态保护受益者（地区），才能厘定各级地方政府流域生态补偿事权及支出责任，才能锁定地方政府在流域生态保护、水环境质量保护上的主体责任，从而促使地方政府加强流域生态环境治理，形成良性"攀比、竞争"效应。（2）流域生态补偿机制的行政主导模式面临重重困难。行政主导模式尽管取得了部分成效。但随着探索推进，问题开始逐渐显露。一是缺乏良性互动。由于是一种政府主导的再分配"间接"补偿，具体生态保护者与生态保护受益者之间缺乏直接联系。这样，保护者受偿意愿、受益者支付意愿无法建立起一种良性互动合作机制，流域水生态补偿机制的长远目标迟迟难以实现，亦即尽管这可能带来水质好转或者改善，但制度在补偿关系主体厘定、标准确定方面整体上是低效的。二是筹资渠道单一。由于依靠流域上下游地方政府比例筹资，尽管能够形成一个相对稳定的生态补偿"资金池"，但这种筹资机制主要取决于各地政府财政收入状况及主政者的行为选择，流域市场、社会等利益相关者参与不够，久之，就会造成行政主导模式逐渐形成相对封闭的运行圈，妨碍了其他社会主体的有效参与，推迟甚至妨碍了市场化、多元化生态补偿机制的生成与发展。三是资金使用效益不高。由于流域上下游各级地方政府及其主政者利益偏好及行为选择各不相同，在补偿资金分配或者使用方面的问题较多，具体包括，补偿资金分配不均衡，某一流域资金可能会被统筹到其他流域使用；更多立足于上级政府考核要求而非结合流域具体状况进行补偿资金使用；资金使用被分散在政府不同职能部门中，未进行通盘考量，缺乏合力。四是制度实施成本较高。由于这种模式主要依靠上级政府进行规则制度供给，有赖于高位推动运行，造成制度实施成本较高，加之不同任期制官员政绩偏好不同，导致生态补偿机制在运行过程中始终难以建立有效协商平台，从而也在一定程度上降低了相互信任，无形中加大了制度损耗成本。（3）流域水生态保护补偿机制市场主导模式也存在不少困难。尽管市场主导模式前景广阔，但也存在着不小的困惑，一是适用范围受限。初步研究表明，市场主导模式主要适用于产生单向外部性的流域上下游地区之间，至于产生双向外部性的流域左右岸、干支流等均难以有此种模式的适用空间。二是机制难以有效启动。对于流域上下游地方政府而言，机制启动意味着资金支付可能性、责任增加可能性和风险、不确定性的产生，因此，任何有限理性的下游地区地方政府启动生态补偿机制的意愿及主动性、积极性不高。即便有从生态文明建设大局考量的自我政治责任担当，但对于此种模式的未来走向仍然存在观望心态。

上述问题归结为，流域水生态补偿制度法治化发展程度较低。未来水生态补偿制度机制仍然需要不断转型升级，方能成为生态文明建设的助推剂。

（二）地方立法文本形式特征

立法文本形式虽然不能决定立法文本性质及内容，但规范、严谨、明确、清晰的形式却能够促使内容更加优化和科学。考察流域水生态补偿地方立法文本的形式特征，能够帮助我们深入分析流域水生态补偿制度形成、发展以及机制运行的一般规律。

1. 行政主导性突出

"法发展的重心不在立法、不在法学，也不在司法判决，而在社会本身。"[①] 尽管先后出现了水生态补偿的行政模式和市场模式，但就社会基本现状来看，行政主导性强仍然是我国流域水生态补偿制度建构的首要形式特征，具体表现为，省级政府及其职能部门主导着流域水生态补偿制度供给全过程，包括政策制定、实施以及相应监督；流域市级政府（设区的市）、县级政府、乡级政府分别作为流域上下游地区地方利益的总代理人，换言之，流域上下游地区所在地市级政府（设区的市）、县级政府和乡级政府作为流域补偿关系主体，依照法定或约定的补偿支付基准，当支付基准条件成熟时，一方享有获得补偿费用的权利，另一方需要承担必要的补偿费用。

（1）行政主导成因。理想的情形应该是，"不仅有关政府部门，农户、农场

---

① ［奥］欧根·埃利希埃著，叶名怡等译：《法律社会学的基本原理》，中国社会科学出版社 2009 年版，第 213 页。

主、企业等利益相关方一般都参与到补偿标准的设计过程"。① 但正处于成长和发展状态的我国流域水生态补偿制度，则带有强烈的中国国别特征和阶段特征。一方面，我国流域岸线资源、水资源等流域水流产权制度体系尚未完全建立，以明晰水流产权为前提的市场补偿机制内含的平等协商补偿标准仍停留在学理讨论或个别试点阶段。另一方面，尽管我们倡导多中心治理，但政府主导流域环境治理的制度惯性仍然具有强大的辐射效应，反映到流域水生态补偿制度层面，各级政府及其政府部门理所当然成为流域水生态补偿标准制定主体，其他利益相关者很难借助制度化信息平台参与到补偿标准制定过程之中。行政法理上，标准制定行为属于一类抽象行政行为，似乎也应当属于行政权力的专属。再者，我国流域水生态补偿紧密结合流域水环境考评制度实施而得以开展，地方政府参与流域水生态补偿机制建设的内在动力，除了流域优质水生态产品稀缺、竞争性用水加剧和水环境质量恶化等客观原因之外，直接动力主要源自水环境考评制度带来的持续压力。

（2）行政主导优点。行政主导的优点非常明显，一是能够应对流域水流产权界定不清晰所带来的负外部性难题。现有流域水流产权制度、环境容量产权制度安排的不合理造成跨行政区流域产权不清晰、责任不明确等，以维护地方利益为己任的流域上下游地区地方政府都不会主动提供或保护流域生态环境这一公共物品，流域"公地悲剧"自是不可避免。流域水生态补偿制度将流域上下游地区地方政府视作产权代理主体，通过设置流域跨界断面以厘清各自产权监督管理责任，在一定意义上是明确了流域水质保护方面的产权配置问题，消解着"公地悲剧"带来的"以邻为壑""互污"等难题。二是实现了管制对象从流域排污者向流域监管者的一个重大转向。流域水生态补偿机制建立在流域所在地地方政府负责所在辖区水环境质量责任基础上，它将监管者（地方政府及其职能部门）与排污者（辖区内排污企业）视作一个连带责任主体，它无须追究跨界流域水污染的具体污染者或肇事者（而是通过建构水生态环境损害制度以追究具体肇事者的法律责任），而是由地方政府代理承担带有一定总括性的生态补偿责任。通过规制流域上下游地方政府，进而达到规制排污者的规制策略，这是一种规制理念、规制原则和规制路径的巨大转变。需要澄清的是，这种规制策略并不意味着规制排污者的制度机制被取代或者功能重要性降低。相反，规制排污者的制度机制须与规制监管者的制度机制实现协力推进或者同频共振，才能带来流域环境治理上的制度合力，实现流域治理能力和治理体系的现代化。

（3）行政主导弊端。在行政主导背景下，流域水生态补偿标准制定是在行政

① Kwaw. Estimating Willingness to Pay for Improved Drinking Water Quality Using Averting Behavior Method with Perception Measure［J］. Environmental and Resource Economics，2002，21（3）：285 - 300.

科层制内部进行，相对封闭。这实际上是以制度化方式将流域其他利益相关者合法排除在流域环境治理之外。"这种相对封闭的决策机制影响了社会主体对政策的认同感，进而增加了政策的执行成本。"[1] 与此同时，相对封闭的决策机制和以多重代理为特征的政府层级结构在公共决策的过程中隐含着一定的社会风险。[2] 具体而言，行政主导的弊端包括：一是流域水生态补偿标准，主要是由流域上下游地区地方政府共同的上级政府或其职能部门单方决定的，排除了流域范围内行政科层制内部的相互博弈和公众参与，更为重要的是，标准生成过程中也没有必要的专业论证，其科学性、民主性颇有疑议。"我国现行的流域生态补偿组织体制仍是一种条块分割的体制，具有明显的'部门主导'和'地方分治'的特征。从协商合作参与的主体来看，仍然以政府部门为主，在国家层面，包括财政部和环保部和皖浙两省的省级政府及有关环保部门，而作为同样承担流域水资源管理职责和流域水量分配的权威部门水利部门，却没有介入。"[3] 部门主导标准制定强调效率，但其科学性和正当性多少存在不足，典型例证为，2008 年，"流域生态补偿河北立法文本，基于水环境考评要求，将污染因子（氨氮）超标补偿标准设置过高，导致一些市县生态补偿金扣缴额度很大，以至于这些县市即便有一定支付意愿，但地方财力极度短缺造成一定支付能力严重不足，从而引起一些地方政府挤占其他支出以应对补偿等系列连锁反应"。[4] 2009 年，河北省就不得不临时出台补充性规定，在考核支付基准中取消了污染因子（氨氮）超标补偿标准。2010 年，河北省却又出现了流域污染因子（氨氮）严重超标排放的严重问题，不得已在 2012 年生态补偿支付基准考核中又增加了污染因子（氨氮）。可以看出，补偿标准制定由于过于聚焦行政效能，会对标准制定的科学性、民主性缺少关注或者关注不够，原本相对严肃、权威的立法文本出现应急性、朝令夕改、反复变化等问题，一方面会导致地方政府在执行过程中无所适从，另一方面也严重消解着流域水生态补偿标准制度规定的权威性、实效性。二是流域水生态补偿标准制定的部门化问题也很突出，这是行政主导难以回避之议题。16 个省区市的立法文本中，涉及水生态补偿标准制定的职能部门包括生态环境部门、水行政部门和财政部门，但在执行实践过程中，生态环境部门却单一主导着标准制定、修订及执行进程，水行政部门、财政部门在这个过程中没了身影。由一个部门主导全过程容易引发标准正当性、合法性及有效性的广泛质疑。

---

① 王伟域：《税收遵从：从理性到现实的研究》，华中科技大学博士学位论文，2009 年，第 159 页。

② 欧阳一帆等：《公共政策的缺陷分析》，载《中国青年政治学院学报》2009 年第 2 期。

③ 王俊燕等：《治理视角下跨省流域生态补偿协商机制构建——以新安江流域为例》，载《人民长江》2017 年第 6 期。

④ 曾娜：《我国流域跨界生态补偿机制研究——基于地方规范性文件的分析》，载《特区经济》2012 年第 11 期。

2. 地方立法文本质量总体偏低

应然意义上，流域水生态补偿的地方立法文本应当体现为数量与质量统一一体，仅仅满足于数量增长是远远不够的。如何有效结合具体流域生态环境状况，进行针对性强、可操作性强的法规则设计，则成为一个重要观察指标。总体而言，流域水生态补偿地方立法文本呈现质量偏低状况，具体体现在：

（1）合法性方面。一般认为，不得与上位法发生冲突或抵触是地方立法的一个基本要求。"在中央未予立法的事项上，地方立法不得先行涉足。因为'不抵触'隐含着要有中央法律为地方依据的前提，在这个前提下，地方立法不得先于中央。"[1] 本书所指的"不抵触"，包括地方立法不得违背上位法的立法目的、基本原则和制度规定基本精神。就立法目的而言，现行《中华人民共和国水污染防治法》第八条建构的流域水生态补偿制度具有增益补偿属性，也可称之为名实相符的"生态保护补偿"而非"生态补偿"。河北、河南和辽宁等地立法文本中，却呈现为探索抑损属性的"生态补偿"而非"生态保护补偿"（见表 7-9）。

表 7-9　　　　　　　　　　地方立法文本中的生态补偿属性

属性	国家	山东	河北	海南	河南	辽宁	浙江	安徽	陕西	云南	湖南	福建	贵州	江西	湖北	四川
增益补偿	√	√		√	√		√	√		√	√	√	√	√	√	√
抑损补偿			√		√	√	√	√		√	√		√	√	√	√

从表 7-9 可以看出，地方立法文本，比如河北[2]在涉及生态补偿属性认定时，更多从功能主义出发，坚持生态补偿的增益补偿与抑损补偿双重属性，甚至在一定时段特定流域内强调以抑损补偿功能实现为主。显然，这与国家政策法律层面对生态补偿属性认知存在明显差异。各地流域水生态补偿立法主要目的在于，借助一种法治化手段解决各自具体流域突出环境问题，如果就此简单贸然得出地方立法文本违反上位法规定，显然失之偏颇。另外，如果说地方立法文本是在国家法律颁布之前就已经建立并完善了带有抑损属性的流域水生态补偿制度的话，尚有讨论或进一步商榷之空间；若在国家生态补偿立法已对生态补偿属性作出明确属性定位之后，一些立法文本仍然强调建立抑损性补偿属性为主的流域水

---

[1]　李林：《走向宪政的立法》，法律出版社 2003 年版，第 221 页。

[2]　参见《河北省减少污染物排放条例》（2016 年修订）第 25 条规定，"因污染物排放总量超过控制指标，造成相邻地区环境污染加剧或者环境功能下降的地区，应当向相邻地区支付生态补偿金"。

生态补偿制度机制，则可能存在着下位法与上位法之间抵牾冲突之态势，势必带给地方立法文本"合法性危机"。原本作为解决具体流域生态环境问题尤其是水污染的制度利器，但这一制度利器如今却又面临"合法性危机"的风险，需要法解释学予以妥善回应。我们认为，应该从规范主义和功能主义的双重视角来看待流域生态补偿增益补偿与抑损补偿的双重属性特质。从规范主义来看，流域生态补偿只能体现为一种增益补偿，但从功能主义视角观察，需要看到抑损补偿在有效解决流域水环境污染方面的特有功能。不能只看到规范主义的一面，也要看到其功能主义的一面。在未来较长一段时期内，我们所建构的流域水生态补偿制度机制，具有以规范主义下的增益补偿为主，功能意义下的抑损补偿为补充的复合属性。毫无疑问，流域水生态补偿制度内在属性究竟是体现为一种增益补偿或者增益补偿与抑损补偿的复合体，这个方面的认知、判断始终影响着我国流域水生态补偿制度法治化发展进程。

（2）适应性方面。中央立法机关更加强调整个立法系统运行的协同性，其功能定向在于维护"国家法制的统一和尊严"。地方立法机关则更注重自身运作的自主性，其功能定向在于实现"治理的在地化"（localisation）。① 地方立法实务工作者一再强调，地方立法应当在"地方特色"上下工夫，力求针对性强、明确具体、便于执行，坚持"量力而行"和"少而精"。② 按照"问题引导立法、立法解决问题"原则，抓住管用的那么几条，就强化了针对性和适应性。由于流域水生态补偿实践仍然处于不断探索创新阶段，受制于立法技术和认知水平，各地流域水生态补偿地方立法文本多采用"暂行办法""试点方案""补充通知""试行"等名称。可以看出，试点各地尝试将一些成熟经验制度化和规范化，希望能够产生一定的预期效应。一方面，切不可以为是"暂行办法""试点方案""补充通知""试行"就贸然实施，一定要在总结成熟经验基础上慎重出台"暂行办法""试点方案"等，以免修订或者修改频率过多，随意进行调整，造成利益相关者无所适从；另一方面，也要大胆探索和小心论证，逐步将一些较为成熟的较低层级的规范性法律文件逐步转化为较高层级的地方法规、地方规章等，辅之配套法律制度以完善，从而不断提升流域水生态补偿制度的可行性与针对性，保障流域水生态补偿机制有效运行。

（3）可操作性方面。任何制度规定在付诸实施之前，只是一种应当和一种可能性，并不完全等于现实。但"书本上的法律"只有转化为"现实生活中的法律"，才具有存在价值。法律制度固有的滞后性也会造成制度规定与丰富

---

① 姜孝贤：《论我国立法体制的优化》，载《法制与社会发展》2021 年第 5 期。
② 孙恒山：《地方立法应向小立法转变》，载《人大研究》1997 年第 1 期。

多彩、不断变化的实践产生巨大张力。为尽量减少可能冲突，发挥法律对社会生活的规范指引功能，就必须提升法律的可操作性。2001 年，国务院《行政法规制定程序条例》第 5 条规定，行政法规应当备而不繁，逻辑严密，条文明确、具体，用语准确、简洁，具有可操作性。将此规定推广至所有生态补偿的地方立法文本，即要求流域水生态补偿法规范应当做到调整内容相对明确，权利义务指向清楚。关于可操作性，学者们存在不同见解。"法律条文是否明确，条文之间是否存在冲突，与同位法是否冲突，是否完备，解释是否到位，是否符合实际情况，是否具有前瞻性，有无配套措施，法律有无漏洞及修补等可作为评价法律法规可操作性的标准。"[①]。地方立法"要有针对性、适用性，要管用、实用，能解决实际问题"。[②] 学者李新建提出了法律可操作性评价指标是易执行、能落实、针对性和明确性等。[③] 结合学者观点，我们认为，生态补偿地方立法文本的可操作性可以下方面判断：一是条文内容是否明晰，权责是否清晰；二是是否彰显一定的地方特色；三是必须以解决流域现存问题为己任；四是保持相对稳定性，在稳定性和变动性之间需要形成一种相对平衡机制。就此而言，生态补偿地方立法文本，"囿于上位法的限制，只好作模糊处理，立法内容往往过于原则和概括"。[④] 多数下位法仅仅是对上位法的再强调、再宣誓甚至简单化的"复制粘贴"，相反，再细化、再拓展和再具体等迈向可操作性的实质内容却相对缺乏，"无甚大用也无甚大错"，"宣示性""观赏性立法"似乎正在成为一个标配。

二、法定标准制度规定的内容构成

我们通过选取流域补偿尺度、流域补偿关系主体以及流域生态补偿支付基准三个主要方面制度规定，试图勾勒出我国流域水生态补偿法定标准制度规定的主要内容构成。

（一）流域补偿尺度的选择

1. 确定流域补偿尺度的法律意义

根据流域自然属性和社会经济属性，按照专业、可行要求，对流域不同区

---

① 王沁：《全国人大常委会关于司法鉴定管理问题的决定操作性研究》，西南政法大学博士学位论文，2007 年，第 9 页。

② 李高协：《地方立法的可操作性问题探讨》，载《人大研究》2007 年第 10 期。

③ 李新建：《地方立法贵在可操作性》，载《新疆人大》（汉文版）2013 年第 10 期。

④ 王春业：《论我国"特定区域"法治先行》，载《中国法学》2020 年第 3 期。

域进行相应水生态空间定位，从而筛选出最有效、最适当的流域水生态服务提供者（此处主要是指作为受偿主体总代理人的地方政府），以提高流域水生态补偿制度的效率，构成确定流域补偿尺度的总括性意义。流域尺度确定是一个涉及政治、经济和法律乃至生态学、地理学等方面的综合议题。由于我国开展流域水生态补偿实践工作较晚，尚未对流域尺度确定进行专门研究。确定流域尺度不仅事关流域水生态补偿制度建构及机制运行，也关系到流域水环境考评制度以及水生态环境质量地方政府负责制的有效贯彻落实，故有专门研究必要。具体而言，确定流域空间尺度具有以下重要意义：（1）不同尺度范围内受偿主体能够提供的流域水生态服务具有明显空间异质性。一般而言，流域主要是由上下游地区、左右岸地区、干支流地区等不同区域构成，但流域不同区域生态系统结构以及水生态服务过程变化机理不同，导致流域不同区域能够提供的水生态服务功能存在着较大差异，借助一定的专业技术手段确定相对规模的补偿尺度，实际上是在区分或厘定这些差异，以便更能精准甄别出流域水生态服务提供者或者受益者。（2）不同范围内受偿主体（特定区域或特定流域生态服务提供者）提供不同类型水生态服务的成本支出也大相径庭，并且流域人口变化、产业结构差异等社会经济发展因素也可能导致流域生态系统面临不同生态风险。围绕流域水生态服务供给所带来的收益/负担也需要借助一定的法治化手段落实在流域尺度方面。（3）流域水生态补偿制度的地方实践也存在着各种无效率情形，包括无法形成生态补偿的基本共识，在补偿标准、补偿支付基准等方面认定方式方法上产生难以调和之分歧，无法将具有流域外部性效应的所有行政区域都有效纳入流域补偿空间范围等。唯有通过确定一定流域尺度并进行必要调整，能够在一定程度上弥补分歧，形成共识。（4）流域生态系统整体性和行政区域分割性矛盾可以借助流域补偿尺度得以稍许缓和。流域上下游地区地方政府主体数量较少，但这些地方政府往往不存在着共同的上级政府。经常出现的情形是，跨省域两个乡镇之间的流域水生态补偿机制议题最终却需要层层上报至国务院及其职能部门出面组织协调，制度机制成本和代价过于高昂。确定一定流域补偿尺度可以避免或减少此类问题发生。

2. 确定流域尺度的主要举措

笔者整理文献发现，河南、山东等省地方立法文本均明确界定了流域尺度，占到了总数71%之多。更有浙江、福建、贵州等省地方立法文本采用列举方式明确流域范围和尺度，一些立法文本甚至细化到流域具体河段（见表7-10）。

表 7 – 10　　　　　　　　地方立法文本中的流域补偿尺度

序号	省域	流域尺度
1	山东	（1）南水北调黄河以南段；（2）省辖淮河流域；（3）小清河流域
2	河北	河北子牙河、漳卫南运河和黑龙港水系七大水系
3	海南	万泉河流域
4	河南	长江、淮河、黄河和海河四大流域 18 个省辖市的地表水水环境生态补偿（南水北调中线河南段除外）
5	辽宁	省辖市行政区域内主要河流
6	浙江	境内八大水系干流和流域面积 100 平方千米以上的一级支流源头
7	安徽	新安江流域
8	陕西	渭河流域
9	云南	牛栏江流域
10	湖南	湘江流域
11	福建	（1）闽江流域；（2）九龙江流域；（3）敖江流域
12	贵州	赤水河流域
13	江西	（1）鄱阳湖和赣江、抚河、信江、饶河、修河等五大河流；（2）九江长江段和东江流域等
14	湖北	跨市、州、直管市、神农架林区行政区域的河流跨界断面和入长江、汉江
15	四川	（1）岷江流域；（2）沱江流域；（3）嘉陵江流域

资料来源：作者根据地方立法文本作出的整理。

从表 7 – 10 可以看出，地方立法文本在确定流域补偿尺度方面具有以下特征：（1）问题导向为主，兼顾目标导向。以流域长期存在的突出问题为导向，在长期调研论证基础上，选择具体流域或流域具体河段并确定相应补偿尺度。不同流域、同一领域上下游、左右岸和干支流地区在人口状况、资源禀赋、产业发展、土地利用状况方面存在着较大差异，对于流域水生态服务供给的依赖度也不相同，各自面临的流域问题也有差异，因此在选择一定尺度的流域并做好前期资料搜集等工作非常必要。这些前期工作包括，上游地区土地利用方式及现状对流域水体水质水量历史及现实影响。上游地区生产方式、生活方式对下游地区生产用水、生活用水、经营用水和生态用水的影响。流域开发、利用、保护和管理政策法律制度框架梳理，具体包括，流域岸线等生态空间所有权、使用权状况，流域水资源所有权、使用权状况，国家关于流域岸线生态空间权属、水资源权属制度等。拟选择流域生态补偿政策成本效益评估状况分析，包括政策制定成本、实施成本以及未来经济效益、社会效益和环境效益的预测。（2）普遍性"社会试验"及推广。梳理地方立法文本，发现许多"普遍性"立法文本主要立足于某一具体流域试点经验的总结。比如，河南流域水生态补偿立法文本就是在省内沙颖河流域试点基础上逐渐形成的，福建流域水生态补偿立法文本就是在省内九龙江流域试点基础上形成的。一般而言，试点及补偿政策的推行需要明确试点期限、试点需要达成的目标以及试点存在问题评估。选择试点需要对既定流域不同行政区域产业布局、土地利用等作出分别的政策分析。针对产业布局，需要对流域沿岸的工业污染源、农业污染源和生活污染源等状况逐一摸排，结合法律法规设定的水功能区、水环境功能区以及流域水生态空间要求，分析针对工农业产业布局采用一定禁限措施必要性、可行性以及制度成本支出。针对不同土地等自然资源利用方式现状，全面分析能够修复退化生态系统（生态公益林确定、封山育林、水土保持、梯田农业等）且能够提高收入水平（经济作物、灌溉系统改良）的土地等自然资源利用之间的关系。建立流域水质、水量和水生生物监测体系，系统测量流域产业结构调整和土地利用方式变更对流域水质、水量、水生态环境、水文地理和水生生物的积极消极影响，分别核算产业结构调整、土地利用方式变更对流域所在地地方政府、农户及社区成本收益产生的影响。（3）尝试确定并依法调整。在试点取得成效基础上，地方立法文本主要通过以下方式确定流域尺度，一是通过明确立法文本的适用空间范围以确定流域尺度。二是通过地方立法文本附件方式以明确流域尺度，福建、江西等地采用这种做法。其优点在于，将流域尺度确定与具体生态补偿关系主体紧紧勾连，确保制度实施内在逻辑的统一。三是借助其他法律法规或者另行颁行法规、规范性文件确定流域尺度。当然，围绕生态补偿机制建立的流域尺度在确定后并非一成不变，因为不同行政区仍然是流域补偿尺度确定的首要考量因素。相邻行政区之间如果存在着多条流域或者河流跨界问题，就需要结合不同行政区所在地地方政府的意愿，对业已确定的流域尺度以及跨行政区断面进行相应调整。另外，在对流域水生态补偿机制运行绩效反馈之后，流域上下游地方政府可结合绩效结果评价对流域补偿尺度实施相应调整。

3. 确定流域尺度中的问题及改进

结合实践考察，我们认为流域尺度确定中存在的问题有：（1）瞄准偏移问题及改进。流域水生态系统边界划定是以流域生态系统特征及内在功能一致性为基础，但这不能完全作为确定流域尺度的直接技术依据，主要理由在于，不同流域、流域内不同行政区域在土地等自然资源利用方式及产业结构布局上存在较大空间异质性，这种空间异质性可能会导致流域水生态补偿实践出现所谓的"负效率"现象。为避免这种不良现象发生，围绕流域水生态补偿制度建构的流域尺度确定需要特别强调"瞄准"问题，即需要精准判断及科学选择最有效行政区域范围内的水生态服务提供者及相应的地方政府，进而核算评估具体的直接投入成本和发展机会成本。世界各国水生态补偿制度建构研究中，流域尺度空间选择方法经历了"效益瞄准"—"成本瞄准"—"成本效益比瞄准"到"多目标、多准则瞄准"等发展阶段。[①] 一般而言，森林、草原等重要生态系统生态补偿空间尺度选择多以成本效益比作为核心指标，因为这些重要生态系统生态补偿标准核算评估中，发展机会成本核算难度不大。但在水生态补偿标准核算过程中，土地等自然资源利用方式变更所带来的发展机会成本几乎难以进行科学测算，也就是说，相较于森林等一些较小尺度的生态补偿，流域水生态补偿中发展机会成本损失更加难以测算。这意味着，采用"成本瞄准""成本效益比瞄准"等方式很难遴选出一定空间范围内的水生态服务提供者及其造成的发展机会成本损失。基于流域水生态系统整体性考量，水生态补偿流域空间尺度确定应当考虑采用效益瞄准方式，更多采纳后果导向的核算支付基准。当然，考虑到流域水生态服务效益（包括经济效益、社会效益和环境效益等）及生态服务提供者机会成本存在较大差异，基于成本的瞄准方式除了上文所提到的核算困难外，还可能需要考虑对水生态服务提供者再次分类带来的制度实施成本。综合分析，我们认为宜采用"效益瞄准"方式或者"综合成本与效益瞄准相结合"方式以确定流域生态补偿空间尺度，唯有如此，才能够大幅度降低制度实施成本，才能更容易精准锁定水生态服务提供者或具体生态保护者。我国流域水生态补偿制度建构及机制运行中，围绕一定行政区域地域管辖为基础进行流域尺度确定，虽然也有管理成本考量，但没有考虑流域水生态系统整体性，存在着进一步改进的空间。可以考虑选择效益瞄准方式或者综合成本与效益瞄准相结合方式确定流域尺度，避免出现瞄准偏移问题。（2）"溢出"（leakage）问题及改进。如果某一流域水生态服务或优质水生态产品供给改善是以其他地方的环境污染或生态破坏增加为代价的，那么就会产生所谓的"溢出"问题。"溢出"问题可能是直接产生的[②]，也可能是间接产生的。[③] 受

---

① 孔德帅：《区域生态补偿机制研究——以贵州省为例》，中国农业大学博士学位论文，2017年，第39页。

② 比如在流域生态补偿项目支持下，流域土地使用者虽然保护了自己森林资源，但这一举措可能会将破坏森林资源活动转移到其他地方。

③ 比如在流域生态补偿项目支持下，流域土地使用者不能砍伐自己森林资源，可能导致相应林产品价格上涨，从而间接鼓励其他地方森林资源被乱砍滥伐。

制于行政区域所限，"溢出问题"在我国流域水生态补偿制度建构中尚未得到足够重视。实证考察显示，如果流域地方政府按照行政区域管辖范围确定流域尺度并进行相应的水生态补偿机制建设，若该流域其他行政区域地方政府若没有参与该机制建设之中，极易发生"溢出"问题。这说明，唯有在一个完整流域水生态系统内或者能够合理区隔水生态服务的流域特定河段内，进行相应流域尺度界定并进而实施水生态补偿机制建设，才会有效避免或减少"溢出"问题。例如，赤水河流域涉及云贵川三省，在贵州境内又涉及遵义和安顺两个地级市，因此，流域补偿尺度界定必须考虑赤水河流域生态系统完整性，必须统筹安排赤水河流域上下游、左右岸和干支流内参与的各级地方政府级别与数量多少，尽可能减少"溢出"问题。"经由合同和适当监督可以减少溢出的风险，比如在生态补偿合同中直接将发展利益同限制社区在特定区域开放中的权利联系起来。"① 再以长江流域为例，长江流域横跨十几个省（直辖市、自治区），情况异常复杂，仅仅依靠某一个省或某几个省之间建立一定补偿尺度的水生态补偿机制，难免会产生一定"溢出"问题。类似于长江流域生态补偿尺度的选择，一方面需要认识到"溢出"问题不可避免，另一方面也要结合干流、支流各自不同特质，立足于水生态系统相对完整性，尝试分区域、分时段确定流域补偿尺度，最大化降低"溢出"问题以及相应的"逆向激励"的效果。

（二）流域补偿关系主体的选择

厘清流域水生态补偿关系主体，对于明确流水生态补偿标准制度设计至为关键。各地流域水生态补偿地方立法文本在明确流域补偿尺度基础上，进一步确定了补偿关系主体（见表7-11）。

表7-11 地方立法文本中的补偿关系主体

序号	省域	补偿主体	受偿主体
1	山东	省、市、县三级政府（比例承担）	（1）退耕（渔）还湿农户；（2）关停并转企业等
2	河北	省域流域上下游政府	
3	海南	下游政府	上游政府

---

① Rovertson. Fresh Tracks in the Forest: Assessing Incipient Payments for Environmental Services Initiative in Bolivia [J]. Bogor Cifor, 2005 (1): 44.

序号	省域	补偿主体	受偿主体
4	河南	省域流域上下游政府	
5	辽宁	省域流域上下游政府	
6	浙江	省、市、县三级政府（比例承担）	境内八大水系干流和流域面积 100 平方千米以上的一级支流源头和流域面积较大的市、县（市）
7	安徽	—	—
8	陕西	省域流域上下游政府（西安市、宝鸡市、咸阳市、渭南市）	
9	云南	省和牛栏江下游政府	牛栏江上游地区政府
10	湖南	省域流域上下游政府（长沙、株洲、湘潭、衡阳、邵阳、郴州、永州、娄底市）	
11	福建	省、市、县三级政府（比例承担）	闽江、九龙江、敖江流域范围内的 43 个市（含市辖区）、县及平潭综合实验区
12	贵州	省域流域上下游政府（毕节市和遵义市）	
13	江西	省、市、县（比例承担）社会募集流域上游地区县市	
14	湖北	省域流域上下游政府	
15	四川	19 个市（州）人民政府和 52 个扩权试点县（市）人民政府（岷江、沱江扣缴仅涉及 5 个地级市和 14 个扩权试点县市）	

资料来源：作者根据地方立法文本作出的整理。

1. 补偿关系主体规则发展走向

从表 7-11 中看出，流域水生态补偿关系主体规则发展走向为：（1）限于流域上下游地区具有生态关联且相互毗邻的地方政府之间。在这种基于建构而形成的补偿关系中，流域上下游地区所在地地方政府实际上是作为流域上下游地区各自利益的总代理人，分别享有（承担）生态补偿权利（义务）、责任。这种将补偿关系主体限于地方政府的做法是一种制度设计之结果，更是一种理性选择之结果。主要理由在于，我国流域水生态环境问题成因复杂，流域水流产权界定尚未完全清晰，市场和社会主体补偿能力不足，补偿意愿与受偿需求能力低下。将流域上下游地区所在地地方政府作为地方利益总代理人，成为一种具有规范意义的补偿关系主体，旨在简化生态补偿关系，遵循的是成本及管理可行性原则。但也应当清醒看到，单一、排他的补偿关系主体制度设计更多体现为一种阶段性的产物。随着流域水流产权制度逐步健全，多元化、多层次补偿关系主体就会成为一个普遍趋势，政府主体、市场主体和社会主体以及相互合作而形成的混合主体就会相继涌现，契合着流域多中心治理理念。因此，流域水生态补偿机制建设应当为市场主体或者其他利益相关者参与水生态补偿机制提供必要的制度空间。（2）确定性与不确定性相结合。这里的确定性是指，流域省级政府、市（设区的市）级政府、县（县级市）等各级地方政府等，若位于相互毗邻的同一流域上下游地区，一旦存在流域生态环境问题或问题的可能，无论自愿与否，应当参与流域水生态补偿机制建设之中，这是一种强制性的、确定性的义务，至于流域生态补偿协议的内容，则由补偿关系主体自主协商。一些地方立法文本对作为补偿关系主体的地方政府进行了一一列举规定，体现了抽象性与具体性相结合。补偿关系主体的确定性对于建立流域上下游地区良性互动机制作用不可低估，这种确定性会逐步得到国家法律、行政法规的逐步加持。① 这里的不确定是指，某个具体地方政府，究竟是作为补偿主体或者受偿主体是不确定的。唯有借助流域水生态补偿支付基准的核定才能最终确定补偿关系主体的法律地位。与确定性相比，这里的不确定性是相对的。一些地方立法文本，如福建不仅明确了流域补偿关系主体，而且进一步明确指出，当补偿主体为多个层级地方政府时，要么是一个具体地方政府承担出资责任，要么是约定多个层级地方政府按照既定比例承担出资责任。

2. 补偿关系主体规则问题及改进

补偿关系主体规则问题及改进主要有：（1）制度异化及改进。前文指出，保障水生态服务持续有效供给构成流域水生态补偿机制主要目的。但就目前情形来看，流域水生态补偿机制似乎正在演绎为流域上下游地区地方政府之间围绕跨界水环境考评目标实现与否的"金钱游戏"。某地方政府获得了多少补偿金或者被扣缴了多少补偿金经常成为媒体报道的主要话题。媒体报道本意是凸显流域水生态补偿制度机制在流域生态环境治理方面的激励功能，但在众生喧嚣过程中，社会把关注点却放在地方政府之间的金钱转移及获得多少的问题，相反，流域水生态环境治理、水生态修复以及水生态服务持续有效供给等"真问题"却逐渐被庞大的金钱"数字"所遮蔽或掩盖，生态保护者或者水生态产品供给者却失去了"声音""身影"。即便如此庞大的数字，对于辖区民众而言，也仅仅是一个"数

---

① 参见《生态保护补偿条例》（公开征求意见稿）第16条第4款规定，"地方各级人民政府应在生态功能重要、生态环境问题突出、保护和受益关系明确的领域，建立区域间生态保护补偿机制。在关系饮用水水源地安全的区域，地方各级人民政府应当加快建立行政区域间生态保护补偿机制"。

字"而已，似乎完全可以置身事外。最终的可能结果是，流域水生态补偿制度机制沦为地方政府及其政府职能部门一个自娱自乐的"独舞"表演。在这个看似华丽舞台上，没有具体生态保护者，没有民众对流域水生态环境质量好转的真实感知。单一的补偿关系主体规则，正在促使水生态补偿制度机制加速偏离其价值功能。唯有持续推进流域水流产权制度改革，明确流域各级政府对于流域水流产权管理权及所有权，实现所有权与管理权的适度分离，才能逐步抑制水生态补偿制度异化问题。（2）责任追究困难及改进。根据《中华人民共和国预算法》的规定，政府财政转移支付是一种纵向转移支付，且只能是一种自上而下的单向转移支付。一些地方流域水生态补偿实践进行了制度创新，比如推行横向转移支付或者横向转移支付纵向化改革探索，诚然，资金机制对于切实保障流域水生态补偿机制有效运行发挥着不可替代作用。但问题关键是，如何确保地方政府能够遵循支付基准和补偿标准制度规定，承担相应出资或费用支出责任。若一些地方政府不按规定、约定时间、方式缴纳相应费用，该如何承担责任？承担什么样的责任？一些地方政府不想或者不能承担相应偿费用，在法律制度供给不足情况下，充足、及时的补偿资金机制恐怕就会成为水生态补偿机制运行主要瓶颈。因此，需要高度重视法律责任制度、协商解决制度、调解解决制度和仲裁解决制度等配套制度建设。

（三）流域补偿支付基准的选择

生态补偿制度建构过程中，"尽管概念界定并不统一，但将条件性作为概念的一项核心要素已经得到普遍认可"。① 地方立法文本大都确定了结果补偿基准为主，行为补偿基准为补充的模式，在结果补偿基准中，地方立法文本又选择了污染因子为主、复合因子为补充的支付基准（见表7-12）。

表7-12　　　　　　地方立法文本中的补偿支付基准

序号	省域	补偿因子与补偿支付基准
1	山东	
2	河北	污染因子：化学需氧量和氨氮
3	海南	
4	河南	污染因子：化学需氧量、氨氮和总磷

① Adgeret. Governance of Sustainability: Towards a "Thick" Analysis of Environmental Decision Making [J]. Environment and Planning A, 2003, 35 (6): 1098.

351

续表

序号	省域	补偿因子与补偿支付基准
5	辽宁	污染因子：化学需氧量（感潮断面为高锰酸盐指数）
6	浙江	污染因子：高锰酸盐指数、氨氮、总磷（省环境部门有权增加相应的特征污染物考核指标）
7	安徽	
8	陕西	污染因子：化学需氧量（省环境部门根据实际情况适时增加氨氮等因子）
9	云南	
10	湖南	污染因子：分为主要考核因子（化学需氧量等6类）和辅助考核因子（pH值等16类）
11	福建	复合因子：（1）污染因子（70%）；（2）森林生态因子（20%）；（3）水量因子（10%）
12	贵州	污染因子：高锰酸盐指数、氨氮、总磷
13	江西	复合因子：（1）污染因子（70%）；（2）森林生态因子（20%）；（3）水量因子（10%）
14	湖北	污染因子：高锰酸盐指数和氨氮（长江干流和汉江干流等重点河流断面考核指标增加总磷）
15	四川	污染因子：总磷、氨氮和高锰酸盐指数

资料来源：作者根据地方立法文本作出的整理。

从表7-12可以看出，地方立法文本在补偿因子选择方面，主要包括三类：污染因子指标、生态因子指标和水量因子指标。[1] 它们具有以下特点：（1）以污染因子指标选择为主、生态因子和复合因子作为有机补充。长期以来，在工业点源污染排放物肆意排放和农业面源污染排放物无序排放的共同作用下，流域水环境容量日趋饱满，流域水生态环境承载力越来越低，许多流域因为水污染严重而导致"水质性缺水"。地方立法文本结合具体流域实际情况，选择造成流域水污染严重的罪魁祸首——"特征性污染物"，并将其跨界断面污染因子监测数据结果作为支付核算基准，抓住了流域水生态环境问题主要矛

---

① 参见《江西省流域生态补偿办法（试行）》（2018）在涉及财政转移支付核算标准时，采用了一定的社会因子指标包括管理因子指标。

盾或者矛盾的主要方面，契合了污染严重型流域生态环境治理的客观需要。作为补偿核算基准条件，借助跨界断面的监测，能够迅速进行补偿标准及相应的补偿费用的测算。但是，并非流域水污染严重，而是因为流域水生态服务持续有效供给过程中利益/负担分配不均衡才是流域水生态补偿制度机制得以建立及长期存在的根本原因。因此，着眼于选择污染因子作为应对水污染严重客观形势之外，针对性选择一些生态因子或者复合因子，以便实现问题导向和目标导向的有机统一，就成为一些地方立法文本的明智选择。福建、江西、浙江等地立法文本越来越重视生态因子的指标选择，并在污染因子与生态因子之间按照比例建立结构搭配，形成多元复合指标作为补偿支付基准，已然成为下一步发展主要走向。（2）污染补偿因子选择与断面水质责任考核目标紧密结合。在"自上而下"水环境考评制度机制运行中，上级政府及其职能部门或者主要领导重视什么、考核什么，相应地，下级政府及其职能部门就会围绕这个考核指挥棒开展相应工作，突出反映在流域水生态补偿支付基准制度建构方面。我国重点流域水污染防治规划（2016～2020年）制定实施中，一些"特征性污染物"，比如，化学需氧量（COD）①、氨氮②等逐渐被我国中央政府高度重视，继而被纳入水环境考评制度考核范畴，相应也就顺理成章成为流域水生态补偿支付基准。但随着国家流域水污染治理攻坚战推进，水环境考评制度与水生态补偿制度的分歧逐渐显现，柔性且以经济对价支付为主的水生态补偿制度逐渐成为刚性且以政治考核为主的水环境考评制度有效实施的策略性工具，进而不断抑制水生态补偿制度功能发挥，一是造成水生态补偿制度正向激励功能不断流失。因为按照水环境考评制度要求，在化学需氧量、氨氮两类主要污染物上的增加或减少均会带来补偿资金的支付与否。于水污染严重地区地方政府而言，政治责任向经济责任转化，生态补偿就演变为以水环境考评为名的资金支付工具。如此一来，逐渐偏离水生态补偿制度"正向激励为主，负向激励为补充"的功能定位。二是既然选择化学需氧量、氨氮作为水生态环境考评必考科目，地方政府势必会集中精力攻克必考科目，继而获得政治晋升或政治奖励。与此

① 化学需氧量是指，以高锰酸钾为氧化剂，氧化水中的还原性物质所消耗氧化剂的量，结果折算成氧的量（以毫克/每升计）。水中还原性物质包括有机物和亚硝酸盐、硫化物、亚铁盐等无机物。化学需氧量反映了水中受还原性物质污染的程度。基于水体被有机物污染是一种很普遍的现象，该指标也作为有机物相对含量的综合指标之一，在与水质有关的法律标准令中均采用它作为控制项目。

② 氨氮是指，水体中以游离氨和铵离子形式存在的氮，其会造成水质富营养化，从而给饮用水安全和鱼类等水生生物带来威胁。总磷是水样经消解后将各种形态的磷转变成正磷酸盐后测定的结果。以水中磷化物元素、正磷酸盐、缩合磷酸盐、焦磷酸盐、偏磷酸盐和有机团结合的磷酸盐等形式存在。其主要来源为生活污水、化肥、有机磷农药及近代洗涤剂所用的磷酸盐增洁剂等。磷酸盐会干扰水厂中的混凝过程。水体中的磷是藻类生长需要的一种关键元素，过量磷是造成水体异臭，使湖泊发生富营养化和海湾出现赤潮的主要原因。

同时，受理性经济人行为逻辑惯性影响，地方政府会在一些非必考科目上的产业发展、土地利用方式变更方面拓展思路，造成具体流域"非特征性污染物"相继出现或增加，以至于在一些流域水污染物治理方面经常出现"按下葫芦浮起瓢"的局面。

（四）流域补偿支付标准的选择

1. 水质标准

水质标准全称为基于跨界水质指标的核算基准，预先确定流域跨界断面水质（单个污染因子或者多个污染因子）目标基准及相应比例幅度。水质标准制度规定内容为，若流域跨界断面水质监测值超出法定或约定目标基准，则按照预先确定数额及支付条件扣缴上游地区一定数额生态补偿金，用于支付给流域下游地区；若流域跨界断面水质监测值没有超出法定或约定目标基准，则流域下游地区按照预先确定数额及支付条件给予上游地区一定数量的生态补偿金。若跨界监测断面水质监测值等于目标基准，流域上下游地区互不补偿（这里的互不补偿并不意味着流域上下游地区没有产生生态补偿关系，下文论述）。当然，由于增益补偿与抑损补偿所指向的核算支付基准不同，上游地区获得的补偿金与下游地区获得的补偿金没有一种比例或对应关系，下面以河北①、浙江②立法文本为参考进行一定分析（见表7-13）。

表7-13　　　　　河北、浙江立法文本的水质标准

省域	补偿因子	核算方法	核算基准条件	补偿标准具体核算
河北立法文本	以COD指标为例	污染治理成本	当河流入境水质达到规定标准（或无入境水流）	（1）以0.2倍和30万元作为一个扣缴档次进行扣缴，上不封顶； （2）超规定标准0.2倍以下，每次扣缴30万元； （3）超规定标准0.2倍至0.4倍以下，每次扣缴60万元； （4）超规定标准0.4倍至0.6倍以下，每次扣缴90万元； （5）同一个设区市范围内，对所有超过规定标准断面累计扣缴

---

① 参见《河北省人民政府办公厅关于进一步加强跨界断面水质目标责任考核的通知》（2009）。
② 参见《浙江省跨行政区域河流交接断面水质监测和保护办法》（2009）。

省域	补偿因子	核算方法	核算基准条件	补偿标准具体核算
河北立法文本	以COD指标为例	污染治理成本	当河流入境水质超过规定标准，而所考核市跨市出境断面水质COD浓度继续增加时	（1）以0.2倍和60万元作为一个扣缴档次进行扣缴，上不封顶； （2）超过规定标准0.2倍以下，每次扣缴60万元； （3）超过规定标准0.2倍至0.4倍以下，每次扣缴120万元； （4）超过规定标准0.4倍至0.6倍以下，每次扣缴180万元； （5）同一个设区市范围内，对所有超过规定标准断面累计扣缴
浙江立法文本	设出境水质警戒指标	污染治理成本	凡市、县（市）主要流域各交界断面出境水质全部达到警戒指标以上的	（1）给予100万元的奖励资金补助； （2）对出境水质达到Ⅲ类水标准的设定系数为0.6；达到Ⅱ类水标准的，系数为0.8；达到Ⅰ类水标准的，系数为1； （3）对Ⅳ类水、Ⅴ类水和劣Ⅴ类水分别设置系数0.4、0.2和0.1； （4）凡考核年度较上年每提高1个百分点，给予10万元的奖励补助；每降低1个百分点，则扣罚10万元补助，以此类推
			上游入境水质未达到警戒指标以上的	（1）跨界水质达到警戒指标以上的，奖励300万元； （2）跨界水质级别改善的，奖励500万元

资料来源：作者根据地方立法文本作出的整理。

从表7-13可以看出，水质标准具有以下发展走向：（1）水质标准契合了中国流域实际状况。可以预料的是，在今后相当长一段时间内，流域水污染治理及水生态环境质量改善将是流域生态环境治理的中心工作。围绕这一工作，选择水质标准无疑具有正当性。因为唯有此举才能有效激励流域地方政府及民众主动积极参与流域生态环境治理。但这一制度设计思路并不是一成不变的。随着生态文明建设进程加快，按照美丽中国目标任务进度要求，流域水生态补偿制度机制也需要转型升级。可以预料的是，未来地方立法文本中，除了污染因子外，水生生物因子等也可能会相继进入考核基准范畴，水质标准垄断的局面就会被打破。（2）水质标准契合了生态补偿增益补偿为主，抑损补偿为补充的制度发展现状。很多学者坚决反对流域水生态补偿具有增益补偿或者抑损补偿的双重属性，认为抑损补偿混淆了生态补偿制度与生态损害赔偿制度的差别。我们认为，需从规范主义和功能主义双重视角来审视目前水生态补偿制度的双重属性。从规范主义视角观察，水生态补偿只能是一种增益补偿，但是若从功能主义视角出发，需要存在着流域上下游地区双向补偿的水质标准制度设计，包括在增益补偿背景下的水质标准和抑损补偿背景下的水质标准。唯有如此，才能真正体现水生态补偿制度的正向激励为主、负向激励为补充的功能定位。另外要看到，出现抑损补偿属性的水生态补偿机制只是一个阶段性产物，不能严格从规范意义上予以解读，而是也需要从功能意义上进行必要观察。（3）确定水质标准需要综合考量污染物排放法定标准、水环境质量标准等标准制度规定。地方立法文本显示，预先确定一定水质目标（基于法律法规或者考评目标确定等），然后在跨界断面设置监测点对受规制污染因子（单因子或多因子）实施法定或约定监测，结合监测值与目标值差异，按照等级式、累进式、阶梯式等进行正向激励或负向激励的补偿标准核算，最终形成的情形有三种：一是流域上游地区补偿下游地区多少；二是流域下游地区补偿上游地区多少；三是双方互不补偿。显然，这三种结果不能违背国家或者地方流域水环境质量标准和水污染物排放标准等强制性要求。一些业已超过国家标准强制性要求的地方政府应当制定达标计划，切实履行水环境质量改善或者提高的属地责任。

从表7-13也可以看出，水质标准存在问题及改进策略有：（1）单一化及其改进路径。应当看到，水质标准进一步突出了制度建构的问题导向策略，尽管这一策略能够确保流域水生态环境主要问题得以快速解决，但其弊端也是显而易见的，即缺少对流域生态系统的整体性考虑，比如一些流域严重水污染造成的水质性缺水是这些流域水资源短缺主要原因，因此，水生态补偿制度建构，既需要系统性考量流域水污染防治、水资源保护和水生态修复以及水生生物资源保护等"水体保护"内部因素的系统性，也需要考量流域水域岸线保护、土地等自然资源利用状况变更等"水体保护"外部因素的系统性，切实做到"统筹内外""虽内外有别但内外兼顾"。问题导向的思维模式容易以当前突出问题的快速有效解决为出发点，进而将某一污染因子单列出来予以规则设计，会对在一定程度上妨碍流域整体性生态环境质量改善。可行措施在于，采用两步走策略：一是逐步将"水体保护"内部因素纳入水质为主导的基准体系中，在着力于主要问题解决之同时，采用系统思维改善水质标准内水污染防治、水生态修复等结构；二是在条件成熟之后，逐步将"水体保护"外部因素也陆续纳入补偿基准体系中。（2）单因子补偿与多因子补偿共存弊端及改进。一些地方立法文本立足于制度简化考量，设计了单因子补偿规则，但这不能有效防范其他污染因子的肆意排放。一些地方立法文本针对性设计了多因子补偿，但遗憾的是，这种多因子补偿只是对单因子的简单相加，这种多因子的补偿制度机制未必真正带来流域生态环境质量实质性改善。一些立法文本将化学需氧量和氨氮两个主要污染因子纳入补偿标准，也体现为应对国家主要污染物总量控制目标考核的客观需要，缺乏对具体流域特征性污染物的实际情况考虑，造成制度难以发挥其应有功能。可行策略在于，努力实现问题导向与目标导向结合，针对具体流域设定"单因子为主，多因子协同"之组合方式，既能有效解决问题，也能有力实现流域生态环境保护目标。（3）如何夯实水质标准配套制度措施完善。"生态补偿并非在一个法律、社会或者政治真空中运行，各国生态补偿政策、法律、市场交易规则等存在巨大差异，生态补偿需要适应特定的制度背景，需要确保法律、政策和实践能够支持至少不妨碍机制的运行。"① 无论是单因子补偿抑或多因子补偿，如果一味地围绕流域水质目标，且高度迷恋于复杂计算公式或者核算方法，津津乐道复杂计算模型，势必会使流域水生态补偿标准的制度规定陷入一种"技术主义"泥沼，进而带来"技术规制社会的风险"。一言以蔽之，单因子也好，多因子也罢，即便是后续的复合基准，需要流域尺度的界定、干流或支流的法律认定、上下游、左右岸严格界分等均相当基础性的法律制度建造。没有上述这些基础性的法律制度建造作为强大的制度支撑，任何眼花缭乱、精致多样的补偿标准核算终究会仅仅停留在纸面上或实验室里。

2. 水质水量标准

鉴于流域水质水量关系密不可分，一些地方立法文本在水质标准上加入了一定的水量要素，从而形成基于水质量指标的核算基准，统一简称水质水量标准。与单一或者多元水质标准不同，水质水量标准加入了另一种属性的补偿因子—水量，从而推动支付标准规则更加趋向于实现水质水量一体化发展。首先，水质水量标准采纳单个污染因子或多个污染因子作为补偿基准核算一个主要变量。其次，再结合水量因子指标等因素确立生态补偿支付标准。鉴于水质水量标准分属于生态环境部门和水行政部门，"为使得水环境生态补偿金的科学计算，专门建立了环保部门和水利部门的联合协作机制，环保主管部门承担跨界断面的水质监

---

① 张晏：《国外生态补偿机制设计中的关键要素及启示》，载《中国人口·资源与环境》2016年第10期。

测，水利主管部门承担跨界断面的水量监测"[1]，建立水质水量信息共享制度机制。我们通过选取河南、江苏两个典型地方立法文本，分析水质水量标准发展走向及存在问题（见表7-14）。

表7-14　　　　河南、江苏两地立法文本的水质水量标准

省域	补偿因子	核算方法	补偿支付基准设计	补偿标准具体核算
河南立法文本	COD：0.25；氨氮：1	污染治理成本	考核断面水质浓度责任目标值的化学需氧量浓度小于或等于40毫克/升、氨氮浓度小于或等于2毫克/升时	单因子生态补偿金＝（考核断面水质浓度监测值－考核断面水质浓度责任目标值）×周考核断面水量×补偿标准
			考核断面水质浓度责任目标值的化学需氧量浓度大于40毫克/升、氨氮浓度大于2毫克/升时	单因子生态补偿金＝（考核断面水质浓度监测值－考核断面水质浓度责任目标值）×周考核断面水量×补偿标准×2
	上述补偿费用50%用来进行奖励性补偿		河流水质为Ⅰ-Ⅲ类水质，化学需氧量和氨氮的达标率均大于90%	补偿100万元
			河流水质为Ⅳ、Ⅴ类水质，化学需氧量和氨氮的达标率均大于90%时，达标率比上年度每增加1个百分点	补偿20万元 连续两年达标率100%，补偿100万元
			河流水质为劣Ⅴ类水质，化学需氧量和氨氮的达标率均大于90%时，达标率比上年度每增加1个百分点	补偿10万元 连续两年达标率100%，补偿50万元
江苏立法文本	COD：1.5 氨氮：10 总磷：10	污染治理成本		单因子生态补偿金＝（断面水质指标值－断面水质目标值）×月断面水量×补偿标准；

资料来源：作者根据地方立法文本作出的整理。

---

[1]　葛丽燕：《流域阶梯式生态补偿标准研究及应用》，郑州大学硕士学位论文，2012年，第45页。

从表 7-14 可以看出，水质水量标准具有以下发展走向：（1）根据污染因子治理成本确定一定标准基数。各地实践主要是结合法定污染物，比如 COD 和氨氮，分别测算出各自单位治理成本。以此核算的治理成本数据作为基础，结合水质水量标准的区间变化，分别测算流域上游地区（或下游地区）应当支付的生态补偿总费用。显然，由于流域各地经济社会发展状况不同，单个污染物单位治理成本在不同流域、流域不同地区存在较大差异。调研发现，河南立法文本中，氨氮污染治理成本被确定为 1 万元/吨；江苏立法文本中，氨氮污染治理成本被确定为 10 万元/吨，差距高达 10 倍，其他各省情况类似。毋庸讳言，污染治理成本差异巨大势必会对一体化水生态补偿机制有效运行产生消极影响。（2）依据水质水量标准、水质标准核算的补偿费用大同小异。在跨界断面设置一定的目标值①和一定的权重系数，若跨界断面水质水量监测值大于目标值，则流域上游地区按照一定的核算费用补偿给下游地区，若跨界断面的水质水量监测值小于（或等于）目标值，则下游地区按照一定的核算费用补偿给上游地区。（3）有赖于生态环境部门与水行政部门之间分工合作。按照现行国家机构职能分工，流域水质监测和水量监测（包括水文监测）分属于生态环境部门和水行政部门组织实施或履行等，可能会出现水量监测断面与水质监测控制断面、水质监测频次与水量监测频次等各种不对应状况。因此，水质水量标准能够发挥作用以政府职能部门之间的规范化协作关系建构作为前提。

水质水量标准存在的问题及改进。（1）针对科学性问题的诘问。流域水环境治理显著特征是边际成本会不断提高。一般来讲，消减污染物量越多，去除附加在 1 个单位的污染物量成本也越高，故就污染治理成本以确定污染因子时，附带了一定固定性治理成本，这会导致核算出来的补偿费用偏离实际情况，引发人们质疑成本核算的科学性。可行办法就是要求生态环境主管部门制定水污染治理成本计算导则，推荐污染治理"最佳可行技术""最佳可得技术"。（2）"相约自杀"问题之博弈。"仅仅根据下游地区需要处理这些污染物需要支付的治理成本确定补偿费用，相当于上游地区应该承担的污染物治理责任转移给下游地区，只要上游地区补偿下游地区一定数额金钱即可排污，推而广之，就是流域上下游地区可以'同谋'污染整个流域。流域上游地区支付了一定补偿费用可免除治理责任，即应当由上游地区承担的治理责任就转移给了下游地区。从治理责任分配来看，这种做法违背了公平原理。另外，这种补偿标准没有反映出上游地区超过限制排污总量排放对下游地区造成的损害，势必难以调动下游地区治理的积极性，

---

① 有学者将跨界断面设定目标值称为"协议水质"。详情请参见杜群等：《论流域生态补偿"共同但有差别的责任"——基于水质目标的法律分析》，载《中国地质大学学报》（社会科学版）2014 年第 1 期。

从而以制度的方式阻碍着水污染的有效治理和长远治理。"① 从更深层次上看，生态补偿主要属性实为增益补偿，抑损补偿仅仅是我国一些流域特有的阶段性产物，从功能主义视角来看，有其存在的必要性，但必要存在并不必然是正当的，因此，从规范主义发展考虑，抑损属性的生态补偿机制会随着我国流域生态环境状况整体好转而逐渐退出历史舞台。(3) 努力改进水质水量标准的配套制度。我国很多制度都在流域环境治理方面发挥着作用，包括排污总量控制制度、水环境质量目标责任制度和流域限批制度、环境损害赔偿责任制度等。在责任主体上，这些制度设置了上游地区（下游地区）、自然人或法人（单位）等。在责任类别上，有单独责任、共同责任和连带责任。在责任类别上看，有经济责任、行政责任、治理责任等。鉴于不同制度价值功能不同，上述制度在流域治理方面也都有局限和不足，企图设计一种"全能"性制度可能存在一定困难。理论和实践对流域生态补偿法律属性认知呈现复合性（抑损补偿和增益补偿并存），且地方实践过于强调抑损补偿。这虽然有利于严峻流域水污染治理的短期效果呈现，但却与国际通行做法背道而驰，也在一定程度上增加流域水生态补偿标准制度规定设计难度，忽略了它与流域排污总量控制、水环境考评等制度的比较优势和后发优势。一旦抑损属性的流域水生态补偿制度机制形成强烈的路径依赖，也会对水生态补偿机制有效运行带来困境。

3. 水量标准

基于水量指标的核算基准，简称水量标准，是指按照特定水体（饮用水水源地、饮用水水源保护区等）提供的水资源数量多少以核算生态补偿费用。水量标准不是不考虑水体水质因素，相反，更加高度重视水质状况，只有在满足特定水体或者水功能区国家法定标准、地方法定标准条件下，才能按照水资源水量多少实施水生态补偿标准核算。水量标准并非一种常态化核算基准，但如果水生态补偿标准核算制度设计得当，能够有效维护或保障饮用水源安全。水量标准主要用于饮用水安全流域，构成我国政府主导水生态补偿制度机制的一个创新。水量标准还可能构成政府主导生态补偿制度机制与市场主导的生态补偿制度机制相互衔接的一个重要切入点。现以河南②、浙江丽水③地方立法文本为例，分析水量标准制度规定（见表 7-15）。

---

① 禹雪中等：《中国流域生态补偿标准核算方法分析》，载《中国人口·资源与环境》2011 年第 9 期。
② 参见《河南省水环境生态补偿暂行办法的通知》。
③ 参见浙江省《丽水市级饮用水水源地保护生态补偿管理办法（试行）》（2020）。

表 7 – 15　　　　　　　　　河南等地地方立法文本的水量标准

地区	补偿关系主体	补偿标准条件	补偿基准和补偿费用
河南	补偿主体：下游省辖市 受偿主体：上游饮用水源区	当饮用水水源地水质考核断面全年达标率大于 90% 时	下游年度利用水量 × 0.06 元/立方米
浙江丽水	补偿主体：市、县（区） 受偿主体：生产生活受到影响的组织和个人	饮用水水质标准达标	以饮用水水源水量作为主要参考因素，统筹考虑因保护对饮用水水源地经济社会发展受影响等因素

资料来源：作者根据地方立法文本作出的整理。

从表 7 – 15 中可以看出，水量标准具有以下发展走向及问题：（1）主要结合水量分配方案或者实际取水量等确定补偿费用多少。河南立法文本将流域下游地区城市年度实际取水量作为核算依据，采用跨界断面水质差异的费用支出法确立了跨界饮用水水源地生态补偿标准为 0.06 元/立方米，这为其他地方立法提供了一定参考依据。水量分配方案主要是上级政府水行政主管部门依法批准后的法定取水数量，实际取水量主要包括，农业用水量核算；居民日常生活用水量核算；包括建筑业、工业和服务业等方面的工业用水量；维持各类生态系统正常运行的生态用水量等核算。① 浙江丽水将饮用水水源的水量作为补偿标准核算时，适当考虑了饮用水水源保护区人口数量、耕地数量，甚至考虑了准保护区上游地区环境保护责任履行状况。但并非所有饮水水源保护区补偿标准均采用水量标准。河南省驻马店市地方立法文本②中，支付基准采用因素法分配，即根据板桥水库、薄山水库、宋家场水库保护区面积、保护区内城乡居民基本医疗保障参保人数、水域面积确定分配比例。广东中山市立法文本③中，采用的是行为支付基准的面积基准，包括饮用水源一、二级保护区生态补偿分别执行 500 元/年·亩标准、250 元/年·亩标准。（2）标准边际效应较低。应当说，水量标准契合了水生态补偿增益补偿的属性。但仅仅依靠水量确定补偿标准则存在诸多问题，包括单独凭借水量不能有效体现现行不同类别水（环境）功能区、一级、二级和准饮用水源保护区在发展机会成本上的不同差异。在流域水生态补偿机制运行初期，利益

---

① 段铸等：《京津冀横向生态补偿机制的财政思考》，载《生态经济》2017 年第 6 期。
② 参见河南省《驻马店市饮用水水源地生态保护补偿办法》（2018）。
③ 参见《中山市饮用水源保护区生态补偿实施办法》（2018）。

分配功能尚能发挥一定作用，但当利益分配走向规范化时候，这种利益分配的边际效应就会逐渐衰减，单一水量补偿标准所形成的制度路径难以有效激励生态保护者进行生态建设实践活动，符合一定数量质量的优质饮用水的持续供应可能会出现问题，也势必会对饮用水安全造成一定的冲击。未来需要将水量标准与其他可以量化的基准进行有效衔接，并实现内部结构的优化配置，从而发挥水量标准独特功能。

4. 多元指数标准

基于多元复合指数的核算标准，简称多元指数标准，是指将流域包括水流资源在内的各项自然资源量化为一定的指数指标，并将这些指数指标进行一定的比例结构复合，从而产生一定的流域水生态补偿标准。多元指数标准并不是单一指数简单相加，而是立足于流域水生态系统整体性、系统性视野下，结合流域历史状况、现实特征和未来发展趋势，综合设置一整套异质性、复合性和多功能的指数指标体系，实际上就是将水生态补偿涉及的经济社会生态三类指标进行有机融合。在多元指数标准中，生态指数基准占据非常重要的地位，它是预先根据生态文明目标建设要求，确定一定的指标指数，然后核算评估结果予以相应补偿的一种流域水生态补偿标准。"生态指数指标因子是监测、评估和制定决策的重要依据，目的是快速方便地向公众和决策者传递生态信息。"[1] 辽宁、浙江、广东、福建、江西等省份地方立法文本相继建立完善了多元指数标准（见表7-16）。

表 7 - 16　　　辽宁、浙江等地立法文本中的多元指数标准

省域	补偿标准因子	补偿标准和补偿费用
辽宁立法文本	（1）林业指标； （2）水质污染程度； （3）水土流失程度	（1）补偿总额＝省财政补偿资金总额×某县森林资源指标占补偿地区的指标比重 - 某县水质标准降低核减额 - 某县水土流失程度加剧核减； （2）水质标准降低核减额：水环境功能区考核断面水质达标率每降低2%，则从应补偿资金额度扣减10%； （3）水土流失程度加剧核减额：土壤侵蚀面积增加率每加剧1%，则从应补偿资金额中扣减10%
浙江立法文本	（1）生态指标； （2）环境指标； （3）财力指标	（1）生态功能保护和环境质量改善指标各占50%； （2）对各补偿地区设置不同的兑现补助系数：欠发达市县设兑现补助系数为1；发达市和经济强县设兑现补助系数为0.3；其他地区设兑现补助系数为0.7

---

[1]　Millennium Ecosystem Assessment. Ecosystems and Human Well-being：Current States and Trends［M］. Volume. Washtington·Covelo·London，Island Press，2005：123 - 147.

省域	补偿标准因子	补偿标准和补偿费用	
广东立法文本	（1）环境功能区水质达标率； （2）饮用水源水质达标率； （3）河流交接断面水质达标率； （4）自然保护区、饮用水源保护区所占比例等	基础补偿	基础补偿费用＝[（某县基本财力保障需求×类别系数×调整系数）/∑（县级基本财力保障需求×类别系数×调整系数）]×（省生态保护补偿资金分配总额×50%）
		奖励补偿	激励补偿费用＝{[基础性补偿×（某县生态考核指标综合增长率）]/∑[基础性补偿×（县级生态考核指标综合增长率）]}×（省生态保护补偿资金分配总额×50%）
福建立法文本	（1）水质优先； （2）水环境和生态环境贡献； （3）节约用水	按照水环境质量、森林生态和用水总量控制三类因素统筹分配至流域范围内的市、县。设置地区补偿系数	（1）资金分配因素指标及权重设置（水环境质量因素占70%权重、森林生态因素占20%权重、用水总量控制因素占10%权重）； （2）地区补偿系数设置（补偿系数分别为0.3/0.75/0.8/1.4/2不等）
江西立法文本	（1）将水质作为主要因素； （2）兼顾森林保护； （3）水资源管理	选取水环境质量、森林生态质量、水资源管理因素，并引入"五河一湖"及东江源头保护区、主体功能区、贫困地区补偿系数	（1）流域生态补偿资金分配因素指标及权重设定（水环境质量因素占40%权重、森林生态质量因素占20%权重、水资源管理和水环境综合治理因素占40%权重）； （2）综合补偿系数设定[根据"五河一湖"及东江源头保护区划定范围、主体功能区区划及贫困县名单设定综合补偿系数。综合补偿系数（d）为"五河一湖"及东江源头保护区补偿系数（a）、主体功能区补偿系数（b）、贫困县补偿系数（c）的乘积]

资料来源：参见《辽宁省跨行政区域出市断面水质目标考核暂行办法》（2009）；参见《浙江省跨行政区域河流交接断面水质监测和保护办法》（2009）；参见《广东省生态保护补偿办法》（2012）；参见《福建省重点流域生态补偿办法》（2017）；参见《江西省流域生态补偿办法》（2018）。

从表 7-16 可以看出，多元指数标准具有以下发展走向：（1）与水质标准、水质水量标准和水量标准等遵循结果支付基准不同，多元指数标准采用了投入支付与结果支付的多元指数有机统一的支付基准。所谓投入支付是指，假定土地等自然资源利用类型变化与所提供相应水生态服务之间存在直接因果关系基础上，根据土地等自然资源所有者或使用者（以下统称"生态服务提供者"）投入的土地等自然资源面积、劳动时间等其他可以量化的指标体系，而给予其相应生态补偿支付的系列条件规定的总称。所谓结果支付具体是指，通过可测量、可适用、可推广的指数设计来量化相应生态服务的实际结果，并根据法律或协议约定的目标实现与否，从而给予相应生态补偿支付的条件规定的总称。投入支付关注流域生态环境保护行为过程中可以抓取的要素指标的获取；结果支付强调对流域生态环境保护行为结果中可以抓取的要素指标的获取。辽宁主要流域体现为水污染严重以及由此而导致"水质性"缺水问题突出，因此地方立法文本主要体现为抑损补偿为主，无论是采用投入支付或者结果支付，立法者或者政策制定者更为关注相应生态补偿费用扣减以及补偿费用数量多少，一方面体现为一种对污染的抑制，另一方面可以弥补流域水环境治理方面的资金缺口。福建、广东和江西等流域水污染固然突出，但水生态修复问题也相当重要，地方立法文本面向未来进行立法，主要体现为一种增益补偿，因此在投入支付和结果支付等多元指数设计过程中，注重生态保护者能够获得多少数量生态补偿费用，以彰显水生态补偿制度正向激励功能。（2）多元指数标准实现了社会、经济和生态环境保护有机统一。水生态补偿制度机制更为关注的是以激励方式促进水生态服务或者优质水生态产品的持续有效供给，毫无疑问，生态指标应当占据主导地位或者相当比例权重。浙江立法文本将生态环境保护指标与环境质量改善指标各占 50%，充分彰显了保障优质水生态产品持续有效供给这一主要宗旨。广东、福建和江西立法文本在关注生态环境指标同时，也适当兼顾了流域不同地区经济社会发展指标，体现了流域水生态补偿制度能够协调经济社会与生态环境保护之宏观目的。（3）多元指数标准努力实现公平与效益的衡平。江西、福建等地立法文本把目光聚焦于流域水质改善方面，这种制度设计思路聚焦经济效益、管理效益和生态环境效益等协同推进。立法文本主要采用结果支付基准，有从效率因素方面的考量，但也有地方立法文本在考虑效率因素之外，开始关注到水生态补偿制度的正义及公平功能，比如广东立法文本将生态补偿分为奖励补偿和基础补偿，其中，奖励补偿主要是着眼于效率价值追求的话，那么，基础补偿则更加关注公平价值考量；江西、福建等省份立法文本中，无论是设置地区补偿系数还是综合补偿系数，都透露出对流域贫困地区、经济不发达地区、流域上游地区的特殊照顾或者利益倾斜性配置，彰显着一种浓厚的基于正义实现的制度价值追求。总之，地方立法文本在多元指数标准的制度设计中，努力在效益与公平价值之间追求一种动态性平衡。

问题也是客观存在的。地方立法文本在多元指数选取过程中，尽管提及了流域上游地区森林覆盖率、水土保持率等，似乎在弥补结果支付基准的不足，但这种制度规定主要是从便于操作角度考虑，主观性很强，缺乏相应的科学依据支撑。以贵州省为例[①]，贵州省流域生态补偿机制建设过程中，所选取的生态指标因子主要包括森林覆盖率、国土面积、总人口、石漠化面积等。"这种分配差距随着增量分配差别的逐年累计变得越发明显，增量资金的分配考虑了不同地区的差异情况。但就具体情况来看，由于生态补偿转移支付'保民生''保运转'情形较为突出，也就是说，现有的流域水生态补偿转移支付资金分配格局逐渐偏离了生态效益目标，而更多地受到各区县的民生因素影响。"[②]

三、法定标准制度规定的改进策略

总体来看，未来我国流域水生态补偿标准制度规定改进方向为，立足于建设生态文明及建成美丽中国任务目标为要求，遵循流域生命共同体基本理念，借助于规范主义和功能主义两种路径，充分认知及理解生态补偿内在属性功能机理，通过"技术核算"与"法律规则"有机嵌合，实现"自上而下""自下而上"双向互动，逐步形成中国特色流域水生态补偿标准制度规定体系。

（一）形式规则的完善与改进

我国流域水生态补偿标准制度规定显露出来的问题，存在"习惯于站在预设价值立场对不同主体的权利、义务作出明确划分，对环境利益进行实际分配，而不注重程序建设，不注重为社会主体提供参与、交流和博弈的机会，真正的利益主体几乎没有自我选择的空间"。[③] 为此，我们需从流域水生态补偿标准制度规定程序规则入手，发现并找出完善路径。理由在于，"程序是事务进行的顺序，不同环节之间相互勾连、推动生态补偿按照一定的时间、顺序等节点有序进行。它通过将法定生态补偿权力具体化为个体权力和权利，将补偿任务量化为阶段的指标和规则"。[④]

---

① 参见《贵州省红枫湖流域水污染防治生态补偿办法》（2012 年）（试行）。
② 孔德帅：《区域生态补偿机制研究》，中国农业大学博士学位论文，2017 年，第 98 页。
③ 巩固：《环境法律观检讨》，载《法学研究》2011 年第 6 期。
④ 江必新等：《全面深化改革与法治政府建设的完善》，载《法学杂志》2014 年第 1 期。

1. 明确补偿标准制定主体

流域水生态补偿制度源于对特定人、特定范畴内的人、特定地区财产权益或发展权益实施禁限措施之后附随的一套带有救济性、激励性相结合的公共制度安排，涉及流域上下游地区政府与民众之间财产权益或者发展权益重新配置，故各国立法及实践均对补偿标准制定主体正当性和合法性予以高度重视。补偿标准制定权只能配置给地方政或其职能部门。但是，"政府凭借其自有条件已然成为一个强有力的、独立的特殊利益团体"。① 生态补偿的地方立法文本，或明或暗，或直接或间接，或公开或隐蔽，蕴藏着"地方""部门"等自身利益的倾斜考量。含有一定部门利益、地方利益的水生态补偿标准制度规定客观存在，多少偏离了生态补偿标准制度公共属性的内在要求，由各级政府及其主管部门垄断补偿标准制定权也违背了"自己不做自己法官"的一般法理。客观上讲，"生态补偿在全国实践的多个场域，无论是决策者抑或执行者，大都偏好或满足于以行政手段替代法律手段。在这种理念之下，即使制定生态补偿政策或者法律，也是所谓的政策性法律——以法律为表象的政策性宣示"。② 夹带地方利益、部门利益的制度规定越多，就会越来越偏离制度所要达至的公平正义。因此，流域水生态补偿标准制定权的法律配置，完善的路径有：（1）立法机关适度介入。《中华人民共和国立法法》明确了设区的市人大及常委会、设区的市人民政府分别制定生态环境保护方面的地方法规、地方规章等。这意味着，流域水生态补偿标准制度规定，既可借助地方法规形式出现，也可借助地方规章形式出现，两种形式都有明确法律依据。由于流域水生态补偿制度事关生态文明建设和美丽中国目标建成等重大命题，与水环境考评制度和财政转移支付制度也存在着高度关联，更与水资源税费、环境保护税费和环境资源交易（水权交易、排污权交易）息息相关。"地方的经济发展与环境保护的协调需要地方立法予以平衡，环境保护的地方政府责任、财政安排、公众参与、制度创新等，都需要依靠地方立法来拓展和实现。"③ 另外，生态补偿表面上看是一个利益协调和资源转移问题，"但其实质，则是一个典型的权益遭受限制后重新获得的一个请求权利问题，而权利，正是法治的要义所在"。④ 综上所述，在补偿标准制定权的配置方面，地方立法权的适度介入既有正当性，也有必要性。可行路径有二：一是可以由地方立法机关通过颁布地方法规方式明确生态补偿标准，二是可以依法授权地方政府或者其职能部

---

① Peter. Against（and For）Madison：An Essay in Praise of Factions ［M］. Yale Law & Policy Review（1996 – 1997），Vol. 15. 567.

② 龚向和等：《地方民生立法审思》，载《河南省政法管理干部学院学报》2011 年第 2 期。

③ 刘国涛：《生态生产力与"两型社会"法制建设》，载《法学论坛》2009 年第 6 期。

④ 付子堂等：《民生法治论》，载《中国法学》2009 年第 6 期。

门制定生态补偿标准，但需要报请所在地地方立法机关进行必要的备案审查。（2）独立专家持续跟进。鉴于包括流域水生态补偿标准在内的水生态补偿制度的公共性和社会性，应当鼓励或允许专家、环境保护组织等无利害关系第三方组织有序参与水生态补偿标准制定。"应鼓励专家学者运用其专业特长和知识参与立法，他们的参与对保障环境立法的地方特色与可操作性、超越部门利益和狭隘地方利益，能够发挥其不可替代的功能。"① 相对独立的专家、专业机构可就流域水生态服务或水生态产品供给状况，进行基于成本（包括直接投入成本和发展机会成本）、基于收益（指生态服务价值功能）或者基于意愿（条件价值评估法）的水生态补偿标准的核算评估，并就核算评估结论作出一定的事实判断结论；此外，相对独立的管理专家、法律专家可就上述事实判断，结合社会经济发展状况以及生态文明建设进展情况等，进行补偿标准正当性、合法性及可行性的价值判断，最终由地方政府或其主管部门可在上述事实判断与价值判断基础上，作出综合性最终判断，并报送立法机关备案。借助这一程序性规则，不断压缩、矫正行政机关自利空间或倾向，避免地方政府及其职能部门"运动员兼做裁判员"之弊端，确保流域水生态补偿标准制度规定的科学性、可操作性及正当性。（3）社会公众适度参与。与专家或第三方机构参与水生态补偿标准制定程序并作出事实判断或价值判断略有不同，社会公众等利益相关者参与流域水生态补偿标准制定程序，主要表达一种价值判断，体现为哈马贝斯倡导的交互理性和辩论理性，优点在于增强民主性及正当性，不足在于非理性和专业性欠缺。地方立法文本把补偿关系主体简化为流域上下游地区所在地地方政府，这种制度建构方式可能会将流域直接利益相关者或者具体生态保护者屏蔽在流域生态补偿关系之外，为促使总代理人—地方政府依法、忠实履行职责，需要通过程序性规则设计，允许社会公众通过一定方式适度参与补偿标准制定过程。之所以如此强调社会公众参与，其主要原因在于，流域水生态补偿标准制定规定需要结合具体流域状况，才能对全过程民主需求作出有效及时反应。鉴于制度本身的效率追求，不宜安排社会公众参与全部程序性规则，以免加大制度实施成本和影响制度实施效率。之所以强调公众参与是一种适度参与，这是因为流域利益相关主体众多，且利益诉求需求多元化和多层次化，在某种程度上可能构成永远对立的两极甚至引发难以化解的纠纷，因此，希冀达成一种涉及流域水生态补偿标准的共识几乎是不可能的。再者，"行政立法程序的简约和高效，应该是一个不容忽视的问题"。② 因为与制定法律位阶较高的地方法规等相比，制定流域生态补偿标准等规范性法律文件在交

---

① 吕忠梅：《地方环境立法中的专家角色初探——以珠海市环境保护条例修订为例》，载《中国地质大学学报》（社会科学版）2009 年第 6 期。

② 姜明安：《行政程序研究》，北京大学出版社 2006 年版，第 87 页。

易成本上要低一些。"因此，听取各种意见建议的重点应放在制定主体或相关部门应主动深入流域利益相关者之间，通过广泛、深入的调查研究。"① 这里需要指出的是，信息公开是参与的基础。任何涉及补偿标准的信息公开应成为制定规范性立法文本的必经程序，其中，制定立法文本过程中有关的资料也应一并公开。

2. 完善补偿标准制定程序

规范、科学、合理流域水生态补偿标准制定程序是实现流域生态补偿标准制度规定价值目标不可或缺的重要环节，这个过程的程序具有"吸收不满进而把实体性的标准问题转换为程序性的认知的社会整合功能……这样，权力的行使就会有特定的预期而非恣意。"② "在法治进程中，也只有程序才能防止因为不平衡的权力结构和不平等的威胁潜力而使结果偏向一方的危险。"③ 通过努力填补、完善程序性规则，从而有效保障流域水生态系统良性运转、社会经济可持续发展。
（1）强调信息公开。首要体现在，补偿标准制定信息公开准确和及时。信息准确性受制于三个方面要素，一是人类认知能力的有限性，二是受制于认知工具的有限性，三是认知对象的复杂性，可见，信息准确性是相对的。流域水补偿标准制定过程中，信息真实性既取决于人们认知能力，更取决于履行一定公开信息的程序性规定。"为此，标准制定机构不仅要重视标准科学论证，更要做出合理易懂解释，让被管理者和公众能够理解，更好地促进社会参与。"④ （2）注重科学论证。流域水生态系统动态变化机理导致流域水生态服务或优质水生态产品持续有效供给出现确定性与不确定相互交织状况。为有效降低流域水生态服务有效持续供给的不确定性以及附随的各种风险，除了必要信息交流、风险沟通之外，有关生态补偿决策的风险科学论证也成为一项非常重要课题。任何一项涉及水生态补偿标准的核算，即便计算过程完美无缺，搭建模型如何科学合理，即便将变量因素与不变量因素进行了最大化囊括，但若没有经过科学论证或验证，仍然难以达到科学、规范和理性。因此，不管一个经过评估的补偿标准在决策者、核算专家看来是多么理性，意见的不统一是客观存在的。为减少"视角分歧"，补偿标准制定机构应注重标准论证工作。⑤ 我国流域水生态补偿规则体系中，涉及如何补偿的"法律规则"具有较强法律效力，究其原因在于，存在着充分的博弈过程、透明的信息公开和严格的制定程序规则。但流域生态补偿标准很大程度上被认定

---

① 杨书军：《规范性文件制定程序立法的现状及完善》，载《行政法学研究》2013 年第 2 期。

② 季卫东：《法律程序的意义》，载《中国社会科学》1993 年第 1 期。

③ ［德］哈贝马斯著，童世骏译：《在事实与规范之间》，生活·读书·新知三联书店 2003 年版，第 216 页。

④ 陈春生：《行政法上之预测决定与司法审查》，三民出版社 1996 年版，第 183 页。

⑤ 吕忠梅等：《控制环境与健康风险：美国环境标准制度功能借鉴》，载《中国环境管理》2017 年第 1 期。

为一种具有"法律性"的"技术规则",实际上,技术规则性只是其技术属性,法律规则性才是其本质属性。唯有正本清源,才能保障这种"应然"认识在"实然"社会经济生活中发挥功效。(3)进行周期审查。业已生效的水生态补偿标准制度规定,并非一成不变的。一些地方立法文本建立了每三年左右周期审查的调整机制;一些地方立法文本只是泛泛提出周期调整,尚无形成定期审查机制。水生态补偿标准周期审查规则应规定,从宣布周期审查之日开始,水补偿标准制定主体或者委托主体就应着手收集、整理标准制定之日起发表的相关科研成果,收集、整理各地生态补偿实践经验材料,通过专家评议、公众听证会等渠道收集、整理公众建议或要求。在掌握充分翔实规制知识资源基础上,依循地方法规、行政规章制定程序规则要求,讨论或公开征求现有补偿标准制度规定是否实现制度目的功能要求,补偿标准能否改变,如何改变以及改变后的新标准会带来哪些预期效应,相应的利益分配的影响等。地方立法机关、公众、环保团体以及其他利益相关者都可对拟议的流域水生态补偿标准草案提出质疑甚至反对意见,制定机关应当对上述质疑一一作出回应。

总之,以"今天"流域水生态服务或优质水生态产品供给能力和经济社会发展"现状"为基本依据制定出来的流域水生态补偿标准,对"未来"流域生态产品产出和社会经济"前景"进行预测或者判断,可能会显得有些不合时宜,甚至有些南辕北辙。因此,流域水补偿标准制定程序,需在不断满足当前民众对优质水生态产品基本需求的同时,也应体现民众对优质水生态产品不断增长的多层次、多结构需求。

(二) 内容规则的完善与改进

可以说,在流域水生态补偿标准制定过程中,经常面临的一个困惑是,如何在价值判断与科学判断之间进行选择及取舍。正如有学者曾经指出,环境法和环境标准的合法性基础"在方法上,而不是在结果里"。[1]

1. 依法明确补偿标准指导原则

前文已论及,我国流域水生态补偿标准指导原则主要有:(1)"以合理补偿为主,合理补偿与公平补偿相结合,最终实现公平补偿"。总结地方立法文本关于水生态补偿标准制度规定,总体上看,主要包括四类,水质标准、水质水量标准、水量标准和多元指数标准等。尽管这四类标准大都围绕结果基准为主,辅之以行为基准的规制思路,究其实质,它们实际上都遵循着合理补偿原则,即以维

---

[1] 周志家:《不确定性条件下的风险管理——以德国大气质量标准化为例》,载《公共管理研究》2010年第8期。

持增进流域环境公共利益，保障水生态服务持续有效供给等为首要目标，适当给予一定的利益激励，为此，只需要考虑补偿所能达到的一种契合现实合理情形即可，不需要考虑所要达到的理想情形。为此，从流域生态系统整体性、行政区域分割性和行政管理可行性出发，立足于空间特征、受益范围以及成本效益等，科学确定流域尺度和受益范围，保障流域水生态补偿机制能够得以顺利开展；依法公开补偿支付基准，比如在行为基准中，森林覆盖率、耕地面积、湿地体积等应当提前予以公开；结果基准中，流域跨界水质、水量、水生生物等诸多物理化学生物特征也应当通过生态监测的数据合理展现出来；依法公开补偿标准核算评估方法，将直接投入成本核算评估对应最低补偿标准，体现为契合现实的合理情形，最终形成的法规范意义的补偿标准是在最低补偿标准与一般补偿标准范畴内进行平衡或协调；公开及时补偿。任何在生态补偿领域范畴内的推迟、迟延履行或者不充足行为，都有可能导致特定人、特定范畴内的生活、生产陷入困难，特定地区经济发展遭受障碍的境遇。合理补偿指导原则要求，一旦依法确定补偿基准和补偿标准，在法定程序内，生态补偿管理者就应当及时向生态保护者、生态保护地区直接支付或者转移支付一定的补偿金等，不应当有任何理由的推迟、迟延履行。

流域水生态补偿标准指导原则并非一成不变。单纯遵循合理补偿的指导原则并不完全契合我国生态文明建设的基本立场。随着流域经济社会发展以及对流域水生态服务持续供给需求结构的不断变化，民众对"两山"理论认识的深化，市场化多元化生态补偿实践的大量涌现，合理补偿原则的涵摄力就会受到一定挑战，其局限性就会逐渐显现，为此，迫切需要公平补偿原则予以及时填充，方能更好指导生态补偿实践活动。公平补偿原则可从内容公平和形式公平两个方面予以简要概括，就内容公平方面，生态保护者（地区）由于禁限措施所导致的直接损失（直接投入成本）和间接损失（发展机会成本）均应当纳入补偿范畴。就此而言，公平原则指导下的补偿标准就会高于或者不低于合理原则指导下的补偿标准；就形式公平方面，需要统筹兼顾支付意愿和受偿意愿的有机统一，需要流域上下游地区在平等自愿基础上就补偿标准支付基准、具体补偿标准之间进行充分博弈。如此一来，体现公平补偿原则的条件价值法（CVM）就会受到越来越多重视，流域水生态补偿协定标准就会应运而生。"流域上下游地区在平等原则基础上，协商确定补偿标准的趋势将会日益明显，在这个过程中各种量化测算和调查方法可以发挥比较重要的支持作用。"[①]

[①]　禹雪中等：《中国流域生态补偿标准核算方法分析》，载《中国人口·资源与环境》2011 年第9 期。

（2）"共同但有区别责任相结合"原则。这里的"共同责任"是指，立足于流域生命共同体理念要求，保障流域水生态服务持续供给维持增进流域公共利益的客观需要，流域上下游地区对流域水环境污染防治、水生态修复和水资源保护等负有共同责任或者连带责任。这里的"有区别责任"是指，立足于流域水资源自上而下流动等自然规律以及流域上下游地区在流域水生态服务供给方面的生态区位差异，流域上游地区和下游地区在流域水环境污染防治、水生态修复和水资源保护等负有差别的环境法律责任，具体而言，鉴于流域上游地区特殊敏感生态区位，对于保障流域水生态服务持续供给以及维持增进流域公共利益承担着不可替代功能，故流域上游地区所在地地方政府及其民众需要肩负更多流域生态环境保护方面的义务及责任；与流域上游地区相比，作为流域水生态服务享用者的流域下游地区所在地地方政府及民众应当承担更多的包括在生态补偿费用承担或支出方面的法律责任。"功能区划与发展机遇的分配紧密相关。这不仅涉及对作为生态功能区人们的生态利益补偿，也涉及在不公平的分配机制获得了发展的地区对后发地区以及整个区域内环境保护应承担的更多责任。"①

"共同责任"原则对流域水补偿标准制度规定的影响具体体现在，无论是流域上下游地区主动实施财产权益或者发展权益限制，或者被动限制自身财产权益或者发展权益，只要禁限措施（后果）造成了一方特别牺牲或二者之间的利益显失公平，获得利益的一方负有对权益受损的一方实施生态补偿方面的义务。也就是说，流域上下游地区都对流域生态环境保护承担责任，都有可能因为自身故意或重大过错而补偿对方。共同责任对于生态补偿抑损补偿属性也有一定的理论强化功能。"有区别的责任"对流域水生态补偿标准制度规定的影响主要体现在，流域水生态补偿是一种双向补偿可能性的补偿机制，既不是单向的流域下游地区补偿上游地区，也不是单向的流域上游地区补偿下游地区。总体而言，流域下游地区单向补偿流域上游地区需要占据水生态补偿机制的主导地位，亦即增益补偿是自然的、常态的和规范意义上的，相反，流域上游地区补偿流域下游地区的抑损补偿只能占据次要地位，它是拟制的、非常态的和阶段性的。故在具体水补偿标准制度设计中，流域下游地区补偿流域上游地区的补偿标准与流域上游地区补偿流域下游地区的补偿标准应该有所"区别"，也就是说，在同样补偿支付基准条件下，流域上游地区补偿流域下游地区（抑损补偿）的补偿标准应当低于或不高于下游地区补偿上游地区（增益补偿）的补偿标准，以便彰显生态补偿制度机制固有的"正向激励"功能。

---

① 肖爱等：《论两型社会建设中的地方环境立法转型》，载《吉首大学学报》（社会科学版）2012年第3期。

2. 科学选择补偿标准支付基准

科学选择补偿标准支付基准主要包括：（1）在生态补偿支付基准规范化方面，建立"结果基准为主，行为基准与结果基准相结合"的一种支付基准结构。如前文所指出的那样，投入支付和结果支付两种支付基准在指导生态补偿实践中各有利弊，应结合不同补偿领域采用不同支付基准。投入支付在森林、耕地、湿地、草原等重要生态补偿领域适用广泛，结果支付在流域水生态补偿领域也有广阔适用空间。行为基准强调一种过程激励，实现了对激励对象的足够关注，在保障生态服务提供者公平获得同时，兼顾着补偿与扶贫的协调，践行着对公平的价值追求。结果支付基准是一种直接激励。在激励对象选择方面，不能将补偿利益传导至具体的生态保护者，践行着对效率的价值追求。总之，行为支付基准关注过程，结果支付基准关注结果；行为支付基准是用土地等自然资源利用方式变更来替代水生态服务或优质水生态产品供给的核算评估；结果支付基准是用跨界断面水质、水量等可以监控的指标体系来判断水生态服务或者优质水生态产品的供给考核；行为支付基准是将生态补偿支付风险留给生态保护受益者或水生态服务享用者承担，结果支付基准是将生态补偿支付风险留给生态保护者或水生态服务提供者承担。我国流域水生态补偿实践中，很少采用行为支付基准，多采用一种结果支付基准，比如，湖南重庆酉水流域生态补偿协议、湖南江西渌水流域生态补偿协议就采纳结果支付基准。随着流域生命共同体理念普及和山水林田湖草一体化思维推广，更多流域生态补偿实践采用了"结果支付基准为主，行为支付基准和结果支付基准相结合"的方略，比如，北京密云水库上游潮白河流域水源涵养区横向生态保护补偿协议①采用了水量、水质（结果支付基准）和上游行为管控（行为支付基准）相结合的支付基准体系。此外，《福建省重点流域生态补偿办法》《江西省流域生态补偿办法》等立法文本也以采用结果支付基准为主，行为支付基准和结果支付基准相结合的支付基准结构。应当说，"结果支付基准为主，行为支付基准和结果支付基准相结合"的支付基准结构既实现了激励对象和激励方式的有效选择，又考虑了成本效益实现程度及经济效益与环境效益的衡平，此外，兼顾了流域不同地区地理位置、气候水文等不确定因素以及风险的承担问题，妥善照顾了流域生态环境保护与经济社会发展的方方面面，值得进一步推广。（2）在支付基准指标选择方面，建立"生态指标为主，生态指标与社会经济指标相结合"的指标体系结构。无论是行为基准还是结果基准，都会涉及支付基准指标体系结构安排问题，因此建立多维度、多元化和多层次指标体系结构

---

① 李奇伟：《我国流域横向生态补偿制度的建设实施与完善建议》，载《环境保护》2020 年第19 期。

对于流域水生态支付基准科学化,意义非常重大。一般来讲,指标越明确越容易量化,生态服务生产过程中的风险和干扰就会被有效的克服或避免,生态补偿机制的激励强度就会增加。"如果找不到足够的能合理识别风险和扭曲程度的服务表现指数,就不可能建立有效的激励合约。"[1] 流域生态补偿标准指数选择具有一定"社会实验"性质。地方立法文本发展历程显示,我国流域水生态补偿制度建构初期主要目的在于应对严峻流域水环境污染状况,因此当时在支付基准指标选择方面,单纯污染因子指数占据主导地位,从单一污染因子到污染因子指数变化,表明对不断增加的水污染物数量种类的有效应对。但是,仅凭几个特征性污染因子指数变化并不能有效表明流域水污染状况的恶化或好转,这表明,这一以污染因子指标为主的单一、多元指数存在着视角狭隘及内部结构不均衡等问题。考核因子的筛选,基本上都是根据因子对断面超标率的贡献量来定,而没综合考虑各污染物因子对人类、自然环境等的危害程度及在水体中消解的难易程度。[2]考核因子的筛选,基本上都是根据因子对断面超标率的贡献量来定,而没综合考虑各污染物因子对人类、自然环境等的危害程度及在水体中消解的难易程度。[3]

随着流域社会经济发展,流域水污染逐渐演变成为流域水污染、水生态破坏等复合性议题之挑战。人们认识到,流域水生态环境"问题在水里,根子在岸上",若仅从反映"水质状况"的污染因子指标体系建立支付基准,人为排除了流域"岸上"的森林覆盖率、水土保持率和污染设施建造率等指标体系,似乎在走一条"头痛医头、脚痛医脚"的老路。因此,在污染因子指标体系之外,湿地、草原和森林等生态指标因子也被陆续纳入支付基准指标体系中。特别是在中国北方地区,与流域水污染问题并驾齐驱的就是水资源短缺问题。近年来,水资源短缺问题开始由北向南蔓延,一些长期水资源丰沛的南方流域也开始逐渐出现所谓的"水资源短缺"问题,或者说,这不是传统意义上的水资源短缺,而是由于水污染或者水生态破坏造成水资源失去相应功能而形成的一种"水质性"水资源短缺。因此,与流域水质状况紧密相连的水量指标也被陆续纳入支付基准指标体系之中。即便如此,局限于水质因子指数和水量因子指数的流域生态补偿标准核算过于狭窄。因为,这种基于结果的支付标准与流域上游地区的生态环境保护与建设仅具有一种间接上的因果关系,也就是说,以水质和水量因子作为生态补偿支付基准的选择对于上游地区生态环境保护与建设的激励作用是非常有限的。

基于流域水质考量的污染因子指数,基于流域岸上生态考量的生态指标因子指数,基于流域水量考量的水量因子指数等构成的多元指数标准被陆续按照一定

① Millennium Ecosystem Assessment. Ecosystems and Human Well-being: Current States and Trends [M]. Volume. Washtington · Covelo · London, Island Press, 2005: 123 – 147.

②③ 张军:《流域水环境生态补偿实践与进展》,载《中国环境监测》2014 年第 1 期。

比例纳入水生态补偿支付基准体系中。多元指数标准中，并不是单一指数简单相加，而是立足于流域生态系统整体视野，结合流域历史发展、现实特征及未来趋势，综合设置一些异质性、复合性和多功能特征明显的指数指标体系。多元指数标准，不仅要客观表征流域水资源物理属性、化学属性，也要表征它们相互之间的复合性；不仅要反映流域水资源物理、化学、生物等自然属性，也要考虑流域水域岸线土地等自然资源的自然属性；不仅要考察流域水流产权安排状况（包括水资源和水域岸线资源）等制度因素，也要整理挖掘流域经济、人口和社会发展状况、环境意识状况等社会属性。是故，多元指数指标体系调整完善过程中，陆续出现了各种修正性、改进型的多元指数标准，包括水量分摊系数、水质修正系数和效益修正系数、同比改善系数等。①

近年来，涉及流域水生态补偿制度机制的指标体系研究成果相继涌现。一些学者提出，"建立一个生态环境指标选择的概念框架，通过采用考察指标内部关系的因果网络来完善指标集而不是单个指标放在选择过程的中心，从而便于识别与特定领域、特定问题和特定地点最相关的指标，使得指标集更透明、更能有效地反映生态环境状况"。②"还有一些学者通过非穷尽的方式列举了一系列来源于流域保护的最终生态服务与特定服务提供利益的指标，以及作为最终服务产品和通常为补偿干预直接改变的自然景观组成部分的中间服务指标集。"③"在理想状态下，与政策相关的生态指标应该符合下述要求：第一，能够评估现在及未来出现的问题；第二，能够判断出导致损害的人为因素；第三，能够建立变化趋势来度量政策和项目的效果；第四，易于与公众进行分享和交流。"④ 特别需要值得提出的是，可以利用这些指标评估流域水生态补偿制度绩效。考虑到流域社会经济系统和流域生态系统已经相互影响和相互渗透，为了让整个社会充分认识到流域生态变化所引起的相应经济社会系统的变化，以及经济社会系统变化所引起的流域生态系统的相应变化，让生态指标体系直接服务于生态补偿立法以及相关的生态环境保护立法。申言之，包括水质、水量和水生生物等流域多元复合的生态指标体系仍然要与社会、经济指标进行有效结合，这样才能科学确定水生态补偿标准的支付基准体

① 刘玉龙等：《流域生态补偿标准计算模型研究》，载《中国水利》2006年第22期；胡小华等：《东江源省际生态补偿模型构建探讨》，载《安徽农业科学》2011年第15期；王彤等：《水库流域生态补偿标准测算体系研究——以大伙房水库流域为例》，载《生态环境学报》2010年第6期；刘桂环等：《关于推进流域上下游横向生态保护补偿机制的思考》，载《环境保护》2016年第13期。

② Niemeijer. A Conceptual Framework for Selecting Environmental Indicator Sets [J]. Ecological Indicators, 2008, 8 (1): 14 – 25.

③ Kroe. The Quest for The "Optimal" Payment for Environmental Services Program: Ambition Meets Reality, with Useful Lessons [J]. Forest Policy and Economics, 2013, 37: 65 – 74.

④ Niemi. Application of Ecological Indicators [J]. Annual Review of Ecology, Evolution and Systematics, 2004, 35: 89 – 111.

系，从而更加有效地作出流域生态系统管理的综合决策（见表7-17）。

表7-17　　　　　　　水生态补偿支付基准指数指标体系

一级指标		二级指标
水生态补偿支付基准指标体系	生态因子指数	森林覆盖率
		耕地面积占辖区面积比重
		湿地面积占国土面积比重
		自然保护区占辖区面积比重
		其他
	污染因子指数	化学需氧量排放量
		氨氮
		高锰酸钾
		其他
	水量因子指数	流速
		流量
		含沙量
		其他
	水生生物完整性指数①	珍贵濒危水生生物
		一般水生生物
		水生生物生境区状况
	社会经济指数	流域面积
		人口数量
		经济社会发展指标
		其他

总之，多元指数标准已经广泛适用到各国水生态补偿制度实践之中。以德国

---

① 参见《中华人民共和国长江保护法》（2020）第四十一条规定，"国务院农业农村主管部门会同国务院有关部门和长江流域省级人民政府建立长江流域水生生物完整性指数评价体系，组织开展长江流域水生生物完整性评价，并将结果作为评估长江流域生态系统总体状况的重要依据。长江流域水生生物完整性指数应当与长江流域水环境质量标准相衔接"。

为例，德国生态补偿在采用修正多元指数时，需要认真考虑以下几点：一是所采用的指标对生态情况反映的精确度；二是需要降低所需要利用数据的难度和复杂度；三是宪法法律条款的限制，德国宪法要求指标具有抽象性、通用性，不能受到转移支付接受地区的影响。① 我国水生态补偿制度实践探索中，对多元指数标准也进行了大胆创新，尤以广东②、浙江③、福建④、江西⑤等省份最为突出，广东广西九洲江流域水环境补偿协议采用了多因子叠加且结构多元的复合多元指数。⑥

3. 持续优化补偿标准内部结构

持续优化补偿标准内部结构主要包括：（1）创新优化梯级补偿标准。一些地方立法文本，比如河南立法文本针对辖区流域水污染严峻之情势以及污染治理成本逐级提升之现实，创新性提出了梯级补偿标准。所谓梯级补偿标准是指，设置不同层级补偿标准，犹如攀登使用梯子一样逐级上升或者逐级下降。梯级补偿标准可以分为两类：第一类是上升式梯级补偿标准。在双向补偿中，流域上游地区

---

① 德国所设计的生态指标应当符合财政转移支付的法律规定并且需要通过立法机关的批准。例如在联邦一级的转移支付体系中，宪法明确规定指标的选取必须是抽象的，并且不能受各州政府的影响。在此背景下，德国生态转移支付（EFT）的建立主要依赖于联邦到地方政府的资金分配的指标确定上。如分配指标可以以生态保护区面积或者其所占辖区面积比重作为标准，同时，必须不断修正不同保护区类型的权重系数。参见杨谨夫：《我国生态补偿的财政政策研究》，财政部财政科学研究所博士学位论文，2015 年，第 78～80 页。

② 参见《广东省生态保护补偿办法》（2012）规定，"生态保护补偿转移支付资金由省财政根据财力情况，每年确定分配总额，并分为基础补偿和激励补偿两部分，各占 50%，主要用于生态环境保护和修复、保障和改善民生、维持基层政权运转和社会稳定等方面。基础补偿根据类别系数和调整系数核算；奖励补偿选择了集中式饮用水源地水质达标率等 15 项生态因子指标体系"。

③ 参见《浙江省环境保护专项资金管理办法》（2015）规定，"转移支付的核算基准主要是：生态因子指标（权重为 8%），污染因子指标（权重为 82%），管理因子指标（权重为 5%），其他因子指标（权重为 5%）"。

④ 参见《福建省重点流域生态补偿办法》（2015）规定，"设置多元指标支付基准。具体为，第一，生态因子指标。包括水环境综合评分因素占 70% 权重；森林生态因素占 20% 权重；用水总量控制因素占 10% 权重。第二，上下游地区补偿系数指标。闽江流域上游三明市、南平市及所属市、县的补偿系数为 1，其他市、县的补偿系数为 0.8；九龙江流域上游龙岩市、漳州市及所属市、县补偿系数为 1.4，其他市、县补偿系数为 1.1；敖江流域上游市、县补偿系数为 1.4，在此基础上对各流域省级扶贫开发工作重点县予以适当倾斜，补偿系数提高 20%。同时属于两个流域上游的连城县、古田县，补偿系数取两个流域上游相应地区补偿系数的平均数 1.32。流域下游的厦门市补偿系数为 0.42，福州市及闽侯县、长乐市、福清市、连江县和平潭综合实验区补偿系数为 0.3"。

⑤ 参见《江西省流域生态补偿办法（试行）》（2015）规定，"流域生态补偿指标分为三类：第一，水污染因子指标占 70% 权重；第二，森林生态因子指标占 20% 权重；第三，水资源管理因子指标占 10% 权重"。

⑥ 参见广东广西九洲江流域生态补偿协议（2016）约定，"支付基准为，第一，以地表水标准 pH 值、高锰酸盐指数、氨氮、总磷、五日生化需氧量 5 项。第二，跨省界断面年均值达到 III 类水质，其中 2015 年、2016 年、2017 年水质达标率分别达到 60%、80%、100%"。

来水水质水量状况会影响其对流域下游地区优质水生态产品供给的效果。当流域上游地区来水水质污染程度较高时，可将不同污染因子相互组合成为若干梯级，针对不同梯级设置不同补偿标准。这种情况下，流域上游地区来水的污染因子结构、数量上升时，相应补偿标准就累进性提高。当流域上游地区来水污染因子结构、数量下降时，补偿标准就会累减性下降。此时，流域水生态补偿呈现抑损补偿属性，主要通过一种负向激励方式要求流域上游地区持续改善或者提高水质。第二类是下降式梯级补偿标准。在双向补偿中，流域下游地区补偿上游地区也可以采用阶梯式下降补偿标准。当约定或法定跨界水质目标确定之后，按照流域上游地区来水水质设置若干梯级标准。当流域上游地区来水污染因子呈现结构下降或主要水质污染因子及其指数下降时，流域下游地区可按照预先确定的梯级范围补偿流域上游地区；当流域上游地区来水污染因子结构或者指数越少时，按照累积递减补偿标准，流域上游地区获得的补偿资金就会越高。显然，此时的流域水生态补偿呈现增益补偿属性，主要是通过正向激励方式促使流域上游地区持续不断改善水质状况。总体而言，流域水生态补偿梯级补偿标准的出现，体现着一种"刚性约束与硬性激励"相结合。

（2）动态调整补偿标准。随着国家生态文明建设以及建成美丽中国目标任务的要求，各地立法文本应当完善补偿标准动态调整机制。主要理由在于，一是资金因素。社会经济快速发展可以为生态文明建设提供强大资金支持，让绿水青山保护者切实能够获得一定的"金山银山"。二是认识因素。生态补偿标准指导原则反映着国家生态文明建设基本立场。合理补偿原则强调一种妥当性，强调对于特定人、特定范畴内的人"奉献"的一种慰藉，考虑的是不能超越于国家经济社会发展速度或效益。但合理补偿过于强调奉献或者个人利益、集体利益对于整体利益的牺牲，久之就难以有效激发生态保护者的主动性和积极性。公平补偿原则以分配正义、矫正正义为主要旨趣，强调通过补偿带给生态保护者以行为选择自由。从合理补偿到公平补偿，既体现在补偿标准动态调整方面，还体现在国家履行生态补偿责任的强大国家意志。三是技术因素。从直接投入成本、发展机会成本到条件价值评估，再到流域水生态服务功能价值核算评估，从技术评估到规范技术评估，从实证核算评估到价值范畴核算评估，从单一学科核算评估到多学科交叉形成核算评估，极大丰富和完善了对流域水生态补偿标准性质的再认识，推动着补偿标准予以不断调整。四是规制需求。对于法定标准而言，需要结合流域社会经济发展状况以及辖区民众对优质水生态服务或生态产品需求结构变化情况，建立3~5年的补偿标准动态调整机制；对于协定标准而言，需要针对不断变化社会经济发展状况，借助补偿协议修改或履行的谈判策略，完善补偿标准动态调整机制。

（3）分层优化双向补偿标准。双向补偿是指，法定或约定补偿基准条件成熟时，要么是流域上游地区按照一定标准补偿下游地区，要么是流域下游地区按照一定标准补偿上游地区。这表明，流域上游地区和下游地区作为法律意义上的补偿关系主体的法律地位经常会发生一定的互易。对此，实务和学术界有两种不同观点：一种观点认可双向补偿，"应然的流域生态补偿机制应是视生态环境效果而开展的双向补偿或相互补偿。双向可逆的生态补偿责任链接，是一种公平负担环境负外部性并分享环境正外部性惠益的机制"。① 另一种观点认为，"流域上游地区因保护流域生态系统而产生的生态利益可以由下游地区分享，但下游地区因同样的行为而产生的惠益则只能向更下游传递，却无法让该流域的上游地区分享。只能是下游地区对上游地区的单向补偿，而不可能是双向可逆的相互补偿"。② 我们认为，流域水生态补偿关系的双向性既不能立足于经济学上的正负外部性得以合理诠释，也不能依据环境科学上的生态利益单向传递的客观"真实"得到解读，只能因循行政法理的"特别牺牲说"才能得到有效解释。流域上游地区通过限制产业发展和土地利用方式等，从而使下游地区享有水质改善、水量保障带来的各种利益，这种情况下，基于公平正义要求，下游地区应对上游地区限制发展而作出的"特别牺牲"或显失公平之损害予以补偿。流域上游地区未能有效规制产业发展和土地利用方式，带来水质恶化、过度用水致使下游地区发展受到限制而遭致"特别牺牲"或显失公平之损害，基于公平正义要求，流域上游地区应当对下游地区"特别牺牲"或显失公平予以补偿。申言之，双向补偿的判断基准是，特定对方的发展权益限制是否造成了必须予以补偿的"特别牺牲"，其中，前者是一种主动限制而造成的特别牺牲，后者是一种被动限制而遭致的特别牺牲。

双向性带来了互易性。所谓互易性，主要是指流域上游地区和下游地区的法律地位变动不居，经常会发生一定的互易现象。互易性主要体现在两个方面，一是基于流域生态系统整体性而产生的上下游地区法律地位互易。在一些大江大河的流域范畴内，除了源头区和入海（江、湖、库）口区之外，上游地区和下游地区的法律地位是相对而言的。一个经常的情形是，在一个生态补偿机制中处于流域上游地区的法律地位，但在另外一个生态补偿机制中却又处于流域下游地区的法律地位。因此，实践中只能立足于流域整体考量和明确流域补偿尺度等，才能

---

① 杜群等：《论流域生态补偿"共同但有区别的责任"》，载《中国地质大学学报》（社会科学版）2014 年第 1 期；谢玲等：《责任分配抑或权利确认：流域生态补偿适用条件之辨析》，载《中国人口·资源与环境》2016 年第 10 期。请参见相关地方规范性文件或补偿协议：山东省《大汶河流域上下游协议生态补偿试点办法》（2008）、《湖南省湘江保护条例》（2012）、《安徽省巢湖流域水污染防治条例》（2012）、《新安江流域生态补偿协议》（2012）、《东江流域生态保护补偿协议》（2016）等。

② 谢玲等：《责任分配抑或权利确认：流域生态补偿适用条件之辨析》，载《中国人口·资源与环境》2016 年第 10 期。

对流域上下游地区各自法律地位进行法律判断。这种区分的意义在于，按照现行环境法律规定，中央政府（上级政府）仅对法律认可的上游地区实施纵向转移支付。二是基于补偿支付基准条件变化而带来的补偿关系主体法律地位互易。"流域生态补偿制度本质和功能决定了该制度的构建中心在于明确在何种条件下谁应当对谁进行补偿，而不是在何种条件下谁应当承担补偿义务。"[①] 也就是说，一旦补偿条件发生变化，上游地区和下游地区作为补偿主体或受偿主体的地位就会易位。[②] 有学者指出这种互易性会带来主体界分困难和权利义务关系的混乱的困境。[③]但是我们认为，随着流域水流产权界定及登记制度推行，尤其是各级政府对水资源所有权、使用权的法律地位的逐渐明晰，流域水生态空白及补偿尺度的有效管控及选择，流域生态补偿增益补偿主导属性的再确立，流域横向生态补偿关系主体法律地位以及权利义务混乱之困境就会在一定程度上得以消除。

4. 大力夯实水生态补偿标准配套制度建设

流域水生态补偿标准制度规定离不开支付基准的科学、规范设计，尤其在流域水生态补偿结果支付基准的制度设计中，有赖于跨界断面一定的水质、水量和水生生物等物理、化学和生态指标状况，而物理、化学和生态指标真实状况，均来自在特定时空背景下的流域跨界考核断面设置。故水生态补偿标准制度规定的配套制度，首当其冲的就是流域考核断面设置制度。"考核断面的设置，基本上均以行政市界为划分依据，缺乏理论论证，行政、人为干预的因素参与过多。"[④]为杜绝行政以及人为的过多干预，应配套完善考核监测断面设置制度化、规范化问题。跨界考核断面设置的形式规范化方面，需要明确规定设置主体和设置程序，其中，设置主体的中立化和设置程序的公开性、民主性均应该受到一定检视。跨界考核断面设置内容规范化方面。由于流域生态补偿机制跨界考核断面设置事关监测断面布点以及权利、义务和责任履行问题，内容规范化需要考虑以下因素：（1）全方位覆盖与凸显重点相结合。随着国家经济社会发展以及流域生态环境监测技术进步，应当在流域上下游、左右岸和干支流跨界断面普遍性设置国家级和地方级相结合的流域生态环境监测点，规范监测点监测程序和技术。在一些流域敏感河段，水流来回流动、交叉纵横断面且容易发生争议的跨界断面设置重点监测点和参考监测点。应当逐步实现自动监测与人工检测结合、自主检测和第三方监测结合，监测数据专享与共享结合，重点监测点数据和参考监测点数据

---

①③　谢玲等：《责任分配抑或权利确认：流域生态补偿适用条件之辨析》，载《中国人口·资源与环境》2016 年第 10 期。

②　参见《浙江安徽新安江流域生态补偿协议》（第一轮）约定"用两省跨界断面高锰酸盐指数、氨氮、总氮、总磷 4 项指标为考核依据，年度水质达到考核标准，浙江拨付给安徽 1 亿元；反之，安徽拨付给浙江 1 亿元"。

④　张军：《流域水环境生态补偿实践与进展》，载《中国环境监测》2014 年第 1 期。

相互比对。（2）确定职责与建立考评相结合。就目前情况来讲，流域跨界断面环境监测具有双重功能，一是充当流域生态补偿标准支付基准的核算载体；二是充当流域跨界断面地方政府水环境考评制度的考核基准。基于双重功能需要，因此在进行水生态补偿标准制度设计时，需将两类基准目标、考核条件分开予以判断，防止流域水生态补偿制度简单异化为跨界水环境考评制度的一种策略工具而存在。（3）一般规定与地方特色相结合。流域水生态补偿制度机制考核断面设置工作，需要注意与流域地方实际情况相结合①。在一般性规定方面，应当考虑在水流稳定、左右岸地理相似的流域跨界断面建立水质监测断面和水量监测断面。就地方特色性而言，一级支流和二级支流的汇入情况、饮用水源保护区设置状况、企事业单位取水口分布情况、企事业单位排污口分布情况及河流自然特征等也是建立跨界断面水质监测机构的重要考量因素。可见，将一般规定和流域地方特色有机结合，能够确保流域跨界断面水质监测、水量监测结果是对流域上游地区来水水质水量相对准确的反映，对于建立科学、规范的流域水生态补偿标准制度规定也有重要作用。

四、小结

在水生态补偿法定标准制度规定法治化发展进程中，流域补偿关系主体选择、流域补偿尺度的确定等对于法定标准制度规定完善相当重要。在法定标准的形式法治化发展方面，标准制定主体正当性需要补强、标准制定程序结构需要优化。法定标准内容法治化发展方面，多元复合基准代表着一个基本发展趋势，从不同侧面展示出法定标准是自然属性与社会属性的统一体。

第六节 水生态补偿协定标准的实践探索

协定标准是指，流域补偿关系主体（流域上下游地区地方政府）在自愿、平等和对价基础上，签订具有法律约束力的流域生态补偿协议。流域生态补偿协议中所确立的生态补偿标准即为协定标准。协定标准经历了一个发展演变进程。较早出现的生态补偿科斯概念强调生态服务提供者与生态服务受益者之间的交易关

---

① 在云南金沙江流域生态补偿支付基准制度安排中，分别设置了"考核断面"和"参考断面"，以便通过两个断面之间的联动监测进行流域生态补偿标准制度规定的科学设计。

系，两者所达成的一个交易价格就是协定标准的具体内容。及至后来，由于生态补偿科斯概念的固有弊端，加之人们对流域水生态服务功能价值核算评估理论的认识加深，基于成本、基于收益、基于价值的补偿标准核算评估方法开始出现并大行其道，补偿标准逐渐成为一个单纯或者复杂的技术核算问题，即便如此，基于支付意愿和受偿意愿的条件价值法仍然带有协定标准的深深印记。近年来，随着流域生态补偿标准技术核算理念多元、核算方法复杂、核算成本过高等诸多弊端，加之对生态补偿标准本质属性认知的深入。生态补偿标准逐渐演变成为一个建立在一定技术核算评估基础上，涉及生态、经济和社会等诸多因素的制度规定体系。在加快生态文明制度建设背景下，彰显平等、自愿、有偿等市场化生态补偿要素的协定标准制度规定也受到越来越多关注。

协定标准产生有着非常深厚的社会科学基础。经济学、管理学、社会学以及博弈论均提出了协定标准存在的正当性和必要性。制度经济学合作理论认为，合作能够提高效率，但合作实现有赖于对合作障碍的克服，其中，签订流域生态补偿协议（含有协定标准）是对合作障碍的制度化克服。管理学多中心治理理论认为，政府、市场和社会都可以提供流域生态服务，但行为能力和行为逻辑各不相同，且以自我利益最大化为追求目标，这使得各个中心展开生产、供给和消费流域生态服务竞争，竞争通过谈判、协商、制定具有法律约束力的补偿协议（包括协定标准）达成一致行动策略。此外，社会学的交往行动理论也在一定程度上奠定了协定标准的理论基础。需要特别指出的是，博弈论认为，合作博弈为解决流域水事治理的"囚徒困境""公地的悲剧"提供了一种合作思路和整体化方法，其中，签订一个具有法律约束力的协议成为合作博弈的关键。申言之，法学、经济学、管理学等其他学科的理论研究成果，为流域生态补偿协定标准制度建构提供丰富理论支撑。

一、协定标准的法理依据

流域合作机制，"就是利益相关方在平等互利协商一致的基础上，就大家共同关心的利益、公共事务、管理和决策，进行充分、平等的协商，做出当事人权利义务的合理分配，再由各利益相关者认真履行协议的一种管理机制。它有三个特点，即主体的平等性、议题的开放性和过程的互动性"。[①] 其中，"最终的生态补偿标准必须在相关利益主体之间的协商和博弈的基础上确定，这样产生的生态补偿标准才是公平、合理、科学的，才是可行的，是能够真正被各利益相关方接

---

① 吕树明：《关于构建流域管理协商机制的探索与实践》，载《人民珠江》2009 年第 5 期。

受并实施的"。①

（一）协定标准的概念与特征

1. 协定标准的概念

协定标准是指，流域补偿关系主体就补偿指导原则、支付基准、支付标准等水生态补偿标准制度规定的各个方面达成一致意见基础上而形成的一类补偿标准。补偿关系主体签订流域生态补偿协议，履行一定报批备案程序之后，即对补偿关系主体产生一定的法律效力。任何一方违反协议约定，即会产生消极法律后果或违约责任。在一个相对完整的流域生态补偿协议框架体系下，单独对协定标准进行专门研究非常必要，这是因为，协定标准的理论依据、标准主要内容及法律后果皆有不同于其他协议内容的特质要素。更为重要的是，协定标准是流域水生态补偿协议的核心要素，协定标准制定、履行及相应责任机制与补偿协议其他内容履行与否紧密关联。本书在论述过程中，基于行文方便及逻辑性考量，或者将协定标准从流域生态补偿协议中剥离出来，就协定标准之性质、内容等单独加以分析，或者是将协定标准置于流域生态补偿协议体系之中，结合补偿关系主体、指导原则和财政转移支付方式对协定标准进行综合判断。无论是单独加以分析，还是综合判断分析，始终围绕协定标准制度规定本身而展开相关研究。

2. 协定标准的特征

协定标准的特征主要包括：（1）平等性。这种平等首先体现为一种观念上或现实中的平等。尽管流域上下游地区经济社会发展各异、文化习惯甚至是政治地位各不相同，但是需要秉持流域共同生命体理念，立足于自身社会经济发展状况协商确定各方权利和义务。首先，平等性需要通过平等的社会机制和观念引导，既要保障流域不同地区之间享有平等发展权利，也要保障流域不同地区基于维护流域水生态系统良性循环或者水生态服务持续供给贡献应当得到的权利、利益甚至必要的尊重。其次，这种平等更体现为一种法律上的平等，这要求签订协议的补偿关系主体在法律上是平等的，无论是对流域上游地区因为保障流域水生态服务持续供应而对自身经济社会发展限制遭受牺牲而实施的生态补偿补偿，或者是流域上游地区加速自身社会经济发展而造成流域水污染或生态破坏，造成下游地区流域水生态服务供应不足而遭致牺牲的补偿，均不能理解成为一种建立在不平等基础之上的一方对于另外一方的恩赐或者施舍，相反，这是应立在遵循现行法律制度框架下的一种平等主体的平等交易。这种平等主体之间的交易，围绕着流域水生态服务持续供给而进行，这种交易，是以各自利益及需求一定程度的满足

---

① 黄炜：《全流域生态补偿标准设计依据和横向补偿模式》，载《生态经济》2013 年第 6 期。

为前提。达到的理想情形是，借助交易，流域共同体内经济利益与环境利益、生存利益与发展利益、区域利益与流域利益在相互协调过程中实现了一种暂时平衡。（2）自愿性。自愿性源自生态补偿科斯概念。生态补偿科斯概念语境下，流域水生态补偿制度机制实际上就是流域水生态服务提供者与生态服务享有者之间在平等基础上的一种自愿交易机制。协定标准的自愿性主要体现在两个方面：一是协定标准协商确定过程的自愿。两方或多方签订主体对于是否参与流域水生态服务交易主要是在立足于满足自身利益需要基础上的一种自愿，不存在一方强迫另一方，任何胁迫、欺诈或者乘人之危等违背一方主体真实意愿的不当行为都是违法的，均要承担相应的法律后果。二是协定标准内容确定的协商。主要体现在，涉及补偿标准指导原则、补偿标准支付基准、补偿标准等协议主要内容，只要不违背法律的强行性规定，现行法律制度容许这种自愿。当然，任何自愿都会受到一定限制。一些流域跨行政区较少，涉及利益相关者数量不多，利益关系相对简单，围绕水生态服务交易的自愿性就相对大一些。一些大江大湖流域，所涉地理范围较广，利益关系主体众多，尤其是一些补偿关系不仅涉及流域上下游地区各自利益，甚至涉及流域整体利益和跨流域利益，在这种情况下，利益相关者数量众多所造成的利益诉求多元，故流域上下游地区达成生态补偿协议的交易意愿不强。于此情形之下，中央政府（上级政府）基于流域整体利益需要，依照法律规定①，参与流域生态补偿协议（包括协定标准）签订、履行过程之中。在这种情形下，协定标准的自愿性可能会受到来自外力的一定限制，甚至出现了一定的准协定标准状况。（3）可操作性。如前所述，水生态补偿法定标准的确立需要对流域生态环境保护行为（结果）进行直接投入成本、发展机会成本或者流域水生态服务价值功能的核算评估。即便如此，核算出来的结果也存在较大争议。协定标准有效地回避了生态补偿标准复杂的技术核算，而是立足于不同核算方法及结果基础上而展现为一个具体的协商结果，具有较强的可操作性。但这种可操作性并不意味着协定标准内容非常简单。"仅仅是公共政策的简单易行，并不能真正确保公共政策的可操作性；因为任何公共政策的制订都是为了实现特定的经济和社会发展目标，所以公共政策可操作性的核心是要使得公共政策能够在成本较低的基础上顺利实现预期的目标。"② 协定标准的可操作性强体现在以下方面：第一，直接凸显流域生态补偿制度价值追求。协定标准是平等主体在相互协商的基础上制定出来的，反映了双方的共同意志，体现着协议主体自愿、平等的价值追求。第二，它能够实现对不同利益进行妥善安排。流域生态补偿协议，从法理

---

① 《中华人民共和国环境保护法》（2014）第三十一条第 3 款规定，"国家指导受益地区和生态保护地区人民政府通过协商或者按照市场规则进行生态保护补偿"。

② 严荣：《地方政府公共政策可操作性的思考》，载《理论探讨》2000 年第 3 期。

层面上分析，实际上就是生态补偿关系主体之间的"法律"，"法律或法律秩序的任务或作用，并不是创造利益，而只是承认、确定、实现和保障利益"。① 协定标准的制定过程实质上就是一种分配和调节利益的过程，是不同利益主体的利益表达、利益博弈与不同利益获得的过程。协定标准的制定过程也是建立健全完善的利益表达、利益博弈与利益综合的机制，促成不同利益主体的利益协商与妥协，最终达成利益博弈的相对均衡。② 在这个博弈过程中，各自的利益需求、反复的讨价还价、相互妥协均是必不可少的步骤。所有这些，均为协定标准的尽快签订、有效履行奠定坚实基础。第三，协定标准与现行制度环境能够有效兼容。"制度环境，是一系列用来建立生产、交换与分配基础的基本的政治、社会和法律基础规则。"③ "生态补偿并非在一个法律、社会或政治真空中运行。各国生态补偿政策、法律（自然资源法、物权法、合同法、财税法等）、市场交易规则等存在巨大差异，生态补偿需要适应特定的制度背景。"④ 在现有条件下，正式制度，包括环境法律、合同法律和行政法律以及中央关于流域横向生态补偿的政策，为协定标准制定提供兼容的制度空间，为协定标准的履行提供约束规则；非正式制度，包括生态文明理念、河流伦理道德规范、流域传统习惯及"意识形态"等因素，也在不断对协定标准发挥着拓展、说明及修正的作用。第四，协定标准兼顾了水生态服务享用者或生态保护受益者一定支付能力。协定标准的签订、履行，仍然需要进行人力、物力等物质资源投入，这都构成了制度的实施成本。就目前我国流域经济社会发展状况来看，与民众对良好生态环境不断增长的需求相比，流域水生态服务或优质水生态产品正在逐渐演变为一种相对稀缺资源，需要投入必要成本才能得以持续产出或供给。另外，随着流域经济社会快速发展，国家多数地区尤其是流域下游地区已经能够承担与其需求相适应成本，即具备相应生态补偿支付能力。

（二）协定标准与法定标准的关系

"流域生态补偿标准的协商往往需要量化的方法提供依据或参考，因此即使政策的表现形式不是量化的核算方法，但是建立在量化分析基础上的协商结果才更加有效。"⑤ 就此而言，协定标准与法定标准存在密切关联，但二者之间也有一定差异。

---

① 沈宗灵：《现代西方法理学》，北京大学出版社 1992 年版，第 291 页。
② 汪全胜：《立法的社会接受能力探讨》，载《法制与社会发展》2004 年第 4 期。
③ ［美］科斯等著，刘守英等译：《财产权利与制度变迁》，上海三联书店 1994 年版，第 270 页。
④ 张晏：《国外生态补偿机制设计中的关键要素启示》，载《中国人口·资源与环境》2016 年第 10 期。
⑤ 禹雪中等：《中国流域生态补偿标准核算方法分析》，载《中国人口·资源与环境》2011 年第 9 期。

1. 制定（签订）主体不同

如前所述，遵循着"法无授权不可为"的基本法理，法定标准制定主体具有相对明确和严格规定。一般来讲，法定标准制定主体是中央或地方各级权力机关或者依法获得授权的政府职能部门，具有一定专有性和垄断性。就目前情况来看，大致包括，一是法律、地方法规直接对标准制定主体作出明确规定；二是法律、地方法规授权较高层级政府（省级政府、设区的市级政府）制定相应补偿标准。可见，由于事关流域不同地区财产权益或者平等发展权益限制，法定标准制定权的配置有着较为严格的行政层级要求，制定主体需要遵循严格程序制定补偿标准。与此相反，协定标准主体则无明确制度约束，流域利益相关者，流域生态服务供给者与需求者、流域上下游地区各级政府、甚至跨流域政府均立足于各自利益需求满足与否，通过签订流域生态补偿协议而成为协定标准的制定主体。可以看出，法定标准制定主体具有单一、行政层级较高、程序严格等诸多特征，而协定标准制定主体具有多元、异质性强以及程序宽松等诸多特征。

2. 制定（签订）程序不同

法定标准涉及流域利益相关者利益负担重新配置或资源重新分配，因此，无论是立法机关制定补偿标准，或者授权政府及其主管部门制定补偿标准，应当履行相应的立法程序或遵循一定的行政程序。在法定标准制定程序中，专家学者的专业理性及事实判断、民众的价值理性与价值判断均可以借助一定的平台和通过一定的正当程序路径得以有序聚合，制定主体在整理各种意见基础上，综合事实判断和价值判断明确具体的生态补偿标准。协定标准体现了补偿关系主体之间支付意愿与购买意愿的统一，尽管没有严苛程序机制予以保障，但这丝毫不意味着，协定标准确定只需简单履行合同法意义上的要约承诺程序即可，相反，各国实践表明，多数协定标准确定均需要经过反复磋商、多轮谈判，最终结果虽然依据一定的核算评估结果为支撑，但更多理解成为双方或多方相互妥协之产物。申言之，法定标准制定需要履行正当法律程序，协定标准尽管无此严格规定，但除了遵循合同法意义上的要约承诺等程序性规定外，类似的谈判、磋商机制恐怕也是必不可少。总之，与法定标准相比，协定标准在制定程序方面更加灵活一些，但耗费的时间成本则更多一些。

3. 标准的法律效力不同

确定补偿标准的主要功能在于，需要明确当事人生态补偿请求权利及相应义务的具体范围，从而使补偿权利主张具有明确依据，使补偿义务的承担具有具体界限，使生态补偿法律政策实施有依据可循。法定标准呈现为一种公法上的法律效力，具有一定的普遍性，主要体现在，对于流域既定管辖范围内具有普遍约束力，它甚至可以作为生态补偿行政执法和相关司法审查的规范性依据。① 协定标准是流域生态服务提供者与流域生态服务购买者、生态保护者与生态保护受益者、流域上下游地区地方政府双方或多方共同意志的产物，因此协定标准只对协议双方或多方产生一定法律约束力，可见，这种约束力具有相对性，只能对所在地地方政府及其辖区民众具有约束力。申言之，法定标准具有一定的公法效力，体现着一种普遍性、一体性和绝对性，协定标准仅具有私法上的效力，体现了一定的自愿性、相对性。法定标准一旦确定，即具有一定的强制力和普遍适用性，能够作为行政执法依据和司法裁判参考依据；协定标准具有相对性，对签约主体有一定约束力，这种效力不会涉及于他人，但也可以作为司法裁判的参考。

4. 纠纷救济机制不同

行政法理上，法定标准制定行为体现为一种抽象行政行为，故利益相关者对其效力存在异议时，难以单独通过提起行政诉讼机制而使其予以改变或者失去效力。可行途径在于，在提起具体生态补偿纠纷时，可以对法定标准提起附带性司法审查，进而实施一定的合法性审查。协定标准在履行过程中，任何一方可以根据情势变更或者各自经济社会发展要求，向另一方提出修改、完善、补充或者废止协定标准的建议，双方或者多方可以围绕协定标准开展磋商和谈判。一旦双方或多方未能就协定标准达成新的调整方案，原协定标准仍然具有法律效力。

（三）协定标准的理论基础

协定标准受到多学科理论哺育和滋养。经济学中的合作理论、市场论和准市场论等，管理学中的多中心治理理论等对协定标准奠定了坚实理论基础。正因为如此，协定标准逐渐崭露头角，并呈现与法定标准分庭抗礼之态势。

1. 合作理论与协定标准

几大代表性经济学体系都是以"竞争"为主线，或者说其理论体系的灵魂是竞争，是揭示或解释人类经济行为竞争性的经济学，也就是竞争的经济学。② 即便如此，经济学对于合作、协商以及在合作、协商后达成协议的研究并不少见：（1）签订流域生态补偿协议克服合作成本差异。"转移或让渡消费品、服务或生产性资产的产权，无论是暂时的还是长久的，都通过契约或协议方式来完成，契

---

① 结合《中华人民共和国行政诉讼法》等法律规定，人民法院已经不将规范性文件作为司法审查依据，而是可以对规范性文件进行附带性司法审查。

② 黄少安：《经济学研究重心的转移与"合作"经济学构想——对创建"中国经济学"的思考》，载《经济研究》2000 年第 5 期。

约规定了交换的条款。契约的概念是新制度经济学的核心。"① "契约这种制度作为合作的一种方式能够消除合作的不必要障碍，降低交易费用，最大限度地优化资源配置，以此提高各合作参与方福利。"② 但是，"相对于非合作情形而言，合作情形的总体福利水平和环境保护水平均较高，但是，流域下游地区和上游地区各自福利水平却并没有实现同时增进。"③ 为什么会发生如此反常现象，一个非常简单却颇具说服力的事实是，流域上游地区与下游地区呈现一种不对称性和不均衡性。立足于外部性理论，流域上游地区带来的外部性扩散呈现方向单一性、程度不规则衰减性和成本福利不对称性。流域水环境污染、水生态破坏对上下游地区影响各不相同。从成本—效益来看，花费同样成本的合作，流域上游地区与下游地区各自获得的效益各不相同。简言之，合作尽管能够提高效率，但合作并不能自发产生，合作实现有赖于对合作成本差异的有效克服。（2）构建合作模型支撑协定标准。为实现对合作障碍的克服，经济学建构了多种相关理论模型，其中，以"囚徒困境""公地的悲剧""集体行动"等三种主要合作经济理论模型为主要代表。"囚徒困境"理论模型旨在说明，公共事务治理过程中，无数个人理性行为最终形成了集体非理性结果，导致公共事务治理陷入困境。破除"囚徒困境"路径在于信息交流和信息共享。"公地的悲剧"理论告诉我们，避免"公地的悲剧"之消极后果的主要应对策略是要求流域利益相关者之间实施合作，这种合作要么呈现为一种产权交易机制，要么是一种立足于外在"命令＋控制"机制的有效介入。"集体行动"理论则要求，针对集体行动带来的困境，必须有赖于某种"命令＋控制"手段或者一些灵活性机制，这些灵活性机制包括采用一些激励性规制或者签订具有一定约束力的合作协议等。概言之，经济学理论认为合作可以提高效率，但合作实现有赖于对合作障碍的克服，其中，签订包括协定标准在内的补偿协议（契约）是对合作障碍的有效克服。

2. 市场论与协定标准

完整意义上的市场论包括完全市场论和准市场论，这两种理论对协定标准产生和发展也有一定指导作用。（1）完全市场论与协定标准。"一种物品想要转化为商品，除了具有有用性或使用价值之外，还拥有交换价值，并以此与其他商品发生关系。"④ 因此，完全市场论基本原理是把流域水生态服务或者优质水生态

---

① ［美］艾格特森著，吴经邦等译：《新制度经济学》，商务印书馆1996年版，第44页。

② ［美］科斯等著，刘刚等译：《制度、契约与组织：从新制度经济学角度的透视》，经济科学出版社2003年版，第60页。

③ 张可云等：《非对称外部性、EKC和环境保护区域合作——对我国流域内部区域环境保护合作的经济学分析》，载《南开经济研究》2009年第3期。

④ ［德］佩特拉·多布娜著，强朝晖译：《水的政治：关于全球治理的政治理论、实践与批判》，社会科学文献出版社2011年版，第111页。

产品视为一种具备一定使用价值和交换价值的特殊类型之商品（服务），围绕着这种特殊商品（服务）建立一个市场。流域水生态服务市场是多元化的，既可能是自由竞争市场，也可能是垄断市场，由此也导致流域水生态服务定价机制存在一定差别。完全市场论在确定补偿标准时也有阻碍，完全市场论的重要前提是需建立一个明确交易主体，交易价格依据市场需求浮动等，价值规律能够发挥作用的流域水生态服务（商品）市场体系，在这个成熟体系中，交易双方可以依照规则（法律规则或商业惯例）进行一定程度自由交易。但实际并非如此，由于流域水生态服务这种特殊商品属性使然，发现或建立一种理想状况的市场机制非常少见，因此在这个市场机制中，政府扮演着复杂的多重角色，政府介入及介入程度构成流域水生态服务市场机制的一把"双刃剑"，一方面，缺少了政府介入，流域水生态服务市场不可能有效建立及运行；另一方面，地方政府参与流域水生态服务市场本身限制了市场功能有效发挥。（2）准市场理论与协定标准。准市场可以从以下几个方面理解，"第一，准市场主要由政府或公共管理部门建立和维持；第二，准市场中，生产或服务通常肩负着执行公共利益和社会福利的目标；第三，政府或公共管理部门通常是生产或服务的规制者、购买者；第四，准市场体系中，也可能存在不同种类的生产者、服务者、公共的或私人组织，它们之间互相竞争，共同促进市场的健康运行；第五，服务的使用者并不仅仅是根据服务的生产或消费情况支付费用，其他因素也可能对费用产生一定的影响"。① 准市场理论对协定标准产生影响非常深远。一个最大影响就是按照准市场理论，我国流域生态补偿之协定标准，并非一种严格意义上的"协定标准"而是一种"准协定标准"。也就是说，此时的协定标准并不完全是市场交易主体双方协商之结果，也要体现"政府"的意志。中国流域水生态补偿达成"准协定标准"的典型案例较为常见，比如，浙江安徽新安江流域生态补偿协议中，双方争议和分歧点主要聚焦于如何确定补偿支付基准和具体补偿标准，后在中央政府职能部门有效介入（尤其是中央财政资金参与）下，双方最终所达成的协议补偿标准就是一个"准协定标准"。

3. 博弈论与协定标准

所谓博弈论是指，"研究个人或是组织在面对一定的环境条件和规则约束下，依靠所掌握的信息，如何进行决策及决策的均衡，并从各自的决策中取得相应结果或收益的过程的理论和方法。"② "博弈分析的目的是通过建立适当的激励机制

---

① 潘屹：《普遍主义福利思想和福利模式的相互作用及演变》，载《社会科学》2011 年第 12 期。
② 张维迎：《博弈论与信息经济学》，上海人民出版社 2004 年版。

以及规则，进而达到理想的稳定均衡状态。"[1] 传统博弈论是建立在完全理性假设上，但"演化博弈理论与传统博弈理论相比，放宽了假定条件，属于有限理性"。[2] 目前，博弈论已被广泛应用于各个领域，流域生态补偿领域亦不例外。"环境问题解决的主要是利益相关者之间的均衡问题，因此，博弈论可以应用到流域生态补偿之中。"[3] "囚徒困境"模型[4]和"公地的悲剧"模型[5]是博弈论两个著名的公共选择分析模型，这两个分析模型在本质上是一致的，即都涉及博弈中所有主体"个人理性"和博弈结果的"集体非理性"。

博弈论与协定标准之间逻辑关系主要体现为：（1）演化博弈情景设定。首先需要考虑的情景是流域上游地区确定及行为选择策略。流域上游地区利益相关者数量众多且利益诉求各不相同。为了简化制度实施成本需要，我们把流域上游地区地方政府作为流域上游地区利益总代理人，其目标是流域上游地区利益最大化，基于此，其行为选择策略就是保护或者不保护。保护行为策略的途径包括但不限于，土地等自然资源利用方式变更、产业结构调整，积极防控治理工业污染与治理农业面源污染，上述行为策略可以保障流域下游地区流域水生态服务或水生态产品持续有效供给。同理，流域上游地区也可以选择不保护的行为策略，常规路径就是充分利用所在行政区土地、森林和水流等自然资源资产推动经济社会快速发展，并将经济社会造成的负外部性经由流动水资源向流域下游地区自然转移，从而对流域下游地区流域水生态服务或优质水生态产品持续有效供给带来诸多不确定因素。其次是流域下游地区确定及行为选择策略。同理，流域下游地区地方政府作为流域下游地区利益总代理人，全面代理下游地区整体利益，其目标同样是地区利益最大化。与流域上游地区选择保护或者不保护不同，流域下游地区行为选择策略是补偿或不补偿，这是因为流域下游地区地方政府及民众生产、生活和生态用水在一定程度上会直接受到流域上游地区保护或者不保护行为策略的影响，其相应存在着补偿或者不补偿的行为选择策略。

（2）演化博弈支付矩阵。如果流域上游地区与下游地区各自选择"保护"—"补偿"策略，这应该是一种较为理想的最优策略。问题在于，这种情况下的"保护""补偿"均要求双方要承担一定费用，假定双方均为 – 5 个单位。

① 李昌峰等：《基于演化博弈理论的流域生态补偿研究——以太湖流域为例》，载《中国人口·资源与环境》2014 年第 1 期。

② 黄凯南：《演化博弈与演化经济学》，载《经济研究》2009 年第 2 期。

③ Ray. Game Theory and the Environment: Old Models, New Solution Concepts [M]. In: Sahu N C, Cloud hury A K. Dimensions of Environmental and Ecological Economics. Hyderabad: Universities Press (India) Private Limited, 2005 (3): 89.

④ 宋敏：《生态补偿机制建立的博弈分析》，载《学术交流》2009 年第 3 期。

⑤ Alvin. Game-theoretic Models of Bargaining [M]. Cambridge University Press, 1985: 76.

如果双方选择"不保护"——"不补偿"策略，那么流域水污染恶化带来的损失，假定双方各自是 –10 个单位。如果双方选择"保护"——"不补偿"策略，则流域上游地区地方政府不仅要承担"保护"成本费用 –5 个单位，还要承担因流域下游地区"不补偿"行为所引发的损失 –10 个单位，则上游地区共需支付 –15 个单位。与此同时，流域下游地区无偿享有上游地区额外水生态服务供给而得到发展获益 10 个单位，也要分担因为"不补偿"所造成水质部分恶化带来的损失 –2 个单位，简单运算后获得净收益为 8 个单位。如果双方选择"不保护"——"补偿"策略，则流域上游地区不仅能够获得下游地区提供的补偿 5 个单位，而且其"不保护"行为策略可以直接获益为 3 个单位，共获益 8 个单位，流域下游地区不仅要承担流域上游地区"不保护"造成的损失为 –10 个单位，还将支付给流域上游地区补偿费用 5 个单位，共支出 15 个单位（见表 7 – 18）。

表 7 – 18　　　　　　　流域上下游地区不同行为策略收益损失

项目		下游地区	
		补偿	不补偿
上游地区	保护	（ –5， –5）	（ –15，8）
	不保护	（8， –15）	（ –10， –10）

从表 7 – 18 可以看出，在流域上下游地区两个利益主体博弈中存在两个战略均衡：一是"保护"——"补偿"；二是"不保护"——"不补偿"，其中，后者自然构成了一种双方都会选择的优势均衡。在这个优势均衡中，流域下游地区选择"不补偿"，流域上游地区最优策略就是"不保护"。对于流域下游地区而言，当上游地区选择"保护"时，下游地区选择"补偿"时，支付是 5 个单位，而选择"不补偿"时的收益是 8 个单位，故对于流域下游地区而言，最优行为选择是"不补偿"；当流域上游地区选择"不保护"时，流域下游地区选择"补偿"时的损失是 –15 个单位，选择"不补偿"的损失为 –10 个单位，所以流域下游地区的最优选择是不补偿。循此思路，流域上游地区的优势策略是"不保护"。总之，流域上下游地区博弈的优势均衡为"不保护"——"不补偿"，均衡支付为（ –10，–10）。这种优势均衡状态下，没有地方政府有主动性或者积极性去打破这种均衡。如此一来，流域上游地区所在地省、市、县等各级政府就会竞相开发使用所在行政区域范围内的流域自然资源，而流域下游地区所在地的省、市、县等各级政府也不愿意对流域上游地区进行生态补偿，流域上下游地区"以邻为壑"出现，最终导致"公地的悲剧"发生。

（3）演化博弈与协定标准。上文提及，由于流域上下游地区地方政府均愿意选择优势均衡："不保护"—"不补偿"策略，这无疑会影响流域公共利益维持增进。为此，需要外在公权力适当介入，激励或者约束流域上下游地区选择另外一个战略均衡："保护"—"补偿"策略。外力介入是必要且正当的，因为这样才能打破"集体行动困境""囚徒困境"。正是在公权力等外力介入下，流域上下游地区行为选择策略方面实现了战略均衡。具体而言，流域上下游地区形成均衡演化博弈，离不开以下条件：一是共同利益机制。共同利益不是指流域上下游地区有着相同利益，而是在更广泛意义上，流域上下游地区形成了基本价值共识，对于稀缺、优质流域水生态产品有着共同需求。二是良好信息机制。我国尚未建立综合流域管理系统，流域上下游地区经常封闭信息，造成流域信息供给不充足、不对称和不真实，严重妨碍博弈均衡的实现。随着科学技术尤其是大数据、区块链以及云计算快速发展，流域上下游地区之间信息公开、信息共享和信息沟通将成为发展趋势，长期存在的信息不对称、信息不充足和信息不流通等得到一定程度克服。三是共同协商平台。随着《中华人民共和国环境保护法》《中华人民共和国水污染防治法》《中华人民共和国长江保护法》等法律贯彻实施，权威性流域协调机制、协商机制和协作机制将会陆续建立，流域上下游地区协商合作平台有了相应法律保障。四是外在资源的不断输入。主要包括外在的利益、管理和纠纷解决等资源输入，尤其是不间断的利益输入，从而形成流域生态补偿机制有效运行的内在动力。此外，外在纠纷解决资源的介入，从而有效防范和解决流域上下游地区地方政府之间的纷争。"通过具有权威性的外力的作用，引导流域相关地区进行环境治理的对话、协商与合作。"①

总之，协定标准形成过程是一个复杂的社会关系建构过程。在这个过程中，流域共同体理念、山水林田湖草一体化理念都会要求包括政府等在内的利益相关者应当在流域生态补偿制度规定上达成基本共识。在这个过程中，工具行动与交往行动相互交织在一起。其中，协商源于参与主体对自我利益的一种需求，成功于一种交往理性的运用，结果的合法性在于它的公开性与民主性。它力图排除来自流域共同体政治、经济方面的强制规定，以便能够让每一个利益相关者有平等机会参与标准制定过程，发表自己意见或见解，尊重对方利益诉求及关切，达成基本共识或在共同面临问题上予以积极回应。尽管流域水环境考评制度机制所带来的政治法律压力是导致流域上下游地区地方政府达成协定标准的外在动力，但协定标准的履行则直接取决于流域上下游地区所在地地

① 柯坚等：《新安江生态补偿协议：法律机制检视与实践理性透视》，载《贵州大学学报》（社会科学版）2015年第2期。

方政府对于交往理性的正确运用。协定标准的形成过程也是一个反复的社会建构的过程。这个过程既不是一帆风顺的，也不是一次可以完成的，而是一个需要反复建构的过程，在这个过程中，技术理性、社会理性相互碰撞而又相互融合。通过多次协商，才能达成参与各方都认可和接受的共识，这里的共识过程就是协定标准的形成过程。业已形成的协定标准也不是一成不变的，它会随着流域经济社会发展变化而产生相应变化。

二、协定标准的实践考察

（一）主要流域生态补偿协议简述

1. 浙江安徽新安江流域补偿协议

"源头活水出新安，百转千回下钱塘。"[①] 源于安徽省黄山市的新安江流域，蜿蜒迂回了 359 千米，在浙江省淳安县汇集成为千岛湖。"新安江出境水量大约占千岛湖年入库量的 86%，是浙江优质水源的重要保障。"[②] 但随着经济社会快速发展，新安江流域水污染、水生态破坏等问题逐渐显现，严重危及浙江饮用水安全。新安江流域生态环境合作治理被提升为流域各级政府重要议程。历经多轮博弈、反复协商无果之后，财政部、原环境保护部等中央政府职能部门主动介入。2010 年，财政部划拨 5 000 万元并参与到谈判中，标志着新安江流域生态补偿进入实质性探索阶段。2011 年，财政部、原环境保护部颁布《新安江流域水环境补偿试点实施方案》，随后，浙江、安徽两省政府签订新安江流域生态补偿协议（第一轮），标志着全国首例流域生态补偿实践试点正式开始。2014 年，两省又在原国家环境保护部等协调下，签订新安江流域生态补偿协议（第二轮）；2018 年，两省签订新安江流域生态补偿协议（第三轮）。第三轮试点中，浙江、安徽每年各出资 2 亿元，并积极争取中央资金支持。当年度水质达到考核标准，浙江支付给安徽 2 亿元；水质达不到考核标准，安徽支付给浙江 2 亿元。为体现"问题导向"和"稳定向好"原则，在支付基准设计中，加大总磷、总氮的权重，氨氮、高锰酸盐指数、总氮和总磷四项指标权重分别由原来各自的 25% 调整为 22%、22%、28%、28%。将第二轮设置的水质稳定系数从 89% 提高到

[①] 覃凤琴：《财力与支出责任的动态匹配——以新安江流域生态补偿试点为例》，载《环境经济》2022 年第 10 期。

[②] 戴正宗：《签下"对赌"协议留住一江清水》，载《中国财经报》，2017 年 1 月 19 日第 001 版。

90%。① 与此同时，第三轮试点在资金补偿基础上，继续探索多元化补偿方式，推进上下游地区在园区、产业、人才、文化、旅游、论坛等方面加强合作，进一步提高上游地区水环治理和水生态保护的积极性（见表 7 – 19）。

表 7 – 19 　　　　　　　新安江流域生态补偿协议（第三轮）

补偿原则	成本共担、效益共享、合作共治
补偿主体	浙江省与安徽省（黄山市等地）
补偿基准	（1）污染因子指标： 高锰酸盐指数、氨氮、总磷、总氮。 （2）补偿指数指标： ①设置水质稳定系数为：0.9； ②以 2012 ~ 2014 年水质为基准值
补偿标准	（1）纵向补偿（中央转移支付安徽）：逐渐递减原则（4 亿元/3 亿元/2 亿元）； （2）横向补偿（广西与广东）：4 亿元
补偿期限	2018 ~ 2020 年
跨界监测	环保部组织两省开展联合监测，并在跨界断面建设完善国家水质自动监测站； 考核断面手工监测与水质监测数据相互补充、印证，以中国环境监测总站确定的水质监测数据作为补偿依据②

综合最新实践探索，结合表 7 – 19 内容，我们认为，新安江流域生态补偿协议具有以下发展走向：（1）一种立足补偿但超越补偿的机制正在快速发展中。浙江安徽两省以流域生态补偿机制为依托，加快形成绿色生产方式和生活方式，探索建设"新安江——千岛湖生态补偿试验区"，从资金、产业、人才等方面推动生态补偿试验区建设。由单一资金补偿向产业共建、多元合作转型，实现"绿色产业化、产业绿色化"。从原来的"水质对赌"向"山水林田湖草"全要素扩展，推进大气污染协同防治和森林资源保护协同发展，探索建立湿地生态补偿制度。打通"绿水青山"向"金山银山"的转化通道，大力发展与新安江流域生

---

① 覃凤琴：《财力与支出责任的动态匹配——以新安江流域生态补偿试点为例》，载《环境经济》2022 年第 10 期。

② 王俊燕等：《治理视角下跨省流域生态补偿协商机制构建——以新安江流域为例》，载《人民长江》2017 年第 2 期。

态环境相适宜的研发设计、科技服务、文化创意、体育健康、养老服务、全域旅游等现代服务业，推动两地旅游深度合作，探索将"新安江——千岛湖——富春江"打造成中国最美山水风景带和世界文化旅游目的地，全面建立新安江全流域"产业同谋、环境共治、责权明确""共建、共享和共管"制度机制。（2）生态补偿支付基准条件在逐渐提高。为切实保障流域水生态服务持续供给，维持增进流域环境公共利益，该协议进一步提高了水质考核标准，水质稳定系数也进一步提升，同时提高了总氮和总磷四项具体指标的权重系数。在水质标准提升的同时，开始将行为基准以及结果基准中的水量、水生生物等多元要素陆续纳入考核支付基准中去。（3）流域生态补偿资金筹措及使用机制进一步完善。协议鼓励和支持通过设立绿色基金、政府和社会资本合作（PPP）模式、融资贴息等方式，引导社会资本加大新安江流域综合治理和绿色产业投入。补偿资金在专项用于新安江流域环境综合治理、水污染防治、生态保护建设、产业结构调整、产业布局优化和生态补偿等方面的同时，也可以尝试性运用于绿色基金、政府和社会资本合作模式、融资贴息等方面，探索融资方式与融资渠道的有机联结，建立规范化的流域水生态补偿融资制度。

2. 广东广西九洲江流域生态补偿协议

九洲江是一条跨桂、粤两省（区）入海河流，流经广西玉林市陆川、博白两县和广东湛江市，注入鹤地水库。鹤地水库是湛江市主要饮用水水源。随着流域上游地区广西玉林市社会经济快速发展，畜禽养殖业（主要是生猪养殖）规模不断扩大，粗放经营方式以及薄弱污染防治措施投入，导致鹤地水库水质严重恶化。2013 年，九洲江广西广东交界处断面水质整体属 V 类水，枯水期甚至达到劣 V 类，严重危及湛江市饮用水安全。2014 年，在原国家环保部推动下，桂、粤两省（区）政府就联手治理九洲江流域生态环境达成共识，并于 2016 年和 2019 年先后两次签订了第一轮（2015～2017 年）和第二轮（2018～2020 年）《关于九洲江流域上下游横向生态补偿的协议》。中央财政资金也加大对九洲江流域生态环境保护的支持力度。截至 2019 年，共统筹安排流域生态环境治理资金 24.2 亿元，主要用于广西壮族自治区玉林市流域环境治理和产业转型升级。其中，中央财政资金安排 12 亿元，粤桂两省（区）财政资金安排 8 亿元（两省区各出资 50%），广西通过其他渠道筹集资金 4.2 亿元。① 通过联合监管、监测、执法、应急措施，以及上游地区整治畜禽养殖、实施生态修复等举措，九洲江水质呈现持续改善趋势。2015～2017 年第一轮协议中，监测考核断面石角断面连续三年均达到地表水Ⅲ类标准；2018～2020 年第二轮协议履行中，考

---

① 王西琴等：《流域生态补偿分担模式研究——以九洲江流域为例》，载《资源科学》2020 年第 2 期。

核监测断面山角断面（石角断面上游处）连续三年均达到地表水Ⅲ类标准，且Ⅰ～Ⅲ类水质比例大幅提升。通过联合监管、监测、执法、应急措施，以及上游地区整治畜禽养殖、实施生态修复等举措，九洲江流域生态环境治理取得了明显成效（见表7－20）。

表7－20　　　　　　　九洲江流域生态补偿协议（2018～2020年）

补偿原则	成本共担、效益共享、合作共治
补偿主体	广东省与广西区（玉林市陆川县、博白县）
补偿条件	（1）污染因子指标： pH值、高锰酸盐指数、氨氮、总磷、五日生化需氧量。 （2）水质指标： ①年均达到Ⅲ类水质； ②2015年、2016年和2017年中，跨省界断面水质达标率分别达到60%、80%和100%
补偿标准	（1）纵向补偿（中央转移支付广西）：3亿元； （2）横向补偿（广西与广东）：3亿元
补偿期限	2018～2020年
跨界监测	环保部组织两省区开展联合监测，并在跨界断面建设完善国家水质自动监测站，考核断面手工监测与水质监测数据相互补充、印证，以中国环境监测总站确定的水质监测数据作为补偿依据

资料来源：作者根据九洲江流域生态补偿协议文本进行的整理。

　　立足学理探索，结合表7－20内容，我们认为九洲江流域生态补偿协议带来了一些深层次思考议题：（1）如何认识资金补偿方式的利弊。资金补偿实际上构成了一把"双刃剑"。资金补偿好处是显而易见的，它是对价支付最好方式，简便易行，实施成本较低，符合"数字化治理"发展趋势，受到流域上下游地区决策者青睐。但资金补偿往往是"一锤子买卖"，比如广西玉林市陆川、博白两县为了流域生态补偿机制运行，不得不对辖区工矿企业、养殖场实施关停并转，这不仅严重影响地方财政收入，更重要的是，限制发展也带来数量庞大的企业工人、养殖户未来生存发展难题，一次性补偿资金虽然暂时解决了眼前困难，但却回避了长远生计难题。此外，已经建成的各类环境保护设施因为资金补偿"一锤子买卖"关系而造成运行、维护成为难题，一些环境保护设施逐渐成为摆设。此外，资金补偿难以解决产业持续发展问题。鼓励受偿区发展生态养殖业等绿色产业，除了资金补偿外，技术因素不可或缺，人才培训、产业转移等方式更加迫切。可见，由于资金补偿占据主导地位，相比之下，能够实现共赢且面向未来的对口协作、产业转移、人才培训、共建园区等补偿方式逐渐隐退甚至沦为政治口号。（2）如何探索生态补偿资金适用范围方式的规范化。就两轮试点来看，尽管补偿资金相对稀缺，但粤桂两省均强调对补偿资金使用实施严格管控。严格管控本身无可厚非，但仍然带来诸多难以有效破解之难题，一是资金与项目"错位"问题。由于生态补偿项目审批烦琐，而补偿资金的使用却具有使用时限等方面的严格规定，由此造成项目与资金相互结合上的"时空错位"，影响资金使用效益和项目进展。二是资金使用方向"错位"。资金集中适用"短、平、快"，能见效益、彰显政绩的流域环境治理方面。至于流域具体的生态保护者，补偿其直接成本、发展成本的资金少之又少。严格意义上讲，这已经逐渐偏离了生态补偿制度的初衷。三是资金使用效率低下。资金通常到位晚、截止使用时限短。广西自身财力有限，没有多余资金提前投入使用，所以项目后期资金使用率和项目实施推进进度低。

3. 广东福建汀江—韩江流域生态补偿协议

"天下水皆东，唯汀独南。"[①] 汀江发源于福建闽西，全长300多千米，是福建省第四大河流，也是福建流入广东的最大河流。汀江与石窟河（中山河）、梅潭河（含九峰溪）、象洞溪（多宝水库上游）等福建其他主要来水河流大约占韩江流域水量的50%。韩江是广东东部地区第一大河流，担负着广东汕头、梅州等四市1 000多万人的生产、生活供水重任。上游地区福建汀江流域的水质状况直接关系到下游地区广东的用水尤其是饮用水水源安全。随着经济社会的快速发展，工业污染、农业面源污染等水污染造成汀江流域跨省界断面水质达标率快速下降，水质变差的发展趋势非常明显。同时，跨闽粤省界的长潭、多宝水库由于受上游福建的武平河（Ⅴ类）、差干河（Ⅴ类）和象洞河（劣Ⅴ类）的影响，水质分别下降为Ⅳ类和劣Ⅴ类。[②] 2015年，中共中央《生态文明体制改革总体方案》明确提出，在福建广东汀江—韩江流域进行流域生态补偿试点工作。2016年，福建广东两省政府签订《关于汀江—韩江流域上下游横向生态补偿的协议》，按照"成本共担、效益共享、合作共治"的指导原则，在补偿关系主体、补偿支付条件、补偿标准、补偿期限和跨界断面水质水量监测等问题上作出了明确界定，其中，关于生态补偿协定标准的内容成为流域生态补偿协议的核心要素。在

---

① 练建安：《鄞江谣》，江西高校出版社2017年版，第50页。
② 谢庆裕等：《广东破题横向跨省生态补偿》，载《南方日报》，2016年3月22日第1版；钟奇振：《广东拨付桂闽5亿补偿金》，载《中国环境报》，2016年3月23日第2版；张捷等：《我国流域省际横向生态补偿机制初探——以九洲江和汀江-韩江流域为例》，载《中国环境管理》2016年第12期。

汀江—韩江流域第一轮横向生态奖补政策支持下，流域水质始终保持在Ⅲ类以上水平，流域生态环境得到有效保障。为持续推动流域生态建设，2020年，财政部再次下达福建省2020年汀江—韩江流域上下游横向生态补偿机制奖励资金2亿元，确认给予第二轮奖补政策支持（见表7-21）。

表7-21　　　　　　汀江—韩江流域生态补偿协议（第一轮）

补偿原则	成本共担、效益共享、合作共治
补偿主体	广东省与福建省（福建省所辖的长汀县、武平县、上杭县、新罗区、永定区、连城县、平和县）
补偿条件	（1）污染因子指标：pH值、高锰酸盐指数、氨氮、总磷、五日生化需氧量。 （2）水质指标： ①2016年和2017年，汀江、梅潭河（九峰溪）跨省界断面年均值达Ⅲ类水质，达标率均为100%（10%波动）； ②石窟河（中山河）跨界断面年均值达Ⅲ类水质，水质达标率2016年达50%，2017年达70%； ③象洞溪（多宝水库上游）跨省界断面年均值达Ⅴ类水质，2017年Ⅴ类水质达标率为70%
补偿标准	（1）纵向补偿（中央转移支付福建）：3亿元； （2）横向补偿（福建与广东）：2亿元
补偿期限	2016~2017年
跨界监测	环保部组织两省开展联合监测，并在跨界断面建设完善国家水质自动监测站，考核断面手工监测与水质监测数据相互补充、印证，以中国环境监测总站确定的水质监测数据作为补偿依据

资料来源：作者根据汀江—韩江流域生态补偿协议文本进行的整理。

从表7-21可以看出，汀江—韩江流域生态补偿协议具有以下两个特色：（1）采用多元复合基准。一些流域生态补偿协议，要么只考核水质标准，要么考核污染物排放浓度，但汀江—韩江流域生态补偿协议却采用了多元复合支付基准，既考核污染物浓度，又考核水质达标率。支付基准条件越多，对流域上游地区的约束就越大。（2）采用"双向补偿"。即以两省确定的水质监测数据作为考核依据，当上游来水水质稳定达标或改善时，由下游广东拨付资金补偿上游福建；反之，若上游福建水质恶化，则由上游福建补偿下游广东，两省上下游地区共同推进跨省界水体综合整治。

4. 广东江西东江流域补偿协议简介

东江是珠江流域四大水系之一，它发源于江西省赣州市寻乌县的桠髻钵，干流总长 560 千米，江西、广东两省分别占流域总面积的 12.9% 和 87.1%。[①] 东江流域是我国香港特区和珠江三角洲地区主要水饮用水源地。随着经济社会快速发展，流域上游地区江西省民众希望摆脱落后面貌，要求发展的心情迫切。东江流域水生态环境保护与经济发展、生存利益和发展利益、流域整体利益和地区利益之间的矛盾和冲突日益激烈。流域水生态补偿制度机制的建立，成为有效缓解上述矛盾冲突主要制度抓手。2016 年 10 月，在财政部、原国家环境保护部牵头协调下，江西省人民政府和广东省人民政府共同签订了《东江流域上下游横向生态补偿协议》（2016～2018）。东江流域补偿协议明确了补偿关系主体、补偿条件、补偿标准、补偿期限和补偿纠纷仲裁式监测规则，为我国流域生态补偿协定标准的完善提供了非常鲜活的地方样本。试点以来，东江流域特别是东江源头区生态环境保护取得显著成效，跨省断面水质优良率 100% 达标并稳步提升，生态环境质量不断改善，探索出一批可复制、可推广的跨省流域生态补偿体制机制。2020 年 1 月，江西省人民政府和广东省人民政府再次签订了《东江流域上下游横向生态补偿协议》（2019～2021），这标志着东江流域生态补偿试点由第一轮转向第二轮实施阶段。按照协议要求，赣粤两省共同设立东江流域上下游横向生态补偿资金，其中 2019～2021 年两省每年各出资 1 亿元。[②] 与第一轮试点的协议相比，新签订的流域补偿协议对水质标准考核提出了更高要求（见表 7-22）。

表 7-22　　　　　东江流域生态补偿协议（2019～2021 年）

补偿原则	成本共担、效益共享、合作共治
补偿主体	广东省与江西省（赣州市）
补偿条件	（1）污染因子指标： ①pH 值、高锰酸盐指数、氨氮、总磷、五日生化需氧量； ②经协商后的其他特征污染物。 （2）水质指标： ①2019～2020 年，跨界断面兴宁电站水质每月水质达到Ⅲ类标准，水质达标率 100%； ②2021 年，跨界断面兴宁电站水质每月水质达到Ⅲ类标准，水质达标率 100%，力争考核断面达到Ⅱ类及以上

[①] 《东江流域上下游横向生态补偿机制协议签署》，《中国财经报》，2016 年 10 月 22 日第 2 版；赵卉卉：《东江流域跨省生态补偿模式构建》，载《中国人口·资源与环境》2015 年第 6 期。

[②] 《江西赣州着力探索生态补偿机制——清清东江水 润泽大湾区》，载《人民日报》，2021 年 12 月 19 日第 1 版。

续表

补偿标准	（1）纵向补偿（中央转移支付江西）：不详； （2）横向补偿（江西与广东）：1亿元（每年出资）
补偿期限	2019～2021年
跨界监测	环保部组织两省开展联合监测，并在跨界断面建设完善国家水质自动监测站，考核断面手工监测与水质监测数据相互补充、印证，以中国环境监测总站确定的水质监测数据作为补偿依据

注：作者根据东江流域生态补偿协议文本进行的整理。

从表7-22可以看出，东江流域生态补偿协议具有以下特色，（1）侧重于对饮用水安全的考量。东江是其沿岸及珠三角、中国香港等地的重要饮用水源，因此，该协议签订履行具有一定的政治高度。东江源头区具有重要的水源涵养功能，通过实施上下游联治—联防—联控机制，跨界断面（兴宁电站）水质由2016年的Ⅲ类提高至2019年的Ⅱ类，水质逐年改善，为中国香港的繁荣稳定和珠江三角洲的可持续发展提供了坚实保障。[①]（2）该协议内容仍然存在着模糊之处。该协议虽然明确考核水质目标为"跨省界断面水质年均值达到Ⅲ类标准并逐年改善"，但对于水质达标率波动范围和逐年改善程度没有具体约定，需要进一步细化。另外，该协议虽然明确了两省的出资额度、资金用途，但是在基于水质达标率的补偿计算公式，补偿资金划拨方式和时间节点等方面都没有明确。

（二）协定标准制度规定的内容构成

1. 协商确定支付基准

结果支付简单易行，可操作性强，受到流域上下游地区地方政府青睐。就目前流域生态补偿协议实施状况来看，大都在流域跨界断面设置监测点，对水质水量结果进行监测，将数据结果与协议预设数据结果进行比对，进而作出补偿关系主体的界定及补偿费用的支付。具体操作规程有：（1）合理设置跨界监测断面。监测地点的设置是结果支付制度设计的首要环节。设置跨界断面监测地点考虑因素包括，一是依据河流自然特征。河流自然特征就是河流在河床形态、水流运动、水文泥沙以及河床冲淤规律等方面属性。按流经地区不同，河流可分为山区河流和平原河流。较大河流上游河段多为山区河流，下游河段多为平原河流，中游河段往往兼有山区河流和平原河流特性。跨界断面监测地点设置必须依据河流自然特征进行。二是便于厘清责任。由于我国流域水资源权属和流域岸线等生态

---

① 孙宏亮等：《中国跨省界流域生态补偿实践进展与思考》，载《中国环境管理》2020年第4期。

空间的权属及监管关系尚未完全划分清楚。在此背景之下，跨界断面监测点设置就需要考虑如何有效厘清各自属地责任，故应统筹整个流域状况，包括上下游、左右岸、干支流等具体情况确定属地责任与流域责任。必须立足于科层制组织结构，合理配置流域属地管理的各级政府，包括省、市、县、乡等各级政府在生态补偿方面的权力、责任。三是充分反映流域水质状况。水质状况可以通过水体物理属性（如色度、浊度、臭味等）、化学属性（无机物和有机物的含量）和生物属性（细菌、微生物、浮游生物、底栖生物）及其组成的状况作为评价依据。为了评价流域水体水质状况，现行国家、地方通过了规定了一系列水质参数和水质标准。如生活饮用水、工业用水和渔业用水等水质标准。不同的用途，对水质的要求也不相同，如饮用水对水的物理性质、总矿化度、总硬度、细菌和有害物质的含量等都有较严格的规定。四是便于水质监测工作开展。跨界水质监测是一项常规工作，因此可到达性、安全性以及成本效益原则应当在设置监测点时予以统筹考量。（2）协商确定支付基准。跨界断面监测点规范化设置之后，流域上下游地区地方政府之间可以就跨界断面生态补偿支付基准开展充分协商。由于地方政府在水生态空间区划、水功能区划方面认知不同，对流域水质方面的利益诉求也会存在一定差异，因此对于跨界断面水质状况的历史、现状和未来发展走向存在较大分歧，故对需要监测的水质、水量和水生生物等指标体系建构及完善有一个讨价还价的博弈过程（见表 7 – 23）。

表 7 – 23　　　　　　　　流域生态补偿支付基准

协议名称	水质因子选择	具体核算
新安江流域生态补偿协议（第一轮）	高锰酸盐指数、氨氮、总磷、总氮	（1）水质稳定系数：0.89； （2）以 2012～2014 年水质为基准
九洲江流域生态补偿协议（第一轮）	pH 值、高锰酸盐指数、氨氮、总磷、五日生化需氧量	（1）年均值达到Ⅲ类水质； （2）2015 年、2016 年、2017 年跨省界断面水质达标率分别为 60%、80% 和 100%
汀江—韩江流域生态补偿协议（第一轮）	pH 值、高锰酸盐指数、氨氮、总磷、五日生化需氧量	（1）2016 年、2017 年，汀江、梅潭河（九峰溪）跨省界断面年均值达Ⅲ类水质，达标率均为 100%（10% 波动）； （2）石窟河（中山河）跨界断面年均值达Ⅲ类水质，水质达标率 2016 年达 50%，2017 年达 70%； （3）象洞溪（多宝水库上游）跨省界断面年均值达Ⅴ类水质，2017 年水质达标率为 70%

续表

协议名称	水质因子选择	具体核算
东江流域生态补偿协议（第一轮）	化学需氧量、氨氮	（1）寻乌水赣粤交界断面、定南水赣粤交界断面按地表水Ⅲ类标准控制； （2）东江干流末端断面、东深供水控制断面按地表水Ⅱ类标准控制

注：作者根据各个具体流域生态补偿协议文本进行的整理。

从表 7 - 23 可以看出，流域生态补偿支付基准呈现以下特点：（1）结合历史和现状确立支付基准。支付基准的确定自然需要经过平等协商，但协商的依据既要考虑流域历史状况，也要兼顾现状及未来发展需要。以新安江流域生态补偿协议为例。1998 年，浙江千岛湖库区遭遇大面积蓝藻暴发，氮磷浓度上升，局部污染严重，流域水生态系统不断退化，直接影响到杭州乃至浙江民众饮用水安全问题。为此，下游地区的浙江开始关注上游地区安徽新安江来水水质状况，迫切需要改善优质水生态服务（产品）供给。这种需求主要借助新安江上游地区安徽黄山通过积极作为和消极不作为方式予以实现。在中央政府及其职能部门多次组织协调之下，浙江安徽两省逐渐将矛盾聚焦于支付基准的设定方面，安徽坚持按照河流水质标准设定支付基准，浙江要求按照湖泊水质标准设定支付基准。在经历漫长讨价还价之后，一个兼顾各方诉求、相互妥协的支付基准逐渐得以确立，即以高锰酸盐指数、氨氮、总氮、总磷等四个指标体系近三年（2008～2010 年）平均值作为新安江流域生态补偿协议支付基准，这一兼顾历史与现实的支付基准为后续流域补偿协议支付基准确立了一个标杆。（2）从维持水质状况到改善水质状况方向发展。双方或多方协商确定生态补偿支付基准必须遵循一个基本环境法原则，即"禁止恶化"原则[1]。因此，更需要在继续维持现状的基础上，实现水质稳步提高，真正彰显生态补偿是一种基于正外部性的增益补偿。为此，一些流域生态补偿协议在水质基准核算方面趋向于精细化，包括设置多元复合指标体系，典型如九州江流域生态补偿协议中，多元指标体系采用了《地表水环境质量标准》中 pH 值、高锰酸盐指数、氨氮、总磷、五日生化需氧量等 5 项指标体系；汀江—韩江流域生态补偿协议中，支付基准设置了门槛支付基准，要求设置pH 值、高锰酸盐指数、氨氮、总磷、五日生化需氧量等 5 项指标年均值均应达到Ⅲ类水质的门槛支付要求，具体包括：2015 年、2016 年、2017 年水质达标率

---

[1] 王灿发：《论生态文明法治保障体系的构建》，载《中国法学》2014 年第 3 期。

分别达到 60% 、80% 、100% 。① 九州江流域生态补偿协议、汀江—韩江流域生态补偿协议，通过设置年均值和达标率两个复合指标体系，表明流域下游地区要求在水质稳定达标基础上，需要持续改善，以充分保障优质水生态产品的持续有效供给。密云水库上游潮白河流域在补偿协议中把水量作为一项奖励指标，实现了从水质单考向水质水量双考的升级；引滦入津第二轮生态补偿协议中将削减总氮浓度作为一项控制指标，体现了下游地区期望通过生态补偿推动上游地区提高上游来水水质的基本诉求，凸显了生态补偿的"靶向"作用。②

2. 协商确定补偿标准

理论界存在着单向补偿或者双向补偿之间的纷争。一种观点认为，"流域生态补偿是流域生态利益惠益的分享机制，流域上游地区因保护流域生态系统而产生的生态利益可以由下游地区分享，但下游因同样的行为而产生的惠益则只能向更下游传递，却无法让该流域的上游分享，因此，流域生态补偿只能是下游对上游的单向补偿，而不可能是双向可逆的相互补偿"。③ 另一种观点认为，"从全流域综合生态系统来看，作为流经地的一段同时扮演着上下游的角色，完整、应然的流域生态补偿机制应是视生态环境效果而开展双向补偿或互相补偿。这种双向型流域生态补偿是以流域生态整体管理为目标，通过上、中、下游各段际区域之间环环相扣的连环生态补偿，激发流域上中下游不同地区保护生态环境的积极性，协调、平衡流域整体利益与行政区域利益，从而实现全流域的生态整体性保护与治理"。④

理论是灰色的，而实践之树常青。实践充分表明，流域生态补偿补偿主要体现为一种双向补偿，或者更确切地讲，这体现为一种双向补偿的可能性。双向补偿视野下，流域生态补偿标准首先体现为一种来自纵向转移支付的补偿标准（见表 7 – 24）。

表 7 – 24　　　　　　　流域生态补偿纵向转移支付标准

协议名称	中央财政转移支付标准	受偿主体（上游）
新安江流域生态补偿协议	4 亿元/3 亿元/2 亿元（2015 年/2016 年/2017 年）	安徽

① 谢庆裕等：《广东破题横向跨省生态补偿》，载《南方日报》，2016 年 3 月 22 日；钟奇振：《广东拨付桂闽 5 亿补偿金》，载《中国环境报》，2016 年 3 月 23 日第 2 版；张捷等：《我国流域省际横向生态补偿机制初探——以九洲江和汀江 – 韩江流域为例》，载《中国环境管理》2016 年第 12 期。

② 孙宏亮等：《中国跨省界流域生态补偿实践进展与思考》，载《中国环境管理》2020 年第 4 期。

③ 谢玲等：《责任分配抑或权利确认：流域生态补偿适用条件之辨析》，载《中国人口·资源与环境》2016 年第 10 期。

④ 杜群等：《论流域生态补偿"共同但有差别的责任"——基于水质目标的法律分析》，载《中国地质大学学报》（社会科学版）2014 年第 1 期。

协议名称	中央财政转移支付标准	受偿主体（上游）
九洲江流域生态补偿协议	1 亿元/1 亿元/1 亿元（2016 年/2017 年/2018 年）	广西
汀江—韩江流域生态补偿协议	1 亿元/1 亿元/1 亿元（2016 年/2017 年/2018 年）	福建
东江流域生态补偿协议		江西
引滦入津生态补偿协议	依据考核目标完成情况确定奖励资金	河北

注：作者根据各个具体流域生态补偿协议文本进行的整理。

从表 7-24 可以看出，我国流域生态补偿纵向转移支付标准具有以下两个走向：（1）纵向转移支付方向：恒定单向。按照博弈论观点，流域生态补偿需要由中央政府（上级政府）的组织协调。这里面很重要一点是，需要中央政府（上级政府）持续不断提供一定纵向转移支付资金，以保障流域生态补偿机制有效建立和运行。但纵向转移支付对象恒定为上游地区地方政府。域外实践经验表明，流域生态补偿是对保障流域水生态服务持续有效供给的上游地区予以补偿，呈现出一定的单向性和恒定性。但中国情况可能稍许不同。长期存在的 GDP 主义下，各个流域相继出现"竞污"局面，流域生态补偿制度逐渐异化为一种跨界断面水质考核的责任制，与国际流域生态补偿正向激励机制的发展趋势渐行渐远。近年来，生态文明建设理念等陆续出台，流域生态补偿才转向对上游地区作为流域水生态服务提供者一种正向激励的制度安排。体现在流域生态补偿协议方面，中央财政（上级财政）转移支付对象恒定为上游地区地方政府，明显带有一种单向补偿和增益补偿特性，这充分表明，需要从保障流域水生态服务持续供给、恢复河流生态健康而非单纯从流域水污染防控方面来建构流域生态补偿制度。这是一种重大转变，这种转变表明了一种非常强大的国家意志，再一次强调这是一种流域"生态保护补偿"而非流域"生态补偿"。（2）纵向转移支付标准：逐年退坡。尽管纵向转移支付对象恒定为流域上游地区地方政府，但中央财政（上级财政）纵向转移支付资金数量却在逐年减少，这种减少总体上呈现为一种不确定状态，主要原因在于，由于中央地方在生态补偿事权与支出责任方面仍未完全清晰。即便如此，逐渐退坡的纵向转移支付仍然彰显出其自身特性，一是注重激励与约束结合。也就是说，财政转移支付与补偿协议的履行情况紧密相连，但补偿协议履行与否主要有赖于上游地区努力程度。财政转移支付的激励主要体现在，促使上游地区主动限制土地等自然资源利用方式变更与产业结构调整，从而能够有效达到流域补偿协议预先确定的补偿基准条件。如此一来，流域上游地区不仅能够获得来自下游地区的补偿资金，而且还有来自中央政府（上级政府）纵向转移的补偿资金，两种不同来源的资金"聚合"，凝聚着不同意图，真正体现了以正向激励为主，激励与约束并重的指导思想。二是妥善采用退坡机制。纵向转移支付的性质就是一种带有激励性的奖励或补贴，一方面，这种补贴数量多少取决于上游地区努力程度，另一方面，也要兼顾流域在国家经济社会发展中的重要程度和特殊地位。退坡机制一定是循序渐进的，但不能渐趋于零。这是因为博弈论告诉我们，若没有外力（尤其是利益）的适当介入，流域生态补偿机制就难以建立，建立起来的流域生态补偿机制也难以有效运行。退坡是一个趋势，但也是一个挑战。退坡表明了中央政府或上级政府的一种行为策略，但保持纵向转移支付一定数量、一定数额的客观存在，则表明了中央政府或者上级政府的一种国家或高层意志。

与纵向转移支付的方向恒定和数量退坡不同，流域上下游地区的横向转移支付数量真正体现着一种双向和对赌。流域上下游政府在协商确定生态补偿协定标准时，通常采用一种"对赌水质协议"方式，这在法理性质上类似于一种射幸合同。大陆法系与英美法系对射幸合同大都有明文规定。作为一种特殊合同类型，射幸合同最根本的特征是其射幸性。"对赌水质协议"方式的射幸合同属性具体体现在，一是签约主体双方设定的补偿基准条件大都带有具有巨大不确定性，它可能出现也可能不出现，二是签约主体的地方政府在支出与收入之间不具有对等性，可能一本万利，亦可能一无所有。基于以上分析，我们可以初步作出判断，流域上下游地区政府签订的流域生态补偿协议在法理性质上与射幸合同相同。[①]我们可以发现缔约双方通过缔结对赌协议所希望达到的目标具有一定程度的一致性，同时，对赌协议还能够对环境治理责任方产生一种法律激励与惩罚机制，促使其如约完成环境污染防治任务。对于下游地区地方政府而言，如果实现了协议约定的基准目标，则能够直接保障了境内流域水生态服务持续有效供给，其代价是向上游地区地方政府划拨 1 亿元对赌资金；对于上游地区而言，如果努力践行流域生态环境治理，推进流域内土地等自然资源利用方式变更和产业结构调整，可以在获得中央转移支付的 3 亿元环境治理资金同时，又有可能获得来自下游地区地方政府的 1 亿元的资金补偿。反之，若未能达致约定支付基准，仍有可能获得中央财政转移支付，但需向下游地区地方政府支付 1 亿元的资金补偿。总体而言，流域生态补偿协议对于环境治理的权利与义务的分配能够催生环境治理义务方的自我规制和自我激励。这种奖励与惩罚的法律激励与惩罚机制的设置，能够有效提高环境治理义务方履约动力。

---

① 傅穹：《对赌协议的法律构造与定性观察》，载《政法论丛》2011 年第 6 期。

三、协定标准的问题及改进

（一）协定主体结构失衡及其改进

协定主体结构失衡主要体现在：中央政府或上级政府的功能定位不清、省级以下政府缔结资格不明以及政府部门责任协同不力等问题不同程度存在，需要借助实践变革而不断予以调整。具体而言：（1）中央政府（上级政府）功能定位模糊。从解释论视角来看，《中华人民共和国环境保护法》第三十一条第 3 款规定的"国家指导"可以简约为"中央政府指导""上级政府指导"。"中央政府指导""上级政府指导"地方开展流域生态补偿实践活动，不能理解为，这是一种完全基于流域上下游地区地方政府之间平等合作所构成的协商式生态补偿，而是"综合了自愿和强制力的综合型流域生态补偿模式"。① 无论是新安江流域生态补偿协议，或者新近的东江流域生态补偿协议，都是由财政部、国家生态环境部牵头、高位推动下形成的。② "中央或上级政府指导"内容主要包括，一是政治支持；二是政策供给；三是财政扶持；四是水质监测等技术性的中立裁判。但令人遗憾的是，全国性生态补偿政策法律匮乏，难以有效明确纵向之间（中央政府与省级政府）、横向之间（流域上下游省级政府）在流域生态补偿方面的责权利分配。由"法律匮乏"带来"权责模糊"效应直接导致跨省流域生态补偿工作无法在全国大型流域范围内整体、高效且协调向前推进，流域上下游地方政府之间的互动机制自然难以有效运行。因此，在试点基础上，逐步厘清并规范中央政府的法律功能定位对于流域生态补偿实践工作的正常开展至关重要。由"法律匮乏"带来"权责模糊"效应直接导致跨省流域生态补偿工作无法在全国大型流域范围内整体、高效且协调地向前推进。缺乏内生动力的"地方主导"，加之逐渐减少"中央配套"（退坡机制）的财政扶持，能否有效对地方政府流域生态治理行为产生持续的正向激励，尚存诸多疑问。（2）省级以下政府缔结资格不明。从实践上看，尽管流域生态补偿协议缔结主体目前仅限于省级政府。理由在此无须重述，但随之而来的一个问题就是，省级以下政府能否作为流域生态补偿协议的缔结主体，换而言之，省级以下政府是否具有缔结流域生态补偿协议的权力，是否有权力与行政区管辖范围外的各级政府缔结协议呢？现行《中华人民共和国

---

① 徐建：《论跨地区水生态补偿的法制协调机制——以新安江流域生态补偿为中心的思考》，载《法学论坛》2012 年第 4 期。

② 贺东航等：《公共政策的中国实践》，载《中国社会科学》2009 年第 1 期。

立法法》明确规定，设区的市制定地方性法规的权限范围限定为"城乡建设与管理、环境保护、历史文化保护等方面的事项"。一种理解认为，从解释论视角出发，设区的市立法机关有权制定环境保护等事项的地方法规，若将生态补偿工作理解为环境保护事项的话，是不是意味着设区的市政府具备流域生态补偿协议的缔结资格。显然，这种解释难免稍带一定的牵强之意，因为按照"法无授权不可为"的一般法理，省级以下政府若想获得流域生态补偿协议的缔结资格，需有法律明确规定或相应授权。从目前业已推进的流域生态补偿实践来看，尽管流域生态补偿协议缔结主体多限于省级政府之间，但随之而来的一个问题是，省级以下政府是否具有缔结流域生态补偿协议的资格？现行《中华人民共和国立法法》将设区的市、自治州制定地方性法规的权限范围限定在"城乡建设与管理、环境保护、历史文化保护等方面的事项"，"设区的市、自治州政府可以根据法律法规制定城乡建设与管理、环境保护、历史文化保护等方面的政府规章"。另一种理解认为，既然设区的市、自治州有权制定相应的地方法规和政府规章，若将生态补偿工作理解为环境保护事项的话，是不是意味着设区的市、自治州政府在上级政府的指导下，具备缔结流域生态补偿协议的主体资格。显然，这种解释难免稍带一定的牵强之意，因为按照"法无授权不可为"的一般法理，省级以下政府若获得流域生态补偿协议的缔结资格，尚需法律明确规定或相应授权。(3)第三方机构定位不准确。中国环境监测总站虽然是名义上独立于皖浙两省政府的第三方组织，但他并不是完全意义上的社会组织，而是主要服务于国家生态环境部的一个事业单位。它的介入并不能取代或者代替利益受损者或者公众的参与。流域生态补偿协议把流域跨界断面的水质水量作为补偿支付基准，故跨界断面水质水量监测机制构建问题就显得非常重要。监测机构的职能定位需要明确三个问题：一是水质监测和水量监测之协同问题。隶属于政府生态环境管理的水质监测与隶属于水行政管理的水量监测在监测地点设置、样品采集、数据交换等方面尚未完全实现管理和技术规范层面的协同。二是生态环境监测体制变革带来的事权配置问题。目前国家正在推行生态环境监测体制变革，隶属于国家生态环境部的中国环境监测总站与流域跨界两省各自监测机构在监测事权上的合理配置尚未完全清晰。三是围绕水质水量监测事项发生的纠纷因事关流域生态补偿协议的有效履行，如何认识纠纷的基本属性，是在技术框架内解决纠纷抑或借助一定制度设计或在法律框架内化解纠纷。(4)流域合作机制功能定位缺失。从目前流域生态补偿协议实践中，涉及合作机制安排性条款未能看到任何踪迹，导致合作机制难以独立存续。一是决策组织，主要负责进行协议大政方针的协商制定等，包括高层定期会晤、联席会议等临时性组织形式；二是执行组织，具体负责决策组织所通过的政策的具体落实，包括执行办公室或常设办公室；三是咨询组织，主要负责协议签订和履行过程中专业性问题的解释、说明，主要有技术专家和法律专家等临时组成。

（二）协议内容结构失衡及改进

协议内容结构失衡主要包括：（1）意向性规则偏多。意向性规则是指，流域上下游地区地方政府就共同关心议题达成双方未来共同努力的大致方向。一般来讲，流域生态补偿协议意向性规则搭建了一种信任桥梁，旨在为流域地方政府后期实质性合作奠定基础，所以意向性规则在流域生态补偿协议中占据重要地位。各地签订流域生态补偿协议一个基本趋势是，意向性规则数量偏多，比如，新安江流域生态补偿协议中的"保护优先，合理补偿；保持水质，力争改善；地方为主，中央监管；监测为据，以补促治"原则；东江、九州江流域生态补偿协议中的"成本共担、效益共享、合作共治"等都是一些意向性规则。应当看到，我们这样一个遵循上行下效，强调集中统一的单一制国家中，意向性规则具有一定的指导功能。因为，意向性规则是"绝对正确"条款，协议各方容易就此方面达成"共识"，他们都可以冠冕堂皇地签订流域生态补偿协议来彰显、宣誓各自在流域生态补偿方面的愿景和希望。但是，我们也应当清晰地看到，如果仅仅立足于意向性规则进行磋商的话，协议双方难有实质性合作，不会存在利益的转移或者对价支付义务的形成，因为形式大于内容、抽象高于具体的意向性规则过多会对流域可持续发展所出现的根本性问题解决的意义不大。（2）权利义务规则结构不均衡。权利义务规则是行为主体可以为一定行为或者必须为一定行为的规则，如果存在着明确的权利义务规则，那么协议双方就会知悉什么可以做，什么不可以做，什么事情应该商量着做，什么事情可以商量着做。早期地方政府之间签订的生态环境合作协议，无论是《泛珠三角区域环境保护合作协议》或者《长江三角洲地区环境保护工作合作协议》，普遍存在的一个现象就是，权利义务规则普遍偏少，甚至没有存在实质意义上的权利义务规则，至于各自享有何种权利、履行何种义务，承担何种职责，推迟、拒绝签订合作协议如何处理等均存在规则空白。故有学者称之为一种"政治正确"的"表态式"协议。而新近签订的流域生态补偿协议中，无论是新安江流域补偿协议、东江流域补偿协议、九州江流域生态补偿协议等，力图改变传统流域生态环境合作协议惯常做法，明确约定或设定了流域生态补偿标准方面的权利义务规则。尽管这可能构成一个具有历史意义的巨大进步，但也存在巨大的遗憾之处，协议并未约定全面、系统、规范的权利义务规则。诚然，流域生态标准规则是流域生态协议的核心要素，围绕核心要素设计相应权利义务规则是必须的。但是，我们知道，任何权利义务规则都不是单独存在的，关注核心要素的权利义务规则设计而忽视其他协议内容的权利义务规则设计，造成流域生态补偿协议权利义务分配规则在结构上的不均衡或者残缺不全，无疑会影响流域生态补偿协议的有效履行，妨碍流域生态补偿目的和功能有效实现，甚至在一定程度上可能会造成流域生态补偿"只见补偿，未见生态环境""只见金山银山，未见绿水青山"的消极后果。（3）履行性规则缺乏。如何及时、有效履行流域生态补偿协议中的权利义务规则也是至关重要。一些权利义务条款指向不明确，即使存在部分权利义务关系较为明确的条款，也往往因具体履行规则的缺乏导致协议难以得到有效实施。新安江流域生态补偿协议、东江流域生态补偿协议、九州江流域生态补偿协议等，它们均存在一个非常明显共性，即流域生态补偿协议有效履行仍然有赖于协议各方主体另行制定其他补充性规则或采取后续辅助措施。换言之，按照流域生态补偿协议约定，流域上游地区地方政府需要另行制定履行规则或实施方案。一般来讲，基于任期制政府的实际考量，协议履行初期，协议各方可能会积极主动履行协议内容。但如果没有一定的期限规则，加之政府领导干部存在任期限制和调动频繁，协议各方无疑会基于理性人考量，选择有利于自己的主动履行，却回避不利于自己的义务规定。另外，无论是新安江流域生态补偿协议、东江流域生态补偿协议、九州江流域生态补偿协议等，均明确了三年或者两年的协议期限。鉴于流域生态补偿协议机制尚处于试点探索阶段，确定一定的期限为一种明智选择。但从长期来看，流域生态补偿协议较短履行期限势必会产生流域生态环境治理中的"短期政绩效应"，流域地方政府会在政绩冲动下，采用"运动战"方式以履行协议约定，虽然能够舒缓流域生态环境治理上的表面"症状"，但未能深入探究流域生态环境治理的"症状"之源，这对于形成一种常态化、规范化流域生态环境治理机制，存在一定消极影响。有关流域生态补偿协议内容的改进策略，本书将在后面篇章予以详细论述。

（三）协定标准技术规制问题及改进

1. 核算方法制度规定空白及填补

从理论上讲，流域生态补偿标准应该是流域生态服务提供者（卖方）与流域生态服务使用者（买方）之间相互博弈、讨价还价的最终结果，是"买卖双方"愿意支付和愿意接受的价格。其中，"买方"主要关注其付出的成本或者损失，"卖方"主要关注其应该获得的收益。[①] 无论是基于成本的核算或者基于收益的核算，均需要借助预先约定的核算评估方法，遵循规范化核算程序，才能为双方

---

① 严厚福：《流域生态补偿机制的合理构建》，载《南京工业大学学报》（社会科学版）2015 年第2 期。

协议协定标准提供相对坚实的技术支撑。从现有流域生态补偿协定标准实践来看，主要存在以下问题：（1）核算程序规则存在空白之处。建立科学、规范的流域水生态补偿标准核算程序是保障核算程序规范化的重要步骤。但就目前情况来看，各地补偿标准核算程序的制度规定基本上处于一种空白状态。虽然财政部、国家生态环境部承担着水生态补偿制度供给的重要职责，但在核算程序制度规则供给方面，尤其是核算启动主体、启动条件、技术支撑以及异议解决等方面仍然存在着诸多不足。与此相应的一个问题是，能否以中央政府（上级政府）及其职能部门居中协调作为核算程序规范化的一个起点，尚存在诸多疑问。无论怎样，核算程序规则公开、透明以及公众参与等均不能缺席。因为唯有规范化核算评估程序，才能保障流域生态补偿协定标准在形式方面的公平合理，才能为科学、规范的流域生态补偿标准提供正当程序的法理支撑。（2）核算方法多元化不足。如前所述，无论是立足于收益视角的流域水生态服务功能价值核算方法，还是立足于损失视角的直接投入成本和发展机会成本的核算方法，或者立足于复合视角的条件价值核算方法均存在一定优点和不足。因此，如何结合各自流域实际情况，在多元核算方法中进行选择或者取舍，就成为一个较为突出的问题。我们认为，需要遵循我国流域生态补偿标准指导原则——"以合理补偿为基础，在合理补偿基础上逐渐实现合理补偿与公平补偿相结合"进行不断探索。合理补偿要求，应该首先对生态保护者进行直接投入成本以及部分发展机会成本实施必要的核算评估。公平补偿要求，在全部考虑直接投入成本和发展机会成本基础上，双方或多方共同协商，即立足谈判或博弈而确定的补偿标准意味着遵循了平等补偿的指导原则。

2. 补偿支付基准功利性较强及消减路径

如前所述，生态补偿核算基准主要包括两类：行为支付和结果支付。[①] 流域生态补偿的核算基准主要采用的是基于多元指数为基础的结果支付基准。就目前流域生态补偿协议来看，绝大多数协议均把支付基准限定在流域跨界断面水污染因子指数，并将跨界断面水质污染因子指数的变化作为对赌条件而出现在补偿协议之中。这种相对单一的核算基准过于功利，难以有效预测流域未来相对复杂的变化趋势。（1）未能准确反映流域生态保护行为（结果）。即便流域上游地区投入了大量的人力、物力和财力，即便上游地区不断促进土地利用状况变更和产业结构调整，但由于受制于流域生态系统复杂和气候变化丰富多彩性等诸多不确定因素，诸多保护行为措施未必能够带来流域生态补偿协议预先约定的跨界断面水

---

① 王清军：《生态补偿支付条件：类型确定及激励、效益判断》，载《中国地质大学学报》（社会科学版）2018 年第 3 期。

质水量监测结果。简言之，如果严格依照流域生态补偿协议预先约定的支付基准条件，即便上游地区付出了额外努力，仍然依约承担补偿下游地区的义务。显然，这种约定未能考虑流域上游地区生态环境保护行为以及行为与结果之间存在的诸多变量，显然对流域上游地区不公平。（2）核算指标因子结构失衡。就目前实践形势来看，流域生态补偿核算指标因子选择有几个非常明显特征：一是把国家关于断面水质责任考核指标因子纳入核算支付基准中；二是注重考虑可量化、透明性和易理解等指数选择的一般性标准。上述两个特征均存在一定问题，首先，强调国家跨省界断面水质目标考核，尽管减缓了流域下游地区在流域水质目标责任考核中的压力。但是，这种过于"唯上"的核算指标因子势必会脱离具体流域实际状况，造成流域生态补偿制度异化为流域水环境考评制度的附庸。各地应结合流域实际情况，考虑选取高锰酸盐、氨氮、总氮、总磷以及流量、泥沙等多元化指标因子，也可根据上下游地区双方各自需求，选取部分指标因子作为约定的支付基准条件。应着眼于流域整体状况完善指标因子结构。一方面，需要立足于水质、水量和水生生物等自然特征要素，建立一种多元化指标结构体系，另一方面，要考虑流域生态系统完整性来完善多元复合指标体系，除了水质指标、水量指标、水生生物指标等"水体"之内的指标体系外，流域森林覆盖率、水土保持率、流域生态环境保护设施运行等"岸上"指标体系的多元复合指标也可一并纳入考量范畴。

四、小结

水生态补偿协定标准的实践探索显现出一些中国元素，一是"准协定标准"与"协定标准"相互结合。"准协定标准"容纳了来自中央政府（上级政府）的协调、指导等，并将这种外力介入结构化为协定标准的组成部分。二是协定标准内容趋向于丰富多元。各地结合流域实际状况，不断优化和完善生态补偿支付基准和支付标准，建立健全多元支付基准基础上补偿标准制度体系。无论是纵向转移支付或横向转移支付，均在加密编制"刚性激励与硬性约束"相结合的补偿标准制度规定，且随着生态、经济和社会发展而不断调整。就激励而言，中央政府（上级政府）对上游地区地方政府的恒定纵向转移支付，实际上就是一种针对上游地区的单向补偿，体现着正向激励。就约束而言，流域上下游地区地方政府之间的横向转移支付，是建立在相互约束基础上可以互易的双向补偿，体现为基于公平原则的一种相互约束或合作规制。

第八章

水生态补偿管理与责任制度

水生态补偿管理与责任制度构成水生态补偿机制有效运行的"关键"。19世纪末 20 世纪初，美国学者伍德罗·威尔逊和马克斯·韦伯等相继提出、建构并完善了公共管理范式，其核心要素可以简单概括为：一是需要一个占据支配地位的权力中心。二是应当坚持政治与行政二分法，其中，政治体现为政策法律的制定过程，包括设定一定的行政任务；而行政则是法律政策的执行，它可以在政治的适当范围之外。三是效能原则。效能原则应为目标实现的最小原则——以最少资源实现既定目标和最大原则——以既有的资源发挥最大的功效。[①] 效率的取得依赖于依据技术理性而设计的正式的政府组织机构——官僚体制。[②] 在加快生态文明建设背景下，整个国家经济基础、上层建筑都在发生前所未有的变化，呈现整体性、系统性、不确定性和风险性等特点，传统公共管理范式越来越难以适应这种变化，迫切需要一种能够适应整体性、系统性、不确定性以及应对风险性的一种新公共管理范式出现。把复杂性理论引入公共管理领域，实施"复杂性管理"，或者"以复杂性为基础的管理方法"，是近年管理思想发展的基本趋势。这种管理方法适合于流域管理，更适合流域水生态补偿管理。生态补偿是一种复杂性问题，是一个系统工程，是一种长效机制，[③] 迫切需要与之相适应的复杂性管理。

---

① 金健：《论应急行政组织的效能原则》，载《法学家》2021 年第 3 期。
② ［德］马克斯·韦伯著，林荣光译：《经济与社会》，商务印书馆 1997 年版，第 311 页。
③ 张连国：《生态政治视野中的生态补偿》，载《学术论坛》2008 年第 7 期。

411

首先，本章详细梳理了我国流域生态环境管理体制变革发展的全部历程，旨在强调从应急管理到法治主义的流域生态环境管理体制变革路径再次证明了保护流域生态环境必须依靠制度、依靠法治的基本原则。其次，分析了生态补偿联席会议制度存在与发展的主要方向。我们认为，生态补偿联席会议制度契合着生态补偿事务跨部门、跨区域之特质，能够有效推定生态补偿重大、疑难问题有效解决。生态补偿监管"统一协调"机制能够保障生态补偿制度供给针对性和有效性，"分工＋合作"机制能够在一定程度上保障生态补偿事权与支出责任的合理配置，保障利益／负担能够得到合理配置。再次，流域生态补偿协议法治化发展是流域水生态补偿管理与责任制度走向法治化的重要一环。流域生态补偿协议法治化发展具体路径为，签约主体正当性应当通过事后备案方式予以加持；协议内容方面，逐步实现约定义务、合作义务的规范化及内部结构的合理安排；签约程序方面，优化调整行政指导复合功能，建立健全备案或审批程序，有序扩大信息公开范围及内容。最后，我们需要建立并完善生态补偿责任清单制度。责任清单是一类特殊的公权力自治规范，它具有约束功能与整合功能。需要对编制依据范围实施必要限缩，对"地方实际需要"再规制的路径在于，及时转化为地方法规、地方规章等规范性法律文件。责任清单内容结构完善应当包括定责、追责和免责的一体化及联动性。生态补偿责任清单制度规范化有助于加密"用最严密制度、最严格法治保护生态环境"之网。

第一节　流域生态环境管理体制的变革发展

跨行政区域流域水污染防治是各国的一个普遍难题，也是困扰我国流域生态环境治理的重要议题。已有数据显示，我国跨行政区（跨省、跨市、跨县、跨乡）的流域水污染通常要比该流域整体水污染水平要高，国家生态环境部已列出的流域重点污染区域主要集中在跨行政区的交界区域。[①] 在中国，几乎每个行政区（省、市、县和乡）都作为下游地区受到来自上游地区的污染，每个行政区又都作为上游地区污染着下游地区。理论和实践都认识到这个问题的严重性、艰巨性和复杂性，各方纷纷采取包括政治、法律和经济等措施予以综合应对。这方面的一个基本共识就是：行政区域分割性与流域生态环境系统性整体性之间的矛盾是跨行政区水污染严重的根本原因，因此需要建立流域生态环境治理的协调机

---

① 李胜：《跨行政区流域水污染治理：基于政策博弈的分析》，载《生态经济》2016 年第 9 期。

制、协商和协作机制（以下统称"合作机制"）。① 但无论是合作具体工作之开展、合作目标之实现，还是合作价值之彰显，都离不开相应的流域合作管理机构，也就是说，结合具体流域实际，设置什么样的流域生态环境合作管理机构，才能保障中央（上级）政府流域生态环境治理协调机制功能的有效实现，流域上下游、左右岸地方政府之间协商机制的有效运行以及涉水政府部门之间协作目标的高效完成，最终实现跨行政区的流域经济社会和环境的可持续发展。基于上述思路，在长期的探索实践中，中央以及地方先后设置了多种类型的流域生态环境管理机构，从早期"淮河流域水资源保护领导小组"到新近成立的七大国家重要流域生态环境监督管理局，② 从贵阳的"两湖一库管理局"到江苏的"太湖水污染防治委员会"，上述流域生态环境管理机构在产生背景、职能范围及其制度规制方面有何经验教训可以借鉴？隐藏在这些大同小异流域生态环境管理机构背后的体制变革历程怎样？如何结合具体流域实际情况选择可行的体制变革路径？如何把握体制变革的主要内容？如何认识体制变革的动力来源？如何结合国家新设的重要流域生态环境管理局的职责调整展望体制变革的发展走向？本书试图对上述问题作出简单的回应，以便求教于大家。

一、流域生态环境管理体制的变革历程

本书以国家设立的流域生态环境管理机构接受"双重领导"③ 的关键时间节点为依据，将我国流域生态环境管理体制变革历程划分为早期探索、严重受挫和重新调整三个时期。

（一）体制变革的早期探索

民国时期，在长江、黄河等七大流域分别设置流域管理机构。④ 新中国成立，

---

① 本书所指的协调机制是指来自中央（上级）政府的一种等级命令性的干预机制；协商机制是指不具有隶属关系的流域上下游、左右岸地方政府之间的平等协商机制；协作机制是指政府涉水部门之间基于分工而形成的一种相互协作机制。

② 参见中央机构编制委员会办公室《生态环境部职能配置、内设机构和人员编制规定》（2018）第6条第2款规定，"长江、黄河、淮河、海河、珠江、松辽、太湖流域生态环境监督管理局，作为生态环境部设在七大流域的派出机构，主要负责流域生态环境监管和行政执法相关工作，实行生态环境部和水利部双重领导、以生态环境部为主的管理体制，具体设置、职责和编制事项另行规定"。

③ 本书所指"双重领导"体制是指，依法设置的流域生态环境管理机构同时需要接受水行政部门和生态环境部门领导，但在不同时期存在着"以谁为主进行领导"的一种中国流域生态环境管理体制。

④ 中国大百科全书总编辑委员会：《中国大百科全书（水利）》，中国大百科全书出版社 2004 年版，第 126 页；郑肇经：《中国水利史》，上海书店出版社 1984 年版，第 340～341 页。

先后设置了长江、黄河等流域管理机构，这些机构主要承担着防汛抗旱、水利工程建设等主要职责，由于当时无显见的流域生态环境问题，故未将流域生态环境工作纳入流域管理范畴。改革开放前夕，基于我国当时快速发展重工业的迫切需求，加之对生态环境问题的偏见和刻意回避，我国一些流域开始出现水污染的恶化趋势。[①] 1971 年，北京官厅水库发生严重的水污染事故，造成多人中毒。考虑水污染跨行政和水污染治理跨部门等特点，国务院随即成立了由中央部委和北京等四省（市）参加的"官厅水库水源保护领导小组"（以下简称"官厅小组"），统筹协调官厅水库水污染治理工作。[②] "官厅小组"随即整合大量资源投入水库上游地区生态环境治理工作，其高效治污工作促使国务院随后要求"全国主要江河湖泊，都要设立以流域为单位的环境保护管理机构"[③]。1974 年，长江、黄河等流域保护领导小组及执行机构（当时名称均为××流域水资源保护局）相继成立，这些流域水资源保护机构接受水行政部门（时为水利电力部）和生态环境主管部门（时为设在国家计委的国务院环境保护领导小组）双重领导，严格追溯起来，这可视作为流域生态环境管理"双重领导"体制形成的起源。20 世纪 80 ~ 90 年代，为应对大气、水生态环境问题不断恶化的社会情势，国家生态环境管理体制逐步健全，而彼时的国家水行政管理体制却在经历深刻变革。其间，生态环境主管部门和水行政部门在流域层面建立了较为密切的流域生态环境管理上的协作关系，主要体现在，明确了流域管理机构下设的水资源保护机构具体从事流域生态环境管理工作，接受"水行政部门和环境主管部门双重领导，以水行政部门为主"的管理体制（以下简称"双重领导"体制）。简言之，流域水资源保护机构是水行政部门和生态环境主管部门在分工基础上的流域协作关系上的一种具体产物，它构成了流域生态环境管理体制变革的核心内容，也承载着流域生态环境管理合作机制有效运行的组织功能。

（二）体制变革的严重受挫

客观上讲，"双重领导"体制下的流域水资源保护机构在流域规划、水生态环境治理等各个方面较好地发挥了管理职能，为流域生态环境管理体制的有效运

---

① 松花江水系保护领导小组办公室：《六年来松花江水资源保护工作基本情况》，载《水资源保护》1985 年第 1 期。

② "官厅小组组织查找了 50 个污染源，组织 30 多个单位用 3 年时间，使官厅水库水质恢复至 2 级水质标准。水污染初步解决后，官厅小组就名存实亡，办公室也无事可办"。参见《中国水利报》2000 年 6 月 11 日第 7 版。

③ 参见国务院《关于保护和改善环境的若干规定（试行草案）》（1971）。

行开展了大量卓有成效的工作。① 但随着流域水生态环境尤其是水污染状况的持续急剧恶化，"双重领导"体制开始受到越来越严重的挑战。1988 年，鉴于淮河流域严重水污染之情势，当时的国务院环境保护委员会批准设置淮河流域水资源保护领导小组（以下简称"淮河小组"）。1994 年，国务院调整"淮河小组"构成，形成了国家环境保护局②和水利部共同主导，沿淮四省参与的流域生态环境管理体制。"淮河小组"执行机构设在淮河流域水资源保护局。③ 1995 年，国务院颁行《淮河流域水污染防治暂行条例》（以下简称《淮河条例》），明确"淮河小组"及执行机构的法定职责。④ 为了实现《淮河条例》确立的水污染治理目标，"淮河小组"及执行机构按照"污染治理绝对优先"原则，通过"零点达标行动"，希望快刀斩乱麻甚至一劳永逸地解决淮河水污染问题，以彰显集中力量办大事的优越性。"为了零点达标，什么办法都用上了，工厂全部停工、用自来水冲洗河道。"⑤ 遗憾的是，由于我国缺乏流域生态环境治理的先进理念和成熟经验，"零点达标行动"以失败告终。在总结梳理流域生态环境治理经验教训时，引发了生态环境主管部门和水行政部门在流域生态环境管理"双重领导"体制下行政权责分配方面的诸多争议，包括流域生态环境监测事权及监测信息发布权的统一行使问题、水污染防治的目标解释权问题、生态环境治理事权与财权如何统一问题等。上述问题造成接受"双重领导"的国家重要流域水资源保护机构尤其是淮河流域水资源保护局的定位开始变得尴尬起来。

2005 年，松花江流域发生特大水污染事故，促使国家生态环境主管部门重新考虑跨行政区域的流域生态环境管理体制变革思路。随后，一种突破行政区域的环境督查机构（国家环境保护总局华南、东北等六大环境保护督察中心）相继成立。⑥ 显然，国家设置区域环境督察机构旨在重新调整中央与地方在生态环境管理（包括流域生态环境管理）上的权责关系，是一种强化中央对地方控制的组织法机制。⑦ 区域环境督查机构成立之后，相继承担了跨行政区流域生态环境检

---

① 例如，黄河水资源保护局自成立以来，在治理规划、监督管理、水污染治理等方面积极开展工作，积累了丰富的经验，取得了丰硕成果。参见孔祥春等：《黄河水资源保护工作 20 年的回顾与展望》，载《水资源保护》1995 年第 4 期。

② 1988 年，国家环境保护局（副部级）正式成为独立设置的国家机构。

③ 褚金庭：《环河流域水资源保护综述》，载《治淮》1994 年第 8 期。

④ 参见《淮河流域水污染防治暂行条例》（1994）第 4 条规定，"淮河流域水资源保护领导小组（以下简称领导小组），负责协调、解决有关淮河流域水资源保护和水污染防治的重大问题，监督、检查淮河流域水污染防治工作，并行使国务院授予的其他职权"。

⑤ 《淮河治污十年难见成效：运动式治理的败笔》，新浪网，2020 年 8 月 4 日最后访问。

⑥ 王清军等：《中国环境管理大部制变革的回顾与反思》，载《武汉理工大学学报》（社会科学版）2010 年第 6 期。

⑦ 叶必丰：《行政组织法功能的行为法机制》，载《中国社会科学》2017 年第 7 期。

查监督工作，形成了与流域水资源保护机构在流域生态环境管理职责上的交叉和冲突，从而造成流域水资源保护机构地位更是异常尴尬。即便如此，他们仍然抓住政策法律强化流域生态环境管理的有利契机，不断进行流域生态环境管理的实践探索。

（三）体制变革的重新调整

进入 21 世纪以来，跨行政区的流域水污染问题只增不减，更为严重的是，水环境污染、水生态破坏、水资源短缺和水域岸线破坏等诸多问题相互交织、缠绕和叠加，逐渐形成越来越严重的流域生态环境"问题束"。生态文明建设理念的酝酿、形成、发展和勃兴，用最严格制度最严密法治保护流域生态环境的呼声逐渐出现并高涨。与此相应的是，流域生态环境管理体制变革问题又被提上国家生态文明制度建设的重要议事日程。环境法律①、环境政策②纷纷对流域生态环境管理体制的变革路径、主要方向或主要内容提出了制度要求。2014 年颁行的《中华人民共和国环境保护法》，要求建立跨行政区的流域水污染防治协调机制，实现"规划统一、标准统一、监测统一和防治措施统一"等"四个统一"。2015年，国务院出台《水污染防治行动计划》，要求"建立跨行政区域的水环境保护议事协调机制，发挥区域环境保护督查机构和流域水资源保护机构的作用"。2017 年，中央全面深化改革领导小组制定《按流域设置环境监管和行政执法机构试点方案》，要求"试点省份要积极探索按流域设置环境监管和行政执法机构、跨地区环保机构，有序整合不同领域、不同部门、不同层次的监管力量"。2018年，中央编办发布《生态环境部职能配置、内设机构和人员编制规定》（以下简称"三定方案"），指出"国家将在长江、黄河等七大流域设立流域生态环境监督管理局，作为生态环境部在七大流域的派出机构"，实行"生态环境部和水利部双重领导、以生态环境部为主"的"双重领导"体制。可见，重新调整"双重领导"体制而相应设立的七大国家重要流域生态环境监督管理局主要负责流域生态环境监管和行政执法等方面的相关工作。显然，调整后的"双重领导"体制不是过去"双重领导"体制的一种简单复制，也绝不仅是以哪个部门为主实施领导的问题，而是包含着流域生态环境管理理念、管理制度和管理方法围绕着生态文明、美丽中国建设而进行的一次全面的转型或升级，无疑会对我国流域生态环境管理体制的未来变革产生重大影响。

---

① 参见《中华人民共和国环境保护法》（2014）、《中华人民共和国水污染防治法》（2017）先后要求建立国家重要江河、湖泊的联合防治协调机制，履行"四统一"的法定职能。

② 参见《水污染防治行动计划》（2015）要求"健全跨部门、区域、流域、海域水环境保护议事协调机制，发挥区域环境保护督查机构和流域水资源保护机构的作用"。

二、流域生态环境管理体制的变革路径

回顾并总结我国流域生态环境管理体制的变革历程，其探索路径可简要概括为从应急管理到形式法治主义。尽管法治主义路径的发展走向回应了法治政府建设的基本要求，也符合流域经济社会发展的一般趋势，但却面临着具体流域复杂性上的更多挑战，需要对这些挑战进行必要的回应。

（一）早期的"应急管理"需求

无论是 20 世纪 70 年代为应对官厅水库流域水污染而成立的"官厅小组"，还是 20 世纪 80 年代为应对淮河流域水污染而成立的"淮河小组"，我们发现，上述流域生态环境管理机构成立或设置的一般路径是，在某一流域水污染严重程度已经显现或非常紧急情况下，由政府负责人或相应政府部门牵头，通过调整、优化或者整合现有纵向横向管理体制的权责分配，调动一切可以调动的行政资源，采取一切可以利用的行政措施，有效控制流域水污染的程度和范围，及时抑制不同利益冲突的激化或升级，最大限度降低或避免环境损害发生，尽快恢复流域正常的经济社会发展秩序。一旦具体流域水污染状况得以缓解或者生态环境治理过程遭遇难以克服之障碍，相应地，这些流域生态环境管理机构就会"名存实亡"或自然消亡。我们将上述流域生态环境管理机构的形成路径称为一种基于"应急管理"需求的体制变革路径。其正当性和必要性主要在于，立足问题导向兼顾目标导向、强调如何应急和着眼事后救济，非常有利于当前流域生态环境问题的有效、及时解决，遵循的是一条实用工具主义的思路。客观上讲，在流域水污染事故纠纷尚未完全危及甚至妨碍流域经济社会正常发展的情况下，这种体制变革的实践探索能够满足流域生态环境治理的基本需求。究其实质，这种体制变革路径就是一种"摸着石头过河""头痛医头、脚痛医脚"的惯常做法，符合哈耶克所理解的，自发社会所遵循的制度系统是进化而非人为设计的产物。但是在流域经济社会快速发展、流域生态环境问题复合叠加、涉水利益多元且冲突日益加剧背景下，基于"应急管理"需求而成立的流域生态环境管理机构就因为其难以有效调整深层次利益冲突而必须转向为有意识有目的的变革路径。也就是说，需要对流域生态环境管理体制变革路径方面进行有意识的人为调整，并且能够实现调整机制的规范化和常态化，使其能够满足流域社会经济发展的基本需求。

（二）后期的"法治主义"路径

制度学派的代表人物布坎南认为，当人类历史进入"世界历史性"时期之

417

后，有意识的制度选择和创制就显得越发重要。[1] 迈入后工业化、信息化和大数据时代后，是否设置相应流域生态环境管理机构或进行流域生态环境管理体制变革越来越呈现出一种发挥人类主观能动性的有目的创制并选择的过程，其中，首当其冲的就是借助立法创制制度的方式，本书将其称为"法治主义"路径。所谓"法治主义"路径是指，任何流域生态环境管理体制变革或设置相应流域生态环境管理机构，都须以法律、行政法规和地方法规等作为基本依据。因为只有"法治主义"才能够有效协调流域生态环境管理体制变革中广泛存在的各种深层次利益冲突，"法律是利益关系的调节器，协调与平衡各种利益冲突是其重要功能，法律在对利益关系的协调中，展现其生命力和存在的价值"。[2] 此外，法治主义的理念可以有效凝聚体制变革的基本共识，以便能够形成流域有意识的集体行动；法治主义的行为规范能够引领体制变革的行政自由裁量行为，以便能够保障流域公权力机构为民众权利服务和维护流域公共利益；法治主义的治理机制能够发挥必要的预测功能，可以大幅降低体制变革的社会成本；法治主义的确定性能够引导发展基本走向，能够化解体制变革的不确定风险。总之，法治主义能够取代"应急管理"而成为流域生态环境管理体制变革路径走向，符合社会经济发展的必然趋势。1994 年国务院颁行《淮河流域水污染防治暂行条例》，首次以行政法规方式明确了"淮河小组"体制构成及权责分配，标志着我国流域生态环境管理体制变革开始进入"法治主义"时段和跨入"法治主义"路径。此后，各地流域生态环境管理体制变革的实践探索大都沿袭着"法治主义"的方向、路径。2007 年，《贵州省红枫湖百花湖水资源环境保护条例》依法确立了贵州贵阳市"两湖一库管理局"的法律地位及授权范围内的水资源保护、水污染防治等法定职能。2010 年，《辽宁省辽河保护区管理条例》确立了"辽河保护区管理局"的法律地位，将原本分散在水利、环保、林业等诸多部门的管理职责，在辽河保护区范围内整体"打包"后全部授权"辽河保护区管理局"统一行使。2010 年，《江苏省太湖水污染防治条例》[3] 确立了太湖流域水污染防治委员会的法律地位，并授予其相应法律职责。2012 年，《巢湖流域水污染防治条例》确认"巢湖管理局"的法律地位，"巢湖管理局"依法履行安徽省政府授权[4]和安徽合肥市政府

① 王清军：《区域大气污染治理体制：变革与发展》，载《武汉大学学报》（哲学社会科学版）2016年第 1 期。
② 石佑启：《我国行政体制改革法治化研究》，载《法学评论》2014 年第 6 期。
③ 该条例在 2018 年修改时，仍旧保留了"太湖水污染防治委员会"。
④ 参见安徽省机构编制委员会《关于印发安徽省巢湖管理局主要职责内设机构和人员编制规定的通知》（皖编〔2012〕2 号）。

委托①的统一巢湖流域水生态环境管理的职责。2018 年，十三届全国人大通过《国家机构改革方案》，依法确立了七大流域生态环境监督管理局的法律定位等。上述诸多情形表明，我国流域生态环境管理机构设置及职权配置，开始走上法治主义的路径。

（三）"法治主义"路径面临的挑战

依法行政和法治政府建设时代，设置或成立流域生态环境管理机构势必要受到国家法律、行政法规或者地方法规的严格制约，似乎已然成为一个基本趋势。但这"是一种程序论或形式主义，即把行政组织的合法性奠基于民主代议机关的立法或者授权，就是信奉一整套全面的、系统的、自洽的组织法则以及此类法典化体系解决行政组织合法性问题的功效"。② 严格意义上讲，这种"法治主义"的路径只是一种形式"法治主义"路径。按照这一路径设计的思路，当前流域水污染、水生态破坏等诸多问题甚至一切问题，都与独立、权威、高效的流域生态环境管理机构设置缺失密切相关，因此，只有通过法律、行政法规或地方法规等权威方式，设置或成立相应的流域生态环境管理机构，依法赋予或委托其行使相对集中统一的流域生态环境行政管理职权，上述各种问题就可迎刃而解、"药到病除"，流域生态环境治理就会进入一个良性治理的轨道，"九龙治水、越治越污"的不良局面也将不复存在。应当说，这种观点对于缓解流域生态环境治理困境无疑具有一定的进步意义，但这种思考路径一旦固化，就非常容易在目前流域生态环境问题的严重后果与原有流域生态环境管理体制弊端之间搭建一条直接、单一的因果关系链条，从而有意无意地忽略或放弃了对造成目前流域生态环境严重后果的其他复杂原因的梳理和分析。尤需指出的是，当前对于通过"最严格制度最严密的法治保护生态环境"③ 的宣传和呼吁，又会促使相关决策者把诉诸环境立法（包括地方环境立法）视为流域生态环境管理机构合法化的不二法门，由此造成不同层级立法主体制定的不同流域生态环境管理机构的法律规范之间存在大量的冲突和矛盾，而这无形地消减了流域生态环境管理机构的职能的有效发挥，从而不断侵蚀其实质合法性。

实际上，造成当前流域生态环境问题的成因错综复杂，这些原因并非独立发挥作用而是相互缠绕在一起。一些直接或间接影响流域生态环境问题的成因，如流域产业结构安排不合理、流域发展空间管控不严和土地及其他自然资源利用规

---

① 参见安徽省合肥市机构编制委员会《关于进一步明确安徽省巢湖管理局工作职责的通知》（合编〔2013〕8 号）。

② 沈岿：《公共行政组织建构的合法化进路》，载《法学研究》2005 年第 4 期。

③ 习近平：《在全国生态环境保护大会上的讲话》（2018 年 5 月 18 日）。

划强调开发利用等，都不是通过简单设置一个流域生态环境管理机构能够解决的；加之设置一个流域生态环境管理机构，由于涉及环境行政职权的重新配置、人员编制的增加和内部结构的安排等，也很难诉诸相对简单的环境立法努力予以解决。即便环境立法能够解决机构职权重新配置和人员编制增加，但处理新设流域生态环境管理机构与传统科层管理体制之间的权责分配仍然面临着重重挑战。实际上，各地流域生态环境管理机构设置上的形式"法治主义"路径正面临着上述挑战。辽宁省辽河保护区管理局在"流域生态环境治理资金获取、治理技术掌握等存在严重困扰，尤其在与传统科层制关系协调方面困难重重"。① 安徽省巢湖管理局囊括了流域管理多项职权，但基于流域管理机构权力无限扩张是对依法行政和行政法制的担忧，巢湖流域内土地利用管理权分散在流域各地方政府手中②，体制优势没有得到发挥。③ 曾被寄予厚望的贵阳"两湖一库管理局"虽然因为推动全国首例环境民事公益诉讼而闻名，但其领导体制一直处于变动状态，成立初期接受生态环境主管部门领导，中间又被划转为接受生态文明建设管理部门领导，现又被划归为接受水行政部门领导。

（四） 从形式"法治主义"到实质"法治主义"

古人云："水无常形。"④ 相应地，具体流域生态环境管理机构是否设置、怎样设置亦无常态。在此意义上，中外概莫能外。⑤ 因此，奉行严格的形式"法治主义"路径，要求设置流域都必须以相应立法机关或民意机关的立法或相应授权，未必完全符合不同流域实际状况。实际上，具体流域是否设置生态环境管理机构、授予其多大职权等，往往需要经过不断的试点探索，流域生态环境管理经验知识的长期累积以及长时间反思甚至重构的演变过程。在这个漫长过程中，没有绝对周密严谨的建构理性制度安排，相反却总是包含一种带有"试错性"的框架试点方案。这个初步方案，不能包治百病，有的只是结合不同流域的具体实际，在实践理性基础上去思考具体流域设置生态环境管理机构的正当性、必要性

---

① 薛刚凌等：《流域管理大部制改革探索——以辽河管理体制改革为例》，载《中国行政管理》2012年第3期。

② 曹伊清等：《跨行政区流域污染防治中的地方行政管辖权让渡——以巢湖流域为例》，载《中国人口·资源与环境》2013年第7期。

③ 《中央环保督察组向皖反馈情况，巢湖环境保护形势严峻》，新浪安徽，2020年8月最后访问。

④ 车吉星主编：《齐鲁文化大辞典》，山东教育出版社1989年版，第497页。

⑤ 有美国学者认为，美国田纳西流域管理局是"美国历史上第一次巧妙地安排整个流域及其居民命运的有组织尝试"，但其模式就很难有复制性。参见 Ekbladh D. , "Mr. TVA": Grass-roots development, David Lilienthal, and the Rise and Fall of the Tennessee Valley Authority as a Symbol for U. S. Overseas Development, 1933 - 1973 [J]. Diplomatic History, 2002, 26 (3): 335 - 374.

和可行性。也就是说，是否设置流域生态环境管理机构，授予其多大职权，不仅要关注其形式上的合法性问题，更要考虑如何结合具体流域经济社会发展状况考虑上述机构应当享有和实际享有哪些管理权力、经过试点的实践运行效果如何等实质合法性问题。目前，我国准备在长江等七大国家重要流域设置流域生态环境监督管理局，乍一看，似乎遵循的是一种基于建构理性的形式法治主义的发展路径，但严格回溯流域生态环境管理体制的变革历史，我们似乎可以隐约发现，这最初就表现为一个自发性、应对性的进化过程，其间不乏一些无谓的竞争、权力的损耗甚至过多的"试错"。在这个过程中，如何设置机构，赋予多大权力，能够在多大程度上回应或满足社会需求，始终没有脱离体制变革的发展历程。因此，在这个意义上讲，需要在流域生态环境管理机构的设置或成立上注入实质法治主义基因，将其视为一种建构理性和实践理性共同作用的产物，也就是，实现"任务 + 功能 + 机构"之间的相互联系，"为了让各项任务得到符合其特质的良好的落实，不同机构的结构、组成和人员就应该是功能适当的"。[①] 同理，在数量众多的非国家重要流域、在国家重要流域的主要支流是否设置流域生态环境管理机构，也不必过于纠结形式法治主义，而是需要结合具体流域实际情况，在不断"试错"基础上，打造符合具体流域自身需求的生态环境管理体制。

如此一来，整齐划一将不复存在，取而代之的是杂乱无章甚至千差万别，并且这种现象将长期持续存在。这或许与人们想象的规范、有序、一体化等理想上的法治主义情怀有些不同，甚至相去甚远。但这至少说明，当前或未来相当长的一段时期内，我国出现的流域生态环境管理机构设置上的杂乱无章，在很大程度上就是流域生态环境问题复杂性、应对措施不确定性的一种客观真实反映。形式法治主义的努力不可能像其所设计的那样，一劳永逸地回答流域生态管理机构的实质合法性命题，它的价值更多在于为流域生态环境管理机构的实质合法化提供一种规范性、程序性的框架体系，能够使目前尚未成熟的流域生态环境管理体制趋向于制度化、定型化，从而为其的实质合法性提供一个背书或担保。至于其实质合法性问题，则必须永远置身于如何满足民众或社会需求这样的开放性命题之中寻找答案。

三、流域生态环境管理体制的变革内容

"在现代社会，承担管理职能的主体常以组织和机构的形态出现"，"但管理

[①] Hesse. Grundzüge des Verfassungsrechts der Bundesrepublik Deutschland. 20 Aufl, S. 211. 转引自，张翔：《我国国家权力配置原则的功能主义解释》，载《中外法学》2018 年第 3 期。

权究竟应赋予哪个主体，却是由管理者是否具备相应的管理知识来决定的"。[1]
众所周知，流域生态环境管理是一项复杂性公共事务的管理，具有事务属性上的
多面复合性和管理过程的多阶段叠加性，基于事务主要属性和特定阶段要求，符
合由某个行政部门实施一定的主导性管理，但当经济社会情势发生变化，出现另
一种属性占据主导地位或发展到另一个特定阶段时，则可能需要由另一个行政部
门进行主导性管理。流域生态环境管理，既要遵循环境管理的一般原理，也必须
考虑流域管理的一般要求。这样一来，新设的流域水生态环境管理机构既要接受
生态环境主管部门的领导，也要接受水行政部门的领导，即所谓的"双重领导"，
至于由哪个行政部门进行主导性领导，则应视具体流域事务某一主要属性彰显程
度及某一特定阶段主要矛盾解决而相应确定。

（一）"双重领导"体制的形成逻辑

应当说，早期流域生态环境管理的"双重领导"体制有其形成的必然性，这
是因为，国家生态环境主管部门是应生态环境问题爆发及恶化而产生，但其一开
始却面临着管理资源不足、管理能力低下及管理知识欠缺甚至空白等多重困境，
因此在流域生态环境管理方面就迫切需要一定的组织机构作为具体抓手，以便优
化管理资源、提高管理能力和填充管理知识空白。与此同时，与新中国几乎同龄
的国家水行政部门流域管理机构下设的流域水资源保护机构具有丰富的流域水生
态环境管理知识储备、管理资源和管理能力，如果抛开它而另起炉灶，显然是对
其丰富环境管理知识的忽视，会造成一种双重"截肢"的不良后果：对以往历史
形成的流域管理知识的刻意无视，对基于分工而形成的水资源管理知识的无形损
耗，这样的话，流域生态环境"管理失灵"问题就不可避免。更为现实的原因在
于，国家行政管理体制一直处于变革之中，反映到流域层面，一方面，要求水行
政部门按照市场经济体制要求不断调整优化行政管理职责；另一方面，为了满足
民众对优质生态产品的不断需求，要求生态环境主管部门不断升格及不断扩大生
态环境管理职责，双方都面临着较大的不确定性。于此情形之下，努力发现或寻
找双方共同利益交汇点，实现一种基于共同利益需求的紧密协作，是在变动不居
背景下克服不确定性的不二法门，这也构成了早期"双重领导"体制能够有效运
行的一个主要原因。至于"以水利部门为主"的"双重领导"体制则更好理解，
因为彼时的流域生态环境问题并未演变成为流域社会经济发展中的主要矛盾或矛
盾的主要方面，在关注且强调流域水资源开发利用、防汛抗旱等流域管理工作同
时，兼顾流域生态环境保护符合当时流域社会经济发展的普遍需求。

---

[1] 靳文辉：《公共规制的知识基础》，载《法学家》2014 年第 2 期。

（二）"双重领导"体制的调整逻辑

奥斯特罗姆曾经指出，资源属性会极大影响治理效力，这些属性包括"资源系统的规模和承载能力、资源的可度量性、资源的时间和空间分布、储存在系统中的资源数量、资源是流动还是静止、资源再生的速度等"[1]，也就是说，流域生态环境资源禀赋状况会对流域生态环境管理体制变革提出不断要求，需要它不断变革以便与变化了的流域生态环境资源禀赋状况相匹配、相适应。但传统流域生态管理体制本身所固有的滞后性、组织惰性和应急性特质，任期制行政官员的短时间视域，都会造成流域生态环境管理体制的自我演化非常困难，从而使其长期滞后于流域生态环境资源禀赋发展的实际状况。在流域经济社会快速发展下，大规模水利工程建设密集期结束后，尤其是近几十年水污染事件频发的背景下，我国实际上已经逐步进入了需要提供更多优质稀缺的流域生态产品以满足人民群众日益增长的优美生态环境需要的新时期。"此消彼长"的流域资源禀赋状况要求流域生态环境管理体制必须进行变革，也就是说，需要从流域生态系统管理视角下统筹水资源保护、水生态修复和水污染防治一体化问题解决，并在此基础上推进流域生态环境管理体制变革，以便满足民众对优质稀缺水生态产品的迫切需求。2018 年，中央政府在七大国家重要流域设置流域生态环境监督管理局，将原来"以水行政部门为主"调整为"以环境主管部门为主"的"双重领导"体制，则是回应这种需求的必然结果。总之，不断调整的流域生态环境管理"双重领导"体制是一种具有中国特色的流域生态环境管理的创新举措。尽管它不是一种最优的体制选择，也存在这样或者那样的问题，有时甚至带来无形损耗等诸多负面因素。

（三）涉水部门间分工协作关系的规范化

如前所述，流域生态环境管理"双重领导"体制能否有效发挥作用，主要取决于生态环境主管部门和水行政部门间在流域生态环境管理过程中分工协作关系能够正常运转。管理学理论认为，生态环境主管部门和水行政部门之间关系的基本原理可以从分工与协作两方面进行阐述。一方面，分工旨在提高管理效率，但是由于管理理念、手段及部门利益等因素的制约，意在提高效率的专业分工却可能阻碍整体效率的提升，从而形成专业分工悖论；另一方面，部门协作旨在相互协调行为，实现协作目标。专业分工悖论和结构功能悖论表明，基于部门分工而

---

① Elinor OstrometAl. Revisiting the Commons：Local Lessons ［J］. Global Challenges，Science，1999，No. 284.

形成的职责导向的流域生态环境管理过程中，生态环境主管部门和水行政部门之间的分工与协作关系无法避免或克服其固有困境。2018 年，国家机构改革中，尽管生态环境主管部门整合了原本属于水行政部门的地下水污染防治监管、入河排污口监管和水功能区划等三项职责，似乎进一步理顺了流域生态环境管理的职责边界，但这种明确职责的做法意图在更强调一种分工关系，并未改变专业分工悖论和结构功能悖论。也就是说，"双重领导"下的流域生态环境管理机构能否有效发挥职能仍然有赖于能否有效处理生态环境主管部门和水行政部门之间的分工协作关系。可行措施就是在生态环境主管部门和水行政部门之间建立一种规范化的分工协作关系，其中，规范化的分工是前提，前述地下水污染防治、入河排污口监管等三项监管职能由水行政部门划转生态环境主管部门实施，实质上就是在遵循流域生态环境管理规律前提下，进行的一种规范化分工的探索。但是由于信息不对称、风险不确定等诸多原因，希冀完全明晰流域生态环境管理上的职责分工是不可能的，也是不必要的。在相对明晰的分工基础上，实现生态环境主管部门和水行政部门协作关系的规范化才更具有现实意义。规范化的协作关系内容包括：一是结合具体流域生态管理事务才能确定部门间协作关系。因为只有"以流域水环境管理具体事务为核心，部门协作的权利义务关系才有切实的载体，各部门职责功能界定才有科学依据"。[①] 二是逐渐明确各自在流域生态环境管理中的权力清单和责任清单。规范化的部门间协作要求围绕部门协作确立各部门的权力责任，并规定有效的责任追究机制。理想的责任清单的内部构造应当为部门职责、职责边界、部门职责对应权力事项、公共服务事项、事中事后监管、职责行使流程图、追责情形和追责依据。[②] 否则，制度协调就难以有效发挥应有的作用。[③] 三是建立制度化的协作规则，包括协作事项发起规则、响应规则、时限规则、会议规则和联络人规则等。四是上述协作规则的信息公开。唯有信息公开，这样受到来自政府、公众甚至司法的必要监管、监督或审查。总之，只有在生态环境主管部门和水行政部门间建立一种法治化、程序化的协作关系机制，实现流域生态环境管理机构在行政事权、行政财权和行政人事权上的科学合理配置，才能保障其有效履行职责，相应流域生态环境治理的协调机制、协商机制才能有效运行。

---

① 王资峰：《中国流域水环境管理体制研究》，中国人民大学博士学位论文，2010 年，第 351 页。

② 刘启川：《独立型责任清单的构造与实践——基于 31 个省级政府部门责任清单实践的观察》，载《中外法学》2018 年第 2 期。

③ 薛刚凌：《行政体制改革研究》，北京大学出版社 2006 年版，第 232 页。

四、流域生态环境管理体制的变革动力

从流域管理到流域生态环境管理的范围拓展，从应急管理需求到法治主义要求的路径发展，从职责导向到分工协作关系的规范化，流域生态环境管理体制变革离不开一定的动力机制。一定意义上讲，推动体制的变革动力，也是推动流域体制机制有效运行的动力。值得一提的是，突发性水污染事故在体制变革中扮演着非常重要角色。早期成立的"官厅小组"，后期调整成立的"淮河小组"，以及晚近成立的太湖水污染防治委员会，都从不同侧面表明，突发性水污染事故不一定会对相应体制变革产生实质性影响，但却创新了体制运行机制，从而使其成为体制变革的导火索。进入新时代以来，解决人民群众的美好生活需要和不平衡不充分的发展之间的矛盾对体制变革提出了很多新要求，特别是习近平生态文明思想，为生态文明体制变革提供了方向指引和根本遵循，无疑会构成我国流域生态环境管理体制变革的强大动力。本书主要结合变革的历史实践，主要从中观层面提出体制变革的具体动力。

（一）内部动力：科层制压力

如同其他突发性事件一样，突发性水污染事故自然会引起科层制顶端的政府高层领导的重视，他们总会选择在"关键时刻"推动体制变革。"流域环境管理体制是管理活动的组织形式。作为管理活动的组织依托，它必然不能摆脱组织领导者的影响。"[1]"官厅小组"是我国首个流域生态环境管理机构，它是在时任国务院总理周恩来的指示下成立的。"淮河小组"体制变革同样也得到时任国务委员、国务院环境保护委员会主任宋健的鼎力支持和亲自参与。应当说，政府高层领导对流域水污染事故的高度重视推进了甚至加快了体制变革的历史进程，尽管其不乏存在一定的人治因素，但不容否认的是，这种因素在一定时期是必不可少。来自行政科层制体系内部的流域地方政府之间的关系变化也推动了体制变革进程。计划经济时期，体制变革更多依赖中央（上级）政府，流域上下游地区地方政府间关系较为简单甚至关系不大，但"市场经济体制的建立对地方政府间关系提出新的挑战"。[2]就流域生态环境管理而言，挑战体现在两个方面：一是地方经济主体的竞争行为造成流域水污染外部性效应越来越严重；二是地方利益代理人——地方政府间的竞争关系加剧了地方保护主义和"以邻为壑"盛行。在一

---

① 王资峰：《中国流域水环境管理体制研究》，中国人民大学博士学位论文，2010 年，第 69 页。
② 刘亚平：《当代中国地方政府间竞争》，社会科学文献出版社 2007 年版，第 42～51 页。

定程度上，我们可以认为，我国市场经济体制建立和发展时期正是我国流域生态环境问题的显著恶化时期。纠正市场失灵和克服地方保护主义就必须推进体制变革，变革动力来自中央（上级）政府的环境责任考核压力以及由其所带来的地方政府间关系的重构，也就是说，在多重考核压力下，地方政府间关系开始由单维的经济竞争关系进入到一种多维的竞争合作关系。严格意义上讲，地方政府间竞争关系的重构也可以克服流域水污染的外部性，但竞争关系所要求的污染产权明晰的制度设计很难在现实生活中实现，故在环境责任考核压力下地方政府间合作关系的建构越来越受到青睐。21 世纪以来，在中央（上级）政府行政指导下，流域地方政府间通告缔结流域合作协议、召开流域联席会议、进行联合执法等建立的合作机制开始大量涌现，这种基于流域生态环境管理合作关系的建构，不断形塑着科层制内部的纵向关系和横向关系，对于推动流域生态环境管理体制的建立健全发挥着重要作用。行政自制理论认为，行政组织系统能够实现对科层制内部违法行为或不当行为的一种自我控制。[①] 但问题的关键是，在科层制框架体系下设置的流域生态环境管理机构存在着组织运行封闭性、组织机构惰性及官员任期制等固有弊端，其中，组织的封闭性使其很难对社会需求变化做出有效、及时的回应，久之，就会丧失存在的正当性；组织惰性妨碍其通过自身体制变革和功能再造而回应不断变化的社会生活需求；任期制所形成的短时间视域以及地方官员间的晋升博弈限制了流域地方政府间互惠、信任、合作等关系和理念的形成，助长了官员的机会主义行为激励。[②] 一言以蔽之，来自科层制内部形成的压力性体制尽管是推动我国流域生态环境管理体制变革的主要动力，但其所固有弊端使其缺乏改进的持续动力，必须从外部寻找新的动力源泉。

（二）外部动力：公众参与

只有社会结构的组合方式才是社会进化和社会变革的决定性因素或动力。[③] 公共治理通过建立政府与社会多种治理主体间的良性互动关系，推动公共事务管理。[④] 来自科层制体制外的一种体制变革动力，公众参与机制能够汇聚来自各方的意见和建议，从而为实现流域生态环境的良性有序管理提供智力与方法支持，使流域生态环境管理体制获得一种类似于卢梭提出的"自我维持的能力"。[⑤] 更

① 崔卓兰等：《行政自制与中国行政法治发展》，载《法学研究》2010 年第 1 期。
② 张振华：《"宏观"集体行动理论视野下的跨界流域合作——以漳河为个案》，载《南开学报》（哲学社会科学版）2014 年第 2 期。
③ ［法］迪尔凯姆著，狄玉明译：《社会学方法的准则》，商务印书馆 1999 年版，第 127～133 页。
④ 俞可平：《治理与善治》，社会科学文献出版社 2000 年版，第 9～12 页。
⑤ ［美］卡罗尔·佩特曼著，陈尧译：《参与和民主理论》，上海人民出版社 2006 年版，第 22～23 页，第 24～26 页，《推荐序 4 言》，第 10 页。

为重要的是，流域生态环境管理是为公共利益服务，只有当受到流域水污染等生态环境问题影响的公众能够在管理过程中充分行使话语权表达利益诉求时，公共利益才变得更加具象、真实，"因为只有人民自己才能成为其利益的最佳判断者"。① 可见，公众参与机制保证了流域生态环境管理不会偏离环境公共利益的轨道。作为体制变革动力机制的公众参与，可以从三个层面理解：一是体现在各种鼓励和推进公众参与的政策宣示；二是体现在具有可操作性的公众参与的法律制度规定；三是体现在行动层面上的各种各样的公众参与实践形式。② 应该说，这三个层面的认识价值功能各异且相互促进，但特别需要提出的是，具有承上启下角色的公众参与法律制度，扮演着一种更加积极功能。因为公众参与制度，通过具有一定可操作性的公众参与权利义务规则的设计，能够保证公众参与政策宣示的具体落实，并且能够有效指引公众参与的实践行动。这里的公众参与制度规定的基础，首先体现为流域环境信息公开规则，包括流域政府环境信息公开和流域企事业单位环境信息公开。流域信息公开之所以能够推进流域生态环境管理的持续改进，主要原因在于，通过政府环境信息公开，流域排污总量状况、排污许可证审批发证状况、入河排污口设置状况、跨界断面水质状况等均能够使社会公众得以清楚知晓；通过企事业单位环境信息公开，排污单位自身状况、具体污染物排放状况、守法违法状况均能够使公众得以清楚知晓。社会公众或者环境保护团体通过对所有公开的环境信息进行搜集、整理、比对和再加工，避免或降低了政府"管制俘获"的可能性，从而对流域地方政府、排污企事业单位形成制约，以便促使政府提高改进流域生态环境管理能力和管理水平，促使排污单位依法守法排污。其次，公众参与的程序性规则，包括参与主体、参与方式、参与内容和参与程序等制度规定，特别是应该建立起以司法审查为核心的公众参与支持性制度规则体系，通过设置跨行政区域的司法审判机构，享有对流域生态环境管理的司法审查职能，才能够保证公众参与权的具体落地，使其始终发展为流域生态环境管理体制变革的强大动力。

特别需要指出的是，流域生态环境管理体制变革和改进的根本动力来自科层制体系外部的社会公众参与，因为只有公众参与才能保证的体制开放性，才能让体制有更强的适应性，才能为体制变革和改进提供持续性动力，但体制开放需要政府与社会的双向互动，除了政府管理理念重塑之外，培育公众的参与精神也同等重要。

---

① ［美］麦克尔·巴泽雷著，孔宪遂译：《突破官僚制：政府管理的新愿景》，中国人民大学出版社2002年版，第132～133页。

② 王锡锌：《公众参与：参与式民主的理论想象及制度实践》，载《政治与法律》2008年第6期。

五、流域生态环境管理体制的未来发展

按照重大改革必须于法有据的原则，我国流域生态环境管理体制的未来发展主要集中体现在流域生态环境管理机构的法治化发展中。我国环境法律规定，新设置的流域生态环境管理机构依法承担流域生态环境合作机制中"统一标准、统一规划、统一监测、统一防治措施"（以下简称"四个统一"）等四个方面的环境行政任务。

（一）流域生态环境管理机构的法律定位

从行政法理上讲，流域生态环境管理机构首先是一种派出机构。所谓派出机构"是由政府的工作部门根据行政管理的需要在一定区域内设置的管理某项行政事务的机构"。[①] 其主要功能就是代表国家行政机关执行某项特定行政任务或者从事某种专门业务，因此它不是一级国家行政机关。派出机构的事权、财权和人事权由派出它的机关掌管。具体而言，流域生态环境管理机构的法律定位可以通过以下几个方面理解：（1）它是生态环境主管部门的派出机构。考虑到我国流域众多，流域具体情况千差万别，现行环境法律根据具体流域在国家社会经济发展中的重要程度而将其分为两类：一类是国家重要流域（江河、湖泊）；另一类是非国家重要流域（江河、湖泊）。长江、黄河等七大国家重要流域生态环境监督管理局是生态环境部的派出机构，它体现着中央和地方在国家重要流域生态环境管理上的集权分权关系。至于非国家重要流域，它们是否设置流域生态环境管理机构理应由流域所在地地方政府结合实际情况确定。按照形式法治主义的路径，国家重要流域的生态环境管理机构设置决定权主体应交由全国人大常委会批准或报全国人大常委会备案。再者，应有法律、行政法规、部门规章对国家重要流域生态环境管理机构的设立条件和设立程序做出明确规定。非国家重要流域生态环境管理机构设置应参照上述程序办理。（2）它是依照部门规章、地方法规设立的派出机构。我国传统行政主体理论只承认"法律、法规授权的组织"具有行政主体资格。[②] 但是，这种看法越来越受到挑战，尤其是在生态环境保护领域。"规章授权的组织"的数量要远远大于"法律、法规授权的组织"，这是因为法律和法规的制度规定最终仍然需要规章的细致化落实。有鉴于此，《最高人民法院关于适用〈中华人民共和国行政诉讼法〉若干问题的解释》对派出机构的设立依

---

① 徐静琳：《行政法与行政诉讼法学》，上海大学出版社 2015 年版，第 86 页。
② 王敬波：《相对集中行政处罚权改革研究》，载《中国法学》2015 年第 4 期。

据做了适当的扩大。① 也就是说，在原有"法律、法规授权的组织"之外，生态环境保护部的部门规章也可以作为派出机构的设定依据。明确部门规章作为设定依据具有重要的行为法和救济法意义。在行为法上，流域生态环境管理机构有权以自己名义独立作出一定的行政行为并承担相应法律责任；在救济法上，认可部门规章授权的组织具有行政主体资格和行政诉讼被告资格可避免许多司法技术上的困难，也与现行《中华人民共和国行政诉讼法》和《中华人民共和国行政复议法》实现有效对接。（3）它是具有相对独立法律地位的派出机构。也就是说，流域生态环境管理机构的职权不再是来自政府或政府部门的委托，而是来自法律、法规和规章的直接授权。这样，流域生态环境管理机构就和传统的派出机构具有一定的差异，它在法律上就是一个独立的"人"，依法享有独立的行政权力，能够独立形成并表达自己的意思，而不是依附于其他行政机关。随着国家生态环境保护垂直管理体制变革的实施，应依法赋予流域生态环境管理机构相对独立且相对完整的执法权，包括行政处罚、行政强制措施和现场检查②等，保障流域生态环境管理机构独立、及时、有效地查处流域生态环境领域内的违法行为，防治地方保护主义和行业保护主义的干扰。

（二）流域生态环境管理机构的法定职责

行政法理上，派出机构可分为指导协调性派出机构和直接实施行政行为的派出机构。③ 结合现行环境法律规定，我们认为，流域生态环境管理机构的环境行政任务具有复合性，既包含一定的协调职能，又能实施一定独立的监管和行政执法职能。

1. 协调流域"统一标准"的制定

现行环境法律④规定，流域环境标准制定权主体主要包括生态环境部和省级政府，但两类主体的环境标准制定权存在差异：一是权力的性质不同。生态环境

---

① 参见《最高人民法院关于适用〈中华人民共和国行政诉讼法〉若干问题的解释》第20条规定："行政机关组建并赋予行政管理职能但不具有独立承担法律责任能力的机构，以自己的名义作出具体行政行为，当事人不服提起诉讼的，应当以组建该机构的行政机关为被告。行政机关的内设机构或者派出机构在没有法律、法规或者规章授权的情况下，以自己的名义作出具体行政行为，当事人不服提起诉讼的，应当以该行政机关为被告。法律、法规或者规章授权行使行政权的行政机关内设机构、派出机构或者其他组织，超出法定授权范围实施行政行为，当事人提起诉讼的，应当以实施该行为的机构或者组织为被告。"

② 按照《中华人民共和国行政处罚法》规定，派出机构不能实施集中行政处罚，只能在法定授权范围内实施行政处罚。

③ 所谓指导协调性派出机构，主要是指仅在行政关系中实施一定的协调职责，不具有直接对行政管理相对人实施行政行为的职责；后者则能够直接以自己名义独立实施行政行为的派出机构。

④ 参见《中华人民共和国环境保护法》（2014）第十六条和《中华人民共和国水污染防治法》（2017）第十二条、第十三条规定。

部的环境标准制定权行为是一种行政职权行为，而省级政府的环境标准制定权来自环境法律的授权。环境法律授权省级政府有限度、有条件地制定地方环境标准，但并未授权流域上下游地区多个省级政府联合制定一个环境标准。二是效力范围不同。前者可在全国范围内普遍适用。后者只能适用于封闭的单个省、自治区或直辖市行政区域，不能跨省级行政区划适用，否则无效。三是适用先后顺序不同。若有更为严格的省级政府制定的地方环境标准，则不适用国家生态环境部制定的国家环境标准。由于区域社会经济发展的不平衡，尽管国家有统一环境标准，不同地区在企业环保准入机制、能源资源结构、产业结构调整方面都有较大的差异。[1] 一般而言，经济发达的下游地区倾向于更为严格的地方环境标准，而经济发展落后的上游地区倾向于适用较为宽松的国家环境标准，如此一来，上下游地区省级政府之间就会在环境标准适用的先后顺序上难有一致意见，存在"无人协调"之困境。

流域生态环境管理机构承担着协调环境标准的重要职责。流域"统一标准"的核心问题在于如何实现统一，并将"统一"具体落地。按照现行的环境法律制度，解决上述困境的可行路径有二：一是由国家生态环境部制定统一的国家环境标准；二是由流域生态环境管理机构协调流域上下游、左右岸、干支流省级政府之间制定相同的地方环境标准。倘由国家生态环境部制定统一的国家环境标准，不能完全考虑具体流域实际情况，更不能兼顾省级政府的利益和意愿，就会造成流域环境标准的混乱或失序。但若由专门设置的具体流域生态环境管理机构协调上下游、左右岸和干支流省级政府之间制定相同环境标准，此时的省级政府则是合法的"流域"环境标准制定主体，更为重要的是，制定出来的环境标准是省级政府之间经过博弈后的"合意"结果，一方面，能够保证制定出来的环境标准得到切实贯彻执行；另一方面，有利于上级政府监督省级政府对这种"合意"的具体落实。因此，未来的制度设计应赋予流域生态环境管理机构"统一标准"的协调职能，促使其依法协调流域省级政府间制定相同环境标准，协调不能、约定时间内未有协调结果的，可由国家生态环境主管部门制定统一环境标准。需要指出的是，重新制定的环境标准应严于既有环境标准。

2. 监督流域"统一规划"的履行

流域水污染防治规划是国家生态环境主管部门与国家水行政部门为改善或维持流域生态环境质量、增强或维持流域生态服务功能，对未来一定时期内拟实现的水污染防治目标和拟开展的水污染防治活动所作的部署与安排，是使人的水污

---

① 谢宝剑：《国家治理视野下的大气污染区域联动防治体系研究——以京津冀为例》，载《中国行政管理》2014 年第 9 期。

染行为服从于法律"规则治理的事业"。① 它兼具科学技术指导性和法律规制性的复合特征。现行《中华人民共和国水污染防治法》第十五条明确规定了流域水污染防治规划制度②，主要包括编制主体、编制程序和规划的法律效力等。分析我国流域水污染防治规划制度，发现其有两个明显特征：一是自上而下的层层推进性。从生态环境部、水利部联合制定国家重要江河、湖泊规划到其他跨省江河、湖泊规划再到跨县江河、湖泊规划，以及相应的备案、批准程序等，这种类似于俄罗斯"套娃"的规划路径，形塑着基于流域生态系统一体性的水污染防治规划的内在统一及和谐性。二是从抽象行为到具体行为逐渐转化。国家重要流域水污染防治规划针对不特定行政相对人和不特定环境保护事务所提出的具有普遍性约束效力的要求，属于抽象行政行为。但随着规划细化，更低层的水污染防治规划可能会对特定行政相对人产生直接约束力，属于具体行政行为。在这种情况下，规划所产生的"权利限制等效果"不是抽象的，往往也会针对特定的行政相对人，这时的环境规划法律效力"远比法令的效果具体"，它"更类似于具体行政行为"③，"将综合规划勉强划入某一规范的范围或者某个行政行为的范围确实很难"。④

也就是说，我国现行环境法律确立的流域污染防治"统一规划"的重点和难点不在于是否统一和如何统一的问题，而是已经"统一"的污染防治规划如何能够得到切实有效的执行问题。众所周知，由于缺乏强有力的责任及监督机制，导致我国包括水污染防治规划在内的环境规划更多沦为"墙上挂挂"的命运，而这无疑是对最严密生态法治的严重挑战。新设置的国家流域生态环境管理机构需要担负起监督水污染防治规划能否得到切实履行的重要职责，通过建立一系列保证流域水污染防治规划得以切实履行的责任及监督机制，从而保障水污染防治领域"国家意志"得到有效实现。此外，协调水污染防治规划和土地利用规划、水资源规划之间的关系，探索"多规合一"的可能性和具体路径也将是流域生态环境管理机构主要的环境行政任务。

3. 具体实施"统一执法"的行为

一般认为，流域生态环境监管执法职责部门分割严重、生态环境监管执法易受地方政府掣肘、流域生态环境监管执法保障能力普遍弱是推进流域生态环境管

---

① 张文显：《当代西方法学思潮》，辽宁人民出版社1988年版，第25页。

② 参见《中华人民共和国水污染防治法》（2017）第十五条规定，"防治水污染应当按流域或者按区域进行统一规划。国家确定的重要江河、湖泊的流域水污染防治规划，由国务院环境保护主管部门会同国务院经济综合宏观调控、水行政等部门和有关省、自治区、直辖市人民政府编制，报国务院批准"。

③ ［日］南方博著，杨建顺等译：《日本行政法》，中国人民大学出版社1988年版，第62页。

④ ［印］赛夫著，周伟译：《德国行政法——普通法的分析》，五南图书出版公司1993年版，第144～148页。

理"统一执法"的重要原因。《深化党和国家机构改革方案》指出，国家将"整合环境保护和国土、农业、水利、海洋等部门相关污染防治和生态保护执法职责、队伍，统一实行生态环境保护执法。由生态环境部指导"。"统一执法"的重点在于流域生态环境管理机构如何整合目前稍显分散的流域生态环境执法力量，统一实行流域生态环境保护执法体制。首先需要说明，这种执法机制与现有区域环境保护执法、流域管理机构执法、水环境领域内的综合执法和联合执法存在一定差异，主要体现在：一是执法主体不同。流域生态环境综合执法的执法主体是流域生态环境管理机构，而其他执法主体则千差万别。二是执法理念不同。流域生态综合执法秉持的是基于流域生态系统的总体性出发，"将流域整体作为建构自身制度的基础，这种观念是有机的和过程的，它是在一种生态的和社会过程的背景下来执法"。① 区域环境保护执法显然没有这个理念，流域管理机构执法更多侧重于经济，水环境领域内的综合执法体现了某种程度的"综合""整体"，但仍然没有摆脱行政区的限制，不符合流域生态环境整体性治理的理念。三是执法方法不同。整合后的流域生态环境执法，除了行政处罚权外，也需要一定的行政强制权和行政监督检查权，甚至可行使来自环境部门和水利部门委托或授予的其他行政权力。总之，未来的流域生态环境管理机构，既有自上而下型的执法措施，也有自下而上型的执法措施，既有命令与控制型执法措施，也有相互合作型执法措施。对于流域执法，流域环境执法机构奏响的是"交响乐"，而不是"独奏曲"。②

六、小结

我国流域生态环境管理体制的变革历程经过了一个相对曲折的过程，既取决于我国对流域生态环境发展规律的认识，也受制于不同时代政治、经济等各个方面的发展变化。习近平生态文明思想对我国流域生态环境管理体制提供了方向指引和根本遵循。从应急管理到法治主义的变革路径契合了保护生态环境必须依靠制度、依靠法治的基本原则。但法治主义的努力不可能像其所设计的那样，一劳永逸地解决流域生态管理机构的实质合法性命题，其主要价值在于为流域生态环境管理机构的实质合法化提供一种规范性、程序性的框架体系，能够使尚未成熟的流域生态环境管理体制趋向于制度化、定型化。"双重领导"体制有其形成逻

---

① 杨小敏：《论我国流域环境行政执法模式的理念、功能与制度特色》，载《浙江学刊》2018 年第 2 期。

② Tracy Mehana Symphonic Approach to Water Management: The Quest for New Models of Watershed Governance [J]. 26J. Land Use & Envtl. L. (2010—2011). pp. 30 – 33.

辑和发展逻辑。这种体制历经多次冲击和调整而未作根本性变革，合理的解释是，这种体制承载着难以替代或不可或缺的功能，这些功能的存在弥补着现存流域生态环境管理协调机制的结构性缺陷或缝隙，维持着流域生态环境管理合作协商机制行政权力配置的相对平衡，承载着流域生态环境管理部门间分工协作机制的有效运行。流域生态环境管理体制变革动力是多重的。其中，突发性水污染事件、流域生态安全的战略考量、高层领导的重视、科层制的压力以及公众参与等。纳入法治化考量的主要有科层制的压力和公众参与，科层制的压力尽管不断塑造着流域生态环境管理体制，但在此框架体系下设置的流域生态环境管理机构存在着组织运行封闭性、组织机构惰性及官员任期制等固有弊端，不能有效回应社会需求。相反，公众参与能够保证流域生态环境管理体制必要的开放性和反思能力。公众参与可通过环境公益诉讼制度的完善而实现法治化。新近成立的七大国家重要流域生态环境监督管理局肩负着协调流域上下游、左右岸、干支流省级政府之间协商制定相同环境标准、保障流域水污染防治规划履行、实施统一流域生态环境综合执法活动等三项重要职责，其中，关于流域生态环境保护综合执法需要接受必要的司法审查。

第二节　流域生态补偿监管体制的法治建构

　　"经验世界中，监控者存在的价值和意义是让被监控者做事符合规矩，而管理者则在高效地做好其担负的管理事项、解决管理所面临的各种问题。"[1] 立足于生态补偿管理与生态补偿监督管理之间的差异，本节主要从生态补偿协同监管与生态补偿分部门监管两个方面对流域生态补偿监管体制法治建构展开分析。

一、生态补偿联席会议制度的法治发展

　　生态补偿协同监管体制主要体现为生态补偿联席会议制度的建立及完善。所谓联席会议是指，为了协商办理涉及政府多个部门职责的事项，由各级政府批准建立，各政府职能单位作为成员单位，按照共同商定的工作制度，及时沟通情

---

　　[1]　沈岿：《监控者与管理者可否合一：行政法学体系转型的基础问题》，载《中国法学》2016 年第 1 期。

况，协调不同意见，以推动某项任务顺利落实的工作机制。① 我国生态补偿联席会议广泛存在于包括流域生态补偿在内的不同领域之中，其中，中央层面为生态补偿部际联席会议，是由国家发改委牵头召集，承担"统筹研究解决生态综合补偿工作中的重大问题，协调有关部门共同加强对生态综合补偿试点工作的指导"等诸多职能。地方层面，县级以上地方各级人民政府陆续建立了各种类型生态补偿联席会议②，承担着统筹地方生态补偿领域重大、复杂和疑难问题的协调、组织和指导功能，推动地方不同领域以及生态综合补偿工作开展。

（一）建立生态补偿联席会议制度之必要性

由于无相对成熟的域外体制经验可资借鉴，我国生态补偿最初主要是由中央政府及其职能部门主导的一项试点探索。1998 年，由于森林乱砍滥伐、水土流失等原因，长江流域发生了特大洪灾，国家林业行政部门随即主导了退耕还林政策以及建构了森林生态补偿制度，并取得了一定成功经验。随之，国家发改部门、自然资源部门、水行政部门以及生态环境部门等中央职能部门均以各自部门法为依托，相继开展不同生态要素、不同领域生态补偿实践活动，客观上讲，"部门主导"的生态补偿制度机制极大缓解了人与自然之间的紧张关系。但"由于我国长期按照部门职能划分、实行条块分割管理，形成了各行政层级之间、垂直部门与地方政府之间、各地方政府之间、政府各部门之间、行政业务之间处于离散与分割状态。因分工过细造成部门林立、职责交叉和多头指挥；因组织僵化造成资源割裂、流程破碎；因本位主义造成整体效能低下、公务人员权力本位。"③ 杂乱无序的生态补偿管理体制产生了诸多问题：（1）问题的转嫁。基于单个自然生态要素的补偿方式带来"泄露"问题只能由其他部门或者地区来承担。（2）项目互相冲突。针对同一事项设置多个补偿项目，不同补偿项目之间考核标准存在差异。（3）重复。重复设置项目和试点导致稀缺资源供给上的损耗和浪费。（4）目标互相冲突。（5）缺乏沟通，不同职能部门之间立足于"一亩三分田"，相互之间缺乏联系。（6）各自为政，互不帮助。（7）公众不知道去哪里获得恰当的服务。（8）不去思索问题成因，而是坚持既有的专业干预。④ 应当说，分部门、分要素实施生态补偿的管理体制探索违背了山水林田湖草沙一体化

---

① 详情参见中国机构编制网，2020 年 9 月最后访问。
② 参见《湖北省人民政府办公厅关于同意建立湖北省生态保护补偿工作联席会议制度的函》。
③ 王敬波：《面向整体政府的改革与行政主体理论的重塑》，载《中国社会科学》2020 年第 7 期。
④ Perri. Towards Holistic Governance：The New Reform Agenda，1st ed ［M］. New York：Palgrave，2002：48.

理念，为此，理论学界随即提出了整体性治理理论，[1] 以便能够应对分部门、碎片化补偿存在的弊端。实践中，"为弥补传统官僚制和新公共管理碎片化的缺陷，我国持续进行的行政体制改革通过机构整合、功能整合等多种形式，改变行政机关的组织结构和行政权力的运行机制突出体现了'以整治碎'的价值取向，呈现出以整体性为价值理念，以公民需求为导向，以协同合作为运行机制，强调提供全方位、无缝隙的服务供给。"[2] 基于理论、实践的双重要求，基于系统补偿和整体保护理念的体制机制自然应运而生，横跨不同层级政府以及联结多个政府职能部门的生态补偿联席会议制度就是其中的一个范例。

建立生态补偿联席会议制度的必要性还在于，它能够克服形式法治化的局限性。"对政府来讲，协调是一个基本的但日渐重要的问题。"[3] 在依法行政、法治政府建设时代，设置或成立一定的流域生态补偿监督管理机构势必要会受到国家法律、行政法规或者地方法规的严格制约，似乎已然成为一个基本趋势，但这"是一种程序论或形式主义，即把行政组织的合法性奠基于民主代议机关的立法或者授权，就是信奉一整套全面的、系统的、自洽的组织法则以及此类法典化体系解决行政组织合法性问题的功效。"[4] 理想主义法治观表现在行政组织法领域，就是依靠系统的行政组织法典严格明确各行政组织的职责权限，向社会公众提供足够预期。[5] 可见，无论是组织法机制抑或代替组织性机制的行为法机制，法治化自身所固有的滞后性造成业已成立的组织机构及其职能不能完全满足不断变化的生态补偿实践的需要。这种情况下，如果一味拘泥于形式法治化要求，既可能造成法治权威性和正当性的损耗，也会造成组织机构逐渐成为生态补偿实践发展的障碍。组建或成立生态补偿联席会议就是借助一种相对灵活的方式克服形式法治之固有弊端，是一种注入了实质法治基因的各级政府及其职能部门的协作机制。

（二）生态补偿联席会议制度主要功能

生态补偿联席会议制度主要功能包括：（1）提升制度供给质量。国家发展与改革、财政、自然资源等中央政府各个职能部门承担制度供给职责，他们依法制

---

① 竺乾威：《从新公共管理到整体性治理》，《中国行政管理》2008 年第 10 期；刘学平等：《国内整体性治理研究述评》，载《领导科学》2019 年第 4 期。

② 王敬波：《面向整体政府的改革与行政主体理论的重塑》，载《中国社会科学》2020 年第 7 期。

③ ［美］盖伊·彼得斯著，吴爱明等译：《政府未来的治理模式》，中国人民大学出版社 2001 年版，第 141 页。

④ 沈岿：《公共行政组织建构的合法化进路》，载《法学研究》2005 年第 4 期。

⑤ 唐祖爱：《我国行政协调机制的法律分析和法治化构建》，载《武汉大学学报》（哲学社会科学版）2007 年第 4 期。

定生态补偿部门规章、规范性法律文件以及各自职责范围内的生态补偿政策等。但是由于部门利益和信息偏在影响，不同政府职能部门制定出来的生态补偿法律、规章等经常存在不协调、难以兼容甚至相互冲突等，导致补偿真空与重复补偿同时并存，违背了山水林田湖草沙一体化理念。建立健全生态补偿联席会议制度能够加强各级政府不同职能部门之间的沟通与协调，实现制度供给统一、补偿资金配置协同等，从而不断提升生态补偿制度供给的总体质量，促进生态文明建设与美丽中国目标服务顺利实现。（2）规范协同监管。尽管生态补偿监管权被分散配置在不同政府职能部门中，但这些不同政府职能部门之间应该相互协同共同组成国家行政系统对国家立法机关负责，也是责任政治的根本要求。[①] 生态补偿联席会议正是协同监管体制变革要求的必然产物。不仅如此，有些学者甚至进行了更为大胆的探索。"将国家作为政治意义上的行政主体，各级政府作为法律意义上的行政主体，'剥夺'各级政府职能部门的行政主体资格。"[②] 总之，生态补偿联席会议制度能够有效规范、统一协调生态补偿监管权，以一体化政府之名统一对外行使生态补偿监管权力，包括规范生态补偿领域之设定、补偿对象之界定和补偿标准之确定等，这对于塑造一体化、整体性政府、强化政府权威及公信力、建设诚信政府、法治政府极为重要。（3）实现生态综合补偿。分部门的生态补偿监管体制形成的分类补偿，经常导致出现生态补偿重叠与补偿真空等弊端，比如重叠方面，我国西部地区林地面积跟草地面积重合率达到了20%。按照全覆盖要求，意味着有近20%西部地区出现了重复补偿问题。[③] 真空方面，我国西部地区很多冰川是河流发源地和江河源头区，尽管冰川地区及其周边草甸草原生态环境非常敏感脆弱，急需列入相应的生态功能区域采取相应禁限措施而予以相应补偿。遗憾的是，各级政府不同职能部门生态补偿政策均未进行必要涉及。建立生态补偿联席会议制度能够立足于山水林田湖草一体化保护视角，摒弃部门思维以及由此形成的单一补偿思维，站在更广范围内，实现一种整体性、系统化意义上的生态综合补偿，有效避免补偿重叠，及时填补补偿真空。（4）达成信息交流与数据共享。实践表明，信息准确性及透明度是有效监管的必要条件和核心元素。[④] 通过联席会议制度平台，不同政府职能部门开展生态补偿工作的信息得以产生、汇总和共享。不同渠道的生态补偿信息在这里交会、碰撞、翻译和转化，有效生成整体视野下生态补偿工作的"信息束""信息链""信息港""信息

---

① 唐祖爱：《我国行政协调机制的法律分析和法治化构建》，载《武汉大学学报》（哲学社会科学版）2007年第4期。

② 王敬波：《面向整体政府的改革与行政主体理论的重塑》，载《中国社会科学》2020年第7期。

③ 《完善生态补偿机制需打好"综合"牌》，参见贵州林业局网站，2022年11月最后访问。

④ 李仁真：《监管联席会议：跨境银行集团监管的制度创新》，载《学习与实践》2012年第6期。

池"，从而可以有效减少谣言滋生；业已形成的谣言也会不攻自破；避免专业、复杂、概括与晦涩的生态补偿信息出现"信息烟囱"现象和"信息孤岛"，造成"信息越多却可能使人们知道得更少的现象"。[①] 此外，基于共享的生态补偿信息能够得到有效的开发利用，生成的生态补偿数据资源能够保障生态补偿政策的精准性与科学性。

（三）生态补偿联席会议制度现状及其问题

生态补偿联席会议制度的建立及运行，实际上就是生态补偿议题被逐步识别出来并得到系统化反馈的一个过程，或者说，这是科层制官僚体系通过自我规制、自我调节来保障优质生态服务或生态产品持续有效供给的一个过程。生态补偿联席会议运行表现为：（1）召集会议。生态补偿部际联席会议通常是由发改部门提议召开的，其中，国家发改委分管负责人就是召集人。[②] "在公共部门内，很多任务型组织都会设立一个办事机构。办事机构设在哪个常规组织内，就意味着以那个常规组织为中心，以便联络和召集有关各方共同寻求解决问题的方法。"[③]（2）达成共识。不同生态补偿职能部门之间相互交换意见，不断发生碰撞与相互妥协，在生态补偿政策重大疑难问题上达成一定共识，共识需要通过一定会议记录等物质载体呈现出来。（3）履行共识。不同生态补偿监管部门需要投入必要的人力、物力等资源，通过自我履行或者相互合作履行等方式以践行达成的共识，具体包括，制定或修改生态补偿政策、联合行动或扩大（缩小）生态补偿领域等。（4）履行反馈。需要对联席会议达成的共识，以及不同生态补偿监管部门单独或共同执行共识情况进行绩效评估。评估可以委托或聘请第三人实施。评估结果应当报告给召集人，由召集人决定报告下一步走向，酝酿形成新的联席会议议题或设置专门性议题等。

遗憾的是，各地召开的生态补偿联席会议正在演变成为生态补偿年度总结会和未来工作计划会，受会议频次、时限等约束，公开博弈和讨论几乎没有，各种涉及生态补偿的"烫手山芋"更多需要通过"私下方式"得以持续交流沟通，以至于很多棘手问题长期处于"悬而未决"状态，原本希望解决生态补偿重大疑难问题的联席会议制度却有可能成为需要解决的一个棘手问题。

---

① ［美］盖伊·彼得斯等著，顾建光译：《公共政策工具：对公共管理工具的评价》，中国人民大学出版社 2007 年版，第 76 页。

② 参见《发展改革委副主任主持召开生态保护补偿工作部际联席会议》，中华人民共和国中央人民政府网，2020 年 9 月最后访问。

③ 张康之等：《任务型组织研究》，中国人民大学出版社 2009 年版，第 67 页。

1. 功能定位不明确

"行政机关之间的横向关系主要是部际关系和区际关系。"[①] 我国宪法、《中华人民共和国地方各级人民代表大会和地方各级人民政府组织法》等只对纵向关系，即中央对地方、上级政府对下级政府的关系作了规定，而地方同级政府之间的横向关系却没有相关规定。[②] 行政机关之间横向关系组织法规则的缺失是各国普遍存在的现象。[③] 由于生态补偿联席会议制度是以行政机关横向关系为规制对象的一个制度机制，但行政机关横向关系组织法规则的缺失显然造成生态补偿联席会议制度法律性质不确定，联席会议制度功能定位处于模糊状态。在会议形式方面，成为"总结会、展望会"；在会议议程方面，"谈得来就谈，谈不来可以不谈"；在会议决议方面，"会上形成共识，会下各打算盘"；在会议共识履行方面，"会上自言自语、会后各奔东西""人在会在，人走政息"。可见，围绕联席会议尤其是生态补偿联席会议制度所产生的各种乱象成因均能够直接或者间接追溯至生态补偿联席会议制度性质及其功能定位方面。

2. 权责结构不合理

生态补偿联席会议的权责结构可分为内部权责结构和外部权责结构，故其权责结构不合理主要体现在以下几方面：（1）内部权责结构缺失。内部权责结构是指，生态补偿联席会议范畴内，不同生态补偿监管部门权利义务配置状况。从法治化视角来看，需要将他们依法享有的职权予以必要约束，将他们依法履行的职责予以必要规范。无论是职权也好，职责也罢，无非强调对分部门行使的生态补偿监管权实施必要的协调，以便统一行动，一致对外。但由于联席会议仅仅是一种松散的会议组织形式，一个规范化程度较低的生态补偿协调合作平台。这种情况下，对参与联席会议的各个生态补偿职能部门的约束力较弱，难以有效建构不同职能部门在联席会议中的权利义务关系。由于联席会议内部权责机构不合理或者缺失，各个生态补偿职能部门就没有相互之间的约束力和影响力，导致达成的共识仅仅停留在纸面上，基于共识的单独或共同行动更多有赖于一种自我履行或者自觉履行。（2）外部权责结构空白。外部权责结构是指，生态补偿联席会议作为一个相对独立主体，他在统一协调生态补偿重大、疑难事务时，针对行政相对人和其他利害关系人所享有的权利义务。由于联席会议讨论重大疑难生态补偿事务问题时，可能会出现一些减损、阻碍行政相对人或其他利害关系人生态补偿权益获得或实现之情形。于此情形之下，行政相对人或其他利害关系人在申请行政复议或者行政诉讼时，如何选择一个适格被告就构成一个挑战。本书这里不是分

---

①③ 叶必丰：《行政组织法功能的行为法机制》，载《中国社会科学》2017 年第 7 期。

② 彭彦强：《基于行政权力分析的中国地方政府合作机制研究》，南开大学博士学位论文，2010 年，第 115 ~ 116 页。

析适格被告，而是想说明，生态补偿联席会议未能构成一个行政主体，其外部权责结构是空白的。

3. 组织结构不完善

有学者认为，"任何行政组织总是在一定社会环境中、为了完成某种行政事务而存在，法律必须根据特定组织所处环境，分析其要完成的行政事务特征，才能对组织形式及要素做出最佳安排"。[①] 一个相对完整、分工合理、规范运行的组织结构对于联席会议制度功能有效发挥至关重要。总结各地生态补偿联席会议制度运行现状状况，将其简单概括为"一长一短"，所谓"一长"是指，召开联席会议中间间隔的周期较长，一般一个年度召开一次、二次，甚至也有几年召开一次，极端情况下出现召开一次之后再无任何下文；所谓"一短"是指，每次联席会议召开会期较短，一般会期只有一天或者几天。这种"一长一短"特点导致参与联席会议的各个政府职能部门很难就各方特别关切之事项进行充分必要的沟通、交流，只能在一些浅层次或者显而易见的问题上达成妥协或共识。松散性的会议组织机构以及日常办事机构缺失，难以胜任联席会议会前酝酿筹备、会中居间协调、会后共识履行或履行反馈等全过程、全链条式之重任，也导致联席会议在共识协调、执行及监督等方面存在空白之处。此外，专业咨询机构缺失也导致联席会议难以深入发现生态补偿机制运行机理，无法真正触及生态补偿机制运行中的深层次、规律性问题，难以有效解释生态补偿难点、痛点和堵点问题的真正根源。由是如此，一些地方的生态补偿联席会议最终成为参与联席会议各个政府职能部门的工作总结会或汇报表彰会，"始于会议也终于会议"。总之，现行生态补偿联席会议制度缺乏高效组织机构、日常办事机构和专业咨询机构，致使生态补偿协调监管机制运行困难，制度功能难以发挥。

4. 议事规则不充分

"组织结构、组织制度、议事规则是一个完整的体系，存在着一种相互支撑、相互制约的关系。"[②] 这里需要特别指出议事规则的重要性。议事规则是指，参与联席会议的各个政府职能部门在讨论生态补偿重大疑难问题时，应当遵循的具体行为准则。"议事规则是规范决策行为，保障决策的民主性和科学性的必要条件。"[③] 联席会议议事规则包括主持人规则，主要是由谁来主持会议，以维护会议议程顺利推进，把控议事程序；发言规则，包括发言不能存在侮辱、攻击等内容限制，发言权不能受到干扰和发言时间的控制；质询规则，任何联席会议参与者有权对其他参与者就生态补偿法律政策履行情况进行质询，受到质询的一方应

---

① ［日］大桥洋一著，吕艳滨译：《行政法学的结构性变革》，中国人民大学出版社 2008 年版，第 344 页。

②③ 桑玉成等：《领导体制中的议事规则研究》，载《江苏行政学院学报》2018 年第 6 期。

当有相应解释和答辩权利。就目前我国来看，生态补偿联席会议制度在议事规则方面还存在着一些独有问题，一是缺乏重视议事规则的主观意识。长期的"首长制"影响造成主要负责人的个人判断往往会取代一种相对优化的集体共识。二是非正式隐性规则长期占据主导地位，具体表现为，"开大会讨论小问题，开小会讨论大问题，不开会讨论关键问题"。① 显然，中立化、科学化的议事规则匮乏问题不仅在生态补偿联席会议领域内广泛存在，它实际上可以扩大为中国大部分联席会议机制的一个常见通病。显然，这种通病的持续存在和深远影响会在一定程度上遮蔽联席会议制度价值，消减制度功能。

上述问题客观存在的主要症结在于，生态补偿联席会议制度法治化程度不足。由于法治化程度不足，引发联席会议只是一种基于面对面的对话式协调，这种以会议形式的正式协调往往需要非会议形式的非正式协调相配合。这种协调往往与既定领导人任期有关联，一旦领导人发生变动，合作机制就会陷入常态化的"停摆"状态。生态补偿联席会议制度法治化程度不足，也会造成联席会议形成的"会议决议"法律性质不明确，可以将其理解为一种共同行政行为，也可以将其视作为会议成员单位认可的内部规则，无论是一种共同行政行为或者一种内部规则，均不具备完整意义上的法律效力；"会议决议"即便具有一定法律效力，但过于原则的决议内容，也会造成参与各方后续具体应对措施不足，决议履行难以得到保障。申言之，生态补偿联席会议制度难题不仅在于形式化意义上的制度化程度不足，更在于实质意义上的法治化缺席。

（四）生态补偿联席会议制度法治化改造方略

1. 厘定联席会议的法律性质

总结学术界关于生态补偿联席会议法律性质的观点，主要有三点：第一种观点认为，生态补偿联席会议是一种行政机关的合作机制。显然，这种观点只抓住了其外在形态，具有一定现实意义。但将其简单界定为一种合作机制，只能说明这是不同行政机关间实现着一种双边或多边意义上的一种合作形态，只强调了它蕴含的现实意义而可能忽略了对其法律意义的分析和解释，没有凸显出该合作机制特有的共同协调、统一监管的之法律性质。第二种观点认为，生态补偿联席会议是一个执行机构，负责对生态补偿事务实施必要监督管理，这种观点同样没有回答这种执行机构的法律性质。应该说，这种观点可能更多是对来自地方实践经验的总结概括，但这种判断可能忽略了生态补偿联席会议的自身独立存续价值。因为从中央地方分工来看，生态补偿部际联席会议更多具

---

① 桑玉成等：《领导体制中的议事规则研究》，载《江苏行政学院学报》2018 年第 6 期。

有一种决策而非执行功能。另外，生态补偿联席会议究竟是一个常设性、临时性执行机构还是其他类型的组织形式？如果是一个执行机构，那么相应的问题是，他应当对谁负责？他作出行为的法律效力如何认定？他作出行为的法律后果由谁承担？上述很多棘手问题很难从这种观点中找到答案。第三种观点认为，生态补偿联席会议可以被视作为一种公务法人。[①] 在我国行政法理论实践中，存在着多个行政机关共同行政、联合行政情况。从立法上看，联合行政不是一个行政法概念，我国行政实体法以及行政诉讼法对此未作任何规定。但联合行政作为一项新的行政执法形式，在日常生活以及行政管理实践却普遍存在着。行使联合行政职权机构称为联合行政机构，此时联合的多个行政机关成为一个行政主体，其性质仍然属于行政机关。

总体来看，对生态补偿联席会议性质的最终判断需要落脚到对行政主体理论的修正或坚持上。就目前情形来看，我国行政主体理论重构面临三个问题[②]：一是行政主体到底是以行政任务为核心，还是以行政职权为核心？二是行政主体理论是为了确定行政组织的实体责任还是解决行政组织诉讼后果以及诉讼代表人问题？三是行政主体是否必须具备独立性、自主性，独立承担行政责任与行政诉讼后果是不是行政主体的必备要素？也就是说，只有在坚持或改革甚至重构行政主体理论基础上，才能有效厘清生态补偿联席会议的法律性质，才能在此基础上探索生态补偿联席会议的法治化发展。

2. 明确联席会议的权责结构

明确联席会议的权责结构主要包括：（1）内部权责结构完善。需从以下方面入手，一是强调各参与政府职能部门平等、公平，享有同等权利，特别需要平等分享生态补偿信息以及程序权利。需要建立参与政府职能部门之间的信息通报制度，包括信息通报内容、信息通报级别、信息通报实现以及信息通报方式等制度规定。这不仅能够有效增强生态补偿信息传递效能，实现信息共享。只有明确参与政府职能部门的各方权利，才能提供必要单独行为、共同行为之规则，才会在彼此之间形成一定牵制力或约束力。否则，单纯由联席会议达成协议缺乏强制力和约束力，而协议的执行主要依靠各行政主体的诚信度及自主履行。[③] 二是需要明确各参与政府职能部门的责任。"责任"一词的惯行用法是将其指向当事者因违反行为规范（法律的、纪律的、道德的等），而应当承受的不利后果（即惩

① 葛云松：《法人与行政主体理论的再探讨——以公法人概念为重点》，载《中国法学》2007 年第 6 期。

② 曾祥华：《中国行政主体理论再评析》，载《甘肃政法学院学报》2019 年第 1 期。

③ 刘冬辉：《行政联席会议制度刍论》，载《人民论坛》2012 年 12 期。

戒）。① 只关注参与政府职能部门自身行政权力或者参与权利，没有相应问责机制存在，联席会议内部权责结构仍然是不完善的。因此，"没有权力就没有问责，因此，把握了问责的权力类型，就把握了理解与建构问责制的钥匙"。② 显然，这里的问责首先指向一种法律上的问责。但法律上的问责，"它要服从于现代法律的内在逻辑与准则，比如理性、过错责任等基本原则，要通过严密的司法或司法式程序来进行"。③ 显然，法律问责机制尽管非常必要，但它并不是包治百病的"万金油"，它也存在着适用范围、适用对象等方面的限制。因此，在法律问责之外，需要建立政治问责、专业问责等问责方式，以弥补法律问责在性质或功能上的局限。波斯纳大法官认为，"如果地方政府在提供治安与救火方面搞得不好的话，那么政治上的报应就会迅猛降临。毫无疑问……我们不需要担心这样的事，即除非联邦政府迅速出面处理，否则这类起诉所针对的这些不受州法律审查的不适当行为就会大行其道"。④ 因此，生态补偿联席会议参与的政府职能部门彼此之间具有义务与责任，并相互监督，可以透过法律问责、政治问责、专业问责等三种类型建立起较为严密的问责机制，并通过垂直课责、水平课责、参与课责等三种方式实现与法律问责、政治问责和专业问责之间的互联互结和互动，形成一种纵横交错的问责责任机制，从而有效保障生态补偿联席会议制度功能有效发挥。（2）外部权责结构完善。结合行政主体理论和制度变革的实践探索，可以尝试将生态补偿联席会议作为一个相对独立的法律主体。生态补偿联席会议有权作出一定的抽象行政行为，比如，制定生态补偿部门规章等系列规范性法律文件，负责或者委托第三方机构对各个政府职能部门主管的生态补偿管理工作以及补偿资金筹资支付机制实施一定的绩效评估。但生态补偿联席会议不能替代政府职能部门作出行政确认、行政拨付等具体行政行为，比如，具体生态保护者资格确认的行政确认行为等。因为此时行为所面对的无论是社会公众，还是相对确定的行政相对人，都可以理解为一种整体式的权利义务关系，因为这可能涉及行政相对人或者利害关系人不服具体行政行为时被告的确认问题。生态补偿联席会议对外享有一定的生态补偿权力，这是在对生态补偿事务实施统一协调监管时，相对于相对人或第三人而享有的权利。联席会议对外承担的义务或责任，可以理解为相对人享有的生态补偿权利/生态补偿请求权利或参与权利。

---

① 沈岿：《行政监管的政治应责：人民在哪？如何回应？》，载《华东政法大学学报》2017 年第 2 期。

②③ 陈国栋：《行政问责法制化主张之反思》，载《政治与法律》2017 年第 9 期。

④ Jackson v. City of Joliet, 715 F. 2d 1205（7th Cir. 1983）.

3. 完善联席会议的组织机构

长期以来，理论和实务界大多"轻忽被定性为'内部法'的行政组织法"，[①]包括行政组织管辖权限、内部结构、人员组成均未能成为行政法学研究的显性议题。作为以会议形式呈现的一种具有一定特殊性的组织载体方式，对其组织法机制及其内部运行机理的研究一直处在空白状态。我们认为，生态补偿联席会议之组织法机制完善应从以下几个方面予以着手：（1）设立联席会议秘书机构。"执行是决策的生命，没有有效的执行，任何美好的政策都会仅停留在纸面上，还会削弱政令的权威性和公信力。"[②] 联席会议通常是以会议形式召开的，因此必须设立一种日常工作办事机构，以有效保障联席会议各项决策的有效执行。作为一种联席会议日常工作机构，联席会议秘书机构能够统筹协调生态补偿工作，包括收集、提出需要经过联席会议讨论决定的重大议题；酝酿并筹备联席会议召开会期议程事项；执行并反馈联席会议的决定事项；指导并联系各参与行政机关主管部门的运作等。联席会议秘书机构可设立秘书长、副秘书长等岗位，由各参与行政机关推选产生，秘书长、副秘书长等需要明确各自职责，合力分工，以保证生态补偿联席会议日常办事机构的高效运作。（2）设立生态补偿特定事项专责小组。仅仅依靠日常办事机构来执行联席会议作出的重大决定等事项，可能会忽略生态补偿事务复杂性和专业性，因此需要考虑针对生态补偿推进情况设置一些特定事项专责小组。在这种情况下，需要生态补偿联席会议召集人牵头成立特定事项专责小组，就生态补偿标准制定、中央地方生态补偿事权与支出责任划分等重大疑难事项进行专门研究，提出专门性政策建议，并报联席会议讨论决定。专责小组与秘书机构虽然都是联席会议的执行机构，但两者存在一定差异，秘书机构是一般性执行机构，负责联席会议的日常事务，专责小组是一种临时性的执行机构，主要负责对生态补偿特定事项的专门研究，两者是一种相互协调、统筹推进的协同关系，也就是说，专责小组应当接受秘书机构的统一协调和必要的指导。与秘书机构相同，也需要考虑明确专责小组的工作准则，具体包括设立、职责、执行、报告等。

4. 优化联席会议的议事规则

生态补偿联席会议议事规则完善，可以从以下方面着手：（1）组织法规则完善。主要包括对生态补偿联席会议组成、职责、成员职责、主席职责、列席人员等做出较为详细制度规定，在制度运行条件成熟时，可以考虑制定生态补偿联席会议的章程，主要包括总则、权利和义务、联席会议年会、会议纪要、经费和附

① 詹镇荣：《行政法总论之变迁与续造》，元照出版公司 2016 年版，第 1 页。
② 王清军：《区域大气污染治理体制：变革与发展》，载《武汉大学学报》（哲学社会科学版）2016年第 1 期。

443

则等。（2）议事程序规则完善。包括会议召开、议题提出和审议、执行、检查、反馈和报告等，特别是联席会议决议执行情况的检查与反馈，因为这构成生态补偿联席会议制度的生命力之所在。（3）主持规则完善。建议由国家发改委、财政部或者自然资源部等部委分管负责领导轮流担任联席会议主席，议决方式以成员会议方式进行，所有成员有平等表决权。对于重大事项，需要经过2/3赞成票通过，对于一般事项，需要经过半数赞成票通过。通过决议应当由联席会议主席签订，并报国务院备案。（4）执行规则完善。联席会议各方应当完全有效执行联席会议决议，参与各方应将执行决议情况向联席会议主席报告，向其他方进行通报。如果由于不可抗力、情势变更等因素，不能执行原决议或者执行原决议造成重大损失的，执行方应当提前向联席会议各方通报情况并做合理说明。对于没有正当理由和未履行必要程序而不履行、迟延履行决议内容的，联席会议主席应当及时向国务院报告并提出相应建议。

通过生态补偿联席会议这种制度化的组织载体形式，使包括流域生态补偿在内的生态补偿复杂事务之间的相互联结找到了充分有效实施平台，行政权力之间通过一种制度性组织化手段与非正式性联结方式实现了某种程度的融合与嵌入，"协调"主导下的话语强势与生态补偿机制建设等因素在生态补偿联席会议上得到了充分的展现，并以此为平台演绎着丰富多彩的生态文明建设全新路径。

二、生态补偿分部门监管体制的法治发展

（一）生态补偿监管体制法治化的必要性

1. 实现法治主义的总体考虑

"人治"盖源于对儒家"有治人无治法"中"治人"一词的转换，"法治"应出自法家"以法治国"一词。[①]随着时空更迭变化，"人治""法治"概念内涵外延发生了翻天覆地调整。"人治""法治"是一个相对概念，两者之间可以实现相互界定。对于"人治"概念的理解，必须借助，也只能是借助"法治"概念，并在"法治"概念相对意义上去理解和建构，正如对于法治的理解也得借助于人治的概念一样。[②]"法治""人治"相对关系的全新解读有助于认知我国生态补偿制度变迁历程。我国生态补偿制度出现缘由可以解释为，一是我国从计划

---

① 沈宗灵：《依法治国，建设社会主义法治国家》，载《中国法学》1999年第1期。

② 周安平：《依法治国与法治的概念辨析——对当下认识误区的厘清》，载《法治研究》2020年第1期。

经济向市场经济转型，迫切需要改变自然资源低价、生态环境无价之局面，包括生态补偿制度在内的一系列制度举措实际上是应对自然资源低价、生态环境无价的一种应对产物；二是 20 世纪 90 年代开始的分税制。中央和地方事权、财权分开，这直接导致生态保护责任与生态保护收益不均衡状况持续存在。为应对这个不均衡状况，国外生态服务付费制度理论探讨开始引进中国，相关制度探索实践也在不同地区、不同领域广泛展开。在这个过程中，领导人讲话、指示和依据领导人讲话、指示精神颁行的生态补偿政策也开始大规模出现，一些地方甚至把成熟有效的生态补偿经验通过地方立法方式固定下来。随即，在退耕还林、生态公益林保护、水土保持等领域内生态要素的生态补偿立法逐渐得以展开，生态补偿法治化进程开始不断加速。在这个交替的互动过程中，人治因素并非一无是处，它在特定时间空间内发挥着难以替代甚至决定性功能。总之，在生态补偿制度法治化发展进程中，"人治""法治"不可或缺，相互补充且相互成就。

在生态补偿制度法治化发展进程中，国家生态补偿监管体制法治化发展也逐渐开始进入决策者视野。这是因为，生态补偿制度的法治化发展离不开生态补偿监管体制法治化发展为其保驾护航。如果没有生态补偿监管体制的艰难探索历程，如果没有生态补偿监管体制法治化发展进程作为有力体制支撑，生态补偿制度的法治化发展就可能是一句空话；没有生态补偿监管体制的法治化发展，业已建立的生态补偿法律制度也难以保障生态补偿机制有效运行。此外，法治主义理念、流域生命共同体理念、山水林田花草自然生命共同体理念以及整体性、系统性环境治理方法等可以有效凝聚生态补偿监管体制变革的基本共识，以便能够形成流域整体有意识集体行动以及流域生命共同体理念，避免宏观层面"集体行动困境""公地的悲剧"[①]；法治主义的行为规范能够引领并约束生态补偿监管体制变革之行政自由裁量行为，在维护流域公共利益和服务民众权利的同时，促进法治政府的有效实现；法治主义的治理机制能够发挥生态补偿监管体制必要的利益预测功能，能够大幅度降低生态补偿监管体制变革的社会成本和总成本，实现社会总体福利的提升；最后，法治主义的确定性能够引导发展生态补偿监管体制变革的基本走向，能够及时化解体制变革出现的各种不确定因素或风险。

2. 利益协调的可行举措

生态补偿监管是一种复杂性公共事务之监管，迫切需要各个生态补偿监管部门充分协作，发挥一种整体效能优势。我国生态补偿立法或政策制定过程中，一直依循的是一种分要素、分领域和分部门补偿路径，在造成补偿碎片化之同时，

---

① 张振华：《"宏观"集体行动理论视野下的跨界流域合作——以漳河为个案》，载《南开学报》（哲学社会科学版）2014 年第 2 期。

也形成越来越严重的部门利益化问题：（1）部门利益合法进入生态补偿制度领域。"任何部门都有各自的特殊利益诉求。在掌握部门立法权的情况下，各个政府职能部门就会自觉或不自觉地将各自特殊利益需求融入法律条文中，从而使部门特殊利益获取合法性。由于部门特殊利益的融入方式比较隐蔽，因此多数情况下部门特殊利益都能够逃避立法机关的审查和其他部门的质疑。"① 在这种背景下，能否有效推进分部门生态补偿机制有赖于各个职能部门能够控制或者掌握的生态补偿资金有无或者多少。（2）各级政府职能部门的核心职能不断挤压、冲淡甚至侵蚀生态补偿职能。从党和国家机构改革实践来看，任何政府职能部门总是依据国家"三定方案"将其职能划分为核心职能与次要职能。常见现象是，政府职能部门更多专注于核心职能以及相关职责的履行与否。生态补偿职能一般是各个政府职能部门在履行各自核心职能时附随产生的一种次要职能。一般而言，次要职能总是围绕着核心职能履行而使自身功能得以发挥。在这个过程中，生态补偿作为一个典型的次要职能，没有自身聚光度以及高光时刻，很难出现在各个政府职能部门优先事项或者重要议事日程中，陪衬、辅助以及锦上添花成为各个职能部门生态补偿工作的主要内容。这样一来，不同政府职能部门推进生态补偿部门立法时，更多立足于本部门核心职能能够有效履行来界定或判断生态补偿制度供给是否充足，久之，生态补偿工作变得"说起来重要，做起来不重要"，很难形成一个系统化、整体性的生态补偿管理体制。（3）挤压生态补偿制度生存空间。"制度空间总体是有限的，每个部门的职权扩张都会挤占其他部门的制度空间。"② 由于部门利益驱动，政府职能部门倾向于扩权，导致制度空间挤占，影响部门协作发展。③ 以草原生态补偿为例，由于各个职能部门竞相扩权，造成目前草原生态补偿制度存在着草原禁牧生态补偿和草畜平衡生态补偿，前者由国家林草主管部门负责，后者由国家农业农村主管部门负责，极大地破坏了生态补偿制度的系统性和完整性。

重构统一、规范和有效的生态补偿监管体制必须从以克服政府职能部门特殊利益为基本立足点，以破除生态补偿"部门化"监管为切入点。对此，生态补偿监管体制法治化变革能够提供一个有利契机。由于生态补偿监管事项重大、疑难且高度复杂，客观上要求不同政府职能部门之间实现一定范围、一定程度分工与协作。一方面，分工旨在提高生态补偿的监管效率。但由于监管理念、资源、手段以及部门利益等因素制约，意在提高效率的专业分工却可能阻碍整体监管效率提升，从而形成一种专业分工悖论；另一方面，部门协作旨在相互协调行为，实

---

①② 王资峰：《中国流域水环境管理体制研究》，中国人民大学博士学位论文，2010 年，第 341 页。
③ 杨桃源：《部门利益更直白》，载《瞭望新闻周刊》2007 年第 30 期。

现协作目标。但由于职责边界、部门利益等因素制约，旨在提高效率实现协作目标的部门协作反而会阻碍效率改进和妨碍监管目标实现，从而形成结构功能悖论。① 专业分工悖论和结构功能悖论表明，以部门分工为基础，以提升监管效率为目标导向的生态补偿监管体制构建过程中，国家发改部门、自然资源部门、林草部门、生态环境部门、水行政部门之间在生态补偿监管职责中的分工与协作关系无法避免或克服固有的分工协作监管困境。2018 年，国家机构体制改革中似乎进一步理顺了国家发改部门、自然资源部门、财政部门等主管部门在生态补偿监管体制的职责边界，但这种明确生态补偿监管职责的做法意图更强调一种分工协作关系，并未从根本上改变专业分工悖论和结构功能悖论。也就是说，统一、规范和有效的生态补偿监管体制能否有效发挥职能仍然有赖于能否有效处理他们之间在生态补偿监管职责上的分工协作关系。

（二）生态补偿监管体制法治化发展现状及其问题

"党的十九届三中全会作出了深化党和国家机构改革的决定，同时强调要增强改革的系统性、整体性、协同性，使各项改革相互促进、相得益彰，形成总体效应。"② 就生态补偿监管体制变革而言，考虑到生态补偿监管是一项复杂性公共事务监管，除在纵向权力配置上需要解决中央、地方生态补偿事权及支出责任外，仍然需要在横向上解决各级政府职能部门之间存在一种复合型水平分工与协同之监管关系。随着党和国家机构改革，我国生态补偿监管体制机制作了相应调整（见表 8 - 1）。

表 8 - 1　　　　　　生态补偿监管部门的职能分工

监管部门（内部机构）	生态补偿监管职能配置
发改部门（振兴司）	提出健全生态保护补偿机制的政策措施
财政部门（自然资源和生态环境司）	承担自然资源、生态环境、林业草原等方面的部门预算和相关领域预算支出有关工作
自然资源部门（国土空间生态修复司）	牵头建立和实施生态保护补偿制度
生态环境部门（水生态环境司）	参与生态保护补偿工作

---

① 王资峰：《中国流域水环境管理体制研究》，中国人民大学博士学位论文，2010 年，第 348～351 页。
② 王孟嘉：《论国家机构改革中的协同逻辑及其实施路径》，载《中州学刊》2020 年第 6 期。

续表

监管部门（内部机构）	生态补偿监管职能配置
水利部门（水资源管理司）	指导开展水资源有偿使用工作，指导水权制度建设，指导河湖水生态保护与修复，指导饮用水水源保护有关工作
国家林草部门（生态保护修复司）	负责林业、草原、湿地及其生态保护修复的监督管理
农业农村部门	组织农业资源区划工作（节水农业、耕地及基本农田等）

从表 8-1 可以看出，我国分部门的生态补偿监管体制具有以下几个特点：（1）牵头部门数量众多。就目前国家机构"三定方案"规定来看，我国生态补偿综合监管部门主要有三个，一是国家发改委，二是财政部，三是自然资源部。我国正在形成一个由"发改部门、财政部门和自然资源等三个政府职能部门牵头、其他多个职能部门共同参与"的生态补偿监管体制。从历史发展上看，生态补偿工作虽然最初起源于退耕还林以及生态公益林领域，但最初生态补偿监管则是由级别较低的生态环境部门（当时为国家环境保护局）专司负责，但当时更多强调一种政策引导功能而非专司生态补偿监管，后来随着生态补偿领域扩大，涉及的政府职能部门数量较多，甚至还涉及事权、财权等复杂性行政权的分工合作关系，这样一来，原本由生态环境部门专司的生态补偿监管事务逐渐转换成为由"发改部门与财政部门牵头"。2018 年国家机构改革之后，新组建的自然资源职能部门也开始参与到综合性生态补偿监管事务中来。目前情形初步总结为，我国生态补偿监管体制正在逐渐演变为国家发改部门、财政部门和自然资源部等"三驾马车"牵头监管模式。这虽然契合了生态补偿监管事务的复杂性、多元性和多功能性，但同时也带来一个至关重要的问题，是否需在上述三个牵头部门之间再依法确定一个"总牵头部门"？毕竟，三个牵头部门，既可能意味着没有牵头部门，也可能意味着三个都是牵头部门。如果他们均立足于自身部门利益考量，那么生态补偿监管体制这架"三头马车"究竟会驶向何方？毕竟，"相当多的部门坚持部门权力本位，将部门利益高于公共利益，甚至对其他部门采取不合作、不支持、不协助的消极对策"。① （2）初步建立了"分工 + 合作"之协同监管关系。专业分工悖论和结构功能悖论表明，基于部门分工而形成的职责导向的生态补偿

---

① 王敬波：《面向整体政府的改革与行政主体理论的重塑》，载《中国社会科学》2020 年第 7 期。

监督管理过程中，三个牵头部门之间、牵头部门与生态环境主管部门、水行政部门、农业农村部门、林草部门之间的分工与协作关系无法避免或克服其固有困境。此外，以部门为主导的生态补偿监管体制设置中，责任主体不明确，缺乏明确分工，管理职责交叉，在监督管理、整治项目、资金投入上难以形成合力，资金使用不到位，生态保护效率低，造成生态保护与受益脱节的"三多三少"现象。① 在特定时间点或空间范畴内，公众的不同需求并存，并借助互联网而得以自由表达和呈现。这种多层次需求并存和表达的自由通达性，势必要求体制给予回应，现有体制面临更多新的结构性矛盾。② 总之，我国生态补偿监管权配置过程中，分工与协作关系尚未完全有效理顺，法治化发展程度较低，难以与我国建成法治政府、法治国家的目标相契合，也不利于生态文明建设以及美丽中国目标任务的实现，迫切需要予以相应改变。

（三）我国生态补偿监管体制法治化的策略选择

我国生态补偿监管体制的法治化发展构成普遍趋势。在法治化策略选择方面，有效运行法治思维和法治方式，实现立法与改革关系的互联互动以及不断探索信息公开和公众参与均为可行的制度策略选择。

1. 有效运用法治思维和法治方式

"在整个改革过程中，都要高度重视运用法治思维和法治方式，发挥法治引领和推动作用，加强对相关立法工作的协调，确保在法治轨道上推进改革。"③所谓法治思维，是指"按照法治的根本要求、精神实质和价值追求，分析、判断、处理客观现实问题的思维方法或者思维过程；法治方式是运用法治思维处理和解决问题的行为方式，是法治思维实际作用于人的行为的外在表现。""法治思维决定和支配法治方式，法治方式体现和强化法治思维。"运用法治思维和法治方式深化改革，就是要求坚持改革要尊重法律、于法有据、依法而行，改革的成果要用法律制度加以巩固，形成办事依法、遇事找法、解决问题用法、化解矛盾靠法的良好法治环境和社会氛围。

在生态补偿监管体制尤其是流域水生态补偿监管体制变革与发展进程中，有效运用法治思维和法治方式，就是要在统一协调性监管与分部门专业性监管基础上，强调尊重法律制度的明确规定，遵循法律优先原则和法律保留原则。在未有明确法律规定情况下，强调遵循基本法理逻辑和法律精神。这意味着，任何生态

---

① 王健：《我国生态补偿机制的现状及管理体制创新》，载《中国行政管理》2007 年第 11 期。

② 何艳玲：《中国行政体制改革的价值显现》，载《中国社会科学》2020 年第 2 期。

③ 张文显：《改革开放以来我国法治建设的宝贵经验》，载《公民与法》2018 年第 12 期。

补偿监管体制调整或者重大变革都应当应法而生、于法有据、依法而行。一些在生态补偿实践中行之有效的监管机制、监管模式和监管手段,尽可能通过法律手段或者法治程序将其固定下来。比如,退耕还林生态补偿制度中形成的协议监管模式,流域生态补偿制度中的流域补偿协议监管模式,重点生态功能区生态补偿制度中的生态文明建设目标考核监管模式等,尽管这些监管模式可能在一些细节、一些过程中存在着一些不尽如人意的地方,但就总体法治化进程而言,我们需要尝试通过法治手段将上述制度实践成果予以相对固定,再结合地方实践成熟经验,通过地方生态环境立法将其丰富和完善,最终形成富有中国特色的生态补偿监管体制。在这个过程中,法治思维发挥着主导功能、先导作用和预测功能,能够为生态补偿监管体制法治化发展提供智力支撑;法治方式发挥了基础作用和指引功能,为生态补偿监管体制法治化发展提供行为规则。

2. 实现立法与改革关系的互动共进

"尽管改革与法治建设在思维路径上存在矛盾,但在现实社会中,改革需要与法治并行,用法治方式推进改革、凝聚改革共识不可或缺。"[①] 虽然各国改革的内容和方式不同,但是,无论是普通法国家较为激进、全面的改革,还是大陆法系国家较为和缓、渐进的改革,从中都可以看出具有明显的法制化特征。改革的推行要求对原有的相关法律予以调整或者制定新的法律。在改革推进的同时伴随着大量的立法活动。[②]

在生态补偿监管体制立法与改革关系互动共进方面,首要的可行措施在于,需要通过立法方式明确规定,国家发改主管部门、财政主管部门和自然资源主管部门在生态补偿监管体制中各自"牵头"职责,不宜出现三个牵头部门。即便认为生态补偿需要三个部门牵头,仍然需要厘清他们之间在"牵头"方面的分工协作关系,其中,规范化分工是前提,有效的合作是保障。换言之,就是要在三个政府职能部门之间实施必要的再分工。由于信息不对称、风险不确定等诸多原因,希冀完全明晰生态补偿统一监管方面的职责分工是不可能的,也是不必要的。在相对明晰分工基础上,实现国家发改主管部门、财政主管部门和自然资源主管部门之间协作关系的规范化才更具有现实意义,规范化协作关系内容包括:一是需要结合具体生态补偿领域、具体生态补偿事务才能确定不同主管部门之间的协作关系,因为只有以具体领域生态补偿事务为中心,"部门协作的权利义务关系才有切实的载体,各部门职责功能界定才有科学依据"。[③] 二是结合监管工作开展,逐渐明确三个职能部门在生态补偿监管中的权力清单和责任清单。要围

---

① 陈金钊:《对"以法治方式推进改革"的解读》,载《河北法学》2014年第1期。
② 薛刚凌主编:《行政体制改革研究》,北京大学出版社2006年版,第270~271页。
③ 王资峰:《中国流域水环境管理体制研究》,中国人民大学博士学位论文,2010年,第351页。

绕高效协作明确各部门的权力责任，建立有效的责任追究机制。总之"理想的责任清单的内部构造应当为部门职责、职责边界、部门职责对应的权力事项、公共服务事项、事中事后监管、职责行使流程图、追责情形和追责依据"。① 否则，制度协调就难以有效发挥应有的作用②。三是建立规范化、制度化的协作关系规则，包括生态补偿协作事项发起规则、响应规则、时限规则、会议规则和联络人规则等。总之，只有在国家发改主管部门、财政主管部门、自然资源主管部门等"统一协调"职能部门之间再建立一种规范化、法治化、程序化生态补偿监管协作关系机制，流域水生态补偿制度机制才能实现有效运行。

此外，在实现立法与改革关系互动共进方面，也要结合相对成熟的生态补偿监管体制改革经验，进行适时的法律"立、改、废"活动。因为法律一旦制定出来，必然就会出现一定的滞后性和不适应性。因此，需要及时结合生态补偿监管体制改革进程适时进行法律调整和变革。比如在流域水生态补偿监管体制变革中，生态环境主管部门与水行政主管部门职责职能经常发生变化或者互换，导致他们在水生态补偿监管体制中的功能定位不断发生变化，从而可能会推进或阻碍市场化水生态补偿机制的建构及运行。一旦水生态补偿监管体制推动或妨碍到市场化水生态补偿机制的建构，就需要积极挖掘推动或者妨碍的内在逻辑及形成机理。一旦条件成熟，就需要及时进行必要的法律"立、改、废"活动，将流域水生态补偿监管体制变革中的固有弊端予以剔除，将其中的成熟经验有机纳入，从而有效实现立法与改革关系的相互成就和互动共进。

3. 强调信息公开和民主参与

有学者认为，从行政体制改革的这一根本目的出发，应当说改革是起因于民，目的为民，其检验标准也应当是以人民群众得到利益和实惠为准。③ 来自科层制体制外的一种外生的体制变革动力，公众参与机制能够汇聚来自各方的意见和建议，从而为实现生态补偿监管体制的变革发展提供智力支持与方法启示，使流域水生态补偿监管体制获得一种类似于卢梭提出的"自我维持的能力"。④ 这是因为，生态补偿监管体制变革的制度绩效，"须通过社会的认可和建构才能得以形成"。⑤ "绩效评估是西方国家在现存政治制度的基本框架内、在政府部分职

① 刘启川：《独立型责任清单的构造与实践——基于31个省级政府部门责任清单实践的观察》，载《中外法学》2018年第2期。

② 薛刚凌：《行政体制改革研究》，北京大学出版社2006年版，第232页。

③ 方世荣：《试论公众在行政体制改革中的权利》，载《国家行政学院学报》2002年专刊。

④ ［美］卡罗尔·佩特曼著，陈尧译：《参与和民主理论》，上海人民出版社2006年版，第22～23页，第24～26页，《推荐序4言》，第10页。

⑤ Laurence Lynn. Studying Governance and Public Management：Challenges and Prospects ［J］. Journal of Public Administration Research and Theory，Vol. 10，No. 2 （April 2000）. pp. 233 – 261.

能和公共服务输出市场化以后所采取的政府治理方式，也是公众表达利益和参与政府管理的重要途径与方法，它反映了政府管理寻求社会公平与民主价值的发展取向，贯穿了公共责任与顾客至上的管理理念。"① "缺少社会公众参或者由政府单方面形成和公布的评估结果，即使内容再充实也不足以反映治理绩效的真实情况。"②

显然，生态补偿监管体制变革的最终目的在于保障生态服务或者生态产品持续有效供给，不断回应和满足民众对美好生态环境和生活环境的向往和需求。因此，体制变革能否有效取决于民众的认知和判断。就此而言，在流域水生态补偿监管体制变革进程中，生态补偿信息应当有机纳入政府信息公开的制度机制之中，通过主动信息公开和依申请公开两种方式，通过权责清单和负面清单等方式，将生态补偿监管工作置于阳光之下，接受人民群众的监督。

三、小结

水生态补偿监管体制的法治化构成水生态补偿有效运行之"有效保障"。生态补偿联席会议这种特有的组织形式开通了生态补偿政治决策与生态补偿专业监管之间的协调通道，构建了一种参与联席会议各方行政机关自我规制和合作规制的全新制度渠道。通过生态补偿联席会议这种制度化的载体形式，使包括流域生态补偿在内的生态补偿复杂事务之间的相互联结找到了充分有效实施平台，行政权力之间通过一种制度性组织化手段与非正式性联结方式实现了某种程度的融合与嵌入，"协调"主导下的话语强势与生态补偿机制建设等因素在生态补偿联席会议上得到了充分展现，并以此为平台演绎着丰富多彩的生态文明建设路径。生态补偿分部门监管体制法治化应以"牵头部门"再确定为契机，建立规范化、制度化的协作关系规则，包括生态补偿协作事项发起规则、响应规则、时限规则、会议规则和联络人规则等。一种规范化、法治化、程序化生态补偿监管协作关系机制呼之欲出。

---

① 蔡立辉：《西方国家政府绩效评估的理念及其启示》，载《清华大学学报》（哲学社会科学版），2003 年第 1 期。
② 吴建南等：《地方政府绩效评估创新：主题、特征与障碍》，载《经济社会体制比较》2009 年第 5 期。

第三节　流域生态补偿协议的法治发展

2014 年修订的《中华人民共和国环境保护法》第三十一条第 2 款规定，"国家指导受益地区和生态保护地区人民政府通过协商或者按照市场规则进行生态保护补偿"。2016 年 11 月，财政部等四部委《关于加快建立流域上下游横向生态保护补偿机制的指导意见》明确要求"流域上下游地方政府之间签订具有约束力的区域生态保护补偿协议"。2020 年 11 月，国家发改委公布的《生态保护补偿条例》（公开征求意见稿）第 16 条第 2、第 3 款规定，国务院（上级政府）应当督促"受益地区和生态保护地区、流域上下游地区有关地方政府之间签订区域生态保护补偿协议"。① 此外，地方立法关于生态保护补偿协议的制度规定也已开始出现。② 与此同时，受益地区和生态保护地区尤其是流域上下游地区地方政府之间签订区域生态保护补偿协议的典型案例层出不穷。③ 可见，在国务院（上级政府）及其职能部门统一协调、行政指导之下，流域上下游地区相关地方政府之间在平等协商基础上，通过签订流域生态保护补偿协议（以下简称"流域生态补偿协议"）方式建立横向生态保护补偿关系，在促进区域流域生态环境质量好转的同时，实现不同行政区域之间的协调发展，已然成为高层共识和顶层制度设计的努力方向。

中国是生态文明制度创新的最大实验室，理论界需要对实践广泛存在的制度创新举措作出及时回应。实际上，管理学界、经济学界已经对流域生态补偿协议

---

① 参见《生态保护补偿条例》（公开征求意见稿）第 16 条第 2、第 3 款规定："国务院财政、发展改革、生态环境、水行政、自然资源、农业农村、林业和草原等主管部门负责省际间生态保护补偿机制建设的统筹指导和协调，负责支持省级地方人民政府加快建立生态保护补偿机制，推动重要区域省际间建立跨界生态保护补偿机制，督促省级地方人民政府签订生态保护补偿协议。地方各级人民政府负责所辖区域间生态保护补偿机制建设的组织实施、统筹指导和协调，负责支持所辖区间加快建立生态保护补偿机制，督促有关地方政府签订生态保护补偿协议。"

② 参见《海南省生态保护补偿条例》（2020）第 14 条规定，"鼓励生态受益地区与生态保护地区通过签订生态保护补偿协议，采取资金补偿、对口协作、产业转移、人才培训、共建园区等方式开展横向生态保护补偿活动。生态保护补偿协议应当报上一级人民政府有关主管部门备案"。

③ 截至 2020 年底的不完全统计显示，共有省级政府之间签订协议 20 余份，典型如浙江安徽新安江流域补偿协议（共三期）、赤水河流域生态补偿协议（2016－2018）等；市（县）级政府间缔结协议 200 余份，典型如浙江龙泉云和瓯江流域生态补偿协议、重庆市永川璧山江津璧南河流域生态补偿协议、重庆江北酉阳森林生态补偿协议（2019）等。

开展了大量卓有成效的前期研究工作①，法学界尤其是环境法学界学者对流域生态补偿协议的法律性质和内在运行机理也有专门研究。② 但上述研究更多表现为对一种实践理性的经验总结及学理归类，未能详细勾勒出流域生态补偿协议法治化发展的整体建构方案。毋庸讳言，受益地区和生态保护地区、流域上下游地区相关地方政府之间的横向生态保护补偿关系应该得到国家法律法规确认，涉及的利益分配、调整及合作应当受到必要的法律规制，区域生态保护补偿制度需要向法治化方向发展。一言以蔽之，流域生态补偿协议构成一个重要、显性且高亮的法治议题，协议签订、协议履行和协议纠纷解决都应当一体化纳入规范化、法治化的生态文明制度安排之中。考虑到流域补偿协议法治化发展涉及内容繁多及利益关系复杂，本书仅选取协议签订这个最为关键的过程和环节进行专门研究。

为此，笔者选取跨行政区流域上下游地区地方政府之间签订的流域生态补偿协议样本为研究对象，以政府官方网站公布的典型案例为参考，对流域生态补偿协议签订规则展开全面系统的实证观察，以便能够从整体上勾勒我国流域生态补偿协议签订规则运行的基本面貌。在此基础上，发现并整理流域生态补偿协议签订规则的问题所在，分析其法治化发展的逻辑起点，进而提出签订规则法治化发展的具体路径。

一、流域生态补偿协议签订规则的实践样态及其问题

所谓流域生态补偿协议是指，具有生态关联性但不具有行政隶属性的流域上下游地方政府之间经过平等协商，设立、变更或终止双方（多方）权利义务（责任）关系的流域合作协议。协议缔结规则是指，流域上下游地方政府在协议缔结中需要遵循的实体性规则和程序性规则。无论何种规则，依照依法治国、依法行政的要求，都应当纳入行政活动的正当性或合法性框架下进行审视。为此，我们选取缔约主体、协议内容和缔约程序等规则要素，力图准确地描绘出协议缔结规则的实践样态，并希望发现其在合法性或正当性上存在的问题。

---

① 张捷：《我国流域横向生态补偿机制的制度经济学分析》，载《中国环境管理》2017 年第 3 期；张振华：《"宏观"集体行动理论视野下的跨界流域合作——以漳河为个案》，载《南开学报（哲学社会科学版）》2014 年第 2 期；胡熠：《我国流域区际生态利益协调机制创新的目标模式》，载《中国行政管理》2013 年第 6 期。

② 柯坚等：《新安江生态补偿协议：法律机制检视与实践理性透视》，载《贵州大学学报（社会科学版）》2015 年第 2 期；潘佳：《流域生态保护补偿的本质：民事财产权关系》，载《中国地质大学学报》（社会科学版）2017 年第 3 期。

（一）缔约主体：特定性及其适格的质疑

主体是第一要素，对主体的设计关涉整个制度的塑造。[1] 考察发现，流域补偿协议签订的一般流程为，在国务院（上级政府）相关职能部门组织协调下，具有一定生态关联性的地方政府相关职能部门经过反复磋商，就协议文本草案达成一致意见，最后由地方政府之间正式签订协议。这意味着，乡（镇）级、县（市）级、设区的市级、省级等四级地方政府构成一类较为特殊的签约主体，他们呈现以下特征：（1）确定性与不确定性并存。由于"自然的空间环境单元（或环境问题发生的区域）与行政区域（也可以称法域）常常不一致"，[2] 导致生态保护地区与受益地区之间的相关地方政府可能是对应的，也可能是不对应的。若出现对应情形，此时的签约主体就是明确的；一旦出现不对应情形时，此时所谓的签约主体就可能是不确定的。（2）不可选择性与可选择性并存。一般而言，自然人、法人和其他组织都可以通过户籍迁移、住所变动等方式选择自己的邻居，但地理毗邻、生态关联且不具有相互隶属关系的相关地方政府之间在无法实现合并情形下，只能选择彼此且需要永远相伴，这意味着相关地方政府没有选择缔约相对方的绝对自由。但在一定情形下，流域相关地方政府也有一定的选择自由，比如，长江支流酉水流域横跨湖北、湖南和重庆三省级行政区域，其中湖南湖北选择协同立法[3]方式保护酉水流域，而湖南重庆则选择签订《酉水流域补偿协议》[4] 建构流域保护合作关系。（3）单向性与双向性并存。与受益地区和生态保护地区相关地方政府之间内含的单向性补偿不同，流域上下游地区地方政府之间的生态保护补偿究竟是一种单向补偿还是一种双向补偿存在着"肯定说"[5]与"否定说"[6] 的争议。就立法状况[7]和实践[8]探索而言，主要表现为一种双向性补

---

[1]　江必新：《中国行政合同法律制度：体系、内容及其构建》，载《中外法学》2012 年第 6 期。

[2]　徐祥民等：《环境的自然空间规定性对环境立法的挑战》，载《华东政法大学学报》2017 年第 4 期。

[3]　参见《湘西土家族苗族自治州酉水河保护条例》《恩施土家族苗族自治州酉水河保护条例》（2017）。

[4]　参见 2018 年 12 月，湖南省人民政府与重庆市人民政府签订《酉水流域横向生态保护补偿协议》，湖南人民政府网，2021 年 6 月最后访问。

[5]　持"肯定说"请参见，杜群等：《论流域生态补偿"共同但有区别的责任"》，载《中国地质大学学报》（社会科学版）2014 年第 1 期。

[6]　持"否定说"请参见谢玲等：《责任分配抑或权利确认：流域生态补偿适用条件之辨析》，载《中国人口·资源与环境》2016 年第 10 期。

[7]　认可双向补偿的地方立法或规范性文件包括：《山东省大汶河流域上下游协议生态补偿试点办法》（2008）；《湖南省湘江保护条例》（2012）；《安徽省巢湖流域水污染防治条例》（2012）；《苏州市生态补偿条例》（2014）等。

[8]　不完全统计显示，仅广东广西九洲江流域补偿协议采用的是单向补偿，其余均采用双向补偿。

455

偿，但更聚焦对于上游地方政府的单向性补偿，彰显着一种"积极激励是生态补偿的核心，积极激励为主并不意味着消极激励的缺失"① 的发展态势。（4）双边性与多边性并存。当同一流域存在数量众多且互不隶属的地方政府情形下，相互毗邻的相关地方政府之间既可以签订双边协议，也可以签订多边协议。前者如浙江钱塘江流域涉及的开化、衢州城区和常山县三地政府分别签订双边协议，后者如云南、贵州、四川三省政府共同签订赤水河流域补偿协议，这是一个多边协议。显然，与双边协议相比，多边协议的权利义务关系及成本收益判断更为复杂。

应当说，代表地方利益、负责地方事务的地方政府作为签约主体具有宪法法律依据。"在社会发展任何阶段，地方之间、区域之间、国家之间乃至洲际之间的交流与沟通都是必需的，地方间的沟通和交流构成了地方事务不可避免的组成部分，这些交流如果涉及行政管理的范畴，则政府应当履行相应职责。"② 2018年《中华人民共和国宪法》（修正案）第八十九条增加了"国务院领导生态文明建设"的制度规定，这实际上赋予了各级政府在国家生态文明建设中的职责。③作为生态文明建设的主要内容，建立健全生态保护补偿机制理应成为各级政府的职责。2014年修订的《中华人民共和国环境保护法》第六条第2款规定，"地方各级人民政府应当对本行政区域环境质量负责"。要强化各级地方政府对本行政区域生态环境质量负责的能力建设，"需要赋予他们与相关行政区地方政府开展环保合作的职责"。④ 该法第三十一条第2款又规定，"国家指导受益地区和生态保护地区人民政府通过协商或者按照市场规则进行生态保护补偿"。这个准"协商条款"实际上依法赋予了相关地方政府利用私法手段进行生态保护补偿事务的合作职责。最后，从事权与支出责任来看，跨行政区生态保护补偿事务属于中央政府与地方政府、地方各级政府之间的共同事权与支出责任，但"最贴近公众、最熟悉区际事务的是地方政府"。⑤ 是故，由跨行政区地方政府之间通过平等协商或者按照市场规则而非单纯依靠中央（上级）政府的等级命令来调整横向生态保护补偿关系更符合集权分权的一般原理，更能发挥地方的主动性和积极性。⑥总之，由跨行政区的地方政府作为流域生态补偿协议的签约主体符合我国宪法法

① 赵雪雁等：《生态补偿研究中的几个关键问题》，载《中国人口·资源与环境》2012年第2期。
② 陈咏梅：《论法治视野下府际合作的立法规范》，载《暨南学报》（哲学社会科学版）2015年第2期。
③ 张翔：《环境宪法的新发展及其规范阐释》，载《法学家》2018年第3期；张震：《宪法环境条款的规范构造与实施路径》，载《当代法学》2017年第3期。
④ 徐祥民：《地方政府环境质量责任的法理与制度完善》，载《现代法学》2019年第4期。
⑤ 叶必丰：《行政组织法功能的行为法机制》，载《中国社会科学》2017年第7期。
⑥ 王建学：《论地方政府事权的法理基础与宪法结构》，载《中国法学》2017年第4期。

律的制度规定。

即便如此，一些问题也陆续显现，主要包括：其一，中国跨行政区流域属地管理状况相当复杂，当某一流域存在着跨省、市、县、乡等多层级地方政府情形下，哪一个层级的地方政府能够以自己名义签订流域生态补偿协议，换言之，哪级地方政府具有签约权能资格？其二，流域生态补偿协议的签订、履行势必会涉及地方政府财政资金的支付问题，在我国尚缺乏国库行政、行政私法行为及行政形式选择自由[①]等理论或制度规定的背景下，"特别是考虑到财政支出事项上的自由裁量几乎不可避免，如无法律协调立法机关和行政机关各自的决定权范畴，便可能徒增混乱和不确定性，因此法定就更显重要"。[②] 其三，地方政府和地方政府职能部门是两类不同的行政机关，地方政府能否授权或委托地方政府职能部门"对外"签订流域生态补偿协议？[③] 流域生态补偿协议签约主体规则存在的上述问题表明，需要在法治框架下认真研究适格的签约主体。

（二）协议内容：庞杂及其价值指向的偏移

协议内容是流域生态补偿协议的基本构成要素和外在表现形式。一般而言，协议内容应当符合现行法律、行政法规、地方法规等规定，不得损害或危及社会公共利益或者第三方合法利益。在总结并梳理包括新安江流域补偿协议在内的典型协议样本基础上，我们将流域生态补偿协议的内容归纳为以下几个方面（见表 8 - 2）。

表 8 - 2 流域生态补偿协议主要内容

类型	具体内容	主要特点	典型文本
生态补偿权利义务	单向补偿	流域下游地方政府单向补偿流域上游地方政府	九洲江流域补偿协议
	双向补偿	流域上、下游地方政府基于约定而实施补偿	新安江流域补偿协议
	奖励补偿	中央政府纵向转移支付上游地方政府	汀江—韩江流域补偿协议

---

① 何源：《德国行政形式选择自由理论与实践》，载《行政法学研究》2015 年第 4 期。
② 郭维真：《中国财政支出制度的法学解析——以合宪性为视角》，法律出版社 2012 年版，第 87~88 页。
③ 2020 年 9 月，四川省生态环境厅与重庆市生态环境局签订《深化川渝两地水生态环境共建共保协议》，明确约定"双方将开展流域横向生态保护补偿试点"，搜狐网，2021 年 1 月 20 日最后访问。

续表

类型	具体内容	主要特点	典型文本
合作权利义务	联席会议	松散性的组织法机制	酉水流域补偿协议
	环评会商	预防性的行为法机制	东江流域补偿协议
	联合执法	执法类的行为法机制	渌水流域补偿协议
	应急联防	防范性的组织行为法机制	赤水河流域协议
其他权利义务	环境治理	主要针对上游地区生态环境治理状况监督	新安江流域补偿协议
	资金使用	主要针对受偿主体补偿资金使用状况监督	新安江流域补偿协议

从表 8-2 可以看出，协议内容呈现以下特征：（1）义务的倾斜性设置。尽管环境法学上存在着权利主导或义务主导的争议[1]，但不可否认的是，流域生态补偿协议更强调对义务内容的约定。一些合作义务具有相互性和对等性，比如环评会商、联合执法、信息通报等；一些义务具有单向性，比如上游地方政府在流域生态修复、生态环境治理方面的积极作为义务，在高污染产业准入限制、现存污染企业关停并转等方面的消极义务等。即便约定的是一种相互性义务，也更多强调上游地方政府履行可能性之考量。相反，对于下游地方政府而言，除了生态保护补偿资金支付义务的可能性外，再无其他任何显性义务安排。典型的浙江安徽新安江协议中，"当事人的支出与收入之间也不具有对等性。安徽省政府与浙江省政府均可能支出 1 亿元给对方，但安徽省政府却负担了浙江省政府所不需要负担的新安江治理义务"。[2] 整体观察后发现，流域生态补偿协议之所以强调对上游地方政府约定义务的倾斜性配置，更多是基于流域水资源流动的单向性等自然规律考量。（2）利益获得的不确定性。为了对流域上游地方政府的流域生态环境行为实施有效激励，绝大部分协议内容[3]约定了一个特别条款——"对赌条款"，其基本构造是，流域上下游地方政府共同预设一定的水质（水量）目标等作为补偿支付条件。在双（多）方约定的一定期限内（一般为 2~3 年），如果

---

[1] 钱大军：《环境法应当以权利为本位——以义务本位论对权利本位论的批评为讨论对象》，载《法制与社会发展》2014 年第 5 期。

[2] 柯坚等：《新安江生态补偿协议：法律机制检视与实践理性透视》，载《贵州大学学报》2015 年第 2 期。

[3] 计有新安江流域补偿协议、九洲江流域补偿协议、汀江—韩江流域补偿协议、东江流域补偿协议、"引滦入津"补偿协议等均采用"对赌条款"的约定。

条件成就，则上游地方政府有权要求下游地方政府支付一定数额的货币作为补偿；如果条件未成就，则上游地方政府则需支付相等数额的货币给下游地方政府。由于最终由谁来支付生态保护补偿资金是不确定的，与赌博有些许类似，因此也被形象地称为"对赌条款"。但"对赌条款"与"赌博"也存在着显著区别，"赌博"双方当事人之间的利益是相互冲突的，他们都寄希望于偶然事件或概率发生，体现为一种零和游戏；但在"对赌条款"的规则设计中，流域上下游地方政府之间的利益诉求虽不相同但并不必然发生冲突，比如流域下游地方政府并不反对甚至乐见上游地方政府及民众努力践行约定的补偿支付条件，这体现为一种双赢策略。

问题也是显而易见的。第一，协议内容走向的偏移风险。可以看出，协议内容庞杂，包罗万象。但从目的、名称等诸多要素出发，协议内容均应围绕"补偿"而予以展开。因此，有关补偿的条款无疑构成协议的核心条款或主要内容，其他内容应当围绕着补偿条款进行优化或调整。但随着补偿实践的逐步推进，我们发现，联合环评、联合执法和联合应急等逐渐成为协议的显性议题，相应地，补偿条款似乎正在演变成为一种保障上述联合执法机制有效运行的一种工具性存在，如此一来，冠名为"补偿"的协议却有逐渐偏离"补偿"意旨的走向。第二，协议内容规范化程度较低。协议签订的本质是"主体之间的利益妥协、意见融合直至形成一定程度的共识"。[①] 协议文本只包括达成共识的内容，没有达成共识的议题被暂时搁置，或用相互含糊、原则性的语言来表述。[②] 事实上，无论是早期安徽浙江签订的新安江补偿协议，还是云贵川签订的赤水河流域补偿协议以及重庆湖南签订的酉水流域补偿协议等，它们"都未约定协议履行中的违约责任、监督和纠纷解决机制"。[③] 这无疑会给协议履行埋下了种种"隐患"。流域生态补偿协议内容方面出现的种种问题，均需借助法治框架的完善而得以逐步化解。

（三）签订程序及其结构缺失

显然，签订流域生态补偿协议是跨行政区流域上下游地区地方政府及其职能部门之间存在的一个复杂互动过程，"运用程序控制行政权力"已然成为公认法律原则。"无论是公法抑或私法，程序价值越来越受到重视。法律

---

① 陈玲等：《择优还是折衷——转型期中国政策过程的一个解释框架和共识决策模型》，载《管理世界》2010 年第 8 期。

② 张振华：《"宏观"集体行动理论视野下的跨界流域合作——以漳河为个案》，载《南开学报》（哲学社会科学版）2014 年第 2 期。

③ 叶必丰：《我国区域经济一体化背景下的行政协议》，载《法学研究》2006 年第 2 期。

要求将行政程序作为行政职权合法的必要条件，将程序因素纳入实体权力的实现过程。"① 从实践历程来看，我国协议签订更多依赖于一种自上而下的政策驱动，从国务院（上级政府）职能部门的"牵线搭桥""居中撮合"等行政指导，到相关地方政府之间的接触、谈判、草拟到正式签订协议文本等均构成了签约程序组成部分，在关键环节和节点接受法律规制属于法治化的必然要求。我们选取备案或审批、信息公开及公众参与等方面来观察协议签订程序规则的概况（见表 8 – 3）。

表 8 – 3 流域生态补偿协议签订程序

典型协议文本	备案或审批	信息公开	公众参与
新安江流域补偿协议	无（有替代程序）	公开（事后）	参与（事后）
赤水河流域补偿协议	无（有替代程序）	公开（事后）	参与（事后）
九洲江流域补偿协议	无（有替代程序）	公开（事后）	参与（事后）
东江流域补偿协议	无（有替代程序）	公开（事后）	参与（事后）
渌水流域补偿协议	无（有替代程序）	公开（事后）	参与（事后）

从表 8 – 3 可以看出，签约程序的特点有：（1）"国家指导"事实上发挥着备案审批的替代功能。经济学"演化博弈理论表明，在有限理性背景下，仅仅依靠流域上下游地方政府无法实现流域生态补偿的最优效果，因此需要中央（上级）政府的适度干预"。② 这种干预最终通过环境法律的"国家指导"条款③而得以确立，因而它具有法规范上的意义，且通过国务院（上级政府）行政指导得以实现。一方面，流域上下游地方政府存在各自利益需求且差异较大，国务院（上级政府）及其职能部门不能仅仅借助命令控制手段要求他们之间相互合作，相反，"方法多样、柔软灵活和选择接受等诸多特征"④ 的行政指导能够运用卡里斯玛权威⑤，引导、影响地方政府调整行为选择，必要时甚至联合其他力量，

---

① 马怀德：《行政程序法的价值及立法意义》，载《政法论坛》2004 年第 5 期。

② 徐大伟等：《基于演化博弈的流域生态补偿利益冲突分析》，载《中国人口资源与环境》2012 年第 2 期；李昌峰等：《基于演化博弈理论的流域生态补偿研究—以太湖流域为例》，载《中国人口资源与环境》2014 年第 1 期。

③ 《中华人民共和国环境保护法》（2014）第三十一条第 2 款规定，"国家指导受益地区和生态保护地区人民政府通过协商或者按照市场规则进行生态保护补偿"。

④ 莫于川：《法治视野中的行政指导行为—论我国行政指导的合法性问题与法治化路径》，载《现代法学》2004 年第 3 期。

⑤ ［德］马克斯·韦伯著，康乐等译：《支配社会学》，广西师范大学出版社 2016 年版，第 19 页。

通过"集团效应"或"运用迂回战术来扩大这种事实上的强制效果"。① 可以讲，流域上下游地方政府间之所以能够签订协议，除了共同意愿之外，更在于行政指导产生了一种"事实上的强制"，形成了凯尔森所强调的一种规范的实效。② 另一方面，跨行政区流域生态补偿事务属于国务院（上级政府）与地方（下级）政府的共同事权与支出责任，但由于上下级政府之间是一种不完全分权关系，不完全分权最大特点就是地方（下级）政府不具有法律意义上的完全独立性，他们行使共同事权需要中央（上级）政府的授权、审批或备案等。是故，协议领域的行政指导不仅仅是中央（上级）政府一种单纯的意见表达，相反，它逐渐会形成一种程序化或结构化规则，嵌入到协议的签订、履行之中，发挥着一种事实上的备案或审批功能。（2）实现了事后的信息公开或公众参与。从实践情况来看，绝大多数流域生态补偿协议仅限事后公开，亦即在当双方或多方缔约主体签字或盖章后才公之于众，即便是事后公开，要么是仅仅公开协议主要内容，要么是公开所涉范围非常有限不便于民众及时获得相关信息。在公众参与方面，几乎所有协议均缺乏事前公众参与的相关规定。即便是流域生态保护补偿机制推行较早且运行成效良好的广东省，也仅仅规定了专家学者、人大代表、政协委员等有限度的非常态化的参与。③

相应的问题包括，其一，如何认识行政指导的法律定位。应当承认，流域生态补偿协议签订过程中，来自国务院（上级政府）及其职能部门的行政指导大多存在着过程不够透明、行为不规范，随时有演变为等级命令的可能及责任界分不明等诸多问题，相应也就产生了这是否与"依法行政""法治政府"建设存在一定冲突的质疑。其二，行政指导的复合功能能走多远。如前所述，行政指导在发挥助成协议签订、事实上的备案或审批功能的同时，更在于产生了一种"事实上的强制"，但"事实上的强制"能够解释对助成性行政指导的实效保障，但在解释利益调整性行政指导时却捉襟见肘。④ 这意味着，法规范意义上的行政指导在发挥助成性功能及备案审批功能的同时，是否需要负载必要的利益调整功能。因为，如果没有来自国务院（上级政府）及其职能部门相应的纵向转移支付充当利益再分配的重要制度工具，行政指导的助成性功能还能走多远？⑤ 其三，流域生

---

① 唐明良：《行政指导的权力性—比较法和社会学意义上的考察》，载《行政法学研究》2005 年第 4 期。

② ［奥］凯尔森著，沈宗灵译：《法与国家的一般理论》，商务印书馆 2013 年版，第 80 页。

③ 《广东省环境保护厅关于广东省十三届人大一次会议第 1223 号代表建议答复的函》。参见广东省生态环境厅，2022 年 11 月最后访问。

④ ［日］盐野宏著，杨建顺译：《行政法》，法律出版社 1999 年版，第 80 页。

⑤ 结合《生态保护补偿条例》（公开征求意见稿）以及区域补偿协议实践，我们发现，跨行政区流域生态补偿机制建设中，来自中央财政的补偿资金正在不断减少并有逐步退出趋势。

态补偿协议的签订及履行势必会对流域利益相关者产生直接或间接约束力，如果协议的事后信息公开和公众参与仅仅构成一种浅层次、低水平的公开和参与，公众的意愿和需求就得不到很好的体现和反映。①

从根本上来说，上述流域生态补偿协议签订程序规则问题解决的起始点在于，需要准确理解并界定流域生态补偿协议的性质及功能定位。这是因为，无论是对缔约主体正当性或合法性的质疑，抑或对缔约内容庞杂性及协议"名实不符"的担忧，还是对协议缔约程序结构性缺失的追问，都主要源自流域生态补偿协议法律性质及功能定位上的模糊不清。因此，需要厘清其内在法律性质，廓清流域生态补偿协议与区域合作协议之间的差异，并在此基础上完善并优化流域生态补偿协议签订规则，这无疑是迈出法治化发展的首要一步。

二、流域生态补偿协议签订规则法治化起点

跨行政区的流域生态环境治理是各国的普遍难题。没有任何州际问题比州际流域水资源利用产生如此长久的争吵与残酷的对抗，② 中国亦不例外，几乎每个行政区（包括省、市、县和乡）都作为下游受到来自上游的污染，每个行政区又都作为上游污染着下游，跨行政区的流域水污染事故纠纷层出不穷已然成为常态。基本共识是，行政区域分割性与流域生态环境整体性之间的矛盾是导致流域生态环境治理困难的根本原因，为此，由跨行政区共同上级政府协调管理和流域上下游地方政府之间协商管理就成为两种可行制度选择，其中，通过缔结流域合作协议③、流域生态补偿协议等实现协商管理已然成为优先选项。

（一）流域生态补偿协议的产生逻辑

在流域生态环境保护意义上，区域合作协议就是"建立通过'协同政府'或'整体政府'的思路处理好公共事务的链条式管理"。④ 一个惯常的情形是，当某一流域发生较大规模水污染事故纠纷后，各级政府及职能部门台前幕后协调

① 叶必丰：《我国区域经济一体化背景下的行政协议》，载《法学研究》2006 年第 2 期。

② Richard H. Leach and Redding S. Sugg, Jr, The Administration of Interstate Compacts. Baton Rouge [M]. LS：Louisiana State University Press, 1959：158.

③ 吕志奎：《州际协议：美国的区域协作管理机制》，载《太平洋学报》2009 年第 8 期；张振华：《"宏观"集体行动理论视野下的跨界流域合作——以漳河为个案》，载《南开学报》（哲学社会科学版）2014 年第 2 期；李广兵：《跨行政区环境管理的再思考》，载《南京工业大学学报》（社会科学版）2014 年第 4 期。

④ 施祖麟等：《我国跨行政区河流域水污染治理管理机制的研究：以江浙边界水污染治理为例》，载《中国人口·资源与环境》2007 年第 3 期。

或协商努力累积的最终结果是，相关地方政府及其职能部门签订了名目繁多的区域合作协议。遗憾的是，如此众多的协议仍未能有效预防或避免水污染事故纠纷的再次发生。① 在分析成因时，"地方政府之间竞争需求大于合作愿望"②；协议内容多为"政治正确"的合作宣誓而无实质内容③，"过于强调协议缔结而忽视协议履行"④ 等，上述解释都从不同侧面揭示了区域合作协议不能有效发挥作用的缘由，都有一定道理，但均未抓住问题的实质。

分类研究或许对此有所帮助。美国环境学者奥茨将环境问题分为三类：纯公共物品问题、地方公共物品问题和地方溢出效应。⑤ 这里的地方溢出效应就是指跨行政区域的外部性问题，它可进一步分为单向外部性与双向外部性。单向外部性是指，流域内一个行政区的外部行为（包括正外部行为和负外部行为），只能对相毗邻的行政区带来生态收益或产生环境损害，反之则不可能，典型如流域的上下游、干支流之间。双向外部性是指，流域内任何一个行政区的正外部行为或负外部行为都会造成相邻行政区受益或受损，典型如不同行政区共享的湖泊、水库及流域左、右岸等。单向外部性看似简单，但对规则设计有较高要求。由于流域水资源自上而下流动，因此规则设计需要对上游的负外部行为实施规制，否则，上游水污染就会单向外溢至下游，导致"上游排污，下游受损"；但若对上游地区实施严格规制，所带来的正外部性利益主要是由下游获得，形成"上游保护、下游受益"。可见，上游的外部性行为，无论是负外部性行为或者正外部性行为，均是由下游"埋单"而不是相反。如果听任上游负外部行为持续，下游的利益损失就难以避免；反之，如果听任上游正外部行为持续，久之就会导致其缺乏创造正外部性的动力。"当外部性利益没有得到合理补偿或支付时，不仅难以形成生态保护的动力与激励，区域间也将产生利益矛盾乃至冲突。"⑥ 为此，需要在产生单向外部性的上下游地方政府间建立既能抑制其"单向排污"且能促进

---

① 2002 年，江苏浙江两省发生跨行政区水污染事故纠纷。经过当时国家环境保护总局、水利部等努力协调，两省缔结《关于江苏苏州和浙江边界水污染和水事矛盾的协调意见》等协议。2005 年，两省跨行政区水污染事故纠纷再次发生。2009 年，安徽蚌埠宿州两市政府签订《关于跨市界河流水污染纠纷协调防控与处理协议》等协议。2015 年，两市水污染纠纷再次发生。2012 年，淮河流域安徽江苏两省六市（包括安徽宿州和江苏宿迁）缔结区域合作协议。2018 年，安徽宿州和江苏宿迁因洪泽湖水污染事故纠纷再次产生争议。

② 王资峰：《中国流域水环境管理体制研究》，中国人民大学博士学位论文，2010 年，第 139 ~ 184 页。

③ 李广兵：《跨行政区环境管理的再思考》，载《南京工业大学学报》（社会科学版）2014 年第 4 期。

④ 晏吕霞：《政府间环境合作协议存在问题及完善路径》，载《行政与法》2016 年第 9 期。

⑤ Oates Wallace. A Reconsideration of Environmental Federalism, https：//ideas. repec. org/p/rff/dpaper/dp – 01 – 54. html，2019 年 5 月最后访问。

⑥ 陈婉玲：《区际利益补偿权利生成与基本构造》，载《中国法学》2020 年第 6 期。

其"单向保护"的激励约束规则体系。鉴于流域上下游地方政府都是相对独立的利益主体,能否满足利益需求及满足程度大小是他们关注的核心议题。故可行的规则设计是,紧紧围绕各自利益需求满足与否及满足程度大小,探索他们之间进行利益交换的可行性及必要性,并通过协议这种载体形式将其固化,避免单向"肆意排污"的不良后果,也能激励单向"生态保护"的持续性。

双向外部性看似复杂,但在规则设计上却相对简单一点。因为"一个行政区会同意削减污染物的排放进而减少对相邻行政区的损害,以换取相邻的行政区采取相同的行动"。① 也就是说,在湖泊、水库及至流域左右岸等产生双向外部性的跨行政区流域不同地方政府之间,只需要签订且严格履行流域合作协议,即可以实现双方或多方各自利益需求的满足。

行政法理上,区域合作协议和流域生态补偿协议都涉及对未来行政公权力行使之事的处分与约定,且共同指向增进流域整体利益和社会公共利益。此外,它们在遵循流域自然社会规律、合意表示、共同(联合)行为等方面均有诸多相似之处。即便如此,两者仍然存在一定差别:(1)原则不同。两者都遵循平等原则,但后者的平等原则包含着更为丰富的内涵。这是因为,后者需要将生态功能区位上的上游优势和下游劣势所形成的一种事实不对等纳入平等的协议规则设计当中。② 这种基于自然分工或政策导向而非"商谈"建构的身份关系与传统的身份关系存在一定差别,但这主要体现在协议履行阶段而非协议签订阶段。总之,由于生态区位事实不对等所引发的法律地位不对等问题,势必对缔约主体的权利(权力)、义务(责任)规则体系设计提出了更高要求。(2)主体不同。两类协议的签约主体均为行政主体,但后者呈现更强的特定性,仅限于单向外部性的生态保护地区和受益地区、流域上下游相关地方政府才具有一定的签约资格。后者的签约主体范围相对广泛,只要是生态关联意义上的外部性且不具有行政隶属关系的行政主体均可对外签约,具体包括地方政府及其职能部门、其他法律法规授权委托的组织等。(3)内容不同。流域生态补偿协议是在区域合作协议基础上产生的,体现为区域合作协议的升级版。它在协议内容上进行了实质性改进,增加了能够满足各自利益需求的利益交换等私法要素,通过私法方式完成行政任务③,并辅之以必要的考核评价等保障机制,从而形成流域行政合作机制有效运行的内生动力。相反,由于区域合作协议缺失至关重要的利益交换等私法要素,致使其存在着内容空洞、宣示性强、形式大于实质,缺乏机制运行内在动力等诸多弊端。

---

① 李广兵:《跨行政区环境管理的再思考》,载《南京工业大学学报》(社会科学版)2014 年第 4 期。
② Joseph L. Sax, Legal Control of Water Resources, Thomson/West, 2000, Preface.
③ 张青波:《行政主体从事私法活动的公法界限》,载《环球法律评论》2014 年第 3 期。

总之，由于区域合作协议未能结合流域自身特性对外部性行为进行分类并施以不同规则，未能在产生单向外部性的流域上下游地方政府之间设计满足各自需求的利益补偿机制，故难以有效发挥作用。相反，在它基础上产生的流域生态补偿协议，在对外部性进行科学分类基础上，通过在产生单向外部性的流域上下游地方政府之间建立利益交换之补偿规则，并借助这种规则激励约束各自行为或联合行为，在满足各自当前利益需求同时，也能带来流域整体利益和社会公共利益的增进或维持。

（二）流域补偿协议的法律性质

作为跨行政区流域环境行政合作治理的一种新型载体，准确认识流域生态补偿协议的法律性质对于其未来法治发展至关重要。前已所述，流域生态补偿协议是在区域合作协议基础上产生的，对区域合作协议的法律性质认识势必会影响到对流域生态补偿协议的性质判断。就目前来看，学术界关于区域合作协议的性质，主要包括以下几种学说：行政契约说[①]、软法说[②]、行政行为说等，后者又可以细分为抽象行政行为说[③]，双方行政行为说[④]，内部行政行为说[⑤]等。上述各种学说都在一定程度上影响着对流域生态补偿协议的性质判断。（1）"行政契约说"存在着解释上的不足。依此学说，流域生态补偿协议"实质上是双方合意行为"[⑥]的一种对等性契约。这一学说虽然抓住了"合意""对等"等要素，具有一定合理之处，但也存在着以下几个方面的解释困难，一是不能合理解释协议"契约性"与"行政性"之间关系。应当承认，流域生态补偿协议在"契约性"与"行政性"的广域谱系中逐渐偏向于"契约性"，似乎与该理论存在一定契合之处。但立足于流域整体考量，这里的契约只是一种手段或工具，实际上是将契约带来的利益分配、利益交换作为支点，试图撬动流域不具有行政隶属关系的公权力机关之间在立法、执法、司法层面的全面合作，进而形成一个良好的流域秩序，最终实现流域内人与人和谐相处及人与自然和谐相处。二是流域生态补偿协议也不是一种对等性契约。由于流域不同行政区存在生态区位上的差异，正负外部性的单向外溢本身就是不对等的。协议以系统性、整体性的"流域共同体"理念为指导，以权利义务的结构均衡为努力方向，更多强调相关地方政府之间的连

---

① 何渊：《行政协议：行政程序法的新疆域》，载《华东政法大学学报》2008年第1期。
② 熊文钊等：《试述区域性行政协议的理论定位及其软法性特征》，载《广西大学学报》（哲学社会科学版）2011年第4期。
③ 朱颖俐：《区域经济合作协议性质的法理分析》，《暨南学报》（哲学社会科学版）2007年第2期。
④ 杨临宏：《行政协定刍议》，载《行政法学研究》1998年第1期。
⑤ 黄学贤等：《行政协议探究》，载《云南大学学报》（法学版）2009年第1期。
⑥ 何渊：《行政协议：行政程序法的新疆域》，载《华东政法大学学报》2008年第1期。

带责任与共同责任，显然已经超越对等性契约的概念范畴体系。比如，2018 年
沱江流域七个城市签订的《沱江流域横向生态保护补偿协议》属于一个多边补偿
协议，这个协议没有考虑城市的政治、经济地位等方面的对等因素，而是立足
"山水林田湖草等自然共同体""流域生命共同体"理念，结合各个城市从沱江
所获利益大小、污染及生态保护贡献程度等因素确定各自权利义务与共同责任。
三是与合同相对性存在冲突。流域生态补偿协议不仅对签约主体产生直接拘束
力，也会对第三人[①]产生直接拘束力，甚至也会对流域内单位或个人产生间接效
力，这种效力范围要求地方政府及其职能部门应当结合协议目的、原则实施必要
的自由裁量。这也与合同相对性理论相去甚远。（2）"软法说"难以得到广泛认
同。"软法说"认为，协议"不是一方对另一方的强制命令，而是缔结协议的地
方政府对其所享有的行政权力的一种自我约束与激励，是经过自愿、协商而形成
的对区域内的各地方政府有约束力的行为规则"。[②] 可见，区域合作协议、流域
生态补偿协议与软法性质和运行机理是契合的。但它们之间也存在显著差异：一
是流域生态补偿协议的签约主体是特定的，仅限于产生单向外部性的流域上下游
地方政府之间。而软法的制定主体相对广泛，包括地方政府及职能部门、事业单
位、社会团体和自治组织等。二是流域生态补偿协议一旦签订，就具有一定的法
律效力，其"拘束力的实现，不同于民事合同或具体行政行为，有赖于组织法机
制和基于组织法的责任追究机制（行政处分），取决于公众的推动"。[③] 但后者
"效力的实现主要不是依靠建立在国家强制力保障基础上的法律责任机制，而是
其他来自社会的或个体内心的非国家强制性的压力"。[④] 总之，从生态法治建设
长远需求来看，"不必拘泥于硬法和软法或者其他诸如此类界分的窠臼之中"，[⑤]
进而对流域生态补偿协议进行法治化定位。（3）"行政行为说"也存在这样或者
那样的不足。由于抽象行政行为不涉及具体权利义务关系，但流域生态补偿协议
恰恰涉及具体补偿权利义务关系。可见，立足于抽象行政行为对其定位也显得过
于牵强。就"双方行政行为说"来讲，传统行政法学认为，行政行为都是单方面
的（公权力性），而以双方合意为前提的行政合同本身就不可能是行政行为。[⑥]
此外，"双方"更不能涵盖多边流域生态补偿协议中的多个签约主体。就"内部
行政行为说"而言，流域生态补偿协议涉及不同财政体系下地方政府之间的横向

---

① 比如，安徽浙江新安江流域生态补偿协议就对第三人黄山市等地方政府产生直接拘束力。
② 石佑启：《论区域合作与软法治理》，载《学术研究》2011 年第 6 期。
③ 叶必丰：《区域合作协议的法律效力》，载《法学家》2014 年第 6 期。
④⑤ 陈光：《区域合作协议：一种新的公法治理规范》，载《哈尔滨工业大学学报》（社会科学版）
2017 年第 2 期。
⑥ 高秦伟：《美国法上的行政协议及其启示——兼与何渊博士商榷》，载《现代法学》2010 年第
1 期。

财政转移支付以及跨行政区域合作事务，也难以将其简单界定为地方政府内部的行政事务。况且，协议大都包含着对外的意思表示，能对第三人或行政相对人产生法律拘束力，其外部化特征明显。上述分析表明，"行政契约说""软法说""行政行为说"尽管能够揭示出流域生态补偿协议的部分特征，但未能挖掘出其内在本质，不能有效指导其法治化发展进程。

法律上的规则应当也可以是多样态的。本书认为，流域生态补偿协议属于一类相对独立的行政规则①。它是由产生单向外部性的流域上下游地方政府在宪法法律明确授权基础上，经过平等协商而签订的一类特殊的行政规则。它具有以下几个方面的特征：

第一，在该行政规则的性质定位上，它是一类立法性规则。从内容及目的标准上看，行政规则可以分为立法性规则、解释性规则和组织性规则等。流域生态补偿协议就属于一类立法性规则。主要理由在于：（1）它有法律的明确授权。所谓立法性规则，就是"行政机关基于法律的明确授权，按照法定程序而制定的规则"。② 在法教义学意义上，《中华人民共和国环境保护法》第三十一条第 2 款实际上构成了一个法规范上的明确授权条款。根据这一授权条款，符合条件的跨行政区流域的乡（镇）级、县（县级市）级、设区的市级、省级等四级地方政府都依法负有按照私法手段进行生态保护补偿事务的职责，且四级政府在签订协议方面都具有一定的相对独立性。正是因为这个法律授权条款的存在，相关地方政府签订的流域生态补偿协议才能在本行政区域内具有直接或间接的约束力。相反，如果符合条件的相关地方政府怠于职责，有可能构成行政不作为的嫌疑。（2）它创设了新的权利义务关系。美国行政法理论和典型案例均认为，"创建新的规范、权利或义务时"，属于立法性规则，"当规则作为课以利益或履行义务行为的基础时，具有'法律效力'，是立法性规则"。③ 就流域生态补偿协议而言，它在不具有任何行政隶属关系但具有外部性关联的流域上下游地方政府之间建立了一种利益交换关系，并围绕各自利益实现的可能性创设了包括补偿权利义务、相互合作权利义务等。从此视角观察，流域生态补偿协议属于行政规则中的一类立法性规则。它的签订主体是特定的，期限是特定的，范围是特定的，但对象是

---

① 关于行政规则的概念及观点，可参见胡斌：《论"行政制规权"的概念建构与法理阐释》，载《政治与法律》2019 年第 1 期；胡建淼等：《行政行为两分法的困境和出路——"一般行政处分"概念的引入和重构》，载《浙江大学学报》（人文社会科学版）2020 年第 6 期；高秦伟：《美国法上的行政协议及其启示——兼与何渊博士商榷》，载《现代法学》2010 年第 1 期。

② 胡斌：《论"行政制规权"的概念建构与法理阐释》，载《政治与法律》2019 年第 1 期。

③ 高秦伟：《美国法上的行政协议及其启示——兼与何渊博士商榷》，载《现代法学》2010 年第 1 期。

不特定的，权利义务上也有未完结性①，自身带有诸多"立法"的特质。

第二，在该行政规则的理念原则上，它承载着新型流域社会关系。应当说，流域社会关系构成一类复杂的"关系束"，这里汇集、交叉着政府与社会（市场）的"分立＋分工"关系，中央政府与地方政府的"集权＋分权"关系，上下游地方政府间的"竞争＋合作"关系，地方政府职能部门间的"分工＋协作"关系，呈现出一种错综的网状关系形态。显然，以特定行政区为载体、以纵向关系为特征、以属地管理为主导的传统行政法规则很难对这种网状流域关系做出有效及时回应。为此，迫切需要一种新的行政规则，通过拓展调整范围，重构调整原则，转型调整方式，统合调整过程及优化调整机制等，从而实现并增强整个行政法规则体系的一种流域回应性。流域生态补偿协议就是这样一类全新的行政规则，它以"流域生命共同体"理念为逻辑起点，以"行政区利益与流域整体利益相互满足、相互增进"为调整目标，以"政府间行政"为主的流域网状关系为调整范围，以"行政合作、利益共享和责任共担"②为调整原则，以"行政治理"和"契约治理"③的有机协同为调整方式，以系统的"公权力行使上下游"④统合调整过程，从而建构并完善了能够形塑复杂流域社会关系的一整套行政规则体系，它能够有效克服"行政区行政"所带来的"地方政府行为异化"，不同行政区域"以邻为壑"和流域"公地的悲剧"等不良局面，从而实现了对传统行政规则一定程度的超越。

第三，在该行政规则的内容构成上，它呈现出"利益交换＋行政合作"的深度融合状态。利益交换是生成、形塑且保障流域生态补偿协议机制有效运行的主导因素，但前提是不同行政区地方政府存在着不同利益需求，利益交换的过程就是满足各自利益需求的过程。没有利益交换，行政合作就不可能产生，业已形成的行政合作也不可能持续。协议的签订过程就是寻找利益交换可能性的交互过程，在这个过程中，利益交换为共同利益的产生、汇集、扩大等提供了坚实的现实基础。"社会存在可交换性，才会使契约的存在成为可能，没有交换，就根本不会有讨价还价与妥协。"⑤总体上看，流域生态补偿协议的利益交换呈现两个走向：一是交换内容不断拓展。除了核心意义上的经济利益交换外，还包括流域信息、信任关系等诸多非物质性因素的交换。也就是说，利益交换已经成为基于

---

① 黄宇骁：《立法应当是抽象的吗？》，载《中外法学》2021年第3期。
② 谢新水：《作为一种行为模式的合作行政》，中国社会科学出版社2013年版，第154页。
③ ［新］迈克尔·塔格特著，金自宁译：《行政法的范围》，中国人民大学出版社2006年版，第27页。
④ 薛刚凌：《论府际关系的法律调整》，载《中国法学》2005年第5期。
⑤ 杨解君：《契约理念引入行政法的背景分析——基础与条件》，载《法制与社会发展》2003年第3期。

复合关系的交换网络，进入"交换"的要素也不再仅仅只有地方政府之间的合意，上级政府的政治意愿、流域社会文化习惯等均一并纳入交换内容之中。二是交换范围日趋广泛。"对每个人都有利的东西，完全可以通过交换得到实现；分配性利益也可表现为交换双方相互有利。"[①] 利益交换不再仅是简单的财产契约要素，而是注入了一种关系性契约[②]因素。当然，也要注意生态保护地区和受益地区，流域上下游地区这种基于生态区位差异而产生的身份关系所形成的关系性契约中的界限范围，避免因为生态保护地区"身份锁定"而出现自身"发展受限"等问题。

三、流域生态补偿协议签订规则法治化方案

明确流域补偿协议的概念及性质后，下一步问题是需要进一步回答如何法治化建构协议缔结规则，其中，迈向流域行政法的基本进路能够指明法治化发展的基本方向，以此为指引，逐步建立缔约主体正当性、缔约内容规范性和缔约程序正当性的法治化框架。

（一）整体进路：迈向流域行政法

为获致更为全面、精细的法律规制，应首先从整体上去把握流域补偿协议缔结规则法治化发展的基本进路。为此，有必要简要介绍行政区行政法和流域行政法等两种不同进路，明确选择一种进路推进协议缔结规则的法治化。

行政区行政法是以特定地域为载体、以纵向关系为特性、以属地管辖为原则而建立起来的规制行政管理活动的法律。流域行政法是在遵循流域生态规律基础上，以超越行政区界限的地域为载体、以纵向横向网状关系为特性、以流域统一管辖为原则而建立起来规制行政管理活动的法律。客观上讲，行政区行政法在流域生态环境治理、流域公共产品或服务供给等方面发挥着重要作用，但行政区划的刚性约束和纵向科层体制的严格制约，造成其既是流域生态环境治理的主要动力，也构成主要阻力，主要体现在，流域地方政府为了地方利益，各自为政，或竞相提供优惠政策措施和降低准入门槛；或量化宽松环境政策法规与环境规划标准；或选择性、倾斜性进行环境行政执法。总之，行政区行政下，流域环境政策

---

① ［德］奥特弗利德·赫费著，庞学铨等译：《政治的正义性——法和国家的批判哲学之基础》，上海译文出版社 1998 年版，第 59 页。

② ［美］麦克尼尔著，雷喜宁等译：《新社会契约论——关于现代契约关系的探讨》，中国政法大学出版社 1994 年版，第 1 页。

法律发生了冲突，地方政府行为出现了异化，流域不同行政区"以邻为壑"，流域"公地悲剧"自然难以避免。

可见，行政区行政法对流域生态环境问题难以作出有效回应，对流域生态环境治理现实难以作出有说服力的解释或概括。以至于有学者曾经指出，"植基于对 19 世纪末叶之行政理解的传统行政法一般制度是否已远离当下行政现实，不足以有效地指称一般的行政状态，因此必须作彻底的检讨"。[1] 为有效应对现实和未来挑战，需实现行政法调整对象从行政区行政向流域行政的转型，即能够从流域生态系统管理视角去检讨、变革流域行政管理体制及行政管理活动，为此，需要全面提升行政法的流域回应性。具体而言，面向流域行政的行政法具有以下几个特点：（1）调整范围的拓展。传统行政法认为，"全部行政法的体系都围绕着行政权力与公民权利这一对基本矛盾而构建"，[2] 以此为基点，传统行政法在行政区划的刚性界限内，以行政命令的方式，对本地区社会公共事务进行垄断管理。[3] 流域行政在更大意义上是一种政府间行政，包括上下级政府的纵向行政关系、区域地方政府间的横向行政关系以及公私合作关系的网络状态。无论是纵向关系、横向关系抑或公私合作关系，均需要转型后的流域行政法进行妥善调整或制度安排。（2）调整原则的重构。传统行政法强调依法律行政、信赖保护原则和比例原则等。流域行政法在要求遵循上述原则基础上，更关注合作原则、平等原则和利益均衡原则的贯彻落实。"真正意义的合作关系是独立主体之间的互动关系。这种关系形成的前提是合作主体人格的独立，否则合作关系就难以发生或者难以持续并取得成功，甚至在合作的过程中有可能退化为服从关系。"[4] "区域不同层级的政府都具有相对独立人格和相应的行政自主权，其法律地位平等、权利义务对等，不存在一方主体支配和强制另一方服从的意志。"[5] 流域生态环境治理过程就是不同主体间利益不断冲突、博弈、妥协和协调的过程，因此，流域上下游地方政府利益均衡原则将成为贯彻流域行政法整体和始终的核心原则。（3）调整方式的转型。传统行政法在功能定位上坚持"无法律即无行政"，强调法律对行政的控制。但"行政同时也是一种积极的、面向未来的塑造社会的活动"，[6] 它需要保持调整方式的灵活性和开放性。"在一个混合式行政的时代，在

① 陈爱娥：《行政法学的方法——传统行政法释义学的续造》，载《行政法论丛》2014 年第 17 卷，第 20 页。
② 罗豪才：《现代行政法制的发展趋势》，法律出版社 2003 年版，第 206 页。
③ 杨爱平：《从"行政区行政"到"区域公共管理"》，载《江西社会科学》2004 年第 11 期。
④ 谢新水：《作为一种行为模式的合作行政》，中国社会科学出版社 2013 年版，第 154 页。
⑤ 刘云甫等：《论区域府际合作治理与区域行政法》，载《南京社会科学》2016 年第 8 期。
⑥ ［德］哈特穆特·毛雷尔著，高家伟译：《行政法总论》，法律出版社 2000 年版，第 7 页。

一个对公权力和私权利的创造性相互作用极其依赖的时代，合同乃行政法之核心。"① 流域行政法中，"契约取代了作为管制典范的命令与控制"。② "通过权力的治理"转向"通过契约的治理"已成为行政发展的主要趋势，现代国家已经变成了契约国家。"就程度和光谱的一端为原始权力、另一端是合同而言，我们已经把治理的中心移向了合同。从权力转向合同并不意味着政府部门的终结。恰恰相反，它意味着需要建立一种制度和管理能力去迎接我们面临的许多新的挑战。"③（4）调整过程的统合。传统行政法聚焦于对行政行为一种"瞬间摄影"的片段式考察，不可避免存在着局限性、静态性等缺陷。④ 流域行政法强调围绕流域公共利益实现的一系列合作行为所构成的行政过程，关注协议缔结之前的接触、协商、合作甚至妥协退让等行政过程。它将行政权行使的上游和行政权行使的下游⑤、将动态的补偿协议缔结全过程和最终形成的补偿协议实施或履行过程有机联结，一方面能够保证合作协议的正当性或合法性；另一方面也增加了合作协议履行的可能性。（5）调整机制的优化。传统行政法注重"命令＋控制"机制，但现代行政开拓众多的新活动领域，无经验可以参考，行政机关必须做出试探性的决定，积累经验，不能受法律严格限制。⑥ "现代统治要求尽可能多且尽可能广泛的自由裁量权。"⑦ 尊重行政的行为方式选择自由。⑧ 承认或认可政府或行政机关的行为形式选择自由，是完成日渐扩张和复杂化的流域生态环境治理的客观需要。如何选择为达成特定任务的法律手段，乃是国家或其他公法人的裁量权限，不过此种裁量权限也非漫无限制，而须受比例原则及平等性等原则的拘束。⑨

（二）签订主体的正当性及其加持

前已所述，依照现行宪法法律规定，任何层级的地方政府均具有缔约权限资格，但并不意味着任何层级的地方政府具有缔约权能资格。如何厘定何种层级的

---

① ［英］卡罗尔·哈洛、理查德·罗林斯著，杨伟东等译：《法律与行政》，商务印书馆 2005 年版，第 554 页。

② ［新］迈克尔·塔格特著，金自宁译：《行政法的范围》，中国人民大学出版社 2006 年版，第 27 页。

③ ［英］菲利普·库珀著，竺乾威等译：《合同制治理——公共管理者面临的挑战与机遇》，复旦大学出版社 2007 年版，第 51 页。

④ 江利红：《行政过程论在中国行政法学中的导入及其课题》，载《政治与法律》2014 年第 2 期。

⑤ 薛刚凌：《论府际关系的法律调整》，载《中国法学》2005 年第 5 期。

⑥ 王名扬：《美国行政法》，中国法制出版社 1995 年版，第 547 页。

⑦ ［英］韦德著，徐炳等译：《行政法》，中国大百科全书出版社 1997 年版，第 55 页。

⑧ 何源：《德国行政形式选择自由理论与实践》，载《行政法学研究》2015 年第 4 期。

⑨ 林明锵：《论型式化之行政行为与未型式化之行政行为》，翁岳生六秩诞辰祝寿论文集编辑委员会：《当代公法理论》，月旦出版股份有限公司 1993 年版，第 148 页。

地方政府具有缔约资格？行政规制理论认为，缔约权的配置，"与规制者掌握的规制知识和拥有的规制资源、规制能力密切相关"。[1] 行政学上的资源依赖理论认为，"组织间的合作关系会依各自资源优势或劣势，进行各类资源的动态交易，包括土地、人力、财源、权威、正当性、信息、组织、社会资本等。地方政府须针对本身的各类资源进行盘点，同时也应尽可能了解其他可能成为合作对象之地方政府的资源配置状况"。[2] 立足上述理论，我们认为，判断何种层级的地方政府具有缔约权能资格，需要统筹考量以下因素：一是规制知识资源和规制体制。掌握着相对充沛的规制事实知识、规制价值知识和规制方法知识是签订协议的必要前提，相对健全、运转有序的规制体制等资源储备构成协议签订的体制基础。二是经济资源。相对稳定、透明的财政资金机制构成协议全面、适当履行的物质基础。三是信息资源。"掌握了信息资源就意味着权力权威的增强，就意味着控制的有效性。"[3] 结合上述因素，我们认为，应当明确县级以上地方政府才具有签约权能资格。主要理由在于，在我国目前行政管理体制下，只有县级以上地方政府才拥有相对充分的规制资源和相对完备的规制体制；只有县级以上地方政府才具有相对完整的财政预算及生态补偿资金筹集支付能力；只有县级以上地方政府才设置相应的生态环境监测机构，才能够提供支撑利益交换的信息资源。早期试点的新安江补偿协议选择省级政府作为缔约主体，一些跨行政区域流域积极探索[4]选择县级政府、设区的市级政府、省级政府等三级地方政府作为缔约主体，均统筹考虑了政治、经济、技术等资源依赖状况，体现为一种实践理性，这是因为"实践的规则始终是理性的产物，因为它指定作为手段的行为，以达到作为目标的结果"。[5]

如前所述，流域生态补偿协议是一类借助私法的利益交换来实现行政合作或完成行政任务的行政规则。大陆法系的"国库行政""行政私法""行政形式选择自由"理论及制度范式均与我国实践存在难以顺利接驳之处。在实践考察中，借助私法手段的利益交换更多表现为一定数量、一定条件的生态补偿资金支付，而这主要是依靠地方财政资金的横向转移支付方式[6]予以实现的。虽然横向转移支付尚未纳入我国法律规制范畴，但按照我国现行宪法、《中华人民共和国预算法》等相关规定，地方财政资金的预算事务并非仅仅是政府或其职能部门的职权

① 靳文辉：《公共规制的知识基础》，载《法学家》2014 年第 2 期。

② 江岷钦等：《地方政府间建立策略性伙伴关系之研究：以台北市及其邻近县市为例》，载《行政暨政策学报》2004 年第 38 期。

③ 张康之：《打破社会治理中的信息垄断》，载《行政论坛》2013 年第 4 期。

④ 参见《浙江省关于建立省内流域上下游横向生态保护补偿机制的实施意见》（2018）。

⑤ ［德］康德著，韩水法译：《实践理性批判》，商务印书馆 1999 年版，第 17 ~ 18 页。

⑥ 参见《中华人民共和国预算法》。

范围，而是主要来自立法机关的一种权力配置。或者说，流域生态补偿协议补偿资金支付与否可能涉及财政预算及转移支付问题，因此其最终的决定权应当交由立法机关行使，或者至少由立法机关进行相应的备案或审查。从这个意义上讲，相关地方政府及其职能部门只能是协议签订的具体执行者和实施者。这样的话，交由地方立法机关进行必要的备案或审查就成为流域生态补偿协议获得正当性的一种可行选择。作为一种新型的行政规则，但绝不意味其可以逃逸现行法律的射程。其中，"备案审查制度是对权力扩张带来的弊端之一即国家法制不统一的补救性措施"。① 至于在地方立法机关备案审查的介入方式选择上，究竟是采用签约之前介入或签约之后介入。我们认为，宜采用签约之后介入。这是因为，流域生态补偿协议属于一种全新的制度创新举措。宪法和环境保护法律赋予了相关地方政府借助私法手段实施生态保护补偿的法定职责，这就决定了地方政府不能以"此事没有法律规定或法律规定较为抽象"为由，对跨行政区流域利益失衡状况消极回避，对跨行政区流域水污染事故、生态破坏纠纷熟视无睹，对业已签订的区域合作协议低效无效无动于衷。流域上下游地方政府签订流域生态补偿协议，既是践行宪法法律的基本要求，也是地方创新探索的应有之义。地方政府在签订具体流域生态补偿协议正式文本之后，各自应当参照目前政府规章制定的程序要求，在规定时限内将协议正式文本分别提交相关地方政府所在的各地人大或常委会进行备案或审查，地方各级人大或人大常委会也可据此组织相应的汇报或视察工作。如此一来，无疑会使流域生态补偿协议签约主体的正当性和合法性得以充分加持。

最后，有鉴于流域生态补偿协议立法性规则的性质定位，这意味着签约主体必须具有明确的法律授权，无明确法律授权的行政主体均无签约资格。地方政府职能部门在无明确法律授权的前提下，不具有签约资格，地方政府也无权将其签约资格权力再行授权或委托，故各级地方政府职能部门不能单独"对外"签订流域生态补偿协议。

（三）协议内容的规范化改造

我国行政法学理上尚未对流域生态补偿协议内容开展深入探讨。各国相关法律制度②也有较大差异，难以为我国有效借鉴。尽管国务院《生态保护补偿条例》（公开征求意见稿）在流域生态补偿协议内容规范化方面进行了不少探索，③

---

① 钱宁峰：《规范性文件备案审查制度：历时、现实和趋势》，载《学海》2007年第6期。
② 可资参考的有西班牙和美国。其中，《西班牙公共行政机关及共同的行政程序法》第6条第2款对行政协议主要条款作了明确规定。美国学者对州际协定条款也有深入研究。参见，Frederick and Mitchell Wendell, The Law and Use of Interstate Compacts, Chicago: The Council of State Governments, 1975: 57 - 88.
③ 《生态保护补偿条例》（公开征求意见稿）第17条、第18条。

但仍有继续改进的巨大空间。我们认为，应结合流域生态补偿协议立法性规则的性质定位，协议内容的规范化从以下几个方面予以完善。

1. 规范约定义务

既然流域生态补偿协议注重义务的倾斜性配置，以义务的主动积极履行来实现生态保护补偿权利，因此流域生态补偿协议需要高度重视义务的规范化发展。由于"单纯的法定义务无论是在设定层面，还是在履行层面都存在诸多的困境和漏洞，如行政主体义务的设定不可能周全细微，法定义务的实施及监督难以明晰可循"。① "基于此，约定义务就开始大量出现。约定义务可在一定程度上缓解行政权力治理的困境和弥补其漏洞。"② 所谓约定义务是指，签约主体通过协议明确约定双方或多方应当履行的义务，它构成协议双方或多方之间的一种"法律"。虽然约定义务来自协议，但并非通过协议设定的义务都是约定义务。约定义务除了常见的给付义务、受领义务外，还有基于约定的不真正义务。所谓不真正义务，是使负担此义务者遭受权利减损或丧失的不利益。③ 约定义务中可以约定"对赌条款"，主要理由在于，第一，能够有效克服信息不对称。"对赌条款"通过向处于信息优势的上游地方政府施加压力，迫使他们尽可能提供完整、准确的流域生态环境等诸多信息，从而极大地降低下游地方政府的信息获取成本和交易成本，建构行政合作上的信任关系。第二，能够规避环境风险。任何来自上游地区的负外部性行为都可能会造成下游公众财产、健康以及生态环境遭受损害或损害风险之虞。"对赌条款"要求上游采取环境治理措施，强化本行政区的生态环境监管力度，预防损害结果发生或减缓风险产生之可能性。第三，能够激励生态保护行为（结果）。"对赌条款"将上游水质（水量）目标等设置为生态补偿支付条件。这样一来，上游生态保护效果越好，所获补偿资金越多；没有效果或效果变差，不仅不能获得补偿，反而却要补偿下游。

但"对赌条款"与民法中的射幸合同④存在差异。射幸合同强调当事人获得利益或者受损的同等可能性。但按照流域生态补偿协议的"对赌条款"，即便上游地方政府积极从事流域环境治理活动和环境监管行为，受自然等诸多不确定因

---

① ② 李牧：《论行政主体的约定义务》，载《政法论丛》2012 年第 5 期。

③ 如我国台湾地区《台北、基隆两市区域间都市垃圾处理紧急互助协议书》第 12 条：甲乙双方有未执行本协议书之情形时，均同意由中国台湾地区环境主管部门在不违反法令规定之范围内，得于违约事由排除前停止对违约一方支付中央环保补偿款，以为违约罚则。这就是一条双方约定的"不真正义务"条款。详情参见吕炳宽：《以行政契约作为跨域治理之法制基础——以台北和基隆垃圾处理合作案为例》，载《北京行政学院学报》2015 年第 1 期。

④ 学术界普遍认为射幸合同包括两个基本特征：一是缔约主体双方订立合同时对行为后果的认识具有不确定性；二是缔约主体双方均具有获得利益或者损失的可能。参见，傅穹：《对赌协议的法律构造与定性观察》，载《政法论丛》2011 年第 6 期；华忆昕：《对赌协议之性质及效力分析——以合同法与公司法为视角》，载《福州大学学报》（哲学社会科学版）2015 年第 1 期。

素影响，仍有可能达不到约定的补偿支付条件。这种情形下，上游地方政府需要依约补偿下游地方政府。显然，下游地方政府在未承担任何显性义务情况下，却有获得利益补偿的一种可能性，反之却不可能出现。简言之，上游地方政府的"只予不取"和下游地方政府的"只取不予"没有同等的实现可能性。这种可能性的缺失显然违背了基于平等原则的"利益结构性均衡"要求。流域生态补偿实践的应对策略是，无论上下游地方政府的"对赌"结果如何，国务院（上级政府）的转移支付资金恒定的补偿上游地方政府，这种做法实现了平等原则所要求的"利益结构性均衡"，却未能实现激励相容。因为对于上游地方政府而言，无论对赌结果如何，总能获取来自国务院（上级政府）的转移支付资金。一个可行的改进思路是，可以考虑在约定义务增设"不真正义务"条款。具体而言，在不改变国务院（上级政府）纵向转移支付资金恒定补偿上游地方政府的制度背景下，上下游地方政府可针对来自国务院（上级政府）纵向转移支付资金获取数量的多少约定"不真正义务"条款，并以此作为上游地方政府违约行为的罚则。如此一来，上游地方政府获得纵向补偿资金数量多少就取决于双方（多方）约定的流域环境治理的最终结果。总之，约定的"对赌条款"和"不真正义务"条款之间的相互结合和有机补充，既能实现"利益结构性均衡"，也能带来一定程度的激励相容。

约定义务也有一定的界限。它应当受到法律或公共政策一定程度上的制约。[①] 按照生态环境法律制度规定，流域上下游地方政府之间均不得以任何明示、默示或其他方式，共同约定跨行政区断面水质状况继续恶化的协议。[②] 国家法律、法规和标准已明确流域水质水量目标的，应在高于或不低于此目标基础上进行双方或多方义务之约定。《生态保护补偿条例》（征求意见稿）第 17 条明确规定，"生态环境质量未达到国家和地方标准的，不得以违约责任取代法定责任"，这实际上也从一个侧面明确了约定义务的界限。

2. 规范合作义务

流域补偿协议也应当高度重视流域上下游地方政府间行政上的合作义务。所谓合作义务是指，为维护和促进合作关系，保护签约主体的期待利益或信赖利益，在对方合理期待范围内，协议双方或多方彼此应当合作的义务。合作义务是在克服约定义务不足的基础上而产生的。因为任何约定义务都不可能是全面的；

---

① 如浙江省《关于建立省内流域上下游横向生态保护补偿机制的实施意见》对流域生态补偿标准自由协商范围作了明确规定：500 万 ~ 1 000 万元。

② 地方政府应当遵循"水质不得恶化"原则，"禁止现存流域水环境现状遭受更恶劣破坏"。参见王灿发：《论生态文明建设法律保障体系的构建》，载《中国法学》2014 年第 3 期；陈慈阳：《环境法总论》，中国政法大学出版社 2003 年版，第 192 页。

即便是较为全面的约定义务，也可能存在约定不清情形。因此，合作义务能够填补空白，也可解释或推导约定不清的问题，更重要的是，约定义务是地方政府自身利益最大化而形成的一种博弈结果，在履行期间可能存在难以为继或者协议期满不能续签等不良局面之后，设置必要的合作义务可以保障流域行政合作机制有效运行。合作义务与约定义务的侧重点不同，前者是协议双方或多方都应当履行的义务，强调各自均应考虑对方的合理期待或信赖保护，需要立足于对方进行考量。后者强调各自均应按照约定履行义务，关注履行各自约定义务后获得利益的可能性及多少等。合作义务的内容非常广泛，既包括完成约定义务中的合作义务条款，也包括法定义务中的合作义务条款。前者包括为实现约定义务而履行的一些辅助性工作，比如，流域环境监测合作、信息通报、组建流域联席会议等松散性组织机制；后者包括为履行法定职责而履行的一些合作性事务，比如，联合执法、联合应急、环评会商等。

3. 约定义务与合作义务的合理结构安排

立足于流域生态补偿协议立法性规则的性质定位，约定义务事关权利义务的创设与安排，其直接体现了流域生态补偿协议的法律属性，故占据主导地位；与之相对应，合作义务无论是组建联席会议抑或环评会商行为，更多体现为组织性或程序性内容规定。这同时表明，尽管流域生态补偿协议属于创设权利义务的立法性规则，但它并不排斥组织性或程序性内容。总之，约定义务和合作义务在流域补偿协议中的地位是不同的。约定义务占据首要地位和主导地位，它践行着协议目的、价值及功能，构成协议主体自身利益实现与否的最大关切，是合作义务得以有效履行的前提。它是一种目的性存在而非一种工具性存在。一些地方的实践探索过于强调合作义务实际上弱化了约定义务的重要性，偏离了其立法性规则的属性定位，应当予以纠正。如果将协议义务分为结果性义务和手段性义务的话，那么，合作义务更多体现为一种手段性义务[①]，其中，约定义务中的合作义务是保证约定义务履行的一种手段性义务，法定义务中的合作义务是保证流域公共利益实现的一种手段性义务。可见，处于第二位的合作义务更多是一种工具性存在，它要么是为了保证约定义务的有效履行，要么是为了促进流域协商管理或公共利益目的的实现。当然，这也并不意味着合作义务总是处于一种附属或补充地位，它与约定义务构成了流域生态补偿协议的有机整体。因为约定义务虽然体现着利益交换这一核心要素，但利益交换却是以合作为导向而得以展开的，

---

① 法国法将合同义务分为结果性义务与手段性义务。如果合同要求债务人实现某一特定的结果，其承担的义务即为结果性义务；如果合同仅仅要求债务人尽一切可能取得某一特定结果，并不要求结果一定实现，则属于手段性义务。详情请参见尹田：《法国现代合同法》，法律出版社 2009 年版，第 358 ~ 359 页。

如果缺失了必要的合作义务，利益交换就会落空，自然也就不存在所谓的约定义务。

最后应当指出的是，流域生态补偿协议法治化发展离不开责任规则体系的建构与完善。撇开违法责任不谈，这里主要涉及违约责任问题。所谓违约责任，是指签约主体违反协议义务所承担的责任，包括违反约定义务的责任和违反合作义务的责任，由于约定义务构成协议的主导内容，违反约定义务的责任要重于违反合作义务的责任。违约责任法治化发展的内容主要包括：第一，违约责任的形态，包括预期违约、不履行、迟延履行、不适当履行等情形；第二，免责事由，包括情势变更、不可抗力、免责条款、第三方过错等因素；第三，违约责任实现方式，包括赔礼道歉、继续履行、赔偿损失等。当然，上述问题也可考虑纳入未来的行政程序法典予以一体化解决。

（四）签订程序的优化

立足于立法性规则的性质定位，流域生态补偿协议要获得法律约束力和拘束力，还应当遵循立法性规则的制定程序且具备法定形式。① 从社会学意义上看，唯有通过必要的正当程序才能够不断凝聚共识，从而形成流域环境治理的"合力"。

1. 类型化协议并施以不同程序规则

根据合意属性不同，流域生态补偿协议可分为双边补偿协议②和多边补偿协议③。前者的合意表示，就是一种意思相反而达成的合意。在这种意思表示中，缔约主体一方享有权利，另一方就负有义务，他们有着自己独立的利益，为自己目的而进行相应意思表示，从而达成"权义交换之约"④。比如，新安江流域协议缔结过程中，安徽浙江双方基于各自独立的利益诉求，在补偿条件、补偿标准等方面上的意思表示相反或不同就多次出现⑤。后者的合意表示，是一种"同向意思表示"，其特点是签约主体数量众多，依共同目的结合而成的意思表示，发生了单一法律效果。这里，多数签约主体的意思是平行的、同一的，达成"公共

---

① 胡斌：《论"行政规权"的概念建构与法理阐释》，载《政治与法律》2019年第1期。

② 双边补偿协议包括，广东广西九洲江流域生态补偿协议（2016—2018）、浙江龙泉云和瓯江流域生态补偿协议等。

③ 多边补偿协议包括，云南贵州四川赤水河流域生态补偿协议（2016—2018）；重庆市永川璧山江津璧南河流域生态补偿协议等。

④ 于立深：《台湾地区行政契约理论之梳理》，载《中外法学》2018年第5期。

⑤ 主要体现在以下几个方面：（1）补偿标准支付基准方面，浙江要求按照湖泊水质标准确定，而安徽则要求应按照河流水质标准确定；（2）补偿标准指导原则方面，浙江要求采用合理补偿原则确定标准，安徽则要求按照公平补偿确定标准。最后在共同上级政府指导下，双方最后形成共同意思表示，体现着一种互为妥协、互为请求，最终达成一致。

的目的"，其利害完全一致，是共同的并行的。① 比如，云南贵州四川赤水河流域补偿协议的签约主体数量达到三个，这里的利益交换和合作关系呈现更为复杂的连带关系，虽然签约主体存在着不同利益诉求，但需要汇集成一个共同目的，并最终产生单一法律效果。两者区分的意义在于，前者签约主体数量只有两个，权利义务关系明确简单，合作风险和不确定性在缔约主体的可控范围内，制度交易成本较低。相较而言，多边协议涉及主体数量较多，流域连带关系链条拉长，权利义务关系相对复杂，不确定因素增多，合作风险较高，制度交易成本偏高。与此相适应，签约程序就可以分为双边协议签约程序和多边协议签约程序。在双边协议中，由于签约主体数量较少，权利义务关系相对简单，因此，可用合同"要约—承诺"规则体系完善相应的签约程序，当然协商程序规则也应补充到相应程序之中。双边协议签订程序的不足之处在于，需要花费较长时间协商差异化的约束及责任机制，一旦协商成功，协议缔结程序就会朝规范化方面迈出重要一步。在多边协议中，签约主体数量较多，权利义务关系更为复杂，难以在短时间内形成规范性协议文本，为此，可借鉴国际环境条约中的"框架协议＋议定书""框架协议＋补充协议"等方式完善多边补偿协议的缔约程序，首先协商出框架性补偿协议，然后协商出具体议定书或补充协议以填补或充实框架性协议的细节内容。多边协议签约程序的不足之处在于，不仅需要花费较长时间进行协商，而且签订程序相对烦琐冗长，权利义务关系复杂也会导致差异化的激励约束及责任机制难以有效发挥作用。无论采用何种协议签订程序，流域上下游地方政府应当同时立项、共同（或委托）起草、同步签订、分别审查或备案，并通过联合署名方式向社会公开。

2. 不断调整行政指导的功能定位

需要重新审视"行政指导"的复合功能实现问题。从立法性规则制定的正当程序出发，行政指导功能定位需要做好一定的"加减法"。所谓"加法"是指，需要增加行政指导之一定的利益调整功能。也就是说，法规范意义上的"行政指导"，既包括来自国务院（上级政府）协调、指导等助力性功能，也包括来自国务院（上级政府）相应的财政转移支付作为利益调整性功能，两种功能相得益彰，类似于形成"大棒＋胡萝卜"态势，任何一个功能的缺失，要么行政指导演变为传统的等级命令，要么造成行政指导流于形式。所谓"减法"，实际上就是减掉行政指导目前事实上附带着备案审批功能，重构流域生态补偿协议的备案审批程序。这是因为，跨行政区流域生态补偿制度探索初期，国务院（上级政府）充当了复合性角色，行政指导贯穿于协议签订履行的全过程。但随着法治化进程

---

① 白鹏飞：《行政法大纲》，北平好望书店 1935 年版，第 71 页。

的深入，行政指导不宜再包打天下，回归其应有位置。流域生态补偿协议的签订或履行，均会不同程度地涉及国务院（上级政府）的权力范围或者第三方的权力（权利），只有建立必要的备案审批程序，才能有效规制签约主体的权力，能够在一定程度上保障其在法治框架下运行。"能涉及中央最终决定权的区域合作协议，可能影响中央控制力的区域合作协议，以及可能影响协议非成员方利益的区域合作协议"① 才需要得到国务院的批准。至于行政指导是否与依法治国等相违背，我们认为，行政指导是随着社会复杂变化的灵活应对策略，实际上是"法治原则的含义随时代变迁而变化"② 的必然结果，是"法治政府"发展过程中的必经阶段。

3. 完善签约程序的信息公开和公众参与

目前的情形是，流域上下游地方政府之间无论在协议签订过程中抑或签订正式协议文本，更多是处在一种相对封闭的内部体系内。社会公众对于协议签订的整个过程是无从知晓的，对于正式签订的协议文本内容，也难有相当全面的把握。从行政法理上看，流域补偿协议签订过程中形成的信息属于过程性信息。③而过程性信息在域内外理论研究和制度实践中大都被列为政府信息公开的豁免事项，一般不予公开。④ 这是否意味着，签约程序过程中形成的信息属于过程性信息而排除在信息公开之外，即便是正式的协议文本，也在不公开之列。立足于立法性规则的性质定位，我们认为，这一看法值得商榷。（1）需要区分签约过程中的事实性信息和意见性信息。事实性信息"往往是主体行为做出的事实依据，是成熟的、客观的，虽然处于行为过程之中，但并非未成熟"。⑤ 基于此考虑，事实性信息"被排除在豁免公开之外，这得到理论界和立法的一致认同"。⑥ 签约过程中涉及的流域上下游地区社会经济状况、流域跨界断面水质水量状况等、上下游自然资源利用、污染物排放等均属于事实性信息，应当以公开为原则。"客观事实的公开是参与和讨论得以进行的前提。事实信息公开越充分，参与讨论的范围越宽，则行政决策的科学性越高。"⑦ 至于在签约过程中，双方或多方形成的意见性信息，包括各方表达的观点、建议、咨询或协商记录，不宜公开，不应

---

① 何渊：《论区域法律治理中的地方自主权——以区域合作协议为例》，载《现代法学》2016 年第 1 期。
② 黎国智：《行政法词典》，山东大学出版社 1989 年版，第 527 页。
③ 参见《政府信息公开条例》第 16 条第 2 款规定，"行政机关在履行行政管理职能过程中形成的讨论记录、过程稿、磋商信函、请示报告等过程性信息以及行政执法案卷信息，可以不予公开"。
④ 张鲁萍：《过程性信息豁免公开之考察与探讨》，载《广东行政学院学报》2011 年第 4 期。
⑤ 杨小军：《过程性政府信息的公开与不公开》，载《国家检察官学院学报》2012 年第 2 期。
⑥ 孔繁华：《过程性政府信息及其豁免公开之适用》，载《法商研究》2015 年第 5 期。
⑦ 王敬波：《过程性信息公开的判定规则》，载《行政法学研究》2019 年第 4 期。

纳入信息公开的范畴。（2）需要区分签约过程与签约结果（正式协议文本）的信息公开。如果将签约过程中的信息视作一种过程性信息，可以对其中的意见性信息豁免公开，但签约过程最终形成的结果——协议文本，能否予以公开呢？我们认为，流域生态补偿协议文本记载着签约主体的约定义务、合作义务等。上述义务履行不可避免涉及流域上下游地区发展方式转型、民众生产生活方式改变等。因此，所有流域生态补偿协议文本均应当在正式生效后予以公开。紧随其后的问题是，属于政府主动公开还是依申请公开。我们认为，按照《中华人民共和国政府信息公开条例》第十九条规定精神，由于流域生态补偿协议签订履行涉及流域地方利益的再调整，且需要让公众（尤其是具体流域内广大民众）广泛知晓并一体化遵守，因此，应纳入主动公开的政府信息范畴，由各地方政府按照信息公开的制度规定主动公开。（3）应当明确公众参与的主体类型和方式。生态环境保护领域的价值多元性、利益冲突性和科学技术性决定了环境法律问题的破解必须建立在广泛的主体参与、沟通和协商的实践理性基础之上。与此相适应，一系列渗透平等、信任、理解、包容、尊重、合作诸要素的程序性配置应得以构建并逐步细化。[1] 应结合合具体流域明确参与的主体类型及其不同的功能定位，坚持"专业人士应立足专长做出客观中立的事实判断；普通大众会基于各自立场表达凝聚利益诉求的价值判断；社会团体可基于专业技能和公益宗旨分别发挥事实和价值判断的功能"。[2] 这样一种带有实质性的公众参与更符合流域生态补偿协议法治化发展的期待。

四、小结

我国目前缺乏流域生态保护补偿协议签订规则的理论建构和法治方案。实证研究表明，协议签订规则存在着签约主体适格性、协议内容偏移风险及签约程序正当性等问题。解决上述问题的逻辑起点在于，需要准确界定流域生态补偿协议的产生逻辑及法律性质。分析发现，流域生态补偿协议仅适用于具有生态关联性、单向外部性的受益地区与生态保护地区、流域上下游地区相关地方政府之间。流域生态补偿协议是一种相对独特的立法性行政规则，它承载着新型流域社会关系，体现为"利益交换＋行政合作"的有机整合。签约主体的正当性应当通过事后备案方式予以加持；协议内容方面，逐步实现约定义务、合作义务的规范化及内部结构的合理安排；签约程序方面，优化调整行政指导复合功能，建立健全备案或审批程序，有序扩大信息公开范围及内容。

---

①② 王灿发：《论生态文明建设法律保障体系的构建》，载《中国法学》2014 年第 3 期。

第四节　生态补偿责任清单的规范进路

2016 年 11 月，中共中央办公厅、国务院办公厅（以下简称中央"两办"）联合印发《关于省以下环保机构监测监察执法垂直管理制度改革试点工作的指导意见》要求，"试点省份要制定负有生态环境监管职责相关部门的环境保护责任清单"。2020 年 2 月，中央"两办"联合印发《关于构建现代环境治理体系的指导意见》进一步明确提出要"制定实施中央和国家机关有关部门生态环境保护责任清单"。2020 年 3 月，中央"两办"正式联合印发了《中央和国家机关有关部门生态环境保护责任清单》，采用列举方式明确中央和国家机关有关部门的生态环境保护责任。在地方层面上，陆续有诸多省（自治区、直辖市）①、市（设区的市、自治州）②、县（县级市、自治县）③ 等推出不同层级的生态环境保护责任清单（以下简称责任清单）。这意味着，通过"两办"以党政联合行文方式颁布或出台生态环境保护责任清单将会是下一阶段我国生态文明制度建设的一个重要观察指标。总体来看，上述责任清单大多是依据生态文明建设及生态环境保护政策、法律法规规定等，结合当前生态文明建设及生态环境保护实际需要，把各级党委、人大、政府及其他相关部门在生态环境保护领域应当承担什么职责，需要做何种工作等，以清单方式予以"明确化""结构化""可视化"。一定程度上讲，一个"自上而下"与"自下而上"相互结合，有序整合所有公权力机构生态环境保护责任的生态环境管理制度正在快速形成之中。客观上看，责任清单制度显然有助于建构一个履责依据清晰、监督对象明确、追责范围及方向确定的"大环保"工作格局，能够营造出所有公权力机构"齐心""合力"推进生态环境保护工作的社会氛围，并且能够在一定程度上避免或克服生态环境保护责任履行过程中长期存在的责任多头、责任真空、责任模糊等痼疾。即便如此，建立并

---

① 比如，2020 年 7 月，中共甘肃省委办公厅、甘肃省人民政府办公厅联合印发《甘肃省省级有关部门和单位生态补偿责任清单》；2021 年 2 月，中共天津市委办公厅、天津市人民政府办公厅联合印发《天津市生态补偿责任清单》。

② 比如，2020 年 12 月，中共深圳市委办公厅、深圳市人民政府办公厅联合印发《深圳市生态环境保护工作责任清单》；2018 年 7 月，河北省衡水市生态环境保护委员会印发《衡水市生态补偿责任清单》；2021 年 3 月，中共甘孜州委办公室、州政府办公室印发《甘孜州生态环境保护责任清单》。

③ 比如，2017 年 3 月，中共富源县委办公室、富源县人民政府办公室联合印发《富源县各级党委政府及其有关部门生态环境保护责任清单（试行）》；2021 年 2 月，中共临洮县委办公室、临洮县人民政府办公室印发《临洮县县级有关部门和单位生态环境保护责任清单》。

481

完善责任清单制度仍然面临诸多争议，主要包括，我国已经建立了政府权力清单、责任清单①和负面清单等"三个清单"为核心的清单制度体系②，它们分别对应着"法无授权不可为""法定职责必须为""法无禁止即可为"等三个经典法谚，基本可以覆盖法治国家的各个方面。其中涉及生态环境保护领域的政府责任承担方面，政府责任清单制度都已经做了较为明确的规定，于此背景之下，是否有必要再另起炉灶，重新建立一个生态补偿责任清单制度？随之而来的问题是，如果确有必要建立一个生态环境保护责任清单制度，如何协调并处理好它与政府责任清单制度之间的关系？再者，立足于"用最严密制度、最严格法治保护生态环境"的视角，生态补偿责任清单制度是否应当一并纳入规范化、法治化范畴予以一体考量其发展进程？如何完善其规范化、法治化发展路径的探索？实际上，上述几个方面的问题是紧密联系在一起的。本书试图对上述问题做出粗浅回答，以求教于同仁。

基于此，笔者以省级层面生态补偿责任清单为主要研究对象，以中央层面、设区的市级、县级、乡镇级生态补偿责任清单作为参考对象，以支撑或辅助生态环境责任清单制度建设的党内法规、法律法规、规范性文件和各地官方网站记载的责任清单样本为基础，对生态环境责任清单颁行及随后的实施状况展开全面系统的实证观察，力图全面描绘出我国生态补偿责任清单制度的实践面貌。在此基础上，总结出责任清单的问题及其症结所在，分析其性质及存在的独特功能，进而提出完善生态补偿责任清单制度的规范化方案。

一、生态补偿责任清单的主要面相及其问题

实践中，中央、地方各级"两办"颁行生态环境保护领域的责任清单，大体上也遵循着一定的实体规则。依循法治建设的一般要求，上述实体规则应当纳入规范化甚至法治化范畴予以观察。本书拟从责任清单颁行主体、编制依据以及编制内容等三个方面的实体性规则对生态环境保护的责任清单实践做出一定的梳理、总结或概括，以便使读者能够大体上了解责任清单的实践发展概况。

（一）责任清单颁行主体略异及其正当性质疑

结合对各地官方报道的考察分析发现，责任清单的编制流程大体为，由各级

---

① 2015 年，中共中央办公厅、国务院办公厅联合印发《关于推行地方各级政府工作部门权力清单制度的指导意见》建立的是"政府权力清单和相应责任清单制度"。由于学术界对于政府权力清单和政府责任清单各自的性质及法治化路径存在分歧，故单独对它们进行表述。

② 王利明：《负面清单管理模式与私法自治》，载《中国法学》2014 年第 5 期。

政府生态环境主管部门或者党委编制机构①牵头编制出责任清单初稿，然后通过相关机构审核和合法化审查之后，最后由地方各级"两办"②或者生态环境保护委员会③等权威机构予以确认并公开。总体来看，责任清单编制活动主体具有以下几个方面的特征：一是责任清单的编制权并不是固定的由地方政府生态环境主管部门或者地方党委编制机构单独或共同行使，而是分别配置于不同的编制行为主体之间且由他们协力完成的，以此来保证清单责任编制活动的正当性及责任内容的合法性。二是多数地方的责任清单采取了与中央层面责任清单相同或类似做法，即在编制活动完成之后，交由地方各级"两办"联合发布责任清单。此外，也有一些地方是由地方政府设立的生态环境保护领域高层次议事协调机构——生态环境保护委员会或其办公室编制并公布责任清单。可以看出，通过高层级协调机构颁行责任清单，其目的在于希望保障责任清单的权威性及正当性。

应当说，由地方政府生态环境主管部门或者党委编制机构牵头，其他相关部门、机构共同参与责任清单的编制活动，并由权威部门发布责任清单，本身并无任何不妥之处。问题在于，第一，就编制及颁行主体而言，"编制主体或编制行为主体存有自我赋权的嫌疑，更有甚者，存在自己编制自己责任清单的情形"④。实际上，除了政府生态环境主管部门或者地方党委编制机构存在着自己编制自己责任清单情形之外，各级"两办"也同样存在着自行颁行自己责任清单的问题。从现代法理出发，这仍然难以摆脱自我赋权之嫌疑，并且也不能排除自我减责之可能性。第二，一些地方新设立的生态环境保护委员会（办公室多设在地方政府生态环境主管部门），从行政法理上讲，应当属于政府层面设立的生态环境保护领域的议事协调机构，由其编制或发布涉及地方党委、人大甚至其他国家机构的责任清单，是否会存在着违背党章、宪法等党内法规、国家宪法法律关于党和国家机构职能（职责）分工的制度规定？第三，责任清单解释主体也主要是由"两办"授权或者委托政府生态环境主管部门予以承担。尽管这里存在着专业性的考量，但在涉及地方党委、人大等权力机构生态环境保护责任承担时，地方政府生态环境主管部门所享有的解释权正当性、合法性何在？上述问题表明，责任清单编制或颁行主体存在着正当性或合法性的诸多质疑，需要在规范思维框架下寻求适格的责任清单编制主体。

---

① 比如，中共西安市委办公厅、西安市政府办公厅联合印发《秦岭范围内生态环境保护责任清单》（2020年）。

② 比如，中共甘肃省委办公厅、省政府办公厅联合印发《甘肃省省级有关部门和单位生态环境保护责任清单》（2020年）。

③ 比如，山西省生态环境保护委员会印发《山西省生态环境保护责任清单》（2020年）。

④ 刘启川：《责任清单编制规则的法治逻辑》，载《中国法学》2018年第5期。

（二） 责任清单编制依据多元及其失序风险

我们知道，"责任清单的编制依据，不仅限定了责任清单的范围、内容和形式，而且直接影响甚至决定责任清单的法律效力和实践效果"①，故需要对责任清单的编制依据予以高度重视。梳理各地责任清单编制依据，可以发现，党和国家生态环境政策②、党内法规③、国家法律法规规章④、地方法规规章⑤、党和国家机构"三定"方案、中央或上级责任清单⑥甚至"地方实际需要"均可以作为责任清单的编制依据。较为典型的例子有，辽宁省《大连市生态补偿责任清单》在编制依据中明确提出了"职责法定原则"，未赋予相关部门"于法无据"的额外责任。⑦ 总体上看，与政府责任清单相比，生态补偿责任清单编制依据更趋向于一种多元化的发展走向。考虑到责任清单仅仅是对党和国家机构生态环境保护工作责任的梳理、归纳和总结，其本身并无创设权利义务责任等"立法"或"准立法"情形，因此，明确责任清单的编制依据对于责任主体是否存在清单所列责任以及随后而来的责任履行监督、责任追究等具有决定性意义。无论是从"履责有依据、监督有抓手、追责有方向"的一体化责任流程安排要求出发，抑或是从"大环境保护"工作格局形成的现实考量，还是从美丽中国目标任务的未来要求，都需要对责任清单编制依据加以规范的必要。

即便如此，问题也是显而易见的：第一，由于存在着多元化的责任清单编制依据，因此按照公共选择理论，作为"经济人"的行政机关，为了弱化责任或者逃避责任，极易选择有利于自己的编制依据，并且，这一倾向是在当前制度框架之下被容许的。⑧ 这里需要更加进一步明确指出的是，难以摆脱"公共选择理论"魔咒的并不仅限于行政机关，其他国家机构甚至包括党委机构亦不能幸免。可见，如何避免各级公权力机构借助责任清单颁行之际"规避"自身责任或加重他方责任，也构成一个颇有挑战性的议题。第二，除中央层面的责任清单之外，"地方实际需要"被作为一项极具"自由裁量"特性的编制依据陆续出现在各地

---

① 刘启川：《责任清单编制规则的法治逻辑》，载《中国法学》2018 年第 5 期。

② 比如，《中共中央、国务院关于全面加强生态环境保护坚决打好污染防治攻坚战的意见》及其任务分工方案；同时包括地方众多相应政策文件。

③ 比如，《××省（市、县、乡）生态环境保护工作责任规定》。

④ 比如，《中华人民共和国环境保护法》（2014）、《畜禽规模养殖污染防治条例》（2014）、《湿地保护管理规定》（2009）。

⑤ 比如，《湖北清江流域水生态环境保护条例》（2018）《湖北省医疗机构废弃物管理办法》（征求意见稿）。

⑥ 比如，中共中央办公厅、国务院办公厅《中央和国家机关有关部门生态环境保护责任清单》。

⑦ 参见大连市人民政府网，2021 年 4 月 17 日最后访问。

⑧ 刘启川：《责任清单编制规则的法治逻辑》，载《中国法学》2018 年第 5 期。

责任清单编制依据之中，因此，结合"地方实际需要"增加、调整或者删减责任主体、生态环境保护责任已然成为一个惯常做法。特别是在自上而下的责任清单编制过程中，各地纷纷打着"地方实际需要"的正当性旗号，将一些企事业组织陆续纳入责任清单的责任主体范畴之中，责任清单似乎正在演变成为一个除自然人之外的党和国家机构、企事业单位等组织体的生态环境保护责任，这意味着，在这一责任清单中，除公权力机构外，陆续纳入名单的组织机构仍在不断延长。如此一来，责任清单是否会演变成为一种不同性质、不同类别责任主体生态环境责任的简单"罗列""堆砌""大杂烩"？这是否会混淆政府与市场、社会的责任分担问题，是否会造成一定的追责困难也不可不察。因此，需要考虑对"地方实际需要"实施必要的再规制。

（三）责任清单编制内容大同小异及其结构不完善

自 2020 年中央"两办"的《中央和国家机关有关部门生态补偿责任清单》颁布之后，陆续出现的省、市、县等地方层面生态补偿责任清单在责任内容的结构安排上大体采取了与之类似的模式表述。（1）党委机构承担的是一种指导监督责任。包括党委日常办公机构、组织部门、宣传部门、编制部门等承担相应责任。从实用主义视角予以考察，较为重要的责任包括，纪委监委在生态环境保护领域的监督执纪问责、涉嫌职务违法和职务犯罪的调查处理等职权职责；党委组织部门在生态环境方面承担的领导班子和领导干部考核评价、选拔任用等方面的职权职责等。（2）立法机关承担的是立法和监督责任。主要包括县级以上人大法工委、环资委等所行使的生态环境立法、备案审查及执法检查等职权职责。（3）行政机关承担的是生态环境保护主体责任。与其他部门机构不同的是，各级行政机关承担的生态环境保护责任主要见于生态环境法律法规规章、地方法规规章之中。其中，各级政府生态环境主管部门依法应当承担的生态环境职责内容最为丰富。应当说，不同行政机关基于法定职权职责分工而形成的生态环境保护职权职责是责任清单内容的主要构成。就责任清单编制实践来看，一些地方的责任清单试图将所有行政机关"一网打尽""尽收囊中"。特别需要注意的是，执法实践中经常出现的生态环境保护职权职责交叉、空白及矛盾之处，比如，农业农村污染防控，噪声油烟污染防控，非法猎捕、运输、交易、利用野生动物问题，海洋垃圾清理及生态保护等，经过责任清单编制活动之后，基本实现了"再次细化明确责任分工，从而助力此类生态环境问题的解决，努力让人民群众的获得感成色更足"。① （4）司法机关承担的是一种司法责任。主要包括检察机关提起环境公益诉讼和法律监督，人民法院涉及生态环境保护案件的审判责任等。（5）其他机关的协助责任。基于"地方实际需要"等各种因素考虑，各地这个方面的责任主体及责任内容结构安排也存在较大差异，包括从各地政协机构的咨询建议责任再到供电公司的拉闸限电等责任等均可能不同程度地被纳入责任清单内容安排之中。

应当承认，责任清单采用"列举为主、概括为补充"的惯常做法固然能够最大限度地厘清党委与政府、政府与市场、政府与社会各自的生态环境保护责任边界范围，实现公共权力运行的"可视化""规范化"。但是，我们也应当清醒认识到，生态环境问题总是呈现着一种不确定的发展状态，生态环境保护构成一项复杂性公共事务的监督管理、风险应对及优质生态环境服务供给的总括性活动。试图通过对一个个不同类别、不同性质的公权力机关生态环境保护责任的简单罗列，可能会违反不同公权力的运行规律及运行逻辑，从而造成生态环境保护责任分工合作方面出现某种程度的断裂或嫌隙。更加迫切需要回答的是，目前绝大多数生态补偿责任清单的内容安排均是选择了"职责单一性"，很少出现"职责追责双重型"的责任清单内容安排，这是否会存在着内容结构安排不合理的问题，是否有必要由"职责单一性"向"职责追责双重型"方向转变，从而保证责任清单内容结构完整且功能正常发挥。

责任清单在实践中出现的上述各种问题，主要在于，我们如何对责任清单的性质及功能进行准确的认识及判断。这是因为，无论是对责任清单编制、颁行主体的正当性质疑，抑或是编制依据可能出现的失序风险，再或者是清单责任内容的结构安排缺失，都与责任清单的性质厘定及功能定位密切相关。换言之，只有对其性质和功能定位作出准确判断基础上，才能找出责任清单制度规范化发展的具体路径。

二、生态补偿责任清单的性质及其功能判断

在政府责任清单制度已经建立之后，非常有必要再结合生态环境保护领域的特殊性、专业性及复杂性，另行颁布一个生态补偿责任清单。这是因为，这个责任清单与政府责任清单具有不同的特殊意涵。

---

① 《深圳市修订完成生态环境保护工作责任清单，进一步落实生态环境保护"党政同责、一岗双责"》，深圳市生态环境局网站，2020 年 4 月 2 日最后访问。

（一）生态补偿责任清单具有不同于政府责任清单的特殊意涵

如果单纯从语义上予以考察，两个责任清单都是对公权力机构基于角色、身份或行为等因素的责任规定。就此而言，两者之间必然存在着一定的关联性。具体说来，前者把几乎公权力机构的生态环境保护责任进行了详细梳理及结构罗列，其中势必会涉及行政公权力机关—各级政府及其职能部门的生态环境保护责任，即关涉政府责任清单。当然，两者之间的差异也是非常显著的。前者是一种面向特定领域的责任清单，它紧紧围绕"生态环境保护"这个特殊领域，明确不同类型、不同性质、不同级别的公权力主体应当承担的生态环境保护职权职责。后者是与政府权力清单相对而言的，它是一种面向责任主体的责任清单，它关注的是，所有行政公权力主体——各级政府及其职能部门依照国家法律规定应当履行的各类行政监督管理职权职责，其中，包括按照国家宪法法律规定，政府及其职能部门应当依法履行在生态环境保护及其生态文明建设的主体责任。[①]

从法治视角来看，中国实际上并存着"政党权力体系""宪法权力体系"两套公权力运行体系。这种二元化权力运行机制自然就形成了"党"与"政"在生态环境保护责任上的重叠以及不同权力主体在身份上的竞合。毫无疑问，中国的生态环境保护工作及生态文明建设是在中国共产党领导下进行的，且应当属于一项前无古人的体制机制之创新举措，这在一定程度上就决定着，仅仅凭借"宪法权力体系"难以对生态环境保护及生态文明建设实施全方位、立体化、多层次的科学领导、合理指导和有效规制，特别是在应对诸如气候变化、流域生态环境保护、生物多样性保护、环境与健康等综合性、全局性、突发性的生态环境治理难题时，"宪法权力体系"常常会陷入规制资源匮乏、规制手段单一、规制受到多方掣肘以及系统性应对能力不足等各种困境。一旦生态环境保护及生态文明建设领域出现"宪法权力体系"难以解决之难题时，只能经由"政党权力体系"建立并完善贯通自上而下、纵横左右的责任链条，足额供给能上能下，且经济发展与生态环境保护"两手都会抓"的干部队伍资源，才能保证生态环境保护工作的有序规范推进。然而，囿于"宪法权力体系"之规制边界及尺度，国家宪法法律显然不能把属于"政党权力体系"之内的地方党委及其机构作为责任主体，也无法借此明确地方党委的责任，由此产生"决策者不担责，执行者挨板子"的法治悖论。[②]"我国没有明确的制度规定党委在环境保护方面的具体职责，导致党

---

① 《中华人民共和国宪法》（2018）第八十九条规定，"国务院领导和管理生态文明建设"。
② 马迅等：《党政同责的逻辑与进路——以食品安全责任制为例》，载《河南社会科学》2020 年第 12 期。

委的环境保护领导责任虚化。"① "抛开党委而仅仅强调政府的责任,必然会出现权责不一,成效不足的现象。"② 生态补偿责任清单把各级党委机构以及相关机构需要且应当承担的生态环境保护责任纳入清单之中并为之建立相应的定责、追责机制,初步实现了"政党权力体系""宪法权力体系"生态环境保护责任链条的有机衔接或有效贯通,实务界与学术界长期呼吁的生态环境保护"党政同责"原则才能够真正落到实处。

就政府责任清单而言,它虽然是以"责任清单"的"规则化"面貌呈现,且通过体现"形式理性"的行政科层体系自上而下地予以实施,也因此而契合现代行政法治的"规则之治"要义。③ 这表明,政府责任清单已经对各级政府及其职能部门生态环境保护责任进行了具体呈现。但是我们也应当认识到,涉及生态环境保护工作的政府责任清单仍然存在诸多不足之处。一是生态环境保护责任规定的"碎片化"。我国的政府责任清单主要是围绕着既定政府职能部门的主要职责或核心职责建立起来的。当生态环境保护职责正在成为各级政府生态环境主管部门之核心职责或主要职责时,它势必会被视为政府其他职能部门的一个边缘性职责或次要职责。"任何官僚组织的中心领域,对于其他官僚组织来说,都是异己领域。"④ 反映在政府责任清单内容结构安排上,除了各级政府生态环境主管部门能够以相对集中、公开列举方式明确其承担的生态环境保护责任外,其他政府职能部门都会把不属于自己核心职责的生态环境保护责任零散地安置在各自责任清单的不显眼之处或角落之中。应当以整体性、系统性方式予以呈现的生态环境保护工作被人为地予以消解或分割,表面上乃至形式上的"无处不在"最终演变为实质意义上的"无处可在"。于此情形之下,发现、搜寻乃至明确政府其他职能部门的生态环境保护责任逐渐成为一个费时费力的"捉迷藏"活动或遇到交叉职责问题时相互卸责的"文字"游戏。总之,基于政府职能分工而设计的政府责任清单"人为割裂"了整体性、系统化生态环境保护的客观需要,"碎片化""分散式"的生态环境保护责任结构安排造成定责、履责和追责成为一件非常困难或棘手之事,遇有交叉或空白的生态环境监管职责领域时,"公说公有理、婆说婆有理"就会成为一个常见现象。二是生态环境保护政府责任清单"不清"。我们知道,生态环境保护工作是一项复杂性公共事务的监督管理工作,往往需要多个政府职能部门的协作才能完成,但这种协作关系的正常开展则是以围绕各个

① 张梓太等:《我们需要什么样的生态环境问责制度?》,载《河北法学》2020 年第 4 期。
② 梁忠:《从问责政府到党政同责——中国环境问责的演变与反思》,载《中国矿业大学学报》(社会科学版)2018 年第 1 期。
③ 余煜刚:《行政自制中信息工具的法理阐释》,载《政治与法律》2019 年第 12 期。
④ 〔美〕安东尼·唐斯著,郭小聪译:《官僚制内幕》,中国人民大学出版社 2006 年版,第 227 页。

政府职能部门各自核心职责才能得以正常推进，一旦生态环境保护工作与某个特定政府职能部门的核心职责所设目标相冲突或者构成核心职责履行障碍时，围绕这个政府职能部门的协作关系就会受到影响。基于协作关系建构及运行的客观要求，政府责任清单表述中经常会出现"会同有关部门监督管理""参与监督管理""协同指导"等高度模糊性的文字表述。尽管这可以被理解为一种针对不确定性的灵活应对策略，但究其实质，无非是政府不同职能部门之间在难以达成协作关系或完成协作目标任务时，避免受到定责或问责追究后果而保留各自免责缓冲空间的一种"理性""明智"之举。显然，当多个政府职能部门同时负有生态环境保护责任时，由于分工悖论及协同的困难性，经常会出现"清单不清"、政出多门、各行其道情形，并由此产生了环境治理方面的责任"真空""缝隙"等，逐渐失去了政府责任清单制度的存在功能及意义。总之，基于政府职能部门分工而实施的政府责任清单设计，尽管在一定程度上促进了生态环境保护工作的进展，但它却不能构建出一种相对规范、常态化的生态环境保护协作关系，从而难以有效形成生态环境保护的内在合力。生态环境保护领域的政府责任清单"不清"已然成为常态现象。在政府责任清单基础上形成的生态补偿责任清单，不仅把包括党委机构在内的所有公权力机构生态环境保护责任进行了"序列化""可视化"界定，同时也进一步对政府责任清单结构安排所造成的"分散化""模糊性"生态环境保护责任实施了一次大规模的"系统集成"。一定程度上讲，生态补偿责任清单不是政府责任清单的简单升级版，相反，它是对政府责任清单的融合与超越，构成一种哲学意义上的质变活动。

（二）生态补偿责任清单的性质界定

与此相适应，生态补偿责任清单也就打破了政府责任清单的行政公权力运行逻辑，它系统化地统合了"政党权力体系""宪法权力体系"两个方面的规制资源及力量，要求几乎所有的公权力机构都应当在各自的职责范围内履行相对具化的生态环境保护责任，从而营造出生态环境保护工作"齐抓共管"的社会氛围，推动着公权力机构内部在国家治理过程中的功能整合与工作协同，解决现代政府部门职能分化所带来的结构僵化、反应迟钝、权力分散和职责碎片化等问题。①那么，接下来需要回答的问题就是，如何有效厘定或者科学界定生态补偿责任清单的性质。因为其属性如何，就会直接决定责任清单会以各种方式进入制度规范体系且以何种方式发挥其功能效用。

政府责任清单的性质界定或许能够带给我们一些启示。学术界对政府责任清

---

① 封丽霞：《党政联合发文的制度逻辑及其规范化问题》，载《法学研究》2021 年第 1 期。

单的性质认定可谓众说纷纭，"规范性法律文件说"①、"政府信息说"②、软法属性说③均从不同程度上抓住了政府责任清单某些方面的特征，但在整理挖掘其内在特质方面仍然存在着颇多质疑之处。在这些理论学说中，"行政自制规范说"④目前似乎得到了学术界主流观点的普遍认同。所谓行政自制是指，"行政系统或者行政主体对自身违法或不当行为的自我控制，包括自我预防、自我发现、自我遏止、自我纠错等一系列内设机制"。⑤"责任清单是行政机关自我规制进而实现公共利益的实践表达。"⑥"行政的核心内容由对外的管理变成对权力所有者的自律，这种自律与服务行政模式相结合，必然会转化为一种职责。"⑦ 如果将政府责任清单界定为一种行政自制规范，这是否可以推广至对生态补偿责任清单的属性认定呢？答案显然是否定的。这是因为，生态补偿责任清单尽管也包含着行政自制的内容范畴，但它毕竟是对"政党权力体系""宪法权力体系"两套公权力体系涉及生态环境保护责任的一种在责任主体、责任内容和责任结构等方面的有机统合，如前所述，它涉及的责任主体已经不再仅仅限于政府及其职能部门，而是把党委机构、立法机关、行政机关、司法机关以及其他相关部门机构在生态环境保护工作中应当承担的各种责任都进行了"聚合""汇合""融合"及"系统合成"，若贸然以"行政自制规范说"对其进行属性界定难免会挂一漏万，妨碍对其实施必要的规范化改造。

能否可以尝试从责任清单颁行主体之属性来厘定生态补偿责任清单的性质呢？从可以查阅的各地责任清单制度文本来看，中央、省、市、县等各级"两办"是绝大部分生态补偿责任清单的颁行主体，其中更是以党委发文号予以对外公布，这是否意味着可以将其理解为一类党内法规呢？但是，结合目前关于党内法规制度规定的有关精神，只有中央、省级等较高层级"两办"颁行的政策文本方可称为党内法规，可见，简单将责任清单确定为党内法规似乎过于简略和武断，进而将其推定为党内法规和国家规范性文件之双重属性⑧也可能有失偏颇。再者，一些地方，比如山西就是由省生态环境保护委员会这一政府高层次议事协调机构作为责任清单的颁行主体。将一个政府常设性高层次议事协调机构颁行的

① 参见关保英：《权力清单的行政法构造》，载《郑州大学学报》（哲学社会科学版）2014年第6期；王春业：《论地方行政权力清单制度及其法制化》，载《政法论丛》2014年第6期。
② 申海平：《权力清单的定位不能僭越法律》，载《学术界》2015年第1期。
③ 曾哲：《权责清单软法属性的证成及规制》，载《南京社会科学》2019年第1期。
④ 喻少如等：《权力清单宜定性为行政自制规范》，载《法学》2016年第7期。
⑤ 崔卓兰等：《行政自制与中国行政法治发展》，载《法学研究》2010年第1期。
⑥ 刘启川：《责任清单编制规则的法治逻辑》，载《中国法学》2018年第5期。
⑦ 柳砚涛：《论职权职责化及其在授益行政领域的展开》，载《山东社会科学》2009年第2期。
⑧ 徐信贵：《党政联合发文的备案审查问题》，载《理论与改革》2020年第3期；宋功德：《党规之治》，法律出版社2015年版，第519页。

规范性文件界定为党内法规，显然也有难以自圆其说之处。更进一步思考的问题是，仅仅凭借颁行主体来确定责任清单之性质是否具有正当性，因为偏离实质内容而仅从颁行主体来判断责任清单性质不仅会带来认知混乱，也妨碍其规范化发展路径探索。

我们认为，生态补偿责任清单是一种公权力自治规范。具体而言，它是在中国"政党权力体系"和"宪法权力体系"的二元复合权力背景下，基于践行生态环境保护工作"党政同责""一岗双责"等原则要求，从而出现的一种较为特殊的公权力自治规范。应当说，它的存在与发展打上了较为深刻的中国烙印。它着重强调的是，在我国生态环境保护及生态文明建设领域内，由各级党委出面统率所有公权力机构，基于执政道德、行政伦理等诸多考量，在整体法治框架之下，所采用的对自身不当行为甚至违法行为的一种自我约束、自我控制的生态环境治理策略，即建立一种自我预防、自我发现、自我遏制和自我纠错的公权力内部自控机制。并以此来推进生态环境保护工作、生态文明建设任务及"美丽中国"的目标实现。这种公权力自治规范不同于行政自制，但它的确也包含着丰富的行政自制内容。这种公权力自治规范也不完全等同于党内法规等政党自治规范，[①] 但它却需要借助政党自治规范"特有"之规制资源、规制能力以打通责任脉络及畅通人才流动通道。总之，生态补偿责任清单就是在行政自制规范的基础上，借由政党自治规范带来的规制资源、规制能力以及营造社会氛围，通过更新责任手段、改进责任措施、提升遏制策略和完善纠错机制等，以实现所有公权力机构在更大范围、更高领域和更深层次实现自治的一种环境治理策略。它是在政党权力运行逻辑和宪法权力运行逻辑基础上，自我生成了一套新的权力运行逻辑。这一制度工具希望通过对所有公权力机构生态环境保护定责、履责和追责机制的建构及完善，不断推动着环境治理能力及治理体系现代化进程。

（三）生态补偿责任清单的功能分析

"任何一制度之创立，必然有其外在的需要。"[②] 短短几年之内，全国各地就纷纷颁行并实施生态补偿责任清单，一个全新的涵盖几乎所有公权力的"大环保"责任链条俨然已经初步形成。其中较为主要的原因在于，生态补偿责任清单制度存在着政府责任清单制度难以替代之独特功能。

1. 约束功能

立足于法治视角，所有公权力都应当受到一定程度的约束或克制。一定意义

① 武小川：《马克思主义视野下的党内法规性质新探》，载《甘肃社会科学》2020年第3期。
② 钱穆：《中国历代政治得失》，三联书店2001年版，第5页。

上讲，公权力在其运行过程中能否受到必要约束及规范节制是衡量一个国家法治建设水平及法治文明程度的一个重要指标。"作为政治生活的核心要素，权力与权力之间形成的权力结构及其运行所形成的权力过程决定了一个国家公权力体制的基本形态。"① 如果不对所有公权力加以约束及抑制，那么，基于公共选择理论所产生的规制俘获、寻租腐败和官僚主义等就会愈演愈烈，原本以维护或增进环境公共利益及国家安全为主要职责的公权力就会演变成国家或社会"公害"。如果仅对特定的公权力比如行政公权力加以规范或约束，那么受到约束或规范的行政公权力势必就会千方百计地向未受到约束或规范的公权力"遁入"，从而导致未受到约束或规范的公权力越来越多，"绝对的权力带来绝对的腐败"，从而造成整个公权力体系蒙羞或其存在的正当性就会受到质疑，最终势必会给国家、民族和社会带来难以估量之损害或创伤。应当说，在政府责任清单之外，党和国家结合我国生态环境保护工作现实要求及美丽中国目标实现的未来需要，编制并颁布生态补偿责任清单，这实际上就是以一种具体、罗列和公开的方式明确了几乎所有公权力机构的生态环境保护责任，达到了通过具体制度设计以规范所有公权力机构之目的。借由此责任清单，肩负不同职责及功能的公权力机构都可以从中明确自身在生态环境保护及生态文明建设中的职责及分工；借由此责任清单，民众也能够清清楚楚地了解到不同公权力机构生态环境保护责任及其履行状况、尽责与否。一定意义上也可以讲，一份责任主体明确、责任内容清晰、责任方式公开透明的生态补偿责任清单就会成为所有公权力机构的一个"紧箍咒""高压线"，也构成人民群众环境利益的"保护伞"。它能够在一定程度上抑制或者约束所有公权力机构的不作为、乱作为或慢作为，把公权力机构都关在责任清单的制度笼子里，让他们始终秉持"以人民为中心"的理念，持续供给优质公共服务或优质生态产品，增进或维持环境公共利益，不断满足人民群众对美好生态环境及生活环境的需要。

2. 整合功能

如前所述，我国诸多生态环境问题的发生，固然与行政执法权行使上的不作为、乱作为或者慢作为或者职责不清等息息相关，但如果细究起来，各级党委及其机构行使的执政权，包括基于顶层设计者而享有的重大改革决策权，基于"幕后指挥官"而享有的经济、文化、民生等社会事务的方向、政策引导权，基于"党管干部"而形成的人力资源配置权都"功不可没"，甚至一定程度上还发挥着决定性作用。但在生态环境问题责任追究的长期实践中，经常会出现"决策者不担责、执行者挨板子"等权力与责任不匹配、不均衡悖论。再者，就行政执法

① 陈国权等：《功能性分权体系的制约与协调机制》，载《浙江社会科学》2020 年第 1 期。

权而言，基于部门分工而形成的政府责任清单设计中，政府不同职能部门的生态环境保护职责被分散在不同的法律、法规、规章及政策文本中，生态环境保护责任履行被安置在不同行政主体、不同层级的行政处罚、行政确认或者行政强制执行过程之中，导致生态环境保护的履责、定责和追责逐渐演变成为一个复杂的"找法""寻法"过程，甚至成为不同职能部门追逐各自部门利益和推卸部门责任的"文字游戏"过程。由于缺乏系统完整的生态补偿责任清单，造成"生态环境问题就是政府生态环境主管部门的问题""生态环境保护责任就是政府生态环境主管部门的责任"，尤其在涉及民众生活利益密切相关或者事关子孙后代福利的"生态环境疑难杂症"时，反映意见找不到渠道、信访投诉找不准对象、责任追究找不准归责主体。一些重大生态环境问题在酿成重大生态环境事故或者群体性事件时，政府生态环境主管部门理所当然就成为"出气筒""背锅侠"。生态补偿责任清单制度力图改变这一不良状况，它初步实现了以下三个方面的整合：一是整合了几乎所有公权力机构的生态环境保护职权职责，并对不同公权力机构职责进行了功能定位及体系安排，具体包括党委机构承担的是领导监督责任，立法机关承担的是立法和监督责任，司法机关承担的是司法责任，行政机关承担的是主体责任，其他依法或委托行使公权力的企事业单位承担的是协助责任，从而基本实现了对所有公权力机构责任的全覆盖及责任结构上的合理安排。二是整合了党政各自职责与共同职责，进一步推动实现"党政同责""共同但有区别的责任"之原则。尤其值得再次提出的是，生态补偿责任清单明确了各级党委及党委机构的职责，实现了各级党委基于"执政权"而承担的责任与各级政府基于"行政权"而承担的责任之间的有机整合，初步建立了"执行者要担责、决策者也要担责"的责任追究机制，彰显着一个执政党的完全执政责任伦理以及其在生态文明建设上的基本立场。三是整合了所有行政机关的生态环境保护责任。不是将原来政府责任清单中的生态环境保护职权职责进行了简单罗列和相加，而是结合各地实践需求进行了重新的责任内容"加减乘除"，初步实现了生态环境保护责任的"系统集成"，使生态环境保护工作的政府职能部门分工与协作关系逐渐走向规范化和常态化。经过三次整合之后，富有中国特色的"大环保"责任体系正在快速形成之中。

三、生态补偿责任清单的具体规范路径

为避免生态补偿责任清单制度陷入公权力自治规范自我解救之"明希豪森困

境"①，发挥生态环境保护领域"集中力量""整体性治理"之优势②，需要在明确责任清单性质及其功能基础上，高度重视探索生态环境责任清单制度的规范化发展路径。

（一）责任清单颁行主体的正当性及其补强

针对责任清单编制权配置正当性及规范化不足之问题，需要加强相应的顶层制度设计。具体而言，主要包括以下几个方面的改进。第一，鉴于中央、地方各级"两办"在我国生态文明建设以及法治中国建设中的特殊政治、法律地位，由其作为责任清单颁行主体显然能够保障责任清单的权威性及其实际效果，也具有一定的法理正当性。毋庸讳言，这里也的确存在着"自己编制自己责任清单"等与现代法理相冲突或抵牾之处。有鉴于此，需要在继续坚持中央、地方"两办"作为颁行主体的同时，对其正当性实施适当补强。考虑到责任清单涉及"政党权力体系"与"宪法权力体系"，是一种带有多元性、复合性的公权力自治规范，因此，其颁行主体之正当性补强需要从两个方面着手：一是立足于"政党权力体系"视角观察，责任清单虽然不能构成一类整全性的党内法规，但它更多是依据中央（上一级）责任清单及本级《生态环境保护责任规定》等③编制而成，换而言之，中央、地方"两办"作为责任清单的颁行主体，其正当性主要来自上级党委、政府授权或者委托，因此，地方各级"两办"颁行的责任清单需要报送到上一级"两办"进行一定的备案审查，中央"两办"颁行的责任清单需要报送中共中央、国务院进行备案审查。二是立足于"宪法权力体系"视角观察，责任清单尽管不是行政法规或者部门规章，但它至少呈现行政自制规范的若干特质。因为涉及国家宪法之公权力配置问题，故属于立法机关的权力配置范畴事项。如果立法机关不对行政公权力加以必要规制，难以排除行政机关自行建构一套责任规则。如果任其发展，依责任清单行政就会逐渐成为依法行政的替代方案，法治国家、法治政府建设目标就会落空。"立法、行政和司法权置于同一人手中，不论是一个人、少数人或许多人，不论是世袭的、自己任命的或选举的，均可公正地断定是虐政。"④ 因此，对应级别的立法机关也有必要介入到责任清单的颁行活动之中。申言之，考虑到责任清单整合了"政党权力体系"和"宪法权力体系"

---

① 舒国滢：《走出"明希豪森困境"》，载［德］罗伯特·阿列克西，舒国滢译：《法律论证理论——作为法律证立理论的理性论辩理论》，中国法制出版社 2002 年版，"代译序"第 1~2 页。

② 竺乾威：《从新公共管理到整体性治理》，载《中国行政管理》2008 年第 10 期；王敬波：《面向整体政府的改革与行政主体理论的重塑》，载《中国社会科学》2020 年第 7 期。

③ 一般而言，各地责任清单大都是在依据上一级责任清单以及本级《生态环境保护责任规定》的基础上编制出来的。

④ ［美］汉密尔顿等著，程逢如等译：《联邦党人文集》，商务印书馆 1982 年版，第 246 页。

而自成一套相对完整的复合性公权力自治规范，故其颁行主体之正当性可以从两个方面得到补强：一是通过报送上一级"两办"进行备案审查而使其正当性得以补强，二是通过报送同级"人大或人大常委会"实施备案审查而得到其正当性补强。

第二，需要遵循一定指导原则以厘定责任清单的解释权主体。应当说，再完备的责任清单也难以满足不断变化的生态环境实践状况。为了因应生态环境问题多变之复杂情势，除需要定期对责任清单进行必要调整之外，最为可行举措就是需要结合各地实践状况需要对责任清单进行必要的解释。于此情形之下，责任清单的解释权配置给谁、如何配置等就显得格外重要。从各地责任清单颁行实践状况来看，县级以上政府生态环境主管部门似乎拥有责任清单实质意义上的解释权。[①]诸多情形表明，我国正在探索一条由党委机构之外的行政主体来解释涉及党委生态环境保护责任的责任清单之规范路径。这势必会引发一定的思考，实际承担责任清单编制活动的行政主体解释涉及政党机构责任的责任清单是否存在一定的法理依据。我们认为，作为一种公权力的自治规范，责任清单的解释权配置给谁理应是由颁行主体自行决定。一般而言，颁行主体在确定解释主体时有两种选择，一种是"自行解释"原则，另一种是"委托解释"原则。"自行解释"体现为颁行主体自主行使解释权，其面临的最大挑战在于，生态环境保护工作的专业性较强，颁行主体的自行解释能力可能稍显不足。因此，委托编制行为主体——政府生态环境主管部门实施一定的责任清单解释权，能够最大限度应对生态环境问题专业性、复杂性之挑战，但需要妥善对生态环境主管部门"委托解释"权在委托事项及权限范围的再规制，不能允许再委托或转委托情况出现。

此外，一些地方由地方政府高层次议事协调机构——生态环境保护委员会作为编制及颁行主体，尽管也涉及党委机构的责任，如果立足于责任清单属于一种公权力自治规范的性质定位，似乎也并无不妥。换而言之，这也可能是规范化探索的一个发展方向。

（二）责任清单编制依据多元性风险之法治应对

如前所述，因为责任清单涉及几乎所有公权力机构的责任配置，因此，立足于"政党权力体系""宪法权力体系"的双重视角，责任清单编制依据多元性也属自然之举。责任清单规范化、法治化面临最大之挑战在于，如何判断根据"地

---

① 《浙江省生态环境保护责任规定》（2019 年）第 17 条规定，"本规定由中共浙江省委、浙江省人民政府负责解释，具体解释工作由中共浙江省委办公厅、浙江省人民政府办公厅商浙江省生态环境厅承担"。

方实际需要"衍生出来的非公权力机构生态环境保护责任的正当性及必要性。因为从实践来看，一些地方打着"地方实际需要"的正当旗号，将责任主体陆续扩展至企业、事业单位，甚至出现了生态环境保护责任之责任主体、责任结构和责任内容链条的无限延展趋势。客观上讲，"地方实际需要"反映出生态环境问题地域性的内在特质，本身也无可厚非。实际上，也正是因为生态环境问题解决需要倾斜考虑"地方实际需要"，现行《中华人民共和国立法法》才明确授予设区的市级人大及常委会享有"生态环境保护"立法权，设区的市级政府享有"生态环境保护"规章制定权。理论上讲，"地方实际需要"体现在对地方政治资源的统筹与吸纳、对地方生态环境问题的识别与整理、对地方经济社会发展方向的定位与促进。[①] 一旦"地方实际需要"被滥用，就会造成其适用范围和适用场景的不断扩大，责任清单中的责任主体、责任内容就会被不断拉长，"责任内容的分散就意味着责任聚焦功能的流失""责任主体的无限增多意味着无人承担责任的现象轮番上演"。在生态环境质量改善或者美丽中国目标任务实现的生态环境保护责任总量不变情况下，可能会造成原本由所有公权力机构应当承担的生态环境保护责任会借由此通道转嫁到市场或者社会上，成为市场责任或者社会责任，这会不断消减公权力机构依法依规应当承担的生态环境保护责任，侵蚀着公权力机构存在的正当性。

显然，需要对"地方实际需要"进行必要的再规制。可能的路径在于，结合现行《中华人民共和国立法法》授权地方立法的规定精神，将"地方实际需要"有序转化为地方立法或者地方规章。显然，这是生态环境保护领域内的分权多元治理机制在责任清单制度上的具体运用。"随着国家政治经济体制改革的不断深入，不断释放地方发展活力是不可逆转的趋势，分权基础上的多元治理模式更具潜力。"[②] 具体而言，依据"地方实际需要"所增加或调整的公权力机构以及受公权力机构委托而行使公权力的企事业单位，他们应当承担的生态环境保护责任，实际上就是剩余性生态环境保护责任，都应当通过地方性法规、地方政府规章而得以明确。换而言之，未经地方性法规、地方政府规章的明文规定，任何层级的责任清单均不得以任何理由增加、调整或者删减任何公权力机构以及其他企事业单位的生态环境保护责任，这是切实贯彻依法治国的基本要求。如此一来，原本弹性较大的"地方实际需要"经由法治化路径而进入了一个规范化发展轨道，堵塞了一些公权力机构试图向社会或市场转嫁生态环境保护责任的便捷通道，实现了对生态环境保护领域所有公权力的再约束，厘清了生态环境保护领域

---

① 魏治勋：《地方立法的"地方性"》，载《南通大学学报》（社会科学版）2020年第6期。
② 侯学勇：《设区的市地方性法规批准制度的宪法回归》，载《政法论丛》2020年第6期。

公权力与市场、社会各自生态环境保护责任的界限范围，也在一定程度上推动着生态环境的多元治理。

（三）责任清单内容结构的优化配置

如前所述，责任清单对所有公权力机构生态环境保护责任进行了梳理并进行了结构安排。这种安排仍有较大的改善空间。从学理上讲，"职责和追责是责任清单的基本要素"。[①] 但就实践来看，绝大部分的责任清单仅就不同性质、不同类型的公权力机构的生态环境保护职责问题作了安排，而对相应的追责问题更多强调"按照""参照""援用""比照"其他党内法规、法律实施追责等。换而言之，现有责任清单在内容结构安排方面，更多明确的是职责问题而非追责问题。

需要回答的问题是，目前责任清单这种结构安排合理吗？我们知道，责任具有多重含义。哈特在谈及此问题时，考虑到责任一词的复杂性，将责任分为角色意义的责任、因果意义的责任、能力意义的责任和法律意义上的责任。[②] 现代法理学在探究责任内涵时，也会关注其存在的两个不同面向，一个是面向未来的"积极责任"，另一个是面向过去的"消极责任"。如果说责任清单中的"职责"多指向一种"积极责任"，它更关注"分内之事"在未来能否完成。责任清单中的"追责"多指一种"消极责任"，其关注的是，"分内之事"在未能有效完成以后所遭受的否定性评价及不利后果。我们认为，结合当前生态环境保护分工不清之实际，责任清单内容结构安排应当坚持职责权重大于追责。尽管面对不利或者容易遭受不利后果的时候，多使用"责任"这一术语，[③] "这是与我们的思维惯性有关，对责任的论述通常把注意力放在过去责任而不是预期责任上"。[④] 主要理由在于，一是我国生态文明建设经过多年探索，在反复"试错"的基础上初步建立起"大环保"的责任格局。这里面的一个主要经验就是，生态环境保护领域第一步或者说首要任务就是界定分工和明确职责，即准确界定不同公权力机构各自应当承担的生态环境保护职责，只有在明确各自"分内之事"基础上才能实现追责或问责，不能在无明确定责基础上就不问青红皂白地讨论追责，以平息舆论之汹涌压力。二是从各自内在功能来看，职责表明了一种积极引导功能。在责任清单的明示引导下，公权力机构才能勉力履行各自的"积极责任"。追责表明了一种反向约束功能。正是这样一种倒逼机制，不断督促"积极责任"的履行。

---

① 刘启川：《责任清单编制规则的法治逻辑》，载《中国法学》2018 年第 5 期。

② H. L. A. Hart, Punishment and Responsibility, Second Edition [M]. Oxford University Press, 2008: 211.

③ ［英］奥斯丁著，刘星译：《法理学的范围》，中国法制出版社 2002 年版，第 24 页。

④ ［澳］皮特·凯恩著，罗李华译：《法律与道德中的责任》，商务印书馆 2008 年版，第 54 页。

497

只有建立一种积极引导与反向约束相结合，且积极引导为主的责任结构才能推进生态文明建设事业健康快速发展。

需要注意的是，责任清单中职责权重大于追责并不意味着它不重视对一些公权力机构不积极履行"积极责任"的否定性评价或惩罚。相反，责任清单任何时候都丝毫不能放弃追责机制的构建。考虑到责任清单并不是一类完全自足的公权力自治规范，它在追责机制方面需要依赖党内法规与国家法律法规，而党内法规与国家法律法规并非绝对平行而是交叉重叠。基于此，在责任清单追责机制完善方面，需要坚持以下几个完善思路：（1）正确理解"党政同责"原则中的"同责"在追责方面的不同内涵。这里的"同责"，是指"同有职责""同样承担责任"①而非承担同样职责或同等程度的责任。在适用"党政同责"原则建构追责机制时，需要考虑责任的"四性"，即责任主体同构性、责任原因的同一性、责任承担的分离性和责任后果的比例性。②（2）正确处理党内法规责任与法律责任的衔接与协同。应当说，党内法规责任与法律责任存在区别联系，前者体现为政治性，后者体现为强制性。前者针对中共党员，后者针对所有领导干部及公务人员。问题关键在于，绝大多数领导干部及公务人员都是中共党员。在这种情况下，就会出现叠加责任和聚合责任问题。在追责机制建构方面，如果采用吸收原则，就可能架空责任追究较轻的党内法规或国家法律，使党内法规失去对党员的约束力，使国家法律的严肃性也打了折扣。如果采用并罚原则，可能造成具有多种责任角色身份的人需要接受更重更严厉的惩罚，即身份越多，受到的否定性评价也就越多，这也与实质正义原则存在着相违背之处。因此，未来在责任追究方面，可以采取的折中手段就是，采用有限度的党内法规责任与国家法律责任并罚原则。此外，追责机制也要考虑非中共党员的领导干部及公务人员，"如果规范对象涉及党组织和党员以外的公权力机关和公职人员的，应该以国家法律的形式出现"。③

此外，完整的责任清单内容结构安排还应当包括减责、免责机制和信息公开机制。前者包括应当减责、免责情形和可以减责免责情形以及相应的减责、免责程序规则。一些地方，比如浙江④、山东⑤也进行了必要探索，但更需要从国家

---

① 常纪文：《环境保护需要党政同责》，载《中国环境报》2013年12月3日第3版。
② 王清军：《作为治理工具的生态环境考评》，载《华中师范大学学报》（人文社科版）2018年第5期。
③ 张海涛：《"党内法规严于国家法律"的理论反思与正当性阐释》，载《社会主义研究》2019年第1期。
④ 浙江省生态环境厅《关于进一步激励生态环保干部改革创新担当作为容错免责的实施意见（试行）》（2019）。
⑤ 山东省生态环境厅《山东省生态环境系统干部履职尽责容错纠错实施办法（试行）》（2019）。

层面颁行不低于党内法规、行政法规位阶的制度性规定，地方各级责任清单可以结合地方实际出台相应的实施办法，最终形成规范化的责任清单减责、免责机制。至于后者，责任清单应当按照《党务公开条例》《政府信息公开条例》等制度规定，对在生态环境保护领域涉及人民群众生产生活的党务、政务信息应当向社会公开。

四、小结

基于整体性生态环境保护的现实需要及生态文明建设的长远要求，我国应当建立并完善生态补偿责任清单制度。梳理相关文献发现，责任清单制度存在着颁行主体正当性不足、编制依据失序化风险及编制内容结构缺失等问题。分析研判后认为，厘定责任清单的性质及功能对于上述问题解决具有决定性意义。研究表明，责任清单是一类特殊的公权力自治规范，它具有约束功能与整合功能。责任清单颁行主体之正当性应当以事后备案审查方式得以有效补强。需要对编制依据范围实施必要限缩，对"地方实际需要"再规制路径及时将其转化地方法规、地方规章等规范性法律文件。责任清单内容结构的完善应包括定责、追责和免责的一体化及联动性。生态补偿责任清单制度的规范化有助于加密"用最严密制度、最严格法治保护生态环境"之网。

第九章

水生态补偿评估与监督制度

水生态补偿评估与监督制度构成水生态补偿机制有效运行之"保障"。首先，这里关注的主要议题包括如何建立水生态补偿考评制度，从而为流域水生态补偿机制有效运行提供有效反馈。其次，通过水生态补偿信息公开制度的建构，让生态保护者、生态保护受益者以及其他利益相关者能够共享补偿信息，实现自我监督和相互监督。最后，通过建立水生态补偿纠纷解决机制，借助司法审查等途径对生态补偿实践活动实施必要监督。

在水生态补偿考评制度中，我们认为，"明确的目标""规训的逻辑""计算的理性""连带的激励""信息的指引"等复合要素大体上勾勒了生态补偿评估制度的法律定位和主要功能。在党政（行政）主导考评基础上，积极探索第三方评估和谨慎推进公众参与，可有效增进生态补偿评估制度的正当性和实施效果。生态补偿考评中的"党政同责、一岗双责"机制具有责任主体同构、责任原因同一、责任承担分离和责任后果比例等特征。一些地方在探索中混淆了党纪责任和行政责任，且存在责任承担不均衡情形，需要不断改进。"结果基准为主导、行为基准为补充"的考评基准虽增加了制度制定和实施的复杂性，但具有较高的激励相容度，颇有借鉴之处。考评结果运用虽然强调工具理性为主，但应保留价值理性必要的存在空间。

生态补偿信息公开制度能够实现生态补偿"上下""内外"信息共享的整体性规范性协同，促使生态补偿信息数字化运作向空间不断拓展，也能实现对生态补偿管理工作的有效监督。在生态补偿信息公开主体方面，凡是涉及牵头部门联合其他分管部门共同制作的政府信息，理应由牵头部门负责公开。两个或以上牵头部门均参与政府信息的制作，任何牵头部门均可以负责公开，两个以上牵头部门可以协商确定负责公开的政府部门，但协商意见应当在一定期限内公开。"谁制作、谁公开""谁保存、谁公开""谁收到申请、谁负责公开"相互结合能够在一定程度上厘定生态补偿信息公开责任主体。在生态补偿信息公开范围和对象方面，各级政府围绕生态补偿而实施的纵向转移支付、横向转移支付资金均应纳入信息公开范畴。特定生态保护区域划定、调整；补偿领域和补偿对象界定、补偿资金划拨、支付和审核等也应属于信息公开的重要领域和范围，主要缘由在于，特定生态保护区域划定、调整以及生态补偿对象界定等直接涉及"公民、法人或者其他组织切身利益"，故应属于政府主动公开信息。在生态补偿信息公开要求不同，需要结合生态补偿关系主体不同性质及功能定位提出差异化要求。

生态补偿纠纷的制度化解决构成另外一种监督机制。需要持续优化完善水生态补偿纠纷的协商解决、协调解决之主渠道功能。生态补偿纠纷司法解决机制在原告资格、被告资格、补偿标准以及补偿方式等方面的裁判经验也不断成熟，它们共同推进着生态补偿制度法治化发展进程。

第一节　水生态补偿考评制度的法治发展

近三十年来，生态环境政策法律的数量增长和修订（改）频率在中国各个部门法律中一直处于名列前茅。颇具讽刺意味的是，数量庞大、蔚为壮观的生态环境政策法律体系却未能有效防治我国生态环境质量状况在总体上不断恶化。在解释这一困境时，多数学者认为"环境法实施不力是导致我国生态环境不断恶化的主要原因之一"，[1] 而各级地方政府"谋利论（包括谋取政治利益和经济利益）"是造成环境法实施不力的主要原因。[2] 基于此，针对各级地方政府及其职能部门的强力性责任（约束）制度开始大量涌现，包括但不限于生态环境保护"党政同责、一岗双责""党政领导人生态环境损害责任终身追究"，从"督企"向"督政"积极转向的中央（省级）环境保护督察、针对地方政府及其职能部门的"环境行政公益诉讼"等制度。当大家纷纷聚焦上述新制度建构的同时，却往往容易忽视甚至忘记来自行政科层体系内部的一种责任（约束）制度——流域水生态

① 陈海嵩：《绿色发展中的环境法实施问题：基于 PX 事件的微观分析》，载《中国法学》2016 年第 1 期。
② 晋海：《论我国环境法的实施困境及其出路》，载《河海大学学报》（哲学社会科学版）2014 年第 1 期。

补偿考核评估的制度规定（以下简称"水生态补偿考评"），尽管对其存在着"自体监督"等诸多质疑，但不容否认的是，面对日趋复杂且变化多端的流域生态环境治理情势，与其另起炉灶之方式以发现或建构新的制度规则，不如重新审视和检讨生态补偿考评制度的功能定位，并不失时机进行制度机制变革探索，或许它能与包括水环境考评在内的其他责任（约束）机制形成一种制度合力，共同扭转环境法实施不力状况，为"美丽中国"伟大目标任务的有效实现增添必要的法治砝码。

生态补偿考评是指，中央政府（上级政府）通过建立一套相对客观化的量化指标体系，以此来衡量、评价和考核地方政府（下级政府）在生态补偿工作方面绩效的系列制度规定总称。作为一种程序性和实体性兼顾的行政法律制度，水生态补偿评估制度大体上可分为相互关联的四个阶段：（1）生态补偿目标、指标体系的确定。通常由中央政府（上级政府）结合国家任务实现程度以及地方、部门实际情况确立并设定评估考核目标和指标。考核评估"目标设定需要兼顾经济利益和环境利益的平衡，注重目标向指标的可量化转化"。[①]（2）指标的层层分配。通常是上级政府及其职能部门与下级政府及其职能部门通过层层签订责任书的方式进行，"多采用自上而下模式，呈金字塔形状扩散"。[②]（3）指标任务的完成过程。签订责任书且需要履行责任内容的下级政府及其职能部门政府通过各种行政管理措施或者行政执法活动，千方百计完成责任书所确定的目标指标任务的整个行政过程。（4）评价考核及结果运用。"考核强调指标比重和考核方法的多元化拓展，注重对人考核和对单位考核的有机结合。"考核结果既涉及部门、下级经济利益的增加或减少，更关涉行政官员个人的晋升、荣誉等政治利益的有无或多少。

问题随之而来。作为国家环境法律制度的"环境考评制度"[③]，因为受制于"依法行政""可操作性"等客观性要求，存在着考评对象单一（只能考评地方政府、地方政府职能部门及负责人）和考评内容专一（只能关注环境保护目标[④]）等适用范围受限而效果不彰等诸多问题。稍后建立的"生态考评制度"[⑤]，尽管实现了考评对象的多元（各级地方党委及负责人、各级地方政府及负责人）、

---

①② 王清军：《文本视角下的环境保护目标责任制和评价考核制度研究》，载《武汉科技大学学报》（社会科学版）2015年第1期。

③ 参见《中华人民共和国环境保护法》（2014）依法确立了"（水、大气）环境保护目标责任制与考核评价制度"，以下简称"环境考评制度"。

④ 参见《中华人民共和国宪法》（2018年修正案）第八十九条规定，"国务院具有领导和管理生态文明建设职责"。

⑤ 2016年，中共中央办公厅、国务院办公厅联合发布《生态文明建设目标考核评价办法》，明确了"生态文明建设目标的考评原则、考评对象等"制度规定，至此，党和国家政策意义上的"生态文明建设目标考核评价制度"也正式确立，以下简称"生态考评制度"。

考评内容的全面（政治、经济等涉及生态文明建设的各个方面）等，但其法源依据却是"两办"联合发文，联合发文"在党内法规中属于位阶较低的规范体系，在国家法律中更是效力和位阶较低的规范性法律文件"。也就是说，两办联合发文"虽然政治地位较高，但法律地位并不能与环境考评制度相提并论"。① 总之，上述两个制度在制度载体形式、考评主体、对象、内容等制度规定方面既存在相同点更有诸多差异，由此而引发两个相互联结的问题：（1）水生态补偿考评究竟是采用水环境考评制度抑或生态考评制度？近期来看，若选择执行其中任何一个制度，是否意味着对另一个制度的违反或不遵守？若两个同时执行，是否造成不必要的国家稀缺考评资源的浪费，从而违反应当遵循的成本—效益原则？（2）长期来看，依照中国制度运行的一般逻辑，地方各级党委政府大多会积极践行具有较高政治地位的"生态考评制度"，久而久之，是否会造成具有较高法律地位的水"环境考评制度"被虚置或者处于一种边缘化地位之风险。在国家生态补偿立法过程中，需要对水生态补偿考评在上述两个考评制度基础上作出选择或者另起炉灶，重新建构一套考评制度体系？本书结合国家生态文明建设和美丽中国目标任务实现的宏大背景，立足于"（水）生态补偿考评"运行实践，在明确制度基本功能定位基础上，整理和挖掘生态环境考评制度内容范畴及运行机理，发现彼此之间的逻辑关联，通过优化组合、整合或发展转型等路径，试图为建立一体化、规范化和法治化的生态环境考评制度，尤其是为水生态补偿考评提供一些不成熟的思考。

一、水生态补偿考评制度的功能定位

无论是基于成本—效益原则，抑或维护社会主义法治统一性而言，"生态考评制度"和"环境考评制度"都必须实现有机整合，这一点在学术界似乎并无多大异议。主要的问题在于，需要对整合之后的制度功能取得一定共识，从而使其"升华为推进公共责任机制重建、政府战略使命管理、扩大公共行政公众参与、推进依法高效文明行政的综合机制"。②

（一）"规制管理者"的工具

无论是环境保护目标实现，或者生态文明建设抑或美丽中国目标任务的阶段性完成工作，都依赖于国家行政权的规范、有效运行。俗语常说的"环境保护靠

---

① 杜殿虎：《生态环境保护党政同责制度研究》，武汉大学博士学位论文，2018 年，第 40 ~ 55 页。
② 高小平等：《中国绩效管理的实践与理论》，载《中国社会科学》2011 年第 6 期。

政府"是国内外环境治理多年实践的经验总结。基于行政权力制约和行政效率提升的基本要求，需要在数量庞大和链条较长的行政科层制体系内进行管理者和监督管理者之间的适度分工。由于监督管理者并不直接面向社会提供环境治理基本公共服务，只能依赖于一定的制度设计监控或规制管理者，促其更好提供环境治理的公共服务。作为行政科层制内部一种自我规制的手段，生态环境考评制度首先就是一种作为"规制管理者"的治理工具。这种治理工具，相应在制度设计方面一般包括以下几个要素。

1. 确立"目标"导向

与常态化制度设计所考量的问题导向不同，生态环境考评制度遵循的是一种目标导向路径。"科学化的治理，既包括目标的事先规划，即战略性治理、目标导向的治理，又包括对整个治理过程的管控。"① "为管理者制定规矩的监控者，必定会考虑并设定系统的目标、指示实现目标的手段等，由管理者负责执行实施，并对其完成目标情况进行督察考核。"② 环境治理工具选择的目标在于寻找一种与环境治理目标相匹配的工具，因此，任何一种环境治理工具的选择都必须在整个环境治理工具范畴体系中进行。包括生态补偿考评在内的生态环境考评是"能够通过各构成因素的协调组合而达到最优效果"的一种治理工具：明确的考核目标、动态化的全过程规制和严格的结果验收，甚至包括验收"回头看"等多种举措，借由此而实现了对生态环境治理"目标—过程—结果"三个阶段的全面性的"体检"，是一种"规制管理者"相对高超的"政治技术学"③。毫无疑问，目标导向是对问题导向的纠偏，体现为一种理性的自觉和力量。但强调目标导向，也会出现一定的消极后果，"政府层级之间因目标导向控制过度而无法形成平等或契约式的合作关系"④。因此，为切实保障目标导向能够取得一定成果，要求制度在确定生态补偿目标时建立必要信息通报机制、反馈机制，从而切实保障目标能够有效调整而使制度自身充满活力。申言之，包括水生态补偿考评目标确立在内的生态环境目标对于有效规制管理者、保障制度有序运行提供了坚实的前提。

① 钱弘道等：《论中国法治评估的转型》，载《中国社会科学》2015年第5期。
② 沈岿：《监控者与管理者可否合一：行政法学体系转型的基础问题》，载《中国法学》2016年第1期。
③ ［法］米歇尔·福柯著，刘北成等译：《规训与惩罚：监狱的诞生》，生活·读书·新知三联书店2012年版，前言。
④ 高小平等：《中国绩效管理的实践与理论》，载《中国社会科学》2011年第6期。

2. 遵循行政权运行规律

韦伯理论框架之下，行政科层体系是一种"科层官僚制"的组织形式，[①] 其内部关系表现为一种"命令与服从"相互对应的单向式直线关系；内部结构则呈现出一种自上而下的阶梯式分层有序排列；内部行政官员在人身上体现为对这种组织的高度从属性和依附性；内部权力运行逻辑体现着一种相对封闭体系内的"一体化"样态。为此，"这种组织形式运转靠的是一种'规训的逻辑'，即'科层官僚制'为组织内的每个成员都划定岗位，通过各种规章制度来精密控制和严格约束成员行为，使成员能够最大限度地服从和服务于组织所设定的目标"。[②] 为此设立的任何治理工具，都必须确保行政权力得以以最有效率的方式在可控制、可预测的轨道上运行。包括水生态补偿考评在内的考评机制似乎天生就是为此而量身打造的一种有效治理工具，它完全依循"规训的逻辑"，按照"计算的理性"，实现"数字化管理"或"数目字管理"[③]，从而推动生态环境行政权内部管控机制的有效运行。遵循行政权内部运行的基本逻辑，水生态补偿考评能够实现对生态环境监管者、管理者的一种科学规制。但水生态补偿考评不是一种另起炉灶的制度设计过程，而是应当在生态环境考评制度机制基础之上的一种衍生物或制度拓展，理应需要遵循环境考评和生态考评的一般性制度规则。

3. 实现科学规制

科学规制是一个综合性概念，不仅包括科学规制理念、原则，更包括渗透着理念、原则的具体操作规则。（水）生态补偿考评制度综合运用社会科学和自然科学原理和主要方法，"将社会科学传统的'发现'和'解释'功能扩展到'解决'阶段，将社会科学的描述性资料转化为'规范性'指示而成为具体的可操作性的'政策''步骤''策略'"。[④] "定性信息和主观评估无法为环境领域的政策法律制定提供有效基础。这种情况下，环境政策法律预期无法预测；政府对一些不达标的政绩总能找到推脱责任的借口；行政的轻重缓急无法轻易确定；本来已有限的可以用于环境保护的财政资源也常常被滥用。因此，我们迫切需要进行定量测评，以为科学决策创造条件。"[⑤] 简言之，流域水生态补偿工作的管理工作和监管工作，归根到底是流域水生态环境管理体制内部的自我调整、自我改革、自我重塑的问题，只有实现科学化和规范化的"规制管理者"路径、方法和

---

① ［德］马克斯·韦伯著，阎克文译：《经济与社会》（第二卷上），上海人民出版社 2010 年版，第 1095～1144 页。

② 李拥军等：《"规训"的司法与"被缚"的法官》，载《法律科学》2014 年第 6 期。

③ ［德］黄仁宇著：《万历十五年》（增订纪念本），中华书局 2006 年版，第 223～236 页。

④ 杜辉等：《环境法范式变革的哲学思辨：从认识论迈向实践论》，载《大连理工大学学报》（社会科学版）2012 年第 1 期。

⑤ 高秀平等：《2006 环境绩效指数（EPI）报告》（上），载《世界环境》2006 年第 6 期。

模式，才能找到问题根源并且能够实现对症下药和精准诊疗，达到精准规制、科学规制之目标。

（二）激励管理者的工具

作为"规制管理者"的一种工具，生态补偿考评主要是通过激励约束机制来实现的。行政科层制间的委托代理关系理论强调建立一种面向管理者的激励机制和完善的激励结构，从而实现激励相容。"所谓激励，是指对行为人从事某项活动具有刺激作用的因素和机制，其既包括正激励—利益诱导，又包括负激励—责任惩罚。"[①] "激励与约束两者缺一不可。但首先是激励，没有激励就没有人的积极性。"[②] "法律首要目的是通过提供一种激励机制，诱导当事人采取从社会角度看最优的行动。"[③] "将权力与责任直接挂钩、绩效与奖惩相联系，强化了政府部门的激励约束机制，使得政府行为以一种科学、公正、合理的形式进行。"[④] "要想有效治理环境，需基于中国式分权的现实，制定合理的激励机制来使地方政府之间形成'良性竞争'，以更好地执行环境政策。"[⑤]

"GDP"主义背景下，我国主要强调通过经济发展目标指标考评的激励机制构建，由此而形成了各级行政官员升迁/提拔动力，加之分税制所带来的地方财政投入压力，导致了地方政府选择性放弃履行辖区流域环境治理职能，也就日渐形成了目前非常严峻的生态环境状况。"按照激励理论来讲，人们的行动几乎都是受到某种激励的结果。"[⑥] 即便我国早已存在着一种象征意义的"环境考评制度（1996 年依据《中华人民共和国水污染防治法》相关条款而建立）"，也因缺乏有效激励的制度设计而一直停留在纸面之上或沦为一种政治口号。整合后的生态环境考评制度及随之而来的生态补偿考评制度，需要在不断总结经验教训基础上，大胆探索优化激励机制的双向制度设计思路：一是需要建构激励性制度机制以有效防止管理者以及任期制官员"鸵鸟心态"，消极回避现实问题解决，从而再次后退至"GDP 主义"时代的惯性制度环境中去。二是"需要建构起能促使

---

① 巩固：《政府激励与环境保护法的修改》，载《甘肃政法学院学报》2013 年第 1 期。
② 钱颖一：《激励与约束》，载《经济社会体制比较》1999 年第 5 期。
③ 张维迎：《作为激励机制的法律》，载张维迎：《信息、信任与法律》，生活·读书·新知三联书店 2003 年版，第 66 页。
④ 蓝志勇等：《中国政府绩效评估：理论与实践》，载《政治学研究》2008 年第 3 期。
⑤ 张彩云等：《政绩考核与环境治理》，载《财经研究》2018 年第 5 期。
⑥ ［美］维克多·弗鲁姆：《工作与激励》，参见［美］史蒂文·奥特等编，王蕾等译：《组织行为学经典文献》，上海财经大学出版社 2009 年版，第 188 ~ 195 页。

管理者追求卓越的奖励性机制"，^① 让在生态环境保护治理工作以及生态补偿管理工作中作出重要贡献的领导干部脱颖而出。就前者而言，仅仅让管理者认识到"GDP"主义的危害性，读懂中国目前生态环境状况的严峻性，认识到环境治理的紧迫性，唤醒"看得见的乡愁"等道德宣教措施是远远不够的，必须建构科学的且与公众健康息息相关的生态环境指标体系，辅之以"环境质量只能更好不能更坏""生态保护红线""自然资源利用上限"等带有一定"兜底性质"的硬约束制度体系，建立管理者不能、不敢回避现存生态环境问题的制度机制，从而激励他们积极投身于环境治理的事业中去。就后者而言，需要重构以正式法律制度激励取向的激励机制，这一机制通过奖励制度的科学设计和有效运行促使管理者不断追求环境治理领域的卓越表现和创新才能，做到了"做到激励与约束的完美结合"。^② 从而助力"美丽中国"目标任务早日实现。基于此，包括生态补偿考评在内的生态环境考评制度规定应当努力做到以下几个方面工作，

1. 重视对"自然人"的激励（约束）

"从'人'的预设出发设计满足不同需要的激励手段，是现代激励理论所重视的设计方式。"^③ "市场经济时代对治理者的制度化激励机制的重建，其核心问题是将治理者还原为个人，从而在人的基点上设计不同的激励手段。"^④ "'自然人'概念以现实生活中个人为原型，在法律上全面反映出了'经济人''社会人''自我实现人''复杂人'等假说所体现出来的各种需要，'自然人'概念可以作为法律制度激励理论的理论原点与人性假设"，^⑤ 即便环境法学界大力倡导的"生态人"也需要再次回到"自然人"的一般人性假设。因此，水生态环境考评制度需要将生态环境管理者视为"自然人"，并将其作为激励制度的支点和激励效果作用点，以满足不同类别、不同层面的行政官员多元、多层次利益需求，并不断将不同类别利益需求类型化，以此作为包括生态补偿考评在内的生态环境考评制度的功能转型升级要求。其中，"将生态环境保护指标纳入干部考核指标体系对环境政策的执行有积极的作用"。^⑥ 纳入行政官员考评机制中的环境保护指标、生态文明建设指标、生态补偿绩效指标等不但能够有效传递中央层面

---

①④ 任剑涛：《在正式制度激励与非正式制度激励之间——国家治理的激励机制分析》，载《浙江大学学报》（人文社会科学版）2012 年第 2 期。

② 沈满洪：《跨界流域生态补偿的"新安江模式"及可持续制度安排》，载《中国人口·资源与环境》2020 年第 9 期。

③ ［美］亚伯拉罕·马斯洛：《人类激励理论》，参见［美］史蒂文·奥特等编，王蔷等译：《组织行为学经典文献》，上海财经大学出版社 2009 年版，第 161～173 页。

⑤ 丰霏：《法律制度的激励功能研究》，吉林大学博士学位论文，2010 年，第 45 页。

⑥ ［德］托马斯·海贝勒：《沟通、激励和监控对地方行为的影响：中国地方环境政策的案例研究》，载［德］托马斯·海贝勒等编：《中国与德国的环境治理：比较的视角》，中央编译出版社 2012 年版，第 75 页。

持续推进生态环境治理的坚定决心和强大意志，而且能够促使地方行政官员及时捕捉到来自中央高层的确定性、引导性信号，从而激励他们积极投身于创新环境治理的伟大实践工作之中。此外，约束与激励是一体两面关系，激励体现的是一种引导思维，而约束体现的则是一种底线思维。约束机制越明确、越精细，激励机制的效应就更大，作用就更显著。"生态红线""党政同责""环保督察""生态环境损害终身追责"等制度设计实质上就是编制、加密、强化和优化一系列针对行政官员的约束机制，但同时，这也是在优化、强化和细化针对地方政府尤其是行政官员的一种激励机制。

2. 强调连带激励（约束）机制构建

法国著名社会学家涂尔干已经认识到，在合作主义社会建构中，连带责任具有一定的重要性，并将连带责任分为机械连带和有机连带。如果将涂尔干关于连带责任及其分类的研究加以推广，势必也会对生态补偿考评制度的连带激励约束机制完善不乏一定的借鉴意义。前已述及，在传统行政科层制体系下，地方政府与所在行政官员之间存在着相互依存的紧密人身关系。但随着市场经济推进以及党和国家领导干部管理体制变革深入，行政官员的走马换灯，"你方唱罢我登场"势必会成为一种常态。为防止权力和责任脱钩、权力的恣意和责任的逃逸的风险，生态环境考评制度责任追究中的连带责任机制完善就显得格外重要。优化、整合后的生态环境考评制度显然对此需要有所考虑，包括"约谈""区域限批"和"通报批评"等针对地方政府的约束或责难机制也应当深刻影响地方政府负责人和主政官员的荣誉、名誉以及相应的仕途发展；通报表扬、提拔升迁、授予荣誉称号等针对地方政府负责人及主政官员的激励措施也往往是与特定专项转移支付、建立试点和扩大授权等针对地方政府的激励措施相互联结和相互呼应。经验世界中，我们经常提到的"一损俱损、一荣俱荣"尽管不能准确描述地方政府及其职能部门与主政官员之间的连带关系，但将他们捆绑在一起进行连带性激励的制度构建无疑有利于水生态环境考评制度目标的实现。需要指出的是，针对地方政府及负责人的连带机制是通过环境保护目标、生态文明建设目标、生态补偿工作绩效考核目标的排名排序等声誉激励机制而得以实现，这种公开、公平、公正的良好博弈形式，将有效激励在环境治理领域充当领跑者的行政官员能够脱颖而出，激励地方政府之间开展适当竞争和有效合作，激励地方政府及其职能部门在生态补偿监管机制等方面的大胆制度创新，从而有效推动中国环境质量的整体性好转，更好地促进生态文明建设和美丽中国目标任务实现。

（三）环境治理的信息工具

环境治理的信息工具包括生态补偿考评在内的生态环境考评制度。"规制管理者" 以及建立一定的激励约束制度固然重要，但这一制度机制有效运行完全有赖于环境信息工具的合理运用，更重要的是，生态环境考评制度本身就负载着环境信息生产、流动或扩散等诸多辅助功能，这主要体现在，中央政府（上级政府）通过对生态环境信息的收集、分析和交流等，使自己处于生态环境信息处理的中心节点，从而建立相应的环境保护（生态文明、生态补偿）目标指标体系，并指导或引导地方政府或政府部门环境治理的行为符合目标导向。布雷耶曾经明确指出，"信息是规制政策的命脉或血液"。[①] "真相是环境治理的第一步，没有真相，就难有共识；没有共识，就难有环境治理成效。充分、真实且正常流动的环境信息是构成真相之不可缺少的要素。"[②] 在包括生态补偿考评在内的生态环境考评制度运行实践中，由于体制因素、社会环境等障碍因素存在，不断出现的生态环境信息不对称、不充足和不准确等问题严重制约了水生态补偿制度运行绩效。通过生态补偿考评制度的有效实施，生态环境信息不对称、不充足和不准确的问题会在一定程度上得以克服或消解。具体而言，包括生态补偿考评制度在内的生态环境考评制度的信息工具功能主要体现在以下三个方面。

1. 改进信息收集

所谓信息收集，是指通过行政公权力强制机制，促使生态补偿信息从信息优势方向信息劣势方不断流动。来自不同渠道以不同方式存在的生态补偿信息向同一个方向汇集，从而使信息劣势方（地位强势方）形成巨大的信息"库"。[③] 与中央政府（上级政府）而言，地方政府（基层政府）处于流域水生态环境治理第一线，他们作为生态补偿信息优势方，全面掌握着流域水污染状况、水资源状况、水生态状况、流域水生态补偿工作进展状况等海量的生态环境信息。如果没有一定的强力性约束制度机制存在，这些信息在"自下而上"的单向传递过程中，就会不断出现信息失真、错误以及不充足等问题，造成的信息不对称引发行政规制失灵。"如果让信息优势方享有信息披露的主动权，其往往遁人道德风险的窠臼，加剧信息不对称。在没有合适的制度约束和利益激励之下，信息优势方披露真实信息具有偶然性，其披露虚假信息的可能性更大。"[④] 一般而言，受制于水环境考评制度压力，地方政府及其职能部门受制于排名而引发的声誉激励驱使，在跨行政区流域生态环境治理过程中，就可能隐藏不利于自己的信息，而且积极报送有利于自己或不利于他人的信息，这会给考评制度带来两个消极后果，一是由于收集的信息不准确，致使业已设计的水环境保护指标、水生态文明建设

---

① Stephen Breyer. Regulation and Its Reform. Cambridge Massachusetts ［M］. Harvard University Press，1982：109.

②③ 王清军：《环境治理中的信息工具》，载《法治研究》2013 年第 12 期。

④ 杨东：《互联网金融的法律规制——基于信息工具的视角》，载《中国社会科学》2015 年第 4 期。

指标以及流域水生态补偿绩效等指标体系可能存在这样或者那样的问题，这些带有"错误指向"信息会给地方政府或其领导人传递不恰当、不正确激励信号；二是由于收集的信息不准确，可能造成水生态环境考评结果、水生态补偿绩效考评结果存在失真之处，从而不能实现激励相容之效果。水生态环境考评制度能够改进信息收集渠道和收集方式，并能开发必要的数据资源以应对信息失真、不准确和不对称等诸多难题。

2. 促进信息流动

"信息可以在不增加成本的前提下进行无损坏复制和反复传播，信息的发出者和接收者可以在多次互动中达成思想的默契和行动的一致。信息可以跨越时间和空间的限制，减少发出者和接收者的物质、精力、时间等的损耗"。[①] 信息自由流动的前提是生态补偿信息能够以让人们知晓的方式及时公开。包括生态补偿考评在内的生态环境考评制度需要积极探索破解生态文明建设目标责任书、生态补偿工作责任书仅限于行政科层制内部交流的传统习惯，而是结合政府信息公开方式逐步将上述信息逐步向社会公开。鼓励第三方机构建立生态补偿信息交换平台，以便不同渠道的信息在这里交汇、碰撞、翻译、转化和合成，有效生成生态环境考评的"信息束""信息链""信息库""信息港"，如此一来，可有效减少谣言滋生和蔓延；业已形成的谣言也会不攻自破，活动无疾而终；避免专业、复杂、概括和晦涩的环境信息出现"信息烟囱"现象和"信息孤岛"效应，造成"信息越多却可能使人们知道得更少"。[②]

3. 优化信息标识

所谓信息标识工具就是以简明、清晰的符号化形式展现的一种信息工具，比如国家环境保护模范城市、国家生态文明城市就是一个城市的环境信息标识。流域水生态补偿制度整合过程中，应吸取传统环境信息标识过多、过滥以及仅将其作为一种单纯约束性工具的做法，不断优化环境信息标识，并逐渐形成一种或两种权威性、规范性和简明性的信息标识，除了完善信息标识的约束功能外，其他如财政转移支付、奖励等激励性措施、流域上游地区、生态补偿示范区等也应可以考虑一并附着于信息标识工具中，真正发挥信息标识工具的引导、激励和指示功能。

---

① 邓蓉敬：《信息社会政府治理工具的选择与行政公开的深化》，载《中国行政管理》2008 年公务创新专刊。

② ［美］盖伊·彼得斯等著，顾建光译：《公共政策工具：对公共管理工具的评价》，中国人民大学出版社 2007 年版，第 76 页。

二、水生态补偿考评制度问题及其改进

法律制度的生命力在于实施。"法律发展的重心不在立法、法学，也不再司法裁决，而在社会本身。"① 在立足并结合生态环境考评制度功能定位基础上，深入整理水生态补偿考评机制运行的社会实践经验，以便发现制度实施中存在的问题，提出相应改进建议，更好发挥制度价值功能。

（一）考评主体：党政（行政）主导与社会参与

1. 水环境考评制度下的考评主体

按照（水）环境考评制度规定，考评主体主要是由国家生态环境部、中共中央组织部牵头，其他相关部委参加。从法律层面讲，中共中央组织部牵头完全是一种制度创新的大胆尝试，从而势必会引发党内法规和国家法律之间的协同问题，同时也需要深入基层实践探究实施效果如何？为此，笔者先后查阅中央—省（湖北省）—市（荆门市）—县（钟祥）—镇（张集镇）的系列规范性制度文件②，并深入实际，发现各地对考评主体制度规则执行以及不同程度变通性执行情况：（1）考评主体架构逐渐发生变化。在中央层面，我国确立的是一种双部门牵头体制，其具有明确导向意义，国家生态环境保护部牵头，主要体现的是水环境考评之权威性和专业性，毕竟，国家生态环境部具有水环境治理方面的规制资源、规制能力和规制信息；中共中央组织部的牵头，就是希冀以考评最终结果来确定地方行政官员的去留或者升迁等，从而切实彰显制度实效性和激励性。但水环境考评制度在省、市、县、镇等地方政府层层贯彻落实中，却逐渐演变成一种变通的考评主体结构配置，"地方政府统一领导，地方政府生态环境主管部门统一协调，发改、水利等有关部门具体组织实施"。显然，稍显模糊的"有关部门"规定，可能意味着，各级地方党委组织部并未加入考评主体架构之中。本书没有解读这一变化背后的发展逻辑，但这一规定至少带来两个担忧：一是按照中国目前权力运行逻辑，各级地方党委组织部门的缺席无疑会对水环境考评制度实施效果带来高度不确定性；二是地方政府生态环境主管部门统一协调水环境考评制度是否最

---

① ［奥］尤根·埃利希著，叶名怡等译：《法律社会学基本原理》，中国社会科学出版社 2009 年版，第 1 页（前言）。

② 分别为：生态环境部《污染防治行动计划实施情况考核规定（试行）》《湖北省水污染防治行动计划工作方案实施情况考核办法（试行）》《荆门市水污染防治行动计划工作方案实施情况考核办法（试行）》《钟祥市水污染防治行动计划工作方案实施情况考核办法（试行）》《钟祥市张集镇水污染防治行动计划工作方案实施情况考核办法（试行）》等。

终演变为"独角戏"。（2）社会参与方面，中央层面（水）环境考评制度规定明确了社会监督原则，具体体现为最终考评结果要向社会公开并接受社会监督。但这一规定在地方执行过程中仍旧层层保留着"以文件落实文件""以会议落实会议"的惯常做法，未能结合地方实际形成具有地方特色的可操作性条款，造成社会参与一直悬于半空而迟迟难以落地。可见，包括水生态补偿考评的公众参与恐怕是一件认真加以思考的课题。

2. 生态考评制度下的考评主体

在"生态考评制度"①中，考评主体规则则明确了一种"党政主导"原则，其逐渐彰显的主要特征有：（1）构建了生态评价考核部际协作机制。按照这种协作机制，考评主体主要包括国家发改委、生态环境部、中央组织部等三个部委牵头，协作机制主要负责研究生态文明建设评价考核的重大问题，组织实施评价考核工作、根据考核结果划分不同等级。高级别、强权威且权责相对明确的生态考评协作机制的构建，体现了中央高度重视生态文明建设的意志和决心，更为重要的是，规范性强、注重效率的考评协作机制有利于生态考评工作顺利开展。推及至地方，几乎每个地方相继建立了这种协作机制。（2）建立了生态考评辅助机构。任何专业性、数字化考评都离不开强大的辅助机制建设。现行"生态考评制度"规则要求整合资源，包括生态文明建设领域内的专家学者、统计人员、监测人员、咨询人员以及相应的信息平台等基础设施等。辅助机构协助进行必要的事实判断和价值判断，对于协作机制的正常运行非常重要。

3. 环境考评与生态考评主体制度规定的问题分析

对于"党政（行政）主导"下的生态环境考评制度，各种批评意见从未迟到或缺席。"既当运动员、又当裁判员""自己人考核自己人""政府内部评估以官方为主，评估权力主要掌握在领导人或上级组织手中，多是上级行政机关对下级的评估；评估过程具有封闭性、神秘性，缺乏媒体监督，评估程序具有很大的随意性。"②显然，由于考评指标实施一种自上而下的分配，在分配过程中，尽管存在着层层加码，但也存在着相互讨价还价现象。由于基层政府面临的考核众多，造成基层政府及政府部门疲于应付，弄虚作假就成为一种必然甚至常态；地方政府或政府部门作假成本很低但收益颇高，以至于玩弄环境"数字"游戏成为一种"正常"的规则。"过于注重效率，却缺乏外部问责，从而造成效率对公平的过度挤压，甚至演变为谋取不当利益的工具。"③

---

① 分别为：《生态文明建设目标评价考核办法》《湖北省生态文明建设目标评价考核办法》《荆门市生态文明建设目标评价考核办法》《钟祥市生态文明建设目标评价考核办法》等。
②③ 曾莉：《基于公众满意度导向的政府绩效评估》，载《学术论坛》2006年第6期。

4. 生态补偿考评主体规则的改进策略

在正视水环境考评以及生态考评各种现存问题的基础上，全新创立的生态补偿考评制度需要在以下几个方面进行必要探索：（1）坚持党政（行政）主导基本走向。首先，党政（行政）主导是"环境保护主要靠政府"原则的具体制度体现。对于生态环境保护这种外部性非常强的公共物品持续有效供给问题，唯有各级政府才能担此重任。问题关键是，如何科学合理实现行政权力配置，以最优方式、最有效率方式实现流域水生态补偿之价值目标。作为一种"规制管理者"工具、一套激励约束机制，一种有效的信息工具，生态补偿考评能够实现科学化管理，能够保障管理者的目标导向。"即使在欧美发达国家，政府绩效评估也是以内部控制模式为主。"[1] 因此，生态补偿考评主体仍然需要坚持"党政主导"基本走向，发改部门、水行政部门、生态环境部门以及自然资源部门均应当参与到生态补偿考评协作机制中。其次，需要认真反思党政主导的生态补偿考评范围。并非所有生态补偿范畴都需要纳入考评范围。国外经验表明，秉持"有所为，有所不为"，选择市场不能提供而要求政府应当提供的生态补偿领域进行考评，才能体现制度价值。我们认为，在生态环境领域内，"生态考评"是一种综合考评，"环境考评"是一种单项评估，"生态补偿考评"是一种专项评估，三者在考评目标、内容方面存在较大差异，故不能互相替代，但却可以相互补充、相互促进。从未来生态补偿考评的发展走向而言，应在综合考评、单项考评基础上，不断结合不同地方、不同流域和不同领域实际状况，调整考评范围，围绕满足民众基本需求的流域水生态服务领域进行重点考评，比如紧紧围绕民众"安全、卫生或健康"的饮用水安全需求，紧紧抓住全国各地集中式饮用水源地生态补偿工作开展情况进行专项考评；再比如围绕流域上下游地区利益/负担公平配置以及区域协调发展进行跨行政区流域生态补偿机制运行实践进行专项考评。总之，从综合考评，到单项考评，再到专项考评，一个基本的趋势是，考评范围一定要以目前流域生态环境保护面临的问题为导向，同时也要结合未来流域生态环境保护的目标为导向，实现问题导向与目标导向兼顾，不断践行着"人民政府为人民"的基本理念。（2）积极推进第三方评估。针对生态环境考评主体规则"自己人游戏"之弊端，生态补偿考评应尽快将第三方评估机制纳入主体规则设计视野。"随着世界范围的社会指标化运动的兴起和发展，中国也出现了第三方评估模式。"[2] "由专业人士组成的评估队伍具有专业理论知识和技术工具上的优

---

① 杨宏山：《政府绩效评估的适用领域与目标模式》，载《中国人民大学学报》2012 年第 4 期。
② 钱弘道等：《论中国法治评估的转型》，载《中国社会科学》2015 年第 5 期。

势，因此其专业性和权威性可以得到保障。"① 就发展趋势而言，第三方评估也是生态补偿考评制度发展的必然之路，是生态环境治理能力现代化的主要抓手。但第三方评估最大的挑战就是保障第三方的独立性、公正性和规范性，尤其是我国目前缺乏保障第三方独立评估的制度环境。较为稳妥的一个路径是，在不改变目前生态环境考评主体制度规则前提下，由其通过招标或其他方式，委托包括科研机构、大专院校在内的专业团体，独立就自己依法承担的生态补偿考评事项进行第三方评估。第三方评估机构在考评过程中，依约或依法享有查阅、走访等方式获取考评对象目标任务完成情况等各种权利，对考评主体负责，遵守国家法律和纪律，保守秘密，合法权益受法律保护，任何人不得侵犯。(3) 谨慎推进公众参与。"国家治理的绩效须通过社会的认可和建构才能得以形成。"② "缺少社会公众参或者由政府单方面形成和公布的评估结果，即使内容再充实也不足以反映治理绩效的真实情况。"③ 但公众参与生态补偿考评也存在难以克服的弊端。从现有制度实践现状来看，环境考评将"公众参与"制度规定作为一项"睡美人条款"对待，而生态考评制度机制则通过"满意度"测量来体现。相比而言，作为一种定性评价，"满意度"表现出很大的主观性，缺乏一定的客观基础，又由于一般公众评估缺乏相应的专业知识和技术，"满意度"测量的科学性就大打折扣。④ "公众参与如果被应用于不合宜的社区，那就是一种潜在的浪费。"⑤ 因此，未来的生态补偿考评公众参与规则构建，既要认识到公众参与的必要性和重要意义，也要认识到公众参与考评主体、范围以及结果反馈等方面的固有不足，应建立一定的"容错纠错"机制，鼓励地方探索多元化、市场化生态补偿的"社会实验"。

(二) 考评对象：党政同责及其同构性

与考评主体规则的简约化、社会化走向不同，生态环境考评对象规定具有特定性、结构性，首次实现了党政同责。但也存在着改进的空间。

---

① 石国亮：《慈善组织公信力重塑过程中第三方评估机制研究》，载《中国行政管理》2012年第9期。

② Laurence Lynn. Studying Governance and Public Management：Challenges and Prospects ［J］. Journal of Public Administration Research and Theory，Vol. 10，No. 2（April 2000）：233 – 261.

③ 吴建南等：《地方政府绩效评估创新：主题、特征与障碍》，载《经济社会体制比较》2009年第5期。

④ 范永茂：《重塑公众主体地位：地方政府绩效评估之主体构建问题》，载《行政管理》2012年第7期。

⑤ Renee Irvin. Citizen Participation in Decision Making：Is It Worth the Effort？ ［J］. Public Administration Review 2004，64（1）：55 – 65.

1. 生态环境考评对象范围渐次扩容

结合《中华人民共和国水污染防治法》、"水十条"等法律政策规定和地方实践情况，现行"（水）环境考评制度"考评对象主要包括省、市、县、乡四级政府及政府负责人。[①] 一些学者认为这抓住了责任追究中的"牛鼻子"。实际上，这远远不能代表事务的全部真相。众所周知，领导我国进行生态文明建设以及环境治理的执政党是中国共产党，党的中央组织和地方组织是生态环境保护以及生态文明建设大政方针的制定者、决策者，而各级政府只是生态环境保护以及生态文明建设方针、政策和法律的执行者。换言之，各级党委政府在生态环境保护以及生态文明建设方面存在一定的权责分工。从实践上看，很多生态环境问题，表面上是企业的违法排污行为，但如果追根溯源，实际上可能是地方党委决策不当或者地方政府执法不当、执法不作为等诸多原因造成的。如果仅仅追究排污企业、地方政府以及负责人的法律责任，而地方党委及负责人却因"于法无据"却被排除在责任追究之外，就不可能找出环境污染或者生态破坏的真正"源头"。实践中大量"背锅侠"的出现或存在并不符合社会主义法治倡导的社会主义的公平正义。基于此，"生态考评制度"迈出了具有决定意义步伐，在考评对象责任追究上首次明确了"党政同责、一岗双责"。所谓"党政同责"是指，党委和政府共同承担生态环境保护职责，并对履行自己职责的结果共同承担责任，这里的"党"主要是指中国共产党的中央、地方组织，不包括民主党派、企事业单位等党的组织；这里的"政"仅指国务院、省、市、县、乡等五级政府；这里的同责，是指"同有职责""同样承担责任"[②]，而不是"承担同样或一样的责任"；这里的"一岗双责"是指一个岗位，两个责任，既承担本岗位自身职责，也要承担与本岗位职责相关的生态环境保护的责任，比如一个政府职能部门主要负责人，既要对其职能部门的主要职责负责，也要对这个职能部门的生态环境保护及生态文明建设负责。

2. 生态补偿考评对象的细化策略

建立在生态环境考评基础上的生态补偿考评，应在坚持"党政同责、一岗双责"基础上，从以下几个方面进行相应的制度规则改进：（1）责任主体同构性与差异性相结合。所谓同构性，就是指考评对象具有场域同构、位阶同等和级别同构等特征，一是场域同构。是指在同一时空背景下，党规确立的各级地方党委，国法确立的各级地方政府，他们之间为一体两面、相互并存、一一对应、缺一不可。比如，某县生态补偿考评不合格时需追究责任时，如果追究了县委、县

[①] 一些乡镇将水环境保护指标任务具体分解到村委会，在法理上存在一定的疑问。参见，湖北钟祥市《张集镇水污染防治行动计划工作方案实施情况考核办法》（试行）。

[②] 常纪文：《环境保护需要党政同责》，载《中国环境报》，2013 年 1 月 23 日第 3 版。

委书记的责任，也应追究县政府、县长的责任，反之亦然，除非各自存在法定的免责事由。二是位阶同等。具体指，基于生态补偿考评的责任追究中，地方党委和地方政府的层级是一一对应，这实际上是场域同构的延伸，这里的位阶同等不是指政治地位或法律地位相等。比如，某省在追究生态补偿考评责任时，不会出现市级政府与县级党委共同承担责任、市委书记和县长共同承担责任之情形。但这不能否认几个层级的党委、政府各自承担相应责任情形。① 三是级别同构，是指不同级别党委、政府都使用了几乎相同的量化考核指标。由于不同级别党委、政府在环境治理方面的权责存在较大差异，因此考核指标也应有所差异。就目前笔者查阅的有限资料而言，省、市、县、乡等各级党委、政府的考核指标，无论是环境保护目标还是生态文明建设目标，都存在大量的雷同现象。显而易见，比如省长和乡长，两者在生态环境治理方面的权责存在较大差异，但级别同构却让不同权责主体面临着相同的制约和激励，显然存在着一定的改进空间。未来应按照生态补偿"中央、地方分权""财政事权与支出责任相一致"原则，建立分门别类、差异化的生态补偿考核指标体系。（2）责任原因同一性与多元性相结合。"党政同责必须以同一生态环境损害事实为共同的适用对象，即同一事件或行为对党内责任、行政主体责任具有共涉性"②，具体表现在：一是主观动机的同一。比如，一些地方党委、地方政府如果不按时履行生态补偿出资责任，一旦认定为考评不合格，可以确认他们在主观动机上具有过失或故意的同一。二是客观行为的同一。比如，一方履行自己职责做出不利于生态补偿的决策行为，另外一方则放任了错误决策行为的执行，也可以看作是客观行为的同一。客观行为和主观动机往往是紧密联结在一起的。但是，在生态补偿考评中，党委和政府在责任原因方面并不一定完全具有同一性，在更多情况下，地方政府承担的责任更为重要和关键，因此，在考虑责任原因时，地方党委和地方政府对于生态补偿制度供给、出资责任履行等可能需要相对分离、区别对待。（3）责任承担分离性与同一性相联结。在生态环境考评"党政同责"中，党委、政府负责人两类主体承担的责任是不同的。一般来讲，责任包括党纪责任、行政责任和刑事责任三类。其中，针对党员个人的党纪责任包括警告、开除党籍等；针对党组织的党纪责任包括改组、解散等。针对政府公务员的行政责任包括警告、开除等。针对犯罪嫌疑人的刑事责任则包括自由刑，直至生命刑等主刑和罚金等附加刑等。法理上讲，三类责任构成要件不同，适用对象也不同，三类责任之间的关系是各自独立、互不

---

① 甘肃祁连山国家级自然保护区生态破坏案件中，甘肃省委、甘肃省政府，甘肃张掖市委、市政府，张掖肃南县委、县政府及主要领导都承担了相应责任。
② 肖峰：《生态文明建设中党政同责措施的科学实施》，载《中国特色社会主义研究》2016年第4期。

包含但层层递进。责任追究具体适用过程中，可以分别适用，也可以同时适用，但不能相互替代适用。实践中一些地方存在着以党纪责任代替行政责任、以行政责任代替刑事责任，或者行政责任代替党纪责任等做法，无疑具有不合理之处，必须予以调整或纠正。在生态补偿考评制度建构过程中，既要坚持责任承担分离性，不能以党纪责任取代法律责任，也要看到在各级政府及其职能部门在补偿对象资格审核、补偿资金核拨等方面也存在着责任分担上的同一性或连带性问题。（4）责任后果比例性和连带性相协调。比例原则是法学尤其是行政法学的基本原则，其核心要义在于责任承担应做到过当其罚、罚当其罪、过罚相当。[①] 生态环境保护责任的大小、处罚的范围、轻重应当与违规违法行为大小、违规违法行为造成后果的轻重相适应。同理，在考评对象的责任追究设计中，要坚持党委责任与政府责任之间的比例性和均衡性，为此，需要深入探究地方党委、地方政府在（水）环境保护、生态文明建设中所承担的各自职责，对所造成责任后果的共同行为中所起的作用大小来厘清党政的各自责任，具体区分领导责任（非领导责任）、主要责任（次要责任）、直接责任（间接责任）、故意责任（过失责任）、组织责任（个人责任），从而真正做到用严密的法治，尤其是责任机制来编制生态环境考评制度之网。但在考量责任后果比例性同时，也要分清责任之间的连带性，真正做到公平和公正。未来生态补偿考评制度建构过程中，应当区分各级党委、政府及职能部门在生态补偿制度供给、生态补偿日常管理以及生态补偿监管等方面的责任配置，在责任后果方面，谨慎采用连带性责任追究。

（三）考评基准：行为基准抑或结果基准

所谓考评基准，是指用以衡量、分析和判断考评对象任务完成状况是否符合指标体系的基本依据，考核基准可分为行为基准和结果基准，其中，行为基准是抓取环境治理行为中的客观要素，通过一定量化指标体系予以体现，并将其作为考评基准；结果基准是指抓住环境治理结果中的客观要素，通过一定的量化指标体系予以体现，并将其作为考评基准。考评基准在生态补偿、生态环境考评等制度建设中扮演着非常重要的角色。

1. 生态环境考评：行为基准与结果基准

采用什么样的考评基准，对于制度价值目标功能实现极为重要。我国生态环境考评制度就非常重视考评基准的建立及完善，相继完善了行为基准和结果基准的考核基准规则（见表9-1）。

---

① 梅扬：《比例原则的适用范围与限度》，载《法学研究》2020年第2期。

表 9 – 1   "环境考评"和"生态考评"基准规则

类别	考核基准及指标体系		备注
（水）环境考评制度	结果基准	水环境质量目标完成情况	地表水水质优良比例和劣V类水体控制比例	以水环境质量目标完成情况作为刚性要求，兼顾水污染防治重点工作完成情况
			地级及以上城市建成区黑臭水体控制比例	
			地级及以上城市集中式饮用水水源水质达到或优于Ⅲ类比例	
			地下水质量极差控制比例等5个方面	
	行为基准	水污染防治重点工作	工业污染防治	
			城镇污染防治	
			农业农村面源污染防治	
			船舶港口污染防治等8个方面	
生态考评制度	结果基准	生态文明建设考核目标体系	资源利用（30分）	年度评价形成绿色发展指标体系
绿色发展指标体系纳入生态文明建设目标考核
			生态环境保护（40分）	
			年度评价结果（10分）	
			公众满意度（10分）	
			生态环境事件（扣分项，−5~20分）	
	结果基准	绿色发展指标体系	资源利用	
			环境治理	
			环境质量	
			生态保护、公众满意度等七个指标体系	

从表9−1可以看出：（1）我国在水环境考评领域已经建立了"结果基准为主，行为基准为补充"基准体系。具体是指，制度将各级地方政府水环境质量目标最终完成情况（体现为一种结果基准）作为责任考核及责任追究的刚性基准，同时又将各级地方政府水污染防治重点工作完成情况（行为基准）作为考核的校

核基准，最终形成的考核结构是将结果基准和行为基准进行一定比例的权重结合。总之，水环境考评制度建立的是一个以考核结果绩效为主，同时又兼顾过程绩效的一种考评基准方法。（2）生态考评制度采用的是一种双阶层式的结果基准。具体是指，通过建立绿色发展指标体系与生态文明建设目标体系相结合的复合性多元指标体系。生态文明建设考核目标体系主要是由资源利用、生态环境保护等五个方面的指标体系权重组成，绿色发展指标体系主要根据五个方面指标体系的权重组成。两者之间的关联是，年度发展指标体系评价结果纳入五年后的生态文明建设目标考核体系之中。显然，无论是生态文明建设考核目标体系还是绿色发展指标体系，均是偏重一种结果基准的考核评估。

2. 生态补偿考评：行为基准或结果基准

按照生态环境考评基准的基本要求，结合生态补偿工作的开展实际，我国生态补偿考评基准应该从以下几个方面努力。

（1）坚持"结果基准为主，行为基准为补充"。行为基准只关注生态补偿工作的行为过程，至于结果则在所不问；结果基准则只考虑生态补偿工作的最终结果，至于生态补偿工作过程则在所不问。对流域生态环境治理而言，由于存在较长、较大的时空差异，因此在环境治理行为和环境治理结果之间，构成的是一种"多因一果"式的因果关系，也就是说，流域上游地区的环境治理行为与流域跨界断面水质水量结果之间既有一定的确定性，也会存在着一定的不确定性。显然，结果基准将不确定风险留给了流域上游地区，而行为基准将不确定风险留给了国家的更多是流域下游地区。不同的考评基准规则设计所带来的激励效应有较大差异。若采用行为基准，流域上游地区地方政府只要实施了流域环境治理行为，就能获得相应利益增加，势必激励他们将注意力聚焦于治理行为指标体系的创新，包括土地等自然资源利用方式变更了多少，产业结构调整了多少等。实践中，我们已经看到一些地方政府不厌其烦地罗列在流域环境治理领域投入多少人力、物力、财力等，带来了"眼花缭乱""目不暇接"的成绩单，但对最终的流域环境治理结果却轻描淡写、一笔带过。可见，仅仅采用单一或者复杂的行为基准是不够的。但如果仅仅考虑结果基准，也有一定偏差。以流域水污染治理为例，实践中，流域上下游各省（市、县）大都把跨界断面水质水量状况（结果基准）作为考核基准，甚至一些地方建立了跨界断面水质某一特征污染因子"一票否决制"的考评机制，上述各种做法均存在一定商榷之处。主要理由在于，跨界断面的水质水量状况，既受制于上游地区（支流地区）来水、气候变化、地理环境等自然原因，也有历史污染等累积因素长期影响，也与上游政府环境治理行为密切相关，若仅从断面水质水量结果状况来考评上游地区环境治理绩效，忽略了自然因素和历史因素对结果的影响，对受到一定任期限制的地方政府官员来讲，是不公平的。再者，结果基准将不确定风险留给上游地区地方政府，若无相应制度设计予以克服，也会出现不当激励问题：一些地方为了实现跨界断面水质达标，千方百计寻找借口要求重新设置跨界断面；一些地方为了保障跨界断面水质达标，在临近跨界断面附近设置临时排污治理设施等。凡此种种，显然是对结果基准目的之违背。因此，只有在坚持结果基准为主，行为基准与结果基准结合基础上，才能科学评价考评对象的环境治理绩效。

（2）建立科学规范的生态补偿目标指标体系。在这方面，首先需要有一个基本共识，即不存在任何"完美的""普适的"生态补偿考评指标体系。目前的"环境考评"指标体系和"生态考评"指标体系存在一定的交叉关系，但由于制度价值取向和基本内容存在不同，在未来较长一段时间内，不存在相互替代问题，尤其是不存在以生态文明建设指标来取代环境保护指标的问题，比较乐观的情形是，上述两类指标体系，相互促进、协力推进地方水环境治理的绩效，尤其是具有政治高位的生态文明建设指标将涉及水环境保护的两个约束性指标纳入其中，无疑对流域水环境保护指标任务的顺利完成具有明显的促进作用。生态补偿绩效指标体系的完善，需要在以下方面进行相对精细的制度设计。第一，指标任务的弄虚作假问题。有什么样的指标体系，就有什么样的治理行为和结果。任何在指标体系中出现的些许瑕疵，就会在环境治理实践中产生放大性的行为差异或变异结果。"以指标和考核为核心的压力型激励模式在指标设置、测量、监督等方面存在着制度性缺陷，导致地方官员将操纵统计数据作为地方环境治理的一个捷径，造成了政府在环境治理上的公信力流失，这是地方环境治理失败的根源之一。"[①] 因此，相应的制度完善包括：大力推进水环境监测垂直管理体制变革和环境监测服务社会化的变革，打破环境信息传递的横向阻滞，从根上切断地方政府不断伸向环境监测指标体系上的"黑手"；依法完善指标数据的责任追究制度，尤其是建立行政司法联动机制，对篡改、伪造环境数据等行为加大责任追究力度。第二，绝对和相对指标的问题。目前在指标体系设计中，无论是生态指标，还是环境指标，基于管理效率出发，大都仅考虑绝对值，没有考虑横向差异（空间差异）和体现改善程度的差异（时间差异）等相对值。就地区横向差异而言，同处一个流域的下上游地区应有一定差异，不能进行绝对值相同的考核，显然，目前指标任务的纵向分割对流域一体性因素考虑不够；再者，指标体系设置，不仅要考虑历史上水环境质量状况，也要考虑当前水环境质量状况，更要考虑水环境质量的改善程度，相应的指标体系能够展现地方政府在改善水环境质量方面所做出的努力。因此，需要设置指标的调整系数，展现地方在经济基础、自然禀

① 冉冉：《行政压力体制下的政治激励与地方环境治理》，载《经济社会体制比较》2013 年第 3 期。

赋、地理条件等方面的差异性，以便让大家都奔着"跳起来可以摘到桃子"的目标前进。

（四）考评结果运用：工具理性或价值理性

所谓工具理性，就是"通过对外界事物的情况和其他人的举止的期待，并利用这种期待作为'条件'或者'手段'，以期实现自己合乎理性所争取和考虑的作为成果的目的"。[①] "工具理性关注政治运作的工具和能力系统，致力于为政治系统提供一套有一定操作程序的技术、工具、规则和制度，为实现一定的政治目的选择最佳方法和最优途径。"[②] 而价值理性则是一种理想主义的理性，它追求人的自由价值的实现，强调真与善的统一。简言之，理性就是"仅仅寻求达到由他人决定的目的的方法"，实质理性则是"人类自我寻求目的的能力"。[③] 水生态补偿考评结果的运用，应综合利用工具理性和价值理性各自优势，不断改进结果，实现对生态文明建设的促进和美丽中国目标的实现。

1. 生态环境考评：工具理性

无论是"环境考评"抑或"生态考评"，都强调考评结果与行政官员的提拔任用挂钩，与地方政府的经济利益挂钩，但对如何挂、怎样挂、挂多少等关键或核心问题大都语焉不详，处处制度规则留白，这虽然体现着一定高超的立法或政策制定技术，也从一个侧面展现了一定的立法或政策制定智慧，但这样的弹性规定在给行政官员带来一定合理预期的同时，也带来较大的对未来预测的不确定性。细思起来，生态环境考评结果的有效运用，涉及的是工具理性或者价值理性的选择问题，这似乎已然上升到哲学层面，既然如此，这样的问题当然不可能也不需要有着非常明确清晰的答案。

随着社会分工扩大，工具理性运用领域越来越广，生态环境考评制度就是典型。在行政科层制体系内，考评目标早已预先确定，并且外在于行政官员。也就是说，地方政府及行政官员的目标就是千方百计完成上级政府目标确定的各项任务，无须探索或发现新的目标。当然，也给其完成目标任务提供了一定预期的、可满足其一定利益需求的激励。但行政官员首先是"自然人"，在制度工具理性的裹挟下，势必以个人利益最大化作为基本出发点，因此在多数情况下，不是被动接受而是主动"迎合"这些考评指标任务，并根据考评指标任务不断调整自己行为策略，甚至将考评指标目标任务完成与否当作谋取个人利益的手段。除了指

---

① ［德］马克斯·韦伯著，林荣远译：《经济与社会》（上卷），商务印书馆1998年版，第56页。
② 何颖：《政治学视域下工具理性的功能》，载《政治学研究》2010年第4期。
③ ［美］布劳·梅耶著，马戎等译：《现代社会中的科层制》，上海学林出版社2001年版，第192页。

521

标任务“数据造假”以谋取非法利益外，一种全新的，貌似以合法方式谋取个人利益的手段也正式登场。李拥军将这种手段称之为“刷数据”现象。① 他以篮球比赛中的技术统计制度为分析范本，认为篮球比赛中的一些行为，比如得分、命中率、篮板等易于识别且可以量化，因此被纳入技术统计范畴。而比赛中的另一些行为，比如协防、掩护等难以识别或量化的东西就难以纳入技术统计。久之，理性的球员就开始专注于技术统计，造成对球队取胜同样至关重要的但难以纳入技术统计的“脏活累活”却无人问津。本来是激励球员多作贡献的技术统计，却因为“刷数据”现象的存在，未能起到激励球员积极为球队作贡献的目的。篮球比赛“刷数据”的现象表明，基于工具理性而建构的考评制度并不是完美的，存在一定的制度漏洞，也存在钻漏洞的自然人，从而使根据制度目标预设的制度效果发生偏离。为克服技术统计存在的弊端，相应制度设计思路是：“高曝光度+市场定价”，透过360度无死角、慢镜头、回放等高科技手段的高强度曝光，最大限度“还原”球员比赛全部行为，弥补技术统计在难以量化行为上的不足；通过市场定价方式来让球员在市场竞争中去认识自己的价值以及仅仅关注技术统计对自己身价的影响。显然，上述两个保障技术统计制度正常运行的两个辅助机制都不适合生态环境考评机制。考核制度的工具主义思维给制度本身带来诸多危害。“功利主义过于注重后果的道德学说，行动在道德上的裨益或祸害完全由它们的后果决定，因而不能对损害作出区别。”② 一些地方在结果考核中推行“一票否决”，希望形成一种强大威慑，但不论成效如何，充其量就是一个只看结果不看过程的工具理性产物，这在一定程度上会侵蚀制度的正当性和有效性，因此不值得过于提倡。“强政府主导下的绩效考核一方面表现为上级对下级的强制权力，形成对目标的强约束。但另一方面对实现目标的手段只存在低度的约束，导致上级政府对基层组织权力滥用的监督失控，由此产生了大量的变通行为。”③

2. 生态补偿考评：工具理性+价值理性

大力倡导生态环境考评制度的价值理性回归也有更加重要的理论意义。无论是生态考评或者环境考评，抑或是新设立的生态补偿考评，其最终落脚点就是激励流域水生态服务持续有效供给，维持增进流域公共利益，不断满足人民群众日益增长的环境利益需要，因此，不能仅仅立足于考评制度自身来回答“考什么”？“怎样考”？“考评结果怎么样”？而是应当立足于人民群众的需要，要求考评制

① 李拥军等：《“规训”的司法与“被缚”的法官》，载《法律科学》2014年第6期。

② ［英］边沁著，时殷弘译：《道德与立法原理导论》，商务印书馆2000年版，第31、58页。

③ 陈锋：《分利秩序与基层治理内卷化资源输入背景下的乡村治理逻辑》，载《社会》2015年第3期。

度"应当是什么"？"在满足人民群众需要中还存在哪些问题"？"怎样才能更好满足民众需要"？通过包括生态补偿考评在内的考评制度的建立、完善和实施，真正做到"想民之所想、满民之所需、解民之所困"，这样才能将考评制度从一个工具性的规制性工具转化为带有一定价值性的回应性机制，实现工具理性和价值理性的统一。总之，"无论采取何种标准……传统行政模式中的绩效管理都是欠缺的"。① 当然，作为一种环境治理工具，包括生态补偿考评在内的生态环境考评制度，并不是单独存在的，而是要和其他环境治理工具一道，相互配合，协力推进，共同担负起中国环境治理的重任。

三、小结

水生态补偿考评机制具有非常明确的制度定位和非常重要的制度功能。它既是规制和激励规制者的工具，又发挥着必要的信息传递及信息整合等功能。水生态补偿考评制度的规范化路径在于，立足生态环境目标责任考核制度，拓展考评主体、整合考评内容以及优化考评结果运用，均需要通过相应的法规范完善而得以完善。水生态补偿考评机制的规范化对于水生态补偿机制的有效运行至关重要。

第二节　生态补偿信息公开制度的法治发展

鉴于"命令 + 控制"等正式环境规制在实践中存在的局限和问题，包括信息公开在内的非正式环境规制应运而生，成为环境保护的重要力量。② 其中，生态环境领域内的信息公开在不断满足民众环境利益诉求的同时，无疑也会给政府施加巨大的压力，成为民众监督政府行政行为、约束政府恣意的重要政策和制度工具。"信息公开是民主政治的有效治理途径，也是公民社会的通行治理手段。"③ 2019 年，新修订的《中华人民共和国政府信息公开条例》（以下统称《政府信息公开条例》）建立了"公开为常态、不公开为例外"为原则的政府信

---

① ［澳］欧文·休斯著，张成福等译：《公共管理导论》，中国人民大学出版社 2007 年版，第182 页。

② 张华等：《非正式环境规制能否降低碳排放？》，载《经济与管理研究》2020 年第 8 期。

③ 田丹宇等：《论应对气候变化信息公开制度》，载《华东政法大学学报》2020 年第 5 期。

息公开制度规定，重新塑造了政府信息公开的制度环境。① 在原则性规定之外，《政府信息公开条例》也对依申请公开制度作出了重大调整。原《政府信息公开条例》规定的"根据自身生产、生活、科研等特殊需要"作为公民、法人和其他组织申请政府信息公开的前置条件被废除，宣告着这一长期以来备受争议的制度正式离开历史舞台。②《信息公开条例》的实施，将进一步保障人民群众依法获取政府各个方面信息的权利，进一步提升透明政府、法治政府建设水平，并充分发挥信息的巨大服务作用。③

信息公开制度为流域生态环境治理乃至流域生态补偿带来一定契机与挑战。一方面，它可以运用信息工具传导的各种信号对行政机关、排污者、生态破坏者、生态保护者以及民众不断施以影响，直接或间接引导他们进行一定的理性行为选择，从而达到"良法善治"的目的。另一方面，信息公开引发的各种生态环境信息数量的爆炸性增长和弥漫式扩散，也会给生态环境各类治理主体带来无所适从和选择性恐慌。④ 信息无处无时不在意味着行为选择的极端困难。2014年，修订后的《中华人民共和国环境保护法》专章建立了"生态环境信息公开与公众参与制度"，要求各级政府以及政府职能部门应当依法公开生态环境信息、定期发布环境违法企业名单；重点排污单位等也应当依法公开相关环境信息；明确公民具有环境知情权、参与权和监督权，鼓励和保护公民举报环境违法，拓展提起环境公益诉讼的社会组织范围。⑤ 可以预见，我国生态环境信息领域正在发生巨变，围绕民众切身利益的信息公开法律规制占据主导地位的局面正在悄然生成，环境信息公开制度法治化发展进程正在提速，这给生态补偿信息公开制度建构以及法治化发展提供了良好契机和适宜土壤。

从规范法学视角出发，有效履行国家生态补偿责任已经构成各级政府的一项法定职责。⑥ 尤其是随着服务行政、结付行政和分配行政理念的深入推进，涉及生态补偿的制度供给、补偿资金筹集支付甚至相应的市场增进职责都应陆续纳入各级政府法定职责范畴内。地方各级政府应当按照各自职责分工，履行相应的国家生态补偿责任。另外，随着我国流域生态补偿试点工作结束，流域水生态补偿制度法治化发展开始回到高层视野而成为一个高亮议题。一个紧要且尖锐的问题

---

① ③　耿宝建等：《新条例制度环境下政府信息公开诉讼的变化探析》，载《中国行政管理》2020年第2期。

②　蒋红珍：《面向"知情权"的主观权利客观化体系建构：解读政府信息公开条例修改》，载《行政法学研究》2019年第4期。

④　王清军：《信息工具与环境治理》，载《法治研究》2014年第1期。

⑤　田丹宇等：《论应对气候变化信息公开制度》，载《华东政法大学学报》2020年第5期。

⑥　《中华人民共和国环境保护法》（2014）第三十一条规定，"有关地方人民政府应当落实生态保护补偿资金，确保其用于生态保护补偿"。

是，各级政府及其职能部门依法履行国家生态补偿责任是否需要依法纳入政府信息公开范畴？若将其纳入政府信息公开范畴，究竟属于依法主动公开或者依申请公开？带着上述问题，立足于我国流域水生态补偿制度实践历程，希望对上述疑难问题作出具有一定说服力和融贯性的解释。

一、生态补偿信息公开制度的功能定位

国家治理现代化"需要迈向治理导向的公开"。[①] 唯有公开，才能促进生态补偿管理、监管等各项工作的健康、有序发展。此外，生态补偿领域的信息公开能够实现信息共享，督促行政机关依法行政，克服部门利益、地方利益凌驾于整体利益和公共利益。

（一）实现生态补偿的信息共享

1. 生态补偿信息烟囱的生成

如前所述，我国生态补偿工作主要是结合各个政府职能部门职责而分部门推进的，其中，各级政府林业草原行政主管部门主要负责森林、湿地和草原等重要生态系统的生态补偿工作；各级政府水行政部门主要负责水土保持区、饮用水水源地、蓄滞洪区等"涉水"领域的生态补偿工作，同时负有水权制度建设等市场化生态补偿工作；各级政府生态环境主管部门负责饮用水水源保护区、跨行政区流域生态补偿工作，同时负有排污权、碳排放权制度建设等市场化生态补偿工作。此外，各级政府发改部门、财政部门和自然资源主管部门"牵头"组织生态补偿监管工作。尽管分部门主导的监管体制能够带来生态补偿向专业化方向发展，但也不可避免引发诸多负面效应，比如，分部门主导要求生态补偿工作按照各自部门逻辑和机制运行，逐渐形成了不同领域生态补偿工作"各自为政"和"互为壁垒"局面，"强烈的技术崇拜和科层制下固化的部门分工使得政府效率日益衰减"。[②] 此外，一些较为复杂的生态补偿工作，比如跨行政区流域生态补偿工作，需要各级政府发改部门、财政部门、水行政部门和生态环境部门分工协作才能有效推行。但分工悖论和协作悖论告诉我们，有效率的分工协作常常难以出现。另外，我国生态补偿工作主要是政府主导，以财政直接支付或转移支付为主要方式的项目实践，通过整体性资金转移流动以实现流域不同行政区域之间在生态保护方面的利益平衡。这意味着，我国生态补偿资金主要来源于中央财政和

---

① 王锡锌：《政府信息公开制度十年：迈向治理导向的公开》，载《中国行政管理》2018 年第 5 期。
② 刘祺等：《"互联网"＋政务的现实困境及其优化策略》，载《福建论坛》2018 年第 2 期。

地方财政，以项目制方式推进，例如，地方政府间协议、中央纵向财政支出、地方横向财政支出等。[1]

可见，分部门主导生态补偿导致生态补偿工作出现信息鸿沟，项目主导生态补偿运行则为这道鸿沟加注了篱笆，造成生态保护者与生态保护受益者之间、流域上下游、左右岸和干支流地区之间、中央与地方之间以及地方各级政府之间存在着"信息断裂带"。分部门主导带来"信息壁垒""信息垄断"；项目制面临财政学中的"溢出效应"，即项目资金虽然指定了专门用途，但是地方政府可以通过改变预算支出结构方式，在一定程度上抵消上级政府职能部门的意图；从受偿对象（受偿主体）个体角度考察，项目体系越完备、审计体系越严格，专项资金的管理和控制越规范，反而会使这些资金越难深入到乡村基层，[2] 导致具体生态保护者或者生态服务供给者无法获得相应的补偿利益回报，生态补偿制度固有的激励功能被严重压制。"政策层级节制体系并不能决定政策的生产与否，而依赖于行政官僚本身所拥有的裁量权的大小。"[3] 不同生态要素条块分割、部门利益无序竞逐导致信息交流受阻，形成了所谓的"信息烟囱""信息孤岛"，人为造成了信息不对称、信息不充足和信息不真实等信息"三不"现象。

2. 信息公开带来信息共享

尽管分部门主导生态补偿体制将长期存在，项目制生态补偿机制也暂时难以退出历史舞台，但这并不意味不需要做出变革，相反，最好变革举措可以从生态补偿信息公开制度的建构开始。建立健全生态补偿信息公开制度，"能够将日常化、碎片化、零散性的监管信用信息进行系统性的集成化处理，达到信用信息整合的'模块化''系统化'与传递的'精细化''规模化'效应"。[4]具体而言，生态补偿信息公开制度能够带来以下的信息共享：（1）"上、下"信息的整体性协同。通过生态补偿信息公开，生态保护者与生态保护受益者，流域上游地区与下游地区，上级政府及其职能部门与下级政府及其职能部门实现了有效对接，从而建立起一个上下联动、互通有无的直接连通管道，实现着生态服务供给与需求的信息链接，建构起一个流域利益共同体内部政府、市场和社会多主体之间的互动、合作机制。（2）"内外"信息的整体性协同。通过生态补偿信息公开，打破各级政府不同职能部门间"各自为政"、固守自己"一亩三分地"而

① 杜群等：《新时代生态补偿权利的生成及其实现——以环境资源开发利用限制为分析进路》，载《法制与社会发展》2019年第2期。
② 周飞舟：《财政资金的专项化及其问题：兼论"项目治国"》，载《社会》2012年第1期。
③ 李允杰等：《政策执行与评估》，北京大学出版社2008年版，第15页。
④ 徐晓明：《行政黑名单制度：性质定位、缺陷反思与法律规制》，载《浙江学刊》2018年第6期。

造成的协作不能、合作不成之困局，在科层制体系内部达成信息共享，并将共享信息向民众有序开放。借由信息共享到信息公开，为跨区域和跨部门生态补偿工作数字化共享提供全新的流程再造方案。建立"内外有别""内外共享""互动适应"的流域生态补偿数字化共享空间，实现系统化视野下流域生态补偿实践工作的"内外"信息整体性协同。2019 年，国家发改委大力推行生态综合补偿试点工作，除了系统集成部门主导的生态补偿工作之外，还应当在生态补偿信息共享方面持续发力。（3）信息数字化运作的流域生态空间拓展。在清单数字化技术的共享平台助推生态补偿组织边界由现实空间扩展至虚拟空间。"在整合信息、决策过程中……数据整合化的信息处理平台大大加速了跨机构信息和服务的流动。"[1] 借由生态补偿信息公开，一是着手建立生态补偿大数据管理平台。这个平台应当遵循山水林田湖草沙一体化理念，对不同生态要素生态补偿、不同生态功能区生态补偿工作进行有机组合和有效匹配，实现数据高效快捷的自动化采集。二是要着手建立生态补偿绩效考核应用平台。按照各级政府及其职能部门生态补偿责任清单以及分工协作所形成的权责关系，建立健全生态补偿绩效指标体系，聚类分析、孤立点分析各级政府及其职能部门、流域上下游地区权力、责任以及义务履行状况，做到"职、权、责"合理配置和能动考核。

（二）实现对生态补偿行政的有效监管

20 世纪以来，公共行政与治理模式改革推进，政府与公众关系从对立逐步转变为合作服务，传统意义上的干预行政、警察行政模式不断受到冲击，给付行政理论由此发展起来，成为现代行政法基础理论中的重要内容。[2] "行政的现代性（利害关系错综复杂）要求，以公共性为媒介的利害分配需通盘权衡。"[3]

生态补偿行政是在给付行政和分配行政的理论基础上发展起来的，它是以国家或政府基于环境公共利益的需要，对特定人、特定范畴内的人予以一定程度的限制，并且在限制基础上，结合其相应生态保护行为（结果）予以合理补偿的公共制度安排。换言之，生态补偿制度主要是以政府为主导的一种全新给付行政和分配行政。但是，以政府补偿为主导的生态补偿在实践中经常会面临三种失效情形，包括：（1）生态补偿的结构性失效[4]。政府公共事务繁巨，需要财政支出的

---

① ［美］简·芳汀著，邵国松译：《构建虚拟政府：信息技术与制度创新》，中国人民大学出版社 2004 年版，第 11 页。

② 冯子轩：《给付行政视角下的学前教育改革法律规制研究》，载《东方法学》2019 年第 1 期。

③ 王天华：《分配行政与民事权益——关于公法私法二元论之射程的一个序论性考察》，载《中国法律评论》2020 年第 6 期。

④ 张锋：《风险规制视域下环境信息公开制度研究》，载《兰州学刊》2020 年第 4 期。

领域对象数量众多，任期制官员倾向于财政支出于投资少、见效快且能彰显政绩之领域，投资巨大、见效缓慢甚至难以明显见效之生态补偿领域往往成为财政投资之高度克制领域；各级政府及其职能部门生态补偿事权与支出责任不匹配，导致一些地方政府难有相对充足财力以支撑生态补偿机制运行；国家、市场和社会生态补偿权力配置结构性失衡，国家或政府过于强大、强势和强权，这在一定程度上又挤压了市场补偿、社会补偿生存、活动空间，原本的政府主导生态补偿逐渐演变成为"政府包场"生态补偿，从而混淆了政府、市场和社会补偿各自边界，导致多元化生态补偿机制运行较为困难。（2）生态补偿的制度性失效。尽管在国家层面建立了全覆盖的生态补偿制度体系，但由于各地经济社会发展存在差异，因此，从总体上和结构上看，我国仍然存在着生态补偿制度供给不足、制度供给错位等诸多问题。立法层面中出现的问题逐渐转化为现实生活中的纠纷。常州金坛浩茵奶牛养殖场诉金坛区人民政府、金坛区东城街道办事处行政补偿案[1]中，法院判决认为，"尽管《中华人民共和国环境保护法》第三十一条明确提出，国家建立健全生态保护补偿制度；有关地方人民政府应当落实生态保护补偿资金，确保其用于生态保护补偿"。但遗憾的是，"对于补偿主体、补偿标准、补偿范围等问题，法律却缺乏相关具体规定"。方砖厂诉湘潭市岳塘区人民政府生态补偿案[2]中，法院判决指出，尽管"根据《湖南省长株潭城市群生态绿心地区保护条例》（以下简称《绿心保护条例》）第28条、第29条规定，应当对生态绿心地区内关停退出企业进行补偿，但这并不是答辩人法定义务"。因为"《绿心保护条例》实施一年多以来，省政府至今尚未建立生态效益补偿机制"。上述案例表明，尽管国家法律、地方法规建立健全了生态补偿制度，但对于补偿关系主体、补偿标准、补偿方式、补偿程序等重要制度规定供给却相当匮乏，甚至出现了制度供给错位问题，既把生态补偿与行政补偿实施勾连，甚至错将生态补偿异化为传统的行政补偿。总之，具体生态补偿制度供给严重匮乏，造成其不能回应市场、社会需求，难以实现其激励、分配和预防功能。（3）生态补偿的政策性失效。法律常常是特定政策目标与政策内容的体现和载体，一些重大公共政策演变经常会成为立法直接驱动力。有学者甚至断言，"最好的法律是能顺利达成政策目的的法律"。[3] 但在生态补偿政策频频出台情况下，政策目标与指导原则存在诸多抵牾情形开始在实践中大量出现，以生态补偿两个主要牵头部门国家发改委和财政部为例，在建立符合我国国情生态保护补偿制度体系这个总目标之下，国家发改委似乎更强调生态保护补偿政策之协调、绿色、共享等功能目标实现状

---

① 江苏省常州市中级人民法院（2018）苏04行初77号行政判决书。
② 湖南省湘潭市中级人民法院（2015）潭中行初字第1号行政判决书。
③ 陈铭祥：《法政策学》，元照出版公司2011年版，第3页。

水生态补偿机制研究

况，他们似乎更关注生态保护补偿政策与扶贫攻坚、乡村振兴以及区域协调发展和绿色产业转型之间的关系，甚至将前者作为推进后者实施之工具。在目前生态保护补偿资金主要有赖于财政转移支付背景下，财政部则似乎更关注结合国家财力实际，有效控制生态补偿转移支付规模和数量，强调财政支出的安全、效率和效益。"各种相互对立无法兼容的政策目标并存于法律体系内，极易损害法的一致性和安定性等内在品质。"① 由于不同生态补偿政策目标、原则和指导思想存在抵牾，导致具体生态补偿政策的失效，或者政策被歪曲、异化等，出现贝克强调的有组织的不负责任。② 一般而言，在法治中国建设过程中，法治政府建设一直是中国法治建设的主要内容。法治政府首先是有限政府，因此，各级政府在生态补偿领域不能包打天下，只能"有所为、有所不为"，换言之，政府承担的国家生态补偿责任是有范围、条件限制而非漫无边际的，即只能在基于环境公共利益需要实施限制且造成特别牺牲情况或利益显失公平的情况下，政府方能介入，并依法予以合理补偿或者公平补偿。在可以借助市场机制实现补偿情况下，政府不宜过多介入。法治政府其次是有为政府，这意味着"法定职责必须为"。那么，按照《中华人民共和国环境保护法》第三十一条的规定，各级政府应当承担生态补偿筹资的法定职责。不能因为财政困难或者其他借口规避政府生态补偿筹资的法定职责。法治政府最后是守法政府，遵循法律的规定或者生态补偿协议的约定，按照诚信原则履行法律规定或者协议约定。但是，无论是有限政府、有为政府、责任政府或者守信政府，都应当秉持民主政治的正当性要求，实现生态补偿的公众参与和生态环境多中心治理，各种生态补偿决策应当全程公开。生态补偿的决策内容应转化为生态保护者和生态保护受益者之间的协商、"对话和互动"。③ "政府最基本的角色就是确保个人拥有关于各个组织环境绩效的信息外部透明度。"④

生态补偿信息公开制度，将各级政府应当承担的生态补偿责任以责任清单方式一一公开列明，政府需要履行出资责任或者履行市场促进责任，民众能够通过信息公开获取政府履行不同生态补偿责任的基本情况，能够在一定程度上破解生态补偿结构性失效问题。生态补偿信息公开制度，将各级政府职能部门应当承担的生态补偿监管职责以责任清单方式一一公开列明，不同政府职能部门单独履行生态补偿监管职责状况，两个以上政府职能部门协作履行生态补偿监管职责状况

---

① 鲁鹏宇：《法政策学初探——以行政法为参照系》，载《法商研究》2012 年第 4 期。
② 杨雪冬：《风险社会与秩序重建》，社会科学文献出版社 2006 年版，第 49 页。
③ ［美］乌尔里希·贝克著，郝卫东编译：《风险社会再思考》，载《马克思主义与现实》2002 年第 4 期。
④ ［美］理查德·B. 斯图尔特著，王慧编译：《环境规制的新时代》，《美国环境法的改革——规制效率与有效执行》，法律出版社 2016 年版，第 57 页。

得以全面展示，尤其是在协作监管职责履行之中，是否存在相互推诿、相互卸责等不良情形尽收眼底，民众可以借助公益诉讼或者行政诉讼予以相应监督，能够在一定程度破解生态补偿政策性失效问题。生态补偿信息公开还能带来良性的信息反馈机制，有助于生态补偿监管部门不断改进生态补偿制度供给、资金供给走向或方略，改进生态补偿执法或监管工作，实现生态补偿治理能力和治理体系的现代化。

二、生态补偿信息公开制度的法治方略

从根本上讲，生态补偿信息公开源于依法行政的法治环境。生态补偿信息公开制度的法治化路径，首先需要明确信息公开制度在生态补偿制度中的基本定位，进而在此基础上明确生态补偿信息公开制度具体规则。生态补偿信息公开制度主要涉及一对法律关系，一端是作为生态保护受益者总代理人——政府以及政府信息公开，另一端是生态保护者及其生态环境保护信息披露。当然，信息公开法治化逻辑起点应当从政府信息公开入手。

（一）生态补偿信息公开的逻辑起点

1. 生态补偿信息公开与公众参与

生态环境治理过程中，公众参与经常沦为"在场的缺席"[1] 已经不再是什么秘密。由于公众参与涉及生态补偿立法、执法和司法全过程，本书仅就流域生态补偿签订事宜讨论一下生态补偿信息公开与公众参与之间的关系。

就目前情形来看，流域上下游地区地方政府间在流域生态补偿协议签订过程中，无论是提出磋商动议、谈判磋商、达成一致意见并缔结或签订正式协议文本，更多处于一种相对封闭的行政体系之内，社会公众对于流域生态协议签订的整个过程及最终结果是无从知晓的，对于正式协议文本内容，也难有相当全面的把握。如果将流域补偿协议缔结过程中形成的信息属于过程性信息。[2] 而过程性信息在域内外理论研究和制度实践中基本上为政府信息公开的豁免事项，一般不予公开。[3] 那么，这是否意味着，协议缔结程序过程中形成的信息属于过程性信息而排除在信息公开之外，即便是正式的协议文本，也在不公开之列。我们认为

---

① Donald G. Ellis, Deliberative Communication and Ethnopolitical Conflict [J]. New York: Peter Lang, 2012: 25.

② 参见《政府信息公开条例》第16条第2款规定，"行政机关在履行行政管理职能过程中形成的讨论记录、过程稿、磋商信函、请示报告等过程性信息以及行政执法案卷信息，可以不予公开"。

③ 张鲁萍：《过程性信息豁免公开之考察与探讨》，载《广东行政学院学报》2011年第4期。

这一看法值得商榷。

首先，应区分事实性信息和意见性信息。事实性信息"往往是主体行为做出的事实依据，是成熟的、客观的，虽然处于行为过程之中，但并非未成熟"，[①] 基于此考虑，事实性信息"被排除在豁免公开之外，这得到理论界和立法的一致认同"。[②] 因此，协议签订过程中，可能涉及的流域上下游地区社会经济发展状况、流域水功能区划状况、流域水生态空间管控状况、流域污染物总量排放及分配状况、流域跨界断面水质水量状况、流域上下游地区水量分配以及自然资源利用状况等均属于法律意义上的"事实性信息"，故应以公开为原则。"客观事实的公开是参与和讨论得以进行的前提。当然，在协议签订过程中，流域上下游地区地方政府在事实性信息基础上形成的诸多意见性信息，包括各方表达的观点、建议、咨询或协商记录，不宜公开。公众也不能就此申请政府信息公开。

其次，应区分协议签订过程和协议签订结果——协议正式文本的信息公开。如果将协议签订过程中的信息视作一种过程性信息，可以豁免公开，但最终形成的结果——协议正式文本，能否面向公众公开呢？我们认为，协议正式文本，作为新型公法规则的特殊载体形式，记载着缔约主体的法定义务、约定义务和合作义务，上述各项义务履行不可避免地涉及上游地区土地等自然资源利用方式的转型、民众生产生活方式改变等。从政府信息公开制度价值功能出发，无论是何级地方政府签订的流域生态补偿协议正式文本，均应当在生效后予以公开。随即的问题是，这属于政府主动公开还是依申请公开，我们认为，应按照《政府信息公开条例》第 19 条规定精神，流域补偿协议的缔结和履行涉及流域地方利益和公共利益的重新调整，并且需要让公众（尤其是具体流域内广大民众）广泛知晓，因此，应纳入主动公开的政府信息范畴，由缔约的各地方政府主动公开，便于公众了解或参与。

最后，应明确公众参与的主体类型及方式。生态环境保护涉及多元价值取向、多重利益诉求和复杂科技因素，相关法律问题的解决必须以广泛的参与、沟通和协商为基础，因而需要构建起包含平等、信任、理解、包容、尊重和合作等理念的程序性安排。[③] 应结合具体流域明确参与的主体类型及其不同的功能定位。结合实践经验，我们认为，"专业人士应立足专长做出客观中立的事实判断；普通大众会基于各自立场表达凝聚利益诉求的价值判断；社会团体可基于专业技能

---

① 杨小军：《过程性政府信息的公开与不公开》，载《国家检察官学院学报》2012 年第 2 期。
② 孔繁华：《过程性政府信息及其豁免公开之适用》，载《法商研究》2015 年第 5 期。
③ 王灿发：《论生态文明建设法律保障体系的构建》，载《中国法学》2014 年第 3 期。

和公益宗旨分别发挥事实和价值判断的功能"。①

2. 生态补偿年度报告与信息公开

既有研究认为，"信息化为政府和社会提供了灵活性更强、透明度更高的规制手段和信息获取方法，'年度报告'便是其中的一种方式"。② 就理论上而言，年度报告还可以分为强制报告、自愿报告等，在现有法律没有明确为强制报告的情形下，年度报告多为自愿报告。从这个意义上讲，本书所指的生态补偿年度报告就是政府及其职能部门公布的自愿报告。它具有以下几个方面的特质：（1）生态补偿年度报告是一种"执行报告"而非"政治报告"，它具有鲜明的执行性和回顾性，不具有一定的决策性和前瞻性。它主要价值在于，对不同政府职能部门在一定年度内将生态补偿进展情况作出总结，以便查漏补缺，接受国家权力机关与社会公众的监督批评。（2）生态补偿年度报告是一种"执行报告"而非生态补偿工作具体领域信息的发布与报告。与某一领域、某一地域或某一流域生态补偿工作相比，生态补偿年度报告则更进一步强化了自己的总括性和相对中立性，它的提出能够使社会公众对目前中国的生态补偿工作状况有着比较全面客观的认知。应当说，生态补偿年度报告制度的建立和完善进一步彰显了政府信息公开体系的"公开性""全面性""协同性"。全面展开"公布报告"的实践目前对实施报告制度的关注多限于国家部委局办和省级政府。结合《信息公开条例》规定，定期公开生态补偿年度报告制度应当作为一项普遍性规则，从中央到地方，各级各类涉及生态补偿的政府职能部门（包括派出机构）均应当依法履行公布报告职责，此外，法律、法规授权的具有管理公共事务职能的组织也应当配合相应的行政机关做好报告公布工作。

我国应当建立"生态补偿联席会议组织，牵头职能部门协调，分管职能部门协同"的生态补偿年度报告制度，其中，各级政府信息公开主管部门应当履行生态补偿年度报告的指导、监管职责。考虑到生态补偿工作专业性和复杂性，结合生态补偿年度报告存在的问题，要求涉及生态补偿监管的具体职能部门编制较为详尽的"生态补偿年度报告制度报告指南"，为了避免报告指南所在的行政机关在生态补偿问题解决上的行政不作为或不履行相应生态补偿监管职责，各级政府信息公开主管部门可以提供相对规范、形式统一的"生态补偿年度报告文本模板"，从而保障各级行政机关做好生态补偿信息公开年度报告的指南编制工作。显然，报告指南也并不意味着不同政府职能部门编制各自领域内的报告文本。各级政府信息公开主管部门、生态补偿牵头部门应当按照《政府信息公开条例》规

① 王灿发：《论生态文明建设法律保障体系的构建》，载《中国法学》2014年第3期。
② 高洋：《美国高等学校年度报告制度的发展历程与顶层设计》，载《复旦教育论坛》2019年第3期。

定，建立健全"履行公布报告职责"的监督机制，包括依法追究违法失职责任，才可有效推进我国生态补偿年度报告制度的落实。此外，继续坚持"生态补偿年度报告""立法机关评议""社会评议"制度规则。这里特别提出生态补偿年度报告"社会评议"规则。"社会评议是指社会公众作为考评主体通过网上测评、问卷调查等方式征求意见，对被考评对象年度报告公布的生态补偿状况进行的评价和议定。"① 考评要由目标导向转向以结果导向和公众满意度导向。如此一来，政府就开始超越"唯一正确信息的指引者和表达者"的角色定位，立足于促进生态文明建设及建成美丽中国更高战略视角，充当着生态补偿议题组织者、引导者，生态补偿信息平台构建者、维护者，生态补偿规则制定者、执行者，以及围绕生态补偿利益的协调者、参与者等新角色，并借助丰富规制资源和规制知识，实现不同角色功能的互换，促进生态补偿制度机制有效运行。

（二）生态补偿信息公开制度构成及法治化发展

生态补偿信息公开制度的法治化主要从信息公开主体制度的法治化、信息公开范围及对象制度的法治化以及信息公开要求的规范化等三个层面予以展开。

1. 信息公开的主体

生态补偿信息公开是一种广义上的信息公开，因此，信息公开的责任主体包括生态补偿监管（包括各级政府发改委、财政、自然资源、水利、生态环境等统管部门或者分管部门）和生态保护者、生态保护受益者（包括公民、法人或者其他组织），其中，前者的信息公开是一种政府信息公开，后者的信息公开可能属于一种强制或自愿属性的信息披露。由于信息公开主体范围较为广泛，据以公开的法律依据存在一定差异，故这里仅仅探讨生态补偿领域的政府信息公开。

在庞大复杂的行政科层制体系内，并非所有行政机关或者政府职能部门都应当承担生态补偿信息公开的法定职责。行政法理上认为，确定一级政府承担政府信息公开的行政机关应当首先具备行政性、独立性和外部性等三个特征，然后在此基础上再次确定生态补偿政府信息公开的行政机关范围。前已论及，我国已经初步形成了以发改委、财政、自然资源部门牵头协调，农业农村、水利、生态环境等分管部门相结合的生态补偿监督管理体制。因此，生态补偿信息公开主体就稍显复杂，具体包括：（1）生态补偿牵头部门负责生态补偿信息公开工作。按照《政府信息公开条例》第 10 条第 3 款规定，"两个以上行政机关共同制作的政府信息，由牵头制作的行政机关负责公开"。由于各级政府发改、财政或者自然资

① 梅献中：《依法行政考评社会评议的实证研究——以广东省 X 市为例》，载《韶关学院学报》（社会科学版）2020 年第 7 期。

源等三个政府职能部门属于生态补偿牵头部门，因此凡是涉及牵头部门联合其他分管部门共同制作的政府信息，理应由牵头部门负责公开。有两个或以上牵头部门的，牵头部门均参与制作政府信息，任一牵头部门均可负责信息公开，具体责任部门可由协商决定，协商意见应在一定期限内予以公开。（2）实行"谁制作、谁公开""谁保存、谁公开""谁收到申请、谁负责公开"相结合。按照《政府信息公开条例》第10条第1款规定①，我国实行"谁制作、谁公开""谁保存、谁公开"的主体确定原则。随着实践发展，一些行政机关以"谁制作、谁公开"为由拒绝公开，明确"谁收到申请、谁负责公开"创新性规定，从制度上消除政府部门互相推诿、申请人多头跑路的弊端。②上述三个"结合"在一定程度上能够在很大程度上杜绝生态补偿领域内的信息公开追责难题。（3）建立生态补偿依申请公开向主动公开的转化机制。随着党和国家机构改革的发展，党政合署办公、党政联合行文情形越来越多。那么，在党政合署办公、党政联合行为中，履行生态补偿监督管理职责的政府信息如何公开？上述新情况、新问题也会影响生态补偿信息公开制度的建立及发展。《政府信息公开条例》第44条规定，"多个申请人就相同政府信息向同一行政机关提出公开申请，且该政府信息属于可以公开的，行政机关可以纳入主动公开的范围。对行政机关依申请公开的政府信息，申请人认为涉及公众利益调整、需要公众广泛知晓或者需要公众参与决策的，可以建议行政机关将该信息纳入主动公开的范围。行政机关经审核认为属于主动公开范围的，应当及时主动公开"。结合上述规定，我们可以看出，一旦申请人提出建议后行政机关审核后不及时主动公开的，申请人可以依据《中华人民共和国行政诉讼法》的相关规定，以具体行政机关不作为而提起相应的行政诉讼。

2. 信息公开的范围及对象

生态补偿信息公开的范围和对象也应当构成其法治化发展的重要内容。2019年新修订的《政府信息公开条例》采用列举方式对政府信息公开范围作出明确的规定。综合该条例第10条、第11条和第12条的规定及其背后的法理精神，可以看出，上述制度规定逐步明确了生态补偿方面政府信息公开的重点范围和对象：（1）涉及中央财政、地方财政资金的使用。就目前而言，生态补偿资金主要是通过纵向财政转移支付和横向财政转移支付等方式筹集及支出的，就此而言，这已经涉及公共财政资金的分配、使用和管理，理应属于政府信息公开重点范

---

① 参见《政府信息公开条例》第10条第1款规定，"行政机关制作的政府信息，由制作该政府信息的行政机关负责公开。行政机关从公民、法人和其他组织获取的政府信息，由保存该政府信息的行政机关负责公开；行政机关获取的其他行政机关的政府信息，由制作或者最初获取该政府信息的行政机关负责公开。法律、法规对政府信息公开的权限另有规定的，从其规定"。

② 张旻：《把制度配套作为贯彻〈政府信息公开条例〉的坚实保障》，载《中国行政管理》2020年第2期。

围。(2) 涉及具体或者抽象的行政行为等信息，具体包括行政收费、政府采购、行政许可等行政权力运行和公共资源配置信息。生态补偿制度建设，既可能涉及特定生态保护区域划定、调整等抽象行政行为，也可能涉及具体补偿对象界定以及生态补偿资金的直接支付等具体行政行为。无论是具体行政行为或者抽象行政行为，均涉及公共利益的维持和增进，均关联到国家公权力的运用和行使，理应也属于政府信息公开的重要领域和范围。申言之，生态保护特定区域设立、调整以及生态补偿对象界定、调整直接涉及"公民、法人或者其他组织切身利益"，这意味着，上述生态补偿信息应当属于政府主动公开的信息。

生态补偿涉及政府、企事业单位和个人等多种不同性质的法律主体，不同法律主体均掌握一定数量的生态补偿信息。因此，生态补偿信息公开制度中的"信息"，既包括各级政府及其职能部门作为公权利主体依照职权主动公开或者依申请公开的信息，比如，生态公益林区划界定信息、生态公益林范畴内生态保护者概况及身份资格界定信息、生态补偿资金的筹措、管理和发放信息等；包括各级政府在充当私权利主体依法公开的生态补偿信息，比如，在流域生态补偿机制建立及运行过程中，流域上下游地方政府应当公布签订的流域生态补偿协议正式文本、各方履行流域生态补偿协议情况以及流域生态补偿协议的补偿资金拨付、使用情况。也包括企业事业单位、社会团体以及具体的生态保护者个人等私权利主体依法应当公开的生态补偿信息，比如具体生态保护者开展的生态环境保护状况、法律或与公权力机构所签订的生态补偿协议所确定的生态保护义务的履行状况等。显然，生态补偿信息公开的范围并不是要无限制的扩大。从各国经验来看，信息公开的范围差异很大。从政府信息公开的范围来看，除了一些需要共同排除的事项，比如可能损害国防、外交、军事等方面的利益信息外，每个国家都会从自身国情或实际出发，确定某些值得或需要保护的特殊利益。就企事业单位和具体生态保护者而言，也会涉及商业秘密和个人隐私问题而不予公开。通过豁免条款，明确划定政府信息公开范围，在保障公众知情权与维护社会公共利益之间加以平衡，这是政府信息公开制度的根本任务，也是政府信息公开争议得以化解的基本前提。[1] 新修订的《政府信息公开条例》明确了八种豁免情形。[2] 但这并非说，生态补偿信息公开的范围限制或者豁免不是不受约束的，不能简单以国家秘密、商业秘密和个人隐私而对抗生态补偿信息公开制度，否则的话，也容易

---

[1] 徐运凯：《政府信息公开行政复议案件的实证解析与制度重构》，载《中国行政管理》2020 年第 2 期。

[2] 参见《政府信息公开条例》（2019）豁免的信息包括，国家秘密，法律、行政法规禁止公开，公开后可能危及国家安全、公共安全、经济安全、社会稳定，公开后会对第三方合法权益造成损害，构成人事管理、后勤管理、工作规范三类内部事务信息，行政机关在履行行政管理职能过程中形成的讨论记录、过程稿、磋商信函、请示报告四类过程性信息，行政执法案卷，工商登记资料、不动产登记资料等其他法律或行政法规规定了专门查询办法的信息。

回到"形式内容公开多,实质内容公开少;原则性内容公开多,具体性内容公开少;公众容易知道的公开多,最想知道的公开少"。① 对此,可行的举措就是,检察机关或者环境保护组织应当对涉及社会公共利益的相应生态补偿信息公开开展必要的公益诉讼试点,以监督行政机关依法行政和保护生态保护者的合法权益。随着互联网技术的发展和我国民主法治建设进程的推进,公民对政府工作的知情、参与和监督意识不断增强,对各级行政机关依法公开政府信息、及时回应公众关切和正确引导舆情提出更高要求。② 政府信息公开的范围正在由静态信息拓展到动态信息,由结果信息拓展到过程信息,由分析处理后的信息拓展到采集到的基础数据信息。③

3. 信息公开的要求

生态补偿信息公开制度对不同主体的要求也是不同的:(1)对于应当或实际获得生态补偿金(费用)的公民、法人或者其他组织等生态保护者而言,他们需要公开的事项包括两个方面:一是法律规定或协议约定的生态环境保护义务责任履行状况;二是获得的生态保护补偿资金使用范围、使用方式状况。考虑到生态保护者数量众多、异质性强,因此在进行具体制度设计时,需要明确法人、其他组织甚至承担生态环境保护义务的地方政府等生态补偿信息(包括义务履行状况、资金使用情况)自行报告义务,这构成生态环境领域自我规制的主要内容。当然,这里同时也要处理好信息公开与商业秘密、国家秘密保护关系问题。可行举措在于,明确上述主体信息公开(披露)时限(年度、月度等)、公开形式(通过网站、报纸、媒体还是政府公报等)以及包括第三方机构出具的补偿资金的适用范围和使用方式等。(2)对于生态补偿监管职能部门而言,政府信息公开主要包括两个方面:一是主动信息公开,尤其是在特定生态功能区域以及生态补偿对象的界定、认定或调整过程中,由于涉及公民、法人或者其他组织利益获得,监管部门应当积极主动公开信息,制定主动信息公开行为规则,明确主动公开时限、范围和方式等。二是完善生态补偿依申请公开办理程序规则。建议在政府信息公开主管部门组织下,由生态补偿联席会议或者国家发改、财政和自然资源部门等牵头,其他分管部门协同参与下,制定统一的生态补偿依申请公开办理程序规则。统一明确生态补偿申请、受理、登记、补正、审核、答复、归档等全链条式对内信息运行规范,在每个主要环节和重要节点建立具体行为程序规则,确保依申请政府信息公开规范、有序运转。(3)对于生态补偿机制而言,需要建立生态补偿信息共享平台,实现生态补偿信息全生命周期规范管理制度。生态补

---

① 王国飞:《中国国家碳市场信息公开:实践迷失与制度塑造》,载《江汉论坛》2020年第2期。
②③ 马怀德:《政府信息公开制度的发展与完善》,载《中国行政管理》2018年第5期。

偿信息是生态保护者和承担生态补偿法定职责的行政机关等的生态补偿对象界定、生态补偿对象生态环境保护行为结果的监督检查活动和生态补偿资金拨付、使用等所有活动的客观记载，是我国开展生态补偿工作的经验总结和行动指南。应当立足于美丽中国和生态文明建设全局，加强生态补偿信息尤其是核心信息、关键信息的日常监督管理，尽快建立生态补偿信息制作、获取、开发利用等方面的行为规则，建立覆盖全面的我国生态补偿信息共享平台，实现全链条、全范围和全生命周期的生态补偿信息规范管理。需要加强生态补偿政府信息特别是补偿资金信息、补偿对象等核心、关键信息的监督管理，尽快建立完善政府生态补偿信息的制作、获取、保存、处理等方面的制度，实行全链条、全生命周期规范管理。

三、小结

生态补偿信息公开能够带来信息共享和监督行政机关依法行政。依据公开的责任主体不同，生态补偿信息公开可以区分为利益相关者信息披露和政府信息公开。在生态补偿领域的政府信息公开方面，需要建立各级政府发改部门、财政部门和自然资源部门牵头组织，水行政部门、生态环境部门、林草部门和农业农村部门协同参与的生态补偿政府信息公开机制。在生态补偿信息公开范围和对象方面，既包括各级政府及其职能部门作为公权利主体依照职权主动公开或者依申请公开的信息，包括各级政府充当私权利主体依法应当披露的生态补偿信息，谨慎适用豁免条款。在生态补偿信息公开要求方面，明确生态补偿信息主要属于主动信息公开范畴。在依申请信息公开中，牵头部门和协同部门应当联合制定相对统一的生态补偿依申请公开办理程序规则。统一明确生态补偿申请、受理、登记、补正、审核、答复、归档等全链条式信息运行规范。

第三节　生态补偿纠纷解决机制的多元发展

随着生态补偿制度的法治化进程加快，引发的生态补偿纠纷不断增多，包括在生态补偿对象确定、补偿标准确定、补偿协议履行等方面均产生了大量争议。如果在现行法治框架下解决或者实质性化解纠纷，水生态补偿机制的有效运行就是一句空话。《中华人民共和国水法》《中华人民共和国水污染防治法》对于流域水事纠纷①、水污染纠纷②提供了两种解决路径，一是行政机关自行协商解决，二是由共同的上级政府协调解决。就目前发展情形来看，这两种纠纷解决机制在制度化和规范化方面存在诸多不足。本书未对前述流域水事纠纷和水污染纠纷进行专门研究，而是进行了必要的视角转换，立足于行政主体与行政相对人或者其他利害关系人之间，围绕是否给予生态补偿，给予多少生态补偿进行研究，以便能够从中发现我国生态补偿纠纷解决制度现状、存在问题及完善路径。为此，笔者通过搜索裁判文书网和北大法宝，在相互比对基础上，整理、统计并分析了涉及生态补偿纠纷（尤以水生态补偿纠纷为主）典型案例的 40 份裁判文书，意图发现我国生态补偿纠纷解决机制存在的共性问题，为未来的生态补偿立法提供必要参考。

一、生态补偿纠纷解决的司法判断

（一）诉讼主体资格

诉讼主体资格涉及生态补偿对象或者受偿主体生态补偿权利能否得到司法保护，故需要借助司法审查方式予以判断。本书从原告资格判断、被告资格判断两个方面进行相关典型案例分析，试图发现生态补偿纠纷司法解决的一些独特规律或经验。总体来看，在原告资格判断方面，大都是在确认生态补偿权利的有无问题；在被告资格判断方面，大都是在确定特定政府及其职能部门是否应当履行承担国家生态补偿责任，是否已经履行了国家生态补偿责任以及怎样履行国家生态补偿责任。

1. 关于原告资格的判断

所谓原告资格是指提起诉讼的资格[③]，具体是指，公民、法人或者其他组织就生态补偿争议向人民法院提起诉讼，从而成为原告的一种法律能力。因为生态补偿纠纷而提起的诉讼中，法院首先需要对原告资格实施必要审查。对于如何确定原告资格，典型案例也给出了相应答案（见表 9 - 2）。

---

① 参见《中华人民共和国水法》（2002）第五十六条规定，"不同行政区域之间发生水事纠纷的，应当协商处理；协商不成的，由上一级人民政府裁决，有关各方必须遵照执行。在水事纠纷解决前，未经各方达成协议或者共同的上一级人民政府批准，在行政区域交界线两侧一定范围内，任何一方不得修建排水、阻水、取水和截（蓄）水工程，不得单方面改变水的现状"。

② 参见《中华人民共和国水污染防治法》（2017）第三十一条规定，"跨行政区域的水污染纠纷，由有关地方人民政府协商解决，或者由其共同的上级人民政府协调解决"。

③ 邓刚宏：《行政诉讼原告资格的理想结构与发展路径》，载《江海学刊》2020 年第 3 期。

表 9 - 2 　　　　　　　　　　生态补偿纠纷原告资格的判断

案件名称	原告	诉因
常州金坛浩茵奶牛养殖场诉金坛区人民政府、金坛区东城街道办事处行政补偿案	常州金坛浩茵奶牛养殖场	因原告养殖场被划入禁养区而未予以相应补偿
抚顺丰沃米业有限公司诉被告抚顺县人民政府、抚顺市人民政府撤销行政决定、复议决定案	抚顺丰沃米业有限公司	因原告被划入大伙房水库二级水源保护区，要求撤销行政决定、复议决定
抚顺茂原生物有机肥有限公司诉被告抚顺县人民政府、抚顺市人民政府撤销行政决定、复议决定案	抚顺茂原生物有机肥有限公司	因原告被划入大伙房水库二级水源保护区，要求撤销行政决定、复议决定
富川恒丰矿业有限公司因不服被告富川瑶族自治县环境保护局环境保护行政命令案	富川恒丰矿业有限公司	位于饮用水源保护区的原告对行政机关的自行拆除设备、厂房、供电设施等的行政决定不服
富川恒丰矿业有限公司诉被告富川瑶族自治县人民政府环保补偿行政不作为案	富川恒丰矿业有限公司	因原告被划入饮用水源保护区被关停，后相关部门又对涉案水源保护区范围进行调整，调整后原告被划出水源保护区范围
江汾世与被告青岛市崂山区王哥庄街道江家土寨社区居民委员会合同纠纷一案	江汾世	原告承包山林被划定为生态公益林后，要求被告返还森林生态效益补偿金
江油荣峰矿业有限公司诉被告江油市人民政府行政补偿案	江油荣峰矿业有限公司	原告铅锌矿因环保督察被被告关停并上报注销《采矿许可证》后，要求行政补偿但未得到回复
程位庭诉被告隆安县林业局行政强制措施及行政赔偿案	程位庭	原告种植桉树位于饮用水源保护区，是否适用"在饮用水水源保护区范围内禁止种植速生桉树"的法律规定

539

续表

案件名称	原告	诉因
叶仕通等与深圳市大鹏新区葵涌办事处行政其他纠纷案	叶仕通等	要求发放生态保护专项基本生活补助费
夏世华诉人寿宁县托溪乡政府行政协议违法案	夏世华	要求确认补偿协议违法

从表 9-2 可以看出，在生态补偿纠纷中，原告资格认定依赖的主要是一种主观公法权利救济路径，其遵循的逻辑主线是，生态补偿请求权人认为他或者他们存在着一种诉的利益，并且为此向人民法院提起了诉讼，请求人民法院对被告行为予以合法性审查，首先面临的就是判断生态补偿请求权人是否具有原告资格。具体而言，主要包括以下几个方面：（1）权益是否受到事实上损害。所谓事实上的损害，既包括受法律保护的权利受到损害，也包括受法律保护的利益受到损害，两者皆为合法权益受到损害。原告富川恒丰矿业有限公司诉被告富川瑶族自治县人民政府环保补偿行政不作为案[1]中，原告的厂房设备等因被划入和调整出贺州市饮用水水源二级保护区范围而被清理取缔，且责令原告自行拆除厂房设备。显然，原告的厂房设备属于原告生产经营过程中必不可少的财产权，《中华人民共和国民法典》对此有明确的保护性规定。由于厂房设备财产权益在先，划定饮用水水源保护区等在后，故属于财产权受到行政机关"划定""禁限"等行政行为影响并受到一定损害，这种损害具有客观性、现实性、特定性等，属于"事实上受到损害"。生效的法院判决认为，原告起诉请求被告予以一定生态补偿，符合法律确定的起诉条件，是故原告诉讼主体适格。（2）是否属于法律保护的权益。对于法律保护的权益，理论上有两种解释，一种观点认为，这应当是法律明确规定所保护的利益；另一种观点认为，这并不需要法律的明确规定，只要其主张在法律规定或保护的范围之内，依照法理逻辑，就属于法律保护的而利益。"如果这种损害不在法律保护的范围，当事人没有起诉资格。"[2] 可见，两种观点的分歧在于，是否存在着明确的法律规定。原告程位庭诉被告隆安县林业局行政强制措施及行政赔偿案[3]中，原告种植在位于饮用水源保护区范围的桉树，虽然属于集体林地，原告也并未获得相应林权证，但法院最终却认可了程位庭的原告资格。这从一个侧面表明了一种现实存在的客观利益，尽管法律没有明确作

---

[1] 广西壮族自治区贺州市中级人民法院（2018）桂 11 行初 208 号行政判决书。

[2] 王名扬：《美国行政法》，中国法制出版社 1995 年版，第 623 页。

[3] 广西壮族自治区南宁市西乡塘区人民法院（2015）西行初字第 318 号行政判决书。

出规定，但只要这种利益是法律所保护的利益，只要这种利益遭受的损害具有现实性、特定性，利益受到损害的行政相对人同样有相应的请求权，有权要求通过必要的司法审查机制保护自身的合法权益。（3）这种诉的利益与被告行政行为存在内在关联性。"即原告向人民法院提起诉讼必须受到损害，并且损害必须由行政行为引起。如果没有因果关系存在，仅有单纯的损害则原告不具备起诉资格。"① 叶仕通等与深圳市大鹏新区葵涌办事处行政其他纠纷案② 中，先行判决认为，大鹏半岛生态补助是深圳市《大鹏半岛保护与发展管理规定》（政府规章）赋予大鹏半岛原村民一项附条件的授益性权利，但随后深圳市制定的《深圳市龙华新区和大鹏新区管理暂行规定》以及修改后的《深圳市大鹏新区管理规定》等规定等，却间接地剥夺了一部分原居民享有的这种权利，造成他们权益事实上受到一定损害。法院确认了叶仕通等原告资格，意味着法院认为，行政机关行政行为与原告诉的利益之间存在一个客观、真实的内在联系。

2. 关于被告资格的判断

无论是民事诉讼或者行政诉讼，只有明确了被告，才能准确查清是非，继而作出正确裁判。何谓明确的被告，各地法院生效裁判却存在较大差异，最高人民法院也存在一些相互冲突的认识。③ 借助生态补偿纠纷的典型案例，梳理出各级法院涉及生态补偿责任主体职责方面的判决及说理依据，初步判断原告起诉所指的被告是否为适格的被告，进而作出究竟谁为生态补偿出资责任主体（见表 9 – 3）。

表 9 – 3 　　　　　　　　　生态补偿纠纷被告资格的判断

案件名称	被告	法院判决
常州金坛浩茵奶牛养殖场诉金坛区人民政府、金坛区东城街道办事处行政补偿案	金坛区人民政府、金坛区东城街道办事处	金坛区人民政府作为县级以上地方人民政府，有依法予以补偿的法定职责。《金坛区实施意见》亦规定，畜禽养殖场（户）关停取缔拆除补贴经费由区、镇（街道）共同承担。同时，由于东城街道办事处具体承办相关补偿事务，作为本案被告亦无不当

---

① 邓刚宏：《行政诉讼原告资格的理想结构与发展路径》，载《江海学刊》2020 年第 3 期。
② 广东省深圳市中级人民法院（2018）粤 03 行终 837 – 852 号行政判决书。
③ 段文波：《论民事诉讼被告之"明确"》，载《比较法研究》2020 年第 5 期。

续表

案件名称	被告	法院判决
抚顺丰沃米业有限公司诉被告抚顺县人民政府、抚顺市人民政府撤销行政决定、复议决定案	抚顺县人民政府、抚顺市人民政府	被告抚顺县人民政府具有对本行政区域内的水环境治理的法定职责 被告抚顺市人民政府依照《行政复议法》的规定，具有受理原告申请行政复议的法定职权。两被告主体资格适当
抚顺茂原生物有机肥有限公司诉被告抚顺县人民政府、抚顺市人民政府撤销行政决定、复议决定案	抚顺县人民政府、抚顺市人民政府	被告抚顺县人民政府具有对本行政区域内的水环境治理的法定职责 被告抚顺市人民政府依照《行政复议法》的规定，具有受理原告申请行政复议的法定职权。两被告主体资格适当
上诉人长春市振祥水泥制品有限公司因其他资源行政管理纠纷案	乐山镇政府	是因《长春市发布新立城水库水源地以及保护区综合治理通告》而产生的纠纷，但长春市朝阳区乐山镇人民政府不是通告的发布者，也不是组织实施者，故长春市朝阳区乐山镇人民政府不是本案适格被告
富川恒丰矿业有限公司诉被告富川瑶族自治县人民政府环保补偿行政不作为案	川瑶族自治县人民政府	饮用水源保护区方案是贺州市人民政府作出，并经过广西壮族自治区人民政府批复同意，但对原告厂房设备清理取缔是由被告富川瑶族自治县人民政府具体执行，且原告厂房设备在被告行政区域范围内。被告具有生态保护补偿的职责。因此，被告诉讼主体适格
江汾世与被告青岛市崂山区王哥庄街道江家土寨社区居民委员会合同纠纷一案	江家土寨社区居民委员会	涉案森林管护费和生态效益补偿金已经青岛市财政局拨付给崂山区财政局、崂山区财政局拨付给王哥庄经管站，现该笔款项已按标准拨付到被告处，且被告对此事予以认可。被告诉讼主体适格

案件名称	被告	法院判决
江油荣峰矿业有限公司诉被告江油市政府行政补偿案	江油市人民政府	原告铅锌矿因环保督察被被告关停并上报注销《采矿许可证》后，要求行政补偿但未得到回复
程位庭诉隆安县林业局行政强制措施及行政赔偿案	隆安县林业局	原告种植桉树位于饮用水源保护区，是否适用"在饮用水水源保护区范围内禁止种植速生桉树"的法律规定
叶仕通等与深圳市大鹏新区葵涌办事处行政其他纠纷案	大鹏新区葵涌办事处	要求大鹏新区葵涌办事处发放生态保护专项基本生活补助费
夏世华诉人寿宁县托溪乡政府行政协议违法案	托溪乡政府	要求确认他们之间的补偿协议违法

从表 9-3 可以看出，在生态保护补偿纠纷的司法审查之中，被告资格的认定或判断主要依循以下思路：（1）"前后关联多阶段行政行为中，后阶段行为主体优先。"实际上，生态补偿纠纷主要源于一种时间延长线中的多阶段行政行为，一般是由于高层级政府颁布了规范性法律文件，提出划定、调整或升级生态保护特定功能区域，低层级政府及其职能部门相继作出附随禁限措施并付诸行政执行过程，其间也可能上报高层级政府批准或者备案等。但在这一多阶段行政行为中，前阶段行为只向后阶段行为机关作出[1]，实质影响相对人权利义务关系的后阶段行为机关才能作为适格被告。富川公司诉瑶族县人民政府环保补偿行政不作为案[2]中，一审法院认为，虽然原告的厂房设备等划入和调整出贺州市饮用水水源保护区的方案是贺州市人民政府作出的，并经过广西壮族自治区人民政府批复同意，但对原告厂房设备清理取缔是由被告富川瑶族自治县人民政府具体执行，且原告厂房设备在被告行政区域范围内。二审法院认为，贺州市突出环境污染综合整治工作领导小组向富川县政府发出《整改函》，明确要求富川县政府对恒丰矿业公司厂房、设备进行清理取缔。尽管富川县政府并没有直接以自己的名义作

---

[1] 徐键：《论多阶段行政行为中前阶段行为的可诉性——基于典型案例的研究》，载《行政法学研究》2017 年第 3 期。

[2] 广西壮族自治区贺州市中级人民法院（2018）桂 11 行初 208 号行政判决书；广西壮族自治区高级人民法院（2019）桂行终 1348 号行政判决书。

出关停决定，而是由其职能部门富川瑶族自治县环境保护局书面通知恒丰矿业公司，限其自行拆除设备、厂房、供电设施，恒丰矿业公司依通知已实际履行了自行拆除的事实，故富川县政府既是事实上撤回行政许可的行政机关，亦是具体实施生态保护补偿的责任主体，因此，一审认定富川县政府是本案适格被告，并需要履行相应的生态保护补偿职责，依法应予支持原告诉讼请求。可见，尽管存在着多个行政机关之间相互关联的多个、多阶段行政行为，法院最终认为，实质性影响相对人权利义务的后阶段行为主体才应当是适格的被告，需要履行相应的生态补偿职责。

常州金坛浩茵奶牛养殖场诉金坛区人民政府、金坛区东城街道办事处行政补偿案①判决也在一定程度强化了这一裁判规则。法院判决认为，《中华人民共和国环境保护法》第三十一条规定，有关地方人民政府应当落实生态保护补偿资金，确保其用于生态保护补偿。《畜禽规模养殖污染防治条例》第 25 条规定，因畜牧业发展规划、土地利用总体规划、城乡规划调整以及划定禁止养殖区域，或者因对污染严重的畜禽养殖密集区域进行综合整治，确需关闭或者搬迁现有畜禽养殖场所，致使畜禽养殖者遭受经济损失的，由县级以上地方人民政府依法予以补偿。同时，已经生效的行政许可被撤回，是基于金坛区人民政府将原告所在区域划入禁养区范围之内。因此，金坛区人民政府作为县级以上地方人民政府，有依法予以补偿的法定职责。《金坛区实施意见》也规定，畜禽养殖场（户）关停取缔拆除补贴经费由区、镇（街道）共同承担。由于东城街道办事处具体承办相关补偿事务，作为本案被告亦无不当。结合法律法规和地方规范性法律文件等，适格被告理应由实质性影响相对人权利义务之后阶段行为主体予以承担。

（2）"多主体行政行为中，牵头组织行为主体优先。"多个行政主体行政行为皆因特定行政机关引起并组织实施，尽管多个行政行为均会对相对人权利义务关系产生影响，但牵头组织的特定行政机关就是适格被告。江油公司诉江油市人民政府生态补偿案②中，法院认为，原告荣峰公司作为盛峰公司基于生效民事判决和执行裁定，为了受让金旭公司所有的位于四川省江油市扁担梁、灶王庙矿山的采矿权及相关资而设立的法人独资有限责任公司，在获得原四川省国土资源厅颁发的《采矿许可证》并接手矿山全部资产后，因被告江油市人民政府关停行为而停止经营，其拥有的《采矿许可证》经被告江油市人民政府层报原四川省国土资源厅注销，其相关厂房和设施因被江油市永胜镇人民政府行为而被拆除，其办公楼和宿舍移交江油市观雾山自然保护区管理处后，依法有权申请相应的行政补

---

① 江苏省常州市中级人民法院（2018）苏 04 行初 77 号行政判决书。
② 四川省绵阳市中级人民法院（2019）川 07 行初 53 号行政判决书。

偿。为落实环保督察和对四川省自然保护区和国家公园内的矿业权进行整改的工作要求，被告江油市人民政府根据《中华人民共和国环境保护法》《中华人民共和国自然保护区条例》以及《四川省国土资源厅关于加快推进自然保护区矿业权整改工作的通知》《绵阳市国土资源局关于加快做好自然保护区内矿业权整改工作的函》要求，于 2017 年 12 月 26 日作出《江油市人民政府关于加快矿业权退出观雾山自然保护区的决定》，关闭了包括原告荣峰公司扁担梁铅锌矿在内的 10 家位于省级自然保护区内的矿山企业。总之，江油市人民政府作为关闭辖区自然保护区内矿山企业并层报相关部门注销相关行政许可的组织者和实施者，且关闭矿山企业并不限于收回采矿权的行政许可，应当承担相应的补偿责任。

上诉人长春市振祥水泥制品有限公司因其他资源行政管理纠纷案[①]也从另外一个层面强化了这一司法判断规则。法院判决认为，公民、法人或者其他组织诉请行政机关限期履行法定职责，应当以该行政机关负有相应的法定职责为前提。本案中起诉人振祥水泥制品公司要求乐山镇政府依法履行行政补偿职责，根据长春市人民政府办公厅颁发的《长春市新立城水库水源地一级保护区综合治理实施方案》中第四条实施步骤（一）前期工作第 4 项提出补偿意见：各属地政府按照租用和拆迁补偿政策标准进行初步评估，提出土地租用补偿意见和房屋拆迁安置补偿意见、第六条资金渠道：长春市新立城水库水源地一级保护区土地租用补偿费和房屋拆迁补偿费由市、区（开发区）两级按比例承担、新立城水库一级保护区综合治理工作任务分解表：土地退耕、居民搬迁、企业搬迁的牵头部门为属地政府。经本院向长春市人民政府法制办公室询问，属地政府应指区级及区级以上人民政府，而不应是镇政府。故对长春市振祥水泥制品的起诉，本院不予立案。

（3）"多层级行政主体中，直接面向行政相对人主体优先。"多层级政府均负有生态补偿职责，但直接面向行政相对人或利害关系人的政府应当承担生态补偿职责。抚顺盛茂生态园诉抚顺市东洲区人民政府行政补偿案[②]中，法院认为，生态保护补偿是指国家行政机关及其工作人员在管理国家和社会公共事务的过程中，因合法的行政行为给公民、法人或者其他组织的合法权益造成了损失，由国家依法予以补偿的法律制度。本案生态补偿争议系由于东洲区政府于 2013 年 11 月 6 日发布公告而引发。根据公告安排，东洲区政府对包括生态园在内的区域实施封区管理，封区时间自 2013 年 10 月 31 日起实施。按照《辽宁省大伙房饮用水水源保护条例》第 16 条规定，本省实行水源生态保护补偿制度。省、市、县

---

① 吉林省长春市朝阳区人民法院（2019）吉 0104 行初 80 号行政裁定书。

② 辽宁省高级人民法院（2018）辽行终 386 号行政判决书；中华人民共和国最高人民法院（2019）最高法行申 4085 号行政裁定书。

人民政府应当将大伙房饮用水水源保护区的经济社会发展纳入区域总体发展战略，制定配套政策措施，建立健全大伙房饮用水水源生态保护补偿机制，明确补偿主体和对象，合理确定补偿标准，多渠道筹措资金。抚顺盛茂生态园因东洲区政府对生态园所在地实行封区管理，要求东洲区政府对其履行补偿职责，具有事实和法律依据。东洲区政府应对生态园的合法财产予以补偿。东洲区政府主张其不具有补偿职责，没有事实和法律依据。可见，在多层级政府等行政主体并存背景下，直接面向行政相对人且具有补偿能力的行政主体应当作为适格被告，履行相应的生态补偿职责。

（二）生态补偿标准

生态补偿标准是生态补偿纠纷核心所在点。但关于补偿标准的制度规定相当匮乏，故典型案例尚无对此有相对成熟的裁判规则。就我们搜索的生态补偿纠纷案例来看，法院在确定生态补偿标准时，主要是从两个方面进行必要审查：一是关于生态补偿范围问题的判断；二是关于生态补偿具体数额的判断，两者共同构成对生态补偿标准的司法判断。

1. 生态补偿范围

生态补偿范围主要包括：（1）围绕生态保护或污染防治所产生的直接投入损失才能够纳入生态补偿范围之中。但与生态环境保护无关的直接损失或者间接损失均不应纳入生态补偿范围之内，属于市场经营风险所致损失也不应当纳入生态补偿范围中。常州金坛浩茵奶牛养殖场诉金坛区人民政府、金坛区东城街道办事处行政补偿案①中，法院认为，本案所涉生态补偿是基于奶牛养殖的行政许可被撤回这一法律事实，因此下列损失不属于本次补偿范围之列，具体包括，原告已经转产用于种植食用菌的厂房、设备等相关投入，以及转型之后经营所造成的自负盈亏的各种损失，因为这与奶牛养殖及太湖流域畜禽养殖污染防治无关，不属于生态补偿范围；原告为养殖业发展而购买的相关设备、设施等，在 2018 年 7 月 3 日东城街道办事处作出并送达《告知书》之前的折旧部分，与行政许可被撤回事项无关，不应属于补偿范围；原告 2018 年 7 月 3 日之前养殖奶牛的盈亏，系其自主经营所导致，也不属于补偿范围；原告在 2018 年 7 月 3 日收到东城街道办事处《告知书》之后，仍然为养殖奶牛所进行前期投入，包括支付的定金、购买的用于养殖的设备及设施等，系原告故意违反相关法律及政策规定所造成的损失，亦不属于补偿范围。总之，生态补偿范围仅限于禁限规定措施所造成的直接损失。（2）违反现行法律规定所形成的利益损失不宜纳入补偿范围。无论是直

---

① 江苏省常州市中级人民法院（2018）苏 04 行初 77 号行政判决书。

接损失或者间接损失，只要有证据表明这种利益损失是违反现行法律规定所形成的利益损失，也不应纳入生态补偿范围。抚顺盛茂生态园诉抚顺市东洲区人民政府行政补偿案①中，法院认为，对于无照房屋及装饰装修部分所形成的利益损失。《中华人民共和国土地管理法》第七十六条第 1 款规定，"未经批准或者采取欺骗手段骗取批准，非法占用土地的，由县级以上人民政府土地行政主管部门责令退还非法占用的土地，对违反土地利用总体规划擅自将农用地改为建设用地的，限期拆除在非法占用的土地上新建的建筑物和其他设施，恢复土地原状，对符合土地利用总体规划的，没收在非法占用的土地上新建的建筑物和其他设施，可以并处罚款；对非法占用土地单位的直接负责的主管人员和其他直接责任人员，依法给予行政处分；构成犯罪的，依法追究刑事责任"。当事人提供的证据表明，东洲区自然资源局曾经对案涉土地及房屋依法作出行政处罚（抚罚抚县国资监字〔2010〕040 号），包括对案涉土地及房屋作出责令退还非法占用的土地；没收在非法占用的土地上新建的建筑物和其他设施；限期自行拆除非法占地上的新建的建筑物和其他设施及罚款等多项行政处罚措施。相反，抚顺盛茂生态园在原审中未能提供证据证明其无照房屋系合法建筑。原审法院在未查明案涉无照房屋是否属于应予没收或自行拆除的建筑物和其他设施的情况下，直接依据案涉评估报告判令东洲区政府对无照房屋及其装饰装修部分予以补偿，属于认定事实的主要证据不足，事实不清。可见，违反现行法律规定所形成的利益，无论利益大小，也无论利益是否经过长期事实上的享有，均不应纳入生态补偿之范围。

2. 生态补偿数额

生态补偿数额主要包括：（1）强调对实际损失的补偿。常州金坛浩茵奶牛养殖场诉金坛区人民政府、金坛区东城街道办事处行政补偿案中，法院认为，《最高人民法院关于审理行政许可案件若干问题的规定》第 15 条规定，法律、法规、规章或者规范性文件对变更或者撤回行政许可的补偿标准未作规定的，一般应在实际损失范围内确定补偿数额；行政许可属于行政许可法第 12 条第（2）项规定情形的，一般按照实际投入的损失确定补偿数额。依照前述相关法律的规定，行政许可被撤回时，补偿仅限于实际损失，不包括合同履行后可以获得的利益，至多不超过实际投入的损失。由于《金坛区实施意见》仅明确了对于砖瓦圈舍以及简易大棚圈舍的补贴标准，非砖瓦圈舍以及简易大棚的养殖场地、与养殖相关的设施及设备的补偿标准尚不明确。关于原告牛舍是否属于非砖瓦圈舍以及简易大

---

① 辽宁省高级人民法院（2018）辽行终 386 号行政判决书；中华人民共和国最高人民法院（2019）最高法行申 4085 号行政裁定书。

棚的问题，应当由专门的评估机构或认定部门进行评估或者认定；如确认原告牛舍并非砖瓦圈舍以及简易大棚的，应当以牛舍的实际状况为准。原告获得行政补偿的前提，必须是基于上述公共利益的需要，民营企业亦属于市场主体，理当自负盈亏，不能将其自行应当承担的市场风险转嫁给国家及社会。原告所称的损失中，基于经营不善以及转型种植食用菌之后所产生的经营风险，均不属于补偿范围。本次太湖流域畜禽养殖污染防治和综合利用所进行的补偿，使用的是国家财政资金；任何借机不当套取甚至骗取国家财政资金的行为，终将会被依法、严肃地追究法律责任。抚顺盛茂生态园诉抚顺市东洲区人民政府行政补偿案①中，法院认为，经原审法院查明，生态园系吴隆凯系以个人财产出资设立的个人独资企业。现东洲区政府主张案涉房屋登记在吴隆凯和罗玉梅名下。经审查，案涉评估报告估价对象包含未登记在吴隆凯名下的房屋。原审法院未查明生态园对于登记在罗玉梅名下的案涉房屋取得补偿的相关依据，直接判令东洲区政府按照案涉评估报告确定的数额给付补偿款，属于认定事实不清。（2）原告、被告对造成的实际损失各自应当承担相应的举证责任。原告江油公司诉被告江油市人民政府行政补偿案中，②法院认为，根据《中华人民共和国行政许可法》第十二条第（2）项"下列事项可以设定行政许可之（2）有限自然资源开发利用、公共资源配置以及直接关系公共利益的特定行业的市场准入等，需要赋予特定权利的事项；"《最高人民法院关于审理行政许可案件若干问题的规定》第十五条"法律、法规、规章或者规范性文件对变更或者撤回行政许可的补偿标准未作规定的，一般在实际损失范围内确定补偿数额；行政许可属于《中华人民共和国行政许可法》第十二条第（2）项规定情形的，一般按照实际投入的损失确定补偿数额"的规定，行政许可撤回时，补偿仅限于实际损失，对于撤回矿山等有限自然资源许可的补偿，至多不超过实际投入的损失。根据《中华人民共和国行政诉讼法》第三十八条第2款"在行政赔偿、补偿的案件中，原告应当对行政行为造成的损害提供证据。因被告的原因导致原告无法举证的，由被告承担举证责任。"《最高人民法院关于适用〈中华人民共和国行政诉讼法〉的解释》第四十七条第1款"根据行政诉讼法第三十八条第2款的规定，在行政赔偿、补偿案件中，因被告的原因导致原告无法就损害情况举证的，应当由被告就该损害情况承担举证责任"的规定，原告荣峰公司主张行政补偿45801270元并提供的相关证据，对在2016年原告荣峰公司取得金旭公司资产和采矿权时的价值和2017年被告江油市人民政府关闭原告荣峰公司时相关财产权属价值，因存在资产折旧等各方面因素，已经

---

① 辽宁省高级人民法院（2018）辽行终386号行政判决书；中华人民共和国最高人民法院（2019）最高法行申4085号行政裁定书。

② 四川省绵阳市中级人民法院行政判决书（2019）川07行初53号。

不具有关联性和参考价值；其提供的陕西省汉中市中级人民法院在执行中委托评估的采矿权和相关资产等价值，因涉及补偿项目和范围问题，不能作为原告荣峰公司的实际投入予以补偿。鉴于被告江油市人民政府亦未提供行政补偿的相关证据，原告荣峰公司主张的行政补偿数额难以确定。被告江油市人民政府迄今没有作出行政补偿决定，应当在明确行政补偿的范围和项目的基础上，对原告荣峰公司作出具体的行政补偿决定，其中对采矿权的补偿，参照《关于四川省政策性关闭矿山剩余采矿权价款退还有关问题的通知》的规定和精神作出认定；对有关厂房及构筑物、设备设施等实际投入的补偿，因被告江油市人民政府的拆除行为导致原告荣峰公司无法就现有厂房和设备设施等进行评估，可以在参考陕西省中级人民法院在执行案件中委托正衡资产评估有限责任公司制作的具体财产明细的基础上，考虑 2015 年 12 月 31 日至 2017 年 12 月期间的设备设施折旧情况，通过协商或者评估确定补偿金额和补偿范围。另原告荣峰公司主张被告江油市人民政府承担闭库、拆除设备、恢复治理等相关费用，上述费用系因《中华人民共和国矿产资源法》第三十二条规定的法定义务而产生的，应当由原告荣峰公司自行承担，并在行政补偿金额中予以扣除。故对原告荣峰公司要求被告江油市人民政府承担的诉求，应当不予支持。

（三）生态补偿裁判形式

1. 作出予以补偿或者不予补偿的决定

在常州金坛浩茵奶牛养殖场诉金坛区人民政府、金坛区东城街道办事处行政补偿案[①]中，法院认为，《最高人民法院关于审理行政许可案件若干问题的规定》第 14 条规定，行政机关依据行政许可法第八条第 2 款规定变更或者撤回已经生效的行政许可，公民、法人或者其他组织仅仅主张一定的行政补偿的，应当先向行政机关提出相应的申请；行政机关在法定期限或者合理期限内不予答复或者对行政机关作出的补偿决定不服的，可以依法提起行政诉讼。依照前述法律规定，行政机关作出补偿的适当形式应当是依法作出补偿决定。富川公司诉瑶族县人民政府环保补偿行政不作为案[②]中，法院认为，《中华人民共和国矿产资源法》第四条规定，国家保障依法设立的矿产企业开采矿产资源的合法权益。原告是依法建立的企业，其合法权益应受法律保护。原告厂房设备因位于贺州市饮用水水源二级保护区范围，为保护生态环境而被关停清理取缔，因此，原告有取得生态保

---

① 江苏省常州市中级人民法院（2018）苏 04 行初 77 号行政判决书。
② 广西壮族自治区贺州市中级人民法院（2018）桂 11 行初 208 号行政判决书；广西壮族自治区高级人民法院（2019）桂行终 1348 号行政判决书。

护补偿的权利。基于上述理由，被告有生态保护补偿职责，原告已依法向被告申请补偿，被告在收到申请后，没有依法支付补偿款或者作出补偿决定，不符合《中华人民共和国环境保护法》第三十一条第 3 款的规定，属于行政不作为，被告应当对原告的生态保护补偿申请依法作出补偿决定。综上所述，原告诉请有理，本院依法予以支持。被告应当依法履行法定职责。为此，本院依照《中华人民共和国行政诉讼法》第七十二条的规定，判决如下：（1）确认被告富川瑶族自治县人民政府对原告富川恒丰矿业有限公司生态保护补偿申请不作出补偿决定的行为违法；（2）被告富川瑶族自治县人民政府应当在法定期限内对原告富川恒丰矿业有限公司生态保护补偿申请依法作出补偿决定。总之，在原告或补偿对象作出必要申请之后，相应的行政机关应当依法作出准予补偿或者不准予补偿的决定，并在法律规定的时限内向当事人送达，可以视为一种相应的生态补偿方式。

2. 应在法定期限内作出补偿

在江油公司诉被告江油市人民政府行政补偿案①中，法院认为，依据《中华人民共和国行政诉讼法》第七十二条 "人民法院经过审理，查明被告不履行法定职责的，判决被告在一定期限内履行"。《中华人民共和国行政诉讼法》第六十九条 "行政行为证据确凿，适用法律、法规正确，符合法定程序的，或者原告申请被告履行法定职责或者给付义务理由不成立的，人民法院判决驳回原告的诉讼请求"。《最高人民法院关于适用的解释》第 91 条 "原告请求被告履行法定职责的理由成立，被告违法拒绝履行或者无正当理由逾期不予答复的，人民法院可以根据行政诉讼法第七十二条的规定，判决被告在一定期限内依法履行原告请求的法定职责；尚需被告调查或者裁量的，应当判决被告针对原告的请求重新作出处理"。作出的判决如下：责令被告江油市人民政府在本判决生效之日起六个月内，在扣除由原告荣峰公司承担的闭库、拆除设备、恢复治理等相关费用后，对原告荣峰公司作出行政补偿决定。在江汾世诉青岛市崂山区王哥庄街道江家土寨社区居民委员会案②中，法院认为，现涉案森林管护费和生态效益补偿金已经由青岛市财政局拨付给崂山区财政局、崂山区财政局拨付给王哥庄经管站，现该笔款项已按照森林生态效益补偿金每亩每年 30 元、森林管护费每亩每年 100 元的标准拨付到被告处，且被告对此事予以认可。故本院认为，原告诉请的 739.2 亩的森林生态效益补偿每亩每年 30 元、森林管护费每亩每年 100 元的标准，事实清楚、理由充分。且 2015～2017 年的生态效益补偿金和 2015～2016 年的生态林管护费已全部拨付到王哥庄街道江家土寨社区。被告青岛市崂山区江家土寨社区居民委

---

① 四川省绵阳市中级人民法院（2019）川 07 行初 53 号行政判决书。
② 山东省青岛市崂山区人民法院（2017）鲁 0212 民初 3373 号民事判决书。

员会应依法将上诉款项发放给原告。据此，根据《中华人民共和国合同法》第八条、《中华人民共和国森林法实施条例》第十五条、第二十七条，参照《中央财政森林生态效益补偿基金管理办法》第 5 条、《天然林资源保护工程财政专项资金管理办法》第 6 条、第 12 条、第 13 条、《山东省森林生态效益补偿基金管理办法》和《青岛市森林生态效益补偿基金管理办法》的规定，判决被告青岛市崂山区江家土寨社区居民委员会于本判决生效之日起十日内发放给原告江汾世 2015～2016 年森林管护费 147 840 元、2015～2017 年森林生态效益补偿金 66 528 元，两项共计人民币 214 368 元。

迟到的正义就是非正义。法院在判决中，明确了行政机关履行生态补偿责任的法定期限，切实保障了生态补偿请求权人合法权益。

(四) 生态补偿程序

生态补偿制度法治化发展离不开规范化、法治化的生态补偿程序。也就是说，规范化的生态补偿程序是联结法律决定从幕后走向前台的纽带，它甚至在一定程度上"决定了法治与恣意的人治之间的基本区别"。[①] 但是，由于目前的生态补偿制度建构侧重于本土实践经验的总结，即把关注点放在如何确定补偿责任主体，如何确定补偿对象或者受偿主体等实体性补偿规则的制度完善方面，故在生态补偿程序法治化发展方面存在大量制度空白，这无疑会给法院做出生态补偿的司法判决带来相当大困难。即便如此，一些地方法院仍然能够排除困难，利用能动司法理念，结合生态文明建设和美丽中国目标实现要求，在生态补偿程序法治化发展方面作出了一些创新性探索，个别探索不乏有一定粗糙性，不可避免地存在着说理不强之弊端。比如，在常州金坛浩茵奶牛养殖场诉金坛区人民政府、金坛区东城街道办事处行政补偿案[②]中，法院判决认为，按照程序正当原则，可以借鉴《国有土地上房屋征收与补偿条例》等相关法律的规定，对于原告的补偿，义务机关应当遵循进行协商、选定评估机构、由选定的评估机构作出评估报告、作出补偿决定并依法送达、告知救济途径等正当程序。显然，这里借用国有土地上房屋征收与补偿条例中的相关程序规定，虽然在一定程度上可以弥补当事人合法权益所遭致的损失，但对于补偿标准、补偿方式的认定难免会留下诸多"硬伤"，需要在实践探索的基础上，逐渐实现生态补偿程序的法治化。

应当承认，生态补偿程序规则的完善至关重要。程序规则具有完全脱离于实

---

① 范伟：《行政黑名单制度的法律属性及其控制：基于行政过程论视角的分析》，载《政治与法律》2018 年第 9 期。
② 江苏省常州市中级人民法院（2018）苏 04 行初 77 号行政判决书。

体规则的独立性，关于补偿对象、补偿标准等实体上难以有效破解的争议，也会随着正当程序规则的完善而得到一定程度的消解。

二、生态补偿纠纷司法解决机制面临之挑战

生态补偿制度法治化发展的一个显著特征就是生态补偿纠纷需要接受司法的必要审查。由于生态补偿制度法治化程度不高，因此，法官在裁判过程中，涉及原告、被告资格、补偿标准、补偿方式以及补偿程序方面的判断，总会存在着这样或者那样的问题。

(一)"成事不足，败事有余"的生态补偿法规范群

应当说，我国目前已经逐步形成了生态补偿"法规范群"。在生态补偿"法规范群"中，《中华人民共和国环境保护法》第三十一条规定①占据主导地位，有学者甚至认为，这个条款实际上发挥着生态补偿"法规范群"的"宪法性"地位，是对国家生态补偿责任的一种政治宣誓。实际上，在《中华人民共和国环境保护法》第三十一条颁行前后，地方立法也陆续出现了类似的条款规定。总结梳理以《中华人民共和国环境保护法》第三十一条为主要代表的生态补偿"法规范群"，就会发现它在生态保护补偿纠纷中扮演着三个角色：一是经常被原告作为提起要求政府履行补偿责任的依据。常州金坛浩茵奶牛养殖场诉金坛区人民政府、金坛区东城街道办事处行政补偿案中，原告认为，按照该条款的规定，两个被告应当承担一定的生态补偿责任。抚顺盛茂生态园诉抚顺市东洲区人民政府行政补偿案中，原告要求按照《辽宁省大伙房饮用水水源保护条例》第16条"实行水源生态保护补偿制度"的规定，要求东洲区政府承担一定的生态补偿责任。二是法院在判决说理时，也会采用该条款作为法律依据，但均要求结合行政补偿或者《中华人民共和国行政许可法》等其他法律规定配合使用。原告江油荣峰矿业有限公司诉被告江油市人民政府行政补偿案中，法院明确提出了按照《中华人民共和国环境保护法》第三十一条，地方政府应当予以补偿，但随即认为，"由于法律、法规对于因环保督察等公益事项而关停相关企业行为缺乏相关补偿标准、补偿范围等具体规定"。在不得以情形下，法院又引用《中华人民共和国行政许可法》第八条第2款、《中华人民共和国行政许可法》第十二条第（2）项、

---

① 参见《中华人民共和国环境保护法》第三十一条规定，"国家建立健全生态保护补偿制度。国家加大对生态保护地区的财政转移支付力度。有关人民政府应当落实生态保护补偿资金，确保用于生态保护。国家指导受益地区和生态保护地区人民政府通过协商或者是按照市场规则进行生态保护补偿"。

《最高人民法院关于审理行政许可案件若干问题的规定》第 15 条"法律、法规、规章或者规范性文件对变更或者撤回行政许可的补偿标准未作规定的，一般在实际损失范围内确定补偿数额"。可见，即便法院说理时，会涉及这个条款，但由于该条款不具有可操作性，不得以用其他条款作出略带一丝勉强的说理，给人以"硬凑"的感觉。三是法院在作出判决时，几乎未涉及此项条款。在搜集的 50 多个案例中，几乎没有发现法院依据这样一个制度条款作出判决。无论是江油公司诉被告江油市人民政府行政补偿案、抚顺盛茂生态园诉抚顺市东洲区人民政府行政补偿案，还是夏世华因诉请确认寿宁县托溪乡人民政府行政协议违法案等，裁判说理提供的法律依据中，《中华人民共和国环境保护法》第三十一条规定几乎不见踪影。

简单总结一下，《中华人民共和国环境保护法》第三十一条规定更多是承担着一种生态保护补偿"宪法学意义"上的宣誓性功能，它虽然强调了建立国家生态补偿责任，这是一种全新的国家义务，但由于法理基础不牢，导致生态补偿制度规定在司法实践中逐渐被虚置和架空。我们可以简单概括一下，包括《中华人民共和国环境保护法》第三十一条规定在内的生态保护补偿"法规范群"，其对于相关司法裁判的功能可以简单概括为，"成事不足，败事有余"。这里的成事不足，主要是指其难以成为生态补偿纠纷的判决依据；败事有余是指，尽管它难以成为生态补偿纠纷判决依据，但它却往往成为相关当事人尤其是原告发起生态补偿"诉讼"的法律依据。一个值得观察的动向是，在加快促进生态文明建设、建成美丽中国目标或者绿水青山就是金山银山等宏大背景之下，要求相关行政机关予以必要的生态保护补偿似乎俨然演变成为一项"政治解决事项"。① 尽管这可能有助于生态补偿纠纷的快速解决，但对生态补偿制度法治化发展带来一定挑战。

（二）生态补偿能否等同传统行政补偿

行政补偿是指行政主体因合法行政活动给行政相对人的合法权益造成特别损失，而由国家对其损失进行补救的一种公法上的义务或制度。② 行政补偿是行政主体基于社会公共利益的需要，在管理国家和社会公共事务的过程中，合法行使公权力的行为以及该行为的附随效果致使公民、法人或者其他社会组织的合法财产及合法权益遭受特别损害，以公平原则并通过正当程序对所遭受的损害给予补偿的法律制度。③ "公权力行使""合法性"和"特别牺牲"构成了传统行政补

---

① 参见《卜里坪街道调委会成功调处一起生态保护纠纷》，苏仙区人民政府网，2020 年 11 月 23 日最后访问。
② 张梓太等：《行政补偿理论分析》，载《法学》2003 年第 8 期。
③ 熊文钊：《试论行政补偿》，载《行政法学研究》2005 年第 2 期。

偿概念的三个核心要素。①

上述传统行政补偿概念的三个核心要素能否简单套用于生态补偿呢？需要慎重加以分析。第一，就公权力行使而言，生态补偿虽然广泛地存在着公权力行使问题，但其并不仅限于行政公权力行使，尤其是在市场化生态补偿过程中，公权力行使已经出现了隐退，取而代之的更多是一种市场化权利的配置问题。第二，在合法性方面，应当说，生态补偿和传统的行政补偿具有一致性。第三，在特别牺牲方面，双方也存在一定差异。传统行政补偿中，"特别"着眼于横向意义上平等原则的违反，即财产权受到限制的权利人相对于一般人而言是否属于特定人或者是在特定范畴中的人②；"牺牲"着眼于纵向意义上程度的实现，即考察财产权的本来效用所受到限制的程度。③ 尽管生态补偿也关注特别牺牲，可以简单套用"特别牺牲说"论证生态补偿存在着以下两个方面的困扰：首先，简单地以财产权与非财产权利来区分补偿类型，未能揭示生态补偿除了以特别牺牲为直接基础外，尚蕴含着一种对生态保护行为的内在激励属性。客观上讲，特别牺牲的内容广泛而抽象，无论是涉及财产的征收征用，还是非财产性权利为公共利益退让的情形，均能加以有效统摄。因此，生态补偿虽然能够与行政补偿共享"特别牺牲说"作为理论基础，但"特别牺牲说"却无法涵盖国家生态补偿责任的全部，也就是说，对于生态补偿而言，它不仅会对特定地区、特定人或者特定范畴中的人的行为加以限制，也会对特定地区、特定人或者特定范畴中的人的行为加以引导或激励。就对行为的持续性引导或激励而言，都难以通过"特别牺牲"加以有效诠释。其次，简单的国家生态补偿责任解释为公益牺牲补偿，有着严重的逻辑缺陷。德国的国家责任体系通过合法、过错、侵害类型与权利类型的相互交织形成，严密而无救济真空。国家责任产生的原因有"违法且有故意过失""违法且无故意过失""合法且无故意过失"三种类型，分别对应国家赔偿、准征收侵害补偿与合法侵害补偿。④ 其中针对财产权的合法侵害补偿，依据侵害是否具有目的性分为征收补偿与有征收效力的补偿（基于事实行为）。至于对非财产权的合法侵害，则纳入公益牺牲请求权的范围。我国国家责任体系施行的"违法侵权"的赔偿责任与"合法侵权"的补偿责任的二分法，忽视了生态补偿过程中相关主体过错对国家补偿责任的影响。在相关主体具有过错的情形下行政补偿责任是否成立，公益牺牲补偿概念本身无法提供答案。申言之，生态补偿不能简单等同于行政补偿，简单套用行政补偿的裁判规则对生态补偿纠纷进行裁判，可能会逐渐偏离生态补偿制度的价值功能定位。

---

①②③ 杜仪芳：《财产权限制的行政补偿判断标准》，载《法学家》2016 年第 2 期。
④ 伏创宇：《强制预防接种补偿责任的性质与构成》，载《中国法学》2017 年第 4 期。

（三）政府生态补偿责任能否等同当事人生态补偿权利

对此问题的解释应追溯至德国公法权利理论的发展历程。公法学者耶利内克认为，公民与国家之间能够形成法律关系，其中，一种主动性的法律地位表明公民有从政府获得一定的收益的资格。在此基础上，公法学者比勒①提出了公法权利成立的三要件：（1）存在强行性规范（公法规范明确行政机关一定的作为或不作为且不存在行政裁量）。（2）具有私益保护目的（公法规范目的不仅是保护公共利益，也有保障个人利益的意图）。（3）援用可能性（即个人具有实现私人利益之法律之力）。随后，公法学者巴霍夫结合社会发展对布勒公法成立要件理论进行了修正，除了对强行性规范进行必要调整外，更加聚焦于一种判断基准标准：保护公共利益的公法规范是否兼有维护私人利益的目的，后来学术界将公法权利理论称为"保护规范理论"或"保护目的理论"。20 世纪 80 年代，公法学者阿斯曼认为现代行政实质上就是一种分配行政，行政活动就不仅是对某个人课予负担或授予利益，而是需要对个人间复杂利益关系进行基于分配正义的调控，分配行政表现为"复杂利益调整的场所"，因此既要肯定"保护规范理论"的价值地位，同时也需要建立一种"客观化的规范保护目的"解释准则，即综合考虑与该行政活动相关的整个规范体系与制度环境来判断特定私人利益是公法权利或者反射利益。

至此，我们可以约略梳理出，现行环境法律所明确确立的各级政府生态补偿责任是否意味着特定地区、特定人等的生态补偿请求权，核心焦点在于旨在维护环境公共利益的补偿法规范同时是否兼有保护特定地区、特定人私人利益的意图。对此目的的解读，既可以立足于补偿法规范本身，整理补偿法规范赖以形成的立法材料，挖掘补偿法规范的起草历程，从而发现和重构制定补偿法规范时的价值判断以及通过补偿法规范本身所传达的真实意思；也可以超越生态补偿法规范及立法史材料，立足于法政策学视角对形成生态补偿法规范的公共政策背景，综合考虑整个制度规范体系与制度环境，进而判断补偿法规范是否存在维护特定地区、特定人利益的目的。严格追溯起来，现行补偿法规范最早出现于 2008 年修订的《中华人民共和国水污染防治法》（1984 年颁行，1996 年修订）新增的第七条规定。当时的基本情形是"水污染物排放一直没有得到有效控制，水污染防治和水环境保护面临着旧账未清完、又欠新账的局面"。② 因此，《中华人民共

---

① 鲁鹏宇：《德国公权理论评介》，载《法制与社会发展》2010 年第 5 期。
② 周生贤：《关于〈中华人民共和国水污染防治法（修订草案）〉的说明》，中国人大网，2020 年 11 月最后访问。

和国水污染防治法》修订主旨在于强化政府水污染防治的监管责任、饮用水源保护区保护和法律责任等制度规定。而水环境生态补偿制度是作为一项重大制度创新而被首次提出，简约、抽象、形式意义大于实质意义可能是当时对此制度创新的一种客观描述，也就是说，尽管补偿法规范明确了国家（政府）对特定地区、特定人或特定范畴内的人的补偿责任（义务），但规范是否存在保护特定地区、特定人或特定范畴内的人利益的目的却语焉不详，即便联系整个水污染防治制度规范体系、相关立法材料都难以发现有此目的。但如果跳出补偿法规范及相关污染防治制度体系，着眼于补偿法规范的制度环境或催生制度创新可能性的公共政策语境，或许能够得到合理解释或答案。循此思路，我们发现，早在《中华人民共和国水污染防治法》修订之前，2007 年党的十七大报告正式将公平正义作为社会主义的本质要求。这项制度（指水环境生态补偿制度，笔者加）的提出贯彻了党的十七大报告的精神，让那些为保护水生态系统做出"牺牲"的地方得到公平的补偿。[①] 保护江河源头的生态环境，下游地区是主要受惠者，但上游地区往往因此丧失某些发展机会，从而造成地区间发展失衡。实践证明，生态补偿制度能够有效解决发展失衡的问题。[②] 申言之，如果将补偿法规范置于水污染防治制度体系进行保护目的的解读，可能显得有些突兀甚至会陷入一种难以描述的困境，但如果将其置于公共政策语境和整体社会背景氛围下，就会发现这种看似偶然的制度创新负载着公平正义的价值要求，蕴含着保护特定地区、特定人或特定范畴内的人利益的目的，也就是说，现行水生态补偿法规范或水生态补偿制度是以认可特定地区、特定人或特定范畴内的人存在着一种独立于公共利益之外的利益为前提。这种利益，具有利益范围上的可确定性和利益内容上的相对独立性。它可以是财产权益，也可能是财产权以外的发展利益；它既不依附于其他利益，也不能为其他利益所接纳；它不是抽象的，也不是历史的，而是具体的、客观存在的，甚至预期可得的。正因为如此，有学者认为，"因为上述利益既无法纳入此特定地区、特定人或特定范畴内的人内所有私人财产利益中，更无法纳入超过此地区范围的更高层次的国家或社会利益之中，因为其受益范围的地区性已经使该利益成为介于国家、社会利益等宏观公共利益与私人权益之间的中观利益"。[③] 在追求社会主义公平正义的整体氛围下，自带公平正义基因的生态补偿法规范，在明确甚至强化国家（政府）生态补偿责任以实现环境公共利益的同时，认可并

---

① 翟勇：《对修改后水污染防治法结构及主要内容的理解》，中国人大网，2020 年 11 月最后访问。

② 别涛：《十大制度创新，十大罚则突破——新修订的水污染防治法进展评析》，载《环境保护》2008 年第 5 期。

③ 李永宁：《论生态补偿的法学含义及其法律制度完善——以经济学的分析为视角》，载《法律科学》2011 年第 2 期。

力图保护特定地区、特定人或特定范畴内的人利益的实现或满足。

由于生态保护特定地区、特定人或特定范畴内的人数量、种类繁多，利益诉求各不相同，即便具体补偿法规范存在保护特定地区、特定人或特定范畴内的人利益之目的，但这并不意味着特定地区、特定人或特定范畴内的人利益自动会向生态补偿请求权转化，关键在于某一特定地区、特定人或特定范畴内的人利益是否呈现了足够的"差异"和"距离"，从而促使这种利益越来越具有"个性化"特征。

从反射利益向公法权利有序转化是普遍发展规律。反射利益因此就成为"权利爆炸"的能量集聚地，它在行政法上意味着那些众多的生活利益，伴随着世界的变化，逐渐成为法律利益。那些反射利益中的个人利益，一旦法律加以保护，若无法被公共利益所吸附，往往就意味着成为公法权利。[①] 可以预料，随着社会主义社会主要矛盾的转型，民众对优美稀缺生态产品需求会越来越多，自然保护区、国家公园、饮用水源保护区、水土流失治理区、生态屏障区等涉及生态保护特定地区、特定人或特定范畴内的人的数量、种类和范围都会与民众需求相适应。但是，是否有必要——授予上述特定地区、特定人或特定范畴内的人生态补偿请求权，仍然取决于某一具体特定地区、特定人或特定范畴内的人特定范畴中的人的利益是否具备了足够的"差异"和"距离"。一般而言，"差异"与"距离"的判断与反射利益的"重要性"（从价值角度观测）和受损程度（从事实因果角度观测）有着极其密切的关系。[②] 以饮用水源保护区法规范为例，一级保护区内禁止一切人类活动；准保护区内，则结合实际设置了一些人类活动的准入或禁限规则。与准保护区相比，一级保护区内人类活动就会全部禁止，这实质上已经关涉到特定范畴中个人人身权和财产权等宪法所保护的基本权利问题，也就是说，一级保护区范畴中的人的利益已与非一级保护区范畴中的人的利益呈现了较大差异，这种差异已经可以归结到宪法意义上的基本权利的实现与否，逐渐呈现出一种具体独立的"个性化"的利益。再者，就限制所致损害而言，一级保护区范畴中的人所遭受的损害是一种"特别牺牲"，或者虽非"特别牺牲"，但不予补偿却显失公平。无论是从重要性，或者是从受损程度而言，饮用水源一级保护区范畴中的人的利益具备了足够的"差异"和"距离"，故赋予其相应的生态补偿请求权应无异议。换言之，不能再用无差别的环境公共利益覆盖和保护这一极具"个性化"的利益，而只能赋予其公法权利——生态补偿请求权。申言之，生态补偿请求权就是专门为个性化特征越来越明显的特定人、特定地区或特定范畴内的人量身打造的一种专有的请求权。它是法律思维基于主体个体差异性的社会

---

①② 王本存：《论行政法上的反射利益》，载《重庆大学学报》（社会科学版）2017 年第 1 期。

现实的一种进化，也是环境法追求实质平等和公平正义的具体体现。

三、生态补偿纠纷多元解决机制的建立

流域水生态补偿纠纷与一般生态补偿纠纷不同，它更多存在于流域上下游地区地方政府之间，具体而言，一般生态补偿纠纷主要产生于各级政府及其职能部门与行政相对人、第三人之间，而水生态补偿纠纷更多产生于流域上下游地区地方政府之间。因此，这就决定了水生态补偿纠纷的解决思路不能完全等同于一般生态补偿纠纷解决思路。应当说，"府际合作"与"府际合作纠纷"均不是严格的法学术语，更不是一个法律概念，相反，在很大程度上是一种现象描述和学理特征。[1] "如果一个组织制度将一个机构的职能和权限与其他机构的职能与权限区分开来并且确定它们各自的运行领域，以此防止政府内部的权力冲突和摩擦，那么我们认为，此制度完全属于法律的参照范围框架之中。"[2] 这意味着，流域补偿协议履行过程中，地方政府之间因为补偿标准、补偿费用等产生的各种纠纷不能被认为是行政系统的内部事务，可以看出，基于流域补偿协议所产生的各种地方政府之间的纠纷，应当可以纳入法治化纠纷解决框架之中。

1. 通过权力机关解决

我国《宪法》《地方各级人民代表大会和地方各级人民政府组织法》《中华人民共和国立法法》《中华人民共和国环境保护法》等对权力机关、行政机关解决行政权限争议有着原则性、框架性的制度规定，可将上述制度规定简单概括为，一种"双轨制"，即要么由权力机关依法予以协调解决，要么由行政机关内部自行进行解决。应当说，这是一种带有中国特色的民主集中制解决方略。遗憾的是，"双轨制"的制度设计路径目前较为粗糙，因为这对于行政主体之间行政争议属性、争议分类、启动主体、处理程序、处理标准、处理结果运用、监督等尚缺乏具有可操作性、系统性的制度规定，导致通过权力机关解决纠纷一直停留在纸面的法律规定上。既有的制度实践表明，通过权力机关或行政机关解决纠纷，能够在一定程度上化解部分纠纷。但是通过权力机关解决纠纷存在着诸多限制条件及空间管辖范围的局限。

如前所述，流域生态补偿协议纠纷多发生在流域上下游地区地方政府之间，尽管地方政府之间存在着一定的生态关联，但他们之间不存在行政隶属关系，一

---

① 杨治坤：《府际合作纠纷的法理阐释与解决路径》，载《学术研究》2019年第11期。
② ［美］彼得·博登海默著，邓正来等译：《法理学——法律哲学与法律方法》，华夏出版社2009年版，第233页。

种可能的情况是，两个毗邻省份乡镇政府之间的生态补偿争议可能最终需要上升至全国人大、全国人大常委会予以协调解决。显然，无论从效率追求或者其他方面来看，通过权力机关解决纠纷存在着可能超越权力机关职权或者超过权力机关空间管辖范畴的可能，这样，所谓的"长臂管辖"显然在我国尚无生存发展的制度空间。

2. 通过自行协商或共同上级行政机关协调解决

从法理上看，流域生态补偿协议的签订主体法律上具有平等地位。流域上下游地区地方政府就是否签订协议、协议支付基准和支付标准、损害赔偿等事宜产生一定纠纷之后，双方可以通过平等协商，妥协达成如何继续履行、赔偿损失等方案，具有成本效益等诸多方面的优势。"缔约各方可以相互协商，采取自救行为，一起共同商议解决方案，寻求各方的利益共同点和差异性，以共性利益凝聚共识，以妥协弥补差异性利益。实践中，还可以邀请各级人民政府的议事协调机构参与协调，议事协调机构参与纠纷处理，侧重召集、组织缔约各方平等协商，无须将自己作为缔约方共同的上级行政机关的单方意志强加于各缔约方。通过相互协商、妥协，达成一致的纠纷解决方案，是一种充满柔性的纠纷解决机制。"①

在不借助外在资源情况下，纠纷各方通过谈判方式解决他们之间纠纷。现行《中华人民共和国水法》《中华人民共和国水污染防治法》等法律都有明确的法律制度规定。即便如此，自主协商解决的实践表明，这种纠纷解决路径大量存在着低效甚至无效情况。表面原因在于，尽管存在着自主协商解决一般制度规定，但对于如何启动协商、协商程序以及协商之后签订协议、纪要等共识性要素有无法律拘束力等，前述具体制度规定严重不足。实质原因在于，自主协商需要由共同的利益需求，这种利益需求可能来自共同追求，也可能来自外在压力。若无共同利益需求满足的话，自主协商最终演变成为耗时费力的"拉锯战"。

若无外在权威性力量的介入，流域生态补偿协议纠纷很难得以有效化解，特别是存在重大利益冲突时尤甚。生态补偿纠纷各方共同提请共同上一级政府解决纠纷便成为一种可行选择。受地理位置的相互毗邻限制，即便是发生在跨省级行政区两个毗邻乡镇之间的水生态补偿纠纷等，最终也需要不断上溯至国务院及其职能部门才有协调解决纠纷的行政权力。流域尺度上的小范围补偿纠纷与行政尺度上的高位阶纠纷解决层级形成鲜明对比，类似于"高射炮打蚊子"之情境。总而言之，共同的上级政府及其职能部门在解决流域水生态补偿纠纷方面也存在一定不足。

---

① 叶必丰等：《行政协议：区域政府间合作机制研究》，法律出版社 2010 年版，第 241 页。

四、小结

自主协商解决、请求共同上级政府协调解决、请求司法机关或仲裁机关解决等共同构成水生态补偿纠纷多元化解决机制。生态补偿纠纷司法审查实践表明，在补偿关系主体、补偿标准和补偿程序方面的裁判规则仍然处在不断完善之中。自主协商解决除了要求制度供给之外，仍然需要发现和寻找共同利益契合点。共同上级政府协调解决除了要求制度供给之外，也要遵循协调解决的成本效益要求。

水生态补偿机制研究

第十章

结语：在生态补偿的政策与立法之间

实施生态保护补偿是调动各方积极性、保护好生态环境的重要手段，是生态文明制度建设的重要内容。近年来，我国陆续在森林、草原等七大生态系统重点领域和重点生态功能区、自然保护地等两大重要区域实施以纵向转移支付为主的生态保护补偿机制建设，在南水北调中线工程水源区、新安江流域等进行跨流域、跨区域横向水生态补偿的试点。此外，我国也先后通过《中华人民共和国森林法》《中华人民共和国环境保护法》《中华人民共和国水污染防治法》等法律法规，以及《国务院办公厅关于健全生态保护补偿机制的意见》等国家政策规范性文件，初步完成了生态保护补偿的顶层制度设计，建立健全生态保护补偿制度体系，并将其推上"准国策"的高度。在各地大力以生态保护补偿为抓手推进生态文明建设"热潮"之下，一些现象却逐步引起我们思考。首先，虽然中央政府、省级政府密集发文为生态保护补偿政策摇旗呐喊，但却出现了生态保护补偿推进不均衡、不充分，"上热下冷""公热私冷"等问题。其次，各部门在推进重点领域、重要区域和区域间生态保护补偿工作中，基于事权职责而竞相发布的多项生态保护补偿政策之间并不一致，造成具体执行部门无所适从，尤其是国家发改委、财政部及其他相关部委在生态保护补偿政策制定和生态保护补偿立法过程中，由于政策（立法）目标、政策工具（法律手段）等存在诸多差异，有可能引发政策撕扯、立法冲突和监管失效等诸多问题。

针对第一个问题，在试点先行与逐步推广、分类补偿和综合补偿有机结合基础上，研究制定《生态保护补偿条例》或《中华人民共和国生态保护补偿法》等法律法规，逐步明确补偿原则、补偿范围、补偿标准，细化保护者和受益者之间的权利义务关系，以固化生态保护补偿顶层制度设计已然成为各界共识。由于生态保护补偿制度是生态文明制度建设的主要抓手，进行一体化的法律规制对于逐步扩大补偿范围、合理提高补偿标准和建立保护者和受益者良性互动机制实属必要。换言之，生态保护补偿制度的法制化是建立多元化、市场化生态保护补偿机制的必要前提和法治保障，但立法并非万能，需要考虑在立法之外，有无其他成本更低或效率更高的规制工具？生态保护补偿立法中，如何合理转换以及有效调和目前众多生态保护补偿政策所追求的不同目标？如何调和政策驱动生态保护补偿和立法规范生态保护补偿之间的矛盾？如何有效抑制暗含部门利益、地方利益的生态保护补偿政策不断出台？应当清醒地认识到，对上述问题的回答均应围绕"国家政策驱动"生态保护补偿实践的"中国特色"而展开。客观上讲，由政策特殊属性所决定的政策驱动影响面广、导向性强、见效快，但同时亦会产生诸多负效应。因此，在推动生态保护补偿法定化过程中，必须首先考量法与政策之间的紧张关系。只有积极回应和缓解生态保护补偿法律与政策在环境治理中的矛盾和张力，使之实现在法治框架下的互动与融合，才能既发挥政策的灵活性，又能使生态保护补偿实践和创新"于法有据"，经得起正当性、合法性的追问。

基于以上问题，本书立足于法政策学的研究进路，采用以法学为主的多学科分析方法，探讨作为激励工具属性的生态保护补偿法律和政策的互动与融合，冲突与衡平，以及其与其他规制工具之间的相互推进关系；在此基础上，认真分析我国生态保护补偿立法的可能模式与进路，最后提出生态保护补偿立法中应当关注的核心内容，主要包括生态保护补偿概念、原则、标准和支付基准等可能需要立法做出必要回应的重要议题。

一、作为激励工具的生态补偿政策与法律

"国内外并没有统一的生态补偿定义，也正因为生态补偿概念的多层次化，使得许多不同的保护工具都被贴上了生态补偿的标签。"① "但无论从哪个角度出发，生态补偿都强调以激励换取生态环境保护这一核心内涵。"② "生态补偿目的就在于建立一种把个体/集体的土地利用决策与自然资源管理的社会利益连接在

---

① Schomers. Payments for Ecosystem Services: A Review and Comparison of Developing and Industrialized Countries [J]. Ecosystem Services, 2013 (6): 16-30.
② Vatn. An Institutional Analysis of Payments for Environmental Services [J]. Ecological Economics, 2010, 69 (6): 1245-1252.

一起的激励。"① "积极激励是生态补偿的核心，通过积极激励可以改变个人或集体的土地利用决策，从而鼓励生态服务的供给。积极激励的贡献并不意味着消极激励的缺失。但是在实践中积极激励的权重应超过消极激励，而且应该尽可能把积极激励给提供生态服务的个人。"② "生态补偿不仅是实现激励生态服务的足额供给等，更要彰显生态文明、保护生态环境、促进社会和谐和实现环境正义。多元利益分配和正义价值实现将生态补偿置于更具人文意味的利益场之中。"③ "生态保护补偿的本质属性是整体性环境权益区域分配衡平的社会性问题。"④ 由此观之，立足于自然资源管理效率和行为主义取向的生态保护补偿政策主要是如何围绕激励措施保障生态服务足额供应，但立足于利益公平分配和制度主义立场的生态保护补偿法律主要是围绕利益关系的识别、确认、表达、维护以建立长效的激励机制。由于不同的表现形式、价值形态、功能作用等，政策和法律围绕着生态补偿这种激励工具的制度设计而出现越来越多的矛盾和冲突。

（一）生态补偿：政策与法律的矛盾与张力

由于有关生态保护补偿的法律主要散见于《中华人民共和国环境保护法》和一些单项环境与资源保护法律中，这些法律仅有一些原则性、鼓励性规范却无具体的管理体制、资金机制等条款规定。因此，我国生态保护补偿实践更多有赖于自上而下的政策驱动和补偿项目为支撑的纵向转移支付。但生态保护补偿政策面临一些问题：一是制定主体各异。各部门制定的生态保护补偿政策通常只专注于本部门事权职权范围内的生态保护领域区域，在补偿资金来源、补偿范围和补偿方式各不相同且未能实现信息共享，一方面导致对生态系统的整体性考虑不足，另一方面也出现了补偿真空和补偿重叠共存现象。二是各部门、各地区追求的政策目标存在一定差异。一些部门或地区将自然资源有偿使用和生态保护补偿进行捆绑打包，造成生态保护补偿成为自然资源使用收费的正当性借口；一些部门或地区将生态保护补偿等同于生态环境建设，从而回避了生态建设或生态修复的政府责任；一些部门或地区将生态保护补偿作为跨区域环境责任考核的工具，以经济上的补偿责任来代替行政问责机制。凡此种种，不一而足。相互矛盾或排斥的政策目标已在一定程度上影响了生态保护补偿政策的实施效果。三是政策自身的

---

① Muradian. Reconciling Theory and Practice：An Alternative Conceptual Framework for Understanding Payments for Environmental Services［J］. Ecological Economics，2010，69（6）：1202 – 1208.

② Sommerville. A Revised Conceptual Framework for Payments for Environmental Services［J］. Ecology and Society，2009，14（2）：34 – 47.

③ 李奇伟等：《论利益衡平视域下生态补偿规则的法律形塑》，载《大连理工大学学报》（社会科学版）2014 年第 3 期。

④ 肖爱等：《流域生态补偿关系的法律调整：深层困境与突围》，载《政治与法律》2013 年第 7 期。

不稳定性。许多生态保护补偿政策主要是以具有一定时效性的生态补偿项目为载体，一旦补偿项目结束，补偿资金就不再发放。由政府全部负责补偿资金而具体的保护者和受益者之间关系脱节、权利责任不明晰的补偿方式很难引导民众改变原有生活方式和生产方式，最终也难以激励生态服务的持续供给。因此，必须要为生态保护补偿机制提供法治保障，将相关成熟的政策升格或固化为法律，逐步形成一种制度化和常态化的利益分配机制。

比较而言，生态保护补偿机制亟须立法的原因有以下几个：其一，通过法律的确定性、权威性和可预测性得以逐步明确政府尤其是地方各级政府的法定职责，包括筹集补偿资金或建立补偿基金、完善补偿管理体制和绩效评估机制、引导市场补偿、社会补偿的积极参与等，切实兑现政府在生态环境保护的主导作用。其二，通过立法逐步明确界定政府补偿和市场补偿的关系。要按照"充分发挥市场配置资源的决定性作用和更好发挥政府作用"的基本原则，遵循"政府指导＋市场增进"发展路径，不断探索市场补偿与政府补偿深度融合的多种有效实现方式，加快形成多元化、市场化生态保护补偿机制。其三，通过立法来改变目前生态保护补偿政策和规范繁多，效力层级低且彼此冲突，可操作性差的弊端，不断推进生态保护补偿制度化和法制化。其四，生态保护补偿机制中，利益相关者众多，利益诉求多元，法律关系复杂，只有借助法律来衡平协调利益和公平分配负担，才能实现生态补偿利益相关各方共赢。其五，只有通过立法，才能使"绿水青山"保护者借助制度规定获得具有稳定预期的"金山银山"，有效践行"绿水青山就是金山银山"的理念。

当然，完全用生态保护补偿法律取代所有生态保护补偿政策是不可能也不现实的。（1）生态保护补偿政策与其他政策不同，很多不是执行性的，而是针对中国实践所出现的新经验、新问题、新情况而提供的指导性、引导性甚至带有一定"社会实验"性的对策性措施，具有制度创新、体制变革甚至"试错纠错"的复合功能，这与法律所追求的稳定、可预测和严格责任追究制度存在一定冲突。（2）生态保护补偿问题本身的复杂性、独特性、不确定性，使得生态保护补偿问题常与其他问题诸如精准扶贫、移民搬迁、主体功能区规划甚至流域生态环境治理等相互纠结而形成难以解决的"问题束"，这在加大政策转化为法律难度的同时，却赋予了生态保护补偿政策以持久的生命力。因为与具有滞后性、稳定性和普遍一致性的法律相比，生态保护补偿政策具有目标工具性、特殊针对性和应对及时性等优点，能够灵活有效地规范和指导生态保护补偿实践，生态保护补偿制度转型和生态文明管理体制变革时期尤甚。（3）国外的生态补偿实践经验表明，土地等自然资源开发、利用和保护规划、产业发展规划等公共政策手段在规制生态保护补偿中发挥了重要作用。例如，经常被学术界提到作为生态补偿实践典范的美国，并没有专门制定生态保护补偿法律，而是在相关法律框架下，运用土壤质量改善政策来实施耕地生态补偿，借助产权税收减免激励生态服务的持续供应。利用一揽子补偿协议来推进流域生态补偿。

由此看来，即便将来国家层面的生态保护补偿立法完成后，生态保护补偿政策不是被法律取代，相反，而是有必要长期存在，并持续深入地影响和指导生态保护补偿工作的进展状况。这似乎对生态补偿法治化发展的理解造成一定的冲击，因为我国经历了一个政策高于法律的"政策法"时代，纯粹的法治思维可能对政策思维不免有一种特殊的禁忌和规避心态。"然而，强调政策的作用和功能是否必然会导致法治的凋零呢？"[1] 换而言之，政策与法律是否就是截然对立的矛盾体呢？在此，我们有必要从法政策学视角来重新审视法律和政策之间的关系。

（二）生态保护补偿：政策与法律的双重审视

法有别于公共政策，无论在外在形式、内在价值、实施机制及稳定性与实效性方面，法无疑具有更高的标准和要求，政策升格为法律而无相反情形出现似乎就是明显例证。无数法律人孜孜以求的梦想就是利用有别于环境政策、环境伦理道德的话语体系打造一个理想、逻辑自洽的生态法治体系，以实现对环境的有效治理。客观事实亦然，从人治到法治，从依政策治理到依法治理，实际上也展现了我国环境治理的一般发展规律。但法与政策的不同并不能否认它们之间存在一种错综复杂的牵连关系。"实际上，不管对公共政策如何定义，学术界对公共政策学已经形成一项基本共识，即公共政策包含法，公共政策属于法的上位概念，各个层次的立法均为公共政策的载体和工具。"[2] 在现代法治国家，承担政策调控任务的法律规范日益普遍，公共政策已经融汇于国家法律体系之中。可以看出，公共政策与法的关系主要体现在两个方面：一方面，一些重大或影响全局的公共政策通常需要借助各种法律手段才能获得高度权威并能予以切实落实，只会出现公共政策升格为法律之情形而非相反，说明了与公共政策相比，法才具有终局意义和更高标准；另一方面，法律规范背后也蕴含着形态各异的政策目标，包括宪法、法律在内的规范体系无一不是特定国家政策制度化的结果。就环境法律和环境政策关系而言，传统环境立法强调管制性立法，"不过，新兴环境议题所带来的挑战不仅是管制的问题，还包括国家整体政策及法律原则的问题。因此，在新旧环境议题交错而日趋复杂的当代，环境法不能仅定位在管制，而是必须扮

---

[1] Keith Werhan. Delegalizing Administrative Law [J]. University of Illinois Law Review, 1996 (2): 460.
[2] 鲁鹏宇：《法政策学初探——以行政法为参照系》，载《法商研究》2012 年第 4 期。

演更重要的角色。"① "相较于管制性的环境立法,当代的环境立法必须重视政策性的环境立法,并且使二者更为紧密地联结起来。政策性立法主要的功能是形成环境立法的基本框架与走向。"② 因此,在法政策学的视野里,生态保护补偿政策与法律密切相关,生态保护补偿立法必须正视和回应真实的实践活动,不能无视政策对法的全面渗透和深刻影响,应将视域扩展到整个生态保护补偿全过程,在政策思维和法律思维中找到契合点,逐步将条件成熟的生态保护补偿政策及时升格为法律,探求生态保护补偿法律制度设计的最佳途径和方法。具体而言,法政策学的研究包括两个方面,即对政策和法律的双重审视:从政策的视角审视法律如何顺利实现政策追求的目标,着眼于法律的工具性和目的性;从法律的视角审视政策是否适合或是否有必要转换为法律,重心在于政策的合法性、正当性以及可行性。③ 现分别进行简要分析。

1. 政策视角

"现代公共政策学对待法的工具主义立场根深蒂固。"④ 法律常常是特定政策目标与政策内容的体现和载体,一些政府的重大公共政策成为立法的直接驱动力。有学者甚至断言,"最好的法律是能顺利达成政策目的的法律"。⑤ 因此,从政策视角上看,法律就是实现特定政策目标的工具。"既然法律制度是为了达成一定的目的而设计出来的,那么法政策学中的目的—手段的思考模式必然要发挥重要作用。"⑥ 因此,生态保护补偿立法之前,首先需要对生态保护补偿政策目标、政策内容和政策进度等方面进行剖析,初步得出以下的几点看法:(1) 政策目标存在抵牾。尽管已经出台了生态保护补偿的顶层制度设计,但并不妨碍各部委在职权事权范围内追求各自的补偿政策目标。"各种相互对立无法兼容的政策目标并存于法律体系内,极易损害法的一致性和安定性等内在品质。"⑦ 此外,各部门确定所涉补偿领域政策目标时,势必与原有事权职权结合,基于权力惯性,极易在政策目标中夹带部门或地方利益。如现行法律规定,水利部门依法征收水资源(税)费和水土保持生态效益补偿资金;现行政策则又明确,可以将前述相关收入用于开展相关领域生态保护补偿。显然,政策希望多渠道筹集补偿资金和建立稳定资金投入机制的初衷(目的)是好的,但这容易给相关部门设置生态保护补偿"自留地"。因此,生态保护补偿立法时必须在坚持公平、公开等价

---

① ② 叶俊荣:《环境立法的两种模式:政策性立法与管制性立法》,载《清华法治论衡》2013 年第 3 期,第 7 ~ 10 页。

③ 陈铭祥:《法政策学》,元照出版公司 2011 年版,第 5 页。

④ 鲁鹏宇:《法政策学初探——以行政法为参照系》,载《法商研究》2012 年第 4 期。

⑤ 陈铭祥:《法政策学》,元照出版公司 2011 年版,第 3 页。

⑥ 解亘:《法政策学——有关制度设计的学问》,载《环球法律评论》2005 年第 2 期。

⑦ 转引自鲁鹏宇:《法政策学初探——以行政法为参照系》,载《法商研究》2012 年第 4 期。

值追求和"运动员和裁判员适度分离"等法律原则前提下对政策目标进行一一甄别，真正将具有正当性与合法性兼备的政策目标转换为立法目标，避免法律沦为政策合法化的外衣。（2）政策内容多元丰富。按照生态保护补偿政策要求，各部门应着力在逐步扩大补偿范围、合理提高补偿标准和建立保护者和受益者互动机制等三个方面完善生态保护补偿机制。但由于不同部门所辖不同领域生态补偿内容侧重点不同，因此就会引发一些部门将政策注意力聚焦于扩大补偿范围，但却容易忽视就扩大的补偿范围如何合理提高补偿标准等。换言之，一些部门在陆续出台补偿政策解决上述三个方面问题同时，又在制造或引发新的问题。总之，多元的政策内容无疑给生态保护补偿统一立法带来诸多挑战，可行措施就是立足于整体性生态服务有效供给的现状，考虑进行框架性的生态保护补偿立法，至于不同领域、不同区域等补偿实践中的具体实施规则，应给予各地进行政策探索留下制度空间。（3）政策进度差异极大。众所周知，森林生态效益补偿制度建立较早，依靠"法律托底＋政策驱动"，已经初步建立了"市场补偿＋政府补偿＋社会补偿"等多元补偿模式结合，在政府补偿中初步实现了"市场化补偿（赎买、租赁）＋行政补偿（补偿金）"等多元补偿方式结合，在行政补偿中初步实现了"补偿（公益林）＋补贴（种苗）＋补助（天然林商业禁采）"等多元补偿类别结合，在森林生态补偿金的分配上初步建立了"公共管护者＋经营者＋具体管护者"共建共享的分配结构，可见，森林生态保护补偿政策法律体系已经初步健全。与此相似，借助《中华人民共和国水污染防治法》的制度规定[①]，孕育并催生各地竞相出台流域生态补偿规范性法律文件[②]或签订上下游横向生态补偿协议[③]，也使流域生态补偿制度朝着法治化迈出了坚实的步伐。相反，在重要水功能区生态保护补偿，如江河源头区、水产种质资源保护区，水土流失重点预防区和重点治理区等，由于水功能区划和水环境功能区划不一[④]、效力不高，加之水流产权界定推行较慢等诸多原因，目前尚处于政策整合或政策探索时期，真正实现水生态补偿全覆盖的路仍然较长。不同领域、不同区域乃至跨区域生态保护补偿政策实施进度不一，尽管为立法提供了丰富实践经验，但仍然给统一立法留下了很多难题。

2. 法律视角

以法律视角来审视政策，就要分析生态保护补偿政策转化为法律的正当性、

---

①　《中华人民共和国水污染防治法》（2017）第八条规定，"国家通过财政转移支付等方式，建立健全对位于饮用水水源保护区区域和江河、湖泊、水库上游地区的水环境生态保护补偿机制"。

②　典型有《河南省水环境生态补偿暂行办法》《江苏省水环境区域补偿实施办法（试行）》等。

③　典型有《浙江安徽新安江流域生态保护补偿协议》《江西广东东江流域横向生态保护补偿协议》等。

④　按照2018年党和国家机构改革方案，水功能区划职权已由水利部转交给新组建的生态环境部。

合法性和可行性。(1) 从正当性角度而言,生态保护补偿是"绿水青山"保护者公平获得"金山银山"的具体制度措施。生态保护补偿政策首要目标是通过激励约束机制的建立以实现土地等自然资源的管理效率,其次才关涉资源或利益的公平分配,也就是说,它并不是万能的,无法负载本应是生态文明体制改革所承担的各项重任。这样看来,目前那些具有"泛化""美化""神化"生态保护补偿价值功能,具有极强功利性的生态保护补偿政策,难以通过正当性审查的大门。所谓"泛化"是指试图将生态保护补偿政策扩展到所有环境治理领域,除了将自然资源有偿使用制度和生态保护补偿制度进行捆绑外,"为增进环境保护意识,提高环境保护水平而进行的科研、教育费用的支出"[1] 也被一并纳入补偿费用,以至于有学者认为这"让生态补偿变成了无所不包的百宝箱、魔幻瓶"。[2]泛化的结果就是虚无化,导致很难精准把握生态保护补偿的制度定位。"美化"是指过于强调生态保护补偿的制度功能,包括预防、减缓环境问题、公平分配利益甚至流域生态环境治理都被一并"打包"纳入生态保护补偿制度的制度功能中,造成生态保护补偿制度不堪重负。因此,立法也要考虑为生态保护补偿制度适当减负,在明确制度目标同时,准确进行制度定位和合理确定制度的主导功能和辅助功能。"神化"是指将生态保护补偿政策作为环境治理,尤其是大气、水污染治理中环境责任考核机制的灵丹妙药,希望通过区域间水环境和大气环境生态补偿,来推行环境质量地方政府责任考核制度,恰恰忽视生态保护补偿中,政府所应承担的补偿资金的筹集、发放和监管责任。另外,还存在着借助生态保护补偿政策为本部门、本地区扩张权力、攫取利益的情形。这些暗含部门利益和地区利益的政策目标都欠缺法律上的正当性,因此不可将这些政策目标轻易转化为立法目标。(2) 从合法性角度来看,目前众多生态保护补偿政策包含了诸多创新性举措。例如,流域生态补偿政策中,上游地区承担生态环境保护的责任,享有水质改善、水量保障带来利益的受偿权利,但同时也负有水质恶化、过度用水时对下游地区的补偿义务,亦即学术界发生较大争议的"双向互易补偿"问题。[3]立足于现行实在法的规定,这种"双向补偿"是否符合《中华人民共和国环境保护法》《中华人民共和国水污染防治法》提出的"对流域、湖泊、水库上游地

---

① 吕忠梅:《超越与保守——可持续发展视野下的环境法创新》,法律出版社 2003 年版,第 355 页。

② 李永宁:《论生态补偿的法学含义及其法律制度完善——以经济学的分析为视角》,载《法律科学》2011 年第 2 期;刘国涛:《生态补偿的概念和性质》,载《山东科技大学学报》(人文社会科学版) 2010 年第 5 期。

③ 杜群等:《论流域生态补偿"共同但有差别的责任"——基于水质目标的法律分析》,载《中国地质大学学报》(社会科学版) 2014 年第 1 期;严厚福:《流域生态补偿机制的合力构建》,载《南京工业大学学报》(社会科学版) 2015 年第 2 期;谢玲等:《责任分配抑或权利确认:流域生态补偿适用条件之辨析》,载《中国人口·资源与环境》2016 年第 10 期。

区"实施生态保护补偿的制度规定，都值得详细推敲。再如，在贫困地区开发水电、矿产资源占用集体土地的，试行给原住居民以集体股权方式进行补偿，这样的政策规定无疑具有创新意义，但此举是否符合《中华人民共和国土地管理法》《中华人民共和国公司法》的相关规定，也颇有疑问。此外，还有流域地方政府之间签订的流域补偿协议，因为事关横向转移支付，因此也需要与现行《中华人民共和国预算法》进行有效衔接。总之，这些受到合法性质疑的政策，有的没有现行法律依据，有的与现行法律相冲突，有的超越了部门权限范围或违反了法律保留原则，原则上应当通过修改法律或经过民主公开的立法程序使其获得合法性。在此之前，具有合法性瑕疵的政策不应轻易出台和贯彻执行，否则可能会导致法治的不彰。(3) 从可行性角度来说，结合政策内容，可以把生态保护补偿政策分为几类：第一，宣传引导类。如中共中央办公厅、国务院办公厅《生态文明体制改革总体方案》等，这类政策性文件旨在推动生态保护补偿等，主要在于宣传、引导和促进，没有过多涉及保护者和受益者权利义务等内容，这些政策无须转换为法律，但可以作为法律的背景规范[1]发挥一定的指导作用。第二，具体实施类。例如，国务院办公厅《关于健全生态保护补偿机制的意见》以及财政部等四部委发布的《关于加快建立流域上下游横向生态保护补偿机制的指导意见》等。这类政策性文件对生态保护补偿进行了总体框架设计，并给出了具体实施意见，尤其重要的是，一些主要政策内容涉及保护者和受益者之间权利义务关系，对生态保护补偿制度在我国的生成和发展具有深刻影响，其中涉及生态保护补偿的主体、补偿标准、补偿方式、补偿程序、法律责任制度规定等主要内容均需要以法律形式表现。第三，补偿协议类。这是指互不具有隶属关系的流域上下游地区地方政府之间，在意思表示一致的基础上，共同作出的具有一定对价支付内容的一种行政协议。在不违背国家强行性规定之下，流域上下游地区地方政府可自主协商补偿基准、补偿标准和补偿方式等补偿协议主要内容。补偿协议的签订、履行及纠纷解决有赖于跨区域合作组织与合作行为的规范协同。生态补偿立法也需要对这类协议作出明确回应，但具体补偿规则留待协议双方自愿协商确定。第四，创新举措类。为了推动生态保护补偿发展，促进生态服务的足额供应，一些政府部门排除现有制度障碍，针对不同领域生态保护补偿的特征，陆续出台了一些创新性举措，例如，森林生态补偿中对天然林商业性禁采的奖励政策，草原生态补偿中对草畜平衡的补助政策，耕地生态补偿中对使用有机肥料和低毒生物农药的补助等。这些政策充分体现了生态保护补偿激励工具的内在属

---

① 王旭：《面向行政国时代的法律解释学——简评孙斯坦〈权利革命之后：重塑规制国〉》，载《中国政法大学学报》2009 年第 1 期。

性，但它们具有期限性短、随意性大、导向性明确和不确定性强等特点，法律只能做出一般性规定，留待各地结合实际进行探索，一旦条件成熟，也可以通过颁行规范性法律文件予以明确。第五，配套类。"生态补偿并非在一个法律、社会或政治真空中运行。生态补偿机制需要适应特定的制度背景，需要确保法律政策和实践能够支持至少不妨碍机制的运行，这也常被视为生态补偿的构成要素。"①因此，围绕着生态保护补偿立法而需要完善背景类制度或技术性措施，比如自然资源资产产权制度、生态环境监测指标体系、生态补偿标准测量方法等，这些配套制度措施，尽管也需要建立或完善，但也不宜放在生态保护补偿立法中予以具体规定。

（三）生态保护补偿：政策与法律的双向互动

在法治国家中，政策的灵活性、针对性和工具性并不能使其成为一个独立王国，如果政策背离法治原则和基本法理，必将动摇法治权威和根基，因此必须依据法治精神和法治原则对政策合法性和民主正当性进行审查和规范。法治不仅是法律的准绳，更是政策的"紧箍咒"。由于我国生态保护政策并不依赖于合意而主要取决于权威性决定。作为一种来自公权力的判断，应当体现蕴含共同体价值的社会目标，也需要接受一定的合法性和民主正当性的审查。

1. 法律对政策：控制与审查

"由于我国政策决策转型刚刚起步，从权威结构内部生长起来的决策结构、方式、机制仍呈现经验化、非制度化和政府中心主义的特征，所以决策的合理性很大程度上依赖于决策者对来自民众利益诉求的体认，一旦这种体认判断有误，就会直接影响决策的公信力，也会带来决策体制的合法性危机。"② 为保障政策的合法性和正当性，法律需要从以下几个方面进行制度建设。（1）利益相关者的参与规则。毫无疑问，生态保护补偿政策实施意味着利益相关者利益的减损或增加，其中，如果出现可能涉及减损利益的情形，必须保障利益相关者的依法参与。如流域生态补偿试点中，需对上游地区众多利益相关者进行限制，包括排污企业关停并转、渔民停业转产和农地经营转型等引发的财产权受到禁限，地方产业规划和土地发展所引发的发展权受到限制等，如果仅强调事后补偿而忽视事前补偿政策制定过程中的充分、及时和有效参与，或者对相关者参与进行"符号

---

① 张晏：《国外生态补偿机制设计中的关键要素及启示》，载《中国人口·资源与环境》2016 年第 10 期。

② 周光辉：《当代中国决策体制的形成与变革》，载《中国社会科学》2011 年第 3 期。

化""形式化"处理,① 造成公众认同政策合理性的社会基础不牢和社会接受程度不高。"公众参与行政过程能够带来较为丰富和全面的信息,有助于保证不同社会群体的利益都能在行政过程之中得到适当反映,从而可以从整体上提高行政机关决策的公平性、合理性和正当性。这种公众参与既体现了行政程序上的正义,又有利于确保行政机关在实体决策和监管过程尊重利益相关者的主体性和主体间性。"②(2)政策制定的程序规则。进入现代社会以来,行政机关开始突破"立法的传送带"束缚,承担起广泛的政策创制任务,为此,现代行政法除了对行政权有效控制外,更承担保障行政机关创制政策以完成行政任务(目标)的职责。行政机关创制政策需要遵循一定的行政程序规则。可喜的是,"我国有的地方已经制定行政程序规定,对行为法机制的整合进行了探索,这些都是制定统一行政程序法的扎实基础和良好经验,因此统一立法的时机已经基本成熟"。③ 显然,政策制定的一般程序与生态补偿政策制定程序,相当于一部法律的总则与分则关系。所以,对生态补偿规范制定、生态补偿协议签订的程序规定也能有效推进政策的合法性和正当性。(3)政策的司法审查规则。对公共政策进行司法审查一直是各国司法审查的难题,即如何在尊重行政机关的专业判断和保障判断的合法性以及保护公民权利之间取得平衡。其中影响较大的有德国的判断余地理论④和美国的谢弗林规则⑤,尽管这两种理论规则存在较大差异,但毫无疑问大都体现了一个基本趋势,即法院对于行政机关决定的审查的基本操作是在尊重各自专长基础上,重心在于对政策制定程序是否存在正当性的关注,而非关注政策的具体内容。"司法权的发展变化则主要是为了促进、适应和服务于这一趋势,保证公众对行政过程的参与权,而不是用公众在司法程序中的参与来替代公众在行政程序中的参与。"⑥"可见,对于公众参与的审查要点在于考察政策形成过程是否有效地吸收了公众参与,保证了民主链条的融贯,从而确保政策决定的民主回应

① 李奇伟等:《论利益衡平视域下生态补偿规则的法律形塑》,载《大连理工大学学报》(社会科学版)2014年第3期。

② 王明远:《论我国环境公益诉讼的发展方向:基于行政权与司法权关系理论的分析》,载《中国法学》2016年第1期。

③ 叶必丰:《行政组织法功能的行为法机制》,载《中国社会科学》2017年第7期。

④ Hans – Uwe Erichsen. Unbestimmter Rechtsbegriff und Beurteilungsspielraum [J]. Verw Arch Band 63 (1972):337 – 344.

⑤ Elliott. Chevron Matters:How the Chevron Doctrine Redefined the Roles of Congress, Courts and Agencies in Environmental Law [J]. Villanova Environmental Law Journal, 2005 (16):1 – 19.

⑥ 王明远:《论我国环境公益诉讼的发展方向:基于行政权与司法权关系理论的分析》,载《中国法学》2016年第1期。

性。"① 上述理论建议对于我国生态补偿立法中司法机关如何介入以及介入程度的把握提供了可资借鉴的参考。

2. 政策对法律：执行与完善

对生态保护补偿进行法律规制既涉及对政府、市场与社会之间错综复杂利益关系的重新调整，也关涉优质生态服务的持续供给及基于权利平等保护的政府基本生态产品供给责任的履行与否，同时还触及生态补偿支付基准、支付标准和支付方式等制度规定的规范化发展问题，因此单纯依靠生态保护补偿法律去解决实践中层出不穷的各种问题是不现实也是不明智的。"更好的规制或智慧的规制的关键是在规制的百宝箱里，选取最能实现规制目标的恰切工具。"② 通过立法来规制生态保护补偿，提供必要的具有清晰性、确定性、权威性及连贯性的法律框架，对于科学界定保护者与受益者之间的权利义务关系，明确政府责任边界等方面所具有的重要性和必要性，不再赘言。更为重要的是，即便在完成生态保护补偿立法之后，仍然有必要授权行政机关制定大量生态保护补偿政策，以便促进法律的有效实施。主要理由在于以下几点。（1）协同性。前已所述，法律制度是为了达成一定的目标而设计出来的，因此，生态补偿立法必然面临目标有效实现（"目标—手段"模式）与有效规范双方（"权利—义务"方式）的撕扯与协调问题。一般而言，在目标相对确定情况下，采取何种行政手段实现目标是下一步重点，但单独或组合适用不同行政手段并不仅是一种工具主义考量，而是需要与明确权利义务规则作为支撑，换言之，有效的生态保护补偿规制需要在政策思考模式（"目标—手段"模式）和法律思考模式（"权利—义务"方式）之间实现协同。（2）专业性。不同行政机关在履行各自职权范围生态保护补偿工作中，不仅具有实践所要求的专业知识，而且具有从实践中不断习得的规制经验。专业知识和规制经验能够保障行政部门及时发现和有效解决实践中产生的问题。（3）及时性。即行政机关可以迅速高效地回应实践需要，作出相关政策决定。作为环境治理工具箱中的重要工具，生态保护补偿政策可以作为生态保护补偿立法的背景性规范而发挥着创新性、导向性功能，在立法后更需要以政策为中介，将抽象的规则转化为具体的社会实践，因为抽象、滞后的法律需要与具体、灵活的政策互相配合，协力推进实现法律政策目标，当然也需要授权行政部门大量自由裁量权，根据自己专业判断制定执行政策并解决个案问题。

总之，生态保护补偿立法不是"去政策化"，而是更好地实现生态补偿政策

---

① Eduardo Jordao. Susan Rose – Ackerman，Judicial Review of Executive Policy Making in Advanced Democracies：Beyond Rights Review [J]. Administrative Law Review，2014（66）：4 – 6.

② Ciara Brown Colin Scott. Regulation Public Law and Better Regulation [J]. European Public Law，2011（17）：467 – 484.

与法律的互动与融合。更为重要的是，生态保护补偿实践中的诸多政策创新举措，比如能否将水资源费、生态环境保护税等有机纳入生态补偿资金筹集机制，也首先需要借助公共政策去描述、整理、分析和判断，在相应的时机成熟之后，从而推动生态保护补偿法律的及时修订，以更好推进环境治理能力的现代化。

二、关于国家生态补偿立法的几点建议

对于生态保护补偿立法的必要性已经取得共识：国家层面正在研究制定生态保护补偿条例，地方层面也在积极出台生态保护补偿地方法规或规范性文件。但问题的关键不是立法，而是如何立法，即立法的模式和进路问题。

（一）生态保护补偿立法的三种模式

1. 个案立法

所谓个案立法就是针对重要生态系统、重点生态功能区域和跨行政区域合作机制分别进行生态保护补偿立法工作。针对重要生态系统进行单独立法，如制定《森林生态保护补偿办法》《草原生态保护补偿办法》《湿地生态保护补偿条办法》等；针对重点生态功能区域进行单独立法，如制定《自然保护区生态保护补偿办法》《国家级重点生态功能区生态补偿办法》《国家公园生态保护补偿办法》等；针对保护地区和受益地区、流域上游地区和下游地区等跨行政区生态补偿机制进行单独立法，如制定《流域上下游横向生态保护补偿实施办法》等。个案立法的好处有两点：一是可以结合不同生态系统、不同生态功能区和跨行政区域合作机制的具体特点进行针对性立法，从而实现法律的可操作性及针对性，能够有效规范或促进实践发展；二是考虑了不同生态系统、不同生态功能区和跨行政区域生态补偿政策进度不一的现实。由于生态补偿政策发展不均衡所导致的一些领域、区域补偿政策已经逐步走向成熟，而另外一些领域、区域的补偿政策试点才刚刚开展，因此，个案立法不能简单地对重要领域、重点区域的各项生态保护补偿政策进行确认、转化或背书，而应当在理性批判和科学立法的基础上予以逐步推动。但个案立法也存在一些弊端，除了固有的立法成本过高之外，它不能做到对山水林田湖草生命共同体进行系统性、整体性考虑，"如果种树的只管种树，治水的只管治水，护田的只管护田，就很容易顾此失彼，生态就难免会遭到系统性破坏。"[1] 尽管目前生态环境的一体化监管体制改革方案已经初步完成，但经

---

[1] 成金华等：《"山水林田湖草是生命共同体"原则的科学内涵与实践路径》，载《中国人口·资源与环境》2019年第2期。

验告诉人们，清理各部门交叉职责，建立统一行使职责的生态补偿监管体制更是一个逐步推进的过程，因此，仍然需要对个案立法过程中可能存在的部门利益法制化保持高度的警惕。

2. 通案立法

即对生态保护补偿进行一般性立法，这也是目前讨论较多的一种立法模式。2010年，国家发改委牵头起草《生态保护补偿条例》表明这也是官方认可的一种方式。应当说，无论是从成本效率角度，抑或从生态系统系统性、整体性上考虑，不失为一种可行的做法。但是，通案立法所追求的规范性、一体化却容易忽视领域、区域和跨区域生态保护补偿之间的巨大差异性甚至难以通约性，导致一些法律条文难以有效对生态补偿进行规范。因此，通案立法的最大挑战就是需要不断找寻不同领域、不同区域和跨区域生态保护补偿之间的共性和各自的个性，借助最大公约数方法完善一般规则。从政策和法律互动的视角来看，通案立法就不需要对生态保护补偿进行细致入微的规定，不宜大量确定直接调整性规范，而应更多考虑进行结构性的框架立法。此外，应以"更好发挥政府作用"来引导"充分发挥市场配置资源的决定性作用及更好发挥政府作用"为指导原则，通案立法宜为地方政府提供一种方向导引功能，以规范行政机关生态保护补偿工作的"权力与责任"。更好地发挥政府作用或职能，关键是合理确定政府作用的边界，让政府承担国家生态补偿责任的范围及条件能够非常清楚，使政府有所为有所不为、不缺位也不越位。

3. 以其他法为载体

这意味着，没有统一或专门的生态保护补偿立法，但通过《中华人民共和国环境保护法》等综合性生态环境法律，《中华人民共和国森林法》等自然资源开发利用保护类法律，《中华人民共和国水污染防治法》等单项污染防治类法律以及《中华人民共和国国家公园法》《中华人民共和国自然保护地法》等诸多生态保护类法律，甚至可以包括数量众多的地方立法、规范性法律文件和生态补偿政策等对生态保护补偿进行法律规制，这也是我国目前的基本现状。早在2010年，国家发改委已经开始牵头起草《生态保护补偿条例》，但后来逐渐归于沉寂，一个可能的理由是，在生态文明体制急剧变革时期，国家对生态文明建设的基本立场尚处于总体判断时期，对生态保护补偿进行通案立法应采取非常审慎的态度和立法进路，需要在对丰富而又复杂的生态保护补偿实践通过长时间的观察后，在现有政策和法律框架下，通过直接援用，不断优化和大胆创新重要领域、重点区域和跨区域生态保护补偿规则，从而为生态保护补偿通案立法奠定基础。2020年，国家发改委重新牵头起草《生态保护补偿条例》（以下简称《条例》）制定工作，这表明，需要重新审视以其他法为载体所带来的各种困境，进行专门生态补偿立法极为重要。这意味着，以其他法为载体的模式将发生重要变化。

（二）生态保护补偿立法的总体思路

1. 价值取向：以"生命共同体"理念为核心

针对中国生态环境保护面临的新形势与新挑战，学者吕忠梅提出了"自然生命共同体""人与自然生命共同体""人类命运共同体"等相互关联、有机统一的"生命共同体"法理命题，[①] 这构成了生态保护补偿立法的价值指引。立足"自然生命共同体"理念实现人的全面发展。"以人民为中心"[②] 是中国社会主义法治的价值追求，生态保护补偿立法亦不例外。但良好的生态环境没有替代品，"用之不觉，失之难存"[③]"人的命脉在田，田的命脉在水，水的命脉在山，山的命脉在土，土的命脉在林。山水林田湖是一个生命共同体。"为此，《条例》力图打破传统单个自然要素、单个生态系统补偿所致的碎片化，以"自然生命共同体"为旨趣，初步实现了补偿空间、尺度、范围、领域的"系统集成"，在"尊重自然、保护自然、顺应自然"前提下，践行"以人民为中心"的庄严承诺。借助利益分配机制践行"人与自然生命共同体"理念。对于人类社会不断增长、变化的需求而言，良好生态环境这种公共产品总是呈现出总量稀缺与功能稀缺。更为重要的是，呈现双重稀缺状态的良好生态环境在现实世界中并非总是均衡地配置于每个社会群体与个体之中，由此产生了不同区域、不同个体围绕稀缺资源展开了激烈竞争和相互冲突，"公地的悲剧""集体行动的困境"由此而生。《条例》通过统筹生态环境的多重功能、协调多元主体复杂利益诉求，希望探索"绿水青山"保护者与"金山银山"享有者之间的多元化利益协调机制，并促使其制度化和规范化。这是以人与人之间的利益衡平、和谐为手段和基础，实现人与自然的和谐共处，践行着"人与自然生命共同体"理念。倡导"人类命运共同体"理念以防范生态环境安全风险。生态环境安全因为关乎着国家、民族、经济等多重公共利益而被赋予了全新内容，使得其逐渐成为现代生态文明法治建设所追求的一种显性价值。其中，因全球气候变化引发的生态环境风险逐渐成为全球高亮议题。基于此，《条例》通过水权交易、碳排放权交易和用能权交易等系列市场化、多元化生态保护补偿机制建设，积极防范温室效应引发的国家、区域、全球生态环境风险，实现国家生态安全乃至全球生态安全，在彰显一个负责任大国形象的同时，也在倡导并引领"人类命运共同体"理念的实现。

---

① 吕忠梅：《习近平法治思想的生态文明法治理论》，载《中国法学》2021 年第 1 期。

② 习近平：《以科学理论指导全面依法治国各项工作》（2020 年 11 月 16 日），载习近平：《论坚持全面依法治国》，中央文献出版社 2020 年版，第 6 页。

③ 习近平：《深入理解新发展理念》，载《社会主义论坛》2019 年第 6 期。

2. 方法论：以"整体观"为要旨

生态环境保护不承认任何行政边界，甚至国界。因此，习近平总书记提出应该做到统筹兼顾、整体施策、多措并举，全方位、全地域、全过程开展环境治理。这些重要论述为《条例》制定提供了方法论指引。立足于"系统论"才能制定"良法"。《条例》在生态补偿主体规则设计上，建立了政府主导、市场补偿与社会补偿相结合的多元机制；在政府补偿方面，逐步厘清了中央、地方单独、共同补偿事权与支出责任；在监管权力配置上，努力实现政策供给、财政支出、公共服务提供与评估监督等整体性权力配置的协调统一、环环相扣；在协调机制方面，通过设置联席会议制度以实现对重大疑难问题的统筹安排；《条例》在对象维度上，立足重要生态系统、重点生态功能区以及跨行政区流域、区域等自然规律要求，依据建成美丽中国目标的进度安排，以规范化的分级分类方法为手段，实现了"山水林田湖草海"一体化、综合性、系统性补偿的统筹安排，实现了"点""线""面"的全覆盖及全整合。此外，依循整体观要求，《条例》通过探索建立生态红线补偿制度等保留必要开放空间。坚持协同性方法实现"科学立法"。具体体现在，草原生态补偿方面，不仅通过划定禁牧休牧区并对其实施补偿，而且对非禁牧休牧区的"草畜平衡"状况也实施一定奖励。这种在分区基础上设定不同补偿规则且通过规则之间的相互协同能够避免"泄露"问题发生；在内陆和近海重要水域休禁渔补偿方面，不仅对捕捞（退捕）单位或个人实施补偿，也对利益受损的地方政府提供必要补助，实现了在激励对象与激励效果作用点之间的协同与联动；在流域补偿协议基准方面，从流域"问题在水里、根子在岸上"的实际出发，《条例》在基准规则设计上不仅统筹考量流域水环境、水生态和水资源等水事要素，也通盘考虑流域内森林、草原和湿地等自然要素，也是一种借助协同方法的细致安排以实现流域经济社会与生态环境保护的协调发展。

3. 结构安排：以"体系化"为进路

立足我国实践经验和借鉴国外成熟做法，以各级政府在生态保护补偿机制中承担的责任属性为线索，《条例》探索出政府"法定责任、约定责任、复合责任"的体系化、结构化安排，试图破解"分散立法""部门立法"带来的责任属性不清、体系性不强等弊端。明确各级政府在国家财政补偿机制中的法定补偿责任。按照生态文明建设需求，秉持"有所为，有所不为"原则，《条例》依法选择一些重要生态系统、重点生态功能区及自然保护地等三类重要区域作为中央财政相对确定的补偿领域、范围。对于不能纳入或者暂时难以纳入的，一是要求地方各级政府通过地方财政承担补偿责任，二是引导或鼓励地方各级政府结合各自实际扩大补偿范围、拓展补偿对象及提高补偿标准。明确地方各级政府在合作机制中的约定补偿责任。约定责任主要面向补偿关系较为明确的生态保护地区与受益地区而言。针对地方政府不愿建立合作机制以履行约定责任，《条例》采用"胡萝卜＋大棒"策略，除依法赋予了中央政府（上级政府）的协调权力、明确符合条件地方政府的"强制缔约义务"外，对地方政府建立合作机制及成效实施一定奖励。尤为重要的是，《条例》规范了区域生态保护补偿协议的实体规则和程序规则，初步实现了横向生态保护补偿机制的法治化发展。不断厘定各级政府在市场补偿机制中的复合责任。我国市场补偿规模较小、比例较少是一个客观事实。"市场增进论"认为，在自然资源产权配置不明晰、制度机制不健全背景下，政府可通过"市场增进"策略，孵化出市场补偿机制。基于此考虑，《条例》提出了各级政府的复合责任，包括需要扮演市场参与者、制度供给者和监管者等多重角色。唯有明确政府在市场不同阶段的身份，市场化的补偿工具，比如基于价格的工具（通过拍卖或竞价方式获得补偿）、基于数量的工具（水权交易与排污权交易）、基于减少市场壁垒的工具（生态认证与生态标签）等才能得到培育、壮大及发展，市场补偿才能在生态保护补偿机制中占据主导地位。

4. 实施机制：以"契约治理"为立足点

相对于单向度的"行政治理"而言，双向度的"契约治理"是不同行政主体之间、行政主体与行政相对人等通过签订并履行协议来完成增进公共利益任务的一种新型治理方式。"契约治理"倡导一种温和、柔性的治理方式，弱化了"行政高权"在治理中的地位，参与治理的当事人保持着一种相对平等状态，他们之间的关系通过平等的利益交易规则得以联结。通过"契约治理"，可以使各参与当事人在合作之中的权利和义务明确，权利和义务对等配置。在这种情形下，公共利益的维持、增进和个人利益的满足均能在互动中得以实现，从而实现"善治"。"契约治理"不仅保证了参与主体自由意志的实现，强化其自治和参与社会公共事务的独立性，而且增加了政府的亲和力和决策的可接受性，培育了政府诚信与责任、秩序与效率的行政理念，从而有助于政府生态环境保护责任的确立及实现。基于此考量，《条例》在"契约治理"方面进行了大胆探索，相继明确了包括"耕地、林地和草地生态补偿协议""区域生态保护补偿协议""湖泊生态保护合作协议"等三类"契约治理"形式。但是，我们也要看到上述补偿协议之间仍然存在一些区别。性质方面，第一类协议属于现行法律法规和司法解释明确规定的"行政协议"范畴，后面两类是仍然停留在学理和实践探索上的"区域合作协议"。协议主体方面，前者包括行政主体与行政相对人；后面两类存在于跨行政区域的地方政府之间。是否享有行政优益权方面，前者的行政主体享有行政优益权，后面两类的地方政府无此权力。纠纷解决方面，前者可以依据《中华人民共和国行政诉讼法》和相关司法解释化解纠纷，后面两类产生纠纷只能自行协商解决或者提请上级政府协调解决。客观上讲，《条例》在"契约治理"方面的大胆探索不仅会对其他法律法规探索"契约治理"提供借鉴和示范，也在一定程度上推进着环境治理能力和治理体系的现代化。

5. 体制保障：以"清单制"为着力点

政府和政府职能部门是两类不同性质的行政机关。《条例》不仅需要明确各级政府的补偿责任，也需要厘定各级政府职能部门的生态保护补偿管理或监管职责。如果没有建立一整套职责清晰、权责分明和运转有序的生态保护补偿监管体制，前述"生命共同体""整体观""体系化""契约治理"均会停留在纸面上。为此，《条例》需要建立"统一协调监管和分级、分部门监管"相结合的生态保护补偿监管体制。为保障上述体制机制能够有效运行，可行举措就是建立生态补偿责任清单制度。所谓生态补偿责任清单是指，各级政府及其职能部门应当对照法律行政法规所确立的职权事项，对每一事项的责任主体、责任依据、追责情形、事中事后监管等以清单形式向社会公众公布。具体包括，政府职能部门的单独职责，包括其在制度供给、补偿支付和信息公开方面的职责。两个或多个政府职能部门的协同职责，需要明确牵头部门、参与部门各自或者共同参与事项、参与方式和时限规则等。考评机制：需要通过建立健全定性和定量相结合的考评机制，对单独职责、协同职责的履行情况进行基于行为或基于结果的全方位考评。追责、减责、免责机制：不能只强调追责，也要看到必须辅之以必要的容错空间。申言之，只有建立生态补偿责任清单，才能建构一个履责依据清晰、监督对象明确、追责范围及方向确定的"系统性"生态保护补偿工作格局，形成不同部门"合力"推进生态保护补偿工作的制度氛围，并能够在一定程度上避免或克服生态保护补偿工作中长期存在着的责任多头、责任真空、责任模糊等痼疾。

（三）生态保护补偿立法的主要内容

由于生态保护补偿法律关系所要求的灵活性与开放性，生态保护补偿立法作为一种框架性法律应当只规定最为核心和重要的条款，为生态保护补偿的地方探索和领域探索提供进一步发展预留空间，也就是说，把对生态保护补偿进行细节性和微观规制的任务留给地方立法、政策规定甚至各方签订的生态保护补偿协议。又是如此，我们认为，生态保护补偿立法的核心内容主要包括以下几个方面。

1. 生态补偿概念界定：限制与激励共融

"概念是构筑科学思想大厦的工具，是一切科学考察的出发点。"① "概念应

---

① ［奥］埃利希著，舒国滢译：《法社会学原理》，中国大百科全书出版社2009年版，第9、28页。

该是反映对象基本属性（或特有属性）的思维形态。"① 但生态保护补偿概念的立法界定至今仍聚讼不已。经济学总结出基于市场的科斯概念和基于政府干预的庇古概念，虽然构成生态保护补偿两种基本的制度范式，② 但构成它们理论基础的外部性理论、公共产品理论却未能有效描述生态保护补偿的特有法律属性。③ 环境法学者所给出的生态保护补偿概念④也主要有赖于对政策⑤的再次细化解读，但这种将生态保护补偿目的、手段和作用罗列组合在一起的概念界定实为前文所述政策学"目的—手段"思考模式的一种衍生，除了理论性强、笼统和抽象，难以为执法者把握外，最根本原因在于它未能实现政策"目的—手段"模式与法律"权利义务"特质在内容和体系上的有机整合，并以此为据整理挖掘生态保护补偿的特有法律属性。

我们认为，生态保护补偿是一个兼具成长性和发展性的复合概念，对其概念的立法界定必须坚守以下两点：（1）立足于生态保护补偿机制是一种激励机制来界定生态保护补偿概念。激励机制的法律构建主要通过两种方式：一是授予权利方式；二是奖励惩罚方式。以此看来，生态保护补偿科斯概念通过赋予、创设一定的权利（产权）并进行权利交易，从而对保护者增加生态服务的行为进行激励，强调的是一种赋权激励方式。生态保护补偿庇古概念通过奖励方式激励生态服务的足额持续供应，通过惩罚来抑制生态系统服务或生态产品的减损，它强调一种奖励惩罚的激励方式。（2）立足于规范法学中的正义理论和权利义务对等理论来界定生态保护补偿概念。生态保护者为了保护、维持和增强生态服务，需要对自己土地等自然资源特定权益实施限制，不管是积极限制或者消极限制，均会造成一定利益损失。基于正义考量，法律理应对这种"特别牺牲"进行对价补偿。再者，遭致"特别牺牲"的生态保护者享有要求受益者（或其代理人）必须为一定补偿支付的权利，即生态补偿请求权，相应地，受益者（或其代理人）有义务按照保护者的请求，做出一定补偿支付的行为。

---

① 张大松等：《法律逻辑学教程》（第 3 版），高等教育出版社 2013 年版，第 154 页。

② 王彬彬等：《生态补偿的制度建构：政府和市场有效融合》，载《政治学研究》2015 年第 5 期。

③ 高敏等：《关于生态补偿正当性的思考——以受补偿主体行为的性质为视角》，载《山西省政法管理干部学院》2010 年第 1 期。

④ 汪劲教授认为，"生态补偿即是指在综合考虑生态保护成本、发展机会成本和生态服务价值的基础上，采用行政、市场等方式，由生态保护受益者或生态损害加害者通过向生态保护者或因生态损害而受损者以支付金钱、物质或提供其他非物质利益等方式，弥补其成本支出以及其他相关损失的行为"。参见，汪劲：《论生态补偿的概念——以生态补偿条例草案的立法解释为背景》，载《中国地质大学学报》（社会科学版）2014 年第 1 期。

⑤ 2013 年 4 月，时任国家发改委主任徐绍史向全国人大常委会作的《关于生态补偿机制建设工作情况的报告》指出，"在综合考虑生态保护成本、发展机会成本和生态服务价值的基础上，采取财政转移支付或市场交易等方式，对生态保护者给予合理补偿，是使生态保护经济外部性内部化的公共制度安排"。

综上，生态保护补偿的概念界定应坚持"双阶双层说"。所谓双阶，是指生态保护补偿应分两个阶段：第一阶段是指对保护者特定权益实施限制所致"特别牺牲说"而予以的行政补偿。这一阶段又分为两层：一是对于特定个人（集体）等生态保护者而言，是指对其自然资源特定财产权益受限所遭致"特别牺牲"的合理补偿。二是对于特定地区、特定人或特定范畴内的人等生态保护者而言，是指对其自然资源发展权益受限所遭致"特别牺牲"的合理补偿。第二阶段是指透过适度的激励将保护者的自然资源保护行为与生态服务供给实现有效连接。第一阶段属于基础性补偿，应纳入生态保护补偿法律予以规定。第二阶段属于奖励性补偿，宜在法律作出一般性规定后，由各地结合实际做出政策规定。

2. 生态补偿机制建设：政府与市场结合

更好地发挥政府在生态保护补偿机制中的作用，关键是合理确定政府作用边界，使政府有所为有所不为、不缺位也不越位。现行《中华人民共和国环境保护法》将政府生态补偿职能以"国家指导"名义方式确立。立足于法解释学，从两个层面对"国家指导"予以解读：（1）主体层面。环境法律所确立的"国家指导"在生态补偿实践中会逐渐被简约为"中央政府指导"和"上级政府指导"。至于"中央政府指导"和"上级政府指导"职能领域界分，除遵循中央地方职能分工和财权事权一致等原则外，需要兼顾不同经济社会、生态功能和自然资源供需状况等。（2）内容层面。以目前实践情形来看，"国家指导"主要体现在：政治支持、政策法律供给、财政转移支付和补偿监测支持等四项。其中政治支持反映了国家对于生态补偿在环境治理的整体定位认知，具有特别的风向标意义。结合生态补偿实践变化需求而不断供给政策法律则是中央政府及部门的一项主要职责。国家生态补偿财政转移支付既是对公共产品理论的一种制度回应，也是凸显生态补偿正向激励属性的内在要求。最后的补偿监测则要求中央政府建立流域跨界断面水环境监测纠纷的技术性救济机制。应当说，法律所确定"国家指导"有着非常丰富且多变的内涵，其所体现出来的巨大张力能够使其很好地涵摄生态补偿实践状况，但"国家指导"的内容会随着市场增进而出现相应的结构调整。市场增进是"比较制度分析"学派在分析政府在东亚经济发展过程中的作用所提出的一种观点。针对市场缺陷，完全的市场论认为民间部门的制度能解决大部分市场缺陷，国家推动发展论则视政府干预为主要工具，市场增进论则主张走一条中间路线，即通过"国家指导"来增进和补充民间部门的协调功能，从而促使经济由指令性计划配置逐渐向市场配置转变。[①] 将市场增进论这种观点运用至

---

① 青木昌彦等：《东亚经济发展中政府作用的新诠释：市场增进论》（上下篇），载《经济社会体制比较》1996 年第 5、6 期。

生态补偿领域，就是希望通过"国家指导"和"市场增进"的有效结合，逐渐孵化出趋近于科斯定义的一种市场化生态补偿。当然，立足于《中华人民共和国环境保护法》和《中华人民共和国水污染防治法》的现行制度规定，无论市场化生态补偿增进程度如何，"国家指导"必须明确国家（中央政府或上级政府）对流域上游地区生态性财政转移支付的职责，应当说，这是一种法定的国家义务（责任），必须辅之以相应的问责机制。

3. 生态补偿原则建立：多元与多层的确定

关于生态补偿的基本指导原则，历来是众说纷纭，但各种学说均不排除生态补偿基本指导原则在生态补偿立法以及法律实施中的重要指导作用。我们认为，生态保护补偿主要包括补偿费用负担（谁补偿谁）、补偿领域确定（补偿范围）、补偿标准确定（补偿多少）和补偿方式确定（怎么补偿）等四个方面的指导原则。具体包括以下几个方面：（1）补偿费用负担原则。即"受益者补偿，保护者受偿"原则。该原则的习惯用语已经约定俗成，非常精简，且具有非常大的涵摄性及针对性，它能够在补偿费用、补偿领域和受偿主体等不能明确时发挥必要的指导作用。（2）补偿领域确定原则。"与国家主体功能区划相结合，系统性原则，开放性原则要求。"生态补偿制度建立的一个基本前提就是国家主体功能区划制度的建立和完善，因此与主体功能区划相结合成为确定补偿领域的一个基本原则。但生态补偿领域确定需兼顾生态系统的完整性，不能仅从一个领域来考虑制度设计问题。因此必须从生态文明建设的系统要求，注重从顶层规划生态补偿的领域。一旦确定生态补偿领域，应保持一定稳定性。在地方财力逐渐增加和民众对生态建设的需求大幅提高的基础上，要考虑将一些原本不是补偿领域的及时纳入补偿领域之中，也要考虑结合生态文明建设要求及财力负担要求将确定的补偿领域及时调整。总之，必须保证生态补偿领域系统性、开放性和竞争性。（3）补偿标准指导原则。补偿标准构成生态补偿理论和实务最难解决的问题。但补偿标准确定却不能离开一定的生态补偿原则。在充分学习其他国家关于生态补偿经验基础上，我们提出生态补偿的基本原则是：合理补偿和公平补偿相结合。在财力允许基础上，逐渐实现合理补偿；在财力不断增长基础上，考虑在天然林、国家公园、自然保护区等特别重要的领域、区域，逐步实现公平补偿。（4）补偿方式确定原则。要建立以资金补偿为主的多元化补偿方式。首先，主要包括资金补偿，如直接支付、转移支付等；其次，是实物补偿，如粮食补助、种苗补助、房产及生产生活资料补助；最后，是产业补偿，包括对口协作、产业转移和共建园区等。

4. 生态补偿支付基准选择：行为基准与结果基准协同

生态补偿概念强调生态补偿支付条件或者生态补偿支付基准的确立。所谓生态补偿支付条件（以下简称"支付条件"），是指生态保护补偿立法并不排除保护者与受益者单方或双方共同设置一定的支付条件①，并将条件成就（发生或出现）与否作为保护者获取补偿金的系列规定的总称。支付条件与生态补偿概念界定、制度设计关系非常密切，"尽管（生态补偿，笔者加）概念界定并不统一，但将条件性作为概念的一项核心要素已经得到普遍认可。"② "条件性作为生态补偿最重要的一项定义特征，至少在工具设计中应当始终存在。"③ 条件性是激励生态服务供给的核心方法，究竟以生态服务物理量还是以生态服务提供者所采取的行动作为条件对项目设计至关重要。④ 可见，规范、科学的支付条件制度规定能够丰富生态补偿概念内涵和完善生态补偿制度内容，保障生态补偿机制有效运行。根据补偿支付条件的不同，支付条件可分为投入支付和结果支付两类。投入支付是以生态服务提供者投入的土地等自然资源面积、劳动时间等量化指标作为补偿支付基准，结果支付则是借助具体指数指标（体系）来量化生态服务的结果，并以指标完成与否作为补偿支付基准。投入支付强调过程激励，不确定风险由生态服务购买者承担；结果支付关注期望激励，不确定风险由生态服务提供者承担。投入支付希望从生态服务提供者筛选、监控权合理配置方面实现环境效益和成本效益的双赢，结果支付专注于指标体系建构、避免指数扭曲以实现环境效益与成本效益的协调，两种支付条件的结合有助于消减不确定风险，但会加大环境效益和成本效益协调的难度。中国生态补偿支付条件的制度设计，应从激励和效益两个维度，统筹考量投入支付与结果支付的优势与不足，以便保障生态补偿机制有效运行。

5. 生态补偿支付标准确定：法定标准与协定标准联结

生态补偿支付标准则是生态补偿制度机制的中心环节，它联结着补偿主体、补偿方式等要素，是补偿主体承担补偿责任大小的直接依据，是受偿主体因其生态环境建设投入或特别牺牲获得补偿费用的计算依据，它甚至直接影响补偿方式的最终实施效果。从事实角度分析，生态补偿支付标准具有技术属性；从规范角度分析，生态补偿支付具有法律属性，它是技术性和法律性的有机结合。生态补偿立法无非就是按照这个基本属性，努力找寻规范化的事实，并逐步形成一种技

---

① 本书所指生态补偿支付条件，也称生态补偿标准支付基准，是指生态服务提供者和受益者单方或双方约定，以决定补偿支付与否的将来、客观的事实。这种事实可以是行为过程，可能是行为结果，也可能是两者的结合。

② Ezzine – De – Blas. Global Patterns in the Implementation of Payments for Environmental Services [J]. Plos One, 2016, 11 (3): 2.

③ Wunder. Revisiting the Concept of Payments for Environmental Services [J]. Ecological Economics, 2015, 117 (9): 236 – 242.

④ Frey – Jegen. Motivation Crowding Theory [J]. Journal of Economic Surveys, 2001, 15: 589 – 611.

术化的生态补偿支付标准规范体系。生态补偿支付标准的法治化发展主要从以下几个方面着手：（1）明确支付标准的制定主体。支付标准制定主体的制度规定主要目的在于厘清各级政府以及各级政府职能部门在标准制定方面的权限范围。由于支付标准涉及生态保护者特定财产权益或发展权益的限制，而财产权益和发展权益都是人的基本人权，因此，我们认为，支付标准制定主体宜为县级以上人民政府，并由政府主要领导签字后发生相应的法律效力。（2）明确支付标准的指导原则。世界各国对特定权益限制的补偿标准主要有三种原则模式：第一，充分补偿；第二，合理补偿；第三，公平补偿。其中，充分补偿侧重于权利人保护，合理补偿则侧重对公共利益的维护，而公平补偿是在权利主体私益和公共利益之间进行衡量后做出的判断。结合我国实际状况，综合我国重要生态系统、重点生态功能区域相关的政策法律，我们认为，宜按照"合理补偿为主，合理补偿与公平补偿标准相结合"的指导原则，明确生态补偿支付标准的指导原则。（3）明确支付标准的制定依据。一般来讲，制定补偿支付标准依据无非两种基本类型：一是支出；二是收益。从支出上看，直接保护成本和发展机会成本均可以视作保护者的基本支出，且在各国生态保护支付标准政策法律规定中也最为常见。[①] 就收益而言，自科斯坦萨（Costanza）等尝试测算全球生态服务的价值功能以来，包括机会成本法在内的各种技术核算方法层出不穷，但基于成本效益原则以及法律可操作性等因素，上述核算方法计算出来的补偿支付标准更多作为一种参考。当然，补偿支付标准制定除考虑上述自然因素外，仍要结合辖区生态文明建设基本需求，统筹考虑辖区国民生产总值、财政收入、物价指数、常住人口数量、农村居民人均纯收入等因素。总之，支付标准的制定依据是经济社会和生态因素的有机结合。此外，支付标准的制定机制还包括支付标准的动态调整机制。任何业已确立的生态补偿支付标准均应随着社会经济发展和生态文明建设状况而进行相应的必要调整，生态补偿立法应充分考虑这一因素。

① Roldan Muradian, Esteve Corbera, Unai Pascual, Nicolas Kosoy, Peter May, Reconciling Theory and Practice: An Alternative Conceptual Framework for Understanding Payments for Environmental Services [J]. Ecological Economics, 2010 (69): 1202 – 1208.

参 考 文 献

一、著作类

1. 外文著作

[1] Richard H, Leach and Redding S, et al. The Administration of Interstate Compacts [M]. Baton Rouge, LS: Louisiana State University Press, 1959.

[2] Stephen Breyer. Regulation and Its Reform [M]. Cambridge Massachusetts: Harvard University Press, 1982.

[3] Alvin. Game-theoretic Models of Bargaining [M]. Cambridge University Press, 1985.

[4] Daly. Steady – State Economics [M]. Washington Island Press, 1991.

[5] Sociology Key. Concept in Critical Theroy [M]. New Jersey Humanities Press, 1994.

[6] Robert Alexy. A Theory of Constitutional Right [M]. Oxford University Press, 2002.

[7] Gregory. Principles of Economics [M]. Peking University Press, 2003.

[8] Millennium Ecosystem Assessment. Ecosystems and Human Well-being: Current States and Trends [M]. Volume. Washtington · Covelo · London, Island Press, 2005.

[9] H L A Hart. Punishment and Responsibility, Second Edition [M]. Oxford University Press, 2008.

[10] Ye J, Li K, Kuang S, et al. China Flood and Drought Disaster Bulletin 2017 [M]. Beijing: China Cartographic Publishing House, 2018.

2. 中文著作

[1] 卓泽渊:《法政治学研究》,法律出版社 2011 年版。

[2] 蒋德海:《法政治学要义》,社会科学文献出版社 2014 年版。

[3] 蔡守秋:《调整论:对主流法理学的反思与补充》,高等教育出版社

2003 年版。

[4] 刘晓莉:《中国草原保护法律制度研究》,人民出版社 2015 年版。

[5] 巩芳、常青:《我国政府主导型草原生态补偿机制的构建与应用研究》,经济科学出版社 2012 年版。

[6] 黄恒学:《公共经济学》,北京大学出版社 2009 年版。

[7] 朱柏铭:《公共经济学》,浙江大学出版社 2002 年版。

[8] 李博等:《生态学》,高等教育出版社 2000 年版。

[9] 杜群:《生态保护法论:综合生态管理和生态补偿法律研究》,高等教育出版社 2012 年版。

[10] 陈兴良:《刑法的启蒙》,法律出版社 2003 年版。

[11] 中国 21 世纪议程管理中心:《生态补偿的国际比较:模式与机制》,社会科学文献出版社 2012 年版。

[12] 万本太、邹首民:《走向实践的生态补偿:案例分析与探索》,中国环境科学出版社 2008 年版。

[13] 张文显:《法哲学范畴研究》,中国政法大学出版社 2001 年版。

[14] 郭辉军等:《自然保护地生态补偿机制研究:以云南省自然保护区为例》,科学出版社 2021 年版。

[15] 环境科学大辞典编委会:《环境科学大辞典》,中国环境科学出版社 1991 年版。

[16] 冉冉:《中国地方环境政治:政策与执行之间的距离》,中央编译出版社 2015 年版。

[17] 王浦劬等:《政治学基础(第三版)》,北京大学出版社 2014 年版。

[18] 王金南等:《流域生态补偿与污染赔偿机制研究》,中国环境出版社 2014 年版。

[19] 靳乐山:《中国生态补偿:全领域探索与进展》,经济科学出版社 2016 年版。

[20] 杨润高:《环境剥夺与环境补偿论》,经济科学出版社 2011 年版。

[21] 张锋:《生态补偿法律保障机制研究》,中国环境科学出版社 2010 年版。

[22] 崔建远:《物权法》,中国人民大学出版社 2017 年版。

[23] 徐丽媛:《生态补偿财税责任差异化的法律机制研究》,中国政法大学出版社 2018 年版。

[24] 石英华:《生态补偿融资机制与政策研究》,中国财政经济出版社 2020 年版。

［25］郇庆治：《重建现代文明的根基：生态社会主义研究》，北京大学出版社 2010 年版。

［26］汪劲：《环境法律的理念与价值追求：环境立法目的论》，法律出版社 2000 年版。

［27］何怀宏：《契约伦理与社会正义：罗尔斯正义论中的历史与理性》，中国人民大学出版社 1993 年版。

［28］韩水法：《正义的视野：政治哲学与中国社会》，商务印书馆 2009 年版。

［29］孙关宏等：《政治学概论》，复旦大学出版社 2016 年版。

［30］［德］斐迪南·穆勒－罗密尔、［英］托马斯·波古特克著，郇庆治译：《欧洲执政绿党》，山东大学出版社 2012 年版。

［31］［英］安德鲁·多布森著，郇庆治译：《绿色政治思想》，山东大学出版社 2012 年版。

［32］［美］罗尼·利普舒茨著，郭志俊，蔺雪春译：《全球环境政治：权力、观点和实践》，山东大学出版社 2012 年版。

［33］［美］曼昆著，梁小民、梁砾译：《经济学原理》，北京大学出版社 2015 年版。

［34］［美］马立博著，关永强、高丽洁译：《中国环境史：从史前到现代》，中国人民大学出版社 2015 年版。

［35］［印］萨拉·萨卡著，张淑兰译：《生态社会主义还是生态资本主义》，山东大学出版社 2012 年版。

［36］［希］塔基斯·福托鲍洛斯著，李宏译：《当代多重危机与包容性民主》，山东大学出版社 2012 年版。

［37］［美］布鲁斯·A. 阿克曼著，董玉荣译：《自由国家的社会正义》，译林出版社 2015 年版。

［38］吴经熊著，张薇薇译：《正义之源泉：自然法研究》，法律出版社 2015 年版。

［39］［古希腊］柏拉图著，张智仁、何勤华译：《法律篇》，商务印书馆 2016 年版。

［40］［古希腊］亚里士多德著，廖申白译：《尼各马可伦理学》，商务印书馆 2003 年版。

［41］［英］霍布斯著，黎思复、黎廷弼译：《利维坦》，商务印书馆 1985 年版。

［42］［法］卢梭著，何兆武译：《社会契约论》，商务印书馆 2003 年版。

［43］［法］孟德斯鸠著，许明龙译：《论法的精神》，商务印书馆 2012 年版。

［44］［德］黑格尔著，范扬、张企泰译：《法哲学原理》，商务印书馆 1961 年版。

［45］［美］博登海默著，邓正来译：《法理学：法律哲学与法律方法》，中国政法大学出版社 2004 年版。

［46］［美］约翰·罗尔斯著，何怀宏等译：《正义论》，中国社会科学出版社 1988 年版。

［47］［美］迈克尔·J. 桑德尔著，万俊人等译：《自由主义与正义的局限》，译林出版社 2011 年版。

［48］［印］阿玛蒂亚·森著，王磊等译：《正义的理念》，中国人民大学出版社 2013 年版。

［49］［美］弗朗西斯·奥克利著，王涛译：《自然法、自然法则、自然权利：观念史中的连续与中断》，商务印书馆 2015 年版。

［50］［英］约翰·菲尼斯著，吴彦译：《自然法理论》，商务印书馆 2015 年版。

［51］［澳］约翰·德赖泽克著，蔺雪春、郭晨星译：《地球政治学：环境话语》，山东大学出版社 2008 年版。

［52］［德］马丁·耶内克、克劳斯·雅各布主编，李慧明、李昕蕾译：《全球视野下的环境管治：生态与政治现代化的新方法》，山东大学出版社 2012 年版。

［53］［澳］罗宾·艾克斯利著，郇庆治译：《绿色国家：重思民主与主权》，山东大学出版社 2012 年版。

［54］［英］马克·史密斯、皮亚·庞萨帕著，侯艳芳、杨晓燕译：《环境与公民权：整合正义、责任与公民参与》，山东大学出版社 2012 年版。

［55］［美］戴维·佩珀著，刘颖译：《生态社会主义：从深生态学到社会正义》，山东大学出版社 2012 年版。

二、期刊类

1. 外文期刊

［1］Sven Wunder. Revisiting the Concept of Payments for Environmental Services ［J］. Ecological Economics，2015，117（9）：236–242.

［2］Robin Kemkes. Determining When Payments Are an Effective Policy Approach to Ecosystem Service Provision ［J］. Ecological Economics，2010，69（11）：2069–2074.

［3］Astrid Zabel. Optimal Design of Pro-conservation Incentives ［J］. Ecological

Economics，2009，69（1）：126 - 134.

　　［4］ Wunder. Payments for Environmental Services：Some Nuts and Bolts ［J］. Gi-for Occasional Paner，2005：42.

　　［5］ Richard. Ecosystem Services：From Eye-opening Metaphor to Complexity Blinder ［J］. Ecological Economics，2010，69（6）：1089 - 1090.

　　［6］ Erik Gomez - Rudolf. The History of Ecosystem Services in Economics Theory and Practice：From Nation to Markets and Payment Schemes ［J］. Ecological Economics，2010.

　　［7］ Muradian. Reconciling Theory and Practice：An Alternative Conceptual framework for Understanding Payments for Environmental Services ［J］. Ecological Economics，2010（69）：1202 - 1208.

　　［8］ Vatn. An Institutional Analysis of Payments for Environmental Services ［J］. Ecological Economics，2010，69（6）：1245 - 1252.

　　［9］ Engel. Designing Payments for Environmental Services in Theory and Practice：An Overview of the Issue ［J］. Ecological Economics，2008（65）：663 - 673.

　　［10］ Elwee. Payments for Environmental Services as Neoliberal Market-based Forest Conservation inVietnam Panaeea or Problem Geo ［J］. Forum，Vol. 43，2012：3.

　　［11］ Merlo. Public Goods and Externalities Linked to Mediterranean Forests：Economic Nature and Policy ［J］. Land Use Policy，2000，17（3）：197 - 208.

　　［12］ Rose - Ackerman. Inalienability and the Theory of Property Rights ［J］. Columbia Law Review，1985，85：931.

　　［13］ Richard B. Norgaard，Ecosystem Services：From Eye-opening Metaphor to Complexity Blinder ［J］. Ecological Economics，2010，（6）：69.

　　［14］ Chen P，Sun J Q. Changes in Climate Extreme Events in China Associated with Warming ［J］. International Journal of Climatology，2015，35（10）：2735 - 2751.

　　［15］ Zhang Q，Li J F，Singh V P，et al. Spatio-temporal Relations between Temperature and Precipitation Regimes：Implications for Temperature-induced Changes in the Hydrological Cycle ［J］. Global and Planetary Change，2013，111：57 - 76.

　　［16］ Alon Harel. What Demands Are Rights? An Investigation into the Relations between Rights and Reasons ［J］. Oxford Journal of Legal Studies，17（1997）：101 - 114.

　　［17］ Tacconil. Redefining Payments for Environmental Services ［J］. Ecological Economics，2012，73（1）：32 - 33.

［18］ Thomas A R C, Bond A J, Hiscock K M. A Multi-criteria Based Review of Models that Predict Environmental Impacts of Land Use-change for Perennial Energy Crops on Water, Carbon and Nitrogen Cycling ［J］. GCB Bioenergy, 2013, 5 （3）: 227 – 242.

［19］ Tu J. Spatially Varying Relationships between Land Use and Water Quality Across an Urbanization Gradient Explored by Geographically Weighted Regression ［J］. Applied Geography, 2011, 31 （1）: 376 – 392.

［20］ Sliva L, Williams D D. Buffer Zone Versus Whole Catchment Approaches to Studying Land use Impact on River Water Quality ［J］. Water Research, 2001, 35 （14）: 3462 – 3472.

［21］ Bullard R D. Environmental Racism and the Environmental Justice Movement ［M］. Thinking About the Environment. Routledge, 2015: 196 – 204.

［22］ Wunder. Taking Stock: a Comparative Analysis of Payments for Environmental Services Programs in Developed and Developing Countries ［J］. Ecological Economics, 2008, 65: 834 – 852.

［23］ Kemkes. Determining When Payments are an Effective Policy Approach to Ecosystem Service Provision ［J］. Ecological Economics, 2010, 69 （11）: 2069 – 2074.

［24］ Adgeret. Governance of Sustainability: Towards a "Thick" Analysis of Environmental Decision Making ［J］. Environment and Planning A, 2003, 35 （6）: 1098.

［25］ Frey. Motivation Crowding Theory ［J］. Journal of Economic Surveys, 2001, 15: 589 – 611.

［26］ Pagiola. Payments for Environmental Services: from Theory to Practice ［J］. World Bank, Washinton, 2007: 124.

［27］ Schomers. Payments for Ecosystem Services: A Review and Comparison of Developing and Industrialized Countries ［J］. Ecosystem Services, 2013, 6: 16 – 30.

［28］ Schomers. An Analytical Framework for Assessing the Potential of Intermediaries to Improve the Performance of Payments for Ecosystem Services ［J］. Land Use Policy, 2015, 42 （7）: 58 – 59.

［29］ Matzdorfand. How Cost-effective are Result-oriented Agri-environmental Measures? An Empirical Analysis in Germany ［J］. Land Use Policy, 2010, 27 （2）: 535 – 544.

［30］ Clements. Payments for Biodiversity Conservation in the Context of Weak Institutions：Comparison of Three Programs from Cambodia ［J］. Ecological Economics，2010，69（6）：1283 – 1291.

［31］ Cranford. Community Conservation and A Two-stage Approach to Payments for Ecosystem Services ［J］. Ecological Economics，2011，71（15）：89 – 98.

［32］ Kemkes. Determining When Payments Are an Effective Policy Approach to Ecosystem Service Provision ［J］. Ecological Economics，2010，69（11）：2069 – 2074.

［33］ Pagiola. Payments for Environmental Services：From Theory to Practice ［J］. World Bank，Washinton，2007：124.

［34］ Clements. Payments for Biodiversity Conservation in the Context of Weak Institutions：Comparison of Three Programs from Cambodia ［J］. Ecological Economics，2010，69（6）：1283 – 1291.

［35］ Cranford. Community Conservation and A Two-stage Approach to Payments for Ecosystem Services ［J］. Ecological Economics，2011，71（15）：89 – 98.

［36］ Zabel. Optimal Design of Pro-conservation Incentives ［J］. Ecological Economics，2009，69（1）：126 – 134.

［37］ Stefanie Engel. Designing Payments for Environmental Services in Theory and Practice：An Overview of the Issue ［J］. Ecological Economics，2008（65）：663 – 673.

［38］ Hans – Uwe Erichsen. Unbestimmter Rechtsbegriff und Beurteilungsspielraum ［J］. In：Verw Arch Band 63（1972）：337 – 344.

［39］ Elliott. Chevron Matters：How the Chevron Doctrine Redefined the Roles of Congress，Courts and Agencies in Environmental Law ［J］. Villanova Environmental Law Journal，2005（16）：1 – 19.

［40］ Kroe. The Quest for the "optimal" Payment for Environmental Services Program：Ambition Meets Reality，with Useful Lessons ［J］. Forest Policy and Economics，2013，37：65 – 74.

［41］ Eduardo Jordao. Susan Rose – Ackerman，Judicial Review Of Executive Policy Making in Advanced Democracies：Beyond Rights Review ［J］. Administrative Law Review，2014（66）：4 – 6.

2. 中文期刊

［1］吕忠梅：《习近平法治思想的生态文明法治理论》，载《中国法学》2021 年第 1 期。

［2］毛显强等：《生态补偿的理论探讨》，载《中国人口·资源与环境》

2002 年第 4 期。

　　［3］赵雪雁等：《生态补偿研究中的几个关键问题》，载《中国人口·资源与环境》2012 年第 2 期。

　　［4］万军等：《中国生态补偿政策评估与框架初探》，载《环境科学研究》2005 年第 2 期。

　　［5］王彬彬等：《生态补偿的制度建构：政府和市场有效融合》，载《政治学研究》2015 年第 5 期。

　　［6］王金南等：《关于我国生态补偿机制与政策的几点认识》，载《环境保护》2006 年第 10 期。

　　［7］欧阳志云：《建立我国生态补偿的思路与措施》，载《生态学报》2013 年第 1 期。

　　［8］王敬波：《面向整体政府的改革与行政主体理论的重塑》，载《中国社会科学》2020 年第 7 期。

　　［9］李永宁：《论生态补偿的法学含义及其法律制度完善——以经济学的分析为视角》，载《法律科学》2011 年第 2 期。

　　［10］徐祥民：《地方政府环境质量责任的法理与制度完善》，载《现代法学》2019 年第 4 期。

　　［11］杨朝霞：《论环境权的性质》，载《中国法学》2020 年第 2 期。

　　［12］杜群：《生态补偿的法律关系及其发展现状和问题》，载《现代法学》2005 年第 3 期。

　　［13］李文华等：《关于中国生态补偿机制建设的几点思考》，载《资源科学》2010 年第 2 期。

　　［14］张翔：《环境宪法的新发展及其规范阐释》，载《法学家》2018 年第 3 期。

　　［15］钱大军：《环境法应当以权利为本位：以义务本位论对权利本位论的批评为讨论对象》，载《法制与社会发展》2014 年第 5 期。

　　［16］邓禾等：《法学利益谱系中生态利益的识别与定位》，载《法学评论》2013 年第 5 期。

　　［17］张宏军：《西方公共产品理论溯源与前瞻：兼论我国公共产品供给的制度设计》，载《贵州社会科学》2010 年第 6 期。

　　［18］张陆彪等：《流域生态服务市场的研究进展与形成机制》，载《环境保护》2004 年第 6 期。

　　［19］于满：《由奥斯特罗姆的公共治理理论析公共环境治理》，载《中国人口·资源与环境》2014 年第 3 期。

［20］陈国栋：《行政问责法制化主张之反思》，载《政治与法律》2017年第9期。

［21］秦颖：《论公共产品的本质：兼论公共产品理论的局限性》，载《经济学家》2006年第3期。

［22］王春业：《论我国"特定区域"法治先行》，载《中国法学》2020年第3期。

［23］张翔：《我国国家权力配置原则的功能主义解释》，载《中外法学》2018年第3期。

［24］叶必丰：《基于区域合作思维的跨界污染纠纷处理》，载《法学家》2017年第4期。

［25］陶凯元：《法治中国背景下国家责任论纲》，载《中国法学》2016年第6期。

［26］杜群等：《新时代生态补偿权利的生成及其实现：以环境资源开发利用限制为分析进路》，载《法制与社会发展》2019年第2期。

［27］王建学：《论地方政府事权的法理基础与宪法结构》，载《中国法学》2017年第4期。

［28］车东晟：《政策与法律双重维度下生态补偿的法理溯源与制度重构》，载《中国人口·资源与环境》2020年第8期。

［29］王锴：《我国国家公法责任体系的构建》，载《清华法学》2015年第3期。

［30］陈婉玲：《判断与甄别：经济法权利辨析：以市场主体权利为视角》，载《政法论坛》2017年第4期。

［31］沈满洪：《论生态保护补偿机制》，载《浙江学刊》2004年第4期。

［32］肖爱等：《流域生态补偿关系的法律调整：深层困境与突围》，载《政治与法律》2013年第7期。

［33］王丰年：《论生态补偿的原则和机制自然辩证法研究》，载《自然辩证法研究》2006年第1期。

［34］汪劲：《论生态补偿的概念：以〈生态补偿条例〉草案的立法解释为背景》，载《中国地质大学学报》2014年第1期。

［35］叶必丰：《我国区域经济一体化背景下的行政协议》，载《法学研究》2006年第2期。

［36］张翔：《财产权的社会义务》，载《中国社会科学》2012年第9期。

［37］杜焕芳：《财产权限制的行政补偿判断标准》，载《法学家》2016年第2期。

[38] 叶必丰：《行政组织法功能的行为法机制》，载《中国社会科学》2017年第7期。

[39] 伏创宇：《强制预防接种补偿责任的性质与构成》，载《中国法学》2017年第4期。

[40] 沈岿：《监控者与管理者是否合一：行政法学体系转型的基础问题》，载《中国法学》2016年第1期。

[41] 张震：《生态文明入宪及其体系性宪法功能》，载《当代法学》2018年第6期。

[42] 张震：《中国宪法的环境观及其规范表达》，载《中国法学》2018年第4期。

[43] 何艳玲：《中国行政体制改革的价值显现》，载《中国社会科学》2020年第2期。

[44] 王军峰等：《中国流域生态补偿机制实施框架与补偿模式研究：基于补偿资金来源的视角》，载《中国人口·资源与环境》2013年第2期。

[45] 陈海嵩：《国家环境保护义务的溯源与展开》，载《法学研究》2014年第3期。

[46] 单平基：《我国水权取得之优先位序规则的立法建构》，载《清华法学》2016年第1期。

[47] 袁伟彦：《生态补偿问题国外研究进展综述》，载《中国人口·资源与环境》2014年第11期。

[48] 曲富国：《基于政府间博弈的流域生态补偿机制研究》，载《中国人口·资源与环境》2014年第11期。

[49] 陈婉玲：《区际利益补偿权利生成与基本构造》，载《中国法学》2020年第6期。

[50] 叶必丰：《区域协同的行政行为理论资源及其挑战》，载《法学杂志》2017年第3期。

[51] 马国勇：《基于利益相关者理论的生态补偿机制研究》，载《生态经济》2014年第4期。

[52] 王健：《我国生态补偿机制的现状及管理体制创新》，载《中国行政管理》2005年第5期。

[53] 孔凡斌：《江河源头水源涵养生态功能区生态补偿机制研究：以江西东江源区为例》，载《经济地理》2010年第1期。

[54] 金俭等：《财产权准征收的判定依据》，载《比较法研究》2014年第2期。

［55］靳文辉：《公共规制的知识基础》，载《法学家》2014 年第 2 期。

［56］封丽霞：《党政联合发文的制度逻辑及其规范化问题》，载《法学研究》2021 年第 1 期。

［57］李启家：《环境法领域利益冲突的识别与衡平》，载《法学评论》2015 年第 6 期。

［58］江必新：《中国行政合同法律制度：体系、内容及其构建》，载《中外法学》2012 年第 6 期。

［59］陈婉玲：《区际利益补偿权利生成与基本构造》，载《中国法学》2020 年第 6 期。

［60］高小平等：《中国绩效管理的实践与理论》，载《中国社会科学》2011 年第 6 期。

［61］柯坚等：《新安江生态补偿协议：法律机制检视与实践理性透视》，载《贵州大学学报》2015 年第 2 期。

［62］丁四保：《我国区域生态补偿的基础理论与体制机制问题探讨》，载《东北师范大学学报》2008 年第 4 期。

［63］张婉苏：《我国财税法中转移支付的公平正义——以运行逻辑与实现机制为核心》，载《政治与法律》2018 年第 9 期。

［64］熊丙万：《法律的形式与功能：以"知假买假"案为分析范例》，载《中外法学》2017 年第 2 期。

［65］张捷：《我国流域横向生态补偿机制的制度经济学分析》，载《中国环境管理》2017 年第 3 期。

［66］凌斌：《界权成本问题：〈科斯定理及其推论的澄清与反思》，载《中外法学》2010 年第 1 期。

［67］沈岿：《公共行政组织建构的合法化进路》，载《法学研究》2005 年第 4 期。

［68］钱弘道等：《论中国法治评估的转型》，载《中国社会科学》2015 年第 5 期。

［69］成金华：《"山水林田湖草是生命共同体"原则的科学内涵与实践路径》，载《中国人口·资源与环境》2019 年第 2 期。

［70］丰霏：《法律治理中的激励模式》，载《法制与社会发展》2012 年第 2 期。

［71］崔卓兰等：《行政自制与中国行政法治发展》，载《法学研究》2010 年第 1 期。

［72］王怀勇等：《个人信息保护的理念嬗变与制度变革》，载《法治与社会

发展》2020 年第 6 期。

[73] 董战峰等:《论国家流域水环境经济政策创新的思路与重点方向》,载《环境保护》2021 年第 7 期。

[74] 王浦劬:《中央与地方事权划分的国别经验及其启示:基于六个国家经验的分析》,载《政治学研究》2016 年第 4 期。

[75] 郑毅:《论中央与地方关系中的积极性与主动性原则》,载《政治与法律》2019 年第 3 期。

[76] 王利明:《负面清单管理模式与私法自治》,载《中国法学》2014 年第 5 期。

[77] 梅扬:《比例原则的适用范围与限度》,载《法学研究》2020 年第 2 期。

[78] 马俊等:《基于多主体成本分担博弈的流域生态补偿机制设计》,载《中国人口·资源与环境》2021 年第 4 期。

[79] 王清军:《生态补偿主体的法律建构》,载《中国人口·资源与环境》2009 年第 1 期。

[80] 张莉:《财政规则与国家治理能力建设:以环境治理为例》,载《中国社会科学》2020 年第 8 期。

[81] 陈海嵩:《中国环境法治中的政党、国家与社会》,载《法学研究》2018 年第 3 期。

[82] 朱庆育:《私法自治与民法规范——凯尔森规范理论的修正性运用》,载《中外法学》2012 年第 3 期。

[83] 姜孝贤:《论我国立法体制的优化》,载《法制与社会发展》2021 年第 5 期。

[84] 王锡锌:《公众参与:参与式民主的理论想象及制度实践》,载《政治与法律》2008 年第 6 期。

[85] 雷磊:《法律概念是重要的吗》,载《法学研究》2017 年第 4 期。

[86] 丰霏:《法律治理中的激励模式》,载《法制与社会发展》2012 年第 2 期。

[87] 韩英夫:《自然资源统一确权登记改革的立法纾困》,载《法学评论》2020 年第 2 期。

[88] 陈海嵩:《绿色发展中的环境法实施问题》,载《基于 PX 事件的微观分析:《中国法学》2016 年第 1 期。

[89] 张慧利:《市场 VS 政府:什么力量影响了水土流失治理区农户水土保持措施的采纳?》,载《干旱区资源与环境》2019 年第 12 期。

[90] 周光辉:《当代中国决策体制的形成与变革》,载《中国社会科学》

2011 年第 3 期。

[91] 何渊：《行政协议：行政程序法的新疆域》，载《华东政法大学学报》2008 年第 1 期。

[92] 解亘：《法政策学：有关制度设计的学问》，载《环球法律评论》2005 年第 2 期。

[93] 刘启川：《独立型责任清单的构造与实践：基于 31 个省级政府部门责任清单实践的观察》，载《中外法学》2018 年第 2 期。

[94] 王清军：《我国流域生态环境管理体制：变革与发展》，载《华中师范大学学报》（人文社会科学版）2019 年第 6 期。

[95] 吕志奎：《州际协议：美国的区域协作管理机制》，载《太平洋学报》2009 年第 8 期。

[96] 徐建：《论跨地区水生态补偿的法制协调机制：以新安江流域生态补偿为中心的思考》，载《法学论坛》2012 年第 4 期。

[97] 徐祥民等：《环境的自然空间规定性对环境立法的挑战》，载《华东政法大学学报》2017 年第 4 期。

[98] 汪永福等：《跨省流域生态补偿的区域合作法治化》，载《浙江社会科学》2021 年第 3 期。

[99] 张千帆：《公正补偿与征收权的宪法限制》，载《法学研究》2005 年第 2 期。

[100] 成金华等：《"山水林田湖草是生命共同体"原则的科学内涵与实践路径》，载《中国人口·资源与环境》2019 年第 2 期。

[101] 黄锡生等：《生态保护补偿标准的结构优化与制度完善：以"结构—功能分析"为进路》，载《社会科学》2020 年第 3 期。

[102] 孔繁华：《过程性政府信息及其豁免公开之适用》，载《法商研究》2015 年第 5 期。

[103] 张康之：《走向合作制组织：组织模式的重构》，载《中国社会科学》2020 年第 1 期。

[104] 巩固：《环境法律观检讨》，载《法学研究》2011 年第 6 期。

[105] 石佑启：《我国行政体制改革法治化研究》，载《法学评论》2014 年第 6 期。

[106] 朱仁显等：《跨区流域生态补偿如何实现横向协同？——基于 13 个流域生态补偿案例的定性比较分析》，载《公共行政评论》2021 年第 1 期。

[107] 李拥军等：《"规训"的司法与"被缚"的法官》，载《法律科学》2014 年第 6 期。

［108］谢玲等：《责任分配抑或权利确认：流域生态补偿适用条件之辨析》，载《中国人口·资源与环境》2016 年第 11 期。

［109］倪琪等：《跨区域流域生态补偿标准核算——基于成本收益双视角》，载《长江流域资源与环境》2021 年第 1 期。

［110］李拥军：《民法典编纂中的行政法因素》，载《行政法学研究》2019 年第 5 期。

［111］周刚志：《宪法学视野中的中国财税体制改革》，载《法商研究》2014 年第 3 期。

［112］赵宏：《法律关系取代行政行为的可能与困局》，载《法学家》2015 年第 3 期。

［113］李奇伟等：《论利益衡平视域下生态补偿规则的法律形塑》，载《大连理工大学学报》2014 年第 3 期。

［114］胡敏洁：《论社会权的可裁判性》，载《法律科学》2006 年第 5 期。

［115］章志远：《迈向公私合作型行政法》，载《法学研究》2019 年第 2 期。

［116］于柏华：《权利认定的利益判断》，载《法学家》2017 年第 6 期。

［117］杜仪方：《财产权限制的行政补偿判断标准》，载《法学家》2016 年第 2 期。

［118］潘佳：《政府作为补偿义务主体的现实与理想：从生态保护补偿第一案谈起》，载《东方法学》2017 年第 3 期。

［119］潘佳：《流域生态补偿制度的正当性标准》，载《行政法学研究》2021 年第 5 期。

［120］谢晖：《论新型权利的基础理念》，载《政法论坛》2019 年第 3 期。

［121］王庆廷：《新兴权利渐进入法的路径探析》，载《法商研究》2018 年第 1 期。

［122］王明远：《论我国环境公益诉讼的发展方向：基于行政权与司法权关系理论的分析》，载《中国法学》2016 年第 1 期。

［123］郑雪梅：《生态补偿横向转移支付制度探讨》，载《地方财政研究》2017 年第 8 期。

［124］邓晓兰等：《积极探索建立生态补偿横向转移支付制度》，载《经济纵横》2013 年第 10 期。

［125］朱明哲：《生态文明时代的共生法哲学》，载《环球法律评论》2019 年第 2 期。

［126］石子印：《中央和地方间收支划分的内在逻辑》，载《财贸研究》2019 年第 9 期。

［127］郑智航：《最高人民法院如何执行公共政策：以应对金融危机的司法意见为分析对象》，载《法律科学》2014 年第 3 期。

［128］刘剑文等：《财税法学与宪法学的对话：国家宪法任务、公民基本权利与财税法治建设》，载《中国法律评论》2019 年第 1 期。

［129］雷磊：《法律权利的逻辑分析：结构与类型》，载《法制与社会发展》2014 年第 3 期。

［130］刘桂怀等：《以生态补偿助推新时期流域上下游高质量发展》，载《环境保护》2019 年第 21 期。

［131］王雨蓉等：《制度分析与发展框架下流域生态补偿的应用规则：基于新安江的实践》，载《中国人口·资源与环境》2020 年第 1 期。

［132］苏宇：《风险预防原则的结构化阐释》，载《法学研究》2021 年第 1 期。

［133］黄文艺：《民法典与社会治理现代化》，载《法制与社会发展》2020 年第 5 期。

［134］鲁鹏宇：《法政策学初探：以行政法为参照系》，载《法商研究》2012 年第 4 期。

［135］高秦伟：《美国法上的行政协议及其启示：兼与何渊博士商榷》，载《现代法学》2010 年第 1 期。

［136］余煜刚：《行政自制中信息工具的法理阐释》，载《政治与法律》2019 年第 12 期。

［137］赵宏：《主观公权利的历史嬗变与当代价值》，载《中外法学》2019 年第 3 期。

［138］鲁鹏宇：《德国公权理论评介》，载《法制与社会发展》2010 年第 3 期。

后 记

　　因为家乡处于中国南水北调工程中线水源区，因此在 20 多年前研究生求学期间，基于一种追求公平正义的朴素情怀，希望搭建一个"调水""补偿"的制度体系。进入华中师范大学工作之后，先后主持了生态补偿方面的国家社科基金项目、教育部项目若干，陆续发表了生态补偿方面的论文若干，尽管获得了一些浅名薄利，但内心总觉得缺失一些东西。2014 年，我竞标承担了《"广州市生态补偿条例"立法研究》课题工作，将此视为梦想实现的一个契机，随即投入研究工作之中，广泛搜集中西经典文献，往返奔波武汉广州之间，深入实地考察调研，精心撰写立法专家建议稿，尽管也搭进去不少费用，但内心却甚为愉悦。2016 年，我主持教育部哲学社会科学研究重大课题攻关项目《水生态补偿机制研究》，也把能够参与国家生态补偿立法作为课题研究的主要目标任务。

　　我是幸运的。2020 年 3 月，武汉正与新冠肺炎鏖战之际，我接到国家发改委振兴司来电，聘请我为国务院《生态保护补偿条例》（以下简称《条例》）专家组成员，参与《条例》起草工作。后来得知，我是京外法学领域"唯一"参与人员。于我而言，从一个普通研究者、旁观者、批评者转变为一个见证者、参与者和建设者，实现了将论文写在生态文明法治建设大地上的夙愿，是我学术生涯乃至人生的一件幸运之事！在随后一年多时间里，我克服了新冠疫情等诸多不利因素影响，先后多次赴京专题汇报研究成果，跟随国家发改委同志到全国各地参观、考察和学习，不断弥合理论与实践之间的鸿沟。其间，先后撰写了《条例》起草论证材料共计 30 余份、50 万字左右。与此同时，没有发表一篇学术论文或申报一个课题项目，但内心却充盈着快乐。

　　本书汇集了我十多年从法治视角研究生态补偿制度的主要心得体会。能够付梓出版，既是我对过去十几年研读、思考和笔耕的一个小结，也有我参与国家生态补偿立法起草、论证工作的一些心得体会，更构成我未来继续从事水事领域研究的一个新起点。本书没有沿袭生态补偿机制"谁补偿谁""补偿多少""怎么补偿"的"三段论"研究模式，而是遵循生命共同体理念，采用系统论、整体

599

后 记

论基本方法以及法学为主的多学科合成研究方法，分别从水生态产品形成与供给制度、水生态补偿融资与支付制度、水生态补偿管理与责任制度、水生态补偿考评与监督制度等四个方面开展水生态补偿制度的专门化、规范化、法治化研究，旨在保障水生态补偿机制有效运行。

感谢国家发改委的领导同志，你们统领全局，矢志不渝，持续为生态补偿制度法治化发展鼓与呼，这种精神及工作作风值得认真学习。感谢我的恩师蔡宇秋教授以及武汉大学环境法研究所的各位老师，他们不同层面、不同程度参与了课题研究工作，为课题顺利进行提供了强大智力支撑。感谢华中师范大学及社科处、法学院的领导老师，他们贴心管理及全方位服务，保障了课题顺利结项。感谢课题组成员，他们不离不弃，精诚协作，产出了大量科研成果。感谢我的博士硕士研究生们，他们毕业了一茬又一茬，其间完成了大量复杂性琐碎工作。感谢我的家人，他们的陪伴是我继续前行的不竭动力。

王清军

2022 年 1 月 5 日于华中师范大学桂子山

教育部哲学社會科学研究重大課題攻關項目
成果出版列表

序号	书　名	首席专家
1	《马克思主义基础理论若干重大问题研究》	陈先达
2	《马克思主义理论学科体系建构与建设研究》	张雷声
3	《马克思主义整体性研究》	逄锦聚
4	《改革开放以来马克思主义在中国的发展》	顾钰民
5	《新时期　新探索　新征程 ——当代资本主义国家共产党的理论与实践研究》	聂运麟
6	《坚持马克思主义在意识形态领域指导地位研究》	陈先达
7	《当代资本主义新变化的批判性解读》	唐正东
8	《当代中国人精神生活研究》	童世骏
9	《弘扬与培育民族精神研究》	杨叔子
10	《当代科学哲学的发展趋势》	郭贵春
11	《服务型政府建设规律研究》	朱光磊
12	《地方政府改革与深化行政管理体制改革研究》	沈荣华
13	《面向知识表示与推理的自然语言逻辑》	鞠实儿
14	《当代宗教冲突与对话研究》	张志刚
15	《马克思主义文艺理论中国化研究》	朱立元
16	《历史题材文学创作重大问题研究》	童庆炳
17	《现代中西高校公共艺术教育比较研究》	曾繁仁
18	《西方文论中国化与中国文论建设》	王一川
19	《中华民族音乐文化的国际传播与推广》	王耀华
20	《楚地出土戰國簡册［十四種］》	陈　伟
21	《近代中国的知识与制度转型》	桑　兵
22	《中国抗战在世界反法西斯战争中的历史地位》	胡德坤
23	《近代以来日本对华认识及其行动选择研究》	杨栋梁
24	《京津冀都市圈的崛起与中国经济发展》	周立群
25	《金融市场全球化下的中国监管体系研究》	曹凤岐
26	《中国市场经济发展研究》	刘　伟
27	《全球经济调整中的中国经济增长与宏观调控体系研究》	黄　达
28	《中国特大都市圈与世界制造业中心研究》	李廉水

序号	书 名	首席专家
29	《中国产业竞争力研究》	赵彦云
30	《东北老工业基地资源型城市发展可持续产业问题研究》	宋冬林
31	《转型时期消费需求升级与产业发展研究》	臧旭恒
32	《中国金融国际化中的风险防范与金融安全研究》	刘锡良
33	《全球新型金融危机与中国的外汇储备战略》	陈雨露
34	《全球金融危机与新常态下的中国产业发展》	段文斌
35	《中国民营经济制度创新与发展》	李维安
36	《中国现代服务经济理论与发展战略研究》	陈 宪
37	《中国转型期的社会风险及公共危机管理研究》	丁烈云
38	《人文社会科学研究成果评价体系研究》	刘大椿
39	《中国工业化、城镇化进程中的农村土地问题研究》	曲福田
40	《中国农村社区建设研究》	项继权
41	《东北老工业基地改造与振兴研究》	程 伟
42	《全面建设小康社会进程中的我国就业发展战略研究》	曾湘泉
43	《自主创新战略与国际竞争力研究》	吴贵生
44	《转轨经济中的反行政性垄断与促进竞争政策研究》	于良春
45	《面向公共服务的电子政务管理体系研究》	孙宝文
46	《产权理论比较与中国产权制度变革》	黄少安
47	《中国企业集团成长与重组研究》	蓝海林
48	《我国资源、环境、人口与经济承载能力研究》	邱 东
49	《"病有所医"——目标、路径与战略选择》	高建民
50	《税收对国民收入分配调控作用研究》	郭庆旺
51	《多党合作与中国共产党执政能力建设研究》	周淑真
52	《规范收入分配秩序研究》	杨灿明
53	《中国社会转型中的政府治理模式研究》	娄成武
54	《中国加入区域经济一体化研究》	黄卫平
55	《金融体制改革和货币问题研究》	王广谦
56	《人民币均衡汇率问题研究》	姜波克
57	《我国土地制度与社会经济协调发展研究》	黄祖辉
58	《南水北调工程与中部地区经济社会可持续发展研究》	杨云彦
59	《产业集聚与区域经济协调发展研究》	王 珺

序号	书　名	首席专家
60	《我国货币政策体系与传导机制研究》	刘　伟
61	《我国民法典体系问题研究》	王利明
62	《中国司法制度的基础理论问题研究》	陈光中
63	《多元化纠纷解决机制与和谐社会的构建》	范　愉
64	《中国和平发展的重大前沿国际法律问题研究》	曾令良
65	《中国法制现代化的理论与实践》	徐显明
66	《农村土地问题立法研究》	陈小君
67	《知识产权制度变革与发展研究》	吴汉东
68	《中国能源安全若干法律与政策问题研究》	黄　进
69	《城乡统筹视角下我国城乡双向商贸流通体系研究》	任保平
70	《产权强度、土地流转与农民权益保护》	罗必良
71	《我国建设用地总量控制与差别化管理政策研究》	欧名豪
72	《矿产资源有偿使用制度与生态补偿机制》	李国平
73	《巨灾风险管理制度创新研究》	卓　志
74	《国有资产法律保护机制研究》	李曙光
75	《中国与全球油气资源重点区域合作研究》	王　震
76	《可持续发展的中国新型农村社会养老保险制度研究》	邓大松
77	《农民工权益保护理论与实践研究》	刘林平
78	《大学生就业创业教育研究》	杨晓慧
79	《新能源与可再生能源法律与政策研究》	李艳芳
80	《中国海外投资的风险防范与管控体系研究》	陈菲琼
81	《生活质量的指标构建与现状评价》	周长城
82	《中国公民人文素质研究》	石亚军
83	《城市化进程中的重大社会问题及其对策研究》	李　强
84	《中国农村与农民问题前沿研究》	徐　勇
85	《西部开发中的人口流动与族际交往研究》	马　戎
86	《现代农业发展战略研究》	周应恒
87	《综合交通运输体系研究——认知与建构》	荣朝和
88	《中国独生子女问题研究》	风笑天
89	《我国粮食安全保障体系研究》	胡小平
90	《我国食品安全风险防控研究》	王　硕

序号	书　名	首席专家
121	《农民工子女问题研究》	袁振国
122	《当代大学生诚信制度建设及加强大学生思想政治工作研究》	黄蓉生
123	《从失衡走向平衡：素质教育课程评价体系研究》	钟启泉 崔允漷
124	《构建城乡一体化的教育体制机制研究》	李　玲
125	《高校思想政治理论课教育教学质量监测体系研究》	张耀灿
126	《处境不利儿童的心理发展现状与教育对策研究》	申继亮
127	《学习过程与机制研究》	莫　雷
128	《青少年心理健康素质调查研究》	沈德立
129	《灾后中小学生心理疏导研究》	林崇德
130	《民族地区教育优先发展研究》	张诗亚
131	《WTO 主要成员贸易政策体系与对策研究》	张汉林
132	《中国和平发展的国际环境分析》	叶自成
133	《冷战时期美国重大外交政策案例研究》	沈志华
134	《新时期中非合作关系研究》	刘鸿武
135	《我国的地缘政治及其战略研究》	倪世雄
136	《中国海洋发展战略研究》	徐祥民
137	《深化医药卫生体制改革研究》	孟庆跃
138	《华侨华人在中国软实力建设中的作用研究》	黄　平
139	《我国地方法制建设理论与实践研究》	葛洪义
140	《城市化理论重构与城市化战略研究》	张鸿雁
141	《境外宗教渗透论》	段德智
142	《中部崛起过程中的新型工业化研究》	陈晓红
143	《农村社会保障制度研究》	赵　曼
144	《中国艺术学学科体系建设研究》	黄会林
145	《人工耳蜗术后儿童康复教育的原理与方法》	黄昭鸣
146	《我国少数民族音乐资源的保护与开发研究》	樊祖荫
147	《中国道德文化的传统理念与现代践行研究》	李建华
148	《低碳经济转型下的中国排放权交易体系》	齐绍洲
149	《中国东北亚战略与政策研究》	刘清才
150	《促进经济发展方式转变的地方财税体制改革研究》	钟晓敏
151	《中国—东盟区域经济一体化》	范祚军

序号	书　名	首席专家
152	《非传统安全合作与中俄关系》	冯绍雷
153	《外资并购与我国产业安全研究》	李善民
154	《近代汉字术语的生成演变与中西日文化互动研究》	冯天瑜
155	《新时期加强社会组织建设研究》	李友梅
156	《民办学校分类管理政策研究》	周海涛
157	《我国城市住房制度改革研究》	高　波
158	《新媒体环境下的危机传播及舆论引导研究》	喻国明
159	《法治国家建设中的司法判例制度研究》	何家弘
160	《中国女性高层次人才发展规律及发展对策研究》	佟　新
161	《国际金融中心法制环境研究》	周仲飞
162	《居民收入占国民收入比重统计指标体系研究》	刘　扬
163	《中国历代边疆治理研究》	程妮娜
164	《性别视角下的中国文学与文化》	乔以钢
165	《我国公共财政风险评估及其防范对策研究》	吴俊培
166	《中国历代民歌史论》	陈书录
167	《大学生村官成长成才机制研究》	马抗美
168	《完善学校突发事件应急管理机制研究》	马怀德
169	《秦简牍整理与研究》	陈　伟
170	《出土简帛与古史再建》	李学勤
171	《民间借贷与非法集资风险防范的法律机制研究》	岳彩申
172	《新时期社会治安防控体系建设研究》	宫志刚
173	《加快发展我国生产服务业研究》	李江帆
174	《基本公共服务均等化研究》	张贤明
175	《职业教育质量评价体系研究》	周志刚
176	《中国大学校长管理专业化研究》	宣　勇
177	《"两型社会"建设标准及指标体系研究》	陈晓红
178	《中国与中亚地区国家关系研究》	潘志平
179	《保障我国海上通道安全研究》	吕　靖
180	《世界主要国家安全体制机制研究》	刘胜湘
181	《中国流动人口的城市逐梦》	杨菊华
182	《建设人口均衡型社会研究》	刘渝琳
183	《农产品流通体系建设的机制创新与政策体系研究》	夏春玉

序号	书 名	首席专家
184	《区域经济一体化中府际合作的法律问题研究》	石佑启
185	《城乡劳动力平等就业研究》	姚先国
186	《20世纪朱子学研究精华集成——从学术思想史的视角》	乐爱国
187	《拔尖创新人才成长规律与培养模式研究》	林崇德
188	《生态文明制度建设研究》	陈晓红
189	《我国城镇住房保障体系及运行机制研究》	虞晓芬
190	《中国战略性新兴产业国际化战略研究》	汪 涛
191	《证据科学论纲》	张保生
192	《要素成本上升背景下我国外贸中长期发展趋势研究》	黄建忠
193	《中国历代长城研究》	段清波
194	《当代技术哲学的发展趋势研究》	吴国林
195	《20世纪中国社会思潮研究》	高瑞泉
196	《中国社会保障制度整合与体系完善重大问题研究》	丁建定
197	《民族地区特殊类型贫困与反贫困研究》	李俊杰
198	《扩大消费需求的长效机制研究》	臧旭恒
199	《我国土地出让制度改革及收益共享机制研究》	石晓平
200	《高等学校分类体系及其设置标准研究》	史秋衡
201	《全面加强学校德育体系建设研究》	杜时忠
202	《生态环境公益诉讼机制研究》	颜运秋
203	《科学研究与高等教育深度融合的知识创新体系建设研究》	杜德斌
204	《女性高层次人才成长规律与发展对策研究》	罗瑾琏
205	《岳麓秦简与秦代法律制度研究》	陈松长
206	《民办教育分类管理政策实施跟踪与评估研究》	周海涛
207	《建立城乡统一的建设用地市场研究》	张安录
208	《迈向高质量发展的经济结构转变研究》	郭熙保
209	《中国社会福利理论与制度构建——以适度普惠社会福利制度为例》	彭华民
210	《提高教育系统廉政文化建设实效性和针对性研究》	罗国振
211	《毒品成瘾及其复吸行为——心理学的研究视角》	沈模卫
212	《英语世界的中国文学译介与研究》	曹顺庆
213	《建立公开规范的住房公积金制度研究》	王先柱

序号	书名	首席专家
214	《现代归纳逻辑理论及其应用研究》	何向东
215	《时代变迁、技术扩散与教育变革：信息化教育的理论与实践探索》	杨 浩
216	《城镇化进程中新生代农民工职业教育与社会融合问题研究》	褚宏启 薛二勇
217	《我国先进制造业发展战略研究》	唐晓华
218	《融合与修正：跨文化交流的逻辑与认知研究》	鞠实儿
219	《中国新生代农民工收入状况与消费行为研究》	金晓彤
220	《高校少数民族应用型人才培养模式综合改革研究》	张学敏
221	《中国的立法体制研究》	陈 俊
222	《教师社会经济地位问题：现实与选择》	劳凯声
223	《中国现代职业教育质量保障体系研究》	赵志群
224	《欧洲农村城镇化进程及其借鉴意义》	刘景华
225	《国际金融危机后全球需求结构变化及其对中国的影响》	陈万灵
226	《创新法治人才培养机制》	杜承铭
227	《法治中国建设背景下警察权研究》	余凌云
228	《高校财务管理创新与财务风险防范机制研究》	徐明稚
229	《义务教育学校布局问题研究》	雷万鹏
230	《高校党员领导干部清正、党政领导班子清廉的长效机制研究》	汪 曩
231	《二十国集团与全球经济治理研究》	黄茂兴
232	《高校内部权力运行制约与监督体系研究》	张德祥
233	《职业教育办学模式改革研究》	石伟平
234	《职业教育现代学徒制理论研究与实践探索》	徐国庆
235	《全球化背景下国际秩序重构与中国国家安全战略研究》	张汉林
236	《进一步扩大服务业开放的模式和路径研究》	申明浩
237	《自然资源管理体制研究》	宋马林
238	《高考改革试点方案跟踪与评估研究》	钟秉林
239	《全面提高党的建设科学化水平》	齐卫平
240	《"绿色化"的重大意义及实现途径研究》	张俊飚
241	《利率市场化背景下的金融风险研究》	田利辉
242	《经济全球化背景下中国反垄断战略研究》	王先林

序号	书　名	首席专家
243	《中华文化的跨文化阐释与对外传播研究》	李庆本
244	《世界一流大学和一流学科评价体系与推进战略》	王战军
245	《新常态下中国经济运行机制的变革与中国宏观调控模式重构研究》	袁晓玲
246	《推进21世纪海上丝绸之路建设研究》	梁　颖
247	《现代大学治理结构中的纪律建设、德治礼序和权力配置协调机制研究》	周作宇
248	《渐进式延迟退休政策的社会经济效应研究》	席　恒
249	《经济发展新常态下我国货币政策体系建设研究》	潘　敏
250	《推动智库建设健康发展研究》	李　刚
251	《农业转移人口市民化转型：理论与中国经验》	潘泽泉
252	《电子商务发展趋势及对国内外贸易发展的影响机制研究》	孙宝文
253	《创新专业学位研究生培养模式研究》	贺克斌
254	《医患信任关系建设的社会心理机制研究》	汪新建
255	《司法管理体制改革基础理论研究》	徐汉明
256	《建构立体形式反腐败体系研究》	徐玉生
257	《重大突发事件社会舆情演化规律及应对策略研究》	傅昌波
258	《中国社会需求变化与学位授予体系发展前瞻研究》	姚　云
259	《非营利性民办学校办学模式创新研究》	周海涛
260	《基于"零废弃"的城市生活垃圾管理政策研究》	褚祝杰
261	《城镇化背景下我国义务教育改革和发展机制研究》	邬志辉
262	《中国满族语言文字保护抢救口述史》	刘厚生
263	《构建公平合理的国际气候治理体系研究》	薄　燕
264	《新时代治国理政方略研究》	刘焕明
265	《新时代高校党的领导体制机制研究》	黄建军
266	《东亚国家语言中汉字词汇使用现状研究》	施建军
267	《中国传统道德文化的现代阐释和实践路径研究》	吴根友
268	《创新社会治理体制与社会和谐稳定长效机制研究》	金太军
269	《文艺评论价值体系的理论建设与实践研究》	刘俐俐
270	《新形势下弘扬爱国主义重大理论和现实问题研究》	王泽应